冶金工业出版社

普通高等教育“十四五”规划教材

湿法冶金物理化学

翟玉春　编著

U0341778

北　京
冶　金　工　业　出　版　社
2024

内 容 提 要

本书系统地阐述了湿法冶金物理化学的基础理论和基本知识。内容主要包括溶液、非电解质溶液理论、电解质水溶液、传质、溶解、浸出、析晶、沉淀、萃取、离子交换、蒸馏、脱气、脱水、微生物冶金等。

本书可作为高等院校冶金、化工、化学、材料、矿物加工、地质、环境等专业的教材，也可供相关领域的科技工作者参考。

图书在版编目(CIP)数据

湿法冶金物理化学/翟玉春编著. —北京：冶金工业出版社，2024. 1
普通高等教育“十四五”规划教材
ISBN 978-7-5024-9755-2

Ⅰ. ①湿…　Ⅱ. ①翟…　Ⅲ. ①湿法冶金—物理化学—高等学校—教材
Ⅳ. ①TF111. 3

中国国家版本馆 CIP 数据核字（2024）第 037655 号

湿法冶金物理化学

出版发行　冶金工业出版社　　**电　　话**　(010)64027926
地　　址　北京市东城区嵩祝院北巷 39 号　　**邮　　编**　100009
网　　址　www. mip1953. com　　**电子信箱**　service@ mip1953. com

责任编辑　高　娜　美术编辑　吕欣童　版式设计　郑小利
责任校对　王永欣　责任印制　禹　蕊
三河市双峰印刷装订有限公司印刷
2024 年 1 月第 1 版，2024 年 1 月第 1 次印刷
787mm×1092mm　1/16；31. 25 印张；761 千字；484 页
定价 69. 00 元

投稿电话　**(010)64027932**　**投稿信箱**　**tougao@cnmip. com. cn**
营销中心电话　**(010)64044283**
冶金工业出版社天猫旗舰店　**yjgycbs. tmall. com**
(本书如有印装质量问题，本社营销中心负责退换)

前　言

冶金物理化学是将物理化学的理论、知识、方法和手段应用于冶金过程和冶金体系建立起来的冶金理论和知识体系。物理化学在冶金中的应用，使冶金由技艺发展成为科学技术。冶金物理化学是冶金技术的理论基础和知识基础。

冶金物理化学和冶金原理都是冶金过程和冶金体系的基础理论，两者有共性，也有区别，有重叠的部分，也有不同的内容。作者认为：冶金物理化学更着重于冶金过程和冶金体系的共性物理化学问题，而冶金原理则侧重于对具体的冶金工艺的物理化学分析。

冶金物理化学理论建立之初，是将热力学应用于火法冶金，主要是钢铁冶金。这些开创性工作的代表人物有启普曼（Chipman）、理查德森（Richardson）、申克（Schenck）、萨马林（Самарин）等。他们的工作具有重大的历史意义。正是基于这些工作，冶金才从技艺发展为科学技术，使冶金由靠世代相传的经验进行生产的模式转变为有理论指导的科学技术，深化了人们对冶金过程和冶金体系的认识，推动了冶金生产与技术的进步和发展。

我国冶金物理化学学科在20世纪50年代奠定了基础，80年代以后蓬勃发展。现在已经形成了世界上最大的冶金物理化学研究群体，并在很多方面走在世界前列。魏寿昆、邹元爔、陈新民、傅崇说、冀春霖、陈念贻等为我国冶金物理化学学科的建立和发展做出了重要贡献。

冶金过程分为两类：一类叫火法冶金，另一类叫湿法冶金。火法冶金是在较高温度条件下进行的冶金过程；湿法冶金是在较低温度条件下，有水溶液参与的冶金过程。在实际冶金过程中，火法和湿法冶金的工序常常联用。例如，用硫化镍矿炼镍，先用火法将硫化镍矿炼成冰镍后，再经浸出，水溶液电解制备金属镍。前段属于火法冶金，后段属于湿法冶金。用铝土矿炼铝，先用碱浸出三水铝石制备氧化铝，再用熔盐电解制备金属铝。前段属于湿法冶金，后段属于火法冶金。时至今日，火法冶金在冶金工业中仍占主流地位。然而，随着复杂矿和二次资源的综合利用越来越多，湿法冶金在冶金过程中的应用逐渐增加，越来越受到重视。近年来，湿法冶金新方法、新工艺、新技术发展很快，应用越来越多，对冶金工业的发展越来越重要。

湿法冶金的历史也很悠久。我国早在北宋时期（10 世纪）就已经采用湿法冶金技术制备海绵铜。湿法冶金的分离技术在 20 世纪 60 年代发展迅速。这主要是由于随着兵器、舰船、航空、航天、核能、计算机等领域的发展，对稀有金属、稀土金属、稀散金属、高纯金属和一些金属化合物的需要日益增多，而这些原材料制备的很多工序必须采用湿法冶金技术，因此，推动了湿法冶金的发展。

湿法冶金物理化学是将物理化学、无机化学、有机化学的理论、知识和手段应用于湿法冶金过程和湿法冶金体系而建立起来的理论和知识体系。主要内容有水溶液理论、非电解质溶液理论、电解质溶液理论、均相传质和相间传质、均相和多相化学反应，有机溶液的热力学和动力学，以及这些理论在溶解、浸出、析晶、萃取、离子交换、蒸馏、脱气、脱水中的应用。

近 30 年来，我国湿法冶金发展很快，在理论研究、工艺技术研究和工业生产方面都取得了巨大的进步，在绿色冶金、环境保护、二次资源综合利用等方面都取得了丰硕的成果。在 20 世纪 80 年代，赵天从教授提出的无污染冶金的思想正在实现。

本书是作者在东北大学为冶金物理化学专业、冶金工程专业、矿物加工专业的本科生、研究生讲授冶金物理化学课程和资源综合利用课程所编写的讲义基础上完成的，其中一些内容是作者的研究成果。

我的学生王乐博士、吕晓姝博士、沈洪涛博士、刘海洋博士等录入了全书的文字，并配置了插图，在此对他们的工作和劳动表示衷心感谢！

感谢东北大学、东北大学秦皇岛分校为我提供了良好的工作条件。

感谢本书引用的参考文献的作者！

感谢所有支持和帮助我完成本书的人，尤其是我的妻子李桂兰女士对我的大力支持，使我能够完成本书的写作！

由于作者水平所限，书中不妥之处，敬请读者批评指正。

作　者

2023 年 9 月于沈阳

目　　录

1 溶 液

湿法冶金过程涉及多种溶液，例如，水溶液、电解质水溶液、有机溶液等。这些溶液的化学组成可以在一定范围内连续变化，其热力学性质有许多共同规律。本章讨论各种溶液共同的基本热力学性质，许多结论对固态溶体也适用。

1.1 溶液组成的表示方法

溶液的性质与其组成有密切的关系，是组成的函数。溶液组成的表示方法对溶液性质的描述有重要作用。下面介绍溶液组成常用的几种表示方法。

1.1.1 物质的量浓度

物质的量浓度定义为物质 i 的物质的量除以混合物的体积，即

$$c_i = \frac{n_i}{V} \tag{1.1}$$

式中，V 为混合物的体积；n_i 为 V 中所含 i 的物质的量。c_i 的国际单位（SI）为 mol/m^3，常用单位为 mol/dm^3。应用此种浓度单位，需指明物质 i 的基本单元的化学式。例如，$c_{H_2SO_4} = 1mol/dm^3$。

1.1.2 质量摩尔浓度

溶质 i 的质量摩尔浓度（或溶质 i 的浓度）定义为溶液中溶质 i 的物质的量 n_i 除以溶剂 1 的质量 m_1。定义式为

$$b_i = \frac{n_i}{m_1} \tag{1.2}$$

式中，数字 1 表示溶剂；b_i 的国际单位为 mol/kg。应用此种浓度表示也需注明 n_i 的基本单元，例如，$b_{H_2SO_4} = 0.8mol/kg$。

1.1.3 物质的量分数（又称摩尔分数）

物质 i 的物质的量分数定义为物质 i 的物质的量与混合物的物质的量之比，即

$$x_i = \frac{n_i}{\sum_{i=1}^{n} n_i} \tag{1.3}$$

式中，n_i 为组元 i 的物质的量；$\sum_{i=1}^{n} n_i$ 为混合物中各组元物质的量的总和。x_i 为量纲为 1 的

量，其 SI 的单位为 1。用 x_i 表示浓度也需注明基本单元。例如，$x_{NaCl}=0.2$。由式（1.2）和式（1.3）可知 b_i 与 x_i 的关系为

$$b_i = \frac{x_i}{M_1 x_1} = \frac{x_i}{M_1\left(1 - \sum_{i=2}^{n} x_i\right)} \tag{1.4}$$

式中，M_1 为溶剂的摩尔质量；$\sum_{i=2}^{n} x_i$ 表示对所有溶质的摩尔分数求和。如果溶液足够稀，$n_i \ll n_1$，$\sum_{i=2}^{n} x_i \ll 1$，则式（1.4）可写作

$$b_i \approx \frac{x_i}{M_1}$$

$$x_i \approx b_i M_1 \tag{1.5}$$

1.1.4　质量分数

物质 i 的质量分数定义为物质 i 的质量 m_i 除以混合物的总质量，即

$$w_i = \frac{m_i}{\sum_{i=1}^{n} m_i} \tag{1.6}$$

式中，w_i 为量纲为 1 的量，国际单位为 1。w_i 也可以写成分数，但不能写成 i%或者 w_i%，也不能称为 i 的“质量百分浓度”或 i 的“质量百分数”。例如，$w_{H_2SO_4}=0.06$ 可写成 $w_{H_2SO_4}=6\%$，但若写成 $(H_2SO_4)\%=6\%$ 或 $(H_2SO_4)\%=6$，则是错误的。

1.1.5　质量浓度

物质 i 的质量浓度定义为物质 i 的质量 m_i 除以混合物的体积 V，即

$$\rho_i = \frac{m_i}{V} \tag{1.7}$$

式中，ρ_i 为质量浓度，也称质量密度，其 SI 单位为 kg/m^3。

1.1.6　溶质 *i* 的摩尔比

溶质 i 的摩尔比定义为溶质 i 和溶剂 1 的物质的量之比，即

$$r_i = \frac{n_i}{n_1} \tag{1.8}$$

式中，n_i、n_1 分别为溶质 i 和溶剂 1 的物质的量。r_i 为量纲为 1 的量，SI 单位为 1。

1.2　偏摩尔热力学性质

1.2.1　偏摩尔性质

溶液中，由于各组元间的相互作用，体系的各种容量性质都不等于各纯组元同种性质

之和。这些容量性质与体系的温度、压力和各组元的含量有关，可以看作温度、压力和各组元的物质的量的函数。令 Φ 表示体系的某容量性质，则

$$\Phi = \Phi(T, p, n_1, n_2, n_3, \cdots, n_i, \cdots)$$

式中，n_i（$i=1, 2, \cdots, n$）表示组元 i 的物质的量。组元 i 的偏摩尔性质的定义为

$$\overline{\Phi}_{\mathrm{m},i} = \left(\frac{\partial \Phi}{\partial n_i}\right)_{T,p,n_{j\neq i}} \tag{1.9}$$

式中，下角标 $n_{j\neq i}$ 表示除组元 i 以外其他组元物质的量不变。

例如，体系的总吉布斯自由能有相应的表达式

$$G = G(T, p, n_1, n_2, n_3, \cdots, n_i, \cdots)$$

和

$$\overline{G}_{\mathrm{m},i} = \left(\frac{\partial G}{\partial n_i}\right)_{T,p,n_{j\neq i}}$$

其他容量性质如体积 V、热力学能 U、焓 H、熵 S、赫姆霍兹（Helmholtz）自由能 A 也有相应的偏摩尔性质定义式

$$\overline{V}_{\mathrm{m},i} = \left(\frac{\partial V}{\partial n_i}\right)_{T,p,n_{j\neq i}}$$

$$\overline{U}_{\mathrm{m},i} = \left(\frac{\partial U}{\partial n_i}\right)_{T,p,n_{j\neq i}}$$

$$\overline{H}_{\mathrm{m},i} = \left(\frac{\partial H}{\partial n_i}\right)_{T,p,n_{j\neq i}}$$

$$\overline{S}_{\mathrm{m},i} = \left(\frac{\partial S}{\partial n_i}\right)_{T,p,n_{j\neq i}}$$

$$\overline{A}_{\mathrm{m},i} = \left(\frac{\partial A}{\partial n_i}\right)_{T,p,n_{j\neq i}}$$

偏摩尔性质为强度性质，与物质的量无关，但与浓度有关，即偏摩尔性质不仅与物质的本性以及温度、压力有关，还与体系的组成有关。

令 Φ_{m}代表 1mol 溶液的某容量性质，则

$$\Phi_{\mathrm{m}} = \Phi_{\mathrm{m}}(T, p, x_1, x_2, x_3, \cdots, x_n, \cdots) = \frac{\Phi}{\sum_{i=1}^{n} n_i}$$

式中，x_1，x_2，x_3，$\cdots$，x_n为溶液等均相体系中组元 i 的摩尔分数。则

$$\Phi = \sum_{i=1}^{n} \overline{\Phi}_i = \sum_{i=1}^{n} n_i \overline{\Phi}_{\mathrm{m},i} \tag{1.10}$$

$$\overline{\Phi}_i = n\overline{\Phi}_{\mathrm{m},i}; \quad \Phi_{\mathrm{m}} = \sum_{i=1}^{n} x_i \overline{\Phi}_{\mathrm{m},i} \tag{1.11}$$

式（1.10）和式（1.11）称为集合公式。各组元的偏摩尔性质还有下列关系：

$$\left.\begin{aligned}\sum_{i=1}^{n} n_i \mathrm{d}\overline{\Phi}_{\mathrm{m},i} &= 0 \\ \sum_{i=1}^{n} x_i \mathrm{d}\overline{\Phi}_{\mathrm{m},i} &= 0 \\ \sum_{i=1}^{n} x_i \frac{\partial \overline{\Phi}_{\mathrm{m},i}}{\partial x_j} &= 0(j = 1,\ 2,\ 3,\ \cdots,\ n;\ j \neq i)\end{aligned}\right\} \tag{1.12}$$

上面各式都称为吉布斯-杜亥姆（Gibbs-Duhem）方程。例如，对于吉布斯自由能，则为

$$\left.\begin{aligned}\sum_{i=1}^{n} n_i \mathrm{d}\overline{G}_{\mathrm{m},i} &= 0 \\ \sum_{i=1}^{n} x_i \mathrm{d}\overline{G}_{\mathrm{m},i} &= 0 \\ \sum_{i=1}^{n} x_i \frac{\partial \overline{G}_{\mathrm{m},i}}{\partial x_j} &= 0(j = 1,\ 2,\ 3,\ \cdots,\ n;\ j \neq i)\end{aligned}\right\} \tag{1.13}$$

1.2.2　偏摩尔性质间的关系

对一定组成的溶液有

$$G = H - TS$$

恒温、恒压、其他组元含量不变的条件下，将其对 n_i 求偏导数得

$$\left(\frac{\partial G}{\partial n_i}\right)_{T,p,n_{j\neq i}} = \left(\frac{\partial H}{\partial n_i}\right)_{T,p,n_{j\neq i}} - T\left(\frac{\partial S}{\partial n_i}\right)_{T,p,n_{j\neq i}}$$

依偏摩尔性质定义，上式可以写作

$$\overline{G}_{\mathrm{m},i} = \overline{H}_{\mathrm{m},i} - T\overline{S}_{\mathrm{m},i} \tag{1.14}$$

同理可得

$$\overline{H}_{\mathrm{m},i} = \overline{U}_{\mathrm{m},i} - p\overline{V}_{\mathrm{m},i} \tag{1.15}$$

$$\overline{A}_{\mathrm{m},i} = \overline{U}_{\mathrm{m},i} - p\overline{S}_{\mathrm{m},i} \tag{1.16}$$

对任意数量的溶液有

$$G = G(T, p, n_1, n_2, \cdots, n_r)$$

当溶液各组元浓度不变，而体系的温度、压力发生微小变化，则有

$$\mathrm{d}G = -S\mathrm{d}T + V\mathrm{d}p$$

则

$$\left(\frac{\partial G}{\partial T}\right)_{p,n_j} = -S,\quad \left(\frac{\partial G}{\partial p}\right)_{p,n_j} = V$$

上式两边分别对 n_i 求偏导数，得

$$\left[\frac{\partial}{\partial n_i}\left(\frac{\partial G}{\partial T}\right)_{p,n_j}\right]_{T,p,n_{j\neq i}} = -\left(\frac{\partial S}{\partial n_i}\right)_{T,p,n_{j\neq i}} = -\overline{S}_{\mathrm{m},i}$$

$$\left[\frac{\partial}{\partial n_i}\left(\frac{\partial G}{\partial p}\right)_{T,n_j}\right]_{T,p,n_{j\neq i}}=-\left(\frac{\partial V}{\partial n_i}\right)_{T,p,n_{j\neq i}}=\overline{V}_{m,i} \tag{1.17}$$

注意到偏导数不随求偏导次序而变，有

$$\left[\frac{\partial}{\partial n_i}\left(\frac{\partial G}{\partial p}\right)_{T,n_j}\right]_{T,p,n_{j\neq i}}=\left[\frac{\partial}{\partial p}\left(\frac{\partial G}{\partial n_i}\right)_{T,p,n_{j\neq i}}\right]_{T,n_j}=-\left(\frac{\partial \overline{G}_{m,i}}{\partial p}\right)_{T,n_j} \tag{1.18}$$

比较式（1.17）和式（1.18）可得

$$\left(\frac{\partial \overline{G}_{m,i}}{\partial p}\right)_{T,n_j}=\overline{V}_{m,i} \tag{1.19}$$

同理可得

$$\left(\frac{\partial \overline{G}_{m,i}}{\partial T}\right)_{p,n_j}=-\overline{S}_{m,i} \tag{1.20}$$

溶液组成不变，$\overline{G}_{m,i}$ 仅为 T、p 的函数，所以

$$\mathrm{d}\overline{G}_{m,i}=\left(\frac{\partial \overline{G}_{m,i}}{\partial T}\right)_{p,n_j}\mathrm{d}T+\left(\frac{\partial \overline{G}_{m,i}}{\partial p}\right)_{T,n_j}\mathrm{d}p$$

把式（1.19）、式（1.20）代入上式，得

$$\mathrm{d}\overline{G}_{m,i}=-\overline{S}_{m,i}\mathrm{d}T+\overline{V}_{m,i}\mathrm{d}p \tag{1.21}$$

同理可得

$$\mathrm{d}\overline{U}_{m,i}=T\mathrm{d}\overline{S}_{m,i}-p\mathrm{d}\overline{V}_{m,i} \tag{1.22}$$

$$\mathrm{d}\overline{H}_{m,i}=T\mathrm{d}\overline{S}_{m,i}+\overline{V}_{m,i}\mathrm{d}p \tag{1.23}$$

$$\mathrm{d}\overline{A}_{m,i}=-\overline{S}_{m,i}\mathrm{d}T-p\mathrm{d}\overline{V}_{m,i} \tag{1.24}$$

并有

$$\mathrm{d}\overline{G}_i=-\overline{S}_i\mathrm{d}T-\overline{V}_i\mathrm{d}p$$

$$\mathrm{d}\overline{U}_i=T\mathrm{d}\overline{S}_i+p\mathrm{d}\overline{V}_i$$

$$\mathrm{d}\overline{H}_i=T\mathrm{d}\overline{S}_i+\overline{V}_i\mathrm{d}p$$

$$\mathrm{d}\overline{A}_i=-\overline{S}_i\mathrm{d}T-p\mathrm{d}\overline{V}_i$$

式中，$\overline{G}_{m,i}$、$\overline{U}_{m,i}$、$\overline{H}_{m,i}$、$\overline{A}_{m,i}$、$\overline{S}_{m,i}$、$\overline{V}_{m,i}$ 为溶液中 1mol 组元 i 的热力学量；$\overline{G}_i$、$\overline{U}_i$、$\overline{H}_i$、$\overline{A}_i$、$\overline{S}_i$、$\overline{V}_i$ 为整个溶液中组元 i 的总热力学量。

综上可见，溶液中各组元的偏摩尔性质间的关系与单组元体系的热力学公式形式相同，仅把公式中的摩尔性质换成相应的偏摩尔性质即可。再如，对于公式

$$\left[\frac{\partial(G/T)}{\partial T}\right]_p=-\frac{H}{T^2}$$

相应有

$$\left[\frac{\partial(\overline{G}_i/T)}{\partial T}\right]_{p,n_j}=-\frac{\overline{H}_i}{T^2} \tag{1.25}$$

对于其他单组元体系的热力学公式，也有相应的偏摩尔热力学公式。

在组元的各种偏摩尔性质中，偏摩尔吉布斯自由能最为重要，它与化学势μ_i的定义相同。

$$\mu_i = \overline{G}_{m,i} = \left(\frac{\partial G}{\partial n_i}\right)_{T,p,n_{j\neq i}} \tag{1.26}$$

式中，μ_i是经常用到的热力学量。此处应注意，化学势等于偏摩尔吉布斯自由能，但并不等于其他偏摩尔性质，而是

$$\mu_i = \left(\frac{\partial U}{\partial n_i}\right)_{S,V,n_{j\neq i}} \neq \overline{U}_{m,i} = \left(\frac{\partial U}{\partial n_i}\right)_{T,p,n_{j\neq i}}$$

$$\mu_i = \left(\frac{\partial H}{\partial n_i}\right)_{S,p,n_{j\neq i}} \neq \overline{H}_{m,i} = \left(\frac{\partial H}{\partial n_i}\right)_{T,p,n_{j\neq i}}$$

$$\mu_i = \left(\frac{\partial A}{\partial n_i}\right)_{T,V,n_{j\neq i}} \neq \overline{A}_{m,i} = \left(\frac{\partial A}{\partial n_i}\right)_{T,p,n_{j\neq i}}$$

化学势表示某一组元在一定条件下从一相内逸出的能力，它是重要的热力学量。

1.3 相对偏摩尔热力学性质

1.3.1 相对偏摩尔性质

相对偏摩尔性质也称偏摩尔混合性质。

偏摩尔量 $\overline{G}_{m,i}$、$\overline{U}_{m,i}$、$\overline{H}_{m,i}$、$\overline{A}_{m,i}$ 等的绝对值尚无法得到，通常采用相对值。在一定浓度的溶液中，组元 i 的相对偏摩尔性质是指组元 i 在溶液中的偏摩尔性质与其在纯液态时的摩尔性质的差值。依此定义

$$\Delta\Phi_{m,i} = \overline{\Phi}_{m,i} - \Phi_{m,i}$$

式中，$\Delta\Phi_{m,i}$ 为组元 i 的某一相对偏摩尔性质；$\overline{\Phi}_{m,i}$ 为溶液中组元 i 的某一偏摩尔性质；$\Phi_{m,i}$ 为纯液态 i 的某一摩尔性质。从物理意义上看，相对偏摩尔性质相当于在恒温恒压条件下，在给定浓度的大量溶液中，1mol 组元 i 溶解进去时，组元 i 摩尔性质的变化。所以，相对偏摩尔性质又称为组元 i 的偏摩尔溶解性质。所谓大量溶液是表示 1mol 组元 i 溶解于其中并不改变溶液的浓度。在恒温恒压条件下，纯组元 i 溶解转入溶液，表示为

$$i = [i]$$

其摩尔吉布斯自由能变化为

$$\Delta G_{m,i} = \overline{G}_{m,i} - G_{m,i} \tag{1.27}$$

式中，$\Delta G_{m,i}$ 为组元 i 的偏摩尔溶解自由能，即 1mol i 物质在一定浓度溶液中溶解过程的吉布斯自由能变化，也称偏摩尔混合自由能；$\overline{G}_{m,i}$ 为组元 i 溶解后，溶液中组元 i 的偏摩尔吉布斯自由能；$G_{m,i}$ 是纯液态组元 i 的摩尔吉布斯自由能。

除偏摩尔溶解自由能外，还有偏摩尔溶解热，或称为偏摩尔混合热：

$$\Delta H_{m,i} = \overline{H}_{m,i} - H_{m,i}$$

及偏摩尔溶解熵，或称为偏摩尔混合熵：

$$\Delta S_{m,i} = \overline{S}_{m,i} - S_{m,i}$$

式中，$\overline{H}_{m,i}$、$\overline{S}_{m,i}$分别为溶液中组元i的偏摩尔焓和偏摩尔熵；$H_{m,i}$、$S_{m,i}$分别为纯组元i的摩尔焓和摩尔熵。

在整个溶液中，组元i的相对热力学性质为

$$\Delta \boldsymbol{\Phi}_i = \overline{\boldsymbol{\Phi}}_i - \boldsymbol{\Phi}_i$$

$$\Delta G_i = \overline{G}_i - G_i$$

$$\Delta U_i = \overline{U}_i - U_i$$

$$\Delta H_i = \overline{H}_i - H_i$$

$$\Delta A_i = \overline{A}_i - A_i$$

$$\Delta S_i = \overline{S}_i - S_i$$

$$\Delta V_i = \overline{V}_i - V_i$$

式中，$\overline{G}_i$、$\overline{U}_i$、$\overline{H}_i$、$\overline{A}_i$、$\overline{S}_i$、$\overline{V}_i$分别为整个溶液中组元i的吉布斯自由能、内能、热焓、赫姆霍兹自由能、熵、体积；G_i、U_i、H_i、A_i、S_i、V_i分别为相等于整个溶液中组元i的量的纯液态组元i的吉布斯自由能、内能、热焓、赫姆霍兹自由能、熵、体积。

1.3.2 混合热力学性质

由n个组元形成溶液。混合前，体系中各组元的容量性质之和为

$$\boldsymbol{\Phi}^b = \sum_{i=1}^{n} n_i \boldsymbol{\Phi}_{m,i}$$

混合后体系的容量性质为

$$\boldsymbol{\Phi}^a = \sum_{i=1}^{n} n_i \overline{\boldsymbol{\Phi}}_{m,i}$$

混合前后体系的容量性质变化为

$$\Delta \boldsymbol{\Phi} = \boldsymbol{\Phi}^a - \boldsymbol{\Phi}^b = \sum_{i=1}^{n} n_i (\overline{\boldsymbol{\Phi}}_{m,i} - \boldsymbol{\Phi}_{m,i}) = \sum_{i=1}^{n} n_i \Delta \boldsymbol{\Phi}_{m,i} \tag{1.28}$$

其中

$$\Delta \boldsymbol{\Phi}_{m,i} = \overline{\boldsymbol{\Phi}}_{m,i} - \boldsymbol{\Phi}_{m,i}$$

为组元i的偏摩尔热力学性质。

对于1mol溶液，则有

$$\Delta \boldsymbol{\Phi}_m = \frac{\Delta \boldsymbol{\Phi}}{\sum_{i=1}^{n} n_i} = \frac{\sum_{i=1}^{n} n_i \Delta \boldsymbol{\Phi}_{m,i}}{\sum_{i=1}^{n} n_i} = \sum_{i=1}^{n} x_i \Delta \boldsymbol{\Phi}_{m,i} \tag{1.29}$$

式中，$\Delta \boldsymbol{\Phi}_m$为混合前后体系的摩尔热力学性质变化。

上面的公式对任何容量性质都适用。例如对于吉布斯自由能则有混合吉布斯自由能变化

$$\Delta G = \sum_{i=1}^{n} n_i \Delta G_{m,i}$$

摩尔混合吉布斯自由能变化

$$\Delta G_m = \sum_{i=1}^{n} x_i \Delta G_{m,i}$$

还有混合焓、混合熵等

$$\Delta H = \sum_{i=1}^{n} n_i \Delta H_{m,i}$$

$$\Delta H_m = \sum_{i=1}^{n} x_i \Delta H_{m,i}$$

$$\Delta S = \sum_{i=1}^{n} n_i \Delta S_{m,i}$$

$$\Delta S_m = \sum_{i=1}^{n} x_i \Delta S_{m,i}$$

实际上不只是以上各式，凡是对偏摩尔性质成立的公式，对相对偏摩尔性质都成立，只需将热力学性质换成相应的混合热力学性质，偏摩尔性质换成相应的相对偏摩尔性质。例如

$$\Delta G_{m,i} = \Delta H_{m,i} - T\Delta S_{m,i}$$

$$\Delta H_{m,i} = \Delta U_{m,i} + p\Delta V_{m,i}$$

$$\left[\frac{\partial}{\partial T}\left(\frac{\Delta G_{m,i}}{T}\right)\right]_{p,n_j} = -\frac{\Delta H_{m,i}}{T}$$

$$\Delta\mu_i = \Delta G_{m,i} = \left(\frac{\partial \Delta G}{\partial n_i}\right)_{T,p,n_{j\neq i}} = \left(\frac{\partial \Delta G_m}{\partial x_i}\right)_{T,p,x_{j\neq i}}$$

$$\left.\begin{aligned} &\sum_{i=1}^{n} x_i \mathrm{d}\Delta\Phi_{m,i} = 0 \\ &\sum_{i=1}^{n} x_i \frac{\partial \Delta\Phi_{m,i}}{\partial x_j} = 0 (j = 1, 2, \cdots, n; j \neq i) \end{aligned}\right\} \tag{1.30}$$

并有

$$\Delta G_i = \Delta H_i - T\Delta S_i$$

$$\Delta H_i = \Delta U_i + p\Delta V_i$$

$$\left[\frac{\partial}{\partial T}\left(\frac{\Delta G_i}{T}\right)\right]_{p,n_j} = -\frac{\Delta H_i}{T^2}$$

式（1.30）是相对偏摩尔性质的吉布斯-杜亥姆（Gibbs-Duhem）方程。

1.4 理想溶液和稀溶液

1.4.1 拉乌尔定律

1887 年，拉乌尔（Raoult）在实验的基础上，提出："在温度和压力恒定的稀溶液

中，溶剂的蒸气压等于纯溶剂的蒸气压乘以溶剂的摩尔分数”。表示为

$$p_A = p_A^* x_A \tag{1.31}$$

式中，p_A^* 为纯溶剂 A 的蒸气压；x_A为溶液中溶剂 A 的摩尔分数；p_A为与溶液平衡的溶液中溶剂 A 的蒸气压。

1.4.2 亨利定律

1807 年，亨利（Herry）在研究气体在溶剂中溶解的实验后提出：“在稀溶液中，挥发性溶质的平衡分压与其在溶液中的摩尔分数成正比”。表示为

$$p_B = k_{B,x} x_B \tag{1.32}$$

式中，p_B为与溶液平衡的溶液中溶质的蒸气压；x_B为溶液中溶质的摩尔分数；$k_{B,x}$为溶质的浓度以摩尔分数表示的比例系数，在一定温度下比例系数 $k_{B,x}$不仅与溶质的性质有关，还与溶剂的性质有关，其数值不等于纯溶质在该温度的饱和蒸气压。对于不同的浓度单位，亨利定律可以表示为

$$p_B = k_{B,w} w_B \tag{1.33}$$

$$p_B = k_{B,b} b_B \tag{1.34}$$

$$p_B = k_{B,c} c_B \tag{1.35}$$

式中，w_B、b_B 和 c_B 分别表示质量分数、质量摩尔浓度和体积摩尔浓度。这些式子可以统一写成

$$p_B = k_{B,z} z_B \tag{1.36}$$

式中，z_B 可以是 x_B、w_B、b_B、c_B 等。必须注意，亨利定律只适用于溶质在气相和液相中基本单元相同的情况。

1.4.3 理想溶液

在一定的温度和压力下，溶液中任一组元在全部浓度范围内都服从拉乌尔定律的溶液称为理想溶液。表示为

$$p_i = p_i^* x_i \tag{1.37}$$

式中，p_i为溶液中组元 i 的蒸气压；x_i为溶液中组元 i 的摩尔分数；p_i^* 为纯组元 i 的蒸气压。

理想溶液体积有加和性，形成理想溶液没有热效应，即

$$\Delta V = 0, \quad \Delta H = 0 \tag{1.38}$$

并有偏摩尔体积等于摩尔体积，偏摩尔焓等于摩尔焓，即

$$\overline{V}_{m,i} = V_{m,i}, \quad \overline{H}_{m,i} = H_{m,i} \tag{1.39}$$

理想溶液中组元 i 的化学势为

$$\mu_i = \mu_i^* + RT\ln x_i \tag{1.40}$$

式中，μ_i^* 为纯液态组元 i 的化学势，是温度和压力的函数，但受压力影响小。

1.4.4 稀溶液

在一定的温度和压力下，一定的浓度范围内，溶剂遵守拉乌尔定律，溶质遵守亨利定

律的溶液称为稀溶液。可以表示为

$$\mu_1 = \mu_1^* + RT\ln x_1 \tag{1.41}$$

$$\mu_i = \mu_{i,x}^{\ominus} + RT\ln x_i \tag{1.42}$$

$$\mu_i = \mu_{i,w}^{\ominus} + RT\ln w_i \tag{1.43}$$

$$\mu_i = \mu_{i,b}^{\ominus} + RT\ln b_i \tag{1.44}$$

$$\mu_i = \mu_{i,c}^{\ominus} + RT\ln c_i \tag{1.45}$$

式中，1 表示溶剂；i 表示溶质。

1.5 实际溶液

1.5.1 活度和活度系数

大多数实际溶液并不遵守拉乌尔定律或亨利定律，因而，理想溶液和稀溶液的化学势表达式不适用于实际溶液。为了使实际溶液中组元的化学势表达式与理想溶液或稀溶液的化学势表达式具有同样简单的形式，路易斯（Lewis）提出一个简单的办法，即将化学势表达式的浓度乘上一个校正系数：对比理想溶液校正因子为 γ，对比稀溶液校正因子为 f。

对于理想溶液的修正式为

$$\begin{aligned}\mu_i &= \mu_i^* + RT\ln\gamma_i x_i \\ &= \mu_i^* + RT\ln a_i^{\mathrm{R}}\end{aligned} \tag{1.46}$$

其中

$$a_i^{\mathrm{R}} = \gamma_i x_i$$

式中，a_i^{R} 为组元 i 的活度；γ_i为组元 i 的活度系数。并有

$$p_i = p_i^* a_i^{\mathrm{R}} \tag{1.47}$$

若蒸气为非理想气体，则用逸度代替压力，有

$$f_i = f_i^* a_i^{\mathrm{R}} \tag{1.48}$$

式中，f_i为溶液中挥发组元 i 的逸度；f_i^* 为纯组元 i 的逸度。

对于稀溶液的修正式为

$$\begin{aligned}\mu_i &= \mu_{i,z}^{\ominus} + RT\ln f_{i,z} z_i \\ &= \mu_{i,z}^{\ominus} + RT\ln a_{i,z}^{\mathrm{H}}\end{aligned} \tag{1.49}$$

其中

$$a_{i,z}^{\mathrm{H}} = f_{i,z} z_i \tag{1.50}$$

式中，$a_{i,z}^{\mathrm{H}}$为组元 i 的活度；$f_{i,z}$为组元 i 的活度系数；z_i为组元 i 的浓度，可以是摩尔分数 x_i，可以是质量摩尔浓度 b_i或体积摩尔浓度 c_i、质量分数 w_i、质量浓度 ρ_i等。并有

$$p_i = k_{i,z} a_{i,z}^{\mathrm{H}} \tag{1.51}$$

若蒸气为非理想气体，则用逸度代替压力，有

$$f_i = k_{i,z} a_{i,z}^{\mathrm{H}} \tag{1.52}$$

式中，$k_{i,z}$是浓度为 z 的比例系数。

1.5.2 标准状态

由式（1.46）和式（1.49）可知，若求μ_i，除了需要知道a_i外，还需要知道μ_i^*和$\mu_i^{\ominus}$。μ_i^*和$\mu_i^{\ominus}$分别为$a_i^{R}=1$和$a_{i,z}^{H}=1$，即$RT\ln a_i^{R}=0$和$RT\ln a_i^{H}=0$的化学势值，称为标准状态的化学势，$a_i^{R}=1$和$a_{i,z}^{H}=1$的状态称为标准状态。

标准状态是人为规定的，根据浓度的不同其表示形式不同。标准状态有多种选择，其唯一的选择原则就是方便。

常用的标准状态有以下几种：

（1）以拉乌尔定律形式表示活度，以摩尔分数表示浓度，以纯物质为标准状态。采用此种规定，$\gamma_i=1$、$x_i=1$的状态为标准状态。有

$$p_i=p_i^* a_i^{R}(\text{理想气体})$$

$$f_i=f_i^* a_i^{R}(\text{非理想气体})$$

$$\mu_i=\mu_i^*+RT\ln a_i^{R} \tag{1.53}$$

$$a_i^{R}=\gamma_i x_i \tag{1.54}$$

式中，μ_i^*为纯物质i的化学势，即纯物质i的摩尔吉布斯自由能；活度系数γ_i为组元i对拉乌尔定律的偏差。

（2）以亨利定律形式表示活度，以不同的浓度单位表示浓度

$$p_i=k_{i,z}a_{i,z}(\text{理想气体}) \tag{1.55}$$

$$f_i=k_{i,z}a_{i,z}(\text{非理想气体}) \tag{1.56}$$

$$\mu_i=\mu_{i,z}^{\ominus}+RT\ln a_{i,z}^{H} \tag{1.57}$$

1）符合亨利定律的假想纯物质标准状态，浓度以摩尔分数表示，则

$$\mu_i=\mu_{i,x}^{\ominus}+RT\ln a_{i,x}^{H} \tag{1.58}$$

$$a_{i,x}^{H}=f_{i,x}x_i \tag{1.59}$$

式中，$\mu_{i,x}^{\ominus}$是符合亨利的纯溶质i的化学势。这意味着组元i的摩尔分数浓度$x_i\rightarrow1$，性质仍符合亨利定律，这显然是假想状态。

2）符合亨利定律的$w_i/w^{\ominus}=1$标准状态，浓度以质量分数w_i表示，则

$$\mu_i=\mu_{i,w}^{\ominus}+RT\ln a_{i,w}^{H} \tag{1.60}$$

$$a_{i,w}^{H}=f_{i,w}(w_i/w^{\ominus}) \tag{1.61}$$

式中，$\mu_{i,w}^{\ominus}$为浓度$w_i/w^{\ominus}=1$的化学势。在此种标准状态，存在两种情况：一是$w_i/w^{\ominus}=1$，组元i服从亨利定律，此标准状态即为真实状态；二是$w_i/w^{\ominus}=1$，组元i偏离亨利定律，此标准状态即为假想状态。

3）符合亨利定律的$b_i/b^{\ominus}=1$标准状态，浓度以质量摩尔浓度表示，则

$$\mu_i=\mu_{i,b}^{\ominus}+RT\ln a_{i,b}^{H} \tag{1.62}$$

$$a_{i,b}^{H}=f_{i,b}(b_i/b^{\ominus}) \tag{1.63}$$

式中，$\mu_{i,b}^{\ominus}$为浓度$b_i/b^{\ominus}=1$的化学势。此种标准状态存在两种情况：一是$b_i/b^{\ominus}=1$，组元i服从亨利定律，此标准状态就是真实状态；二是$b_i/b^{\ominus}=1$，组元i偏离亨利定律，此标准状态即为假想状态。

4）符合亨利定律的$c_i/c^{\ominus}=1$标准状态，浓度以体积摩尔浓度表示，则

$$\mu_i = \mu_{i,c}^{\ominus} + RT\ln a_{i,c}^{H} \tag{1.64}$$

$$a_{i,c}^{H} = f_{i,c}(c_i/c^{\ominus}) \tag{1.65}$$

式中，$\mu_{i,c}^{\ominus}$ 为浓度 $c_i/c^{\ominus}=1$ 的化学势。此种标准状态存在两种情况：一是 $c_i/c^{\ominus}=1$，组元 i 服从亨利定律，此标准状态就是真实状态；二是 $c_i/c^{\ominus}=1$，组元 i 偏离亨利定律，此标准状态即为假想状态。

以上结论适用于水溶液、电解质水溶液、有机溶液、金属溶液、熔渣、熔盐、熔锍和固溶体等体系。

1.5.3 活度与温度、压力的关系

1.5.3.1 活度与温度的关系

由式

$$\mu_i = \mu_i^* + RT\ln a_i^{R} \tag{1.66}$$

$$\ln a_i^{R} = \frac{\mu_i - \mu_i^*}{RT} \tag{1.67}$$

对温度求导，得

$$\begin{aligned}
\frac{\partial}{\partial T}(\ln a_i^{R})_p &= \frac{\partial}{\partial T}(\ln \gamma_i x_i)_p = \frac{\partial}{\partial T}(\ln \gamma_i)_p \\
&= \frac{\partial}{\partial T}\left(\frac{\mu_i - \mu_i^*}{RT}\right)_p = \frac{1}{R}\left[\frac{\partial}{\partial T}\left(\frac{\mu_i}{T}\right)_p - \frac{\partial}{\partial T}\left(\frac{\mu_i^*}{T}\right)_p\right] \\
&= -\frac{\bar{H}_{m,i} - H_{m,i}^*}{RT^2} = -\frac{\Delta H_{m,i}}{RT^2}
\end{aligned} \tag{1.68}$$

由上式可见，温度对活度的影响与组元的溶解热有关。若溶解时放热，$\Delta H_{m,i}$ 为负值，$\frac{\partial}{\partial T}(\ln a_i^{R})_p$ 为正值，温度升高 a_i^{R} 增大；若溶解时吸热，$\Delta H_{m,i}$ 为正值，$\frac{\partial}{\partial T}(\ln a_i^{R})_p$ 为负值，温度升高 a_i^{R} 减小；若溶解热为零，温度对活度无影响。

1.5.3.2 活度与压力的关系

将式（1.67）对压力求导，得

$$\begin{aligned}
\frac{\partial}{\partial p}(\ln a_i^{R})_T &= \frac{\partial}{\partial p}(\ln \gamma_i)_T \\
&= \frac{1}{RT}\left[\left(\frac{\partial \mu_i}{\partial p}\right)_T + \left(\frac{\partial \mu_i^*}{\partial p}\right)_T\right] \\
&= \frac{1}{RT}(\bar{V}_{m,i} - V_{m,i}) \\
&= \frac{\Delta V_{m,i}}{RT}
\end{aligned} \tag{1.69}$$

通常 $\Delta V_{m,i}$ 很小，可以认为活度和活度系数与压力无关。其他标准状态的活度和活度系数与温度和压力的关系有与式（1.68）和式（1.69）相类似的公式。

1.5.4 活度、活度系数和标准状态的选择

在将活度的概念和理论扩展到水溶液之外的各种溶（熔）体时，已经没必要与拉乌尔定律、亨利定律进行比较。因为很多溶（熔）体的溶质在溶解态与气相的分子形式已不相同，这已不符合亨利定律的条件。况且，溶（熔）体中并不真实存在某种“分子”，而仍然可以给出该种“分子”的活度。例如，熔渣中有 Ca^{2+}、O^{2-}，不存在 CaO 分子，熔渣上方气相中也没有 CaO 分子，但可以测量和计算 CaO 的活度。再如，铁水中的碳溶解达到饱和，但并不是浓溶液，仍可以用纯碳作为标准状态，而不是假想的纯碳标准状态。再如，有些溶体无法判断哪个组元是溶剂，哪个组元是溶质。对于这样的体系，可以依据方便的原则，选择组元各自的浓度单位。因此，以后表示活度不再加上 R 或 H 角标。

1.5.4.1 浓度间的关系

几种浓度间的关系表示为

$$x_i = \frac{b_i M_1}{1000 + b_i M_1} = \frac{c_i M_1}{1000\rho_{sol} + c_i(M_1 - M_i)} = \frac{w_i/M_i}{\sum_{i=1}^{n} w_i/M_i} \tag{1.70}$$

式中，x_i为溶质 i 的摩尔分数；M_i为溶质 i 的相对分子质量；M_1为溶剂的相对分子质量；ρ_{sol}为溶液的密度。

1.5.4.2 对应各种浓度的活度标准状态的选择

对应每种浓度单位，溶质的活度和活度标准状态选择如下。

（1）溶液中溶剂和溶质的浓度都以摩尔分数表示，溶剂以纯溶剂为标准状态，溶质以假想的纯物质为标准状态，有

$$\mu_1 = \mu_{1,x}^* + RT\ln a_1 \tag{1.71}$$

式中，下角标 1 表示溶剂；$\mu_{1,x}^*$ 为纯组元 1 的化学势。对于纯组元 1，有 $a_1 = 1$。

$$\mu_i = \mu_{i,x}^{\ominus} + RT\ln a_{1,x} \tag{1.72}$$

式中，下角标 i 表示溶质组元，x 表示摩尔分数；$\mu_{i,x}^{\ominus}$ 为以假想的纯物质 i（$x_i = 1$）为标准状态的化学势。对于标准状态，有 $a_{i,x} = 1$。

（2）溶液中溶剂的浓度以摩尔分数表示，以纯溶剂为标准状态；溶液中的溶质组元的浓度以 1kg 溶剂中溶质组元的摩尔分数表示，有

$$\mu_1 = \mu_{1,x}^* + RT\ln a_{1,x}$$

式中，下角标 1 表示溶剂；$\mu_{1,x}^*$ 为纯组元 1 的化学势。对于纯溶剂，有 $a_{i,x} = 1$。

$$\mu_i = \mu_{i,b}^{\ominus} + RT\ln a_{i,b} \tag{1.73}$$

式中，下角标 i 表示溶质组元，b 为质量摩尔浓度；$\mu_{i,b}^{\ominus}$ 为以假想的 1kg 溶剂中有 1mol 溶质 i 的溶液为标准状态的化学势。对于标准状态，有 $a_{i,b} = 1$。

（3）溶液中溶剂的浓度以摩尔分数表示，以纯溶剂为标准状态；溶液中溶质的浓度以 1L 溶液中溶质的摩尔分数表示，有

$$\mu_1 = \mu_{1,x}^* + RT\ln a_{1,x}$$

式中，下角标 1 表示溶剂；$\mu_{1,x}^*$ 为纯组元 1 的化学势，有 $a_{1,x} = 1$。

$$\mu_i = \mu_{i,c}^{\ominus} + RT\ln a_{i,c} \tag{1.74}$$

式中，下角标 i 表示溶质组元 i，c 为体积摩尔浓度；$\mu_{i,c}^{\ominus}$ 为以假想的 1L 溶液中有 1mol 溶质 i 的溶液为标准状态的化学势。对于标准状态，有 $a_{i,c}=1$。

（4）溶液中的溶剂的浓度以摩尔分数表示，以纯溶剂为标准状态；溶液中的溶质浓度以质量分数表示，有

$$\mu_1=\mu_{1,x}^{*}+RT\ln a_{1,x}$$

式中，下角标 1 表示溶剂；$\mu_{1,x}^{*}$ 为纯组元 1 的化学势。纯溶剂 $a_{1,x}=1$。

$$\mu_i=\mu_{i,w}^{\ominus}+RT\ln a_{i,w} \tag{1.75}$$

式中，下角标 i 表示溶质组元，w 为质量分数浓度；$\mu_{i,w}^{\ominus}$ 为以溶质 i 的质量分数 $w_i/w=1$ 的溶液为标准状态的化学势。对于标准状态，有 $a_{i,w}=1$。

（5）溶液中的溶剂和溶质的浓度都以摩尔分数表示，都以纯物质为标准状态，有

$$\mu_1=\mu_{1,x}^{*}+RT\ln a_{1,x}$$

式中，下角标 1 表示溶剂；$\mu_{1,x}^{*}$ 为纯组元 1 的化学势。纯溶剂 $a_{1,x}=1$。

$$\mu_{i,x}=\mu_{i,x}^{*}+RT\ln a_{i,x} \tag{1.76}$$

式中，下角标 i 表示溶质组元；$\mu_{i,x}^{*}$ 为纯组元 i 的化学势。对于纯溶质组元 i，有 $a_{i,x}=1$。

1.5.4.3 相应于各种浓度单位的活度系数

（1）溶剂、溶质组元的浓度都以摩尔分数表示

$$\gamma_1=\frac{a_1}{x_1}$$
$$f_{i,x}=\frac{a_i}{x_i} \tag{1.77}$$

式中，下角标 1 为溶剂，i 为溶质；x_i 为组元 i 的摩尔分数。

（2）溶剂组元以摩尔分数表示，溶质组元以质量摩尔浓度表示

$$\gamma_1=\frac{a_1}{x_1}$$
$$f_{i,b}=\frac{a_{i,b}}{b_i/b^{\ominus}} \tag{1.78}$$

式中，下角标 1 为溶剂，i 为溶质；$b^{\ominus}$ 为标准质量摩尔浓度，为 1mol/kg。

（3）溶剂组元以摩尔分数表示，溶质组元以体积摩尔浓度表示

$$\gamma_1=\frac{a_1}{x_1}$$
$$f_{i,c}=\frac{a_{i,c}}{c_i/c^{\ominus}} \tag{1.79}$$

式中，下角标 1 为溶剂，i 为溶质；$c^{\ominus}$ 为标准体积摩尔浓度，为 1mol/L。

（4）溶剂组元以摩尔分数表示，溶质组元以质量分数表示

$$\gamma_1=\frac{a_1}{x_1}$$
$$f_{i,w}=\frac{a_{i,w}}{w_i/w^{\ominus}} \tag{1.80}$$

式中，下角标 1 为溶剂，i 为溶质；$w^{\ominus}$为标准质量分数浓度，为 1。

（5）溶剂组元和溶质组元都以摩尔分数表示

$$\gamma_1 = \frac{a_1}{x_1} \qquad \gamma_i = \frac{a_i}{x_i} \tag{1.81}$$

式中，下角标 1 为溶剂，i 为溶质。

对于极稀溶液，四种浓度间的关系可以简化为

$$x_{i(0)} = 0.001 b_{i(0)} M_1 = \frac{0.001 c_{i(0)} M_1}{\rho_1} = \frac{w_{i(0)}/M_i}{w_1/M_1} \tag{1.82}$$

式中，$x_{i(0)}$、$b_{i(0)}$、$c_{i(0)}$的下角标表示极稀；ρ_1为溶剂密度。相应的化学势为

$$\mu_{i(0)} = \mu_{i,x}^{\ominus} + RT\ln x_{i(0)} \tag{1.83}$$

$$\mu_{i(0)} = \mu_{i,b}^{\ominus} + RT\ln b_{i(0)} \tag{1.84}$$

$$\mu_{i(0)} = \mu_{i,c}^{\ominus} + RT\ln c_{i(0)} \tag{1.85}$$

$$\mu_{i(0)} = \mu_{i,w}^{\ominus} + RT\ln w_{i(0)} \tag{1.86}$$

1.5.4.4 活度系数间的关系

由式

$$\mu_i = \mu_{i,x}^{\ominus} + RT\ln f_{i,x} x_i \tag{1.87}$$

$$\mu_i = \mu_{i,b}^{\ominus} + RT\ln f_{i,b} b_i \tag{1.88}$$

$$\mu_i = \mu_{i,c}^{\ominus} + RT\ln f_{i,c} c_i \tag{1.89}$$

$$\mu_i = \mu_{i,w}^{\ominus} + RT\ln f_{i,w} w_i \tag{1.90}$$

分别减去相对应的式（1.83）~式（1.86），得

$$\mu_i - \mu_{i(0)} = RT\ln\frac{f_{i,x}x_i}{x_{i(0)}} = RT\ln\frac{f_{i,b}b_i}{b_{i(0)}} = RT\ln\frac{f_{i,c}c_i}{c_{i(0)}} = RT\ln\frac{f_{i,w}w_i}{w_{i(0)}}$$

即

$$\frac{f_{i,x}x_i}{x_{i(0)}} = \frac{f_{i,b}b_i}{b_{i(0)}} = \frac{f_{i,c}c_i}{c_{i(0)}} = \frac{f_{i,w}w_i}{w_{i(0)}} \tag{1.91}$$

由式（1.91），得

$$\frac{f_{i,x}x_i}{f_{i,b}b_i} = \frac{x_{i(0)}}{b_{i(0)}} \tag{1.92}$$

$$\frac{f_{i,x}x_i}{f_{i,c}c_i} = \frac{x_{i(0)}}{c_{i(0)}} \tag{1.93}$$

$$\frac{f_{i,x}x_i}{f_{i,w}w_i} = \frac{x_{i(0)}}{w_{i(0)}} \tag{1.94}$$

将式（1.82）代入式（1.92）和式（1.93），得

$$\frac{f_{i,x}x_i}{f_{i,b}b_i} = \frac{x_{i(0)}}{b_{i(0)}} = 0.001M_1 \tag{1.95}$$

$$\frac{f_{i,x}x_i}{f_{i,c}c_i} = \frac{x_{i(0)}}{c_{i(0)}} = \frac{0.001M_1}{\rho_1} \tag{1.96}$$

$$\frac{f_{i,x}x_i}{f_{i,w}w_i} = \frac{x_{i(0)}}{w_{i(0)}} = \frac{M_1}{M_i w_1} \tag{1.97}$$

将式（1.70）代入式（1.95）~式（1.97），得

$$\begin{aligned} f_{i,x} &= (1 + 0.001m_c M_1)f_{i,b} \\ &= \frac{\rho_{\text{sol}} + 0.001c_1(M_1 - M_i)}{\rho_1}f_{i,c} \\ &= \left(\sum_{i=1}^{n}\frac{w_i}{w_1}\right)f_{i,w} \end{aligned} \tag{1.98}$$

对于极稀溶液，有

$$f_{i,x} \approx f_{i,m} \approx f_{i,c} \approx f_{i,w} \tag{1.99}$$

1.6 渗透压和渗透系数

1.6.1 渗透压

渗透压是溶液的重要性质。

如图 1.1 所示，在恒温条件下，用一个半透膜将两个液体隔开，半透膜只透过溶剂而不能透过溶质。对于溶剂而言，两边液相平衡的条件是

$$\mu_1^\alpha = \mu_1^\beta \tag{1.100}$$

即

$$p_1^\alpha = p_1^\beta \tag{1.101}$$

式中，p_1^α、p_1^β 分别为两边液体上方的平衡蒸气压力。

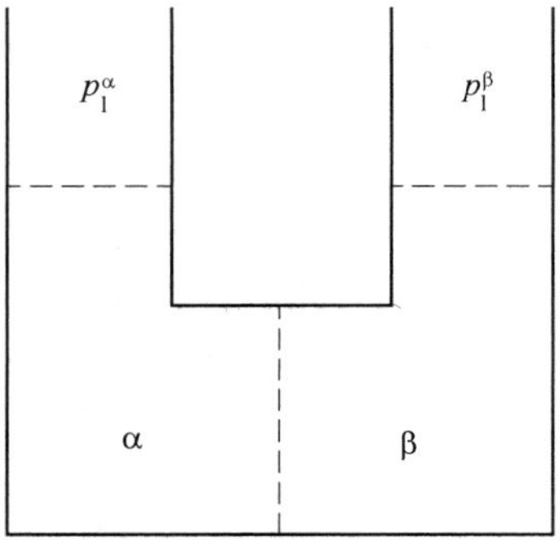

图 1.1 由半透膜隔开的两个液体

改变 β 相的组成和压力，但不改变两相原来的渗透平衡，则必须满足的条件为

$$\mathrm{d}\mu_1^\beta = 0$$

即不改变 β 相溶剂的化学势。

由

$$\mu_1^\beta = \mu_1^* + RT\ln p_1^\beta$$

得

$$\mathrm{d}\ln p_1^\beta = 0$$

即

$$\frac{\partial}{\partial p}(\ln p_1^\beta)_{T,x_1}\mathrm{d}p^\beta + \frac{\partial}{\partial x_1}(\ln p_1^\beta)_{T,p}\mathrm{d}x_1 = \frac{\overline{V}_1}{RT}\mathrm{d}p^\beta + \frac{\partial}{\partial x_1}(\ln p_1^\beta)_{T,p} = 0 \tag{1.102}$$

式中，$\overline{V}_1$ 为溶剂的偏摩尔体积。式（1.102）表明若改变 β 相的组成而保持 β 相和 α 相的渗透平衡，则必须同时改变 β 相所受的压力。也就是说，在一般情况下，要维持两相间

的渗透平衡，则两相所受的压力必定不同。如果 α 相是纯溶剂，此压力差就叫渗透压力。有

$$\pi = p^{\beta} - p^{\alpha} \tag{1.103}$$

设溶剂 α 所受压力 p^{α} 固定为 $p^{\ominus}$，在维持两相平衡的条件下改变 β 相的组成和压力，则

$$\mathrm{d}\pi = \mathrm{d}p^{\beta} \tag{1.104}$$

将式（1.104）代入式（1.102），得

$$\frac{\bar{V}_1}{RT}\mathrm{d}\pi = -\frac{\partial}{\partial x_1}(\ln p_1^{\beta})_{T,p}\mathrm{d}x_1 \tag{1.105}$$

积分式（1.105），得

$$\int_0^{\pi}\frac{\bar{V}_1}{RT}\mathrm{d}\pi = \frac{\bar{V}_1}{RT}\pi \tag{1.106}$$

$$\begin{aligned} -\int_{x_1=1}^{x_1}\frac{\partial}{\partial x_1}(\ln p_1^{\beta})_{T,p}\mathrm{d}x_1 &= \ln p_1^{\beta}\big|_{x_1=1} - \ln p_1^{\beta}\big|_{x_1} \\ &= \ln p_1^{*} - \ln p_1^{\beta} \\ &= \ln\frac{p_1^{*}}{p_1^{\beta}} \end{aligned} \tag{1.107}$$

所以

$$\pi = \frac{RT}{\bar{V}_1}\ln\frac{p_1^{*}}{p_1^{\beta}} \tag{1.108}$$

去掉 β，有

$$\pi = \frac{RT}{\bar{V}_1}\ln\frac{p_1^{*}}{p_1} \tag{1.109}$$

式中，p_1^{*} 和 p_1^{β} 是在 p_1^{*} 压力条件下，纯液体和溶液中溶剂的蒸气压力；π 表示溶液中的溶剂所受压力 p_1 与纯溶剂所受压力 p^{*} 的关系。

对于理想溶液

$$p_1 = p_1^{*}x_1$$

$$\bar{V}_1 = V_1$$

则有

$$\pi = -\frac{RT}{V_1}\ln x_1 \tag{1.110}$$

对于实际溶液

$$p_1 = p_1^{*}a_1$$

$$\begin{aligned} \pi &= -\frac{RT}{\bar{V}_1}\ln a_1 \\ &= -\frac{RT}{\bar{V}_1}\varphi\ln x_1 \end{aligned} \tag{1.111}$$

式（1.111）除以式（1.110），得

$$\varphi \approx \frac{\pi_{实际}}{\pi_{理想}} \tag{1.112}$$

溶液浓度一定，改变两相所受压力 p^{α} 和 p^{β} 维持渗透平衡，有

$$\frac{\partial \mu_1^{\alpha}}{\partial p}\mathrm{d}p^{\alpha} = \frac{\partial \mu_1^{\beta}}{\partial p}\mathrm{d}p^{\beta}$$

即

$$\bar{V}_1^{\alpha}\mathrm{d}p^{\alpha} = \bar{V}_1^{\beta}\mathrm{d}p^{\beta} \tag{1.113}$$

将

$$\mathrm{d}p^{\beta} = \mathrm{d}\pi + \mathrm{d}p^{\alpha}$$

代入式（1.113），得

$$(\bar{V}_1^{\alpha} - \bar{V}_1^{\beta})\mathrm{d}p^{\alpha} = \bar{V}_1^{\beta}\mathrm{d}\pi \tag{1.114}$$

及

$$\frac{\mathrm{d}\pi}{\mathrm{d}p^{\alpha}} = \frac{\bar{V}_1^{\alpha} - \bar{V}_1^{\beta}}{\bar{V}_1^{\beta}} \tag{1.115}$$

由于

$$(\bar{V}_1^{\alpha} - \bar{V}_1^{\beta}) \ll \bar{V}_1^{\beta}$$

所以 p^{α} 对 π 的影响并不大。

1.6.2　渗透系数

渗透系数的定义为

$$\mu_1 = \mu_1^{\ominus} + \varphi RT\ln x_1 \tag{1.116}$$

$$x_1 \to 1, \ \varphi \to 1$$

式中，φ 为渗透系数。

由

$$\mu_1 = \mu_1^{\ominus} + RT\ln a_1^{\mathrm{R}} = \mu_1^{\ominus} + RT\ln \gamma_1 x_1 \tag{1.117}$$

和

$$\mu_1 = \mu_1^{\ominus} + \varphi RT\ln x_1 \tag{1.118}$$

得

$$\varphi \ln x_1 = \ln \gamma_1 x_1 \tag{1.119}$$

即

$$\varphi = 1 + \frac{\ln \gamma_1}{\ln x_1} \tag{1.120}$$

$$\ln \gamma_1 = (1 - \varphi)\ln \frac{1}{x_1} \tag{1.121}$$

利用吉布斯-杜亥姆方程，得

$$x_1 \mathrm{d}\left[(1 - \varphi)\ln \frac{1}{x_1}\right] + \sum_{i=2}^{n} x_i \mathrm{d}\ln \gamma_i = 0 \tag{1.122}$$

对于二元系，有

$$x_1\mathrm{d}\left[(1-\varphi)\ln\frac{1}{x_1}\right]+x_2\mathrm{d}\ln\gamma_2=0 \tag{1.123}$$

1.6.3　渗透压和渗透系数的关系

半透膜将纯溶剂 α 与溶液 β 隔开。两边的化学势分别为

$$\mu_1^{\alpha}=\mu_1^{\ominus}+V_{i,0}p^{\alpha}\left(1-\beta_1^*\frac{p^{\alpha}}{2}\right) \tag{1.124}$$

$$\mu_1^{\beta}=\mu_1^{\ominus}+V_{i,0}p^{\beta}\left(1-\beta_1^*\frac{p^{\beta}}{2}\right)+\varphi RT\ln x_i \tag{1.125}$$

式中，β_i^* 为组元 i 的压缩系数。

对于理想溶液，有

$$\beta_i^*=-\frac{1}{\bar{V}_i}\left(\frac{\partial\bar{V}_i}{\partial p}\right)_T \tag{1.126}$$

$$\bar{V}_i=V_{i,0}(1-\beta_i^*p) \tag{1.127}$$

式中，$\bar{V}_i$ 为组元 i 的偏摩尔体积；$V_{i,0}$ 为压力 $p\to0$ 时组元 i 的体积。由于理想溶液组元 i 的体积与组成无关，所以

$$\bar{V}_i=V_i \tag{1.128}$$

$$\bar{V}_{i,0}=V_{i,0} \tag{1.129}$$

式（1.125）减式（1.124），并令

$$V_1=V_{1,0}\left[1-\frac{1}{2}\beta_1^*(p^{\beta}+p^{\alpha})\right]$$

得

$$\mu_1^{\beta}-\mu_1^{\alpha}=V_{1,0}(p^{\beta}-p^{\alpha})\left[1-\frac{1}{2}\beta_1^*(p^{\beta}+p^{\alpha})\right]+\varphi RT\ln x_i \tag{1.130}$$

渗透达成平衡，有

$$\mu_1^{\beta}=\mu_1^{\alpha}$$

所以

$$\pi=-\frac{\varphi RT\ln x_i}{V_{1,0}\left[1-\frac{1}{2}\beta_1^*(p^{\beta}-p^{\alpha})\right]} \tag{1.131}$$

式中

$$\pi=p^{\beta}-p^{\alpha}$$

习　题

1-1　举例说明什么是摩尔量，什么是偏摩尔量？

1-2　什么是活度，什么是活度标准状态？举例说明活度标准状态。

1-3　为什么要引入活度？说明其意义。如何选择活度的标准状态？

1-4　举例说明活度系数间的关系。

1-5　什么是理想溶液，什么是稀溶液？

1-6　何谓渗透压，何谓渗透系数？说明渗透压和活度系数的关系。

2 非电解质溶液理论

非电解质溶液理论是1837年范德瓦耳斯（van der Waals）给出的状态方程，该方程阐明了流体（气体与液体）内分子间斥力和吸力与p、V、T的关系。之后，许多学者先后提出了各种非电解质溶液理论。但是，适用于非电解质溶液的模型比电解质溶液的模型更不成熟。这是因为：（1）有机溶液的组成要比电解质溶液复杂；（2）组成有机溶液的分子大小、形状相差悬殊，这影响它们在溶液中的排布及其相互作用；（3）有机相中有的组元具有较强的极性及氢键缔合等；（4）有机溶液各组元浓度变化的幅度大；（5）溶剂种类多，且多为混合溶剂。

2.1 斯凯特洽尔德-海尔德布元德理论的统计力学基础

斯凯特洽尔德（Scatchard）在1931年、海尔德布元德（Hildebrand）在1933年分别推导了混合溶液内分子间相互作用能的公式，斯凯特洽尔德的推导方法比较抽象，而海尔德布元德的工作物理意义清晰，下面介绍他的推导。

2.1.1 分子的平均势能公式

对于一纯液体，从统计力学可以得出1mol分子的总势能方程式

$$U=\frac{2\pi N_{\mathrm{A}}^{2}}{V}\int_{0}^{\infty}u(r)\,g(r)\,r^{2}\mathrm{d}r \tag{2.1}$$

式中，$g(r)$为分子的径向分布函数；$u(r)$为一对分子间的势能（包括分子间的斥力和吸力）；N_{A}为阿伏伽德罗常数；V为纯液体的摩尔体积。

对于一个由n_1摩尔组元1和n_2摩尔组元2所组成的混合溶液，其势能可近似处理为1-1、2-1、2-2所有分子对的势能之和。令g_{11}为1-1对的分布函数，即在分子1周围找到分子1的概率；g_{12}为以分子1为中心的1-2对的分布函数，即在分子1周围找到分子2的概率；g_{21}和g_{22}有类似的意义。令u_{11}、u_{12}、u_{21}、u_{22}为上述各种分子对的势能，则混合溶液的总势能U为

$$U=2\pi N_{\mathrm{A}}^{2}\left[\frac{n_1}{V_1}\int_{0}^{\infty}u_{11}g_{11}\,r^{2}\mathrm{d}r+\frac{n_1}{V_2}\int_{0}^{\infty}u_{12}g_{12}\,r^{2}\mathrm{d}r+\frac{n_2}{V_1}\int_{0}^{\infty}u_{21}g_{21}\,r^{2}\mathrm{d}r+\frac{n_2}{V_2}\int_{0}^{\infty}u_{22}g_{22}\,r^{2}\mathrm{d}r\right] \tag{2.2}$$

上式包含一个假定，即混合过程体积不变，每一种分子所占有的体积和纯物质相同，因此式中V均采用相应纯液态物质的摩尔体积V_1和V_2。

2.1.2 分子对的势能函数

假定各种类型的分子对的势能均可用同样形式的势能函数描述，例如，临纳德-琼斯

（Lennard-Jones）势能函数

$$u(r)=4\varepsilon^*\left[\left(\frac{\sigma}{r}\right)^{12}-\left(\frac{\sigma}{r}\right)^{6}\right] \tag{2.3}$$

式中，ε^*、σ 为各分子对的特征常数，其中 ε^* 相当于平衡位置的最低势能，σ 为分子间势能等于零的距离。若 i、j 两种分子均为非极性分子，则分子间吸引能可按伦敦（London）色散力公式计算

$$u_{ij}=\frac{3}{2}\frac{\alpha_i\alpha_jI_iI_j}{r^6(I_i+I_j)}=\frac{k_{ij}}{r^6} \tag{2.4}$$

式中，α 和 I 分别为分子极化率和第一电离势，即

$$k_{ij}=\frac{3}{2}\frac{\alpha_i\alpha_jI_iI_j}{I_i+I_j}$$

$$\varepsilon_{ij}^*=\frac{k_{ij}}{4\sigma_{ij}^6}=\frac{3}{8}\frac{\alpha_i\alpha_jI_iI_j}{\sigma_{ij}^6(I_i+I_j)}$$

对纯物质，即 $i=j$，有

$$u_{ii}=\frac{3}{4}\frac{\alpha_i^2I_i}{r^6}=\frac{k_{ii}}{r^6}$$

$$k_{ii}=\frac{3}{4}\alpha_i^2I_i$$

$$\varepsilon_{ii}^*=\frac{k_{ii}}{4\sigma_{ii}^6}=\frac{3}{16}\frac{\alpha_i^2I_i}{\sigma_{ii}^6}$$

$$u_{jj}=\frac{k_{jj}}{r^6}$$

$$k_{jj}=\frac{3}{4}\alpha_j^2I_j$$

$$\varepsilon_{jj}^*=\frac{k_{jj}}{4\sigma_{jj}^6}=\frac{3}{16}\frac{\alpha_j^2I_j}{\sigma_{jj}^6}$$

得

$$\left.\begin{aligned}\varepsilon_{ij}^*\sigma_{ij}^6&=\frac{2\sqrt{I_iI_j}}{I_i+I_j}(\sigma_{ii}^3\sigma_{jj}^3)\sqrt{\varepsilon_{ii}^*\varepsilon_{jj}^*}\\ k_{ij}&=\frac{2\sqrt{I_iI_j}}{I_i+I_j}\sqrt{k_{ii}k_{jj}}\end{aligned}\right\} \tag{2.5}$$

假设

$$I_i+I_j\simeq 2\sqrt{I_iI_j}$$

以及

$$\sigma_{ij}=\sqrt{\sigma_{ii}\sigma_{jj}}$$

则式（2.5）进一步化简为

$$\left.\begin{aligned} \varepsilon_{ij}^{*} &= \sqrt{\varepsilon_{ii}^{*}\varepsilon_{jj}^{*}} \\ k_{ij} &= \sqrt{k_{ii}k_{jj}} \end{aligned}\right\} \tag{2.6}$$

式（2.6）称为几何中项定律。

2.1.3 分子的径向分布函数

在混合溶液中，分子径向分布函数 $g_{ij}(r)$ 除了与 r 有关外，还与溶液的浓度有关。例如，在分子 1 周围找到分子 1 的概率要看所有分子 1 所占体积与所有分子 2 所占体积的比例。为此引入一种新的浓度标度，称为体积分数 φ，其定义为

$$\varphi_i = \frac{n_i V_i}{\sum_i n_i V_i} \tag{2.7}$$

式中，V_i 为组元 i 的摩尔体积；n_i 为组元 i 的物质的量。对于二元系

$$\varphi_1 = \frac{n_1 V_1}{n_1 V_1 + n_2 V_2} \tag{2.8}$$

$$\varphi_2 = \frac{n_2 V_2}{n_1 V_1 + n_2 V_2} \tag{2.9}$$

为了消除 g_{ij} 中的浓度因素，引入一个与浓度无关的新的径向分布函数 g_{ij}^{*}，定义为

$$g_{ij}(r) = g_{ij}^{*}(r)\,\varphi_{ij} \tag{2.10}$$

式（2.10）的物理意义为在距中心分子 i 为 r 处找到分子 j 的概率与分子 j 的体积分数 φ_j 成正比。若 r 很大，分子间作用力可忽略不计，则

$$g_{ij(r=\infty)} = \varphi_j$$

$$g_{ij(r=\infty)}^{*} = \frac{g_{ij(r=\infty)}}{\varphi_j} = 1$$

对于二元系

$$g_{21} = g_{21}^{*}\varphi_1\ ,\ g_{11} = g_{11}^{*}\varphi_1$$

$$g_{21(r=\infty)} = g_{11(r=\infty)} = \varphi_1$$

$$g_{12} = g_{12}^{*}\varphi_2\ ,\ g_{22} = g_{22}^{*}\varphi_2$$

$$g_{12(r=\infty)} = g_{22(r=\infty)} = \varphi_2$$

由上式可以看出：若 $\varphi_1 = 1$, $g_{11} = g_{11}^{*}$；若 $\varphi_2 = 1$, $g_{22} = g_{22}^{*}$。所以可以认为：在混合溶液中，g_{11}^{*} 值和纯液体 1 的 g_1 值相等，g_{22}^{*} 值和纯液体 2 的 g_2 值相等。即

$$g_{11}^{*} = g_1\ ,\ g_{22}^{*} = g_2 \tag{2.11}$$

由于 g_{ij}^{*} 与浓度无关，假定

$$\frac{g_{12}(r)}{g_{21}(r)} = \frac{\varphi_2}{\varphi_1}$$

得

$$g_{21}^{*}(r) = g_{12}^{*}(r) \tag{2.12}$$

将上述各式代入式（2.1），可简化混合液总势能 U 的公式。

2.1.4 斯凯特洽尔德-海尔德布元德方程

由式（2.1），得

$$U = 2\pi N_A^2\left(\frac{n_1\varphi_1}{V_1}\int_0^\infty u_{11}\, g_{11}^*\, r^2\mathrm{d}r + \frac{n_1\varphi_2}{V_2}\int_0^\infty u_{12}\, g_{12}^*\, r^2\mathrm{d}r + \frac{n_2\varphi_1}{V_1}\int_0^\infty u_{21}g_{21}^* r^2\mathrm{d}r + \frac{n_2\varphi_2}{V_2}\int_0^\infty u_{22}g_{22}^* r^2\mathrm{d}r\right)$$

$$= 2\pi N_A^2(n_1V_1 + n_2V_2)\left(\frac{\varphi_1^2}{V_1^2}\int_0^\infty u_{11}g_{11}^*\, r^2\mathrm{d}r + \frac{2\varphi_1\varphi_2}{V_1V_2}\int_0^\infty u_{12}g_{12}^*\, r^2\mathrm{d}r + \frac{\varphi_2^2}{V_2^2}\int_0^\infty u_{22}g_{22}^*\, r^2\mathrm{d}r\right) \tag{2.13}$$

由式（2.1）得混合前后两纯液体的总势能为

$$U_1 + U_2 = 2\pi N_A^2\left(\frac{n_1}{V_1}\int_0^\infty u_{11}g_1\, r^2\mathrm{d}r + \frac{n_2}{V_2}\int_0^\infty u_{22}g_2 r^2\mathrm{d}r\right)$$

$$= 2\pi N_A^2(n_1V_1 + n_2V_2)\left(\frac{\varphi_1}{V_1^2}\int_0^\infty u_{11}g_1\, r^2\mathrm{d}r + \frac{\varphi_2}{V_2^2}\int_0^\infty u_{22}g_2\, r^2\mathrm{d}r\right) \tag{2.14}$$

式（2.13）与式（2.14）相减得混合过程的总势能变化，即过剩内能为

$$U^{ex} = U - (U_1 - U_2)$$

$$= 2\pi N_A^2(n_1V_1 + n_2V_2)\left[\frac{\varphi_1^2}{V_1^2}\int_0^\infty u_{11}(g_{11}^* - g_1)\, r^2\mathrm{d}r + \frac{\varphi_2^2}{V_2^2}\int_0^\infty u_{22}(g_{22}^* - g_2)\, r^2\mathrm{d}r + \varphi_1\varphi_2\left(\frac{2}{V_1V_2}\int_0^\infty u_{12}\, g_{12}^*\, r^2\mathrm{d}r - \frac{1}{V_1^2}\int_0^\infty u_{11}g_1\, r^2\mathrm{d}r - \frac{1}{V_2^2}\int_0^\infty u_{22}g_2\, r^2\mathrm{d}r\right)\right] \tag{2.15}$$

在上式推导过程中，应用了关系式

$$\varphi_1 + \varphi_2 = 1\ ,\ U_{12} = U_{21}$$

$$u_{11} = \varphi_1u_{11} + \varphi_2u_{11}\ ,\ u_{22} = \varphi_1u_{22} + \varphi_2u_{22}$$

再将式（2.11）代入式（2.15），得

$$U^{ex} = U - (U_1 - U_2)$$

$$= 2\pi N_A^2(n_1V_1 + n_2V_2)\varphi_1\varphi_2\left[\frac{2}{V_1V_2}\int_0^\infty u_{12}\, g_{12}^*\, r^2\mathrm{d}r - \frac{1}{V_1^2}\int_0^\infty u_{11}g_1\, r^2\mathrm{d}r - \frac{1}{V_2^2}\int_0^\infty u_{22}g_2\, r^2\mathrm{d}r\right] \tag{2.16}$$

再将式（2.3）代入上式中每项的积分部分，得

$$\int_0^\infty u_{ij}\, g_{ij}^*\, r^2\mathrm{d}r = \int_0^\infty 4\varepsilon_{ij}^*\left[\left(\frac{\sigma_{ij}}{r}\right)^{12} - \left(\frac{\sigma_{ij}}{r}\right)^6\right]g_{ij}^*\, r^2\mathrm{d}r$$

$$= 4\varepsilon_{ij}^*\,\sigma_{ij}^3\int_0^\infty\left[\left(\frac{\sigma_{ij}}{r}\right)^{12} - \left(\frac{\sigma_{ij}}{r}\right)^6\right]g_{ij}^*\,\left(\frac{r}{\sigma_{ij}}\right)^2\mathrm{d}\left(\frac{r}{\sigma_{ij}}\right) \tag{2.17}$$

进一步假设与浓度无关的径向分布函数 g_{ij}^* 也是 (r/σ_{ij}) 的普适函数（分子特性隐含于变量 σ_{ij} 中），可得

$$\int_0^\infty u_{ij} g_{ij}^* r^2 \mathrm{d}r = -K\varepsilon_{ij}^* \sigma_{ij}^3 \tag{2.18}$$

式中，K 是与一对分子本性无关的普适常数，引入负号是考虑到 u 是负数，而 ε^*、σ、K 均为正值。

将式（2.18）代入式（2.16），得

$$U^{\mathrm{ex}} = 2\pi N_{\mathrm{A}}^2 (n_1 V_1 + n_2 V_2) \varphi_1 \varphi_2 \left[-\frac{2}{V_1 V_2} \varepsilon_{12}^* \sigma_{12}^3 + \frac{1}{V_1^2} \varepsilon_{11}^* \sigma_{11}^3 + \frac{1}{V_2^2} \varepsilon_{22}^* \sigma_{22}^3 \right] K \tag{2.19}$$

应用几何中项定律，将式（2.6）代入上式，得

$$\begin{aligned} U^{\mathrm{ex}} &= 2\pi N_{\mathrm{A}}^2 (n_1 V_1 + n_2 V_2) \varphi_1 \varphi_2 \left[-\frac{2}{V_1 V_2} (\varepsilon_{11}^* \varepsilon_{22}^*)^{1/2} (\sigma_{11} \sigma_{22})^{3/2} + \right. \\ &\quad \left. \frac{1}{V_1^2} \sigma_{11}^* \sigma_{11}^3 + \frac{1}{V_2^2} \sigma_{22}^* \sigma_{22}^3 \right] K \\ &= 2\pi N_{\mathrm{A}}^2 (n_1 V_1 + n_2 V_2) \varphi_1 \varphi_2 \left(\frac{\sqrt{\varepsilon_{11}^* \sigma_{11}^3}}{V_1} - \frac{\sqrt{\varepsilon_{22}^* \sigma_{22}^3}}{V_2} \right)^2 K \end{aligned} \tag{2.20}$$

由纯液体 i 汽化变为理想气体的摩尔汽化热为

$$\Delta E_i^{\mathrm{v}} = -\frac{2\pi N_{\mathrm{A}}^2}{V_i} \int_0^\infty u_{ii}(r) g_i(r) r^2 \mathrm{d}r = \frac{2\pi N_{\mathrm{A}}^2}{V_i} K \varepsilon_{ii}^* \sigma_{ii}^3 \tag{2.21}$$

式中，V_i 为纯液体 i 的摩尔体积，从而得到

$$\Delta E_1^{\mathrm{v}} = -\frac{2\pi N_{\mathrm{A}}^2}{V_1} K \varepsilon_{11}^* \sigma_{11}^3$$

$$\Delta E_2^{\mathrm{v}} = -\frac{2\pi N_{\mathrm{A}}^2}{V_2} K \varepsilon_{22}^* \sigma_{22}^3$$

代入式（2.20），得

$$U^{\mathrm{ex}} = (n_1 V_1 + n_2 V_2) \varphi_1 \varphi_2 \left[\left(\frac{\Delta E_1^{\mathrm{v}}}{V_1} \right)^{1/2} - \left(\frac{\Delta E_2^{\mathrm{v}}}{V_2} \right)^{1/2} \right]^2 \tag{2.22}$$

式（2.22）称为斯凯特洽尔德-海尔德布元德方程，它将混合溶液的过剩内能与纯液体的摩尔体积、摩尔汽化热及体积分数关联在一起，回避了较为困难的 $g_{ij}^*(r)$ 值的直接求解和较为复杂的 $\int_0^\infty u_{ij} g_{ij}^* r^2 \mathrm{d}r$ 的直接积分。

式（2.22）中的 $(\Delta E_i^{\mathrm{v}}/V_i)^{1/2}$ 为单位体积纯液体的汽化热的平方根。它是计算混合溶液中热力学函数及组元活度系数的一个重要参数，因此专门取名为该纯液体的溶解度参数，以 δ_i 表示

$$\delta_i = \left(\frac{\Delta E_i^{\mathrm{v}}}{V_i} \right)^{1/2} \tag{2.23}$$

将式（2.23）代入式（2.22），得

$$U^{\mathrm{ex}} = (n_1 V_1 + n_2 V_2) \varphi_1 \varphi_2 (\delta_1 - \delta_2)^2 \tag{2.24}$$

令

$$A_{12} = (\delta_1 - \delta_2)^2 \tag{2.25}$$

将式（2.25）代入式（2.24），得

$$U^{ex} = (n_1V_1 + n_2V_2)\varphi_1\varphi_2A_{12} \tag{2.26}$$

式中，A_{12} 称为斯凯特洽尔德–海尔德布元德方程端值常数。

式（2.22）中的 $\Delta E_i^v/V_i$（即 δ_i^2）称为内聚能密度，以 C_{ii} 表示

$$C_{ii} = \frac{\Delta E_i^v}{V_i} = \delta_i^2 = \frac{2\pi N_A^2}{V_i^2}K\varepsilon_{ii}^*\sigma_{ii}^3 \tag{2.27}$$

可以将内聚能密度的概念推广应用到不同分子的分子对，则得

$$C_{ij} = \frac{2\pi N_A^2}{V_iV_j}K\varepsilon_{ij}^*\sigma_{ij}^3 \tag{2.28}$$

代入式（2.19），得

$$U^{ex} = (n_1V_1 + n_2V_2)\varphi_1\varphi_2(C_{11} + C_{22} - 2C_{12}) \tag{2.29}$$

由式（2.24），得

$$U^{ex} = (n_1V_1 + n_2V_2)\varphi_1\varphi_2(C_{11}^{1/2} - C_{22}^{1/2})^2 \tag{2.30}$$

比较式（2.29）和式（2.30），得

$$C_{12} = \sqrt{C_{11}C_{22}} \tag{2.31}$$

式（2.31）与式（2.6）类似，也称几何中项定律。它是液体混合物的内聚能密度所必须遵循的混合规则，也是斯凯特洽尔德-海尔德布元德理论借以简化计算的基本假设。

2.1.5 规则溶液

1929 年海尔德布元德发现 I_2 与某些非极性溶剂的混合过程中，$S^{ex}=0$，$V^{ex}=0$，他称这种溶液为规则溶液，并且定义："极少量的一个组元从理想溶液转移到具有相同组成的溶液，如果没有熵的变化，并且总的体积不变，后者就叫作规则溶液。"这个定义的含义是：规则溶液的混合熵与理想溶液一样，在混合过程中的过剩 Gibbs 自由能等于过剩内能的变化，有

$$G^{ex} = H^{ex} - TS^{ex} = U^{ex} + PV^{ex} - TS^{ex}$$

由于

$$V^{ex} = 0\,,\ S^{ex} = 0$$

所以，根据式（2.24）可得：

$$G^{ex} = (n_1V_1 + n_2V_2)\varphi_1\varphi_2(\delta_1 - \delta_2)^2 \tag{2.32}$$

从式（2.32）即可求出活度系数为

$$\left.\begin{aligned} \ln f_1 &= \frac{1}{RT}\frac{\partial G^{ex}}{\partial n_1} = V_1\varphi_2^2(\delta_1 - \delta_2)^2/(RT) \\ \ln f_2 &= \frac{1}{RT}\frac{\partial G^{ex}}{\partial n_2} = V_2\varphi_1^2(\delta_1 - \delta_2)^2/(RT) \end{aligned}\right\} \tag{2.33}$$

式（2.33）表明，可以利用纯组分的溶解度参数和摩尔体积以及溶液中组分的体积分数预测活度系数。此式还表明：f_i 总是大于 1，并且当 δ_1 与 δ_2 差别越大时，f_i 越大。可见，斯凯特洽尔德-海尔德布元德公式只能适用于正偏差溶液。

2.1.6 溶解度参数的物理意义

溶解度参数的物理意义可以从热力学来解释。根据热力学第一、第二定律：

$$dU = \delta Q - \delta W = TdS - PdV$$

$$\left(\frac{\partial U}{\partial V}\right)_T = T\left(\frac{\partial S}{\partial V}\right)_T - P = T\left(\frac{\partial P}{\partial T}\right)_V - P$$

由范德瓦尔斯状态方程

$$\left(P + \frac{a}{V^2}\right)(V - b) = RT$$

得

$$P = \frac{RT}{V - b} - \frac{a}{V^2}$$

代入上式得

$$\left(\frac{\partial U}{\partial V}\right)_T = \frac{RT}{V - b} - P = \frac{a}{V^2}$$

$$dU = a\frac{dV}{V^2}$$

$$U = -\frac{a}{V} + c$$

利用边界条件：当 $V = \infty$ 时，$U = 0$，代入上式，得：$c = 0$，从而得出

$$U = -\frac{a}{V} \tag{2.34}$$

对纯液体 i，有

$$\left(\frac{\partial U_i}{\partial V_i}\right)_T = \frac{a_i}{V_i^2} = -\frac{U_i}{V_i} = \frac{\Delta E_i^{\mathrm{v}}}{V_i} = \delta_i^2 \tag{2.35}$$

由于 $\frac{a_i}{V_i}$ 为液体 i 的内压力，所以溶解度参数 δ_i 可以近似地作为衡量液体 i 内压力的一种尺度。

溶解度参数的实用意义可用式（2.33）来进一步阐明：

$$\ln f_1 = V_1\varphi_2^2(\delta_1 - \delta_2)^2/(RT)$$

$$\ln a_1 = \ln x_1 + \frac{V_1\varphi_2^2(\delta_1 - \delta_2)^2}{RT} \tag{2.36}$$

设一体系由分层的两液相组成（见图2.1），上层液相可看成为纯组元1，其中溶解的组元2很少，下层的主要组元2（可当作溶剂），组元1可溶入其内（当作溶质）。当两相达平衡时，组元1在两相中的活度相等。由于上层液相中组元2很少，所以 $a_1 = 1$，代入式（2.36），得

$$\ln x_1 = -\frac{V_1\varphi_2^2(\delta_1 - \delta_2)^2}{RT} \tag{2.37}$$

图2.1　溶解度参数的应用示意图——分层的两液相

式中，x_1 代表下层液相中组元1的分子分数。由式（2.37）可以看出，当 $\delta_1 \simeq \delta_2$ 时，$\ln x_1 = 0$，即 $x_1 = 1$，即下层液相中可无限制地溶解组元1；当 $\delta_1 - \delta_2$ 值越大，则 x_2 值越小，组

元1在下层液相中的溶解度也就越小，从而可以用溶解度参数定性地估计两种液体的相互溶解度，“溶解度参数”这个名词也就由此得来；若两种液体的溶解度参数值越相近，则互溶度越大，“相似者相容”原理的理论依据也就在于此。

2.2 斯凯特洽尔德-海尔德布元德理论在萃取中的应用

2.2.1 物理萃取过程

研究溶质c在互不相溶的有机溶剂o和水aq两相间的平衡分配。设该溶质在两相中处于同一化学状态，即不与溶剂和水起化学反应，该溶质本身也没有聚合或解离现象发生，则两相达成平衡，该溶质在两相中的活度相等，即

$$\left.\begin{aligned} a_{c,o} &= a_{c,aq} \\ x_{c,o} f_{c,o} &= x_{c,aq} f_{c,aq} \end{aligned}\right\} \tag{2.38}$$

若式（2.33）对有机相和水相均适用，两相分别为二元系，则

$$\left.\begin{aligned} \ln f_{c,o} = \ln \frac{a_{c,o}}{x_{c,o}} &= \frac{V_c\,\varphi_o^2\,(\delta_c - \delta_o)^2}{RT} \\ \ln f_{c,aq} = \ln \frac{a_{c,aq}}{x_{c,aq}} &= \frac{V_c\,\varphi_{aq}^2\,(\delta_c - \delta_{aq})^2}{RT} \end{aligned}\right\} \tag{2.39}$$

式中，$a_{c,o}$、$x_{c,o}$、$f_{c,o}$ 分别表示溶质c在有机相中的活度、分子分数和活度系数；$a_{c,aq}$、$x_{c,aq}$、$f_{c,aq}$ 分别表示溶质c在水相中的活度、分子分数和活度系数。溶质c在两相的分配系数 D_c 为

$$D_c = \frac{x_{c,o}}{x_{c,aq}} \tag{2.40}$$

将式（2.39）代入式（2.40），得

$$\ln D_c = \frac{V_c}{RT}[\varphi_{aq}^2(\delta_c - \delta_{aq})^2 - \varphi_o^2(\delta_c - \delta_o)^2] \tag{2.41}$$

若溶质c在两相中的浓度很低，可近似认为：$\varphi_o \simeq 0$，$\varphi_{aq} \simeq 1$，式（2.41）即可简化为

$$\ln D_c = \frac{V_c}{RT}(\delta_{aq} + \delta_o - 2\delta_c)(\delta_{aq} - \delta_o) \tag{2.42}$$

瓦卡哈雅希（Wakahayashi）等人曾用式（2.42）预测了8-羟基喹啉、β-二酮（如乙酰丙酮、三氯乙酰丙酮和噻吩甲酰三氟丙酮）在十几种有机溶剂和水之间的分配数据，其计算值与实验值相符。

西凯斯凯（Siekieski）和奥尔斯泽（Olszer）提议，选择一有机溶剂s作为标准，则溶质c在有机溶剂s和水中的分配系数应为

$$\ln D_c = \ln \frac{x_{c,s}}{x_{c,aq}} = \frac{V_c}{RT}[\varphi_{aq}^2\,(\delta_c - \delta_{aq})^2 - \varphi_s^2\,(\delta_c - \delta_s)^2] \tag{2.43}$$

合并式（2.41）和式（2.43），若溶质c在两相中的浓度很低，则可近似认为 $\varphi_s = 1$，

$\varphi_{aq}=1$，得

$$\ln\frac{(D_c)_{o/aq}}{(D_c)_{s/aq}}=\frac{V_c}{RT}[\varphi_s^2(\delta_c-\delta_s)^2-\varphi_o^2(\delta_c-\delta_o)^2]$$
$$=\frac{V_c}{RT}[(\delta_c-\delta_s)^2-(\delta_c-\delta_o)^2] \tag{2.44}$$

式中，$(D_c)_{o/aq}$ 为溶质 c 在有机溶剂 o 和水相两相之间的分配系数；$(D_c)_{s/aq}$ 为溶质 c 在有机溶剂 s 和水两相之间的分配系数。由式（2.44）可见，该式中已不再出现与水的溶解度参数 δ_{aq} 有关的项。若有机相能满足式（2.44），则以 $\lg\frac{(D_c)_{o/aq}}{(D_c)_{s/aq}}$ 对 δ_o 作图，可以得到一条抛物线。Siekieski 和 Olszer 采用浓度低于 10^{-4}mol/L 的 Ge 作为标记原子对共价键分子 $GeCl_4$、$GeBr_4$、GeI_4 在 18 种惰性有机溶剂与 HCl、HBr、HI 水相间的分配进行了实验测定，以正己烷作为标准，作图得到了三条抛物线（见图 2.2），这证实了 GeX_4 的三种共价键化合物在有机相中能满足斯凯特洽尔德-海尔德布元德公式。图 2.2 中曲线采用的溶质摩尔体积 V_c 分别为：$GeCl_4$ 为 114cm³/mol（虚线为 128.2cm³/mol）；$GeBr_4$ 为 131cm³/mol；GeI_4 为 134cm³/mol。溶质的溶解度参数 δ_c 分别为：$GeCl_4$ 为 32.9（kJ/cm³）$^{1/2}$；$GeBr_4$ 为 36.3（kJ/cm³）$^{1/2}$；GeI_4 为 40.9（kJ/cm³）$^{1/2}$。

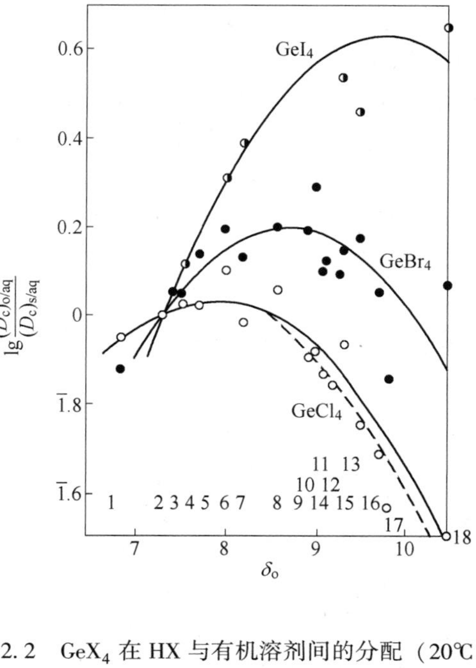

图 2.2 GeX_4 在 HX 与有机溶剂间的分配（20℃）

1—i-C_8H_{18}；2—n-C_6H_{14}；3—n-C_7H_{16}；4—n-C_8H_{18}；5—n-$C_{10}H_{22}$；6—n-$C_{16}H_{34}$；7—C_6H_{12}；8—CCl_4；9—$C_6H_5CH_3$；10—$OC_6H_4(CH_3)_2$；11—cis-CHCl═CHCl；12—C_6H_6；13—$CHCl_3$；14—CHCl═CCl_2；15—C_6H_5Cl；16—$CHCl_2CHCl_2$；17—CH_2ClCH_2Cl；18—$CHBr_3$

2.2.2　化学萃取过程

对金属溶剂萃取体系，彼德文科（ВДОВЕНКО）应用了斯凯特洽尔德-海尔德布元德理论。对有化学反应

$$m\mathrm{M}_{\mathrm{aq}} + n\mathrm{A}_{\mathrm{o}} \rightleftharpoons (\mathrm{A}_n\mathrm{M}_m)_{\mathrm{o}}$$

的萃取体系，推导得出如下的计算公式

$$\begin{aligned}\ln D_{\mathrm{M}} &= \ln \frac{(c_{\mathrm{M}})_{\mathrm{o}}}{(c_{\mathrm{M}})_{\mathrm{aq}}} \\ &= \frac{2}{RT}(V_{\mathrm{M}}\delta_{\mathrm{M}} - nV_{\mathrm{A}}\delta_{\mathrm{A}})\delta_{\mathrm{d}} + (nV_{\mathrm{A}} - V_{\mathrm{M}})\left(\frac{\delta_{\mathrm{d}}^2}{RT} - \frac{1}{V_{\mathrm{d}}}\right) + k \qquad (2.45)\end{aligned}$$

式中，c_{M} 为金属 M 的体积摩尔浓度；D_{M} 为以体积摩尔浓度表示的金属 M 在两相中的分配系数；V、δ 分别代表纯液态物质时的摩尔体积及溶解度参数；下角标 A 代表萃取剂，d 代表稀释剂；$\mathrm{A}_n\mathrm{M}_m$ 表示在有机相中存在的金属萃合物；V_{M}、δ_{M} 分别代表 $\mathrm{A}_n\mathrm{M}_m$ 的液态摩尔体积和溶解度参数。

推导式（2.45）时假定金属 M 及萃取剂 A 均为微量。在计算有机相中金属萃合物的活度系数时，假定有机相为稀释剂和金属萃合物组成的二元系；在计算有机相中萃取剂的活度系数时，假定有机相为稀释剂和萃取剂组成的二元系；且假定在不同稀释剂的实验条件下，所有水相的组成保持不变。

由上可见，斯凯特洽尔德-海尔德布元德理论无论对物理萃取还是化学萃取，均有一定的适用性，但其应用范围均限于：（1）二元系；（2）溶质为微量组分；（3）正偏差非理想溶液。而在湿法冶金所广为应用的金属溶剂萃取体系则大都为多组分的化学萃取。金属溶质为常量组元，无论是水相还是有机相中的组元，均具有较强的极性。由斯凯特洽尔德-海尔德布元德理论所得出的公式若局限在本章第 1 节所作的假定条件，显然不能满足上述要求，它只能用于各种不同稀释剂对萃取体系的分配系数进行近似的估算及选用上，而不能用于精确的定量计算及预测。

2.3　斯凯特洽尔德-海尔德布元德理论的改进

为了拓宽斯凯特洽尔德-海尔德布元德理论的应用领域，许多人进行了研究，介绍如下。

2.3.1　分子间作用能的修正

斯凯特洽尔德-海尔德布元德在推导其理论过程中基本假定之一是：液体混合物的内聚能密度必须满足几何中项定律（即式（2.31）），而此混合规则仅当体系中分子间只存在色散力的情况下才能得到近似满足。严格地说，斯凯特洽尔德-海尔德布元德理论仅适用于非极性分子组成的体系，这就限制了该理论的应用范围。在金属溶剂萃取体系中涉及的分子大都具有极性，体系内分子间吸引能除色散能外，还有定向能、诱导能以及氢键能。色散能、定向能和诱导能的表达式见表 2.1。氢键能目前尚无合适的表达式，此处暂不考虑，因此分子对的势能为

$$u_{ij}(r) = \frac{3}{2}\frac{\alpha_i\alpha_j I_i I_j}{\sigma_{ij}^6(I_i + I_j)}\left[\left(\frac{\sigma_{ij}}{r}\right)^{12} - \left(\frac{\sigma_{ij}}{r}\right)^6\right] - \frac{1}{r^6}\left(\frac{2\mu_i^2\mu_j^2}{3k_B T} + \alpha_i\mu_j^2 + \alpha_j\mu_i^2\right)$$

$$= 4\varepsilon_{ij}^*\left[\left(\frac{\sigma_{ij}}{r}\right)^{12} - \left(\frac{\sigma_{ij}}{r}\right)^6\right] - \frac{1}{r^6}\left(\frac{2\mu_i^2\mu_j^2}{3k_B T} + \alpha_i\mu_j^2 + \alpha_j\mu_i^2\right) \tag{2.46}$$

令

$$F = 1 + \frac{2\mu_i^2\mu_j^2}{3k_B T\varepsilon_{ij}^*(\sigma_{ij})^6} + \frac{\alpha_i\mu_j^2 + \alpha_j\mu_i^2}{4\varepsilon_{ij}^*(\sigma_{ij})^6} \tag{2.47}$$

$$(\sigma'_{ij})^6 = (\sigma_{ij})^6/F \tag{2.48}$$

$$\varepsilon_{ij}^{*\prime} = \varepsilon_{ij}^* F^2 \tag{2.49}$$

表 2.1 分子间色散能、定向能和诱导能的表达式

分子间作用能	两个不同分子间	两个相同分子间
色散能	$(u_{ij})_d = -\frac{3}{2}\frac{\alpha_i\alpha_j I_i I_j}{r^6(I_i + I_j)}$	$(u_{ij})_d = -\frac{3}{4}\frac{\alpha_i^2 I_i}{r^6}$
定向能	$(u_{ij})_p = -\frac{2}{3}\frac{\mu_i^2\mu_j^2}{k_B T r^6}$	$(u_{ij})_p = -\frac{2\mu_i^4\mu_j^2}{3k_B T r^6}$
诱导能	$(u_{ij})_{ix} = -\frac{\alpha_i\mu_j^2 + \alpha_j\mu_i^2}{r^6}$	$(u_{ij})_{ix} = -\frac{2\alpha_i\mu_j^2}{r^6}$

代入式（2.46），得

$$u_{ij}(r) = 4\varepsilon_{ij}^{*\prime}\left[\left(\frac{\sigma'_{ij}}{r}\right)^{12} - \left(\frac{\sigma'_{ij}}{r}\right)^6\right] \tag{2.50}$$

比较式（2.50）和式（2.3）可见，不论分子间存在定向力和诱导力与否，分子对势能函数的形式是相同的，只需用 $\varepsilon_{ij}^{*\prime}$ 代替 ε_{ij}^*，用 σ'_{ij} 代替 σ_{ij} 即可，式（2.17）及式（2.18）也相应地改写为

$$\int_0^\infty \varepsilon_{ij} g_{ij}^* r^2 \mathrm{d}r = 4\varepsilon_{ij}^{*\prime}\sigma_{ij}^{\prime 3}\int_0^\infty\left[\left(\frac{\sigma'_{ij}}{r}\right)^{12} - \left(\frac{\sigma'_{ij}}{r}\right)^6\right]g_{ij}^*\left(\frac{r}{\sigma'_{ij}}\right)^2\mathrm{d}\left(\frac{r}{\sigma'_{ij}}\right) = -K'\varepsilon_{ij}^{*\prime}\sigma_{ij}^{\prime 3} \tag{2.51}$$

由此可见，即使分子具有极性，斯凯特洽尔德-海尔德布元德理论的推导过程仍可适用，但是，几何中项定律（式（2.6）或式（2.31））不再满足，需对分子间作用能做如下的修正

$$C_{12} = \sqrt{C_{11}C_{22}}(1 - l_{12}) \tag{2.52}$$

式中，l_{12} 为分子间作用能的修正系数，是一个二元参数，其值可正可负。将式（2.52）及式（2.27）代入式（2.29），得

$$\left.\begin{aligned}\ln f_1 &= \frac{V_1\varphi_2^2}{RT}[(\delta_1 - \delta_2)^2 + 2l_{12}\delta_1\delta_2]\\ \ln f_2 &= \frac{V_2\varphi_1^2}{RT}[(\delta_1 - \delta_2)^2 + 2l_{12}\delta_1\delta_2]\end{aligned}\right\} \tag{2.53}$$

令

$$A_{12} = (\delta_1 - \delta_2)^2 + 2l_{12}\delta_1\delta_2 \tag{2.54}$$

得

$$\left.\begin{aligned}\ln f_1 &= \frac{V_1\varphi_2^2 A_{12}}{RT}\\ \ln f_2 &= \frac{V_2\varphi_1^2 A_{12}}{RT}\end{aligned}\right\} \tag{2.55}$$

式中，A_{12}为斯凯特洽尔德-海尔德布元德公式修正后的端值常数。当$A_{12} > 0$时，即为正偏差；当$A_{12} < 0$时，即为负偏差。

l_{12}的引入对预测结果相当敏感，特别是当δ_1与δ_2相差不大时。例如，设$T = 300\text{K}$，$V_1 = 100\text{cm}^3/\text{mol}$，$\delta_1 = 14.3\ (\text{J/cm}^3)^{1/2}$，$\delta_2 = 15.3\ (\text{J/cm}^3)^{1/2}$，在无限稀释即$\varphi_2 = 1$时，当$l_{12} = 0$、0.01和0.03时，预测所得的$r_1^\infty = 1.04$、1.24和1.77。图2.3是对2,2-二甲基丁烷-苯二元系在1个标准压力下相对挥发度α的预测。由图可见，当l_{12}仅为-0.015时，预测效果即显著改善。

$$\alpha = \frac{y_1(1 - x_1)}{x_1(1 - y_1)}$$

范克-普尧斯耐茨（Funk-Pransnitz）和曹等在对饱和烃-芳烃二元系的研究中发现，l_{12}随饱和烃的支链度r呈近似的线性关系（见图2.4）；图中r的定义为：

$$r = \frac{\text{饱和烃分子中甲基的数目}}{\text{饱和烃分子中碳原子总数}}$$

l_{12}均随着碳链的增长而增大，这表明由于正烷烃的碳链越长，它与磷酸三丁酯分子的作用能的增长将受到削弱，从而使C_{12}越小于$(C_{12}C_{22})^{1/2}$，见图2.5。

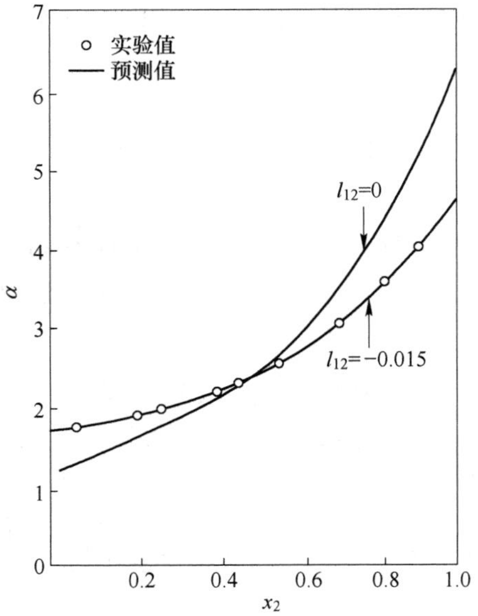

图2.3 2,2-二甲基丁烷(1)-苯(2) 二元系在0.1MPa下相对挥发度α的预测

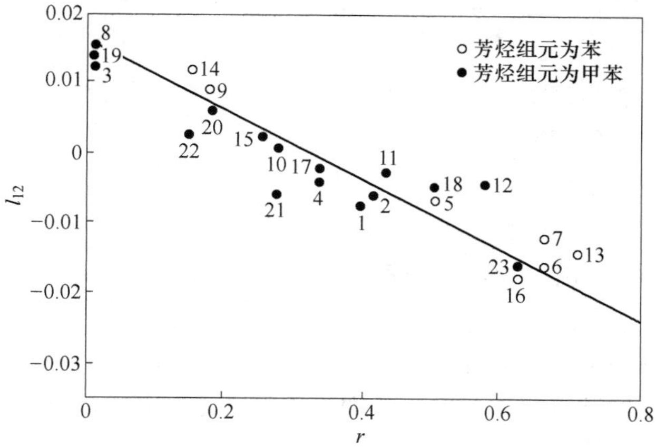

图 2.4　饱和烃-芳烃混合物在 50℃时 l_{12} 与支链度 r 的关联

1—n-C_5H_{12}；2—C_5H_{10}；3—$C_6H_{13}CH_3$；4—n-C_6H_{14}；5—$CH_3CH(CH_3)CH_2CH_2CH_3$；6—$CH_3C(CH_3)_2CH_2CH_3$；7—$CH_3CH(CH_3)CH(CH_3)CH_3$；8—C_6H_{12}；9—$C_5H_9CH_3$；10—n-C_7H_{16}；11—$CH_3CH_2CH(CH_3)CH_2CH_2CH_3$；12—$CH_3CH(CH_3)CH_2CH(CH_3)CH_3$；13—$CH_3C(CH_3)_2CH(CH_3)CH_3$；14—$C_6H_{11}CH_3$；15—$n$-$C_8H_{18}$；16—$CH_3C(CH_3)_2CH_2CH(CH_3)CH_3$；17—$n$-$C_6H_{14}$；18—$CH_3CH_2CH(CH_3)CH_2CH_3$；19—$C_8H_{12}$；20—$C_5H_9CH_3$；21—$n$-$C_7H_{16}$；22—$C_6H_{11}CH_3$；23—$CH_3C(CH_3)_2CH_2CH(CH_3)CH_3$

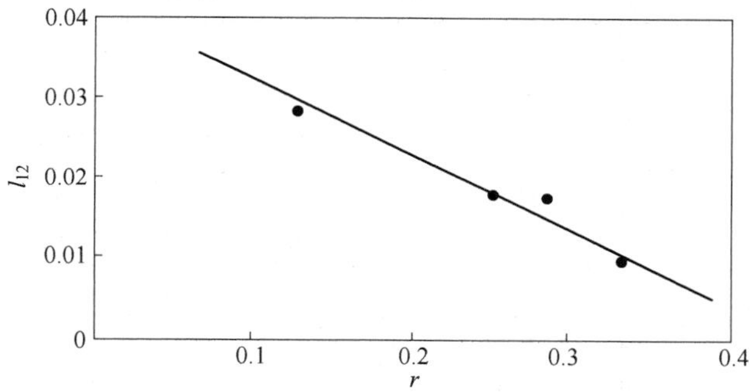

图 2.5　饱和烃-磷酸三丁酯在 25℃时 l_{12} 与支链度 r 的关联

由于修正系数 l_{12} 是对斯凯特洽尔德-海尔德布元德理论在推导过程中所作一系列近似假定的总修正，再加上各纯物质也没有准确的溶解度参数 δ_i 值（或 α_i、μ_i、I_i 值），特别是对湿法冶金中广为应用的萃取剂和金属萃合物，更缺乏上述数据，因此目前端值常数 A_{12}（或 l_{12}）真正的获得还主要依赖于实验数据的回归。

2.3.2　三维溶解度参数

为了将斯凯特洽尔德-海尔德布元德理论推广应用到极性分子体系，普尧斯耐茨（Prausnitz）等人提出了用“同态物”概念将分子的内聚能分解为非极性的色散能和极性的定向能。

$$\delta_i^2 = \frac{\Delta E_i^{\mathrm{v}}}{V_i} = \frac{\Delta H_i^{\mathrm{v}} - P\Delta V_i}{V_i} = \frac{\Delta H_i^{\mathrm{v}} - RT}{V_i} = \frac{E_{\mathrm{d}}}{V_i} + \frac{E_{\mathrm{p}}}{V_i} = \delta_{\mathrm{d}}^2 + \delta_{\mathrm{p}}^2 \tag{2.56}$$

式中，δ_{d} 为非极性色散溶解度参数；δ_{p} 为极性溶解度参数。因此，它们称为二维溶解度参数。对二元系，由式（2.54）得到

$$\begin{aligned} A_{12} &= (\delta_1 - \delta_2)^2 + 2l_{12}\delta_1\delta_2 \\ &= \delta_1^2 + \delta_2^2 - 2(1 - l_{12})\delta_1\delta_2 \\ &= (\delta_{1\mathrm{d}}^2 + \delta_{2\mathrm{p}}^2) + (\delta_{2\mathrm{d}}^2 + \delta_{2\mathrm{p}}^2) - 2(\delta_{1\mathrm{d}}\delta_{2\mathrm{d}} + \delta_{1\mathrm{p}}\delta_{2\mathrm{p}} + \psi_{12}) \\ &= (\delta_{1\mathrm{d}} - \delta_{2\mathrm{d}})^2 + (\delta_{1\mathrm{p}} - \delta_{2\mathrm{p}})^2 - 2\psi_{12} \end{aligned} \tag{2.57}$$

其后，汉森（Hansen）又提出了三维溶解度参数的概念，将液体分子的溶解度参数分解为色散、极化和氢键溶解度参数，从而将斯凯特恰尔德-海尔德布元德理论推广应用到带有氢键的液体分子体系。有

$$\begin{aligned} \delta_i^2 &= \frac{\Delta E_i^{\mathrm{v}}}{V_i} = \frac{E_{\mathrm{d}}}{V_i} + \frac{E_{\mathrm{p}}}{V_i} + \frac{E_{\mathrm{h}}}{V_i} \\ &= \delta_{\mathrm{d}}^2 + \delta_{\mathrm{p}}^2 + \delta_{\mathrm{h}}^2 \end{aligned} \tag{2.58}$$

$$A_{12} = (\delta_{1\mathrm{d}} - \delta_{2\mathrm{d}})^2 + (\delta_{1\mathrm{p}} - \delta_{2\mathrm{p}})^2 + (\delta_{1\mathrm{h}} - \delta_{2\mathrm{h}})^2 - 2\psi_{12} \tag{2.59}$$

表 2.2 列出了各种溶剂的 δ_{d} 、δ_{p}、δ_{h} 值。汉森的这种处理方法，在树脂成膜的溶剂配方中预测聚合物的溶解度是非常有用的，作为聚合物的优良溶剂应具有这样一组三维溶解度参数值：其位置应落在 δ_{d}-δ_{p}-δ_{h} 三维空间里该聚合物的三维溶解度参数值附近。

表 2.2　一些液体的三维溶解度参数值　　$((\mathrm{J/cm^3})^{1/2})$

化合物	δ	δ_{d}	δ_{p}	δ_{h}
CH_3COOH	10.5	7.10	3.9	6.6
$(CH_3)_2CO$	9.77	7.58	5.1	3.4
$C_6H_5NH_2$	11.04	9.53	2.5	5.0
C_6H_6	9.15	8.95	0.5	1.0
CCl_4	8.65	8.65	0	0
C_6H_5Cl	9.57	9.28	2.1	1.0
$CHCl_3$	9.21	8.65	1.5	2.8
C_6H_{12}	8.18	8.18	0	0
$(C_2H_5)_2NH$	7.96	7.30	1.1	3.0
C_2H_5OH	12.92	7.73	4.3	9.5
n-C_6H_{14}	7.24	7.23	0	0
CH_3OH	14.28	7.42	6.0	10.9
$C_2H_5NO_2$	10.62	8.60	6.0	2.0
$C_2H_5CH_3$	8.91	8.82	0.7	1.0
CCl_3CH_3	8.57	8.25	2.1	1.0
H_2O	23.5	6.0	15.3	16.7
$C_6H_4(CH_3)_2$	8.80	8.65	0.5	1.5

乌应弗尔斯（Wingefors）等人将极性溶解度参数剖分为定向溶解度参数和诱导溶解度参数，并提出了诱导及氢键两部分溶解度参数的另一种表达式

$$\begin{aligned}\delta_i^2 &= \frac{\Delta E_i^{\mathrm{v}}}{V_i} = \frac{E_{\mathrm{d}}}{V_i} + \frac{E_{\mathrm{p}}}{V_i} + \frac{E_{i\mathrm{h}}}{V_i} + \frac{E_{\mathrm{h}}}{V_i} \\ &= \delta_{\mathrm{d}}^2 + \delta_{\mathrm{p}}^2 + \delta_{i\mathrm{h}}^2 + \delta_{\mathrm{h}}^2 \\ &= \delta_{\mathrm{d}}^2 + \delta_{\mathrm{p}}^2 + k_l\delta_{\mathrm{d}}\delta_{\mathrm{p}} + \sigma\delta_{\mathrm{p}}\end{aligned} \tag{2.60}$$

$$\begin{aligned}A_{12} = {}&(\delta_{1\mathrm{d}} - \delta_{2\mathrm{d}})^2 + (\delta_{1\mathrm{p}} - \delta_{2\mathrm{p}})^2 + \\ &k_l(\delta_{1\mathrm{d}} - \delta_{2\mathrm{d}})(\delta_{1\mathrm{p}} - \delta_{2\mathrm{p}}) + (\sigma_1 - \sigma_2)(\delta_{1\mathrm{p}} - \delta_{2\mathrm{p}})\end{aligned} \tag{2.61}$$

$$k_l = \left(\frac{8k_{\mathrm{B}}T}{I_i}\right)^{1/2} \tag{2.62}$$

σ_i 为带有氢键的分子 i 给出质子的特性常数。式（2.61）右边第一项为色散项，第二项为定向项，第三项为诱导项，第四项为氢键项。乌应弗尔斯等人将诱导和氢键溶解度参数都当作定向溶解度参数的函数，并提出了对金属溶剂萃取体系测定这些溶解度参数的实验方法及计算非极性分子的色散溶解度参数 δ_{d} 的半经验公式。乌应弗尔斯等人求得的一些溶剂与金属络合物的三维溶解度参数值见表 2.3。

表 2.3　乌应弗尔斯剖分高溶解度参数值（k_l取 0.73）　　（$(\mathrm{J/cm^3})^{1/2}$）

化合物	$V_i/(\mathrm{cm^3/mol})^{1/2}$ (25℃)	δ_i	δ_{d}	δ_{p}	σ	$\sigma\delta_{\mathrm{p}}$	$\delta_{\mathrm{p}}^2 + k_l\delta_{\mathrm{d}}\delta_{\mathrm{p}}$
$n\text{-}C_6H_{14}$	131.6	14.88	14.88	0	0	0	0
$(n\text{-}C_4H_9)_2O$	170.4	15.88	15.22	1.6	0	0	20.4
C_6H_{12}	108.8	16.76	16.76	0	0	0	0
CCl_4	97.1	17.50	17.50	0	0	0	0
$i\text{-}C_4H_9COCH_3$	125.8	17.56	15.37	4.6	0	0	72.1
$C_6H_5CH_3$	106.9	18.27	18.21	0.1	0	0	1.7
C_6H_6	89.4	18.74	18.74	0	0	0	0
$CHCl_3$	80.7	18.74	17.70	0.7	41.1	28.7	9.5
C_6H_5CN	103.1	22.69	19.81	6.0	0	0	122.7
$Be(CH_3COCHCOOC_2H_5)_2$	175	22.8	21.9	1.8	1.7	3.06	32.0
$Cu(CH_3COCHCOOC_2H_5)_2$	166	24.0	23.1	2.0	2.1	4.2	37.7
$Zn(CH_3COCHCOOC_2H_5)_2$	167	21.8	21.0	1.6	5.0	8.0	27.1

黄明良提出的计算公式为

$$\delta = \left(\frac{\sum_i E_i}{V_i}\right)^{1/2} \tag{2.63}$$

式中，E_i 为构成化合物的基团 i 的摩尔内聚能；V_i 为基团 i 的摩尔体积。简单化合物中各基团的 E_i 值（称为内聚能的初级值）见表 2.4。对于那些较复杂的化合物，即那些能构成分子内氢键或具有空间位阻效应或共轭效应的化合物，则还需要考虑基团内聚能的次级值 E_i'（表 2.5）。黄明良提出以下一些经验规则。

表 2.4 各种基团 i 的初级内聚能值 E_i (J/mol)

基团	$—CH_3$	$—CH_2—$	$>CH—$	$>C<$	$=CH_3$	$=CH\cdots$	$=C<$	$≡C≡$
E_i	1340	1010	300	-600	1170	1130	200	-280
基团	—O—	—OH	$>C=O$	$—CH=O$	$—COO^-$	—COOH	$—NH_2$	$>NH$
E_i	1600	7220	4070	4130	4000	10340	3500	2000
基团	$>N—$	—CN	—S—	—SH	$—NO_2$	$—ONO_2$	—F	—Cl
E_i	1000	6040	3310	3700	6500	6800	2350	3000
基团	—Br	戊环	己环	苯环	噻吩	8-羟基喹啉		
E_i	3700	6600	7330	7450	7550	14730		

表 2.5 某些基团 i 的次级内聚能值 E_i' (J/mol)

基团	苯环	—OH	$>C=O$	$—CH=O$	$—COO^-$	$—NH_2$	—F①
E_i'	6000	5870	3500	3200	1500	3300	1380
基团	—F②	—Cl①	—Cl②	—Cl③	—Br①	—O—	
E_i'	1300	2500	2260	2000	3300	500	

① $—CX_2$ 或 $—CH(X)—CH(X)—$。

② $—CX_3$。

③ $—CX_2—CX_2—$。

(1) 简单的脂肪烃(烷烃、烯烃等)和环烃(脂肪烃、芳香烃)或仅带单个官能团的脂肪烃(如简单的醇、醚、酮、醛、酯、酸、胺等)或单卤代烷类,其溶解度参数计算公式为

$$\delta = \left(\frac{\sum_i E_i}{V}\right)^{1/2} + (n-3)\times 0.05 \tag{2.64}$$

式中,右边第二项为直链烷烃部分长度的修正值;n 为直链烷烃中碳原子数目,当 $n \leq 3$ 时,该项取零。

【例 2.1】 2-甲基庚烷的 $V = 164.5\text{cm}^3/\text{mol}$,则

$$\delta_{cal} = \left(\frac{3E_{CH_3} + 4E_{CH_2} + E_{CH}}{V}\right)^{1/2} + (7-3)\times 0.05$$
$$= 7.33(\text{J/cm}^3)^{1/2}$$

$$\delta_{ex}(\text{实验值}) = 7.34\ (\text{J/cm}^3)^{1/2}$$

对于带取代基的脂环烃或芳香烃,取代时部分结构改变,其 E_i 值应略加以修正。

【例 2.2】 丙基环己烷的 $V = 159.8\text{cm}^3/\text{mol}$，则

$$\delta_{cal} = \left(\frac{E_{己烷} + E_{CH_3} + 2E_{CH_2} - \Delta E}{V}\right)^{1/2} = 7.90\ (\text{J/cm}^3)^{1/2}$$

$$\Delta E = E_{CH_2} - E_{CH}$$

$$\delta_{ex}(实验值) = 7.94\ (\text{J/cm}^3)^{1/2}$$

苯环上每增加一个取代基，在不破坏苯环的大 π 键时，ΔE 值均取 100。

【例 2.3】 乙苯的 $V = 123.1\text{cm}^3/\text{mol}$，则

$$\delta_{cal} = \left(\frac{E_{苯} + E_{CH_3} + 2E_{CH_2} - 100}{V}\right)^{1/2} = 8.87\ (\text{J/cm}^3)^{1/2}$$

$$\delta_{ex} = 8.84\ (\text{J/ cm}^3)^{1/2}$$

（2）当化合物带有两个或两个以上的官能团和取代基，且它们之间能生成分子内氢键时，由于官能团的相互影响，造成该官能团的 E_i 值降低，因此对构成氢键的官能团应取其次级内聚能 E_i'。

【例 2.4】 乙二醇的 $V = 55.9\text{cm}^3/\text{mol}$，则

$$\delta_{cal} = \left(\frac{2E_{CH_2} + 2E'_{OH}}{V}\right)^{1/2} = 15.68(\text{J/cm}^3)^{1/2}$$

$$\delta_{ex} = 15.83\ (\text{J/cm}^3)^{1/2}$$

（3）若苯环上接某一亲电子取代基（如 F、Cl、Br、NO_2、CN、CHO 等），使苯环上电子云密度降低，因而造成苯环的内聚能下降，为此苯环应取其次级内聚能值 E_i'。

【例 2.5】 氯苯的 $V = 102.1\text{cm}^3/\text{mol}$ ，则

$$\delta_{cal} = \left(\frac{2E'_{苯} + E_{Cl} - 100}{V}\right)^{1/2} = 9.34\ (\text{J/cm}^3)^{1/2}$$

$$\delta_{ex} = 9.67\ (\text{J/cm}^3)^{1/2}$$

（4）由于空间位阻而造成内聚能下降，如两个或两个以上卤素原子在同一碳原子或相邻碳原子上，由于互相靠近其电子云相斥卤原子的内聚能下降，所以也应采用次级内聚能值 E_i'。

【例 2.6】 四氯乙烯的 $V = 102.7\text{cm}^3/\text{mol}$，则

$$\delta_{cal} = \left(\frac{4E'_{Cl} + 2E_{-Cl=}}{V}\right)^{1/2} = 9.04\ (\text{J/cm}^3)^{1/2}$$

$$\delta_{ex} = 9.28\ (\text{J/cm}^3)^{1/2}$$

其他如 CCl_4、$CHCl_3$、$CH_2ClCHCl_2$ 等分子均可按例 2.6 的方法计算。将按此法计算所得一些萃取剂的溶解度参数值列入表 2.6，并与实验值进行了比较，其相对误差约为 3%。

表 2.6 某些萃取剂的溶解度参数值

化合物	$V/(\text{cm}^3/\text{mol})^{1/2}$(25℃)	$\delta_{ex}/(\text{J/cm}^3)^{1/2}$	$\delta_{cal}/(\text{J/cm}^3)^{1/2}$	相对误差/%
2-甲基-8-羟基喹啉	135.1	10.72	10.90	1.7
甲基异丁基酮	125.8	8.4	8.6	3.0
二戊基丙二酮	238.5	10.0	9.7	3.2

续表 2.6

化合物	$V/(cm^3/mol)^{1/2}(25℃)$	$\delta_{ex}/(J/cm^3)^{1/2}$	$\delta_{cal}/(J/cm^3)^{1/2}$	相对误差/%
甲基苯基丙二酮	138	11.1	11.4	2.7
三丁胺	239.1	7.79	7.83	1.0
苯胺	98	10.22	10.52	3.0

汉森和比尔鲍尔（Beerbower）还将溶解度参数分解为有机官能团的三维贡献，他们提出的计算公式为

$$\delta = (\delta_d^2 + \delta_p^2 + \delta_h^2)^{1/2} \tag{2.65}$$

$$\left.\begin{aligned} \delta_d &= \frac{\sum E_{di}}{V} \\ \delta_p &= \frac{\sqrt{\sum_i E_{pi}^2}}{V} \\ \delta_h &= \frac{\sqrt{\sum_i E_{hi}^2}}{V} \end{aligned}\right\} \tag{2.66}$$

式中，E_{di}、E_{pi} 和 E_{hi} 分别为基团 i 对色散能、极化能和氢键能的贡献。将常见的各种基团的 E_{di}、E_{pi} 和 E_{hi} 值列入表 2.7。

表 2.7　常用的各种基团对溶解度参数的贡献

基团 i	$E_{di}/J^{1/2}\cdot cm^{3/2}\cdot mol^{-1}$	$E_{pi}/J^{1/2}\cdot cm^{3/2}\cdot mol^{-1}$	$E_{hi}/J\cdot mol^{-1}$
$-CH_3$	420	0	0
$-CH_2-$	270	0	0
$-\overset{\mid}{C}H-$	80	0	0
$-\overset{\mid}{\underset{\mid}{C}}-$	-70	0	0
$=CH_2$	400	0	0
$=CH-$	200	0	0
$=C=$	70	0	0
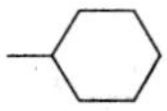	1628	0	0
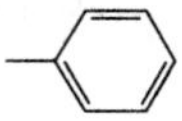	1430	110	0
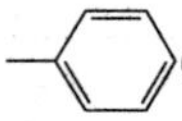(o,m,p)	1270	110	0
—F	(200)	—	—
—Cl	450	550	400
—Br	(550)	—	—

续表 2.7

基团 i	$E_{di}/J^{1/2} \cdot cm^{3/2} \cdot mol^{-1}$	$E_{pi}/J^{1/2} \cdot cm^{3/2} \cdot mol^{-1}$	$E_{hi}/J \cdot mol^{-1}$
—CN	430	1100	2500
—OH	210	500	20000
—O—	100	400	3000
—COH	470	800	4500
—CO—	290	770	2000
—COOH	530	420	10000
—COO—	390	490	7000
HCOO—	530	—	—
$—NH_2$	280	—	8400
—NH—	160	210	3100
—N＝	20	800	5000
$—NO_2$	500	1070	1500
—S—	440	—	—
$＝PO_4—$	740	1890	13000
环	190	—	—
一平面对称	—	0.5×	—
两平面对称	—	0.25×	—
多平面对称	—	0×	0×

【例 2.7】 $n\text{-}C_6H_{14}$的 $V = 131.6\ cm^3/mol$，则

$$\delta_{cal} = \frac{\sum E_{di}}{V} = \frac{2E_{CH_3} + 4E_{CH_2}}{V} = \frac{2 \times 420 + 4 \times 270}{131.6}$$
$$= 14.59\ (J/cm^3)^{1/2}$$

【例 2.8】 $(C_4H_9)_3PO_4$ 的 $V = 274\ cm^3/mol$，则

$$\delta_{cal} = (\delta_d^2 + \delta_p^2 + \delta_h^2)^{1/2}$$
$$= \left[\left(\frac{\sum E_{di}}{V}\right)^2 + \frac{\sum E_{pi}^2}{V^2} + \frac{\sum E_{hi}}{V}\right]^{1/2}$$
$$= \left[\left(\frac{3 \times 420 + 9 \times 270 + 740}{274}\right)^2 + \left(\frac{1890}{274}\right)^2 + \frac{13000}{274}\right]^{1/2}$$
$$= (263 + 48 + 47.5)^{1/2} = 358.5^{1/2} = 18.93\ (J/cm^3)^{1/2}$$

【例 2.9】 $CH_3C(=O)CH_2C(OH)(CCH_3)CCH_3$（结构式：$CH_3CCH_2CCH_3$，第二个 C 上连 ‖O，第四个 C 上连 CCH_3 和 OH）的 $V = 123.8cm^3/mol$，则

$$\delta_{cal} = \left[\left(\frac{\sum E_{di}}{V}\right)^2 + \frac{\sum E_{pi}^2}{V^2} + \frac{\sum E_{hi}}{V}\right]^{1/2}$$
$$= \left[\left(\frac{3 \times 420 + 270 + 70 + 290 + 210}{123.8}\right)^2 + \frac{770^2 + 500^2}{123.8^2} + \frac{2000 + 20000}{123.8}\right]^{1/2}$$
$$= 219\ (J/cm^3)^{1/2}$$

$$\delta_{ex} = (18.8 - 20.8)\ (\mathrm{J/cm^3})^{1/2}$$

【例 2.10】 双聚二(2-乙基己基)磷酸（D2EHPA）的结构式为

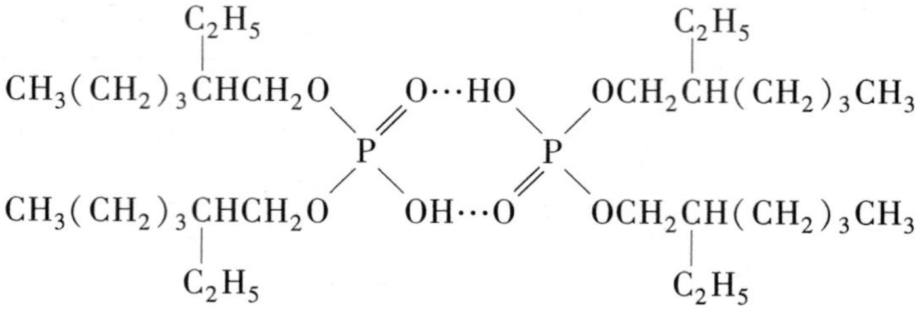

$V = 664.8\mathrm{cm^3/mol}$，则

$$\delta_{cal} = \left[\left(\frac{\sum E_{di}}{V}\right)^2 + \frac{\sum E_{pi}^2}{V^2} + \frac{\sum E_{hi}}{V}\right]^{1/2}$$

$$= \left[\left(\frac{8\times 420 + 20\times 270 + 4\times 80 + 2\times 740}{664.8}\right)^2 + \frac{2\times 1890^2}{664.8^2} + \frac{13000}{664.8}\right]^{1/2}$$

$$= (252.317 + 16.165 + 19.555)^{1/2}$$

$$= 288.036^{1/2} = 16.97\ (\mathrm{J/cm^3})^{1/2}$$

$$\delta_{ex} = (16.99 - 17.28)\ (\mathrm{J/cm^3})^{1/2}$$

由以上计算可见，采用官能团贡献法预测有机化合物的溶解度参数是可行的。

2.3.3 多组元系的推广

前面介绍的斯凯特洽尔德-海尔德布元德理论仅限于二元系。根据式（2.13），多组元混合溶液的势能为

$$\begin{aligned} U &= 2\pi N_A^2 V \sum_{i=1}^{K}\sum_{j=1}^{K}\frac{\varphi_i}{V_i}\frac{\varphi_j}{V_j}\int_0^{\infty}\varepsilon_{ij}\, g_{ij}^{*}\, r^2 \mathrm{d}r \\ &= -2\pi N_A^2 V \sum_{i=1}^{K}\sum_{j=1}^{K}\frac{\varphi_i}{V_i}\frac{\varphi_j}{V_j}K\varepsilon_{ij}^{*}\sigma_{ij}^{3} \\ &= -V\sum_{i=1}^{K}\sum_{j=1}^{K}\varphi_i\varphi_j C_{ij} \end{aligned} \tag{2.67}$$

式中，V 为混合溶液的体积，即

$$V = \sum_{i=1}^{K} n_i V_i = n_1 V_1 + n_2 V_2 + \cdots + n_K V_K$$

混合前的纯组元的势能为

$$U_i = -n_i V_i C_{ii} \tag{2.68}$$

过剩内能为

$$\begin{aligned} U^{ex} &= U - \sum_{i}^{K} U_i \\ &= -V\sum_{i=1}^{K}\sum_{j=1}^{K}\varphi_i\varphi_j C_{ij} + \sum_{i=1}^{K} n_i V_i C_{ii} \\ &= V\left(-\sum_{i=1}^{K}\sum_{j=1}^{K}\varphi_i\varphi_j C_{ij} + \sum_{i=1}^{K}\varphi_i C_{ii}\right) \end{aligned} \tag{2.69}$$

令

$$C_{ij} = \sqrt{C_{ii}C_{jj}} \tag{2.70}$$

$$S^{ex} = 0, \quad V^{ex} = 0$$

$$G^{ex} = U^{ex}$$

从 $\frac{\partial G^{ex}}{\partial n_i}$ 可求得组元 i 的活度系数的表达式

$$\ln f_i = V_i\ (\delta_i - \delta)^2/(RT) \tag{2.71}$$

式中

$$\delta = \sum_{i=I}^{N} \phi_i \delta_j \tag{2.72}$$

若不服从几何中项定律，则有

$$C_{ij} = \sqrt{C_{ii}C_{jj}}(1 - l_{ij}) \tag{2.73}$$

$$A_{ij} = (\delta_i - \delta_j)^2 + 2l_{ij}\delta_i\delta_j \tag{2.74}$$

$$\ln f_i = \frac{V_i}{RT}\sum_{j=1}^{K}\sum_{k=1}^{K}\varphi_j\varphi_k\left(A_{ji} - \frac{1}{2}A_{jk}\right) \tag{2.75}$$

式中

$$l_{ii} = 0, \quad A_{ii} = 0$$

对于三元系，有

$$U^{ex} = (n_1V_1 + n_2V_2 + n_3V_3)(\varphi_1\varphi_2A_{12} + \varphi_2\varphi_3A_{23} + \varphi_1\varphi_3A_{13}) \tag{2.76}$$

$$\left.\begin{aligned}
\ln f_1 &= V_1[A_{12}\varphi_2^2 + A_{13}\varphi_3^2 + (A_{12} + A_{13} - A_{23})\varphi_2\varphi_3]/(RT)\\
\ln f_2 &= V_2[A_{12}\varphi_1^2 + A_{23}\varphi_3^2 + (A_{12} + A_{23} - A_{13})\varphi_1\varphi_3]/(RT)\\
\ln f_3 &= V_3[A_{13}\varphi_1^2 + A_{23}\varphi_2^2 + (A_{13} + A_{23} - A_{12})\varphi_1\varphi_2]/(RT)
\end{aligned}\right\} \tag{2.77}$$

对于四元系，有

$$\begin{aligned}
U^{ex} = (n_1V_1 + n_2V_2 + n_3V_3 + n_4V_4)(&\varphi_1\varphi_2A_{12} + \varphi_1\varphi_3A_{13} + \\
&\varphi_1\varphi_4A_{14} + \varphi_2\varphi_3A_{23} + \varphi_2\varphi_4A_{24} + \varphi_3\varphi_4A_{34})
\end{aligned} \tag{2.78}$$

$$\left.\begin{aligned}
\ln f_1 = \frac{V_1}{RT}[&\varphi_2^2A_{12} + \varphi_3^2A_{13} + \varphi_4^2A_{14} + \varphi_2\varphi_3(A_{12} + A_{13} - A_{23}) + \\
&\varphi_2\varphi_4(A_{12} + A_{14} - A_{24}) + \varphi_3\varphi_4(A_{13} + A_{14} - A_{34})]\\
\ln f_2 = \frac{V_2}{RT}[&\varphi_1^2A_{12} + \varphi_3^2A_{23} + \varphi_4^2A_{24} + \varphi_1\varphi_3(A_{12} + A_{23} - A_{13}) + \\
&\varphi_1\varphi_4(A_{12} + A_{24} - A_{14}) + \varphi_3\varphi_4(A_{23} + A_{24} - A_{34})]\\
\ln f_3 = \frac{V_3}{RT}[&\varphi_1^2A_{13} + \varphi_2^2A_{23} + \varphi_4^2A_{34} + \varphi_1\varphi_2(A_{13} + A_{23} - A_{12}) + \\
&\varphi_1\varphi_4(A_{13} + A_{34} - A_{14}) + \varphi_2\varphi_4(A_{23} + A_{34} - A_{24})]\\
\ln f_4 = \frac{V_4}{RT}[&\varphi_1^2A_{14} + \varphi_2^2A_{24} + \varphi_3^2A_{34} + \varphi_1\varphi_2(A_{14} + A_{24} - A_{12}) + \\
&\varphi_1\varphi_3(A_{14} + A_{34} - A_{13}) + \varphi_2\varphi_3(A_{24} + A_{34} - A_{23})]
\end{aligned}\right\} \tag{2.79}$$

从上述可见，由于斯凯特洽尔德-海尔德布元德理论的分子间相互作用仅考虑两两成对，所以只需要知道二元系的端值常数，即可推测任何多组元系的活度系数。

2.3.4 混合熵的修正

在推导斯凯特洽尔德-海尔德布元德公式时，曾假定过剩混合熵为零（$S^{ex}=0$），即认为液体混合过程的熵变化等于理想溶液混合的熵变化

$$\Delta S=\Delta S^{i}=-R(n_1\ln x_1+n_2\ln x_2) \tag{2.80}$$

式（2.80）只适用于分子大小相差不大的混合物，如果两种分子的体积相差很大，则 ΔS 的计算公式应为

$$\Delta S=-R(n_1\ln\varphi_1+n_2\ln\varphi_2) \tag{2.81}$$

式（2.81）可用海尔德布元德的自由体积概念导出。自由体积的名称是由胞腔理论得来的。根据这个理论，由于液体分子的密度很大，每个分子可以看成被束缚在一个“胞腔”内，假定分子是不可压缩的刚球，其直径为 d（图 2.6），a 代表液体中一对相邻分子中心的平均距离，r 为分子质心在胞腔内可以自由活动范围的半径，从图 2.6 可以看出

$$r=a-d$$

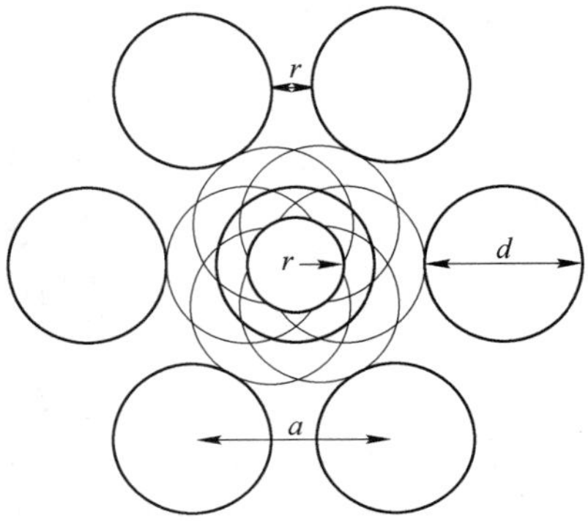

图 2.6 液体分子的自由体积示意图
（细线代表中心分子在胞腔内运动的各种位置，以 r 为半径的圆表示分子质心在胞腔内运动的轨迹）

将分子质心可以在胞腔内自由活动的有效体积称为自由体积 V_f：

$$V_f=\frac{4}{3}\pi r^3=\frac{4}{3}\pi(a-d)^3 \tag{2.82}$$

令 φ_f 为自由体积对溶液总体积之比，海尔德布元德假定在单位体积的液体内，不论溶质或溶剂，也不论分子的大小，它们的自由体积是相等的。对二元系，有

$$\varphi_f=\frac{V_{f1}}{n_1V_1}=\frac{V_{f2}}{n_2V_2}=\frac{V_{f1}+V_{f2}}{n_1V_1+n_2V_2}=\frac{V_{f1}+V_{f2}}{V} \tag{2.83}$$

式中，n_i 为分子 i 的物质的量；V_i 为分子 i 的摩尔体积；V_{fi} 为 $n_i$mol 分子 i 所占的总自由体积。

$n$mol 理想气体分子从体积 V_1 膨胀到 V_2，熵的增加为 $nRT\ln\dfrac{V_2}{V_1}$，海尔德布元德假设液体分子质心在自由体积内的运动与理想气体在一定空间内运动遵守同样的规则。$n_1$mol 分子 1 从 V_{f1} 的自由体积变为较大的（$V_{f1}+V_{f2}$）的自由体积，熵的增加为 $n_1RT\ln\left(\dfrac{V_{f1}+V_{f2}}{V_{f1}}\right)$；$n_2$mol 分子 2 从 V_{f2} 的自由体积变为（$V_{f1}+V_{f2}$），熵的增加为 $n_2RT\ln\left(\dfrac{V_{f1}+V_{f2}}{V_{f2}}\right)$，两者相加就是混合熵 ΔS，有

$$\Delta S = R\left[n_1\ln\left(\frac{V_{f1}+V_{f2}}{V_{f1}}\right)+n_2\ln\left(\frac{V_{f1}+V_{f2}}{V_{f2}}\right)\right]$$

将式（2.83）代入上式，即得

$$\begin{aligned}\Delta S &= R\left[n_1\ln\frac{(n_1V_1+n_2V_2)\varphi_f}{n_1V_1\varphi_f}+n_2\ln\frac{(n_1V_1+n_2V_2)\varphi_f}{n_2V_2\varphi_f}\right]\\ &= R\left(n_1\ln\frac{1}{\varphi_1}+n_2\ln\frac{1}{\varphi_2}\right)\\ &= -R(n_1\ln\varphi_1+n_2\ln\varphi_2)\end{aligned} \tag{2.84}$$

式（2.84）是近似公式。将式（2.84）重新代入过剩吉布斯自由能表达式，得

$$\begin{aligned}G^{ex} &= U^{ex}+PV^{ex}-TS^{ex}\\ &= (n_1V_1+n_2V_2)\varphi_1\varphi_2(\delta_1-\delta_2)^2-T(\Delta S-\Delta S^i)\\ &= (n_1V_1+n_2V_2)\varphi_1\varphi_2(\delta_1-\delta_2)^2-RT(n_1\ln\varphi_1+\\ &\quad n_2\ln\varphi_2-n_1\ln x_1-n_2\ln x_2)\\ &= (n_1V_1+n_2V_2)\varphi_1\varphi_2(\delta_1-\delta_2)^2-RT\left(n_1\ln\frac{\varphi_1}{x_1}+n_2\ln\frac{\varphi_2}{x_2}\right)\end{aligned} \tag{2.85}$$

将式（2.85）分别对 n_1、n_2 求导，即可得活度系数：

$$\left.\begin{aligned}\ln f_1 &= \frac{1}{RT}\frac{\partial G^{ex}}{\partial n_1}\\ &= \frac{V_1\varphi_2^2(\delta_1-\delta_2)^2}{RT}+\ln\frac{\varphi_1}{x_1}+\varphi_2\left(1-\frac{V_1}{V_2}\right)\\ \ln f_2 &= \frac{1}{RT}\frac{\partial G^{ex}}{\partial n_2}\\ &= \frac{V_2\varphi_1^2(\delta_1-\delta_2)^2}{RT}+\ln\frac{\varphi_2}{x_2}+\varphi_1\left(1-\frac{V_2}{V_1}\right)\end{aligned}\right\} \tag{2.86}$$

或

$$\left.\begin{aligned}\ln f_1 &= \frac{V_1\varphi_2^2A_{12}}{RT}+\ln\frac{\varphi_1}{x_1}+\varphi_2\left(1-\frac{V_1}{V_2}\right)\\ \ln f_2 &= \frac{V_2\varphi_1^2A_{12}}{RT}+\ln\frac{\varphi_2}{x_2}+\varphi_1\left(1-\frac{V_2}{V_1}\right)\end{aligned}\right\} \tag{2.87}$$

式中

$$A_{12} = (\delta_1-\delta_2)^2+2l_{12}\delta_1\delta_2 \tag{2.88}$$

陈钢和李以圭研究了各种稀释剂和萃取剂2-乙基己基磷酸（D2EHPA）所组成的二元系，得到各二元系的 A_{12} 值（表2.8）。用此回归的 A_{12} 值计算 f_1 和 f_2 与实验值吻合得很好，其相对误差最大不超过3.7%，一般为1%~2%。在此基础上，李以圭将所得二元系的端值常数 A_{12} 值对稀释剂的介电常数 D 和支链度 r 作图（见图2.7和图2.8），由图可见，A_{12} 随 D 增大而减少，随 r 的增加而增加。其中，D2EHPA与正烷烃系的 A_{12} 与 D 及 r 的关系基本上是线性的。

表 2.8 用式（2.87）对各种稀释剂-D2EHPA 二元系回归得出的 A_{12} 值（25℃）

组元 1	介电常数 D	支链度 r	A_{12} $/J \cdot cm^{-3}$	δ_1	$\delta_1 + A_{12}^{1/2}$	δ_{12} $/(J/cm^3)^{1/2}$
n-C_6H_{14}	1.890	0.333	4.56	14.88	17.05	15.93
n-C_7H_{16}	1.924	0.286	3.75	15.20	17.13	16.09
n-C_8H_{13}	1.948	0.250	2.62	15.45	17.00	16.23
n-C_9H_{20}	1.972	0.222	1.86	15.65	17.01	16.34
C_6H_6		0	−3.89	18.80	—	18.00
C_6H_{12}		0	1.52	16.80	18.03	16.90
$CHCl_3$		—	−18.86	18.84	—	18.23

注：组元 2 为萃取剂 D2EHPA，一般在溶液中均为双聚物，故文献中常用 $(HR)_2$ 表示。

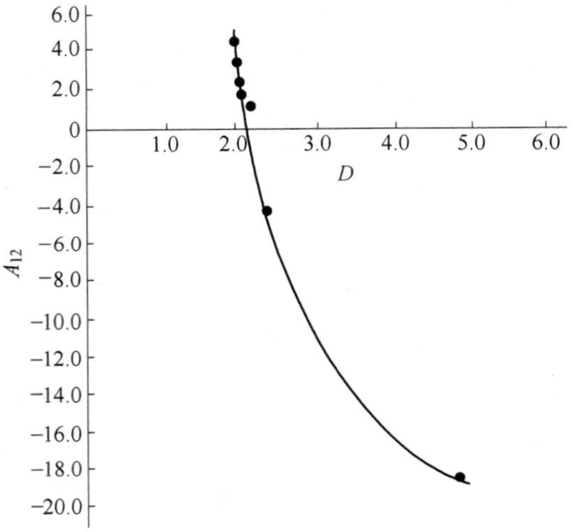

图 2.7 各种稀释剂-D2EHPA 二元系中端值常数 A_{12} 值与稀释剂介电常数的关联曲线

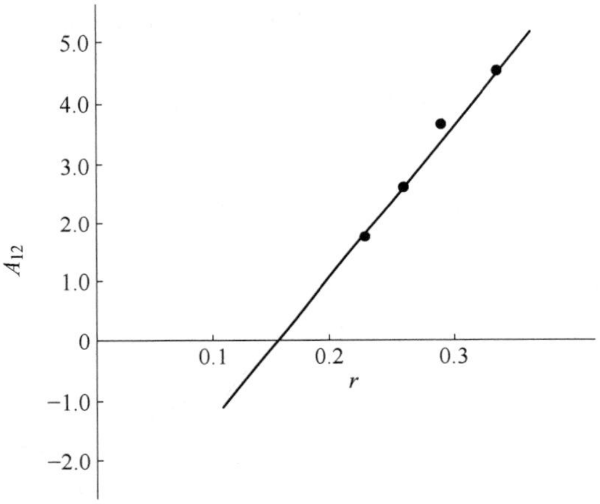

图 2.8 各种正烷烃-D2EHPA 二元系中端值常数 A_{12} 与稀释剂支链度的关联曲线

由表 2.8 还可看出，对于不同正烷烃-D2EHPA 系（$\delta_1 + A_{12}^{1/2}$）值基本上是一常数，而此值恰恰与从三维溶解度参数基团相加法求出的 D2EHPA 的溶解度参数相近（例 2.10：$\delta_{cal} = 16.97\,(J/cm^3)^{1/2}$）。由此可以认为，正烷烃-D2EHPA 二元系基本上能满足几何中项定律。

用 A_{12} 与 D 及 A_{12} 与 r 的关联曲线预测 D2EHPA 和正癸烷–正十五烷构成的二元系的 A_{12} 值，列于表 2.9，两种预测结果吻合。

表 2.9 正烷烃-D2EHPA 二元系用正烷烃的介电常数 D 及支链度 r 预测的端值常数 A_{12} 值（25℃）

正烷烃	介电常数 D	用介电常数预测的 A_{12}	支链度 r	用支链度预测的 A_{12}
n-$C_{10}H_{22}$	1.991	1.30	0.200	1.27
n-$C_{11}H_{24}$	2.01	0.65	0.182	0.69

续表 2.9

正烷烃	介电常数 D	用介电常数预测的 A_{12}	支链度 r	用支链度预测的 A_{12}
n-$C_{12}H_{26}$	2.02	0.31	0.167	0.29
n-$C_{13}H_{28}$	2.03	0.00	0.154	-0.04
n-$C_{14}H_{30}$	2.04	-0.33	0.143	-0.35
n-$C_{15}H_{32}$	2.05	-0.63	0.133	-0.65

由式（2.29），得

$$A_{12} = C_{11} + C_{22} - 2C_{12} = \delta_1^2 + \delta_2^2 - 2\delta_{12}^2 \tag{2.89}$$

式中

$$\delta_{12} = C_{12}^{1/2}$$

采用式（2.89）表征端值常数 A_{12} 要比采用式（2.88）更为清晰直观。δ_{12} 表征了不同分子间相互作用的溶解度参数，其物理意义比 l_{12} 更为明确。表 2.8 中还列出了从上述二元系的实验数据获得的 δ_{12} 值。

对于三组元系，经熵修正后的活度系数表达式为

$$\left.\begin{aligned}
\ln f_1 &= \frac{V_1}{RT}[A_{12}\varphi_2^2 + A_{13}\varphi_3^2 + (A_{12} + A_{13} - A_{23})\varphi_2\varphi_3] + \\
&\quad \ln\frac{\varphi_1}{x_1} + \varphi_2\left(1 - \frac{V_1}{V_2}\right) + \varphi_3\left(1 - \frac{V_1}{V_3}\right) \\
\ln f_2 &= \frac{V_2}{RT}[A_{12}\varphi_1^2 + A_{23}\varphi_3^2 + (A_{12} + A_{23} - A_{13})\varphi_1\varphi_3] + \\
&\quad \ln\frac{\varphi_2}{x_2} + \varphi_1\left(1 - \frac{V_2}{V_1}\right) + \varphi_3\left(1 - \frac{V_2}{V_3}\right) \\
\ln f_3 &= \frac{V_3}{RT}[A_{13}\varphi_1^2 + A_{23}\varphi_2^2 + (A_{13} + A_{23} - A_{12})\varphi_1\varphi_2] + \\
&\quad \ln\frac{\varphi_3}{x_3} + \varphi_1\left(1 - \frac{V_3}{V_1}\right) + \varphi_2\left(1 - \frac{V_3}{V_2}\right)
\end{aligned}\right\} \tag{2.90}$$

在上面的推导中，仍假定 $V^{ex} = 0$，但 $S^{ex} \neq 0$，因此，这样的溶液已不属于规则溶液了。

2.3.5　径向分布函数的修正

原斯凯特洽尔德-海尔德布元德公式的推导认为溶液中的径向分布函数 $g_{11}^*(r)$ 和纯液体 1 的 $g_1(r)$ 值相等，$g_{22}^*(r)$ 和纯液体 2 的 $g_2(r)$ 值相等。刚沙利乌斯-里兰德（Gonsalves-Leland）认为这是不正确的。因为径向分布函数 g_{ij} 应是 $\frac{r_{ij}}{\sigma_{ij}}$、$\frac{\varepsilon_{ij}}{kT}$ 和 $\rho\bar{\sigma}^3$ 的函数，刚沙利乌斯-里兰德认为只有在等对比体积（即等 $\rho\bar{\sigma}^3$ 值）条件下，其径向分布函数才相等，即要求

$$\rho_M \overline{\sigma}^3 = \rho_1' \sigma_{11}^3 \tag{2.91}$$

即纯液体 1 的摩尔密度（单位体积的物质的量）为 ρ_1'，其 $g_1(r)$ 才等于混合溶液的 $g_{11}^*(r)$ 值。式中，ρ_M 为混合溶液的摩尔密度，$\overline{\sigma}$ 为分子的平均硬球直径。对二元系，根据范德瓦尔斯的单液体理论

$$\overline{\sigma}^3 = \sigma_{11}^3 x_1^2 + 2\sigma_{12}^3 x_1 x_2 + \sigma_{22}^3 x_2^2 \tag{2.92}$$

$$\sigma_{12}^3 = \frac{\sigma_{11}^3 + \sigma_{22}^3}{2} \tag{2.93}$$

式中，σ_{11}、σ_{22} 分别为分子 1、2 的硬球直径。由式（2.91）可得

$$\left.\begin{aligned} \rho_1' &= \frac{\rho_M \overline{\sigma}^3}{\sigma_{11}^3} = \frac{1}{V_1'} \\ \rho_2' &= \frac{\rho_M \overline{\sigma}^3}{\sigma_{22}^3} = \frac{1}{V_2'} \end{aligned}\right\} \tag{2.94}$$

其第一项为对二元系混合液的内能。将式（2.91）代入式（2.13），得

$$U = 2\pi N_A^2 \left(\frac{n_1\varphi_1}{V_1}\int u_{11} g_{11}^* r^2 \mathrm{d}r + \frac{n_1\varphi_2}{V_2}\int u_{12} g_{12}^* r^2 \mathrm{d}r + \frac{n_2\varphi_1}{V_1}\int u_{21} g_{21}^* r^2 \mathrm{d}r + \frac{n_2\varphi_2}{V_2}\int u_{22} g_{22}^* r^2 \mathrm{d}r \right)$$

其右边第一项为

$$\begin{aligned}
&2\pi N_A^2 (n_1 V_1 + n_2 V_2)\frac{\varphi_1^2}{V_1^2}\int \varepsilon_{11}(r) g_{11}^*(r) r^2 \mathrm{d}r \\
&= \frac{2\pi N_A^2\, n_1^2}{n_1 V_1 + n_2 V_2}\int \varepsilon_{11}(r) g_{11}^*(r) r^2 \mathrm{d}r \\
&= \frac{2\pi N_A^2\,(n_1 + n_2)^2 x_1^2}{n_1 V_1 + n_2 V_2}\int \varepsilon_{11}(r) g_{11}^*(r) r^2 \mathrm{d}r \\
&= 2\pi N_A^2 \rho_M (n_1 + n_2) x_1^2 \int \varepsilon_{11}(r) g_{11}^*(r, \rho_M) r^2 \mathrm{d}r \\
&= 2\pi N_A^2 \frac{\rho_M}{\rho_1'} (n_1 + n_2) x_1^2 \rho_1' \int \varepsilon_{11}(r) g_1(r, \rho_1') r^2 \mathrm{d}r \\
&= -\frac{\rho_M}{\rho_1'} (n_1 + n_2) x_1^2 (U_1^0 - U_1') \\
&= -\frac{\rho_M}{\rho_1'} (n_1 + n_2) x_1^2 \left[(U_1^0 - U_1) + \frac{\partial (U_1^0 - U_1)}{\partial V_i}(V_1' - V_1) + \cdots \right] \\
&= -\frac{\rho_M}{\rho_1'} (n_1 + n_2) x_1^2 [V_1 \delta_1^2 - \delta_1^2 (V_1' - V_1)] \\
&= -\frac{\rho_M}{\rho_1'} (n_1 + n_2) x_1^2 \delta_1^2 (2V_1 - V_1')
\end{aligned} \tag{2.95}$$

其中，δ_1 为组元 1 的溶解度参数：

$$\delta_1 = \left(\frac{U_1^0 - U_1}{V_1}\right)^{1/2} = \left(\frac{\Delta E_1^{\mathrm{v}}}{V_1}\right)^{1/2} \tag{2.96}$$

式中，U_1^0 为纯组元 1 在理想气体状态下的摩尔内能；U_1' 为纯组元 1 在摩尔密度为 ρ_1' 的液态时的摩尔内能；U_1 为纯组元 1 在摩尔密度为 ρ_1 的液态时的摩尔内能。由式（2.21）和式（2.34）可得

$$U_1^0 - U_1 = \frac{a_1}{V_1} = -\frac{2\pi N_A^2}{V_1}\int \varepsilon_{11}(r)g_1(r)r^2\mathrm{d}r = \Delta E_1^{\mathrm{v}} \tag{2.97}$$

$$\frac{\partial(U_1^0 - U_1)}{\partial V_1} = -\frac{a_1}{V_1^2} = -\frac{U_1^0 - U_1}{V_1} = -\delta_1^2 \tag{2.98}$$

相同处理可得式（2.13）右边的第三项：

$$\begin{aligned} &2\pi N_A^2(n_1V_1 + n_2V_2)\frac{\varphi_2^2}{V_2^2}\int g_{22}(r)g_{22}^*(r)r^2\mathrm{d}r \\ &= -\frac{\rho_M}{\rho_2'}(n_1 + n_2)x_2^2\delta_2^2(2V_2 - V_2') \end{aligned} \tag{2.99}$$

式（2.13）右边第二项仍可假定其偏离几何中项定律，用 $1 - l_{12}$ 形式表示，这样该项可以写成

$$\begin{aligned} &2\pi N_A^2(n_1V_1 + n_2V_2)\frac{2\varphi_1\varphi_2}{V_1V_2}\int \varepsilon_{12}g_{12}^*r^2\mathrm{d}r \\ &= 2(n_1 + n_2)(1 - l_{12})x_1x_2\delta_1\delta_2(2V_1 - V_1')^{1/2}(2V_1 - V_1')^{1/2}\left(\frac{\rho_M^2}{\rho_1'\rho_2'}\right)^{1/2} \end{aligned} \tag{2.100}$$

对混合前纯液体 1、2 的内能，可应用式（2.96）、式（2.97），代入式（2.14），得

$$\begin{aligned} U_1 + U_2 &= 2\pi N_A^2\left[\frac{n_1}{V_1}\int \varepsilon_{11}g_1r^2\mathrm{d}r + \frac{n_2}{V_2}\int \varepsilon_{22}g_2r^2\mathrm{d}r\right] \\ &= -n_1(U_1^0 - U_1) - n_2(U_1^0 - U_2) \\ &= -n_1V_1\delta_1^2 - n_2V_2\delta_2^2 \end{aligned} \tag{2.101}$$

应用式（2.91）~式（2.101），可得二元混合液体的过剩吉布斯自由能的表达式为

$$\begin{aligned} G^{\mathrm{ex}} &= U^{\mathrm{ex}} - TS^{\mathrm{ex}} \\ &= -(n_1 + n_2)\Bigg[x_1^2\delta_1^2(2V_1 - V_1')\frac{V_1'}{V} + x_2^2\delta_2^2(2V_2 - V_2')\frac{V_2'}{V} - \\ &\quad 2(1 - l_{12})x_1x_2\delta_1\delta_2(2V_1 - V_1')^{1/2}(2V_2 - V_2')^{1/2}\left(\frac{V_1'V_2'}{V^2}\right)^{1/2}\Bigg] + \\ &\quad n_1V_1\delta_1^2 + n_2V_2\delta_2^2 + RT\left(n_1\ln\frac{\varphi_1}{x_1} + n_2\ln\frac{\varphi_2}{x_2}\right) \end{aligned} \tag{2.102}$$

将式（2.102）分别对 n_1 和 n_2 求导，即可计算活度系数。在这里仍假定 $V^{\mathrm{ex}} = 0$。对分子尺寸相差悬殊的体系，刚沙利乌斯-里兰德的方法确有改进，但对分子尺寸相近的体

系，用上述方法计算的结果与以前的公式基本相同。

2.3.6 体积分数的经验关联式

由斯凯特洽尔德-海尔德布元德公式出发，能更好地拟合实验数据的经验关联式。

罗森（Розен）等人在研究各种稀释剂和萃取剂 D2EHPA、各种稀释剂和 D2EHPA 的铀酰盐二元系时，采用了斯凯特洽尔德-海尔德布元德公式的形式（见式（2.55）），但体积分数 φ 中的 V_1/V_2 则采用经验回归值，有

$$\left.\begin{aligned} \ln f_1 &= \left(\frac{V_1 A_{12}}{RT}\right)\varphi_2^2 = B\varphi_2^2 \\ \ln f_2 &= \left(\frac{V_2 A_{12}}{RT}\right)\varphi_1^2 = r' B\varphi_1^2 \end{aligned}\right\} \tag{2.103}$$

其中

$$\left.\begin{aligned} \varphi_1 &= \frac{x_1/r'}{\dfrac{x_1}{r'} + x_2} \\ \varphi_2 &= \frac{x_2/r'}{\dfrac{x_1}{r'} + x_2} \end{aligned}\right\} \tag{2.104}$$

按斯凯特洽尔德-海尔德布元德理论：

$$r' = \frac{V_2}{V_1}$$

但在实际应用时，r' 为一经验回归值。对二元系有两个回归参数，即 B 和 r' 。将 Розен 等人对上述二元系回归结果列入表 2.10。表中还列入了由这些回归参数得到的活度系数计算值与实验值的平均标准误差 σ。

表 2.10 用经验关联式回归各种稀释剂-D2EHPA 以及各种稀释剂-$UO_2(HR_2)_2$ 二元系的参数值（25℃）

组元 1	组元 2	B	r'	σ	V_1/V_2
n-C_6H_{14}	$(HR)_2$	−0.1461	1.478	0.0019	5.06
n-C_6H_{14}	$UO_2(HR_2)_2$	−0.3253	2.515	0.0038	10.21
C_6H_6	$(HR)_2$	−0.4036	3.477	0.001	6.82
C_6H_6	$UO_2(HR_2)_2$	−0.6239	4.087	0.0016	13.75
CCl_4	$(HR)_2$	−0.4089	3.129	0.0034	7.37
CCl_4	$UO_2(HR_2)_2$	−0.5997	3.876	0.0040	14.88
$CHCl_3$	$(HR)_2$	−0.6893	3.490	0.0039	8.19
$CHCl_3$	$UO_2(HR_2)_2$	−0.8282	4.579	0.0034	16.53

将罗森等人对各种稀释剂和 TBP、各种稀释剂和 $UO_2(NO_3)_2 \cdot 2TBP$ 二元系进行回归处理，得到的一系列 A_{12} 和 A_{21} 值，列入表 2.11。

表 2.11 用斯凯特洽尔德-海默方程式关联一些二元系得到的 A_{12}、A_{21} 值（25℃）

组元 1	组元 2	A_{12}	A_{21}	V_1/V_2
n-C_6H_{14}	TBP	0.5	1.47	2.1
n-C_6H_{14}	$UO_2(NO_3)_2 \cdot 2TBP$	0.5	2.5	4.65
C_6H_6	TBP	-0.51	-0.98	3.06
CCl_4	TBP	-0.54	-0.85	2.83
CCl_4	$UO_2(NO_3)_2 \cdot 2TBP$	-0.8	-1.56	6.26
$CHCl_3$	TBP	-2.6	-4.5	3.4
$CHCl_3$	$UO_2(NO_3)_2 \cdot 2TBP$	-1.29	-4.85	7.5

1935 年斯凯特洽尔德和海默（Hamer）认为：二元系的过量自由能不仅与两个分子相互作用有关，还与三个分子间相互作用有关。参照式（2.32），他们提出了下列关系式：

$$\frac{G^{ex}}{RT} = (n_1V_1 + n_2V_2)(2a_{12}\varphi_1\varphi_2 + 3a_{112}\varphi_1^2\varphi_2 + 3a_{122}\varphi_1\varphi_2^2) \tag{2.105}$$

式中，a_{12} 为 1、2 两分子间的作用系数；a_{112} 为两个分子 1 和一个分子 2 之间的作用系数；a_{122} 为一个分子 1 和两个分子 2 之间的作用系数。

令

$$A_{12} = (2a_{12} - 3a_{122})V_1$$
$$A_{21} = (2a_{12} - 3a_{112})V_2$$

则

$$\frac{G^{ex}}{RT} = (n_1V_1 + n_2V_2)(A_{21}\varphi_1 + A_{12}\varphi_2)\varphi_1\varphi_2 \tag{2.106}$$

$$\left.\begin{aligned} \ln f_1 &= \frac{\partial G^{ex}}{RT\partial n_1} = \left[A_{12} + 2\left(A_{21}\frac{V_1}{V_2} - A_{12}\right)\varphi_1\right]\varphi_2^2 \\ \ln f_2 &= \frac{\partial G^{ex}}{RT\partial n_2} = \left[A_{21} + 2\left(A_{12}\frac{V_2}{V_1} - A_{21}\right)\varphi_2\right]\varphi_1^2 \end{aligned}\right\} \tag{2.107}$$

式（2.107）称为斯凯特洽尔德-海默方程。

对于三元系，考虑三分子作用的表达式为

$$\begin{aligned} \frac{G^{ex}}{RT} = (n_1V_1 + n_2V_2 + n_3V_3)(&2a_{12}\varphi_1\varphi_2 + 2a_{13}\varphi_1\varphi_3 + \\ &2a_{23}\varphi_2\varphi_3 + 3a_{112}\varphi_1^2\varphi_2 + 3a_{122}\varphi_1\varphi_2^2 + 3a_{113}\varphi_1^2\varphi_3 + \\ &3a_{133}\varphi_1\varphi_3^2 + 3a_{223}\varphi_2^2\varphi_3 + 3a_{233}\varphi_2\varphi_3^2 + 6a_{123}\varphi_1\varphi_2\varphi_3) \end{aligned} \tag{2.108}$$

从而得到

$$\begin{aligned} \ln f_1 = {}&\varphi_2^2\left[A_{12} + 2\varphi_1\left(A_{21}\frac{V_1}{V_2} - A_{12}\right)\right] + \varphi_3^2\left[A_{13} + 2\varphi_1\left(A_{31}\frac{V_1}{V_3} - A_{13}\right)\right] + \\ &\varphi_2\varphi_3\left[A_{21}\frac{V_1}{V_2} + A_{13} - A_{32}\frac{V_1}{V_3} + 2\varphi_3\left(A_{31}\frac{V_1}{V_3} - A_{13}\right)\right] + 2\varphi_3\left(A_{32}\frac{V_1}{V_3} - A_{23}\frac{V_1}{V_2}\right) - \\ &C(1 - 2\varphi_1) \end{aligned} \tag{2.109}$$

2.4 改进的斯凯特洽尔德-海尔德布元德公式在金属溶剂萃取体系中的应用

滕藤和李以圭等改进了斯凯特洽尔德-海尔德布元德公式，并对其在金属溶剂萃取体系中的应用进行了系统的研究。将有机相从二元系扩展到五元系，萃取剂从中性扩展到酸性、螯合以及碱性萃取剂。已研究过的萃取剂有 TBP、$(C_7H_{15})_2SO$、D2EHPA、EHEHPA、N510 和 $(C_8H_{17})_3N$，被萃金属有 UO_2^{2+}、Cu^{2+}、CO^{2+} 和 Ag^+，采用的稀释剂有 n-C_6H_{14}、n-C_7H_{16}、$CH_2ClCHCl_2$、$C_6H_5CH_3$ 和 o-$C_6H_4(CH_3)_2$，还有同时被萃的两种配合物体系。改进后的斯凯特洽尔德-海尔德布元德公式具有普遍的适用性。

2.4.1 三元系

采用一些不加稀释剂的金属溶剂萃取体系的有机相作为三元系，其一般组元为：(1) 溶解水；(2) 萃取剂；(3) 金属萃合物。采用不加修正的改进斯凯特洽尔德-海尔德布元德公式 (2.77) 为

$$\ln f_1 = \frac{V_1}{RT}[\varphi_2^2 A_{12} + \varphi_3^2 A_{13} + \varphi_2\varphi_3(A_{12} + A_{13} - A_{23})]$$

式中

$$A_{ij} = (\delta_i - \delta_j)^2 + 2l_{ij}\delta_i\delta_j$$

常见的一些三元系见表 2.12。

表 2.12　一些三元系

有机相组元			端值常数		
1	2	3	A_{12}	A_{13}	A_{23}
H_2O	TBP	$UO_2Cl_2 \cdot 2TBP$	112.1	59.1	-3.81
H_2O	TBP	$UO_2(NO_3)_2 \cdot 2TBP$	114.7	174.7	-4.34
H_2O	$(C_8H_{17})_2S$	$AgNO_3 \cdot (C_8H_{17})_2S$	481.1	3.2	-171.4
H_2O	EHEHPA	$Co(HR_2)_2$	135.6	63.12	2.773
H_2O	EHEHPA	$Cu(HR_2)_2$	174.0	47.15	0.003

2.4.2 四元系

加入不同稀释剂的不同金属溶剂萃取体系四组元有机相，采用不加熵修正的改进公式 (2.79) 为

$$\ln f_1 = \frac{V_1}{RT}[\varphi_2^2 A_{12} + \varphi_3^2 A_{13} + \varphi_4^2 A_{14} + \varphi_2\varphi_3(A_{12} + A_{13} - A_{23}) + \varphi_2\varphi_4(A_{12} + A_{14} - A_{24}) + \varphi_3\varphi_4(A_{13} + A_{14} - A_{34})]$$

式中

$$A_{ij} = (\delta_i - \delta_j)^2 + 2l_{ij}\delta_i\delta_j$$

常见的一些四元系见表 2.13。

表 2.13 一些四元系

萃取剂类型	有机相组元			
	1	2	3	4
TBP 中性	H_2O	$o\text{-}C_6H_4(CH_3)_2$	TBP	$UO_2Cl_2 \cdot 2TBP$
$(C_7H_{15})_2SO$ 中性	H_2O	$o\text{-}C_6H_4(CH_3)_2$	$(C_6H_{15})_2SO$	$UO_2(NO_3)_2 \cdot 2(C_7H_{15})_2SO$
$(C_7H_{15})_2SO$ 中性	H_2O	$CH_3ClCHCl_2$	$(C_7H_{15})_2SO$	$UO_2(NO_3)_2 \cdot 2(C_7H_{15})_2SO$
D2EHPA 酸性	H_2O	$n\text{-}C_6H_{14}$	$(HR)_2$	$Cu(HR_2)_2$
EHEHPA 酸性	H_2O	$n\text{-}C_7H_{16}$	$(HR)_2$	$Co(HR_2)_2$
EHEHPA 酸性	H_2O	$n\text{-}C_7H_{16}$	$(HR)_2$	$Cu(HR_2)_2$
N510 螯合	H_2O	$n\text{-}C_7H_{16}$	HR	CuR_2

四元系熵修正后的斯凯特洽尔德-海尔德布元德公式为

$$\begin{aligned}\ln f_1 = &\frac{V_1}{RT}[\varphi_2^2A_{12} + \varphi_3^2A_{13} + \varphi_4^2A_{14} + \varphi_2\varphi_3(A_{12} + A_{13} - A_{23}) + \\ &\varphi_2\varphi_4(A_{12} + A_{14} - A_{24}) + \varphi_3\varphi_4(A_{13} + A_{14} - A_{34})] + \\ &\ln\frac{\varphi_i}{x_1} + \varphi_2\left(1 - \frac{V_1}{V_2}\right) + \varphi_3\left(1 - \frac{V_1}{V_3}\right) + \varphi_4\left(1 - \frac{V_1}{V_4}\right)\end{aligned} \tag{2.110}$$

2.4.3 五元系

当水溶液中两种金属离子同时被萃取，或水溶液中一种金属盐和一种酸同时被萃取时，有机相就变为五元系。这样的体系与工业实际应用更为接近。对包含五元有机相的一些金属溶剂萃取体系所采用的活度系数计算公式仍为不考虑熵修正的斯凯特洽尔德-海尔德布元德公式

$$\begin{aligned}\ln f_1 = &\frac{V_1}{RT}[\varphi_2^2A_{12} + \varphi_3^2A_{13} + \varphi_4^2A_{14} + \varphi_5^2A_{15} + \varphi_2\varphi_3(A_{12} + A_{13} - A_{23}) + \\ &\varphi_2\varphi_4(A_{12} + A_{14} - A_{24}) + \varphi_2\varphi_5(A_{12} + A_{15} - A_{25}) + \\ &\varphi_3\varphi_4(A_{13} + A_{14} - A_{34}) + \varphi_3\varphi_5(A_{13} + A_{15} - A_{35}) + \\ &\varphi_4\varphi_5(A_{14} + A_{15} - A_{45})]\end{aligned} \tag{2.111}$$

式中

$$A_{ij} = (\delta_i - \delta_j)^2 + 2l_{ij}\delta_i\delta_j$$

常见的一些五元系见表 2.14。

表 2.14 一些五元系

萃取剂类型	有机相组元				
	1	2	3	4	5
$(C_7H_{17})_3N$ 碱性	H_2O	$C_6H_5CH_3$	R_3N	R_3NHCl	$(R_3NH)_2UO_2Cl_4$
EHEHPA 酸性	H_2O	$n\text{-}C_7H_{14}$	$(HR)_2$	$Co(HR_2)_2$	$Cu(HR_2)_2$

应用溶液理论的最新成果建立金属溶剂萃取体系的热力学平衡计算的模型，不论萃取剂在性质上的千差万别，也不论组元的复杂多变，都是相同的。这比以经验公式为基础的数学模型要优越得多。这就使热力学模型可能推广应用到工业上。

2.5 似晶格模型理论

2.5.1 似晶格模型的基本概念

斯凯特洽尔德-海尔德布元德溶液理论从反映溶液内部结构的径向分布函数出发研究溶液的热力学，没有物理模型，而似晶格理论则是引入物理模型的溶液理论。该理论假设分子安排在液体格子里，但是实际上液体格子并不存在，因而这种模型称为“似晶格模型”（quasi-lattice model）。

在晶体中，每个分子的最相邻近处有一定数目的分子围绕着它，这个数目称为配位数，以 z 表示。z 的大小由晶格的几何形状决定。一个液体分子没有固定数目的分子围绕着，z 不是常数，但当液体的温度远低于它的临界温度时，z 有一个相当明确的平均值，特别是近程分子，但对远距离分子的长程秩序就不存在了。因此这是一种处理方法，它只考虑一个分子和它周围 z 个最邻近分子（即第一层配位分子）的相互作用，而对较远的分子（不论是同种分子或不同分子）的相互作用能则假设都具有同值，因而被抵消。每个 i 分子由 r_i 节（或官能团）构成，每节安排在一个液体格子内。设每节的配位数均为 z，即每节与 z 个邻座相“接触”，而一个邻座恰好由分子的一节占着。我们用“接触数”这个名词表示一个分子可以和相邻的其他分子接触的总邻座数。对一个含有 r 节的直链分子，接触数 zq 为

$$zq = 2(z-1) + (r-2)(z-2)$$

式中，右边第一项表示分子首尾两节只有 $z-1$ 个邻座和相邻分子接触（由于每节均有一个邻座与本身分子相连）；第二项表示中间每节有 $z-2$ 个邻座和相邻分子接触（由于每节均有两个邻座与本身分子相连）。所以一个分子的平均接触单元数 q 为

$$q = \frac{2(z-2)+2}{z} \tag{2.112}$$

显然，这里一个接触单元即相当于 z 个邻座。对于带支链的分子，由于在支链的起点处失去一个接触邻座，而在支链的末端处增加一个接触邻座，因此 zq 或 q 仍可由上式计算。对于脂肪族环状分子由于没有两个末端节，接触数 zq 和接触单元数 q 分别应为

$$zq = r(z-2)$$

$$q = \frac{r(z-2)}{z} \tag{2.113}$$

图 2.9 是式（2.112）和式（2.113）用在两维晶格的示意图。分子分三节，虚线代表接触数。图 2.9（a）为直链分子（如 C_3H_3，一节为—CH_2—，两节为—CH_3）：$r=3$，$z=6$。由式（2.112）可得

$$zq = r(z-2) + 2 = 3 \times (6-2) + 2 = 14$$

$$q = \frac{14}{6} = \frac{7}{3}$$

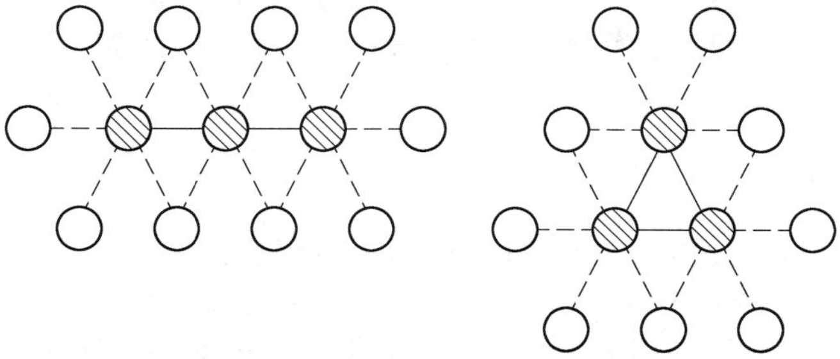

图 2.9 三节分子的接触数（两维）
（a）直链分子；（b）环状分子
（直线代表化学键，虚线代表接触数）

图 2.9（b）为环状分子（如 C_3H_6，每节为—CH_2—）：$r=3$，$z=6$，按式（2.113）可得

$$zq = r(z-2) = 3\times(6-2) = 12$$

$$q = \frac{12}{6} = 2$$

对于芳香族环状分子（如苯环 C_6H_6，每节为═CH—），zq 和 q 分别为

$$zq = r(z-3)$$

$$q = \frac{r(z-3)}{z} \tag{2.114}$$

如 C_6H_6，$r=6$，$z=8$，则得

$$zq = r(z-3) = 6\times(8-3) = 30$$

$$q = \frac{30}{8} = 3.75$$

对于甲苯分子（$C_3H_5CH_3$），$z=8$，得

$$zq = r_{CH}(z-3) + r_C(z-4) + r_{CH_3}(z-1)$$

$$q = 5\times\frac{5}{8} + 1\times\frac{4}{8} + 1\times\frac{7}{8} = 4.5$$

对于二甲苯分子（$C_6H_4(CH_3)_2$），$z=8$，得

$$zq = r_{CH}(z-3) + r_C(z-4) + r_{CH_3}(z-1)$$

$$q = 4\times\frac{5}{8} + 2\times\frac{4}{8} + 2\times\frac{7}{8} = 5.25$$

对于三甲苯分子（$C_6H_3(CH_3)_3$），$z=8$，得

$$zq = r_{CH}(z-3) + r_C(z-4) + r_{CH_3}(z-1)$$

$$q = 3\times\frac{5}{8} + 3\times\frac{4}{8} + 3\times\frac{7}{8} = 6$$

对于水（H_2O），$z=8$，得

$$zq = r_O(z-2) + r_H(z-1) = 1\times\frac{6}{8} + 2\times\frac{7}{8} = 2.5$$

由图 2.9 和以上计算可以看出，由于分子每节的邻座有些和本身分子的一节连接，有

些则和本身分子的两节连接，所以每节与相邻分子接触的邻座（即接触数）总是小于其总邻座数（即配位数）。似晶格模型就是根据与相邻分子接触的邻座间作用能来计算热力学函数的。

2.5.2 混合热的计算方法

假设分子由两种不同的节（有机官能团）a 和 b 组成，每种分子可以含有两种节或只含有一种节，如脂肪烃仅含有一种节，即—CH_2—（或—CH_3）节，而醇类则含有—CH_2—（或—CH_3）和—OH 两种节。对于二元系，分子 1 的总接触数为 zq_1，其中与 a 节接触的接触数为 zq_1u_1，与 b 节接触数为 zq_1v_1；而分子 2 的总接触数为 zq_2，其中与 a 节接触的接触数为 zq_2u_2，与 b 节接触数为 zq_2v_2。根据这样的定义可得

$$zq_1 = zq_1(u_1 + v_1)$$
$$zq_2 = zq_2(u_2 + v_2)$$

所以

$$\left.\begin{aligned} u_1 + v_1 = 1 \\ u_2 + v_2 = 1 \end{aligned}\right\} \tag{2.115}$$

溶液中两种分子的总接触数 Q 为

$$Q = \frac{1}{2}(zq_1N_1 + zq_2N_2) \tag{2.116}$$

式中，N_1、N_2 分别表示溶液中 1、2 分子的个数。由于考虑分子间节与节作用能时，在计算分子 1 的总接触数和计算分子 2 的总接触数时重复统计了一次，所以式（2.116）右边要除以 2。u 是来自两种分子的 a 节的接触数对总的接触数之比，也就是 a 节接触的概率。同样，v 是 b 节接触的概率。u 和 v 的表达式为

$$\left.\begin{aligned} u = \frac{\frac{z}{2}(q_1u_1N_1 + q_2u_2N_2)}{\frac{z}{2}(q_1N_1 + q_2N_2)} = \frac{q_1u_1N_1 + q_2u_2N_2}{q_1N_1 + q_2N_2} \\ v = \frac{\frac{z}{2}(q_1v_1N_1 + q_2v_2N_2)}{\frac{z}{2}(q_1N_1 + q_2N_2)} = \frac{q_1v_1N_1 + q_2v_2N_2}{q_1N_1 + q_2N_2} \end{aligned}\right. \tag{2.117}$$

而

$$u + v = 1 \tag{2.118}$$

以上计算两种节接触的概率是假定了溶液中两种分子完全无规则地混合。分子中 a、b 两种节也是完全无规则混合的前提下得出的。这是人为的假定，不符合实际情况，由于分子间作用能不同，两种分子在溶液中不完全是无规则排列，由于同一分子中各节都以化学键以一定方位角键合，各节之间的作用能也是不同的，所以不同分子节与节之间在溶液中也不是无规则排列的，因此这种计算方法是近似的。

设 w_{ii}为只有一种 i 节存在的情况下节 i 所具有的总势能，则节 a 所具有的总势能为 w_{aa}。若该节的配位数为 z，则与节 a 接触的每个邻座的势能为 $\frac{w_{aa}}{z}$。来自两个相邻分子的

节 a 和节 a 之间的接触势能应为 $2w_{aa}/z$（图 2.10（a））；来自两个相邻分子的节 b 和节 b 之间的接触势能应为 $2w_{bb}/z$（图 2.10（b））。定义来自两个相邻分子不同节之间的接触势能（图中节 a 和节 b 间的接触势能）为 $2w_{ab}/z$（图 2.10（c）），由于

$$w_{aa} + w_{bb} \neq 2w_{ab}$$

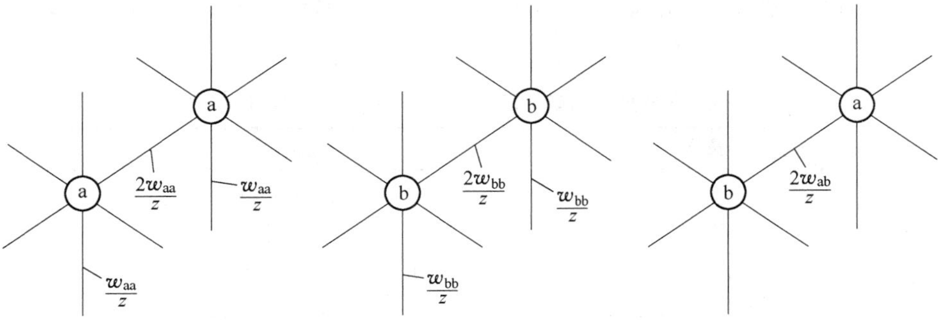

图 2.10　两个相邻分子节与节之间接触势能示意图

令

$$\left.\begin{aligned} w &= 2w_{ab} - w_{aa} - w_{bb} \\ \frac{w}{z} &= 2\frac{w_{ab}}{z} - \frac{w_{aa}}{z} - \frac{w_{bb}}{z} \end{aligned}\right\} \tag{2.119}$$

或

式中，w 为两个相邻分子的不同节交换位置后接触势能的增加值（图 2.11）。

$$2\frac{w_{ab}}{z} - \frac{w_{aa}}{z} - \frac{w_{bb}}{z} = \frac{w}{z}$$

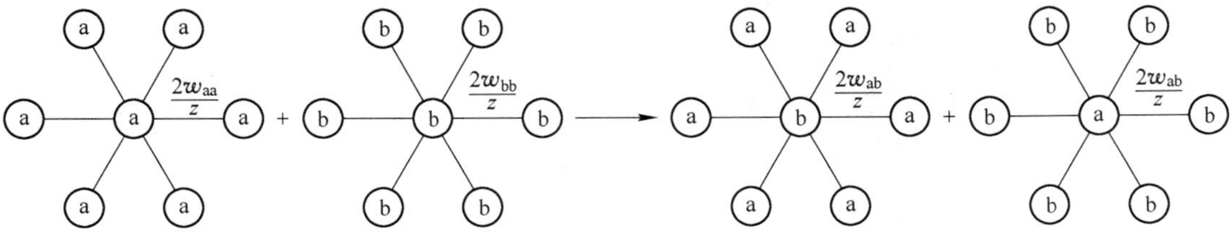

图 2.11　交换能 w 的示意图

将由两种节组成的二元溶液中（假定为完全无规则混合）各种接触类型的接触数和接触势能列于表 2.15。由表 2.15 可见，二元溶液的接触总势能为

$$U = \left(\frac{2Q}{z}\right)(uw_{aa} + vw_{bb} + uvw)$$

将式（2.116）代入上式得

$$U = (q_1N_1 + q_2N_2)(uw_{aa} + vw_{bb} + uvw)$$

将式（2.117）代入上式得

$$U = (q_1N_1u_1 + q_2N_2u_2)w_{aa} + (q_1N_1v_1 + q_2N_2v_2)w_{bb} +$$

$$\frac{q_1N_1u_1 + q_2N_2u_2)(q_1N_1v_1 + q_2N_2v_2)w}{q_1N_1 + q_2N_2} \tag{2.120}$$

对具有 a、b 两种节的 N_1 个分子 1，$N_2=0$，代入式（2.120），其总接触势能 U_1 应为

$$U_1 = q_1N_1(u_1w_{aa} + v_1w_{bb} + u_1v_1w)$$

对具有 a、b 两种节的 N_2 个分子 2，$N_1=0$，代入式（2.120），其总接触势能 U_2 应为

$$U_2 = q_2N_2(u_2w_{aa} + v_2w_{bb} + u_2v_2w)$$

表 2.15　由两种节组成的二元溶液中完全无规则的接触分布

接触类型	接触数	接触的总势能
aa	Qu^2	$Qu^2\left(\frac{2w_{aa}}{z}\right)$
ab	Quv	$Quv\left(\frac{2w_{ab}}{z}\right) = Quv\left(\frac{w_{aa}}{z} + \frac{w_{bb}}{z} + \frac{w}{z}\right)$
ba	Qvu	$Qvu\left(\frac{2w_{ab}}{z}\right) = Qvu\left(\frac{w_{aa}}{z} + \frac{w_{bb}}{z} + \frac{w}{z}\right)$
bb	Qv^2	$Qv^2\left(\frac{2w_{bb}}{z}\right)$
总计	Q	$\left(\frac{2Q}{z}\right)(uw_{aa} + vw_{bb} + uvw)$

纯的 N_1 个液体分子 1 和纯的 N_2 个液体分子 2 混合前后的总接触势能的变化应为

$$\begin{aligned}\Delta U &= U - U_1 - U_2 \\ &= (q_1N_1u_1 + q_2N_2u_2)w_{aa} + (q_1N_1v_1 + q_2N_2v_2)w_{bb} + \\ &\quad \frac{(q_1N_1u_1 + q_2N_2u_2)(q_1N_1v_1 + q_2N_2v_2)w}{q_1N_1 + q_2N_2} - \\ &\quad q_1N_1(u_1w_{aa} + v_1w_{bb} + u_1v_1w) - \\ &\quad q_2N_2(u_2w_{aa} + v_2w_{bb} + u_2v_2w) \\ &= \frac{q_1q_2N_1N_2}{q_1N_1 + q_2N_2}(u_1v_2 + u_2v_1 - u_1v_1 - u_2v_2)w\end{aagned}$$

或

$$\left.\begin{aligned}\Delta U &= -(q_1N_1 + q_2N_2)\,\theta_1\,\theta_2(u_1 - u_2)(v_1 - v_2)w \\ \Delta U &= \frac{q_1q_2N_1N_2}{q_1N_1 + q_2N_2}A_{12}\end{aligned}\right\} \tag{2.121}$$

θ_1、θ_2 为分子 1、2 的接触分数，其定义为

$$\left.\begin{aligned}\theta_1 &= \frac{q_1N_1}{q_1N_1 + q_2N_2} \\ \theta_2 &= \frac{q_2N_2}{q_1N_1 + q_2N_2}\end{aligned}\right\} \tag{2.122}$$

A_{12} 为端值常数，对于一定的分子节是一定值。

$$A_{12} = -(u_1 - u_2)(v_1 - v_2)w \tag{2.123}$$

体系的混合热 ΔH 为

$$\Delta H = \Delta U + P\Delta V$$

假定混合前后无体积变化，即 $\Delta V = 0$，则上式化简为

$$\Delta H = \Delta U = \frac{q_1N_1q_2N_2}{q_1N_1 + q_2N_2}A_{12} \tag{2.124}$$

似晶格模型也可以推广到多元系。对于由 a 和 b 两种节组成的三元系，混合热 ΔH 为

$$\Delta H = -\frac{w}{q_1N_1 + q_2N_2 + q_3N_3}[q_1N_1q_2N_2(u_1 - u_2)(v_1 - v_2) + q_2N_2q_3N_3(u_2 - u_3)(v_2 - v_3) + q_1N_1q_3N_3(u_1 - u_3)(v_1 - v_3)] \tag{2.125}$$

式中，u_1、u_2、u_3 分别为分子 1、2、3 对 a 节的接触分数；v_1、v_2、v_3 分别为分子 1、2、3 对 b 节的接触分数，满足下列关系：

$$u_1 + v_1 = 1,\ u_2 + v_2 = 1,\ u_3 + v_3 = 1$$

而 u 为这三种分子的 a 节的接触数对总的接触数之比，即 a 节接触的概率；v 为 b 节接触的概率，有

$$u =- \frac{q_1u_1N_1 + q_2u_2N_2 + q_3u_3N_3}{q_1N_1 + q_2N_2 + q_3N_3}$$

$$v =- \frac{q_1v_1N_1 + q_2v_2N_2 + q_3v_3N_3}{q_1N_1 + q_2N_2 + q_3N_3}$$

而

$$u + v = 1$$

令 θ_1、θ_2、θ_3 为分子 1、2、3 的接触分数：

$$\theta_1 = \frac{q_1N_1}{q_1N_1 + q_2N_2 + q_3N_3}$$

$$\theta_2 = \frac{q_2N_2}{q_1N_1 + q_2N_2 + q_3N_3}$$

$$\theta_3 = \frac{q_3N_3}{q_1N_1 + q_2N_2 + q_3N_3}$$

将式（2.124）改写为

$$\begin{aligned}\Delta H &=- (q_1N_1 + q_2N_2 + q_3N_3)w[\theta_1\theta_2(u_1 - u_2)(v_1 - v_2) + \\ &\quad \theta_2\theta_3(u_2 - u_3)(v_2 - v_3) + \theta_1\theta_3(u_1 - u_3)(v_1 - v_3)] \\ &= (q_1N_1 + q_2N_2 + q_3N_3)(\theta_1\theta_2A_{12} + \theta_2\theta_3A_{23} + \theta_1\theta_3A_{13})\end{aligned} \tag{2.126}$$

式中

$$A_{12} =- (u_1 - u_2)(v_1 - v_2)w$$

$$A_{23} =- (u_2 - u_3)(v_2 - v_3)w$$

$$A_{13} =- (u_1 - u_3)(v_1 - v_3)w$$

可见，三元系采用似晶格模型有三个端值常数，即 A_{12}、A_{23} 和 A_{13}。

若二元系由 a、b、c 三种节（或官能团）组成，则仍用式（2.124）进行计算，但式（2.123）改变如下

$$A_{12} = -[(u_1 - u_2)(v_1 - v_2)w_{uv} + (v_1 - v_2)(t_1 - t_2)w_{vt} + (t_1 - t_2)(u_1 - u_2)w_{ut}] \tag{2.127}$$

其中

$$u_1 + v_1 + t_1 = 1$$

$$u_2 + v_2 + t_2 = 1$$

式中，t_1、t_2 分别为分子 1、2 对 c 节的接触分数。

若三元系由 a、b、c 三种节（或官能团）组成，则仍可按公式（2.126）进行计算，但 A_{12}、A_{23}、A_{13} 则应按式（2.127）计算，即

$$A_{12} = -[(u_1 - u_2)(v_1 - v_2)w_{uv} + (v_1 - v_2)(t_1 - t_2)w_{vt} + (t_1 - t_2)(u_1 - u_2)w_{ut}]$$

$$A_{23} = -[(u_2 - u_3)(v_2 - v_3)w_{uv} + (v_2 - v_3)(t_2 - t_3)w_{vt} + (t_2 - t_3)(u_2 - u_3)w_{ut}]$$

$$A_{13} = -[(u_1 - u_3)(v_1 - v_3)w_{uv} + (v_1 - v_3)(t_1 - t_3)w_{vt} + (t_1 - t_3)(u_1 - u_3)w_{ut}]$$

式中，w_{uv}、w_{vt} 和 w_{ut} 分别为 ab 节、bc 节和 ac 节之间的交换能，其定义与式（2.119）类似。

凯尔梯斯-梯希莫尔英（Kertes-Tsimering）等用似晶格模型理论计算 TBP-正烷烃、脂肪叔胺-苯、三烷基磷酸酯-水等二元系的混合热。由式（2.121）和式（2.123）算出的 TBP-n-C_6H_{14} 和 TBP-n-$C_{12}H_{26}$ 二元系混合热值与实验值示于图 2.12。从图中可以看出，对 TBP-n-C_6H_{14} 二元系，计算值与实验值符合较好；而对 TBP-n-$C_{12}H_{26}$ 二元系，在 TBP 浓度低处，与实验点偏离达 20%。凯尔梯斯-梯希莫尔英认为若将 PO_4 官能团拆成醚氧基—O—和磷酰基两种官能团 $-\overset{|}{\underset{|}{P}}=O$ ，比图中以整个 PO_4 作为官能团的结果好。将凯尔梯斯（Kertes）等人通过混合热实验测得的各种官能团之间的摩尔交换能 w 数据列入表 2.16。

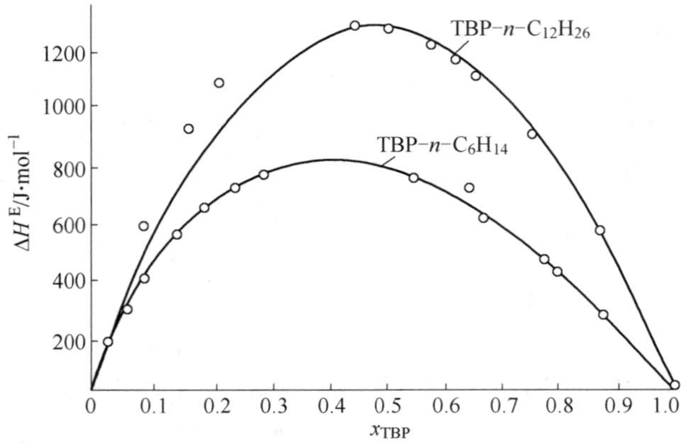

图 2.12　TBP-正烷烃二元系混合热实测值与理论计算值（实线）的比较

表 2.16 在 25℃各种官能团之间的摩尔交换能 w 值 (J/mol)

官能团	CH_3— CH_2—	苯环中的 CH	胺基中的 N	PO_4	醚氧基中 —O—	Cl	H_2O	—NO_2
CH_3— CH_2—	—	830±10	15000±700	142000±7000	9950±50	320	3500±200	5640±270
苯环中的 CH	830±10	—	9500±500		4500±100			1960±270
胺基中的 N	15000±700	9500±500	—					
PO_4	142000±7000			—			86800±4000	
醚氧基中 —O—	99500±50	4500±100			—	4200		
Cl	320				4200	—		
H_2O	3500±200			86800±4000			—	
—NO_2	5640±270	1960±270						—

采用似晶格模型进行计算，物理意义比较明确直观，计算过程比较简便，许多参数可以根据分子结构式拆成节（即官能团）直接算出，仅摩尔交换能 w 需从实验测得。但由于此法是将分子拆成官能团，只需将各官能团间的交换能测出，无需将各种分子都进行实验测定，这样就大大减少了实验的工作量，所以此法有进一步研究的价值。

【例 2.11】 用似晶格模型理论计算 50%（摩尔分数）TBP 和 50%（摩尔分数）n-$C_{12}H_{26}$混合的摩尔焓变。

解： 令 n-$C_{12}H_{26}$为分子 1，假定其配位数 $z=8$，则 q 由式（2.112）求得：

$$q_1=\frac{r_1(z-2)+2}{z}=\frac{12\times(8-2)+2}{8}=\frac{74}{8}=9.25$$

令 u 为 CH_4—或 CH_2—基团，v 为 PO_4 基团，则 u_1、v_1 分别为

$$u_1=\frac{r_{1CH_3}q_{1CH_3}+r_{1CH_2}q_{1CH_2}}{q_1}=\frac{2\times\frac{7}{8}+10\times\frac{6}{8}}{\frac{74}{8}}=1$$

$$v_1=0$$

令 TBP 为分子 2，其结构式为 $(CH_3CH_2CH_2CH_2)_3PO_4$，假定其配位数 $z=8$，则

$$q_2=\frac{r_2(z-2)+2}{z}=\frac{13\times(8-2)+2}{8}=\frac{80}{8}=10$$

$$u_2=\frac{r_{2CH_3}q_{1CH_3}+r_{2CH_2}q_{2CH_2}}{q_2}$$

$$=\frac{3\times\frac{7}{8}+9\times\frac{6}{8}}{\frac{80}{8}}=\frac{75}{80}$$

$$v_2=\frac{r_{2PO_4}q_{2PO_4}}{q_2}=\frac{1\times\frac{5}{8}}{\frac{80}{8}}=\frac{5}{80}$$

CH_3—（或 CH_2—）与 PO_4 的摩尔交换能 w 值查表 2.16 得 $w = 142000$J/mol。

由式（2.123）求出似晶格模型的端值常数 A_{12} 为

$$A_{12} = -(u_1 - u_2)(v_1 - v_2)w = -\left(1 - \frac{75}{80}\right)\left(-\frac{5}{80}\right) \times 142000 = 554.7\text{J/mol}$$

由式（2.124）即可求出焓变：

$$\Delta H = \left(\frac{q_1 N_1 q_2 N_2}{q_1 N_1 + q_2 N_2}\right) A_{12} = \left(\frac{9.25 \times 0.5 \times 10 \times 0.5}{9.25 \times 0.5 + 10 \times 0.5}\right) \times 554.7$$
$$= 1333\text{J/mol}$$

由图 2.12 可见，由似晶格模型理论计算 n-$C_{12}H_{26}$-TBP 系的焓变值与实验值相符。

2.5.3 似化学法

以上讨论均假设混合是完全随机的，但是既然交换能 $w \neq 0$，完全无规则的混合即使对非极性分子也是不可能的。古根亥姆（Guggenheim）提出“似化学方法”（quasi-chemical method）近似地处理偏离随机的情况。

在 N_1 个分子 1 和 N_2 个分子 2 所组成的体系中，相邻分子对的总数为

$$\frac{z(N_1 + N_2)}{2}$$

对于其中的任一对，一个座席为分子 1 占据的概率为

$$\frac{N_1}{N_1 + N_2}$$

另一座席为分子 2 占据的概率为

$$\frac{N_2}{N_1 + N_2}$$

两者之积再乘以 2（一个座席为分子 2，另一个座席为分子 1）即得相邻分子对为 1-2 对的概率。1-2 对的总数 N_{12} 应为相邻分子对总数与 1-2 分子对出现的概率之积，即

$$N_{12} = \frac{z(N_1 + N_2)}{2} \times 2\frac{N_1}{(N_1 + N_2)^2}$$
$$= \left(\frac{N_1 N_2}{N_1 + N_2}\right) z = (N_1 + N_2) z x_1 x_2 \tag{2.128}$$

1-1 对的总数 N_{11} 和 2-2 对的总数 N_{22} 分别为

$$\left.\begin{aligned} N_{11} &= \frac{z(N_1 + N_2)}{2} \times 2\frac{N_1^2}{(N_1 + N_2)^2} = \frac{N_1 + N_2}{2} z x_1^2 \\ N_{22} &= \frac{z(N_1 + N_2)}{2} \times 2\frac{N_2^2}{(N_1 + N_2)^2} = \frac{N_1 + N_2}{2} z x_2^2 \end{aligned}\right\} \tag{2.129}$$

令

$$\overline{X} = \frac{N_{12}}{z} \tag{2.130}$$

对于随机混合，按式（2.128）得

$$\bar{X}=\frac{N_1N_2}{N_1+N_2} \tag{2.131}$$

$$N_1N_2-N_1\bar{X}-N_2\bar{X}=0$$

$$\bar{X}^2=N_1N_2-N_1\bar{X}-N_2\bar{X}+\bar{X}^2$$

$$\bar{X}^2=(N_1-\bar{X})(N_2-\bar{X}) \tag{2.132}$$

对于非随机混合，古根亥姆建议用式（2.133）来代替

$$\bar{X}^2=(N_1-\bar{X})(N_2-\bar{X})\mathrm{e}^{-2w/(zk_\mathrm{B}T)} \tag{2.133}$$

这是将混合物中 1-1，1-2，2-2 分子对看作有下列化学平衡关系

$$(1\text{-}1)+(2\text{-}2)\rightleftharpoons 2(1\text{-}2)$$

$$\frac{[1\text{-}2]^2}{[1\text{-}1][2\text{-}2]}=\frac{N_{12}^2}{N_{11}N_{22}}=\mathrm{e}^{-\Delta G^0/(RT)}=\mathrm{e}^{-\Delta S^0/R-\Delta H^0/(RT)}$$

已知物质的绝对熵中应包含 $-R\ln\sigma$ 项，σ 为对称数，1-1、2-2 分子对的对称数为 2，1-2 分子对的对称数为 1，得

$$\Delta S^0=-2R\ln1+R\ln2+R\ln2=R\ln4$$

ΔH^0 为 1mol 分子 1 和 1mol 分子 2 交换位置后热焓的变化值，它可由式（2.119）及图 2.11 类似地得出

$$\Delta H=N_0\left(\frac{4w_{12}}{z}-\frac{2w_{11}}{z}-\frac{2w_{22}}{z}\right)=2N_0\frac{w}{z}$$

代入化学平衡式，得

$$\frac{[1\text{-}2]^2}{2[1\text{-}1]2[2\text{-}2]}=\mathrm{e}^{-2N_0w/(zRT)}=\mathrm{e}^{-2w/(zk_\mathrm{B}T)} \tag{2.134}$$

式中

$$[1\text{-}2]=N_{12}=\bar{X}z$$

$$[1\text{-}1]=N_{11}=\frac{N_{1z}-N_{2z}}{2}=\frac{(N_1-\bar{X})z}{2}$$

$$[2\text{-}2]=N_{22}=\frac{N_{2z}-N_{1z}}{2}=\frac{(N_2-\bar{X})z}{2}$$

式（2.134）类似化学反应的平衡关系式，因此古根亥姆称之为“似化学公式”。由式（2.134）可见，若 $w>0$，即

$$w_{12}>\frac{1}{2}(w_{11}+w_{22})$$

表示不同分子间的吸引能有所减少，则 1-2 对的数目将小于完全随机的数目；若 $w<0$，即

$$w_{12}<\frac{1}{2}(w_{11}+w_{22})$$

表示不同分子间的吸引能有所增大，则 1-2 对的数目将大于完全随机的数目。

由式（2.133）可以解出 $\bar{X}$：

$$(\mathrm{e}^{2w/(zk_\mathrm{B}T)}-1)\bar{X}^2+(N_1+N_2)\bar{X}-N_1N_2=0$$

$$\overline{X} = \frac{-(N_1 + N_2) \pm [(N_1 + N_2)^2 + 4N_1N_2(e^{2w/(zk_BT)} - 1)]^{1/2}}{2(e^{2w/(zk_BT)} - 1)}$$
$$= \frac{-(N_1 + N_2)\{1 - [1 + 4x_1x_2(e^{2w/(zk_BT)} - 1)]^{1/2}\}}{2(e^{2w/(zk_BT)} - 1)}$$

这里取了正号，若以 $1 - [1 + 4x_1x_2(e^{2w/(zk_BT)} - 1)]^{1/2}$ 乘以上式的分子和分母，并加整理，得

$$\overline{X} = \frac{2(N_1 + N_2)x_1x_2}{1 + [1 + 4x_1x_2(e^{2w/(zk_BT)} - 1)]^{1/2}}$$

令

$$\beta = 1 + [1 + 4x_1x_2(e^{2w/(zk_BT)} - 1)]^{1/2} \tag{2.135}$$

得

$$\overline{X} = (N_1 + N_2)x_1x_2\left(\frac{2}{\beta + 1}\right) \tag{2.136}$$

当 $w = 0$ 时，由式（2.135）得 $\beta = 1$，得到无规则混合的表达式（2.131）。

对于由两种节（a 节和 b 节）组成的二元混合系，则可根据表 2.14 的接触数表达式按古根亥姆的似化学方法从不同的分子对引申到不同的接触对，具体步骤如下。

设 N_{ab}、N_{aa} 和 N_{bb} 分别为节 a-b 对、节 a-a 对和节 b-b 对的总数，若为随机混合，可得

$$N_{ab} = Q2uv = \frac{z(N_1q_1 + N_2q_2)}{2} \times 2 \times \frac{N_1q_1u_1 + N_2q_2u_2}{N_1q_1 + N_2q_2} \times \frac{N_1q_1v_1 + N_2q_2v_2}{N_1q_1 + N_2q_2}$$
$$= z(N_1q_1 + N_2q_2)uv \tag{2.137}$$
$$N_{aa} = Qu^2 = \frac{z(N_1q_1 + N_2q_2)}{2}\left(\frac{N_1q_1u_1 + N_2q_2u_2}{N_1q_1 + N_2q_2}\right)^2$$
$$N_{bb} = Qv^2 = \frac{z(N_1q_1 + N_2q_2)}{2}\left(\frac{N_1q_1v_1 + N_2q_2v_2}{N_1q_1 + N_2q_2}\right)^2$$

令

$$\overline{X} = \frac{N_{ab}}{z} = \frac{(N_1q_1u_1 + N_2q_2u_2)(N_1q_1v_1 + N_2q_2v_2)}{N_1q_1 + N_2q_2}$$
$$(N_1q_1u_1 + N_2q_2u_2)(N_1q_1v_1 + N_2q_2v_2) - N_1q_1\overline{X} - N_2q_2\overline{X} = 0$$

利用

$$u_1 + u_2 = 1, \quad v_1 + v_2 = 1$$

得

$$\overline{X}^2 = [(N_1q_1u_1 + N_2q_2u_2) - \overline{X}][(N_1q_1v_1 + N_2q_2v_2) - \overline{X}] \tag{2.138}$$

对于非随机混合，可采用式（2.139）

$$\overline{X}^2 = [(N_1q_1u_1 + N_2q_2u_2) - \overline{X}][(N_1q_1v_1 + N_2q_2v_2) - \overline{X}]\,e^{-w/(zk_BT)} \tag{2.139}$$

这是将 1-1、1-2、2-2 分子对混合物看作 a-a、a-b、b-b 节对之间的化学平衡关系

$$(\text{a-a}) + (\text{b-b}) \rightleftharpoons 2(\text{a-b})$$

$$\frac{[\text{a-b}]^2}{[\text{a-a}][\text{b-b}]} = \frac{N_{\text{ab}}^2}{N_{\text{aa}}N_{\text{bb}}} = \mathrm{e}^{-\Delta G^0/(RT)}$$

利用式（2.119），

$$\frac{w}{z} = \frac{2w_{\text{ab}}}{z} - \frac{w_{\text{aa}}}{z} - \frac{w_{\text{bb}}}{z}$$

得

$$\frac{[\text{a-b}]^2}{2[\text{a-a}][\text{b-b}]} = \mathrm{e}^{-N_{\text{A}}w/(zRT)} = \mathrm{e}^{-w/(zk_{\text{B}}T)} \tag{2.140}$$

由式（2.139）得

$$(\mathrm{e}^{-w/(zk_{\text{B}}T)} - 1)\overline{X}^2 + (N_1q_1 + N_2q_2)\overline{X} - (N_1q_1u_1 + N_2q_2u_2)(N_1q_1v_1 + N_2q_2v_2) = 0$$

解得

$$\overline{X} = \frac{-(N_1q_1u_1 + N_2q_2u_2)\{1 - [1 + 4uv(\mathrm{e}^{w/(zk_{\text{B}}T)} - 1)]^{1/2}\}}{2(\mathrm{e}^{2w/(zk_BT)} - 1)}$$

$$= \frac{2(N_1q_1 + N_2q_2)uv}{1 + [1 + 4uv(\mathrm{e}^{w/(zk_{\text{B}}T)} - 1)]^{1/2}}$$

令

$$\beta = 1 + [1 + 4uv(\mathrm{e}^{w/(zk_{\text{B}}T)} - 1)]^{1/2} \tag{2.141}$$

得

$$\overline{X} = (N_1q_1 + N_2q_2)uv\frac{2}{\beta + 1}$$

令 $w = 0$，由式（2.141）可得 $\beta = 1$，这就还原为无规则混合的式（2.137）。

在非随机混合的情况下，二元系中 a-a、a-b、b-b 对达平衡时的接触数为

$$[\text{a-b}] = N_{\text{ab}} = \overline{X}z = (N_1q_1 + N_2q_2)uvz\frac{2}{\beta + 1}$$

$$[\text{a-a}] = N_{\text{aa}} = \frac{(N_1q_1u_1 + N_2q_2u_2 - \overline{X})z}{2}$$

$$[\text{b-b}] = N_{\text{bb}} = \frac{(N_1q_1v_1 + N_2q_2v_2 - \overline{X})z}{2}$$

表 2.17 列出了在混合有序情况下的各种接触类型的接触数和接触势能。由表 2.17 可见，二元溶液的接触总势能为

$$U = (N_1q_1u_1 + N_2q_2u_2)w_{\text{aa}} + (N_1q_1v_1 + N_2q_2v_2)w_{\text{bb}} + \overline{X}_w$$
$$= (N_1q_1u_1 + N_2q_2u_2)w_{\text{aa}} + (N_1q_1v_1 + N_2q_2v_2)w_{\text{bb}} + (N_1q_1 + N_2q_2)uv\left(\frac{2}{\beta + 1}\right)w \tag{2.142}$$

表 2.17 由两种节组成的二元溶液中混合有序的接触分布

接触类型	接触数	接触的总势能
aa	$\dfrac{(N_1q_1u_1 + N_2q_2u_2 - \overline{X})z}{2}$	$\dfrac{(N_1q_1u_1 + N_2q_2u_2 - \overline{X})z}{2}\dfrac{2w_{aa}}{z}$
ab + ba	$\overline{X}z$	$\overline{X}z\left(\dfrac{2w_{ab}}{z}\right) = \overline{X}z\left(\dfrac{w_{aa}}{z} + \dfrac{w_{bb}}{z} + \dfrac{w}{z}\right)$
bb	$\dfrac{(N_1q_1v_1 + N_2q_2v_2 - \overline{X})z}{2}$	$\dfrac{(N_1q_1v_1 + N_2q_2v_2 - \overline{X})z}{2}\dfrac{2w_{bb}}{z}$
总计	$N_1q_1 + N_2q_2$	$(N_1q_1u_1 + N_2q_2u_2)w_{aa} + (N_1q_1v_1 + N_2q_2v_2)w_{bb} + \overline{X}w$

对具有 a、b 两种节的 N_1 个分子 1，$N_2 = 0$，代入式（2.142），即得总接触势能为

$$U_1 = N_1q_1\left(u_1w_{aa} + v_1w_{bb} + u_1v_1\frac{2}{\beta_1 + 1}w\right)$$

对具有 a、b 两种节的 N_2 个分子 2，$N_1 = 0$，其总接触势能为

$$U_2 = N_2q_2\left(u_2w_{aa} + v_2w_{bb} + u_2v_2\frac{2}{\beta_2 + 1}w\right)$$

纯的 N_1 个液体分子 1 和纯的 N_2 个液体分子 2 混合前后总接触势能的变化为

$$\begin{aligned}\Delta U &= U - U_1 - U_2\\ &= (N_1q_1u_1 + N_2q_2u_2)w_{aa} + (N_1q_1v_1 + N_2q_2v_2)w_{bb} +\\ &\quad (N_1q_1 + N_2q_2)uv\frac{2}{\beta + 1}w -\\ &\quad N_1q_1\left(u_1w_{aa} + v_1w_{bb} + u_1v_1\frac{2}{\beta_1 + 1}w\right) -\\ &\quad N_2q_2\left(u_2w_{aa} + v_2w_{bb} + u_2v_2\frac{2}{\beta_2 + 1}w\right)\\ &= -2\left[\frac{N_1q_1u_1v_1}{\beta_1 + 1} - \frac{(N_1q_1 + N_2q_2)uv}{\beta + 1} + \frac{N_2q_2u_2v_2}{\beta_2 + 1}\right]w\end{aligned} \tag{2.143}$$

式中

$$\beta = 1 + [1 + 4uv(e^{w/(zk_BT)} - 1)]^{1/2}$$
$$\beta_1 = 1 + [1 + 4u_1v_1(e^{w/(zk_BT)} - 1)]^{1/2}$$
$$\beta_2 = 1 + [1 + 4u_2v_2(e^{w/(zk_BT)} - 1)]^{1/2}$$

如此得到的公式比无规则混合的计算公式复杂。古根亥姆所提出的“似化学方法”也仅仅是一种近似处理方法，是否符合实际情况，特别是在分子剖分为节（或官能团）的情况下，排列有序是由于考虑到不同基团间的作用能，这仅是问题的一个方面；而在一个分子内各基团之间的排列有序还受分子结构式所制约，这是问题的另一方面。而后一因素在以上的公式推导中都没有考虑在内，这是一个值得考虑的问题。

2.5.4 混合熵的计算方法

考虑一种开链大分子和一种小分子的混合物，前者比后者大 r 倍。设小分子在晶格中

占有一个座席，大分子则占 r 个座席，成为 r 节。假设混合时 $\Delta H = 0$，即没有热效应，得

$$\Delta H \simeq \Delta U = 0$$

$$\Delta G \simeq \Delta F = -T\Delta S$$

这种溶液称为“无热溶液”（athermal solution）。对于这种溶液，交换能 w 为零。

令 N_s 为晶格中的座席总数，N_q 为晶格中的接触单元总数，其定义为

$$N_s = N_1 + rN_2 \tag{2.144}$$

$$N_q = N_1 + qN_2 \tag{2.145}$$

这里，体积分数 φ_i 的定义为

$$\varphi_1 = \frac{N_1}{N_s}$$

$$\varphi_2 = \frac{rN_2}{N_s} \tag{2.146}$$

用熵和热力学概率关系式（$S = k_B \ln w$）计算混合过程的熵变。

先排列大分子，然后再将小分子塞在其余位置上。第 1 个大分子的第 1 节可放在 N_s 个座席中的任何位置上，故其实现数是 N_s。若此节的配位数为 z，则第 2 节的实现数为 z。在第 2 节周围只有 $z-1$ 个空位，但因受化学键的限制，第 3 节选择位置的自由度可能小于 $z-1$，以 $y(\leqslant(z-1))$ 表示此节的自由度，则第 1 大分子的 1、2、3 节的实现数为 $N_s zy$，第 4、5、…、r 节也都如此，所以整个第 1 个大分子的实现数为 $N_s z y^{r-2}$。此时 N_s 个座席中已有 r 个被占据，故第 2 个大分子的第 1 节只有 $N_s - r$ 个座席可以利用。虽然此节的配位数为 z，但其中可能有些已被第 1 个大分子的节所占据，以 f_2 代表此种情况的概率，则第 2 个大分子的第 2 节可占的概率只有 $z(1-f_2)$，第 3 节可占概率则只有 $y(1-f_2)$，如此则整个第 2 个大分子的实现数为 $(N_s - r)z(1-f_2)y^{r-2}(1-f_2)^{r-2} = (N_s - r)zy^{r-2}(1-f_2)^{r-1}$。以此类推，则第 i 个大分子的实现数为 $[N_s-(i-1)r]zy^{r-2}(1-f_i)^{r-1}$，第 N_2 个大分子的实现数为 $[N_s-(N_2-1)r]zy^{r-2}(1-f_{N_2})^{r-1}$。

N_2 个大分子占了 rN_2 个座席，余下 $N_s - rN_2$ 个座席留给小分子占用。第 1 个小分子占用的实现数为 $N_s - rN_2$，第 2 个小分子的实现数为 $N_s - rN_2 - 1$。以此类推，最后一个小分子的实现数为 1。大小分子总的排列方式 ψ 为

$$\begin{aligned}\psi &= N_s zy^{r-2}(N_s - r)z(1-f_2)^{r-1}y^{r-2}\cdots[N_s-(N_2-1)r]\times \\ &\quad z(1-f_{N_2})^{r-1}y^{r-2}(N_s - rN_2)(N_s - rN_2 - 1)\times\cdots\times 1 \\ &= (zy^{r-2})^{N_2}\{N_s(N_s-r)(N_s-2r)\cdots[N_s-(N_2-1)r]\}\times \\ &\quad [(N_s - rN_2)(N_s - rN_2 - 1)\times\cdots\times 1][(1-f_1)\times \\ &\quad (1-f_2)\cdots(1-f_{N_2})]^{r-1}\end{aligned} \tag{2.147}$$

假设分子在空间的分布是均匀的，一个大分子占据了另一个大分子的某节相邻座席的概率 f_i 近似为

$$f_i \simeq (i-1)\frac{r}{N_s}$$

当 $i=1$ 时，$f_1 = 0$；$i=2$ 时，$f_2 = \dfrac{r}{N_s}$；$i=3$ 时，$f_3 = \dfrac{2r}{N_s}$；…。

令

$$F = (1 - f_1)(1 - f_2)\cdots(1 - f_{N_2})$$
$$= 1\left(1 - \frac{r}{N_s}\right)\left(1 - \frac{2r}{N_s}\right)\cdots\left[1 - \frac{(N_2 - 1)r}{N_s}\right]$$
$$= \left(\frac{r}{N_s}\right)^{N_s}\left(\frac{N_s}{r}\right)! \bigg/ \left(\frac{N_1}{r}\right)!$$

又

$$\{N_s(N_s - r)(N_s - 2r)\cdots[N_s - (N_2 - 1)r]\}$$
$$= r^{N_s}\left\{\frac{N_s}{r}\left(\frac{N_s}{r} - 1\right)\left(\frac{N_s}{r} - 2\right)\cdots\left[\frac{N_s}{r} - (N_2 - 1)\right]\right\}$$
$$= r^{N_s}\left(\frac{N_s}{r}\right)! \bigg/ \left(\frac{N_s}{r} - N_2\right)!$$

代入式（2. 147），得

$$\psi = (rzy^{r-2})^{N_2}N_1!\ \left(\frac{r}{N_s}\right)^{N_2(r-1)}\left(\frac{N_s}{r}\right)! \bigg/ \left(\frac{N_1}{r}\right)!$$

由于大分子和小分子本身是不可区分的，又大分子的两端也当作不可区分的，故总实现数还须除以 $N_1!N_2!2^{N_s}$

$$W = \frac{\psi}{N_1!N_2!2^{N_s}}$$
$$= (rzy^{r-2})^{N_2}\left(\frac{r}{N_s}\right)^{N_2(r-1)}\left(\frac{N_s}{r}\right)! \bigg/ \left(\frac{N_1}{r}\right)!N_2!2^{N_s}$$

溶液的熵值 $S = k_B\ln w$

$$S = k_B[(N_1 + N_2)\ln(N_1 + rN_2) - N_1\ln N_1 - N_2\ln N_2 - (r - 1)N_2 + N_2\ln z + N_2(r - 2)\ln y - N_2\ln 2]$$

对纯的小分子液体

$$S_1 = k(N_1\ln N_1 - N_1\ln N_1) = 0$$

对纯的大分子液体

$$S_2 = k_B[N_2\ln rN_2 - N_2\ln N_2 - (r - 1)N_2 + N_2\ln z + N_2(r - 2)\ln y - N_2\ln 2]$$

混合熵

$$\Delta S = S - S_1 - S_2$$
$$= -k_B\left(N_1\ln\frac{N_1}{N_1 + rN_2} + N_2\ln\frac{N_2}{N_1 + rN_2}\right)$$
$$= -k_B(N_1\ln\varphi_1 + N_2\ln\varphi_2)$$
$$= -R(n_1\ln\varphi_1 + n_2\ln\varphi_2) \tag{2.148}$$

$$S^{ex} = \Delta S - \Delta S^i = -R\left(n_1\ln\frac{\varphi_1}{x_1} + n_2\ln\frac{\varphi_2}{x_2}\right) \tag{2.149}$$

以上是用热力学概率关系式较为简易但是比较粗略地推导了混合熵的计算公式。

应用统计力学的巨正则分布可以较为严格地证明上述计算公式，得到

$$\Delta S = k_B \ln \frac{g(N_1,N_2)}{g(N_1,0)g(0,N_2)}$$
$$= k_B \ln \frac{(r_1N_1 + r_2N_2)!}{(r_1N_1)!(r_2N_2)!} \left[\frac{(q_1N_1 + q_2N_2)!}{(r_1N_1 + r_2N_2)!}\right]^{z/2} \cdot \left[\frac{(r_1N_1)!(r_2N_2)!}{(q_1N_1)!(q_2N_2)!}\right]^{z/2}$$
$$= k_B \left(r_1N_1 \ln \frac{r_1N_1 + r_2N_2}{r_1N_1} + r_2N_2 \ln \frac{r_1N_1 + r_2N_2}{r_2N_2} + \frac{z}{2}q_1N_1 \ln \frac{q_1N_1 + q_2N_2}{q_1N_1} + \frac{z}{2}q_2N_2 \ln \frac{q_1N_1 + q_2N_2}{q_2N_2} - \frac{z}{2}r_1N_1 \ln \frac{r_1N_1 + r_2N_2}{r_1N_1} - \frac{z}{2}r_2N_2 \ln \frac{r_1N_1 + r_2N_2}{r_2N_2} \right)$$
$$= k_B \left\{ \left[r_1 + \frac{z}{2}(q_1 - r_1)\right] N_1 \ln \frac{r_1N_1 + r_2N_2}{r_1N_1} + \left[r_2 + \frac{z}{2}(q_2 - r_2)\right] N_2 \ln \frac{r_1N_1 + r_2N_2}{r_2N_2} + \frac{z}{2}q_1N_1 \ln \frac{(q_1N_1 + q_2N_2)r_1}{(r_1N_1 + r_2N_2)q_1} + \frac{z}{2}q_2N_2 \ln \frac{(q_1N_1 + q_2N_2)r_2}{(r_1N_1 + r_2N_2)q_2} \right\}$$

应用式（2.112）$\frac{z}{2}(q - r) = 1 - r$，上式可化简为

$$\Delta S = -k_B \left[N_1 \ln \frac{r_1N_1}{r_1N_1 + r_2N_2} + N_2 \ln \frac{r_2N_2}{r_1N_1 + r_2N_2} + \frac{z}{2}q_1N_1 \ln \frac{(r_1N_1 + r_2N_2)q_1}{(q_1N_1 + q_2N_2)r_1} + \frac{z}{2}q_2N_2 \ln \frac{(r_1N_1 + r_2N_2)q_2}{(q_1N_1 + q_2N_2)r_2} \right] \tag{2.150}$$

定义

$$\left.\begin{aligned} \varphi_1 &= \frac{r_1N_1}{r_1N_1 + r_2N_2} \\ \varphi_2 &= \frac{r_2N_2}{r_1N_1 + r_2N_2} \end{aligned}\right\} \tag{2.151}$$

$$\left.\begin{aligned} \theta_1 &= \frac{q_1N_1}{q_1N_1 + q_2N_2} \\ \theta_2 &= \frac{q_2N_2}{q_1N_1 + q_2N_2} \end{aligned}\right\} \tag{2.152}$$

式中，φ 为体积分数或节分数；θ 为面积分数或接触分数。式（2.150）即可化简为

$$\Delta S = -k_B \left(N_1 \ln\varphi_1 + N_2 \ln\varphi_2 + \frac{z}{2}q_1N_1 \ln \frac{\theta_1}{\varphi_1} + \frac{z}{2}q_2N_2 \ln \frac{\theta_2}{\varphi_2} \right) \tag{2.153}$$

$$\Delta S^i = -k_B(N_1 \ln x_1 + N_2 \ln x_2)$$

$$S^{ex} = \Delta S - \Delta S^i = -k_B \left(N_1 \ln \frac{\varphi_1}{x_1} + N_2 \ln \frac{\varphi_2}{x_2} + \right.$$

$$\left.\frac{z}{2}q_1N_1\ln\frac{\theta_1}{\varphi_1}+\frac{z}{2}q_2N_2\ln\frac{\theta_2}{\varphi_2}\right) \tag{2.154}$$

当 $z=\infty$ 时，按式（2.112）可得：$\varphi=0$，式（2.153）和式（2.154）即可化简为

$$\begin{aligned}\Delta S&=-k_B(N_1\ln\varphi_1+N_2\ln\varphi_2)\\&=-R(n_1\ln\varphi_1+n_2\ln\varphi_2)\end{aligned} \tag{2.155}$$

$$\begin{aligned}S^{ex}&=-k_B\left(N_1\ln\frac{\varphi_1}{x_1}+N_2\ln\frac{\varphi_2}{x_2}\right)\\&=-R\left(n_1\ln\frac{\varphi_1}{x_1}+n_2\ln\frac{\varphi_2}{x_2}\right)\end{aligned} \tag{2.156}$$

上两式称为弗劳瑞（Flory）公式或哈金斯（Huggins）公式，也就是海尔德布元德导出的式（2.84）。由于大部分格子有高的 z 值（$z=10$），弗劳瑞-哈金斯式常常给出较好的结果。

2.5.5 混合自由能和活度系数的计算公式

对于非无热溶液，可以将混合焓和混合熵的计算式（2.121）、式（2.153）合并成混合自由能的计算式：

$$\Delta G=\Delta H-T\Delta S$$

二元系

$$\Delta G=N_q\theta_1\theta_2A_{12}+kT\left(N_1\ln\varphi_1+N_2\ln\varphi_2+\frac{z}{2}q_1N_1\ln\frac{\theta_1}{\varphi_1}+\frac{z}{2}q_2N_2\ln\frac{\theta_2}{\varphi_2}\right) \tag{2.157}$$

$$G^{ex}=H^{ex}-TS^{ex}=kT\left(N_1\ln\frac{\varphi_1}{x_1}+N_2\ln\frac{\varphi_2}{x_2}+\frac{z}{2}q_1N_1\ln\frac{\theta_1}{\varphi_1}+\frac{z}{2}q_2N_2\ln\frac{\theta_2}{\varphi_2}\right) \tag{2.158}$$

活度系数则可由上式对 n_1 和 n_2 求导得到

$$\left.\begin{aligned}\ln f_1&=\frac{\partial G^{ex}}{RT\partial n_1}=\frac{q_1A_{12}\theta_2^2}{RT}+\ln\frac{\varphi_1}{x_1}+\frac{zq_1}{2}\ln\frac{\theta_1}{\varphi_1}+\varphi_2\left[\left(1-\frac{zq_1}{2}\right)-\left(1-\frac{zq_2}{2}\right)\frac{r_1}{r_2}\right]\\\ln f_2&=\frac{\partial G^{ex}}{RT\partial n_2}=\frac{q_2A_{12}\theta_1^2}{RT}+\ln\frac{\varphi_2}{x_2}+\frac{zq_2}{2}\ln\frac{\theta_2}{\varphi_2}+\varphi_1\left[\left(1-\frac{zq_2}{2}\right)-\left(1-\frac{zq_1}{2}\right)\frac{r_2}{r_1}\right]\end{aligned}\right\} \tag{2.159}$$

当 $z=\infty$，$r_1=q_1$，$r_2=q_2$，$\varphi_1=\theta_1$，$\varphi_2=\theta_2$，式（2.159）就化简为

$$\left.\begin{aligned}\ln f_1&=\frac{q_1A_{12}\theta_2^2}{RT}+\ln\frac{\varphi_1}{x_1}+\varphi_2\left(1-\frac{r_1}{r_2}\right)\\\ln f_2&=\frac{q_2A_{12}\theta_1^2}{RT}+\ln\frac{\varphi_2}{x_2}+\varphi_1\left(1-\frac{r_1}{r_2}\right)\end{aligned}\right\} \tag{2.160}$$

上述公式均可推广到多元系。

三元系：

$$\Delta G=N_q(\theta_1\theta_2A_{12}+\theta_2\theta_3A_{23}+\theta_1\theta_3A_{13})+k_BT\times$$
$$\left(N_1\ln\varphi_1+N_2\ln\varphi_2+N_3\ln\varphi_3+\frac{z}{2}q_1N_1\ln\frac{\theta_1}{\varphi_1}+\frac{z}{2}q_2N_2\ln\frac{\theta_2}{\varphi_2}+\frac{z}{2}q_3N_3\ln\frac{\theta_3}{\varphi_3}\right)$$

式中

$$N_q = N_1 q_1 + N_2 q_2 + N_3 q_3$$

$$\begin{aligned}G^{ex} = {} & N_q(\theta_1\theta_2 A_{12} + \theta_2\theta_3 A_{23} + \theta_1\theta_3 A_{13}) + \\ & k_B T\left(N_1 \ln\frac{\theta_1}{x_1} + N_2 \ln\frac{\theta_2}{x_2} + N_3 \ln\frac{\theta_3}{x_3}\right) + \frac{z}{2}\left(q_1 N_1 \ln\frac{\theta_1}{\varphi_1} + q_2 N_2 \ln\frac{\theta_2}{\varphi_2} + q_3 N_3 \ln\frac{\theta_3}{\varphi_3}\right)\end{aligned}$$

$$\left.\begin{aligned}\ln f_1 = {} & \frac{\partial G^{ex}}{RT\partial n_1} = \frac{q_1[\theta_2^2 A_{12} + \theta_3^2 A_{13} + \theta_2\theta_3(A_{12} + A_{13} - A_{23})]}{RT} + \\ & \ln\frac{\varphi_1}{x_1} + \frac{zq_1}{2}\ln\frac{\theta_1}{\varphi_1} + \varphi_2\left[\left(1 - \frac{zq_1}{2}\right) - \left(1 - \frac{zq_2}{2}\right)\frac{r_1}{r_2}\right] + \\ & \varphi_3\left[\left(1 - \frac{zq_1}{2}\right) - \left(1 - \frac{zq_3}{2}\right)\frac{r_1}{r_3}\right] \\ \ln f_2 = {} & \frac{\partial G^{ex}}{RT\partial n_2} = \frac{q_2[\theta_1^2 A_{12} + \theta_3^2 A_{23} + \theta_1\theta_3(A_{12} + A_{23} - A_{13})]}{RT} + \\ & \ln\frac{\varphi_2}{x_2} + \frac{zq_2}{2}\ln\frac{\theta_2}{\varphi_2} + \varphi_1\left[\left(1 - \frac{zq_2}{2}\right) - \left(1 - \frac{zq_1}{2}\right)\frac{r_2}{r_1}\right] + \\ & \varphi_3\left[\left(1 - \frac{zq_2}{2}\right) - \left(1 - \frac{zq_3}{2}\right)\frac{r_2}{r_3}\right] \\ \ln f_3 = {} & \frac{\partial G^{ex}}{RT\partial n_3} = \frac{q_3[\theta_1^2 A_{13} + \theta_2^2 A_{23} + \theta_1\theta_2(A_{13} + A_{23} - A_{12})]}{RT} + \\ & \ln\frac{\varphi_3}{x_3} + \frac{zq_3}{2}\ln\frac{\theta_3}{\varphi_3} + \varphi_1\left[\left(1 - \frac{zq_3}{2}\right) - \left(1 - \frac{zq_1}{2}\right)\frac{r_3}{r_1}\right] + \\ & \varphi_2\left[\left(1 - \frac{zq_3}{2}\right) - \left(1 - \frac{zq_2}{2}\right)\frac{r_3}{r_2}\right]\end{aligned}\right\} \qquad (2.161)$$

四元系：

$$\begin{aligned}\Delta G = {} & N_q(\theta_1\theta_2 A_{12} + \theta_1\theta_3 A_{13} + \theta_1\theta_4 A_{14} + \theta_2\theta_3 A_{23} + \\ & \theta_2\theta_4 A_{24} + \theta_3\theta_4 A_{34}) + k_B T(N_1 \ln\varphi_1 + N_2 \ln\varphi_2 + \\ & N_3 \ln\varphi_3 + N_4 \ln\varphi_4) + \frac{z}{2}\left(q_1 N_1 \ln\frac{\theta_1}{\varphi_1} + \frac{z}{2} q_2 N_2 \ln\frac{\theta_2}{\varphi_2} + \right. \\ & \left.\frac{z}{2} q_3 N_3 \ln\frac{\theta_3}{\varphi_3} + \frac{z}{2} q_4 N_4 \ln\frac{\theta_4}{\varphi_4}\right)\end{aligned}$$

式中

$$N_q = N_1 q_1 + N_2 q_2 + N_3 q_3 + N_4 q_4$$

$$\begin{aligned}G^{ex} = {} & N_q(\theta_1\theta_2 A_{12} + \theta_1\theta_3 A_{13} + \theta_1\theta_4 A_{14} + \theta_2\theta_3 A_{23} + \theta_2\theta_4 A_{24} + \theta_3\theta_4 A_{34}) + \\ & k_B T\left(N_1 \ln\frac{\varphi_1}{x_1} + N_2 \ln\frac{\varphi_2}{x_2} + N_3 \ln\frac{\varphi_3}{x_3} + N_4 \ln\frac{\varphi_4}{x_4}\right)\end{aligned}$$

$$\ln f_1 = \frac{\partial G^{ex}}{RT\partial n_1} = \frac{q_1}{RT}[\theta_2^2 A_{12} + \theta_3^2 A_{13} + \theta_4^2 A_{14} + \theta_2\theta_3(A_{12} + A_{13} - A_{23}) +$$

$$\theta_2\theta_4(A_{12}+A_{14}-A_{24})+\theta_3\theta_4(A_{13}+A_{14}-A_{34})]+\ln\frac{\varphi_1}{x_1}+$$

$$\frac{zq_1}{2}\ln\frac{\theta_1}{\varphi_1}+\varphi_2\left[\left(1-\frac{zq_1}{2}\right)-\left(1-\frac{zq_2}{2}\right)\frac{r_1}{r_2}\right]+$$

$$\varphi_3\left[\left(1-\frac{zq_1}{2}\right)-\left(1-\frac{zq_3}{2}\right)\frac{r_1}{r_3}\right]+$$

$$\varphi_4\left[\left(1-\frac{zq_1}{2}\right)-\left(1-\frac{zq_4}{2}\right)\frac{r_1}{r_4}\right]$$

$$\ln f_2=\frac{\partial G^{\text{ex}}}{RT\partial n_2}=\frac{q_2}{RT}[\theta_1^2A_{12}+\theta_3^2A_{23}+\theta_4^2A_{24}+\theta_1\theta_3(A_{12}+A_{23}-A_{13})+$$

$$\theta_1\theta_4(A_{12}+A_{24}-A_{14})+\theta_3\theta_4(A_{23}+A_{24}-A_{34})]+\ln\frac{\varphi_2}{x_2}+$$

$$\frac{zq_2}{2}\ln\frac{\theta_2}{\varphi_2}+\varphi_1\left[\left(1-\frac{zq_2}{2}\right)-\left(1-\frac{zq_1}{2}\right)\frac{r_2}{r_1}\right]+$$

$$\varphi_3\left[\left(1-\frac{zq_2}{2}\right)-\left(1-\frac{zq_3}{2}\right)\frac{r_2}{r_3}\right]+$$

$$\varphi_4\left[\left(1-\frac{zq_2}{2}\right)-\left(1-\frac{zq_4}{2}\right)\frac{r_2}{r_4}\right]$$

$$\ln f_3=\frac{\partial G^{\text{ex}}}{RT\partial n_3}=\frac{q_3}{RT}[\theta_1^2A_{13}+\theta_2^2A_{23}+\theta_4^2A_{34}+\theta_1\theta_2(A_{12}+A_{23}-A_{12})+$$

$$\theta_1\theta_4(A_{13}+A_{34}-A_{14})+\theta_2\theta_4(A_{23}+A_{34}-A_{24})]+\ln\frac{\varphi_3}{x_3}+$$

$$\frac{zq_3}{2}\ln\frac{\theta_3}{\varphi_3}+\varphi_1\left[\left(1-\frac{zq_3}{2}\right)-\left(1-\frac{zq_1}{2}\right)\frac{r_3}{r_1}\right]+$$

$$\varphi_2\left[\left(1-\frac{zq_3}{2}\right)-\left(1-\frac{zq_2}{2}\right)\frac{r_3}{r_2}\right]+$$

$$\varphi_4\left[\left(1-\frac{zq_3}{2}\right)-\left(1-\frac{zq_4}{2}\right)\frac{r_3}{r_4}\right]$$

$$\ln f_4=\frac{\partial G^{\text{ex}}}{RT\partial n_4}=\frac{q_4}{RT}[\theta_1^2A_{14}+\theta_2^2A_{24}+\theta_3^2A_{34}+\theta_1\theta_2(A_{14}+A_{24}-A_{12})+$$

$$\theta_1\theta_3(A_{14}+A_{34}-A_{13})+\theta_2\theta_3(A_{24}+A_{34}-A_{23})]+\ln\frac{\varphi_4}{x_4}+$$

$$\frac{zq_4}{2}\ln\frac{\theta_4}{\varphi_4}+\varphi_1\left[\left(1-\frac{zq_4}{2}\right)-\left(1-\frac{zq_1}{2}\right)\frac{r_4}{r_1}\right]+$$

$$\varphi_2\left[\left(1-\frac{zq_4}{2}\right)-\left(1-\frac{zq_2}{2}\right)\frac{r_4}{r_2}\right]+$$

$$\varphi_3\left[\left(1-\frac{zq_4}{2}\right)-\left(1-\frac{zq_3}{2}\right)\frac{r_4}{r_3}\right] \tag{2.162}$$

似晶格模型可以应用于组元比较复杂的金属溶剂萃取体系（如分子大小相差悬殊，分子极性也差别较大）。由于有机相中大多数组元的化学结构式是已知的，在计算过程中，只需将分子合理地拆成官能团，即可得到 r_i、q_i 值。这一点要比用斯凯特洽尔德-海尔德布元德理论需要实测的 V_i 值简易得多。

2.6 马尔古勒斯型方程

溶液理论用于非电解质溶液热力学性质的计算已取得了较大的成果，但是从工程要求来看，目前已有的溶液理论还不能达到这种精度。为了满足工程的需要，人们发展了一种半经验方法，即活度系数半经验关联式。

2.6.1 马尔古勒斯经验式

马尔古勒斯（Margules）将活度系数的对数值展开为分子分数的多项式。对二元系，有

$$\left.\begin{aligned}\ln f_1 &= A_1 x_2 + B_1 x_2^2 + C_1 x_2^3 + \cdots \\ \ln f_2 &= A_2 x_2 + B_2 x_2^2 + C_2 x_2^3 + \cdots\end{aligned}\right\} \tag{2.163}$$

但是 $\ln f_1$ 与 $\ln f_2$ 不是独立的，需满足吉布斯-杜亥姆方程，即

$$\sum n_i \mathrm{d}\mu_i = 0$$

即得

$$n_1 \mathrm{d}\ln a_1 + n_2 \mathrm{d}\ln a_2 = 0$$
$$x_1 \mathrm{d}\ln x_1 f_1 + x_2 \mathrm{d}\ln x_2 f_2 = 0$$
$$x_1 \mathrm{d}\ln x_1 + x_1 \mathrm{d}\ln f_1 + x_2 \mathrm{d}\ln x_2 + x_2 \mathrm{d}\ln f_2 = 0$$
$$\mathrm{d}x_1 + x_1 \mathrm{d}\ln f_1 + \mathrm{d}x_2 + x_2 \mathrm{d}\ln f_2 = 0$$

由于

$$\mathrm{d}x_1 + \mathrm{d}x_2 = 0$$

所以

$$x_1 \mathrm{d}\ln f_1 + x_2 \mathrm{d}\ln f_2 = 0 \tag{2.164}$$

或

$$\left.\begin{aligned}x_1\left(\frac{\partial \ln f_1}{\partial x_1}\right)_{T,p} + x_2\left(\frac{\partial \ln f_2}{\partial x_2}\right)_{T,p} &= 0 \\ x_1\left(\frac{\partial \ln f_1}{\partial x_2}\right)_{T,p} + x_2\left(\frac{\partial \ln f_2}{\partial x_1}\right)_{T,p} &= 0\end{aligned}\right\} \tag{2.165}$$

由式（2.163），得

$$\frac{\partial \ln f_1}{\partial x_1} = A_1 + 2B_1 x_2 + 3C_1 x_2^2 + \cdots$$
$$\frac{\partial \ln f_2}{\partial x_1} = A_2 + 2B_2 x_1 + 3C_2 x_1^2 + \cdots$$

代入式（2.165），得

$$x_1[A_1 + 2B_1(1 - x_1) + 3C_1(1 - x_1)^2] + (1 - x_1)[A_2 + 2B_2x_1 + 3C_2x_1^2 + \cdots] = 0$$

按 x_1 各幂次项合并：

$$A_2 - (A_1 + 2B_1 + 3C_1 + A_2 - 2B_2)x_1 + (2B_1 + 6C_1 - 2B_2 + 3C_2)x_1^2 - (3C_1 + 3C_2)x_1^3 + \cdots = 0$$

上式对任意 x_1 值均要满足，则必须使 x_1 的各幂次项前的系数等于零，即

$$A_2 = 0$$
$$A_1 + 2B_1 + 3C_1 + A_2 - 2B_2 = 0$$
$$2B_1 + 6C_1 - 2B_2 + 3C_2 = 0$$
$$C_1 + C_2 = 0$$

得

$$C_2 = - C_1$$
$$B_2 = B_1 + \frac{3}{2}C_1$$
$$A_2 = 0$$
$$A_1 = 0$$

代入式（2.163），得

$$\begin{aligned}\ln f_1 &= B_1x_2^2 + C_1x_2^3 \\ &= (B_1 + C_1x_2)x_2^2 \\ &= [B_1 + C_1(1 - x_1)]x_2^2 \\ &= [B_1 + C_1(1 - x_1)]x_2^2 \end{aligned} \quad (2.166)$$

$$\begin{aligned}\ln f_2 &= \left(B_1 + \frac{3}{2}C_1\right)x_1^2 - C_1x_1^3 \\ &= \left[\left(B_1 + \frac{3}{2}C_1\right) - C_1x_1\right]x_1^2 \\ &= \left[\left(B_1 + \frac{3}{2}C_1\right) - C_1(1 - x_2)\right]x_1^2 \\ &= \left[\left(B_1 + \frac{C_1}{2}\right) + C_1x_2\right]x_1^2 \end{aligned} \quad (2.167)$$

式（2.166）和式（2.167）即马尔古勒斯式。它的建立完全是经验的，然而，这些公式也可从过剩吉布斯自由能函数出发来建立。下面分别进行讨论。

2.6.2 二尾标马尔古勒斯方程

对于二元系，若仅考虑两分子间的相互作用，G^{ex} 可表示为

$$G^{ex}/(RT) = (n_1 + n_2)A_{12}x_1x_2 \quad (2.168)$$

式中，A_{12} 为二元系的端值常数，也称为分子 1 和分子 2 之间的作用系数。将式（2.168）分别对 n_1 和 n_2 求偏导，即得

$$\left.\begin{aligned}\ln f_1 &= \frac{\partial G^{ex}}{RT\partial n_1} = A_{12}x_2^2 \\ \ln f_2 &= \frac{\partial G^{ex}}{RT\partial n_2} = A_{12}x_1^2\end{aligned}\right\} \quad (2.169)$$

式（2.169）仅考虑两分子作用，称为马尔古勒斯二元二尾标（2-suffix）方程式。

对于三元系：

$$G^{ex}/(RT) = (n_1 + n_2 + n_3)(A_{12}x_1x_2 + A_{13}x_1x_3 + A_{23}x_2x_3) \tag{2.170}$$

$$\ln f_1 = \frac{\partial G^{ex}}{RT\partial n_1} = [A_{12}x_2^2 + A_{13}x_3^2 + (A_{12} + A_{13} - A_{23})x_2x_3] \tag{2.171}$$

$$\ln f_2 = \frac{\partial G^{ex}}{RT\partial n_2} = [A_{12}x_1^2 + A_{23}x_3^2 + (A_{12} + A_{23} - A_{13})x_1x_3] \tag{2.172}$$

$$\ln f_3 = \frac{\partial G^{ex}}{RT\partial n_3} = [A_{13}x_1^2 + A_{23}x_2^2 + (A_{13} + A_{23} - A_{12})x_1x_2] \tag{2.173}$$

式（2.171）~式（2.173）仍仅考虑两分子作用，称为马尔古勒斯三元二尾标（2-suffix）方程式。

实验发现，一些二元系并不服从马尔古勒斯公式，说明这些半经验公式还不足以完善地定量描述金属溶剂萃取体系。但从这些简单的马尔古勒斯式求得的端值常数可以定性地解释萃取过程中有机相各组分之间的相互作用的强弱及其与分子结构间的关系，从而对寻求萃取化学中的一些规律是有参考价值的。

2.6.3 三尾标马尔古勒斯方程

对大多数萃取体系中经常遇到的有机溶液，还需采用较为复杂的马尔古勒斯式。

对二元系，若除两分子作用外，还考虑三分子作用，则其表达式为

$$\frac{G^{ex}}{RT} = (n_1 + n_2)(2a_{12}x_1 + 3a_{112}x_1^2x_2 + 3a_{122}x_1x_2^2) \tag{2.174}$$

式中，a_{12} 为1、2两分子之间的作用系数；a_{112} 为两个分子1和一个分子2之间的作用系数；a_{122} 为两个分子2和一个分子1之间的作用系数。

令

$$\begin{aligned} A_{12} &= 2a_{12} + 3a_{122} \\ A_{21} &= 2a_{12} + 3a_{112} \end{aligned} \tag{2.175}$$

得

$$\frac{G^{ex}}{RT} = (n_1 + n_2)(A_{21}x_1 + A_{12}x_2) \tag{2.176}$$

$$\ln f_1 = \frac{\partial G^{ex}}{RT\partial n_1} = [A_{12} + 2(A_{21} - A_{12})x_1]x_2^2 \tag{2.177}$$

$$\ln f_2 = \frac{\partial G^{ex}}{RT\partial n_2} = [A_{21} + 2(A_{12} - A_{21})x_2]x_1^2 \tag{2.178}$$

式（2.176）~式（2.178）称为马尔古勒斯二元三尾标（3-suffix）方程式。比较式（2.165）、式（2.166）~式（2.178）可见，两式符号虽然不同，但实际上是等同的，可见马尔古勒斯的纯经验式可从考虑三分子作用后建立的过剩吉布斯自由能函数的半经验式导出。

对于三元系，考虑三分子作用后的表达式为

$$\frac{G^{ex}}{RT} = (n_1 + n_2 + n_3)(2a_{12}x_1x_2 + 2a_{13}x_1x_3 + 2a_{23}x_2x_3 +$$

$$3a_{112}x_1^2x_2 + 3a_{122}x_1x_2^2 + 3a_{113}x_1^2x_3 + 3a_{133}x_1x_3^2 + 3a_{223}x_2^2x_3 + 3a_{233}x_2^2x_3 + 6a_{123}x_1x_2x_3) \tag{2.179}$$

设

$$2a_{12} + 3a_{122} = A_{12}, 2a_{12} + 3a_{112} = A_{21}$$
$$2a_{13} + 3a_{133} = A_{13}, 2a_{13} + 3a_{113} = A_{31}$$
$$2a_{23} + 3a_{233} = A_{23}, 2a_{23} + 3a_{223} = A_{32}$$
$$3a_{112} + 3a_{113} + 3a_{223} - 6a_{123} = C$$

得

$$\frac{G^{\text{ex}}}{RT} = (n_1 + n_2 + n_3)[x_1x_2(A_{21}x_1 + A_{12}x_2) + x_1x_3(A_{31}x_1 + A_{13}x_3) + x_2x_3(A_{32}x_2 + A_{23}x_3) + x_1x_2x_3(A_{21} + A_{13} + A_{32} - C)] \tag{2.180}$$

$$\ln f_1 = \frac{\partial G^{\text{ex}}}{RT\partial n_1} = x_2^2[A_{12} + 2x_1(A_{21} - A_{12})] + x_3^2[A_{13} + 2x_1(A_{31} - A_{13})] + x_2x_3[A_{21} + A_{13} - A_{32} + 2x_1(A_{31} - A_{13}) + 2x_3(A_{32} - A_{23}) - C(1 - 2x_1)] \tag{2.181}$$

$$\ln f_2 = \frac{\partial G^{\text{ex}}}{RT\partial n_2} = x_3^2[A_{23} + 2x_2(A_{32} - A_{23})] + x_1^2[A_{21} + 2x_2(A_{12} - A_{21})] + x_1x_3[A_{32} + A_{21} - A_{12} + 2x_2(A_{12} - A_{21}) + 2x_1(A_{13} - A_{31}) - C(1 - 2x_2)] \tag{2.182}$$

$$\ln f_3 = \frac{\partial G^{\text{ex}}}{RT\partial n_3} = x_1^2[A_{31} + 2x_3(A_{13} - A_{31})] + x_2^2[A_{32} + 2x_3(A_{32} - A_{23})] + x_1x_2[A_{13} + A_{32} - A_{21} + 2x_3(A_{23} - A_{32}) + 2x_2(A_{21} - A_{12}) - C(1 - 2x_3)] \tag{2.183}$$

式（2.181）~式（2.183）称为马尔古勒斯三元三尾标（3-suffix）方程式。式中，常数 C 由于考虑了三种不同分子间的相互作用能，其值必须由三元实验得出，可见采用三尾标马尔古勒斯方程，不能用二元系的实验数据直接预测多元系。

2.6.4 四尾标马尔古勒斯方程

为了进一步提高关联的精度，可以计入四分子作用，那么，对二元系

$$\frac{G^{\text{ex}}}{RT} = (n_1 + n_2)(2a_{12}x_1 + 3a_{112}x_1^2x_2 + 3a_{122}x_1x_2^2 + 4a_{1112}x_1^3x_2 + 4a_{1222}x_1x_2^3 + 6a_{1122}x_1^2x_2^2) \tag{2.184}$$

令

$$A_{12} = 2a_{12} + 3a_{122} + 4a_{1222}$$
$$A_{21} = 2a_{12} + 3a_{112} + 4a_{1112}$$
$$D = 4a_{1112} + 4a_{1222} - 6a_{1122}$$

$$\frac{G^{\text{ex}}}{RT} = (n_1 + n_2)(A_{12}x_1x_2^2 + A_{21}x_1^2x_2 - Dx_1^2x_2^2) \tag{2.185}$$

得

$$\ln f_1 = \frac{\partial G^{ex}}{RT\partial n_1} = [A_{12} + 2(A_{21} - A_{12} - D)x_1 + 3Dx_1^2]x_2^2 \tag{2.186}$$

$$\ln f_2 = \frac{\partial G^{ex}}{RT\partial n_2} = [A_{21} + 2(A_{12} - A_{21} - D)x_2 + 3Dx_2^2]x_1^2 \tag{2.187}$$

式（2.186）和式（2.187）称为马尔古勒斯二元四尾标（4-suffix）方程式，也称马尔古勒斯-瓦尔（Margules-Wohl）方程式。

对于三元系，计及四分子作用的表达式为

$$\begin{aligned}\frac{G^{ex}}{RT} = (n_1 + n_2 + n_3)[&x_1x_2(A_{12}x_2 + A_{21}x_1 - D_{12}x_1x_2) + \\ &x_1x_3(A_{13}x_3 + A_{31}x_1 - D_{13}x_1x_3) + x_2x_3(A_{23}x_3 + \\ &A_{32}x_2 - D_{23}x_2x_3) + x_1x_2x_3(A_{13} + A_{23} + A_{21} - C)]\end{aligned} \tag{2.188}$$

得出

$$\begin{aligned}\ln f_1 = \frac{\partial G^{ex}}{RT\partial n_1} = &x_2^2[A_{12} + 2x_1(A_{21} - A_{12} - D_{12}) + 3D_{12}x_1^2] + \\ &x_3^2[A_{13} + 2x_1(A_{31} - A_{13} - D_{13}) + 3D_{13}x_3^2] + x_2x_3[A_{21} + \\ &A_{13} - A_{32} + 2x_1(A_{31} - A_{13}) + 2x_3(A_{32} - A_{23}) + \\ &3x_2x_3D_{23} - C(1 - 2x_1)]\end{aligned} \tag{2.189}$$

$$\begin{aligned}\ln f_2 = \frac{\partial G^{ex}}{RT\partial n_2} = &x_1^2[A_{21} + 2x_2(A_{12} - A_{21} - D_{12}) + 3D_{12}x_2^2] + \\ &x_3^2[A_{23} + 2x_2(A_{32} - A_{23} - D_{23}) + 3D_{23}x_2^2] + x_1x_3[A_{32} + \\ &A_{21} - A_{13} + 2x_2(A_{12} - A_{21}) + 2x_1(A_{13} - A_{31}) + \\ &3x_1x_3D_{13} - C(1 - 2x_2)]\end{aligned} \tag{2.190}$$

$$\begin{aligned}\ln f_3 = \frac{\partial G^{ex}}{RT\partial n_3} = &x_1^2[A_{31} + 2x_3(A_{13} - A_{31} - D_{13}) + 3D_{13}x_3^2] + \\ &x_2^2[A_{12} + 2x_3(A_{21} - A_{32} - D_{23}) + 3D_{23}x_3^2] + x_1x_2[A_{13} + \\ &A_{32} - A_{21} + 2x_3(A_{23} - A_{32}) + 2x_2(A_{21} - A_{12}) + \\ &3x_1x_2D_{12} - C(1 - 2x_3)]\end{aligned} \tag{2.191}$$

式（2.189）~式（2.191）称为马尔古勒斯三元四尾标（4-suffix）方程式，也称马尔古勒斯-瓦尔方程式。

虽然马尔古勒斯型方程可用于金属溶剂萃取体系有机相的计算，但至少必须考虑三分子作用才能使计算达到一定的精度，这样就引入了不能直接从二元系获得的参数 C 或 D；对于三元系，至少需要七个端值常数，较之采用斯凯特洽尔德-海尔德布元德理论或似晶格理论所需端值常数要多得多。这些是半经验马尔古勒斯型方程的缺点。

2.7 局部组成型方程

以上模型的共同缺陷，就是没有考虑液体分子的排列是有序的。由于各种分子间作用力的差异，因而在某一种分子周围各组分的局部浓度与整个溶液中各组分的平均浓度是不等的。设混合液中有1、2两种分子，若1-2分子间的作用力大于1-1和2-2间的作用力，则围绕中心分子1或2多为不同分子。局部浓度 x_{12} 的定义为

$$x_{12}=\frac{\text{配位在中心分子 1 周围的分子 2 数(第一配位层)}}{\text{配位在中心分子 1 周围的分子 1 和分子 2 总数(第一配位层)}}$$

对于二元系，则各局部浓度之间须满足下列关系：

$$x_{21}+x_{11}=1,\ x_{12}+x_{22}=1 \tag{2.192}$$

2.7.1 威尔逊方程

局部组成型方程首先是由威尔逊（Wilson）在1964年提出的。他假定液体混合的过剩吉布斯自由能变化 G^{ex} 可用类似于用在无热溶液的弗劳瑞-哈金斯方程式（2.149）表示：

$$G^{ex}=RT\left(n_1\ln\frac{\xi_1}{x_1}+n_2\ln\frac{\xi_2}{x_2}\right) \tag{2.193}$$

式中，ξ_1 为在中心分子1周围配位的同一种分子1的局部体积分数；ξ_2 为在中心分子2周围配位的同一种分子2的局部体积分数。

$$\left.\begin{aligned}\xi_1&=\frac{x_{11}V_1}{x_{11}V_1+x_{21}V_2}\\ \xi_2&=\frac{x_{22}V_2}{x_{12}V_1+x_{22}V_2}\end{aligned}\right\} \tag{2.194}$$

威尔逊提出的局部浓度与平均浓度间的关系式为

$$\left.\begin{aligned}\frac{x_{21}}{x_{11}}&=\frac{x_2}{x_1}\frac{\exp[-g_{21}/(RT)]}{\exp[-g_{11}/(RT)]}\\ \frac{x_{12}}{x_{22}}&=\frac{x_1}{x_2}\frac{\exp[-g_{12}/(RT)]}{\exp[-g_{22}/(RT)]}\end{aligned}\right\} \tag{2.195}$$

式中，g_{ij} 为 i-j 分子间相互作用能，其中 $g_{12}=g_{21}$。将式（2.194）和式（2.195）代入式（2.193），得

$$\frac{G^{ex}}{RT}=-x_1\ln(x_1+A_{21}x_2)-x_2\ln(x_2+A_{12}x_1) \tag{2.196}$$

式中

$$\left.\begin{aligned}A_{21}&=\left(\frac{V_2}{V_1}\right)\exp[-(g_{21}-g_{11})/(RT)]\\ A_{12}&=\left(\frac{V_1}{V_2}\right)\exp[-(g_{12}-g_{22})/(RT)]\end{aligned}\right\} \tag{2.197}$$

由此可见，虽然 $g_{12}=g_{21}$，但 $A_{12}\neq A_{21}$。活度系数的关联式为

$$\ln f_1=-\ln(x_1+A_{21}x_2)+x_2\left(\frac{A_{21}}{x_1+A_{21}x_2}-\frac{A_{12}}{x_2+A_{12}x_1}\right) \tag{2.198}$$

$$\ln f_2=-\ln(x_2+A_{12}x_1)+x_1\left(\frac{A_{12}}{x_2+A_{12}x_1}-\frac{A_{21}}{x_1+A_{21}x_2}\right) \tag{2.199}$$

威尔逊方程的优点是很容易推广到多元系而无须增添实验参数。此方程能用于非理想程度较高的体系，如醇-烃混合液。其缺陷是在理论上不能满足液液分层的热力学条件（即不能满足 $[\partial^2(\Delta G)/\partial x^2]_{T,p}=0$），所以此方程不宜用于液液部分互溶的体系。

2.7.2 NRTL 方程

NRTL 方程是 non-random two liquid 的缩写，是瑞纳恩（Renon）和普尧斯耐兹（Prausnitz）在 1968 年提出的。他们假定的局部浓度关系式如下：

$$\left.\begin{aligned}\frac{x_{21}}{x_{11}}&=\frac{x_2}{x_1}\frac{\exp[-\alpha_{12}g_{21}/(RT)]}{\exp[-\alpha_{12}g_{11}/(RT)]}\\\frac{x_{12}}{x_{22}}&=\frac{x_1}{x_2}\frac{\exp[-\alpha_{12}g_{12}/(RT)]}{\exp[-\alpha_{12}g_{22}/(RT)]}\end{aligned}\right\}\tag{2.200}$$

式中，α_{12} 为二元系中的有序特性常数（$\alpha_{12}=0.2\sim0.47$），其值由实验得出；在无实验数据时，α_{12} 可从文献查得。

在计算过剩吉布斯自由能时，采用了双液体模型（two liquid model）。由于各组元分子的大小有差别，因此想象溶液中有不同类型的胞腔，双液体模型假定溶液中以分子 1 为中心的胞腔与以分子 2 为中心的胞腔是不同的。令第一种胞腔的能量为 g_1，第二种胞腔的能量为 g_2，则整个溶液的势能 U 为

$$U=x_1g_1+x_2g_2\tag{2.201}$$

其中

$$\left.\begin{aligned}g_1&=x_{11}g_{11}+x_{21}g_{21}\\g_2&=x_{12}g_{12}+x_{22}g_{22}\end{aligned}\right\}\tag{2.202}$$

对于纯物质，则只有一种胞腔，即

$$g_1=g_{11},\quad g_2=g_{22}$$

假定溶液为正规溶液，则过剩吉布斯自由能的表达式为

$$\begin{aligned}G^{\mathrm{ex}}&=U-x_1U_1-x_2U_2\\&=x_1(x_{11}g_{11}+x_{21}g_{21})+x_2(x_{12}g_{12}+x_{22}g_{22})-x_1g_{11}-x_2g_{22}\\&=x_1x_{21}(g_{21}-g_{11})+x_2x_{12}(g_{12}-g_{22})\end{aligned}\tag{2.203}$$

从而得到

$$\begin{aligned}\ln f_1&=x_2^2\left\{\frac{\tau_{21}\exp(-2\alpha_{12}\tau_{21})}{[x_1+x_2\exp(-2\alpha_{12}\tau_{21})]^2}+\frac{\tau_{12}\exp(-\alpha_{12}\tau_{12})}{[x_2+x_1\exp(-2\alpha_{12}\tau_{12})]^2}\right\}\\\ln f_2&=x_1^2\left\{\frac{\tau_{12}\exp(-2\alpha_{12}\tau_{12})}{[x_2+x_1\exp(-2\alpha_{12}\tau_{12})]^2}+\frac{\tau_{21}\exp(-\alpha_{12}\tau_{21})}{[x_1+x_2\exp(-2\alpha_{12}\tau_{21})]^2}\right\}\end{aligned}\tag{2.204}$$

式中

$$\tau_{12}=\frac{g_{12}-g_{22}}{RT},\quad\tau_{21}=\frac{g_{21}-g_{11}}{RT}$$

$$g_{12}=g_{21}$$

由式（2.200）可以得出

$$\frac{x_{21}x_{12}}{x_{11}x_{22}} = \exp[-\alpha_{12}(2g_{12} - g_{11} - g_{22})/(RT)] \tag{2.205}$$

式（2.205）的物理意义可用古根亥姆似化学方法解释。古根亥姆认为，组分 1、2 的混合物可看成是已达到平衡的化学反应

$$(1\text{-}1) + (2\text{-}2) \rightleftharpoons 2\,(1\text{-}2)$$

若略去混合过程的熵变，由式（2.134）可得

$$K = \frac{x_{12}x_{21}}{x_{11}x_{22}} = e^{-2w/(zk_BT)} \tag{2.206}$$

比较式（2.205）和式（2.206）可得

$$\alpha_{12} \simeq \frac{1}{z}$$

可见 α_{12} 值取决于混合液中分子 1-2 间的配位数 z（z 值决定于分子大小，一般为 6~12）。

需要指出，古根亥姆推导式（2.134）假定 $x_{12} = x_{21}$，这是“单液体模型”（one liquid model）；而瑞纳恩在应用古根亥姆的似化学方法进行推导，是采用的“双液体模型”，即 $x_{12} \neq x_{21}$，因为由式（2.200）可得：

$$x_{12} = \frac{x_1\exp[-\alpha_{12}(g_{12} - g_{22})/(RT)]}{x_2 + x_1\exp[-\alpha_{12}(g_{12} - g_{22})/(RT)]}$$

$$x_{21} = \frac{x_2\exp[-\alpha_{12}(g_{21} - g_{11})/(RT)]}{x_1 + x_2\exp[-\alpha_{12}(g_{21} - g_{11})/(RT)]}$$

NRTL 方程在理论上能满足液液分层的热力学条件（即 $[\partial^2(\Delta G)/(\partial x^2)]_{T,p} = 0$），且可以推广到多元系，无需增添新的参数，因此它已广泛用于物理萃取过程。在石油化工体系，NRTL 方程能定量地关联二元和三元液液萃取平衡体系，也能从二元数据预言三元系。对于金属溶剂萃取体系，李以圭等用 NRTL 关联三元有机相（H_2O-TBP-UO_2Cl_2 · 2TBP），获得了成功；但在计算过程中，必须用非线性最小二乘法进行多次迭代才能解出，没有斯凯特洽尔德-海尔德布元德公式简便；再则由于增添了参数 α_{ij}，使运算变得复杂。

2.7.3 UNIQUAC 方程

UNIQUAC 方程是阿布拉姆斯（Abrams）和普尧斯耐兹于 1975 年提出的，他们用局部接触表面积分数 θ_{ij} 代替威尔逊和瑞纳恩的局部分子分数 x_{ij}，并在 NRTL 方程上增添了过剩熵的计算。在推导过程中，仍采用古根亥姆似化学方法，故取名为“通用似化学方程式”（universal quasi chemical equations）。1978 年冒瑞尔（Maurer）和普尧斯耐兹保留了双液体模型，摒弃了古根亥姆的似化学方法，重新作了理论推导，介绍如下。

对每种液体分子 i 确定两个结构参数：液体摩尔体积 V_i（cm^3/mol）及液体摩尔接触表面积 A_i（cm^3/mol）。这两个参数并不取其绝对值，而分别用线性聚甲烯分子的摩尔体积及接触面积进行归一化，即

$$r_i = \frac{V_i}{15.17} \tag{2.207}$$

$$q_i = \frac{A_i}{2.5 \times 10^9} \tag{2.208}$$

一些液体分子的 r_i 及 q_i 值见表 2.18。

表 2.18 一些液体分子的 UNIQUAC 结构参数

化合物 i	r_i	q_i
H_2O	0.92	1.40
C_6H_6	3.19	2.40
$C_6H_5CH_3$	3.87	2.93
n-C_8H_{18}	5.84	4.93
n-$C_{10}H_{22}$	7.20	6.02
n-$C_{16}H_{34}$	11.24	9.26
$(CH_3)_2CO$	2.57	2.34
$CHCl_3$	2.87	2.41
$(CH_3)_2NH$	2.33	2.09
$(C_3H_5)_3N$	5.01	4.26
$C_6H_5NH_2$	3.72	2.83

若混合液中有 1、2 两种分子，则体积分数 φ 及接触表面积分数 θ 为

$$\varphi_1 = \frac{x_1 r_1}{x_1 r_1 + x_2 r_2} \tag{2.209}$$

$$\varphi_2 = \frac{x_2 r_2}{x_1 r_1 + x_2 r_2} \tag{2.210}$$

$$\theta_1 = \frac{x_1 q_1}{x_1 q_1 + x_2 q_2} \tag{2.211}$$

$$\theta_2 = \frac{x_2 q_2}{x_1 q_1 + x_2 q_2} \tag{2.212}$$

由于分子间作用力不同，与中心分子 i 配位的周围某种分子 i 的接触表面积分数 θ_{ij} 不同于溶液中分子 i 的平均接触表面积分数 θ_i，它们之间的关系为

$$\frac{\theta_{21}}{\theta_{11}} = \frac{\theta_2 \exp[-zN_A g_{21}/(2RT)]}{\theta_1 \exp[-zN_A g_{11}/(2RT)]} \tag{2.213}$$

$$\frac{\theta_{12}}{\theta_{22}} = \frac{\theta_1 \exp[-zN_A g_{12}/(2RT)]}{\theta_2 \exp[-zN_A g_{22}/(2RT)]} \tag{2.214}$$

其中

$$\theta_{11} + \theta_{21} = 1, \ \theta_{12} + \theta_{22} = 1 \tag{2.215}$$

式中，玻耳兹曼项中乘以 $zN_A/2$ 是因为 1mol 节应有 $zN_A/2$ 个节对，z 为配位数，一般取 $z=10$。

采用双液体模型，溶液的过剩焓表达式为

$$
\begin{aligned}
H^{ex} &= U - x_1U_1 - x_2U_2 \\
&= x_1N_A\frac{zq_1}{2}(\theta_{11}g_{11} + \theta_{21}g_{21}) + x_2N_A\frac{zq_2}{2}(\theta_{12}g_{12} + \theta_{22}g_{22}) - \\
&\quad x_1N_A\frac{zq_1}{2}g_{11} - x_2N_A\frac{zq_2}{2}g_{22} \\
&= \frac{1}{2}zN_A[x_1q_1\theta_{21}(g_{21} - g_{11}) + x_2q_2\theta_{12}(g_{12} - g_{22})] \\
&= \frac{1}{2}zN_A\left[x_1q_1(g_{21} - g_{11})\frac{\theta_2\tau_{21}}{\theta_1 + \theta_2\tau_{21}} + \right. \\
&\quad \left. x_2q_2(g_{12} - g_{22})\frac{\theta_1\tau_{12}}{\theta_2 + \theta_1\tau_{12}}\right]
\end{aligned}
\tag{2.216}
$$

式中

$$
\tau_{21} = \exp[-zN_A(g_{21} - g_{11})/(2RT)]
$$
$$
\tau_{12} = \exp[-zN_A(g_{12} - g_{22})/(2RT)]
$$

由

$$
\frac{\partial(G^{ex}/T)}{\partial(1/T)} = H^{ex}
$$

得

$$
\frac{G^{ex}}{T} = \left(\frac{G^{ex}}{T}\right)_{1/T=0} + \int_0^{1/T} H^{ex}\mathrm{d}\left(\frac{1}{T}\right)
$$

设 $1/T = 0$ 时的 G^{ex} 可以用无热溶液的 $-TS^{ex}$ 代入（见式（2.154）），得

$$
\begin{aligned}
\left(\frac{G^{ex}}{T}\right)_{1/T=0} &= n_1\ln\frac{\varphi_1}{x_1} + n_2\ln\frac{\varphi_2}{x_2} + \frac{z}{2}q_1n_1\ln\frac{\theta_1}{\varphi_1} + \frac{z}{2}q_2n_2\ln\frac{\theta_2}{\varphi_2} \\
&= n_1\ln\frac{\varphi_1}{x_1} + n_2\ln\frac{\varphi_2}{x_2} + \frac{z}{2}q_1n_1\ln\frac{\theta_1}{\varphi_1} + \frac{z}{2}q_2n_2\ln\frac{\theta_2}{\varphi_2} - \\
&\quad q_1n_1\ln(\theta_1 + \theta_2\tau_{21}) - q_2n_2\ln(\theta_2 + \theta_1\tau_{12})
\end{aligned}
\tag{2.217}
$$

得

$$
\begin{aligned}
\ln f_1 &= \ln\frac{\varphi_1}{x_1} + \left(\frac{z}{2}\right)q_1\ln\frac{\theta_1}{\varphi_1} + \varphi_2\left(l_1 - \frac{r_1}{r_2}l_2\right) - q_1\ln(\theta_1 + \theta_2\tau_{21}) + \\
&\quad \theta_2q_1\left(\frac{\tau_{21}}{\theta_1 + \theta_2\tau_{21}} - \frac{\tau_{12}}{\theta_2 + \theta_1\tau_{12}}\right)
\end{aligned}
\tag{2.218}
$$

式中

$$
l_1 = \left(\frac{z}{2}\right)(r_1 - q_1) - (r_1 - 1)
$$

$$
l_2 = \left(\frac{z}{2}\right)(r_2 - q_2) - (r_2 - 1)
$$

一些二元系的 UNIQUAC 参数见表 2.19。将 UNIQUAC 方程推广到多元系，有

$$
\frac{G^{ex}}{RT} = \sum_i n_i\ln\frac{\varphi_i}{x_i} + \frac{z}{2}\sum_i q_in_i\ln\frac{\theta_i}{\varphi_i} - \sum_i q_in_i\ln\left(\sum_j \theta_jA_{ji}\right)
\tag{2.219}
$$

式中

$$\theta_i = \frac{x_i q_i}{\sum_j x_j q_j}$$

$$\varphi_i = \frac{x_i r_i}{\sum_j x_j r_j}$$

$$\tau_{ji} = \exp[-zN_A(g_{ji} - g_{ii})/(2RT)]$$

$$\tau_{ji} \neq \tau_{ij}$$

$$\ln f_i = \ln\frac{\varphi_i}{x_i} + \left(\frac{z}{2}\right)q_i \ln\frac{\theta_i}{x_i} + l_i - \frac{\varphi_i}{x_i}\sum_j x_j l_j + q_i\left[1 - \ln\left(\sum_j \theta_j \tau_{ji}\right) - \sum_j\left(\theta_j A_{ij}/\sum_k \theta_k \tau_{kj}\right)\right] \tag{2.220}$$

式中

$$l_i = \left(\frac{z}{2}\right)(r_i - q_i) - (r_i - 1)$$

表 2.19 一些二元系的 UNIQUAC 参数

组元 1	组元 2	$-RT\ln\tau_{21}$/J·mol^{-1}	$-RT\ln\tau_{12}$/J·mol^{-1}	温度/℃
C_6H_6	i-C_8H_{15}	182.1	−76.5	25
CH_3OH	C_6H_6	1335.8	−417.4	55
C_2H_5OH	i-C_8H_{18}	968.2	−357.6	50
C_2H_5OH	n-C_6H_{14}	940.9	−335.0	25
H_2O	C_2H_5OH	258.4	378.1	70
$(CH_3)_2CO$	C_6H_6	331.0	−208.9	45
$(CH_3)_2CO$	$CHCl_3$	149.8	−315.5	50
n-C_7H_{16}	TBP	70.5	−3.073	25

UNIQUAC 方程对于二元系只需两个调节参数，远比 NRTL 方程简便（NRTL 需三个调节参数），其效果甚至超过 NRTL。在石油化工领域，UNIQUAC 方程能定量地关联二元和三元液-液平衡体系，也能从二元数据正确预测三元系，并可根据混合液的组成外推其液-液平衡数据。对于金属溶剂萃取体系，李以圭等曾用 UNIQUAC 关联正烷烃-TBP 二元系，也取得了较好的效果。

尽管 UNIQUAC 方程在化工气-液平衡和液-液平衡方面已得到广泛的应用，但近年来用分子动力学计算表明，UNIQUAC 方程关于局部组成的原始假定（式（2.213）、式（2.214）中的玻耳兹曼因子）是夸大了的。费斯彻（Fischer）指出用 UNIQUAC 预测比古根亥姆理论更差，他认为所有基于局部组成概念的一切方程其物理基础都是可疑的。希英（Shing）和古宾斯（Gubbins）指出，近年来流行的双液体以及多液体模型都是一些半经验模型，对尺寸相差悬殊的分子混合物，特别是在低浓度范围基本上是错误的。总之，UNIQUAC 局部组成型方程的基本概念是有用的，但必须对此方程用分子热力学进行改造。

2.7.4 UNIFAC 方程

以上三种局部组成型方程都是以分子为单位进行计算的。弗里旦斯仑德（Fredenslund）和普尧斯耐兹于 1975 年又提出了 UNIFAC 方程，系 universal functional-group activity coefficients（通用官能团活度系数法）的简称，此法将分子拆成各种官能团，再将局部接触表面积分数的概念用到各官能团上，用官能团间的作用能代替分子间作用能，这样只需知道各官能团 k 的结构参数 R_k、Q_k 以及用实验测出官能团作用能参数 ψ_{mn}，就可以得出由这些官能团构成的各种分子混合液中各组分的活度系数。对多元系的计算公式如下

$$\ln f_i = \ln \frac{\varphi_i}{x_i} + \frac{z}{2} q_i \ln \frac{\theta_i}{x_i} + l_i - \frac{\varphi_i}{x_i} \sum_j x_j l_j + \sum_k v_k^{(i)} [\ln \Gamma_k - \ln \Gamma_k^{(i)}] \tag{2.221}$$

式中，j 为多元混合液中任一种分子；i 为需计算活度系数的某种分子；k 为多元混合液中分子 i 的任一官能团；$v_k^{(i)}$ 为一个分子 i 中官能团 k 的数目。

$$l_i = \left(\frac{z}{2}\right)(r_i - q_i) - (r_i - 1)$$

$$r_i = \sum_k v_k^{(i)} R_k$$

$$R_k = \frac{V_k}{15.17}$$

$$q_i = \sum_k v_k^{(i)} Q_k$$

$$Q_k = \frac{A_k}{2.5 \times 10^9}$$

R_k 为官能团 k 的体积参数；Q_k 为官能团 k 的接触参数。

$$\ln\Gamma_k = Q_k \left[1 - \ln\left(\sum_m \theta_m \psi_{mk} \right) - \sum_m \left(\frac{\theta_m \psi_{km}}{\sum_n \theta_n \psi_{nm}} \right) \right]$$

式中，θ_m 为官能团 m 在混合液中的接触表面积分数：

$$\theta_m = \frac{Q_m X_m}{\sum_n Q_n X_n}$$

X_m 为混合液中官能团 m 的总分数。

$$\psi_{mn} = \exp[-zN_A(g_{mn} - g_{nn})/(2RT)] = \exp[-(a_{mn}/T)]$$

式中，g_{mn} 为官能团 m 和 n 间的作用能；g_{nn} 为官能团 n 和 n 间的作用能。

$$\ln\Gamma_k^{(i)} = Q_k \left[\left(1 - \ln \sum_m \theta_m^{(i)} \psi_{mk}\right) - \sum_m \left(\frac{\theta_m^{(i)} \psi_{km}}{\sum_n \theta_n^{(i)} \psi_{mn}} \right) \right]$$

式中，$\theta_m^{(i)}$ 为官能团 m 在纯液体分子 i 中的接触表面积分数：

$$\theta_m^{(i)} = \frac{Q_m X_m^{(i)}}{\sum_n Q_n X_m^{(i)}}$$

$X_m^{(i)}$ 为纯液体分子 i 中官能团 m 的摩尔分数。

弗里旦斯仑德（Fredenslund）又提出了改进的 UNIFAC 方程，其主要修正之处有二：

（1）采用了凯凯科（Kikic）等人提出的体积分数 φ_i 的表达式：

$$\varphi_i = \frac{x_i r_i^{2/3}}{\sum_j x_i r_j^{2/3}}$$

（2）提出了官能团作用参数 a_{mn} 的温度关系式：

$$a_{mn} = a_{mn,1} + a_{mn,2}(T - T_0) + a_{mn,3}\left(T\ln\frac{T_0}{T} + T - T_0\right)$$

式中，$T_0 = 298.15\text{K}$。

该方程预测气-液平衡有所改进，对过剩焓的预测改进大，但不能定量预测液-液平衡数据。

习　题

2-1　简述斯凯特洽尔德-海尔德布元德方程，并说明其不足之处。

2-2　何谓规则溶液？

2-3　说明似晶格模的溶液理论。

2-4　概述“准化学法”的 s-正规溶液理论。

2-5　在 80K，组元 A-B 形成正规溶液，其中 A 在 B 中的溶解度 $w(\text{A}) = 3\%$，求溶解过程 $\text{A(l)} = (\text{A})_\text{B}$ 的 ΔG_m。

2-6　后人对斯凯特洽尔德-海尔德布元德公式做了哪些修正，结果如何？

3 电解质水溶液

电解质水溶液中的粒子是离子，不是分子。在进行热力学处理时，可以将其中的溶质看作分子。例如，可以将 NaCl 水溶液看作溶质为 NaCl 组元，计算并可以测量 NaCl 的活度。所以，前面关于溶液热力学的讨论对电解质溶液也是适用的。由于电解质水溶液有不同于非电解质溶液的性质，在有些情况下，需要将溶质作为离子考虑。下面讨论水溶液电解质的溶质作为离子的处理方式。

3.1 电解质水溶液的热力学

电解质和水形成的溶液叫做电解质水溶液。电解质水溶液的性质由构成电解质水溶液的离子、水以及它们之间的相互作用决定。

3.1.1 电解质和非电解质

可以和水形成电解质溶液的物质有两类：一类是离子键晶体，其本身就是由离子构成，在水的作用下，离子的规则排列被破坏，离子进入水中，成为离子溶质；另一类是共价键化合物，在水的作用下，共价键被破坏，以离子形式进入水中，形成离子溶质。前者如氯化钠晶体

$$NaCl + H_2O = Na^+ + Cl^- + H_2O$$

后者如氯化氢分子

$$HCl + H_2O = H_3O^+ + Cl^-$$

一种物质是否可以形成电解质溶液并不仅由它自身决定，还与溶剂相关。例如氯化氢在水中可以形成电解质溶液，但在苯中却形成非电解质溶液。葡萄糖在水中形成非电解质溶液，而在液态氟化氢中却形成电解质溶液。因此，说某种物质可以形成电解质溶液，绝不能脱离溶剂。

3.1.2 强电解质和弱电解质

物质进入溶剂形成溶质，根据其电离度的大小将物质划分为强电解质和弱电解质两类。通常把电离度大于 30%的物质叫做强电解质，电离度小于 30%的物质叫做弱电解质。这种划分是相对的，实际上，电解质的强弱并无严格界限。

3.1.3 缔合式电解质和非缔合式电解质

根据离子在溶液中存在的状态，将其划分为非缔合式电解质和缔合式电解质。前者是指溶液中的离子以单个的、可以自由移动的形式存在；后者是指溶液中两个或两个以上的离子以离子键（静电作用）形成缔合体。

3.1.4　水的结构

水分子形成的冰晶体分子间的作用力由范德华力和氢键构成，其中范德华力占 1/4，氢键占 3/4。冰融化形成水所吸收的能量破坏了范德华力和大部分氢键，将冰的晶体分裂成小的集团和单个水分子。这些小的集团是由氢键结合的几个至十几个水分子组成，称为冰山或流冰。流冰部分地保留了冰的四面体结构。流冰可以自由移动和相互靠近，它们的空隙比冰少，所以，0℃的水的密度比冰大。流冰在运动中不断被破坏，又不断形成，流冰之间、流冰和水分子之间不断地进行交换。

随着温度的升高，一方面更多的氢键被破坏，流冰进一步瓦解，水的结构更密实；另一方面，水分子的热运动加剧，水的体积膨胀，密度减小。在这两个相反因素的影响下，温度低于 4℃，前一因素占优势，水的密度随着温度升高而增大；温度高过 4℃，后一因素占优势，水的密度随着温度升高而减小。因此，在 4℃，水的密度最大。

3.1.5　水化焓

离子进入水中，破坏了原有水的结构，一定数量的水分子在离子周围取向，使得可以自由移动的水分子减少了。紧靠离子的水分子会与离子一起移动，增大了离子的体积。距离离子稍远的水分子也受到离子电场的影响，改变了原来水的结构。把这种由于离子进入水中引起结构的总变化叫作离子水化。如果溶剂不是水，则称为离子溶剂化。

在一定的温度下，1mol 自由的气态离子由真空中转移到大量的水中，形成无限稀溶液过程的焓变称为离子水化焓。对于其他溶剂则称为离子的溶剂化焓。

电解质在水溶液中，总是正负离子同时存在，根据晶格能和溶解焓，只能求出电解质的正负离子水化焓之和 ΔH_{MX}。

晶格能 U_0 是自由的气态离子在绝对零度形成 1mol 晶体的焓变。温度升高，晶体的焓变会发生变化，但与 U_0 差别不大，仍以 U_0 近似表示。可以设想，在恒温条件下，将 1mol 电解质晶体升华为自由的气态离子，其焓变为晶格能 U_0 的负值；然后将气体离子溶解于水中，形成无限稀溶液，其焓变为 ΔH_{MX}。上述过程的焓变之和等于 1mol 晶体直接溶解于水中形成无限稀溶液的溶解焓，即

$$\Delta H_B = -U_0 + \Delta H_{MX}$$

或

$$\Delta H_{MX} = U_0 + \Delta H_B \tag{3.1}$$

由于溶液中存在正、负两种离子，ΔH_{MX} 应该为正离子水化焓 ΔH_{M^+} 和负离子水化焓 ΔH_{X^-} 之和，即

$$\Delta H_{MX} = \Delta H_{M^+} + \Delta H_{X^-} \tag{3.2}$$

离子水化焓间存在加和性，可以由实验间接证实。例如，几种碱金属氯化物和氟化物的水化焓之差为

$$\Delta H(\mathrm{LiCl}) - \Delta H(\mathrm{LiF}) = -881 + 1020 = 139\mathrm{kJ/mol}$$

$$\Delta H(\mathrm{NaCl}) - \Delta H(\mathrm{NaF}) = -769 + 905 = 136\mathrm{kJ/mol}$$

$$\Delta H(\mathrm{KCl}) - \Delta H(\mathrm{KF}) = -689 + 829 = 140\mathrm{kJ/mol}$$

说明 Cl^- 和 F^- 水化焓之差接近常数。表明在不同的碱金属化合物中，两者水化焓基本

不变。

表3.1给出几种碱金属卤化物的晶格能、溶解焓和水化焓。

表3.1 在25℃碱金属卤化物的晶格能、溶解焓和水化焓

盐	U_0/kJ · mol^{-1}	ΔH_B/kJ · mol^{-1}	ΔH_{MX}/kJ · mol^{-1}
LiF	-1025	4.6	-1020
LiCl	-845	-36	-881
LiBr	-799	-46	-845
LiI	-754	-61.9	-807
NaF	-908	2.5	-905
NaCl	-774	5.4	-769
NaBr	-716	0.8	-715
NaI	-696	-5.9	-702
KF	-812	-17	-829
KCl	-707	18.4	-689
KBr	-682	21.3	-661
KI	-644	21.3	-623

规定负离子水化焓 ΔH_{X^-} 对 H^+水化焓 ΔH_{H^+} 的相对值（相当于以 ΔH_{H^+} 为零）为负离子的相对水化焓 $\Delta H_{X^-}(\mathrm{rel})$。表示为

$$\Delta H_{X^-}(\mathrm{rel}) = \Delta H_{X^-} + \Delta H_{H^+} = \Delta H_{HX} \tag{3.3}$$

规定正离子水化焓 ΔH_{M^+} 对 H^+水化焓 ΔH_{H^+} 的相对值 $\Delta H_{M^+}(\mathrm{rel})$ 为正离子的相对水化焓。表示为

$$\begin{aligned}\Delta H_{M^+}(\mathrm{rel}) &= \Delta H_{M^+} - \Delta H_{H^+} \\ &= (\Delta H_{M^+} + \Delta H_{X^-}) - (\Delta H_{H^+} + \Delta H_{X^-}) \\ &= \Delta H_{MX} - \Delta H_{HX}\end{aligned} \tag{3.4}$$

由于电解质的水化焓可由实验测定，所以正负离子的相对水化焓可以测定。

将式（3.4）减式（3.3），得

$$\Delta H_{M^+} - \Delta H_{X^-} = \Delta H_{M^+}(\mathrm{rel}) - \Delta H_{X^-}(\mathrm{rel}) + 2\Delta H_{H^+} \tag{3.5}$$

如果离子半径和电荷都相同的正负离子水化焓相等，即

$$\Delta H_{M^+} - \Delta H_{X^-} = 0$$

则由式（3.5）得

$$\Delta H_{M^+}(\mathrm{rel}) - \Delta H_{X^-}(\mathrm{rel}) = - 2\Delta H_{H^+} = 常数 \tag{3.6}$$

然而实际并非如此。实验证明，离子半径和电荷都相同的正负离子的水化焓并不相等。把水偶极子看作电荷相等的四极子。水分子中两个氢原子是两个正电荷区，氧原子的两个孤对电子为两个负电荷区。根据离子与四极子（水分子）的库伦作用，推导出在一定温度正负离子水化焓的计算公式

$$\Delta H_{M^+} = 80 - \frac{Z_i C_1}{(r_i + r_w)^2} + \frac{Z_i C_2}{(r_i + r_w)^3} - \frac{Z_i^2 C_3}{r_i + 2r_w} - \frac{\alpha Z_i^2 C_4}{(r_i + r_w)^4} \tag{3.7}$$

$$\Delta H_{X^-}=120-\frac{Z_iC_1}{(r_i+r_w)^2}+\frac{Z_iC_2}{(r_i+r_w)^3}-\frac{Z_i^2C_3}{r_i+2r_w}-\frac{\alpha Z_i^2C_4}{(r_i+r_w)^4} \tag{3.8}$$

式中，C_1、C_2、C_3 和 C_4 为常数，可以由离子电荷数、阿伏伽德罗常数、水分子的电偶极矩及电四极矩、水分子的相对介电常数等参数利用公式算得；r_i 为离子的晶体半径，单位为 nm；r_w为水分子半径，取 0.138nm；Z_i 为离子的电荷数（取绝对值）；α 为在离子电场作用下水分子的极化率。

将式（3.7）和式（3.8）代入式（3.5），得

$$\Delta H_{M^+}(\mathrm{rel})-\Delta H_{X^-}(\mathrm{rel})=-2\Delta H_{H^+}-40+\frac{2Z_iC_2}{(r_i+r_w)^3} \tag{3.9}$$

$$C_2=BN_Aep_{H_2O}$$

式中，e 为电子的电量；p_{H_2O} 为水分子的四极矩；B 为常数。

由上式可见，式左和 $(r_i+r_w)^{-3}$ 的关系为一直线，$2Z_iC_2$ 为斜率，$-2\Delta H_{H^+}-40$ 为截距。由碱金属离子和卤素离子的实验表明：$r_i>0.13$nm，上式为一条直线，斜率为 380nm · kJ/mol，截距为 2184kJ/mol，据此算得 ΔH_{H^+} 为−1112kJ/mol。有了 ΔH_{H^+} 就可以求出其他离子的水化焓。

表 3.2 为部分离子水化焓的计算值和实验值。两者比较接近。

式（3.7）和式（3.8）仅适用于碱金属离子和卤素离子，以及一些碱土金属离子。由于没有考虑离子电子层结构对水分子取向的影响，离子周围取向的水分子间的相互作用等，因而不能应用于其他各种离子。

表 3.2 离子水化焓的计算值与实验值的比较

离子	晶体半径/nm	离子水化焓的计算值 /kJ · mol^{-1}	离子水化焓的实验值 /kJ · mol^{-1}	偏差/%
Li^+	0.060	−640	−543	−18
Na^+	0.095	−457	−428	−6.8
K^+	0.133	−345	−348	−10.9
Rb^+	0.148	−307	−323	+5
Cs^+	0.169	−266	−299	+11
F^-	0.136	−507	−483	−5
Cl^-	0.181	−346	−341	−1.5
Br^-	0.195	−310	−314	+1.3
I^-	0.216	−265	−273	+3

3.1.6 离子水化数和水化膜

3.1.6.1 水化数

严格来说，只有在无限远处离子所产生的电场作用才消失。但实际上，在与离子距离超过几纳米的地方，离子与水分子间的作用力就可以忽略不计。离子对水分子的明显作用有一个范围，在此范围内的水分子个数叫做离子水化数。

3.1.6.2 化学水化和物理水化

溶液中紧靠着离子的第一层水分子与离子结合得比较牢固，能和离子一起移动，不受温度影响。这部分水化作用称为原水化或化学水化。第一层含的水分子个数称为原水化数。第一层以外的水分子受离子吸引作用较弱，叫做二级水化或物理水化，受温度影响较大。离子水化数与其半径有关。离子半径增大，取向的水分子与离子间的距离增大，相互作用减弱，水化数减少。

实验测得的离子水化数相差很大，通过考虑离子与水分子的各种相互作用，采用统计力学的方法，可以计算出离子的水化数。实际上，离子的水化数只代表与离子相结合的有效水分子数。

3.1.6.3 水化膜

离子水化的总结果也可以用水化膜来描述，即认为溶液中的离子周围有一层水化膜。

只有离子与水分子的作用能大于水分子之间的氢键能，才可能破坏水的原有结构形成水化膜。由于离子在溶液中做热运动，水分子在离子周围取向需要时间，使得离子并不是固定在某些确定水分子附近。只有那些在离子周围取向需要的时间等于或小于离子停留时间的水分子才能形成水化膜。这相当于离子带着水化膜一起运动。但实际上，不是几个固定的水分子和离子牢固地结合在一起，而是离子每运动在一处，都要建立新的水化膜，构成水化膜的水分子不断变换。如果离子运动太快，在水分子附近停留的时间太短，水分子来不及取向，这相当于离子不能携带水分子一起移动。在这种情况下，离子的水化数为零，更谈不上水化膜。例如，Cs^+和I^-就是这样。

3.1.7 离子的活度

3.1.7.1 离子的活度和活度系数

在电解质溶液中，电解质的电离反应可以表示为

$$D = A_{\nu_+}B_{\nu_-} = \nu_+ A^{z+} + \nu_- B^{z-}$$

式中，D 表示化合物 $A_{\nu_+}B_{\nu_-}$；ν_+和ν_-为化合物 D 即电解质 $A_{\nu_+}B_{\nu_-}$ 的化学计量系数，即电离出的正、负离子个数；$z+$和 $z-$为正、负离子的电荷数。离子的化学势为

$$\begin{aligned}\mu_{A^{z+}} &= \mu^{\ominus}_{A^{z+},m} + RT\ln a_{A^{z+},m} \\ &= \mu^{\ominus}_{A^{z+},m} + RT\ln f_{A^{z+},m} m_{A^{z+}} \end{aligned} \tag{3.10}$$

$$\begin{aligned}\mu_{B^{z-}} &= \mu^{\ominus}_{B^{z-},m} + RT\ln a_{B^{z-},m} \\ &= \mu^{\ominus}_{B^{z-},m} + RT\ln f_{B^{z-},m} m_{B^{z-}} \end{aligned} \tag{3.11}$$

式中，$\mu^{\ominus}_{A^{z+},m}$ 和 $\mu^{\ominus}_{B^{z-},m}$ 分别为正、负离子在标准状态的化学势；$a_{A^{z+},m}$ 和 $a_{B^{z-},m}$ 分别为正、负离子 A^{z+} 和 B^{z-} 的活度；$f_{A^{z+},m}$ 和 $f_{B^{z-},m}$ 分别为正、负离子 A^{z+}和 B^{z-}的浓度以质量摩尔分数表示的活度系数。

3.1.7.2 离子活度的标准状态

标准状态的选择是任意的，选择的原则是方便。标准状态是活度等于 1，活度系数等于 1 的状态，这样浓度就等于活度。

在标准状态，对于电解质溶液来说，浓度以质量摩尔浓度表示，有

$$a_{A^{z+},m} = 1,\ f_{A^{z+},m} = 1,\ a_{A^{z+},m} = f_{A^{z+},m}\frac{m_{A^{z+}}}{m^{\ominus}} = 1$$

$$a_{B^{z-},m}=1,\ f_{B^{z-},m}=1,\ a_{B^{z-},m}=f_{B^{z-},m}\frac{m_{B^{z-}}}{m^{\ominus}}=1$$

所以

$$\frac{m_{A^{z+}}}{m^{\ominus}}=1\ ,\ \frac{m_{B^{z-}}}{m^{\ominus}}=1$$

假设在 $\frac{m_{A^{z+}}}{m^{\ominus}}=1$ 时，溶液中的组元 A^{z+} 的浓度等于活度；在 $\frac{m_{B^{z-}}}{m^{\ominus}}=1$ 时，溶液中的组元 B^{z-} 的浓度等于活度。这是真实的标准状态，否则就是假想的标准状态。

浓度以体积摩尔浓度表示，有

$$a_{A^{z+},c}=1,\ f_{A^{z+},c}=1,\ a_{A^{z+},c}=f_{A^{z+},c}\frac{c_{A^{z+}}}{c^{\ominus}}=1$$

$$a_{B^{z-},c}=1,\ f_{B^{z-},c}=1,\ a_{B^{z-},c}=f_{B^{z-},c}\frac{c_{B^{z-}}}{c^{\ominus}}=1$$

式中，$f_{A^{z+},c}$ 和 $f_{B^{z-},c}$ 分别为正、负离子 A^{z+} 和 B^{z-} 浓度以体积摩尔数表示的活度系数。

若在 $\frac{c_{A^{z+}}}{c}=1$ 时，溶液中的组元 A^{z+} 的浓度等于活度；在 $\frac{c_{B^{z-}}}{c^{\ominus}}=1$ 时，溶液中的组元 B^{z-} 的浓度等于活度。这是真实的标准状态，否则就是假想的标准状态。

浓度以摩尔分数浓度表示，有

$$a_{A^{z+},x}=1,\ f_{A^{z+},x}=1,\ a_{A^{z+},x}=f_{A^{z+},x}x_{A^{z+}}=1$$

$$a_{B^{z-},x}=1,\ f_{B^{z-},x}=1,\ a_{B^{z-},x}=f_{B^{z-},x}x_{B^{z-}}=1$$

所以

$$x_{A^{z+}}=1,\ x_{B^{z-}}=1$$

式中，$f_{A^{z+},x}$ 和 $f_{B^{z-},x}$ 分别为正、负离子 A^{z+} 和 B^{z-} 浓度以摩尔分数表示的活度系数。

在 $x_{A^{z+}}=1$ 时，溶液中的组元 A^{z+} 的浓度等于活度，在 $x_{B^{z-}}=1$ 时，溶液中的组元 B^{z-} 的浓度等于其活度。这是假想的标准状态。电解质溶液中 $x_{A^{z+}}$ 和 $x_{B^{z-}}$ 都不可能为 1。

3.1.7.3 电解质的平均活度

由于不能实验测量单种离子的活度和活度系数，所以采用正、负离子的平均活度和平均活度系数。

化合物 $A_{\nu_+}B_{\nu_-}$ 达到电离平衡，有

$$D \rightleftharpoons \nu_+\ A^{z+} + \nu_-\ B^{z-}$$

$$\mu_{D,u}=\mu_{D,d} \tag{3.12}$$

$$\mu_{D,u}=\mu_{D,m}^{\ominus}+RT\ln a_{D,u,m}$$

$$\mu_{A^{z+},m}=\mu_{A^{z+},m}^{\ominus}+RT\ln a_{A^{z+},m}$$

$$\mu_{B^{z-},m}=\mu_{B^{z-},m}^{\ominus}+RT\ln a_{B^{z-},m}$$

式中，$\mu_{D,u}$ 为组元 D 未电离部分的化学势；$\mu_{D,d}$ 为组元 D 电离部分的化学势。

在恒温恒压条件下，组元 D 的量改变了 dm，其中未电离部分为 dm_u，已电离部分为 $dm-dm_u$。由于组元 D 的改变引起的组元 D 的摩尔吉布斯自由能变化为

$$\begin{aligned} dG_{m,D} &= \mu_D dm \\ &= \mu_{D,u} dm_u + \mu_{D,d}(dm - dm_u) \\ &= \mu_{D,u} dm_u + \mu_{D,d} dm - \mu_{D,d} dm_u \\ &= \mu_{D,d} dm \end{aligned}$$

最后一步，利用了式（3.12）。所以

$$\mu_D = \mu_{D,d} \tag{3.13}$$

即溶液中全部电解质组元 D 的化学势等于已电离部分的或未电离部分的化学势。

将式

$$\mu_D = \mu_{D,m}^{\ominus} + RT\ln a_{D,m}$$

和

$$\begin{aligned} \mu_{D,d} &= \nu_+ \mu_{A^{z+},m} + \nu_- \mu_{B^{z-},m} \\ &= \mu_{A^{z+},m}^{\ominus} + RT\ln a_{A^{z+},m} + \mu_{B^{z-},m}^{\ominus} + RT\ln a_{B^{z-},m} \end{aligned}$$

代入式（3.13），得

$$\mu_{D,m}^{\ominus} + RT\ln a_{D,m} = \nu_+ \mu_{A^{z+},m}^{\ominus} + \nu_+ RT\ln a_{A^{z+},m} + \nu_- \mu_{B^{z-},m}^{\ominus} + \nu_- RT\ln a_{B^{z-},m} \tag{3.14}$$

在 $a_{D,m} = 1$，$a_{A^{z+},m} = 1$ 和 $a_{B^{z-},m} = 1$ 的标准状态下，有

$$\mu_D^{\ominus} = \nu_+ \mu_{A^{z+}}^{\ominus} + \nu_- \mu_{B^{z-}}^{\ominus} \tag{3.15}$$

所以，由式（3.14）得

$$a_{D,m} = (a_{A^{z+},m})^{\nu_+} (a_{B^{z-},m})^{\nu_-} \tag{3.16}$$

正、负离子的活度系数为

$$f_{A^{z+},m} = \frac{a_{A^{z+},m}}{m_{A^{z+}}/m^{\ominus}} \tag{3.17}$$

$$f_{B^{z-},m} = \frac{a_{B^{z-},m}}{m_{B^{z-}}/m^{\ominus}} \tag{3.18}$$

定义电解质的平均活度

$$(a_{\pm})^{\nu} = (a_{A^{z+},m})^{\nu_+} (a_{B^{z-},m})^{\nu_-} \tag{3.19}$$

平均浓度

$$m_{\pm}^{\nu} = m_{A^{z+}}^{\nu_+} m_{B^{z-}}^{\nu_-} = (\nu_+ m)^{\nu_+} (\nu_- m)^{\nu_-} = \nu_+^{\nu_+} \nu_-^{\nu_-} m^{\nu} \tag{3.20}$$

平均活度系数

$$f_{\pm,m}^{\nu} = f_{A^{z+},m}^{\nu_+} f_{B^{z-},m}^{\nu_-} \tag{3.21}$$

式中，$\nu = \nu_+ + \nu_-$，为电解质电离所形成的正、负离子总数。由式（3.16）和式（3.19）得

$$a_{D,m} = (a_{\pm,m})^{\nu} \tag{3.22}$$

所以

$$(a_{D,m})^{1/\nu} = a_{\pm,m} = f_{\pm,m}(m_{\pm}/m^{\ominus}) \tag{3.23}$$

式中，电解质活度 $a_{D,m}$ 可由实验测量，因此可以得到电解质的平均活度 $a_{\pm,m}$ 以及 $f_{\pm,m}$。电解质平均活度的标准状态定义为 $a_{\pm,m} = 1$ 的状态，且要求 $m_{\pm} = 1$，$f_{\pm,m} = 1$，而不是 $f_{\pm,m}(m_{\pm}/m^{\ominus}) = 1$。

上述公式采用其他浓度表示也成立。

电解质溶液的摩尔分数 x 与质量摩尔数 m 的关系为

$$x = \frac{m}{\frac{1000}{M_1} + \nu m} = \frac{0.001mM_1}{1 + 0.001\nu mM_1} \tag{3.24}$$

并有

$$x_1 + \nu m = 1 \tag{3.25}$$

式中，x_1 为溶剂的摩尔分数。

电解质溶液的摩尔分数 x 与体积摩尔数 c 的关系为

$$x = \frac{0.001cM_1}{\rho_{sol} + 0.001c(\nu M_1 - M_i)} \tag{3.26}$$

3.1.7.4 电解质平均活度系数之间的关系

以电解质平均活度系数、平均浓度代替电解质活度系数和浓度，并利用在各种浓度表示中电解质浓度与其平均浓度之比为一常数的关系，得浓度以摩尔分数表示的离子平均活度

$$\begin{aligned} f_{\pm,x} &= 0.001M_1 f_{\pm,m}\frac{m_\pm}{x_\pm} = 0.001M_1 f_{\pm,m}\frac{m}{x} \\ &= \frac{0.001M_1}{\rho_1}f_{\pm,c}\frac{c_\pm}{x_\pm} = \frac{0.001M_1}{\rho_1}f_{\pm,c}\frac{c}{x} \end{aligned} \tag{3.27}$$

把式（3.24）和式（3.26）代入式（3.27），得

$$\begin{aligned} f_{\pm,x} &= (1 + 0.001\nu mM_1)f_{\pm,m} \\ &= \frac{\rho_{sol} + 0.001c(\nu M_1 - M_i)}{\rho_1}f_{\pm,c} \end{aligned} \tag{3.28}$$

表 3.3 给出一些物质的平均活度系数。

表 3.3 电解质的浓度和相应的活度系数

电解质	HBr	KCl	$ZnSO_4$	Na_2SO_4	$BaCl_2$	$Al_2(SO_4)_3$
m	0.200	1.734	0.500	0.020	1.000	1.000
$f_{\pm,m}$	0.156	0.577	0.063	0.641	0.392	0.0175

3.1.8 离子强度定律

在稀的电解质溶液中，活度系数与离子强度有关。

离子强度的定义为

$$I_m = \frac{1}{2}\sum_i m_i z_i^2 \tag{3.29}$$

或

$$I_c = \frac{1}{2}\sum_i c_i z_i^2 \tag{3.30}$$

式中，I 为离子强度。电解质的平均活度系数与离子强度的关系称为离子强度定律，表示为

$$\lg f_{\pm,m} = -A'|z_+z_-|\sqrt{I_m} \quad (3.31)$$

$$\lg f_{\pm,c} = -B'|z_+z_-|\sqrt{I_c} \quad (3.32)$$

仅在 $I_m<0.1$ 或 $I_c<0.1$ 时适用。

3.1.9 水溶液中的反应热

（1）在无限稀溶液中的反应热。在 25℃，1mol HCl · ∞ aq 与 1mol NaOH · ∞ aq 混合，有

$$HCl \cdot \infty aq + NaOH \cdot \infty aq = NaCl \cdot \infty aq + H_2O(l)$$

$$\Delta H_1 = -13.36kJ$$

（2）不是无限稀溶液中的反应热。

$$HCl \cdot xaq + NaOH \cdot yaq = NaCl \cdot (x+y)aq + H_2O(l)$$

记热效应为 ΔH_2。

这里 $H_2O(l)$ 起冲淡作用，而有

$$NaCl \cdot (x+y)aq + aq = NaCl \cdot (x+y+1)aq$$

记热效应为 ΔH_3。

整个过程的热效应是 ΔH_2 和 ΔH_3 之和，即

$$HCl \cdot xaq + NaOH \cdot yaq + aq = NaCl \cdot (x+y+1)aq + H_2O(l)$$

$$\Delta H_4 = \Delta H_2 + \Delta H_3$$

如果溶液是无限稀的，则

$$\Delta H_3 = 0$$

所以

$$\Delta H_4 = \Delta H_2 = \Delta H_1$$

由实验可知，在无限稀溶液中有如下现象：

（1）$NaCl \cdot \infty aq + KNO_3 \cdot \infty aq$ 和 $KCl \cdot \infty aq + NaNO_3 \cdot \infty aq$ 的热效应为零。

（2）$NaOH \cdot \infty aq + HCl \cdot \infty aq$，$KOH \cdot \infty aq + HNO_3 \cdot \infty aq$ 和 $NaOH \cdot \infty aq + \frac{1}{2}H_2SO_4 \cdot \infty aq$ 的 ΔH 都是−13.36kJ。

（3）$AgNO_3 \cdot \infty aq + HCl \cdot \infty aq$ 和 $\frac{1}{2}AgSO_4 \cdot \infty aq + NaCl \cdot \infty aq$ 的 ΔH 都是−15.65kJ。

这个现象说明：

现象（1）中根本没有化学反应，即

$$Na^+ \cdot \infty aq + Cl^- \cdot \infty aq + K^+ \cdot \infty aq + NO_3^- \cdot \infty aq = K^+ \cdot \infty aq + Cl^- \cdot \infty aq + Na^+ \cdot \infty aq + NO_3^- \cdot \infty aq$$

现象（2）中的反应都是

$$H^+ \cdot \infty aq + OH^- \cdot \infty aq = H_2O(l) + \infty aq$$

现象（3）中的反应都是

$$Ag^+ \cdot \infty aq + Cl^- \cdot \infty aq = AgCl(s) + \infty aq$$

3.1.10 水溶液中离子的生成热

生成 1mol 某种离子的热效应叫做该种离子的生成热。

在溶液中，正、负离子同时产生并共存，无法将其分开，因此，无法单独测量正离子或负离子的生成热，只能规定一种离子的生成热。其他离子相对于规定离子的生成热的变化可作为其他离子的生成热。

现行规定，在水溶液中，$H^+ \cdot \infty aq$ 的生成热为零。据此，可以利用热化学的数据求水溶液中其他离子的生成热。

例如

$$H^+ \cdot \infty\ aq + OH^- \cdot \infty\ aq \Longrightarrow H_2O(l) + \infty aq$$

$$\Delta H_m = -13.36 kJ/mol$$

$$\Delta_f H_{m,H_2O} = -62.88 kJ/mol$$

可得 $OH^- \cdot \infty aq$ 的 $\Delta_f H_{m,OH^- \cdot \infty aq} = -54.96 kJ/mol$

$$HCl(g) + \infty\ aq \Longrightarrow H^+ \cdot \infty aq + Cl^- \cdot \infty aq$$

$$\Delta H_m = -17.96 kJ/mol$$

$$\Delta_f H_{m,HCl(g)} = -22.06 kJ/mol$$

可得 $Cl^- \cdot \infty aq$ 的 $\Delta_f H_{m,Cl^- \cdot \infty aq} = -40.02 kJ/mol$

3.1.11　离子的标准生成自由能

生成 1mol 某种离子的吉布斯自由能变化，叫做该种离子的标准生成自由能。

在溶液中，正负离子同时产生并共存，无法将其分开，因此，无法单独测量正离子或负离子的吉布斯自由能变化，也就无法测量正离子或负离子的标准生成吉布斯自由能。只能规定一种离子的标准生成吉布斯自由能，而其他离子相对于规定离子的吉布斯自由能变化可作为其他离子的标准生成吉布斯自由能。

现行规定，在水溶液中，$H^+ \cdot \infty aq$ 的生成吉布斯自由能为零，以此为基础求其他离子的标准生成吉布斯自由能。

例如，化学反应

$$\frac{1}{2}H_2(g) + AgCl(g) \Longrightarrow HCl(aq) + Ag(s)$$

的标准摩尔吉布斯自由能变化为

$$\Delta G_m^* = \Delta_f G_{m,HCl(aq)}^* + \Delta_f G_{m,Ag}^* - \frac{1}{2}\Delta_f G_{m,H_2}^* - \Delta_f G_{m,AgCl}^*$$

单质的标准生成吉布斯自由能为零

$$\Delta_f G_{m,AgCl}^* = -26.22 kJ/mol$$

所以

$$\Delta_f G_{m,HCl(aq)}^* = \Delta G_m^* + \Delta_f G_{m,AgCl}^*$$

已知，$\Delta G_m^* = -5.13 kJ/mol$，$\Delta_f G_{m,AgCl}^* = -26.22 kJ/mol$，可得

$$\Delta_f G_{m,HCl(aq)}^* = -31.35 kJ/mol$$

$\Delta_f G_{m,HCl(aq)}^*$ 也是离子组 [H^+ (aq) + Cl^- (aq)] 在 25℃，101kPa 的标准生成吉布斯自由能，它是标准状态 1mol H^+和 1mol Cl^-的标准吉布斯自由能。

为求得单种离子的标准生成吉布斯自由能，规定 $\Delta_f G_{m,H^+(aq)}^* = 0$，得到

$$\Delta_f G^*_{m,Cl^-(aq)} = -31.35\text{kJ/mol}$$

化学反应

$$H_2O(l) \xlongequal{\quad} H^+(aq) + OH^-(aq)$$

$$\Delta G^*_m = \Delta_f G^*_{m,H^+(aq)} + \Delta_f G^*_{m,OH^-(aq)} - \Delta_f G^*_{m,H_2O(l)}$$
$$= 19.095\text{kJ/mol}$$

在25℃，$\Delta_f G^*_{m,H_2O(l)} = -56.690\text{kJ/mol}$，规定 $\Delta_f G^*_{m,H^+(aq)} = 0$，得到 $\Delta_f G_{m,\ OH^-(aq)} = -37.595\text{kJ/mol}$。

3.1.12 离子的标准熵

3.1.12.1 离子标准熵的计算

离子的标准熵即离子的标准偏摩尔熵。

化学反应 $\frac{1}{2}H_2(g) + AgCl(g) = HCl(aq) + Ag(s)$ 的标准熵变为

$$\Delta S^*_m = \bar{S}^\ominus_{m,HCl(aq)} + S^*_{m,Ag(s)} - \frac{1}{2}S^*_{m,H_2(g)} - S^*_{m,AgCl(s)}$$

式中，右边后三项可以从热力学第三定律求得；ΔS^*_m 可以实验测量。代入上式，得在25℃

$$-15.20\text{kJ/(K·mol)} = \bar{S}^\ominus_{m,HCl} + 10.206\text{kJ/(K·mol)} - \frac{1}{2} \times 31.211\text{kJ/(K·mol)} - 22.97\text{kJ/(K·mol)}$$

得

$$\bar{S}^\ominus_{m,HCl(aq)} = 13.20\text{kJ/(K·mol)}$$

规定在任何温度，氢离子的标准偏摩尔熵 $\bar{S}^\ominus_{m,H^+} = 0$，因此

$$\bar{S}^\ominus_{m,HCl(aq)} = \bar{S}^\ominus_{m,H^+} + \bar{S}^\ominus_{m,Cl^-} = \bar{S}^\ominus_{m,Cl^-} = 13.20\text{kJ/(K·mol)}$$

这样得到 $\bar{S}^\ominus_{m,Cl^-}$ 是 Cl^- 的相对熵，是相对于 $\bar{S}^\ominus_{m,H^+} = 0$ 的熵值。

采用这种方法可以求得其他离子在任何温度的相对熵，并以 $\bar{S}^\ominus_{m,i}$(相对) 表示。

利用电动势值可以求得一些离子的绝对熵值。由电动势法求得25℃

$$\bar{S}^\ominus_{m,Cl^-}(\text{绝对}) = 18.2\text{kJ/(K·mol)}$$

根据

$$\bar{S}^\ominus_{m,Cl^-}(\text{相对}) = \bar{S}^\ominus_{m,H^+}(\text{绝对}) + \bar{S}^\ominus_{m,Cl^-}(\text{绝对}) = 13.2\text{kJ/(K·mol)}$$

得到

$$\bar{S}^\ominus_{m,H^+}(\text{绝对}) = -5.0\text{kJ/(K·mol)}$$

在任何温度，离子 i 的绝对熵可按下式计算

$$\bar{S}^\ominus_{m,i}(\text{绝对}) = \bar{S}^\ominus_{m,i}(\text{相对}) + \bar{S}^\ominus_{m,H^+}(\text{绝对}) \times (z+ \text{或} z-)$$

式中，$z+$ 和 $z-$ 分别为正离子或负离子的电荷数，正离子 z 取正号，负离子 z 取负号。

一些离子的相对熵和绝对熵可以从热力学数据表中查到。

3.1.12.2 离子熵的对应原理

水溶液中的离子可以分为四种类型：

（1）简单的阳离子。例如，H^+、Li^+、Na^+、Mg^{2+}、Ca^{2+}等。

（2）简单的阴离子。例如，F^-、Cl^-、Br^-、I^-、OH^-等。

（3）含氧的络合阴离子。例如，ClO_4^-、NO_3^-、SO_4^{2-}、CO_3^{2-} 等。

（4）含氢氧的络合阴离子。例如，HSO_4^-、HCO_3^-、$H_2PO_4^-$ 等。

将同种类型的各个离子在某一温度的绝对熵分别对应于各自离子在25℃（298K）的绝对熵作图，得一直线。

例如，图3.1是简单阳离子在25℃的绝对熵值与100℃的绝对熵值的对应关系，以及简单阴离子在25℃的绝对熵值与100℃的绝对熵值的对应关系。从图3.1可见，两种离子的对应关系都是直线。

图3.2是含氧的络阴离子在25℃的绝对熵值与100℃的绝对熵值的对应关系，以及含氢氧的络阴离子在25℃的绝对熵值与100℃的绝对熵值的对应关系。从图3.2可见，两种离子的对应关系都是直线。

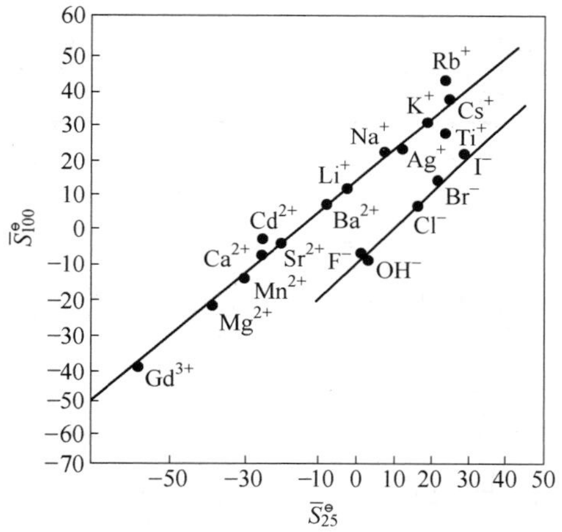

图3.1 简单阳离子和简单阴离子在25℃和100℃下存在直线关系

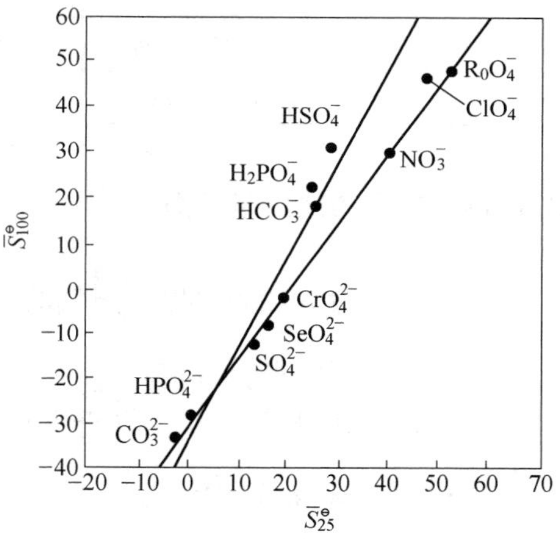

图3.2 含氧和含氢氧的络阴离子在25℃和100℃下存在直线关系

同种离子在不同温度的绝对熵值也是直线的对应关系。这种对应关系，可以表示为

$$\overline{S}^{\ominus}_{m,i,T}(\text{绝对}) = a_T + b_T\,\overline{S}^{\ominus}_{m,i,298}(\text{绝对}) \tag{3.33}$$

式中，a_T和b_T为温度T时的常数。

方程（3.33）所表示的直线关系叫做离子熵的对应关系。

利用方程（3.33）可以从一个温度的绝对熵求其他温度的绝对熵。

3.1.13 离子的平均热容

在298K与T之间离子的平均热容公式为

$$\overline{C}^0_{p,i}\Big|_{298}^{T} = \frac{\overline{S}^0_{m,i,T}(\text{绝对}) - \overline{S}^0_{m,i,298}(\text{绝对})}{\ln(T/298)} \tag{3.34}$$

将式（3.33）代入式（3.34），得

$$\overline{C}^0_{p,i}\Big|_{298}^{T} = \frac{a_T - (1000 - b_T)\,\overline{S}^0_{m,i,298}(\text{绝对})}{\ln(T/298)}$$

$$= \alpha_T + \beta_T \overline{S}^0_{m,i,298}(\text{绝对}) \tag{3.35}$$

式中

$$\alpha_T = \frac{a_T}{\ln(T/298)}$$

$$\beta_T = \frac{-(1000 - b_T)}{\ln(T/298)}$$

表 3.4 是各种离子的 α_T、β_T值。

表 3.4　各类离子的 α_T和 β_T值

温度/K	简单阳离子		简单阴离子 OH^-		含氧络阴离子		含氢氧络阴离子		$\overline{C}^0_{p,i}\Big\|_{298}^{T}$
	α_T	β_T	α_T	β_T	α_T	β_T	α_T	β_T	
373	46	-0.55	-58	-0.00	-138	2.24	-135	3.97	31
423	46	-0.59	-61	-0.03	-133	2.27	-143	3.95	33

3.1.14　电子的热力学性质

电子的热力学性质可以参照氢的半电池反应（SHE）$H^+ + e = \frac{1}{2}H_2$ 确定。

对于标准氢电极，规定：

（1）$\Delta G^\ominus_{m,T}(\text{SHE}) = 0$，$\varphi^\ominus_T(\text{SHE}) = 0$，$a_{H^+} = 1$，$p_{H_2} = p^\ominus$。

利用吉布斯-赫姆霍兹方程 $\Delta H^\ominus_{m,T} = zF\left(T\frac{\partial\varphi^\ominus}{\partial T} - \varphi^\ominus\right)$和 $\Delta S^\ominus_{m,T} = zF\frac{\partial\varphi^\ominus}{\partial T}$，以及 $\Delta C^\ominus_{p,T} = \left(\frac{\partial \Delta H^\ominus_T}{\partial T}\right)_p$，可以得

（2）$\Delta H^\ominus_{m,T}(\text{SHE}) = 0$。

（3）$\Delta S^\ominus_{m,T}(\text{SHE}) = 0$。

（4）$\Delta C^\ominus_{p,T}(\text{SHE}) = 0$。

根据（1）~（4）可以得到电子在各温度的热力学量的数值。

$$\Delta G^\ominus_{m,e,T} = 0,\ \Delta H^\ominus_{m,e,T} = 0$$

$$S^\ominus_{m,e,T} = \frac{1}{2}S^\ominus_{m,H_2,T} - \overline{S}^\ominus_{m,H^+,T}$$

$$C^\ominus_{p,e,T} = \frac{1}{2}C^\ominus_{p,H_2,T} - \overline{C}^\ominus_{p,H^+,T}$$

在 298℃，气态氢的 $S^\ominus_{m,H_2,298} = 31.211\text{kJ/(K·mol)}$，$S^\ominus_{m,H^+,T}(\text{相对}) = 0$，得

$$S^\ominus_{m,e,298}(\text{相对}) = 15.606\text{kJ/(K·mol)}$$

$$S^\ominus_{m,H^+,298}(\text{绝对}) = -5.0\text{kJ/(K·mol)}$$

得

$$S^{\ominus}_{m,e,298}(\text{绝对}) = 15.606 - (-5.0) = 20.606\text{kJ}/(\text{K}\cdot\text{mol})$$

3.1.15 有离子参与的化学反应的吉布斯自由能变化的计算

由 $\Delta G^{\ominus}_{m,T} = \Delta H^{\ominus}_{m,T} - T\Delta S^{\ominus}_{m,T}$ 和 $\Delta G^{\ominus}_{m,298} = \Delta H^{\ominus}_{m,298} - 298\Delta S^{\ominus}_{m,298}$ 得

$$\Delta G^{\ominus}_{m,T} - \Delta G^{\ominus}_{m,298} = (\Delta H^{\ominus}_{m,T} - \Delta H^{\ominus}_{m,298}) - (T\Delta S^{\ominus}_{m,T} - 298\Delta S^{\ominus}_{m,298}) \tag{3.36}$$

将 $\Delta H^{\ominus}_{m,T} = \Delta H^{0}_{m,298} + \int_{298}^{T}\Delta C_p \mathrm{d}T$ 和 $\Delta S^{0}_{m,T} = \Delta S^{\ominus}_{m,298} + \int_{298}^{T}\frac{\Delta C_p}{T}\mathrm{d}T$ 代入式（3.36），得

$$\Delta G^{\ominus}_{m,T} = \Delta G^{\ominus}_{m,298} - (T - 298)\Delta S^{\ominus}_{m,298} + \int_{298}^{T}\Delta C_p \mathrm{d}T + T\int_{298}^{T}\frac{\Delta C_p}{T}\mathrm{d}T$$

如果 C_p 数据缺乏，近似计算可取 298K～T 间的平均值 $\Delta\overline{C}_p\Big|_{298}^{T}$ 代替 ΔC_p 值。

将式（3.35）代入式（3.36），得

$$\Delta G^{\ominus}_{m,T} = \Delta G^{\ominus}_{m,298} - (T - 298)\Delta S^{\ominus}_{m,298} + (T - 298)\Delta\overline{C}_p\Big|_{298}^{T} - \left(T\ln\frac{T}{298}\right)\Delta\overline{C}_p\Big|_{298}^{T} \tag{3.37}$$

3.2 混合电解质溶液的理论

在《冶金电化学》一书中介绍了电解质水溶液的德拜-休克尔理论，匹采理论等。匹采理论可用于高浓度电解质溶液。除匹采（Pitzer）的电解质溶液理论可以应用于高浓度的电解质溶液外，斯托克斯-罗宾逊（Stokes-Robinson）和格留考夫（Glueckauf）的离子水化理论和弗兰克-汤姆逊（Frank-Thompson）的弥散晶格理论，以及梅斯诺尔（Meissner）半经验处理混合电解质溶液的方法，均可用于高浓多元混合电解质水溶液的计算。

3.2.1 离子水化理论

3.2.1.1 斯托克斯-罗宾逊的离子水化理论

离子水化理论是由斯托克斯（Stokes）和罗宾逊（Robinson）在 1948 年提出。他们用两种方法计算一个定量溶液的吉布斯（Gibbs）自由能的总量。一种方法是假设离子与水不起化合作用，溶液的总吉布斯自由能为

$$G = s\mu_w + \nu_c\mu_c + \nu_a\mu_a \tag{3.38}$$

式中，μ_c、μ_a 为无水离子的化学势；μ_w 为水的化学势；G 为含有 1mol 电解质和 $s$mol 水的溶液的总吉布斯自由能；ν_c 和 ν_a 分别为 1mol 电解质在水中完全电离时的阳离子和阴离子的物质的量。

另一种处理方法是假设在上述 1mol 电解质和 $s$mol 水的溶液中共有 $h$mol 水和 $\nu = (\nu_c + \nu_a)$ mol 阴阳离子化合，形成水化离子，如图 3.3 所示。h 称为水化数。此溶液的总吉布斯自由能为

$$G = (s - h)\mu_w + \nu_c\mu'_c + \nu_a\mu'_a \tag{3.39}$$

式中，μ'_c、μ'_a 为水化离子的化学势。由于这两种方法处理的是同一溶液，因此式（3.38）

和式（3.39）中的 G 值相等，有

$$s\mu_w + \nu_c\mu_c + \nu_a\mu_a = (s-h)\mu_w + \nu_c\mu_c' + \nu_a\mu_a' \tag{3.40}$$

$$\mu_w = \mu_w^0 + RT\ln a_w$$

$$\mu_c = \mu_c^0 + RT\ln\frac{\nu_c}{s+\nu_c+\nu_a} + RT\ln f_c$$

$$\mu_a = \mu_a^0 + RT\ln\frac{\nu_a}{s+\nu_c+\nu_a} + RT\ln f_a$$

$$\mu_c' = \mu_c'^0 + RT\ln\frac{\nu_c}{s-h+\nu_c+\nu_a} + RT\ln f_c'$$

$$\mu_a' = \mu_a'^0 + RT\ln\frac{\nu_a}{s-h+\nu_c+\nu_a} + RT\ln f_a'$$

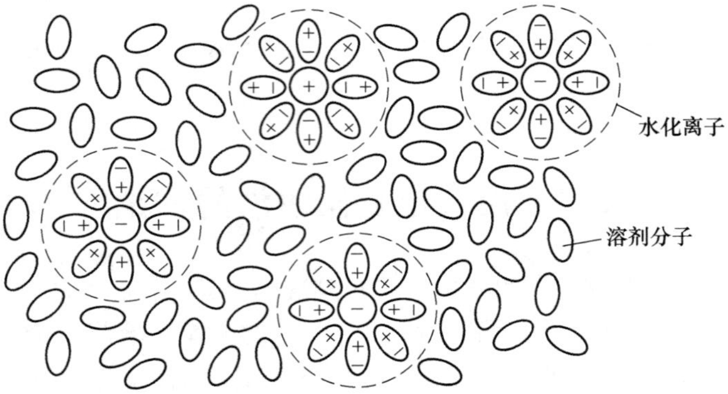

图 3.3　Stokes-Robinson 水化离子模型

代入式（3.40），得

$$\nu_c\ln f_c' + \nu_a\ln f_a' = \nu_c\ln f_c + \nu_a\ln f_a + h\ln a_w + \nu\ln\frac{s-h+\nu}{s+\nu} + \frac{\nu_c(\mu_c^0-\mu_c'^0)}{RT} + \frac{\nu_a(\mu_a^0-\mu_a'^0)}{RT} + \frac{h\mu_w^0}{RT}$$

式中，f 为浓度以摩尔分数表示的单个无水离子的活度系数；f' 为水化离子的活度系数；a_w 为水的活度。

在无限稀情况下，$a_w=1$，$f_a=1$，$f_c=1$，$f_a'=1$，$f_c'=1$，$s\gg h$，$\dfrac{s-h+\nu}{s+\nu}\simeq 1$，从而得到

$$\frac{\nu_c(\mu_c^0-\mu_c'^0)}{RT} + \frac{\nu_a(\mu_a^0-\mu_a'^0)}{RT} + \frac{h\mu_w^0}{RT} = 0$$

$$\ln f_\pm' = \ln f_\pm + \frac{h}{\nu}\ln a_w + \ln\frac{s-h+\nu}{s+\nu} \tag{3.41}$$

式中

$$f_\pm = (f_c^{\nu_c}f_a^{\nu_a})^{\frac{1}{\nu}}$$

$$f_\pm' = (f_c'^{\nu_c}f_a'^{\nu_a})^{\frac{1}{\nu}}$$

将式（3.41）中的电解质浓度化为质量摩尔浓度表示，有

$$m = \frac{1}{s \times 18/1000} = \frac{1000}{18s}$$

得

$$\frac{s-h+\nu}{s+\nu} = \frac{1+\dfrac{\nu-h}{s}}{1+\dfrac{\nu}{s}} = \frac{1+(\nu-h)18m/1000}{1+v18m/1000} = \frac{1+0.018m(\nu-h)}{1+0.018m\nu}$$

已知

$$f_{\pm} = (1+0.018m\nu)\gamma_{\pm} \tag{3.42}$$

将水化离子的活度系数用德拜-休克尔（Debye-Hückel）公式表示

$$\lg f'_{\pm} = -\frac{0.5115|z_c z_a|\sqrt{I}}{1+0.3291a\sqrt{I}} \tag{3.43}$$

式中，a 为水化阴阳离子的平均直径，单位为 Å①；利用水活度与渗透系数间的关系

$$\mu_w - \mu_w^0 = RT\ln a_w = -0.018m\nu\varphi RT$$

$$\ln a_w = -0.018m\nu\varphi \tag{3.44}$$

将以上这些公式一并代入式（3.41），得

$$\lg\gamma_{\pm} = -\frac{0.5115|z_c z_a|\sqrt{I}}{1+0.3291a\sqrt{I}} + \frac{0.018}{2.303}hm\varphi - \lg[1+0.018m(\nu-h)] \tag{3.45}$$

或

$$\lg\gamma_{\pm} = -\frac{0.5115|z_c z_a|\sqrt{I}}{1+0.3291a\sqrt{I}} - \frac{h}{\nu}\lg a_w - \lg[1+0.018m(\nu-h)] \tag{3.46}$$

式（3.46）就是斯托克斯-罗宾逊的离子水化理论的单一电解质水溶液中离子平均活度系数的计算公式。此公式只有两个未知参数（即 a 和 h），其值均从活度系数的实验数据求出。将斯托克斯-罗宾逊得到的各种电解质的水化数 h 及离子间最接近的距离 a 分别列入表 3.5 及表 3.6。此公式对许多 1∶1 价的钾和钠盐其有效浓度为（0.1~4）m 或 5m，对 NH_4Cl 可达 6m；对其他 1∶1 价以及 2∶1 价盐，有效浓度范围较小，但仍为（0.1~1）m。

表 3.5　斯托克斯-罗宾逊给出的各种电解质的水化数 h

离子	Cl^-	Br^-	I^-	ClO_4^-
H^+	8.0	8.6	10.6	7.4
Li^+	7.1	7.6	9.0	8.7
Na^+	3.5	4.2	5.5	2.1
K^+	1.9	2.1	2.5	
Rb^+	1.2	0.9	0.6	

① 1Å = 0.1nm = 10^{-10}m。

续表 3.5

离子	Cl^-	Br^-	I^-	ClO_4^-
NH_4^+	1.6			
Mg^{2+}	13.7	17.0	19.0	
Ca^{2+}	12.0	14.6	17.0	
Sr^{2+}	10.7	12.7	15.5	
Ba^{2+}	7.7	10.7	15.0	

表 3.6 斯托克斯-罗宾逊给出的各种电解质的 *a* 值 (Å)

离子	Cl^-	Br^-	I^-	ClO_4^-
H^+	4.47	5.18	5.69	5.09
Li^+	4.32	4.56	5.60	5.63
Na^+	3.97	4.24	4.47	4.04
K^+	3.63	3.85	4.16	
Rb^+	3.49	3.48	3.56	
NH_4^+	3.75			
Mg^{2+}	5.02	5.46	6.18	
Ca^{2+}	4.73	5.02	5.69	
Sr^{2+}	4.61	4.89	5.58	
Ba^{2+}	4.45	4.68	5.44	

1970 年，罗宾逊和贝特斯（Bates）等人从上述离子水化理论出发，假定 Cl^- 离子的水化数极小，可以忽略不计，从而认为氯化物中单个阳离子和阴离子间活度系数的差别仅由于阳离子水化所致，从而提出了计算单个离子活度系数的公式如下。

对 1：1 价氯化物：

$$\left.\begin{aligned} \lg\gamma_{M^+} &= \lg\gamma_{\pm,MCl} + \frac{0.018}{2.303}hm\varphi \\ \lg\gamma_{Cl^-} &= \lg\gamma_{\pm,MCl} - \frac{0.018}{2.303}hm\varphi \end{aligned}\right\} \tag{3.47}$$

对 2：1 价氯化物：

$$\left.\begin{aligned} \lg\gamma_{M^{2+}} &= 2\lg\gamma_{\pm,MCl_2} + \frac{0.018}{2.303}hm\varphi + \lg[1 + 0.018(3 - h)m] \\ 2\lg\gamma_{Cl^-} &= \lg\gamma_{\pm,MCl_2} - \frac{0.018}{2.303}hm\varphi - \lg[1 + 0.018(3 - h)m] \end{aligned}\right\} \tag{3.48}$$

式（3.47）和式（3.48）都是近似公式，它们将水化数 h 看成阳离子单独具有的，而忽略了阴离子的水化作用。

其后，罗宾逊-杜尔（Robinson-Duer）等人对 1：1 价电解质阴阳离子同时考虑水化，提出了下列公式：

$$\left.\begin{aligned}\lg\gamma_{M^+} &= \lg\gamma_{\pm,MX} + \frac{0.018}{2.303}(h_+ - h_-)m\varphi \\ \lg\gamma_{X^-} &= \lg\gamma_{\pm,MX} - \frac{0.018}{2.303}(h_+ - h_-)m\varphi\end{aligned}\right\} \tag{3.49}$$

式中，h_+、h_- 分别为阳离子和阴离子的水化数。

需要指出，斯托克斯–罗宾逊的离子水化理论有以下缺点：

（1）对 1∶1 价氯化物，阳离子的水化数 h 的次序为 $H^+ > Li^+ > Na^+ > K^+ > Rb^+$。这是对的，因为离子越小，水分子越能接近离子中心，静电作用也就越大。但是对于同为 1 价阴离子的水化物，h 的次序是 $I^- > Br^- > Cl^-$，这就无法解释了；

（2）h 没有加和性，即同一离子在不同的盐中有不同的水化数；

（3）在渗透系数 φ 或水活度 a_w 未知的情况下，就不能用该理论进行计算。

对于混合电解质水溶液，罗宾逊和斯托克斯导出两种 1∶1 价混合电解质（B 和 C）的水溶液中的活度系数计算公式如下：

$$\left.\begin{aligned}\lg\gamma_{\pm,B} &= \lg f'_{\pm,B} + \frac{h_B}{2}\lg a_w - \lg[1 + 0.018(2m - h_B m)] \\ \lg\gamma_{\pm,C} &= \lg f'_{\pm,C} - \frac{h_C}{2}\lg a_w - \lg[1 + 0.018(2m - h_C m)]\end{aligned}\right\} \tag{3.50}$$

罗宾逊和贝特斯还导出了两种 1∶1 价混合电解质水溶液中具有同离子时单个离子活度系数的计算公式。张大年和滕藤应用斯托克斯–罗宾逊的离子水化理论，推广到任何价态的两种电解质（B 和 C）：

$$\left.\begin{aligned}\lg\gamma_{\pm,B} &= \lg\gamma'_{\pm,B} + \frac{h_B}{\nu_B}\lg a_w - \lg[1 + 0.018(\nu_B m_B + \nu_C m_C - h_B m_B - h_C m_C)] \\ \lg\gamma_{\pm,C} &= \lg\gamma'_{\pm,C} + \frac{h_C}{\nu_C}\lg a_w - \lg[1 + 0.018(\nu_C m_C + \nu_B m_B - h_C m_C - h_B m_B)]\end{aligned}\right\} \tag{3.51}$$

式中，a_w 可由下式近似计算

$$\ln a_w = -0.018(\nu_B m_B \varphi_B + \nu_C m_C \varphi_C) \tag{3.52}$$

φ 为单一电解质存在时在该浓度下的渗透系数。在计算 $f'_\pm$ 时，假设 a 值不随溶液浓度而变。这在理论上虽不严格，但在一定的浓度范围内采用这种处理方法也还是允许的。

3.2.1.2 *格留考夫的离子水化理论*

由于斯托克斯–罗宾逊的离子水化理论具有上述缺点，格留考夫（Gluekauf）于 1955 年提出了改进的离子水化理论。他给出一定量溶液（含有 $n_w$mol 的水和 $n$mol 的电解质，电解质的水化数为 h）的吉布斯自由能为

$$G = n\mu' + (n_w - nh)\mu_w = n\mu'^0 + n\nu RT\ln x + (n_w + nh)\mu_w^0 + (n_w - nh)RT\ln x_w + G^{ex} \tag{3.53}$$

式中引入了过剩吉布斯自由能 G^{ex}，这样可以避免水活度系数的直接引入。根据热力学的关系

$$G^{ex} = H^{ex} - TS^{ex} = H^{ex} - T(S - S^i) = H^{ex} - T[(S - S_0) - (S^i - S_0)] = H^{ex} - T(\Delta S - \Delta S^i)$$

式中，S_0 为电解质溶液混合前的熵值

$$\Delta S^i = -R[n\nu\ln x + (n_w - nh)\ln x_w]$$

$$\Delta S = -R\left[n\nu\ln\frac{nV}{nV + (n_w - nh)V_w} + (n_w - nh)\ln\frac{(n_w - nh)V_w}{nV + (n_w - nh)V_w}\right] \tag{3.54}$$

式中，V 为电解质水化后的摩尔体积，$V = V_n + hV_w$；V_n为没水化的电解质的摩尔体积；V_w为水的摩尔体积。

令 $r = \frac{V_n}{V_w}$，式（3.54）可转化为：

$$\Delta S = -R\left[n\nu\ln\frac{n(V_n + hV_w)}{n(V_n + hV_w) + (n_w - nh)V_w} + (n_w - nh)\ln\frac{(n_w - nh)V_w}{n(V_n + hV_w) + (n_w - nh)V_w}\right]$$

$$= -R\left[n\nu\ln\frac{n(r + h)}{nr + n_w} + (n_w - nh)\ln\frac{n_w - nh}{nr + n_w}\right]$$

将上面各式代入式（3.53），化简后得

$$G = n\mu'^0 + (n_w - nh)\mu_w^0 + H^{ex} + RT\left[n\nu\ln\frac{n(r + h)}{nr + n_w} + (n_w - nh)\ln\frac{n_w - nh}{nr + n_w}\right]$$

$$\mu = \left(\frac{\partial G}{\partial n}\right)_{a_w} = \mu'^0 - h\mu_w^0 + \left(\frac{\partial H^{ex}}{\partial n}\right)_{a_w} + RT\frac{\partial}{\partial n}\left[n\nu\ln\frac{n(r + h)}{nr + n_w} + (n_w - nh)\ln\frac{n_w - nh}{nr + n_w}\right]$$

$$= \mu'^0 - h\mu_w^0 + \nu RT\ln f'_\pm + \frac{n_w(\nu - h - r)RT}{nr + n_w} + \nu RT\ln\frac{n(r + h)}{nr + n_w} - hRT\ln\frac{n_w - nh}{nr + n_w} \tag{3.55}$$

式中，μ 为按电解质不水化计算的化学势。这里假定

$$\left(\frac{\partial H^{ex}}{\partial n}\right)_{a_w} = \nu RT\ln f'_\pm$$

$\ln f'_\pm$ 按德拜-休克尔公式 $\lg f'_\pm = -\frac{0.5115|z_c z_a|\sqrt{I}}{1 + 0.3291a\sqrt{I}}$ 计算，用质量摩尔浓度 m 取代 n 及 n_w，有

$$m = \frac{n}{n_w\frac{18}{1000}} = \frac{1000m}{18n_w}$$

得

$$\frac{n}{n_w} = 0.018m$$

将

$$\mu = \left(\frac{\partial G}{\partial n}\right)_{a_w} = \mu^0 + \nu RT\ln m\gamma_\pm \tag{3.56}$$

和式（3.55）联立，得

$$\mu^0 + \nu RT\ln m\gamma_\pm = \mu'^0 - h\mu_w^0 + \nu RT\ln f'_\pm + \frac{(\nu - h - r)RT}{1 + 0.018mr} +$$

$$\nu RT\ln\frac{0.018m(r + h)}{1 + 0.018mr} - hRT\ln\frac{1 - 0.018hm}{1 + 0.018mr}$$

若溶液为无限稀，$\gamma_{\pm}=1$，$f'_{\pm}=1$，从而得到

$$\mu^0+\nu RT\ln m=\mu'^0-h\mu_w^0+(\nu-h-r)RT+\nu RT\ln[0.018m(r+h)]$$

$$\ln\gamma_{\pm}=\ln f'_{\pm}-\frac{h}{\nu}\ln(1-0.018hm)+\frac{h-\nu}{\nu}\ln(1+0.018mr)+\frac{(h+r-\nu)0.018mr}{\nu(1+0.018mr)} \quad (3.57)$$

式（3.57）也是一个二参数（a 和 h）方程式。格留考夫求得的各种电解质的水化数 h 见表 3.7，求出的离子水化数见表 3.8。格留考夫的离子水化理论有下列优点：

（1）离子水化数有近似的加和性；

（2）Cl^-、Br^-、I^-离子有几乎相同的水化数（$h\approx0.9$），而没有反常的水化次序；

（3）公式（3.57）中没有 a_w，可不必预先知道水活度值。

表 3.7　格留考夫给出的各种电解质的水化数 h

离子	Cl^-	Br^-	I^-
H^+	4.7	4.7	4.9
Li^+	4.3	4.3	4.4
Na^+	2.7	2.8	3.1
K^+	1.7	1.5	1.4
Rb^+	0.9	0.6	0.3
NH_4^+	1.1		
Mg^{2+}	6.5	7.1	7.0
Ca^{2+}	5.9	6.2	6.2
Sr^{2+}	5.3	5.5	5.8
Ba^{2+}	4.2	4.8	5.5
La^{3+}	10.2		

表 3.8　格留考夫给出的各种离子的水化数 h

Cs^+	Rb^+	NH_4^+	K^+	Na^+	Li^+	H^+			
0	0	0.2	0.6	2	3.4	3.9			
Ba^{2+}	Sr^{2+}	Ca^{2+}	Mg^{2+}	Zn^{2+}	UO_2^{2+}				
3	3.7	4.3	5.1	5.3	7.35				
La^{3+}	Al^{3+}								
7.5	11.9								
NO_3^-	ClO_4^-	CNS^-	Cl^-	Br^-	I^-	RSO_3^-	F^-	CH_3COO^-	OH^-
0	0.3	0.3	0.9				1.8	2.6	4

对于任何价态的两种混合电解质（B 和 C）水溶液，张大年和滕藤应用格留考夫的离子水化理论推导出如下公式：

$$\lg\gamma_{\pm,B}=-\lg f'_{\pm,B}+\frac{0.018(m_Br_B+m_Cr_C)(r_B+h_B-\nu_B)+0.018m_C[(\nu_B-h_B)r_B-(\nu_C-h_C)r_C]}{2.303\nu_B[1+0.018(m_Br_B+m_Cr_C)]}+$$

$$\frac{h_B - \nu_B}{\nu_B}\lg[1 + 0.018(m_B r_B + m_C r_C)] - \frac{h_B}{\nu_B}\lg[1 - 0.018(m_B r_B + m_C r_C)] \quad (3.58)$$

式（3.58）比式（3.51）虽然在形式上复杂些，但在公式中没有随浓度变化的 a_w 项，因此在实际应用上比式（3.51）方便。在应用式（3.58）时，仍假定 a 值不随溶液组分而变，即

$$\lg f'_{\pm} = -\frac{0.5115|z_c z_a|\sqrt{I}}{1 + 0.3291 a_B \sqrt{I}} \quad (3.59)$$

3.2.1.3 斯托克斯–罗宾逊的逐级水化理论

无论是上述的斯托克斯–罗宾逊的离子水化理论，还是格留考夫的离子水化理论，都假定了离子的水化数与离子浓度无关。这过于简单化，导致上述理论在高浓度时都不适用。例如，若 Li^+ 离子存在一四面体水化物，则 1kg 水全部与 Li^+ 离子水化时 Li^+ 的浓度应为 $\frac{55.51}{4} = 13.9\text{mol/L}$，水的活度 a_w 在此浓度下应为零。但实际上，LiCl 在水中的溶解度超过 20mol/L，而在 20mol/L LiCl 溶液中水活度 a_w 仍为 0.11。因此，斯托克斯–罗宾逊在 1973 年提出了离子逐级水化理论，即假定水溶液中离子的平均水化数是随离子浓度的变化而变化的。离子浓度越高，相对离子而言水分子数有所减少，从而使离子水化数 h 也减小。逐级水化理论介绍如下。

无水电解质 $c$mol 与水混合成 1L 溶液，溶液的总体积为 V，其中包括下列组元：自由水 $n_A$mol，无水阳离子 $n_0$mol，与 1 个水分子化合的阳离子 $n_1$mol，…，与 i 个水分子化合的阳离子 $n_i$mol，以及阴离子 $n_D$mol（假定阴离子不水化）。溶液中各级水化阳离子达到化学平衡：

$$\underset{a_0}{M^+} \underset{K_1}{\overset{+H_2O}{\rightleftharpoons}} \underset{a_1}{M(H_2O)^+} \underset{K_2}{\overset{+H_2O}{\rightleftharpoons}} \underset{a_2}{M(H_2O)_2^+} \underset{K_3}{\overset{+H_2O}{\rightleftharpoons}} \cdots \underset{K_i}{\overset{+H_2O}{\rightleftharpoons}} \underset{a_i}{M(H_2O)_i^+}$$

$$K_i = \frac{a_i}{a_{i-1}a_A} = \frac{c_i y_i}{c_{i-1}a_A y_{i-1}} \quad (3.60)$$

式中，K_i 为 i 级离子水化常数；c 为电解质的体积摩尔浓度；a 为活度；y 为用体积摩尔浓度计算的活度系数，由于各种离子体积大小不同，类似于格留考夫进行熵的修正，在溶液中离子间无作用力的情况下，任一组元 j 的活度计算公式应为

$$\ln a_j = \ln \Phi_j + \sum_k \Phi_k \left(1 - \frac{\overline{V}_j}{\overline{V}_k}\right) \quad (3.61)$$

式中，Φ_j 为某组元 j 的体积分数：

$$\Phi_j = \frac{n_j \overline{V}_j}{V} = \frac{n_j \overline{V}_j}{\sum_k n_k \overline{V}_k}$$

$\overline{V}_j$ 为某组元 j 的偏摩尔体积。

式（3.61）中，组元 j 的活度 a_j 取纯液态 j 为标准态，因为该式是在上述标准态条件下用过量混合熵推导而得的。但对电解质溶液，离子活度系数 y_i 习惯上均取无限稀为参

考态，因此 a_i 与 y_i 之间的换算关系中，应乘以常数 A：

$$a_i = Ac_iy_i$$

结合此逐级水化平衡体系，式（3.61）可改写为

$$\ln a_j = \ln\left(\frac{n_j \overline{V}_j}{V}\right) + 1 - \frac{\overline{V}_j}{V}\sum_{k=A,D,i} n_k \tag{3.62}$$

令阳离子的平均水化数为 h，其定义为

$$h = \sum_{i=0,1,\cdots} ic_i / \sum_{i=0,1,\cdots} c_i \tag{3.63}$$

式中

$$c_k = \frac{n_k}{V},\ c_D = c\nu_-,\ \sum_i c_i = c\nu_+,\ \nu = \nu_+ + \nu_-$$

且假定各级水化阳离子的偏摩尔体积具有线性加和的性质，即

$$\overline{V}_i = \overline{V}_0 + i\overline{V}_A \tag{3.64}$$

以及电解质偏摩尔体积 $\overline{V}_B$ 也具有线性相加的性质，即

$$\overline{V}_B = \nu_+ \overline{V}_0 + \nu_- \overline{V}_D \tag{3.65}$$

对 1L 溶液做体积衡算

$$\sum_k c_k \overline{V}_k = c_A \overline{V}_A + c\nu_+ (\overline{V}_0 + h\overline{V}_A) + c\nu_- \overline{V}_D = V = 1$$

得

$$c_A\overline{V}_A + c(\overline{V}_B + \nu_+ h\overline{V}_A) = 1 \tag{3.66}$$

把式（3.66）代入式（3.62），消去 c_A 得

$$\ln a_A(\text{无静电作用}) = \ln[1 - c(\overline{V}_B + \nu_+ h\overline{V}_A)] + c[\overline{V}_B + (\nu_+ h - \nu)\overline{V}_A]$$

考虑溶液中带电离子间有静电作用，将上式修改为

$$\begin{aligned}\ln a_A &= \ln[1 - c(\overline{V}_B + \nu_+ h\overline{V}_A)] + c[\overline{V}_B + (\nu_+ h - \nu)\overline{V}_A] + Q\overline{V}_A c^{3/2}\sigma(\kappa\alpha) \\ &= \ln(1 - c\overline{V}_h) + c(\overline{V}_h - \nu\overline{V}_A) + Q\overline{V}_A c^{3/2}\sigma(\kappa\alpha)\end{aligned} \tag{3.67}$$

式中

$$V_h = \overline{V}_B + \nu_+ h\overline{V}_A$$

$$Q = \frac{\kappa^3}{24\pi Nc^{3/2}}$$

25℃，1∶1 价电解质在水中的 $Q=0.7849$。

式中，$\sigma(x)$ 由德拜理论得出

$$\sigma(x) = \frac{3}{x^3}[1 + x - (1 + x)^{-1} - 2\ln(1 + x)]$$

$$x = k_B a$$

将式（3.61）略去溶液中的静电作用，得

$$\ln a_i(\text{无静电作用}) = \ln(c_i\overline{V}_i) + 1 - \overline{V}_i\sum c_k$$

将 $a_i = Ac_iy_i$ 代入上式，并以溶液无限稀为条件，得

$$c_k = c_A^0 = \frac{1}{\overline{V}_A^0}, \qquad \overline{V}_i = \overline{V}_i^0 = \overline{V}_0^0 + i\,\overline{V}_A^0$$

式中，右上标“0”表示在无限稀溶液中，即可求出 A 值：

$$\ln A = \ln \overline{V}_i^0 + 1 - \frac{\overline{V}_i^0}{\overline{V}_A^0}$$

从而得到任一水合离子的活度系数 y_i

$$\ln y_i = \ln \frac{\overline{V}_i}{\overline{V}_i^0} - \overline{V}_i \sum_k c_k + \frac{V_i^0}{V_A^0} + \ln y_i(\mathrm{el}) \tag{3.68}$$

上式中右边第四项是由于离子间存在静电作用而加入的一项，可由德拜-休克尔理论算出。

令 $Y = \dfrac{y_i}{y_{i-1}}$，应用式（3.64）、式（3.66）和式（3.68），得

$$\ln Y = \ln \frac{y_i}{y_{i-1}} = \ln\left[\begin{matrix} \overline{V}_i & \overline{V}_{i-1}^0 \\ \overline{V}_i^0 & \overline{V}_{i-1} \end{matrix}\right] + 1 - V_A \sum_k c_k \approx c(\overline{V}_B + \nu_+ h\,\overline{V}_A - \nu\,\overline{V}_A) \tag{3.69}$$

可见，Y 值与 i 无关，只与浓度 c 有关。由式（3.60）得

$$\frac{c_i}{c_{i-1}} = \left(\frac{K_i}{Y}\right) a_A \tag{3.70}$$

为了简化计算，假定各级水化常数间存在下列近似关系

$$K_1 = K, \qquad K_2 = kK, \qquad K_i = k^{i-1}K \tag{3.71}$$

这样，只需知道 K 和 k 值，即可算出各级的水化常数。由式（3.70）和式（3.71），即可求出任一级的水化阳离子浓度与无水阳离子浓度之间的关系式

$$c_i = c_0 \left(\frac{K}{Y}\right)^i k^{i(i-1)/2} a_A^i \tag{3.72}$$

溶液中水化水的浓度为：

$$\nu_+ ch = h\sum_i c_i = \sum_i ic_i = c_0 \sum_{i=0}^{n} i\left(\frac{K}{Y}\right)^i k^{i(i-1)/2} a_A^i \tag{3.73}$$

式中，n 为离子水化数的上限。阳离子的总浓度为：

$$c\nu_+ \sum_i c_i = c_0 \sum_{i=0}^{n} \left(\frac{K}{Y}\right)^i k^{i(i-1)/2} a_A^i \tag{3.74}$$

由式（3.73）和式（3.74），可以求出 h，即

$$h = \frac{\sum_i ic_i}{\sum_i c_i} = \frac{\sum_{i=0}^{n} i\,(K/Y)^i k^{i(i-1)/2} a_A^i}{\sum_{i=0}^{n} (K/Y)^i k^{i(i-1)/2} a_A^i} \tag{3.75}$$

式（3.67）和式（3.75）中总共只有 4 个调节参数，即 K、k、a（离子尺寸参数）和 n。

将斯托克斯-罗宾逊对 9 种电解质用 25℃下的渗透系数 φ 回归得出的调节参数列入表 3.9，并将 1~20mol/L 浓度 LiCl 溶液的 h 值列入表 3.10。由表 3.9 及表 3.10 中的渗透

系数的计算值与实验值的比较可以看出，斯托克斯-罗宾逊的逐级水化理论对高浓电解质溶液中水活度的计算还是十分满意的。此理论也可以考虑阴离子的水化，但计算就更为复杂；也可推导出离子平均活度系数（$\gamma_\pm$）的计算公式。

表 3.9　在 25℃各种电解质水溶液用斯托克斯-罗宾逊逐级水化理论处理的调节参数值

电解质	a/nm	n	K	k	渗透系数 φ 的标准误差 σ	最大浓度/mol · L^{-1}
KOH	0.4	5	150.2	0.303	0.018	16
NaOH	0.4	4	77.6	0.375	0.018	29
HCl①	0.4	5	88.9	0.403	0.041	16
$HClO_4$	0.4	5	2527	0.192	0.044	16
LiCl	0.4	5	81.6	0.414	0.015	20
LiBr	0.4	5	492	0.290	0.017	20
NaCl	0.35	3	61.1	0.368	0.008	6
$CaCl_2$	0.4	9	48.7	0.678	0.041	10
$CaBr_2$	0.4	9	804.6	0.595	0.014	8

①更新的计算表明，当 n 增加到 6 时，对 HCl 可获得更好的吻合，此时，$K=135$，$k=0.338$，$\sigma=0.019$。

表 3.10　在 25℃ LiCl 水溶液用斯托克斯-罗宾逊逐级水化理论处理时平均水化数 h 随浓度的变化

（$a=0.4$nm，$n=5$，$K=81.6$，$k=0.414$）

m	c	$\overline{V}_A$ /cm^3 · mol^{-1}	$\overline{V}_B$ /cm^3 · mol^{-1}	h	$\Delta\varphi_{el}$	$\varphi_{计}$	$\varphi_{实}$
1	0.979	18.06	19.15	4.577	−0.104	1.025	1.018
2	1.921	18.04	20.01	4.533	−0.102	1.165	1.142
3	2.826	18.01	20.62	4.482	−0.098	1.316	1.286
4	3.696	17.98	21.03	4.422	−0.093	1.474	1.449
5	4.532	17.96	21.28	4.352	−0.090	1.638	1.619
6	5.335	17.95	21.43	4.271	−0.087	1.806	1.791
7	6.107	17.94	21.50	4.178	−0.083	1.977	1.965
8	6.851	17.94	21.52	4.071	−0.080	2.146	2.143
9	7.567	17.94	21.50	3.953	−0.077	2.310	2.310
10	8.258	17.95	21.46	3.823	−0.074	2.464	2.464
12	9.570	17.96	21.38	3.540	−0.070	2.725	2.730
14	10.80	17.98	21.33	3.249	−0.066	2.910	2.915
16	11.95	17.97	21.35	2.973	−0.062	3.019	3.023
18	13.03	17.93	21.47	2.722	−0.059	3.065	3.057
20	14.03	17.86	21.69	2.503	−0.056	3.063	3.063

注：1. $\Delta\varphi_{el}$为式（3.66）中静电作用对渗透系数 φ 的贡献。

2. 表中 c、$\overline{V}_A$、$\overline{V}_B$ 由 International Critical Tables，1928，vol. Ⅲ的密度数据算出。

3. $\varphi_{计}=-\left(\dfrac{55.51}{\nu m}\right)\ln a_A$，$\ln a_A$ 由式（3.67）算得。

3.2.2 弥散晶格理论

3.2.2.1 弗朗克-汤姆逊的弥散晶格理论

1959 年，弗朗克-汤姆逊（Frank-Thompson）提出弥散晶格理论。他们将溶解在水中的离子之间的作用能按晶格能进行计算

$$u = -\frac{a|z_+ z_-|\varepsilon^2}{r} + \frac{b\varepsilon^2}{r^n} \tag{3.76}$$

式中，u 为正、负离子间的相互作用能；右边第一项为正、负离子间的静电吸引能；a 为和几何形状有关的常数；第二项为正、负离子电子云之间的排斥能；b 为与离子性质有关的常数；n 值为 8～12；r 为正、负离子间距。在平衡距离 r_0 处，$\frac{\mathrm{d}u}{\mathrm{d}r}=0$，将式（3.76）对 r 求导，得

$$b = \frac{a|z_a z_b|r_0^{n-1}}{n}$$

代入式（3.76），得到正、负离子在平衡距离 r_0 处的作用能为

$$u_0 = -\frac{a|z_+ z_-|\varepsilon^2}{r_0}\left(1-\frac{1}{n}\right)$$

计算 1mol 电解质的晶格能需考虑离子的配位数。例如，NaCl 为面心立方晶格，每个离子有 6 个键，配位数是 6，摩尔晶格能为

$$U_0 = -N\frac{6|z_+ z_-|\varepsilon^2}{r_0}\left(1-\frac{1}{n}\right) \tag{3.77}$$

式中仅考虑了离子的第一配位层（异号离子）。NaCl 晶格中还有离子的第二配位层（同号离子），其配位数为 12，以及第三配位层（异号离子）。若第一配位层距中心离子为 r_0，则第二配位层距中心离子为 $\sqrt{2}r_0$，则第三配位层距中心离子为 $\sqrt{3}r_0$，因而 NaCl 总的晶格能应为

$$U_0 = -N|z_+ z_-|\varepsilon^2\left(\frac{6}{r_0}-\frac{12}{\sqrt{2}r_0}+\frac{8}{\sqrt{3}r_0}-\cdots\right)\left(1-\frac{1}{n}\right) = -\frac{NA|z_+ z_-|\varepsilon^2}{r_0} \tag{3.78}$$

式中

$$A = \left(\frac{6}{1}-\frac{12}{\sqrt{2}}+\frac{8}{\sqrt{3}}-\cdots\right)\left(1-\frac{1}{n}\right)$$

将上述晶格能的计算公式用于电解质溶液。溶液中 1 个阳离子的过剩自由能为

$$g_+^{\mathrm{ex}} = -\frac{z_+\varepsilon(\nu_-|z_-|\varepsilon)A(298/T)^{1/2}}{Dr_0} + B_+$$

式中，D 为水的介电常数；B_+ 为与理想晶格有序排列偏离的程度。设 V 体积溶液中共有 $n$mol 单一电解质，则此溶液中阴、阳离子的过剩自由能分别为

$$\left.\begin{aligned} G_+^{\mathrm{ex}} &= -\frac{nN\nu_+ z_+ \varepsilon|\nu_- z_- \varepsilon|A(298/T)^{1/2}}{D\left(\frac{V}{nN}\right)^{1/3}} + nN\nu_+ B_+ \\ G_-^{\mathrm{ex}} &= -\frac{nN\nu_- z_- \varepsilon|\nu_+ z_+ \varepsilon|A(298/T)^{1/2}}{D\left(\frac{V}{nN}\right)^{1/3}} + nN\nu_- B_- \end{aligned}\right\} \tag{3.79}$$

式中

$$nNr_0^3 = V$$

根据热力学的公式

$$\frac{\partial G_+^{ex}}{\partial(n\nu_+)} = RT\ln\gamma_+$$

$$\frac{\partial G_-^{ex}}{\partial(n\nu_-)} = RT\ln\gamma_-$$

将式（3.79）微分，并利用 $\nu_+ z_+ = |\nu_- z_-|$ 的关系，得到

$$\left.\begin{aligned}\ln\gamma_+ &= -\frac{N^{4/3}\nu_+ z_+^2 \varepsilon^2 A\ (298/T)^{1/2}}{DRT}\left(\frac{4}{3}c^{1/3} - \frac{1}{3}\bar{V}c^{4/3}\right) + \frac{B_+}{k_B T}\\ \ln\gamma_- &= -\frac{N^{4/3}\nu_- z_-^2 \varepsilon^2 A\ (298/T)^{1/2}}{DRT}\left(\frac{4}{3}c^{1/3} - \frac{1}{3}\bar{V}c^{4/3}\right) + \frac{B_-}{k_B T}\end{aligned}\right\} \tag{3.80}$$

$$\begin{aligned}\ln\gamma_\pm &= \frac{\nu_+ \ln\gamma_+ + \nu_- \ln\gamma_-}{\nu}\\ &= -\frac{N^{4/3}(\nu_+^2 z_+^2 + \nu_-^2 z_-^2)\varepsilon^2 A\ (298/T)^{1/2}}{\nu DRT}\left(\frac{4}{3}c^{1/3} - \frac{1}{3}\bar{V}c^{4/3}\right) + \frac{\sum \nu_i B_i}{\nu k_B T}\\ &= -\frac{2N^{4/3}\nu_+ \nu_- |z_+ z_-|\varepsilon^2 A\ (298/T)^{1/2}}{\nu DRT}\left(-\frac{1}{3}\bar{V}c^{4/3}\right) + \frac{\sum \nu_i B_i}{\nu k_B T}\\ &= a - bc^{1/3} + sc^{4/3}\end{aligned} \tag{3.81}$$

式中，$\bar{V}$ 为溶液的偏摩尔体积，$\bar{V} = \frac{\partial V}{\partial n}$；$c$ 为溶液中电解质的体积摩尔浓度，$c = \frac{n}{V}$；a，b，s 为弗朗克–汤姆逊参数；k_B 为玻耳兹曼常数。

式（3.81）称为弗朗克–汤姆逊公式。式中，a，b，s 可由实验数据回归得出。式（3.81）仅能用于单一电解质溶液中活度系数的计算。

3.2.2.2　弗朗克–汤姆逊弥散晶格理论用于混合电解质溶液

为了将上述弥散晶格理论推广应用于混合电解质溶液，赵慕愚从单一 1∶1 价电解质溶液中单个离子活度系数的计算公式

$$\left.\begin{aligned}\ln\gamma_+ &= a - bc^{1/3} + sc^{4/3}\\ \ln\gamma_- &= a - bc^{1/3} + sc^{4/3}\end{aligned}\right\} \tag{3.82}$$

$$\ln\gamma_\pm = \frac{\ln\gamma_+ + \ln\gamma_-}{2} = a - bc^{1/3} + sc^{4/3} \tag{3.83}$$

出发，得出了计算混合电解质溶液中 1∶1 价单个离子的活度系数。在此基础上，滕藤和李以圭参考匹采的单个离子活度系数计算公式，提出了对任何价态的单一电解质溶液计算单个离子活度系数的公式

$$\left.\begin{aligned}\ln\gamma_+ &= a - z_+^2\ (bI^{1/3} - sI^{4/3})\\ \ln\gamma_- &= a - z_-^2\ (bI^{1/3} - sI^{4/3})\end{aligned}\right\} \tag{3.84}$$

$$\ln\gamma_{\pm}=\frac{\nu_{+}\ln\gamma_{+}+\nu_{-}\ln\gamma_{-}}{\nu}=a-|z_{+}z_{-}|(bI^{1/3}-sI^{4/3})$$

从而推广到混合电解质溶液中任何价态的单个离子活度系数的计算。

今以二元混合电解质体系 $MX\text{-}NX_2$ 为例。其中离子 X^- 为共同阴离子，此混合溶液中的阳离子 M^+ 存在的环境与单一电解质溶液 MX 单独存在时几乎相同，因而

$$\ln\gamma_{M^+}\approx\ln\gamma_{M^+(0)}=a_{MX}-b_{MX}I^{1/3}+s_{MX}I^{4/3} \tag{3.85}$$

式中，a_{MX}、b_{MX}、s_{MX} 为电解质 MX 的参数；$\gamma_{M^+(0)}$ 为单一电解质溶液 MX 在溶液离子强度为混合溶液的总离子强度时，单个 M^+ 离子的活度系数。作如下的近似假定：

（1）略去在同一离子强度下 $MX\text{-}NX_2$ 混合液和单一 MX 溶液间 X^- 离子浓度的差别及其溶剂化的差别；

（2）略去阳离子 M^+ 和 N^{2+} 之间的作用力；

（3）水溶液中 MX 或 NX_2 的不完全电离和配合生成均用 a 项来描述。

在此混合水溶液中，阴离子 X^- 周围的情况就与单一电解质溶液大不一样，必须同时考虑 MX 和 NX_2 的贡献，即

$$\ln\gamma_{X^-}=a_{-}-b_{-}I^{1/3}+s_{-}I^{4/3} \tag{3.86}$$

其中

$$\left.\begin{aligned}a_{-}&=\frac{m_M}{m_M+m_N}a_{MX}+\frac{m_N}{m_M+m_N}a_{NX_2}\\ b_{-}&=\frac{m_M}{m_M+m_N}b_{MX}+\frac{m_N}{m_M+m_N}b_{NX_2}\\ s_{-}&=\frac{m_M}{m_M+m_N}s_{MX}+\frac{m_N}{m_M+m_N}s_{NX_2}\end{aligned}\right\} \tag{3.87}$$

式中，a_{NX_2}，b_{NX_2}，s_{NX_2} 为电解质 NX_2 的参数；m_M 和 m_N 分别为混合溶液中 MX 和 NX_2 的质量摩尔浓度。由式（3.84）~式（3.87）对 $MX\text{-}NX_2$ 混合液可得

$$\begin{aligned}\ln\gamma_{\pm,MX}&=\frac{1}{2}(\ln\gamma_{M^+}+\ln\gamma_{X^-})=\frac{1}{2}(a_{MX}-b_{MX}I^{1/3}+s_{MX}I^{4/3})+\\&\quad\frac{1}{2}\left[\frac{m_M}{m_M+m_N}a_{MX}+\frac{m_N}{m_M+m_N}a_{NX_2}-\left(\frac{m_M}{m_M+m_N}b_{MX}+\frac{m_N}{m_M+m_N}b_{NX_2}\right)I^{1/3}+\right.\\&\quad\left.\left(\frac{m_M}{m_M+m_N}s_{MX}+\frac{m_N}{m_M+m_N}s_{NX_2}\right)I^{4/3}\right]\\&=\frac{1}{2}\ln\gamma^{m}_{\pm,MX(0)}+\frac{1}{2}\left[\left(1-\frac{m_M}{m_M+m_N}\right)a_{MX}+\frac{m_N}{m_M+m_N}a_{NX_2}-\right.\\&\quad\left(1-\frac{m_M}{m_M+m_N}b_{MX}\right)b_{MX}I^{1/3}-\frac{m_N}{m_M+m_N}b_{NX_2}I^{1/3}+\left(1-\frac{m_M}{m_M+m_N}\right)s_{MX}I^{4/3}+\\&\quad\left.\frac{m_N}{m_M+m_N}s_{NX_2}I^{4/3}\right]\\&\approx\ln\gamma_{\pm,MX(0)}-\frac{1}{2}\frac{m_M}{m_M+m_N}\left(\ln\gamma_{\pm,MX(0)}-\frac{1}{2}\ln\gamma_{\pm,NX_2(0)^{\pi}}\right)\end{aligned} \tag{3.88}$$

式中

$$\ln\gamma_{\pm,\mathrm{MX}(0)}=a_{\mathrm{MX}}-b_{\mathrm{MX}}I^{1/3}+s_{\mathrm{MX}}I^{4/3}$$

$$\ln\gamma_{\pm,\mathrm{NX_2}(0)}=a_{\mathrm{MX}}-2(b_{\mathrm{NX_2}}I^{1/3}-s_{\mathrm{NX_2}}I^{4/3})\approx-2(b_{\mathrm{NX_2}}I^{1/3}-s_{\mathrm{NX_2}}I^{4/3})$$

而

$$\ln\gamma_{\pm,\mathrm{NX_2}}=\frac{1}{3}(\ln\gamma_{\mathrm{N^+}}+2\ln\gamma_{\mathrm{X^-}})$$

类似如上的推导，得

$$\ln\gamma_{\pm,\mathrm{NX_2}}=\ln\gamma_{\pm,\mathrm{NX_2}(0)}-\frac{2}{3}\left(\frac{1}{2}\ln\gamma_{\pm,\mathrm{NX_2}(0)}-\ln\gamma_{\pm,\mathrm{MX}(0)}\right)\frac{m_{\mathrm{M}}}{m_{\mathrm{M}}+m_{\mathrm{N}}}\tag{3.89}$$

式中，$\gamma_{\pm,\mathrm{NX_2}(0)}$ 为单一电解质溶液的离子强度等于混合电解质溶液的总离子强度的离子平均活度系数（在同一温度）。

对具有同离子的 1 ∶ 1 价 MX-NX 二元混合体系，可得

$$\ln\gamma_{\pm,\mathrm{MX}}=\ln\gamma_{\pm,\mathrm{MX}(0)}-\frac{1}{2}(\ln\gamma_{\pm,\mathrm{MX}(0)}-\ln\gamma_{\pm,\mathrm{NX}(0)^{\pi}})\frac{m_{\mathrm{N}}}{m_{\mathrm{M}}+m_{\mathrm{N}}}\tag{3.90}$$

对具有同离子的 1 ∶ 1 价 MX(m_{M})-NX(m_{N})-PX(m_{P})-QX(m_{Q})…多元混合体系，可得

$$\ln\gamma_{\pm,\mathrm{MX}}=\ln\gamma_{\pm,\mathrm{MX}(0)}-\frac{1}{2}(\ln\gamma_{\pm,\mathrm{MX}(0)}-\ln\gamma_{\pm,\mathrm{NX}(0)})\frac{m_{\mathrm{N}}}{\sum m_i}-\frac{1}{2}(\ln\gamma_{\pm,\mathrm{MX}(0)}-\ln\gamma_{\pm,\mathrm{PX}(0)})\frac{m_{\mathrm{P}}}{\sum m_i}-\frac{1}{2}(\ln\gamma_{\pm,\mathrm{MX}(0)}-\ln\gamma_{\pm,\mathrm{QX}(0)})\frac{m_{\mathrm{Q}}}{\sum m_i}+\cdots\tag{3.91}$$

式中

$$\sum m_i=m_{\mathrm{M}}+m_{\mathrm{N}}+m_{\mathrm{P}}+m_{\mathrm{Q}}+\cdots$$

对不具有同离子的 1 ∶ 1 价 MX-NY 二元混合体系，可得

$$\ln\gamma_{\pm,\mathrm{MX}}=\ln\gamma_{\pm,\mathrm{MX}(0)}-\frac{1}{2}(2\ln\gamma_{\pm,\mathrm{MX}(0)}-\cdots-\ln\gamma_{\pm,\mathrm{MY}(0)}-\ln\gamma_{\pm,\mathrm{NX}(0)})\frac{m_{\mathrm{N}}}{m_{\mathrm{M}}+m_{\mathrm{N}}}\tag{3.92}$$

对具有同离子的 1 ∶ 1 价 MX-NX_3 二元混合体系，可得

$$\ln\gamma_{\pm,\mathrm{MX}}=\ln\gamma_{\pm,\mathrm{MX}(0)}-\frac{1}{2}(\ln\gamma_{\pm,\mathrm{MX}(0)}-\frac{1}{3}\ln\gamma_{\pm,\mathrm{NX_3}(0)})\frac{m_{\mathrm{N}}}{m_{\mathrm{M}}+m_{\mathrm{N}}}\tag{3.93}$$

将式（3.90）用于 KOH-KCl 二元体系（见表 3.11），式（3.88）用于 NaCl-Na_2SO_4 二元体系（见表 3.12），式（3.93）用于 HCl-$AlCl_3$ 二元体系（见表 3.13），得到与实验值相符的满意结果。

对于其他多元混合体系，均可作类似的推导。

表 3.11　KOH-KCl 混合电解质水溶液中的$\gamma_{\pm,KOH}$值（25℃）

$I=m_{KOH}+m_{KCl}=1mol/kg\ \ H_2O$

m_{KOH}/mol·kg^{-1}	$\gamma^{(ex)}_{\pm,KOH}$	$\gamma^{(cal)}_{\pm,KOH}$	δ	$\gamma^{(ex)}_{\pm,KCl}$	$\gamma^{(cal)}_{\pm,KCl}$	δ
0.9110	0.736	0.730	0.009	0.635	0.660	0.039
0.8140	0.718	0.723	0.007	0.631	0.656	0.040
0.7431	0.701	0.718	0.024	0.625	0.650	0.040
0.6439	0.691	0.710	0.028	0.620	0.649	0.039
0.5725	0.673	0.706	0.054	0.615	0.640	0.040
0.4141	0.663	0.694	0.047	0.607	0.630	0.038
0.3370	0.655	0.690	0.053	0.604	0.625	0.035
0.2213	0.646	0.681	0.054			
0.1478	0.640	0.677	0.058	0.605	0.613	0.013
0.1060	0.641	0.675	0.053			
0.0854	0.635	0.672	0.058			

表 3.12　NaCl-Na_2SO_4 混合电解质水溶液中$\gamma_{\pm,NaCl}$值（25℃）

$I=m_{Cl}+3m_{SO_4}=1mol/kg\ \ H_2O$

m_{Cl}/mol·kg^{-1}	$\gamma^{(ex)}_{\pm,NaCl}$	$\gamma^{(cal)}_{\pm,NaCl}$	δ
0.8947	0.642	0.655	0.020
0.7470	0.635	0.652	0.027
0.4993	0.619	0.644	0.041
0.350	0.605	0.638	0.054
0.1213	0.601	0.622	0.035

表 3.13　HCl-$AlCl_3$ 混合电解质水溶液中$\gamma_{\pm,HCl}$值（25℃）

$I=m_H+6m_{Al}=1mol/kg\ \ H_2O$

m_H/mol·kg^{-1}	$\gamma^{(ex)}_{\pm,HCl}$	$\gamma^{(cal)}_{\pm,HCl}$	δ
0.9	0.799	0.808	0.011
0.8	0.787	0.807	0.025
0.7	0.778	0.805	0.035
0.6	0.766	0.803	0.048
0.5	0.755	0.500	0.060
0.4	0.746	0.797	0.068
0.3	0.733	0.792	0.080
0.2	0.725	0.785	0.082
0.1	0.714	0.773	0.082

这种计算方法用于混合电解质溶液较匹采的方法简便，但计算公式中所需的 $\ln\gamma_{\pm(0)}$ 仍需采用单一电解质溶液的匹采公式。计算的精度不如匹采公式。

3.2.3　半经验计算方法

3.2.3.1　单一电解质溶液的计算公式

梅斯诺尔（Meissner）与提斯特尔（Tester）在 1972 年提出了电解质溶液对比活度系

数 Γ^0 的概念，其定义为

$$\Gamma^0 = (\gamma_{\pm})^{1/|z_+z_-|} \tag{3.94}$$

梅斯诺尔等人发现用对比活度系数 Γ^0 对离子强度 I 作图，不同电解质在恒温下可得到不同的曲线。可以从这样形成的曲线系列（图 3.4）中读出 0.1~20mol/L 浓度内任一

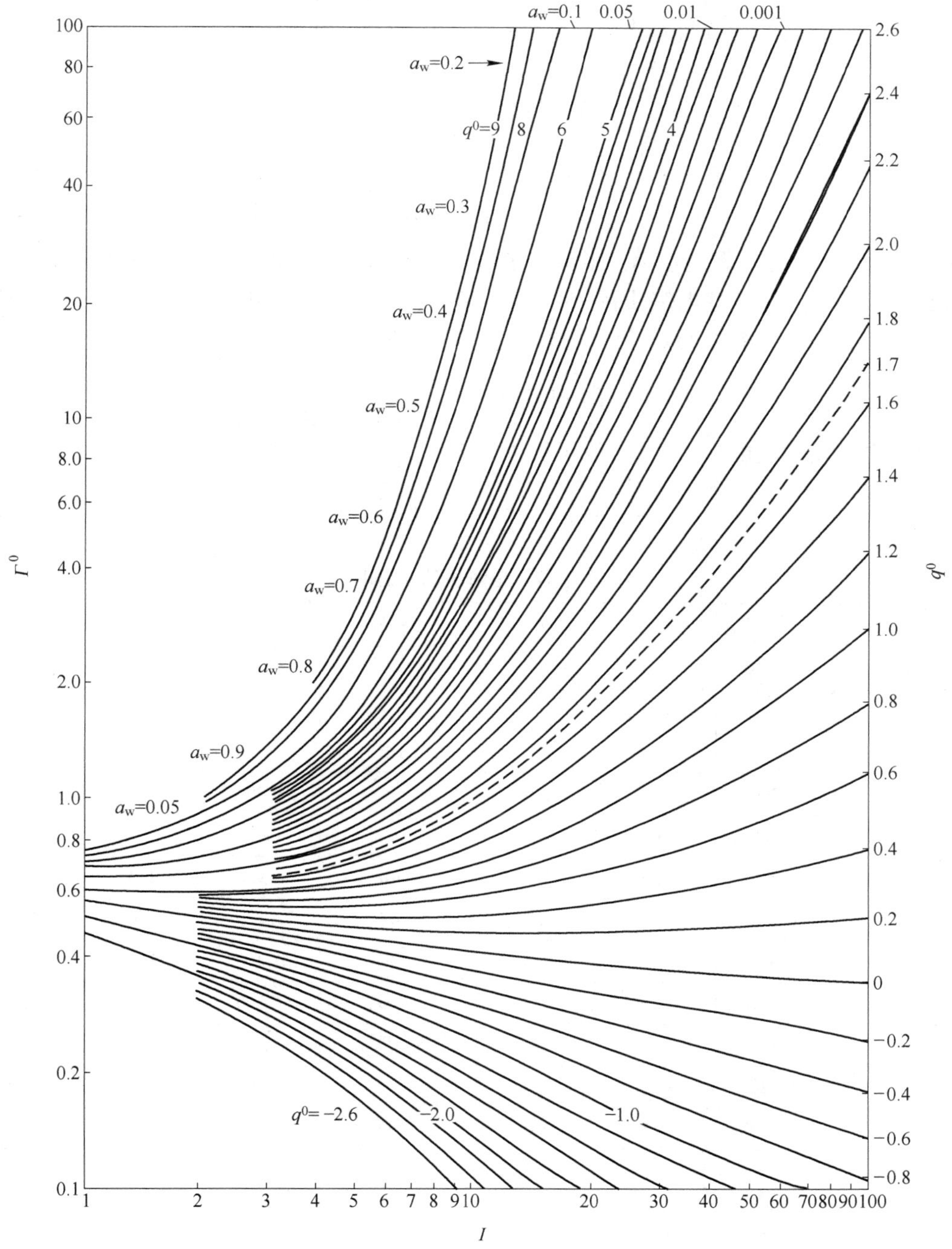

图 3.4 Meissner 的等温线

（实线表示比活度系数 Γ^0 与离子强度 I 的关系；虚线表示水的等活度线，仅能用于 1∶1 价电解质）

浓度下单一电解质的 $\gamma_{\pm}$ 及 1∶1 价电解质溶液的 a_w 值。从 1∶1 价电解质溶液的 a_w 值换算成任何价态电解质的 a_w 的公式如下

$$\lg\left(a_w^0\right)_{z_+z_-} = 0.0156I\left(1 - \frac{1}{z_+ z_-}\right) + \lg\left(a_w^0\right)_{1:1} \tag{3.95}$$

1978 年库斯克-梅斯诺尔（Kusik-Meissner）将这曲线系列用经验函数来关联，有

$$\Gamma^0(I,q^0) = [1 + B(1 + 0.1I)^{q^0} - B]\Gamma^* \tag{3.96}$$

式中

$$B = 0.75 - 0.065q^0$$

$$\lg\Gamma^* = -0.5107\frac{I^{1/2}}{1 + cI^{1/2}}$$

$$c = 1 + 0.055q^0 e^{-0.023I^3}$$

式中，右上标带“0”者表示单一电解质溶液的值。不同电解质具有不同的 q^0 值，它由实验数据回归得出。将一些电解质在 25℃的 q^0 值列入表 3.14，表中 δ 为 Γ^0 计算值与实验值的相对误差。在其他温度的 q^0 值可用式（3.97）估算：

$$q_t^0 = q_{25℃}^0\left[1 - \frac{0.0027(t - 25)}{z_+ z_-}\right] \tag{3.97}$$

单一电解质溶液的水活度 a_w^0 值可从 Γ^0 借助于吉布斯-杜亥姆关系式积分而得

$$55.5\ln a_w^0 = -\frac{2I}{z_+ z_-} - 2\int_1^{\Gamma^0} I\mathrm{d}\ln\Gamma^0 \tag{3.98}$$

表 3.14 电解质的 $q_{25℃}^0$ 值

电解质	$q_{25℃}^0$	I_{max}	δ	电解质	$q_{25℃}^0$	I_{max}	δ
$AgNO_3$	-2.550	6.0	0.0	LiCl	5.620	6.0	0.0
HCl	6.690	6.0	0.0		5.650	20.0	0.0
	6.100	16.0	0.0	LiOH	-0.080	4.0	0.0
$HClO_4$	8.200	6.0	0.0	$LiNO_3$	3.800	6.0	0.0
	9.300	16.0	0.0		3.400	12.0	0.0
HNO_3	3.660	3.0	0.0	NaBr	2.980	4.0	0.0
KBr	1.150	5.5	0.0	NaCl	2.230	6.0	0.0
KCl	0.920	4.5	0.0	$NaClO_3$	0.410	3.5	0.0
$KClO_3$	-1.700	0.7	0.0	$NaClO_4$	1.300	6.0	0.0
KF	2.130	4.0	0.0	NaH_2PO_4	-1.590	6.0	0.0
KI	1.620	4.5	0.0	NaI	4.060	3.5	0.0
KNO_3	-2.330	3.5	0.0	$NaNO_3$	-0.390	6.0	0.0
KOH	4.770	6.0	0.0	NaOH	3.000	6.0	0.0
LiBr	7.270	6.0	0.0		3.950	29.0	0.0
	7.800	20.0	0.0	NH_4Cl	0.820	6.0	0.0

续表 3.14

电解质	$q^0_{25℃}$	I_{max}	δ	电解质	$q^0_{25℃}$	I_{max}	δ
$AlCl_3$	1.920	10.8	0.0	$Na_2S_2O_3$	0.180	10.5	0.023
$CdSO_4$	0.016	14.0	0.0	Na_2SO_4	−0.190	12.0	0.029
$CoCl_2$	2.250	12.0	0.0	$(NH_4)_2SO_4$	−0.250	12.0	0.037
$Co(NO_3)_2$	2.080	15.0	0.0	$NiCl_2$	2.330	15.0	0.007
$CrCl_3$	1.720	7.2	0.0	$NiSO_4$	0.025	10.0	0.029
$Cr(NO_3)_3$	1.510	8.4	0.0	$Pb(ClO_4)_2$	2.250	18.0	0.024
$Cr_2(SO_4)_3$	0.430	18.0	0.0	$Pb(NO_3)_2$	−0.970	6.0	0.010
$CuCl_2$	1.400	6.0	0.0	UO_2Cl_2	2.400	9.0	0.056
$Cu(NO_3)_2$	1.830	18.0	0.022	$UO_2(ClO_4)_2$	5.640	16.5	0.064
$CuSO_4$	0.000	5.6	0.008	$Al_2(SO_4)_3$	0.360	15.0	0.016
$FeCl_2$	2.160	6.0	0.008	$BaBr_2$	1.920	6.0	0.021
K_2CrO_4	0.163	10.5	0.018	$BaCl_2$	1.480	5.4	0.027
K_2SO_4	−0.250	2.1	0.001	$CaCl_2$	2.400	18.0	0.013
$LaCl_3$	1.410	12.0	0.022	$Ca(NO_3)_2$	0.930	18.0	0.037
Li_2SO_4	0.570	9.0	0.014		0.900	60.0	0.049
$MgBr_2$	3.500	15.0	0.096	$Cd(NO_3)_2$	1.530	7.5	0.043
$MgCl_2$	2.900	15.0	0.103	$UO_2(NO_3)_2$	2.900	0.0	0.034
MgI_2	4.040	6.0	0.045	UO_2SO_4	0.066	8.0	0.257
$Mg(NO_3)_2$	2.320	15.0	0.026	$ZnCl_2$	0.800	18.0	0.096
$MgSO_4$	0.150	12.0	0.040	$Zn(ClO_4)_2$	4.300	12.0	0.063
$MnCl_2$	1.600	18.0	0.075	$Zn(NO_3)_2$	2.280	18.0	0.027
$MnSO_4$	0.140	16.0	0.052	$ZnSO_4$	0.050	8.0	0.257
Na_2CrO_4	0.410	12.0	0.043				

3.2.3.2　混合电解质溶液的计算公式

梅斯诺尔-库斯克（Meissner-Kusik）在 1972 年提出了计算混合电解质水溶液中的对比活度系数 Γ 的半经验方法。若水溶液中含有编号为 1、3、5、…的几种阳离子和 2、4、6、…的几种阴离子时，任何一对阴、阳离子的对比活度系数的对数等于溶液中所有阴离子与该阳离子的相互作用能 F_1 和所有阳离子与该阴离子的相互作用能 F_2 之和，即

$$\begin{aligned}\lg\Gamma_{12} &= F_1 + F_2 \\ &= \frac{1}{2}(Y_2\lg\Gamma^0_{12} + Y_4\lg\Gamma^0_{14} + Y_6\lg\Gamma^0_{16} + \cdots) + \\ &\quad \frac{1}{2}(X_1\lg\Gamma^0_{12} + X_3\lg\Gamma^0_{32} + X_5\lg\Gamma^0_{52} + \cdots)\end{aligned} \tag{3.99}$$

式中，Γ_{12} 为与混合溶液离子总强度相同的单一电解质溶液中电解质（12）的对比活度系

数（在同一温度）；X_i 为阳离子 i 的离子强度分数

$$X_1 = \frac{m_1 z_1^2}{m_1 z_1^2 + m_3 z_3^2 + m_5 z_5^2 + \cdots}$$

Y_i 为阴离子 i 的离子强度分数

$$Y_2 = \frac{m_2 z_2^2}{m_2 z_2^2 + m_4 z_4^2 + m_6 z_6^2 + \cdots}$$

对 1∶1 价的 MX-NX 二元混合体系，代入式（3.99）可得

$$\ln\gamma_{\pm,MX} = \ln\gamma_{\pm,MX(0)} - \frac{1}{2}(\ln\gamma_{\pm,MX(0)} - \ln\gamma_{\pm,NX(0)})\frac{m_N}{m_M + m_N} \tag{3.100}$$

这与由弗朗克-汤姆森弥散晶格理论推导得出的结果（见式（3.90））相同。

对于 MX-NX_2 混合体系，代入式（3.99）可得

$$\ln\gamma_{\pm,MX} = \ln\gamma_{\pm,MX(0)} - \frac{1}{2}(\ln\gamma_{\pm,MX(0)} - \frac{1}{2}\ln\gamma_{\pm,NX_2(0)})\frac{4m_N}{m_M + 4m_N} \tag{3.101}$$

$$\ln\gamma_{\pm,NX_2} = \ln\gamma_{\pm,NX_2(0)} - \left(\frac{1}{2}\ln\gamma_{\pm,NX_2(0)} - \ln\gamma_{\pm,MX(0)}\right)\frac{m_M}{m_M + 4m_N} \tag{3.102}$$

可见由梅斯诺尔方法与按弗朗克-汤姆森理论推导得出的结果是不相同的。

混合水溶液中的水活度 a_w 值也可按下列关系计算

$$\begin{aligned}\lg a_w = & X_1Y_2\lg(a_w^0)_{12} + X_1Y_4\lg(a_w^0)_{14} + \cdots + \\ & X_3Y_2\lg(a_w^0)_{32} + X_3Y_4\lg(a_w^0)_{34} + \cdots + \\ & X_5Y_2\lg(a_w^0)_{52} + X_5Y_4\lg(a_w^0)_{54} + \cdots\end{aligned} \tag{3.103}$$

式中，a_w^0 为单一电解质溶液的离子强度等于混合电解质溶液总离子强度的单一电解质溶液的水活度值（在同一温度）。

梅斯诺尔的半经验计算方法比较简便，但仅适用于强电解质溶液，所估算的活度系数最大相对误差不超过 20%。此法在湿法冶金中，对强电解质水溶液的相平衡和化学平衡的计算已获得了广泛的应用。

3.3 酸碱理论

3.3.1 阿伦尼乌斯的酸碱理论

酸和碱的概念最早由阿伦尼乌斯（Arrhenius）提出：酸是能离解出氢离子的物质；碱是能提供氢氧根离子的物质；中和反应是酸和碱形成盐和水的反应。

这些概念适用于水溶液，但是对于非水溶液，由于几乎或完全没有 H^+ 离子和 OH^- 离子，上述定义就难以应用。

3.3.2 广义酸碱理论

1923 年，布朗斯泰特（Brönsted）和罗里（Lowry）提出广义酸碱理论：在反应中能给出质子的物质叫做酸，能接受质子的物质叫做碱。

例如，

$$酸 = 碱 + H^+$$

$$HCl = Cl^- + H^+$$

$$NH_4^+ = NH_3 + H^+ \quad (1)$$

在上述反应中，酸和碱只差一个质子，叫做共轭酸碱对。这样，酸-碱反应就与氧化-还原反应相似。在氧化-还原反应中，还原剂放出电子，氧化剂得到电子。例如，

$$Fe^{2+} = Fe^{3+} + e$$

式（1）的酸-碱反应相当于半电池反应。碱可以在适当的条件下给出质子，称为酸，酸可以在适当的条件下接受质子，称为碱。即

$$酸_1 = 碱_1 + H^+$$

$$碱_2 + H^+ = 酸_2$$

$$\overline{酸_1 + 碱_2 = 碱_1 + 酸_2} \quad (2)$$

例如，

$$HCl + NH_3 = NH_4^+ + Cl^- \text{（生成盐）}$$

式中，NH_4^+ 是酸，共轭碱是 NH_3；Cl^- 是碱，共轭酸是 HCl。式（2）的反应叫做质子迁移反应，它与下列的氧化-还原反应相似。

$$\underset{\text{氧化剂}}{2Fe^{3+}} + \underset{\text{还原剂}}{Sn^{2+}} = \underset{\text{还原剂}}{2Fe^{2+}} + \underset{\text{氧化剂}}{Sn^{4+}}$$

按照上述理论，阿伦尼乌斯的中和反应及生成盐的反应就可以用式（2）的概念代替。并且，新的定义还概括了下列酸-碱反应。

酸的离解：$HCl(g) + H_2O = Cl^- + H_3O^+$

碱的离解：$H_2O + CH_2NH_2 = OH^- + CH_3NH_3^+$

弱酸盐的水解：$H_2O + CH_3COO^- = OH^- + CH_3COOH$

弱碱盐的水解：$NH_4^+ + H_2O = NH_3 + H_3O^+$

中和反应：$H_3O^+ + OH^- = H_2O + H_2O$

自离解反应：$H_2O + H_2O = H_3O^+ + OH^-$

在质子传递平衡中，溶剂起很大的作用。根据溶剂参与质子传递的能力，溶剂可以分为：

（1）水和乙醇给出和接受质子的能力相同，有相等的酸碱性，叫做均等两性溶剂；

（2）硫酸、无水乙酸等容易给出质子，其酸性占优势，叫做疏质子溶剂；

（3）液氨、胺类液体的分子容易接受质子，其碱性占优势，叫做亲质子溶剂；

（4）还有一类溶剂如苯、甲苯和氯仿等溶剂不参与质子传递。

上述酸碱理论的不足之处是，有一类物质不交换质子又具有酸的性质。

3.3.3 路易斯酸碱理论

1923 年，路易斯（Lewis）提出比上述酸碱理论更广泛的酸碱理论。路易斯根据化学键的电子理论把酸定义为电子对的接受体，把碱定义为电子对的给予体。

这个酸碱理论将溶液中的配合物形成以及缔合平衡也包括到中和反应的概念之中。例如，

$$\begin{array}{ccccc} & & & NH_3 & \\ & & & \downarrow & \\ Cu^{2+} & + 4(:NH_3) & \longrightarrow [NH_3 \rightarrow & Cu & \leftarrow NH_3]^{2+} \\ & & & \uparrow & \\ \text{酸} & \text{碱} & & NH_3 & \end{array}$$

甚至包括了冶金炉渣中的反应

$$\underset{\text{酸}}{SiO_2} + \underset{\text{碱}}{CaO} = CaSiO_3$$

3.4 配 合 物

3.4.1 配位体和配位数

两个原子（离子）结合，共用电子对不是由两个原子（离子）各提供一个，而是由一个原子（离子）提供两个电子，这样的化学键叫做配位键。提供电子对的原子叫做配位体，接受共用电子对的原子（离子）叫做中心原子（离子）。含配位键的化合物叫做配合物。金属离子接受电子对的数目，就是形成配位键的数目，也就是这个金属离子的配位数。每种金属离子配位数是固定的常数，通常为 4 或 6。

例如，Zn^{2+}、Cd^{2+}、Hg^{2+}等的配位数为 4；Cu^{2+}、Ni^{2+}、Pd^{2+}、Pt^{2+}、Au^{3+}等的配位数为 4，有些情况为 6；Co^{2+}、Co^{3+}、Fe^{2+}、Fe^{3+}、Mn^{2+}、Mn^{3+}、Cr^{2+}、Cr^{3+}、Mo^{3+}、W^{3+}、Al^{3+}、Pt^{4+}的配位数为 6；Mo^{4+}、W^{4+}、Nb^{4+}、Ti^{4+}、Zr^{4+}、Hf^{4+}的配位数为 8；Cu^{+}、Ag^{+}、Au^{+}的配位数为 2、3 或 4。

3.4.2 配位体的类型

根据配位原子（离子、分子），配合物的配位体可以分成如下类型：

（1）卤素配位体，Cl^-、Br^-、I^-、F^-等；

（2）含氧配位体，H_2O、OH^-、ROH、CO_3^{2-}、R_2O、NO_2^-、SO_4^{2-}、$RCOO^-$、R_2CO 等；

（3）含硫配位体，H_2S、RSH、R_2S、SCN^- 等；

（4）含氮配位体，NH_3、NO_2、NO、胺、吡啶等；

（5）含磷配位体，PH_3、PR_3、$(RO)_3P$ 等；

（6）含砷配位体，AsK_3 等；

（7）含碳配位体，CN^-、CO、RNC 等。

在水溶液中，金属离子与水分子配合，其他配位体与金属离子配合比水强，才能取代部分或全部的水分子。取代水分子的数目与中心离子和配位体配位性质有关，还与配位体的浓度有关。

3.4.3 配合物的分类

3.4.3.1 根据结合方式

根据中心原子（离子）与配位体的结合方式，配合物可以分成如下类型：

(1) 配合物。中心原子（离子）以配位键与配位体结合，叫作配合物。例如，$Cu(NH_3)_4^{2+}$、$Fe(NH_3)_6^{3+}$。

(2) 螯合物。螯合物也叫内配合物，是具有环状结构的配位化合物。每个配位体都以两个或两个以上的配位原子与中心原子（离子）结合。例如，一个乙二胺分子 $H_2NCH_2CH_2NH_2$ 有两个配位原子 N 与 Co^{3+}配位，三个乙二胺分子占据六个配位位置，其结构为

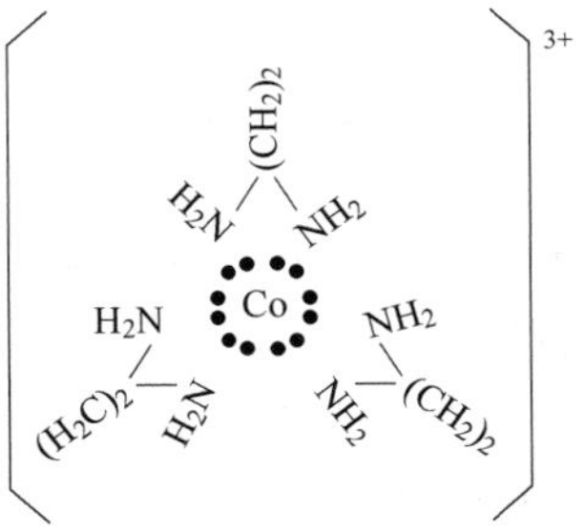

有一个配位原子的配位体叫单齿配位体，有两个或两个以上配位原子的配位体叫多齿配位体。例如，NH_3 是单齿配位体，乙二胺是双齿配位体。

(3) 多酸型配合物。多酸型配合物也叫聚多酸。聚多酸包括同多酸和杂多酸。

同多酸可以看作是由两个或两个以上的同种简单含氧酸分子缩水而成的酸。例如，重铬酸是一种同多酸，它可以看作是由两个铬酸 H_2CrO_4 分子缩去一个水分子而形成的酸。

$$2H_2CrO_4 = H_2Cr_2O_7 + H_2O$$

同多酸的盐叫同多酸盐。例如，重铬酸钾 $K_2Cr_2O_7$。

杂多酸是一个含氧酸分子加合与该含氧酸中心原子不同的元素的氧化物而成的酸。例如，磷钼酸是杂多酸，它是磷酸加合 MoO_3 而成的酸。

$$H_3PO_4 + 12MoO_3 + nH_2O = H_3PO_4 \cdot 12MoO_3 \cdot nH_2O$$

杂多酸的盐叫杂多酸盐。例如，磷钒酸钠 $Na_7[PV_{12}O_{36}] \cdot 38H_2O$。

3.4.3.2 根据中心原子（离子）的个数

根据配合物中心原子（离子）的个数，又可将配合物分为单核配合物和多核配合物。

(1) 单核配合物。只有一个中心原子（离子）的配合物叫作单核配合物。例如，$Co(NH_3)_6^{3+}$、$PtCl_4$。

(2) 多核配合物。具有两个或两个以上中心原子（离子）的配合物叫做多核配合物。例如，$Sb_2S_5^{4-}$ 为双核配合物，$Sb_4S_7^{2-}$ 为四核配合物。

3.4.3.3 根据配位体的组成

根据配位体的组成，又可分为单一配位体配合物和混合配位体配合物。

(1) 单一配位体配合物。配合物的配位体由同一种物质组成。例如，$Ni(OH)_4^{2-}$、$Cu(CN)_4^{-}$。

(2) 混合配位体配合物。配合物的配位体由多种物质组成。例如，$Pt(NH_3)_2Cl_2$。

有些配合物不带电荷，叫做中性配合物或非离子型配合物。中性配合物不溶解于水和极性溶剂，但溶于有机溶剂。

如果金属离子与配位体形成中性配合物，就从水相进入有机相。

3.4.4 配合物的稳定性

3.4.4.1 配合物的稳定常数

配合物的结构可以分为两部分：处于配合物内界的整体和处于配合物外界的离子。例如，$K_4Fe(CN)_6$ 的结构为

$$\underbrace{\underset{\text{外界}}{K_3^+}\underbrace{[\underset{\text{中心离子}}{Fe^{3+}}\underset{\text{配位体}}{(CN^-)_6}]^{3-}}_{\text{内界(络离子)}}}_{\text{络盐}}$$

在水溶液中，配合物电离成两部分：外界离子和内界络离子。例如

$$K_3[Fe(CN)_6] = 3K^+ + [Fe(CN)_6]^{3-}$$

$$[Cu(NH_3)_4]SO_4 = Cu(NH)_4^{2+} + SO_4^{2-}$$

有些络离子在水溶液中也会进行电离。例如

$$Cu(NH_3)_4^{2+} \rightleftharpoons Cu^{2+} + 4NH_3$$

写成通式，有

$$[Me_xL_y]^{xz^+-yz^-} \rightleftharpoons Me^{z+} + yL^{z-}$$

平衡常数为

$$K_d = \frac{a_{Me^{z+}}^x a_{L^{z-}}^y}{a_{[Me_xL_y]^{xz^+-yz^-}}}$$

式中，x 为中心原子（离子）的个数；y 为配位体的个数；z^+为中心原子（离子）的电荷数；z^-为配位体的电荷数。

上式的 K_d 叫做络离子的不稳定常数，K_d 越大，表明该络离子越不稳定、易分解。为了表示络离子的稳定度，将上式写作

$$x\,Me^{z+} + yL^{z-} = [Me_xL_y]^{\pm}$$

平衡常数

$$K_f = \frac{a_{[Me_xL_y]^{\pm}}}{a_{Me^{z+}}^x a_{L^{z-}}^y}$$

K_f 叫做配合物的生成常数或稳定常数。K_f 越大，该配合物越稳定。并有

$$K_f = \frac{1}{K_d}$$

温度一定，溶液中离子强度 I 恒定，配合平衡的浓度比也是常数，即

$$K_d = \frac{c_{Me^{z+}}^x c_{L^{z-}}^y}{c_{[Me_xL_y]^{\pm}}}$$

$$K_f = \frac{c_{[Me_xL_y]^{\pm}}}{c_{Me^{z+}}^x c_{L^{z-}}^y}$$

$$K_f = \frac{1}{K_d}$$

络离子有多个配体，络离子生成是分步进行的，每一步都有相应的平衡常数。

$$Me^{z+} + L^- \rightleftharpoons MeL^{(z-1)+}$$

$$K_1 = \frac{c_{MeL^{(z-1)+}}}{c_{Me^{z+}}c_{L^-}}$$

$$MeL^{(z-1)+} + L^- \rightleftharpoons MeL_2^{(z-2)+}$$

$$K_2 = \frac{c_{MeL_2^{(z-2)+}}}{c_{MeL^{(z-1)+}}c_{L^-}}$$

$$\vdots$$

$$MeL_{p-1}^{(z-p+1)+} + L^- \rightleftharpoons MeL_p^{(z-p)+}$$

$$K_p = \frac{c_{MeL_p^{(z-p)+}}}{c_{MeL_{p-1}^{(z-p+1)+}}c_{L^-}}$$

式中，K_1，K_2，…，K_p 是络离子的分步生成常数，也叫连续生成常数。

络离子离解也是分步进行的，每一步也都有相应的平衡常数，叫离解平衡常数。离解平衡常数或连续离解常数用 K_1'，K_2'，…，K_p' 表示。离解平衡常数与生成平衡常数互为倒数。有

$$K_1' = \frac{1}{K_p}, K_2' = \frac{1}{K_{p-1}}, \cdots, K_{p-1}' = \frac{1}{K_2}, K_p' = \frac{1}{K_1}$$

连续生成常数的乘积是该络离子的总生成常数，即

$$K_1K_2K_3\cdots K_p = K_f$$

例如，铜氨络离子 $Cu(NH_3)_4^{2+}$ 分四步形成：

$$Cu^{2+} + NH_3 \rightleftharpoons Cu(NH_3)^{2+}$$

$$K_1 = \frac{c_{Cu(NH_3)^{2+}}}{c_{Cu^{2+}}c_{NH_3}} = 10^{4.15}$$

$$Cu(NH_3)^{2+} + NH_3 \rightleftharpoons Cu(NH_3)_2^{2+}$$

$$K_2 = \frac{c_{Cu(NH_3)_2^{2+}}}{c_{Cu(NH_3)^{2+}}c_{NH_3}} = 10^{3.50}$$

$$Cu(NH_3)_2^{2+} + NH_3 \rightleftharpoons Cu(NH_3)_3^{2+}$$

$$K_3 = \frac{c_{Cu(NH_3)_3^{2+}}}{c_{Cu(NH_3)_2^{2+}}c_{NH_3}} = 10^{2.89}$$

$$Cu(NH_3)_3^{2+} + NH_3 \rightleftharpoons Cu(NH_3)_4^{2+}$$

$$K_4 = \frac{c_{Cu(NH_3)_4^{2+}}}{c_{Cu(NH_3)_3^{2+}}c_{NH_3}} = 10^{2.13}$$

总反应

$$Cu^{2+} + 4NH_3 \rightleftharpoons Cu(NH_3)_4^{2+}$$

$$K_f = \frac{c_{Cu(NH_3)_4^{2+}}}{c_{Cu^{2+}}c_{NH_3}^4} = K_1K_2K_3K_4 = 10^{4.15} \times 10^{3.50} \times 10^{2.89} \times 10^{2.13} = 10^{12.67}$$

将 K_f 取对数，得

$$\lg K_f = \lg K_1 + \lg K_2 + \lg K_3 + \lg K_4 + \cdots + \lg K_p$$

由于

$$K_f = \frac{1}{K_d}$$

$$\lg K_f = -\lg K_d$$

3.4.4.2　积累稳定常数

积累稳定常数的定义为

$$Me^{z+} + L^- \rlap{=}{=\!=} MeL^{(z-1)+}$$

$$\beta_1 = \frac{c_{MeL^{(z-1)+}}}{c_{Me^{z+}} c_{L^-}}$$

$$Me^{z+} + 2L^- = MeL_2^{(z-2)+}$$

$$\beta_2 = \frac{c_{MeL_2^{(z-2)+}}}{c_{Me^{z+}} c_{L^-}^2}$$

$$\vdots$$

$$Me^{z+} + iL^- = MeL_i^{(z-i)+}$$

$$\beta_i = \frac{c_{MeL_i^{(z-i)+}}}{c_{Me^{z+}} c_{L^-}^i}$$

$$\vdots$$

$$Me^{z+} + pL^- = MeL_p^{(z-p)+}$$

$$\beta_p = \frac{c_{MeL_p^{(z-p)+}}}{c_{Me^{z+}} c_{L^-}^p}$$

并有

$$\beta_1 = K_1,\ \beta_2 = K_1K_2,\ \cdots,\ \beta_i = K_1K_2\cdots K_i,\ \beta_p = K_1K_2\cdots K_p = K_f$$

利用配合物的稳定常数可以估计离子进入溶液的难易程度，还可以计算从 Me^{z+} 到 $MeL_p^{(z-p)+}$ 一系列络离子在溶液中的分配情况。

3.4.4.3　配合物中心离子对配合物稳定性的影响

配合物的中心离子的电荷、体积和电子结构对配合物的稳定性影响很大。

过渡族金属离子形成络离子的能力比主族金属离子强。

体积和电子结构相近的离子，电荷越多，形成的配合物越稳定。例如，Na^+、Ca^{2+}、Y^{3+}、Th^{4+}离子半径相近，外层电子结构均为惰性气体结构。形成配合物的稳定顺序为 $Na^+<Ca^{2+}<Y^{3+}<Th^{4+}$。

电荷相同、电子结构相近的离子，小的中心离子和小的配位体形成的配合物稳定；大的中心离子和大的配位体形成的配合物稳定。配位体过大或过小，都导致配合物的稳定性较差。

3.4.4.4　中心离子对配位体的选择

中心离子对配位体有选择性。

（1）外层电子具有惰性元素原子结构的离子易与氧形成配位键，能与氨形成很弱的配合物，与氰几乎不配合。例如，Li^+、Na^+、K^+、Mg^{2+}、Ca^{2+}、Sr^{2+}、Ba^{2+}等类型离子。

（2）外层有 18 个电子（d 轨道全充满）的离子易与 C、N 原子形成配位键，与氧的配合能力很差，与氟几乎不配合。例如，Cu^+、Ag^+、Au^+、Zn^{2+}、Cd^{2+}、Hg^{2+}等类型离子。

（3）其他电子结构的金属离子选择性介于上述两种类型之间。外层 d 轨道和 p 轨道缺电子的离子接近类型（1）；外层 d 轨道电子较多的离子接近类型（2）。

3.5　pH 标度及其应用

3.5.1　pH 定义式

1909 年，萨伦森（Sörensen）提出“氢离子指数”的酸度定义式，用 pH 表示为

$$pH = -\lg c_{H^+} \tag{3.104}$$

采用电动势法测量溶液中的氢离子，得到的是氢离子的活度而不是浓度。因此，萨伦森提出活度 pH 标度式。

$$pH_a = -\lg a_{H^+} \tag{3.105}$$

然而，单独的氢离子活度不能直接实验测量。实际采用的是工作 pH 标度。这个标度的参考点是由一系列的参比缓冲溶液确定。

例如，用氢电极和某一参比电极组成电池测量溶液的 pH 值，即

$$H^+ + e = \frac{1}{2}H_2$$

$$\varphi_{H^+/H_2} = \frac{RT}{F}\ln a_{H^+} = -\frac{2.303RT}{F}pH$$

参比电极的电势为 $\varphi'_{参比}$，作为正极，与氢电极组成电池的电动势为

$$E = \varphi'_{参比} - \varphi_{H^+/H_2} = \varphi'_{参比} + \frac{2.303RT}{F}pH$$

得

$$pH = \frac{(E - \varphi'_{参比})F}{2.303RT} \tag{3.106}$$

为了使实测值与式（3.105）相符，采用一组已知 pH 值的缓冲溶液标定 $\varphi'_{参比}$（$\varphi'_{参比}$不同于一般参比电极电势）。由于 $\varphi'_{参比}$ 已知，利用式（3.106），测出 E 就可以计算溶液的 pH 值。

商用 pH 计标示的就是 pH 标尺。使用前，用参比缓冲溶液调整好参考点就可以显示出测量溶液 pH 值。

3.5.2　水的离子积

水是两性溶剂，两性溶剂能发生自离解反应，也叫质子自递反应。水的自离解平衡为

$$H_2O = H^+ + OH^-$$

平衡常数为

$$K_{H_2O} = \frac{a_{H^+}a_{OH^-}}{a_{H_2O}} = a_{H^+}a_{OH^-} \tag{3.107}$$

式中

$$a_{H_2O} = 1$$

式（3.107）与溶度积的定义一致，K_{H_2O} 也叫做水的离子积。水的离子积与温度的关系见表 3.15。

表 3.15 水的离子积与温度的关系

温度/℃	$-\lg K_{H_2O} = pK_{H_2O}$	K_{H_2O}	温度/℃	$-\lg K_{H_2O} = pK_w$	K_w
0	14.93	0.12×10^{-14}	50	13.26	5.5×10^{-14}
18	14.25	0.59×10^{-14}	75	12.73	19×10^{-14}
20	14.16	0.69×10^{-14}	100	12.29	51×10^{-14}
25	13.99	1.02×10^{-14}	200	11.40	400×10^{-14}

在中性水中，$c_{H^+} = c_{OH^-}$，即

$$pH = pOH$$

所以

$$2pH = -\lg K_{H_2O} \tag{3.108}$$

利用表 3.15 中的数据，可以求得中性水的 pH 值随温度的变化。随着温度的升高，pH 值向减小的方向变化。这对于绘制高温电势-pH 图、分析热压浸出等湿法冶金过程具有重要意义。

在 25℃，水的 pH 值为 7；在 100℃，水的 pH 值为 6.15；在 300℃，水的 pH 值为 5.70。例如，知道了水的离子积，就可以进行 pH 和 pOH 的互算。

【例 3.1】 计算 25℃，0.01mol/L NaOH 水溶液的 pH 值。

解：

$$c_{OH^-} = 0.01$$

25℃时，

$$K_{H_2O} = c_{H^+}c_{OH^-} = 10^{-13.99}$$

取对数，得

$$-\lg c_{H^+} - \lg c_{OH^-} = 13.99$$

即

$$pH + pOH = -\lg K_{H_2O} = 13.99$$

得

$$pH = -\lg K_{H_2O} - pOH = 13.99 - 2 = 11.99$$

式中

$$pOH = -\lg c_{OH^-} = -\lg 0.01 = 2$$

【例 3.2】 计算 25℃，0.001mol/L 的 H_2SO_4 水溶液的 pH 值。

解：

$$pH = -\lg c_{H^+} = -\lg(2\times10^{-3}) = 2.7$$

3.5.3 pH 值对溶液中化学反应平衡的影响

用下面六个典型反应可以描述与 pH 值有关的金属水溶液体系。

(1) $2Me + 4H^+ + O_2 = 2Me^{2+} + 2H_2O$

(2) $4Me^{2+} + 4H^+ + O_2 = 4Me^{3+} + 2H_2O$

(3) $Me^{2+} + 2H_2O \longrightarrow Me(OH)_2 + 2H^+$

(4) $Me^{3+} + 3H_2O \longrightarrow Me(OH)_3 + 3H^+$

(5) $Me(OH)_2 \longrightarrow MeO_2^{2-} + 2H^+$

(6) $Me(OH)_3 \longrightarrow MeO_2^- + H^+ + H_2O$

将上述 6 种典型反应进行加或减，任一典型反应都可以从中派生出来，这说明上面的六种反应是独立反应。例如

$$2Me + 2H_2O + O_2 \longrightarrow 2Me(OH)_2$$

上面六种典型反应与 pH 值的关系为：

(1) $4pH = \lg p_{O_2} + \lg K_1 - 2\lg a_{Me^{2+}}$

(2) $4pH = 4\lg a_{Me^{2+}} + \lg p_{O_2} + \lg K_2 - 4\lg a_{Me^{3+}}$

(3) $2pH = -\lg a_{Me^{2+}} - \lg K_3$

(4) $3pH = -\lg a_{Me^{3+}} - \lg K_4$

(5) $2pH = \lg a_{MeO_2^{2-}} - \lg K_5$

(6) $pH = \lg a_{MeO_2^-} - \lg K_6$

式中，K_1、K_2、K_3、K_4、K_5、K_6 分别为上面六种典型反应的平衡常数。

3.6 电势-pH 值图

3.6.1 电势-pH 值图的原理

1919 年，波尔拜克斯（Pourbaix）提出电势-pH 值图，将电化学体系的化学反应平衡与条件变化的关系用图表示。

在水溶液中，根据是否有氢离子 H^+和电子参加反应，可将化学反应分为三种类型：

(1) 有 H^+参加的反应，例如

$$Fe(OH)_2 + 2H^+ \longrightarrow Fe^{2+} + 2H_2O$$

$$H_2CO_3 \longrightarrow H^+ + HCO_3^-$$

(2) 有电子，没有 H^+参加的反应，例如

$$Fe^{3+} + e \longrightarrow Fe^{2+}$$

$$Cl_2 + 2e \longrightarrow 2Cl^-$$

(3) H^+和电子都参加的反应，例如

$$MnO_4^- + 8H^+ + 5e \longrightarrow Mn^{2+} + 4H_2O$$

$$Fe(OH)_3 + 3H^+ + e \longrightarrow Fe^{2+} + 3H_2O$$

第三种类型的反应可用通式表示为

$$aA + mH^+ + ne \longrightarrow bB + cH_2O$$

作为溶剂的水的活度可看作 1 或常数，反应达成平衡有

$$E = E^{\ominus} + \frac{2.3RT}{nF}mpH + \frac{2.3RT}{nF}\lg\frac{a_A^a}{a_B^b} \tag{3.109}$$

式（3.109）是以 E 为函数，pH 为自变量的截斜式直线方程。以 E 为纵坐标，pH 为横坐

标作图，得到直线。式中 $\frac{2.3RT}{nF}m$ 为直线的斜率，$E^{\ominus}+\frac{2.3RT}{nF}\lg\frac{a_A^a}{a_B^b}$ 为直线的截距。对一具体的化学反应而言，$E^{\ominus}$是常数，所以其直线的截距决定于反应物和产物的活度。对于一个化学反应而言，反应物质的活度确定，则直线的截距就确定了。在直线上的点所表示的是体系处于平衡状态的电势、pH 值和组成的关系。直线上方的点对应的电势值大于对应于同一 pH 值的直线上的点的电势值，因而就有 $a_A'^a > a_A^a$ 或 $a_B'^b < a_B^b$（a_A'、a_B' 表示直线上方的点所对应的 A、B 的活度），这时产物是稳定的。直线下方的点则情况相反。

第一、二两种类型的反应可看作第三种类型反应的特例。第一种类型的反应可以简化成通式

$$aA + cH_2O = bB + mH^+$$

平衡条件为

$$pH = -\frac{1}{m}\lg K - \frac{1}{m}\lg\frac{a_A^a}{a_B^b} \tag{3.110}$$

其平衡取决于溶液的 pH 值，而与电极电势无关。温度一定，平衡常数 K 恒定，pH 值取决于反应物和产物的活度比 $\frac{a_A^a}{a_B^b}$。在电势-pH 图中，活度比是平行于 E 轴的直线。每条直线具有确定的活度比。

第二种类型的反应可简化成通式

$$aA + ne = bB$$

平衡条件为

$$E = E^{\ominus} + \frac{2.3RT}{nF}\lg\frac{a_A^a}{a_B^b} \tag{3.111}$$

其平衡与 pH 值无关，取决于平衡电势。电极反应的平衡电势与 pH 值无关，在一定的温度条件下，随 $\frac{a_A^a}{a_B^b}$ 的变化而变化。在电势-pH 图上，活度比是斜率为零的直线，即平行于 pH 值轴的直线。各条水平线上 $\frac{a_A^a}{a_B^b}$ 为常数。

3.6.2 水的电势-pH 图

3.6.2.1 电势-pH 图的建立

水的电离反应为

$$H_2O = H^+ + OH^-$$

根据式（3.110），平衡条件为

$$\begin{aligned} pH &= -\lg K - \lg\frac{1}{a_{OH^-}} \\ &= -\lg K + \lg a_{OH^-} \end{aligned} \tag{3.112}$$

在 25℃，水的 pH=7，$\lg K=-14$，$\lg a_{OH^-}=7$，其电势-pH 图是一条平行于 E 轴的直线，是水溶液酸碱性的分界线。

在纯水体系中，还能发生下列两个电极反应

$$2H^+ + 2e \xlongequal{} H_2 \tag{3-1}$$

$$2H_2O \xlongequal{} O_2 + 4H^+ + 4e \tag{3-2}$$

在 25℃，$E_1^{\ominus} = 0.000V$，$E_2^{\ominus} = 1.229V$。根据式（3.109），两个反应的平衡条件为

$$E_1 = -0.0591pH - 0.0296\lg p_{H_2} \tag{3.113}$$

当 $p_{H_2} = 0.1MPa$ 时，

$$E_1 = -0.0591pH \tag{3.114}$$

$$E_2 = 1.229 - 0.0591pH + 0.0108\lg p_{O_2} \tag{3.115}$$

当 $p_{O_2} = 0.1MPa$ 时，

$$E_2 = 1.229 - 0.0591pH \tag{3.116}$$

如图 3.5 所示，水的电势-pH 图是两条斜率为-0.0591、间隔 1.229V 平行线。如果氢和氧的压力不是一个标准压力，仍是两条斜率为-0.0591 平行线。

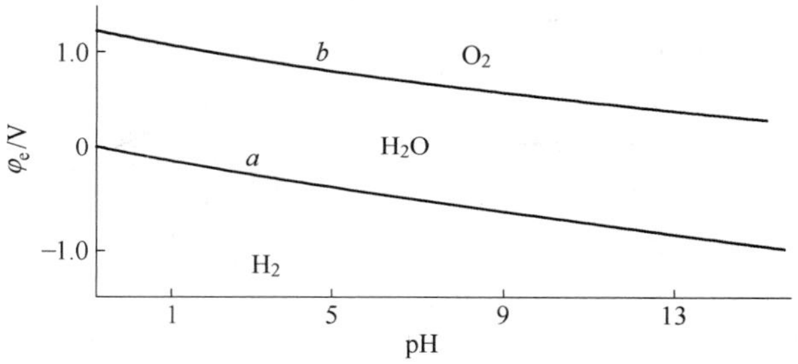

图 3.5 水的电势-pH 图

3.6.2.2 水的电势-pH 图分析

在图 3.5 中，线 a 是反应（3-1）的平衡条件。线上的每一点都对应于不同 pH 值的平衡电势。在线 a 的下方区域内的任一点的电势都比反应（3-1）的平衡电势更负，从而推动反应向右进行，产物稳定。因此，在该区域内，水不稳定，倾向于发生还原反应而分解，析出氢气，溶液的酸度降低。

线 b 是反应（3-2）的平衡条件。在线 b 的上方，各点的电势都比反应（3-2）的电势更正，因而水倾向于发生氧化反应而分解，析出氢气，使溶液的酸度增加。

在线 a 和线 b 之间区域，水才不会分解为氢气和氧气。这个区域温度为 25℃，$p_{H_2} = p_{O_2} = 0.1MPa$，即水的热力学稳定区。

当 $a_{H^+} = a_{OH^-}$ 时，水溶液是中性的；当 $a_{H^+} > a_{OH^-}$ 时，水溶液是酸性的；当 $a_{H^+} < a_{OH^-}$ 时，水溶液是碱性的。因此，在水的电势-pH 图中，pH=7 的直线即为酸性溶液和碱性溶液的分界线。

3.6.3 金属-水系的电势-pH 图

金属-水系的电势-pH 图绘制的是 25℃水溶液中金属的不同价态的平衡电势和水溶液的 pH 值的关系图。对于某个确定的金属-水系，给出可能存在的各组元物质和它们的标准自由能，写出各组元物质可能发生的化学反应，利用式（3.109）计算出各个化学反应

的平衡条件，即给出各化学反应的 E-pH 关系的方程式，将 E 对 pH 作图，就得到了各个反应的 E-pH 图，即该金属水系的电势-pH 图。

3.6.3.1 Fe-H_2O 系的电势-pH 图

图 3.6 是 Fe-H_2O 系的电势-pH 图。

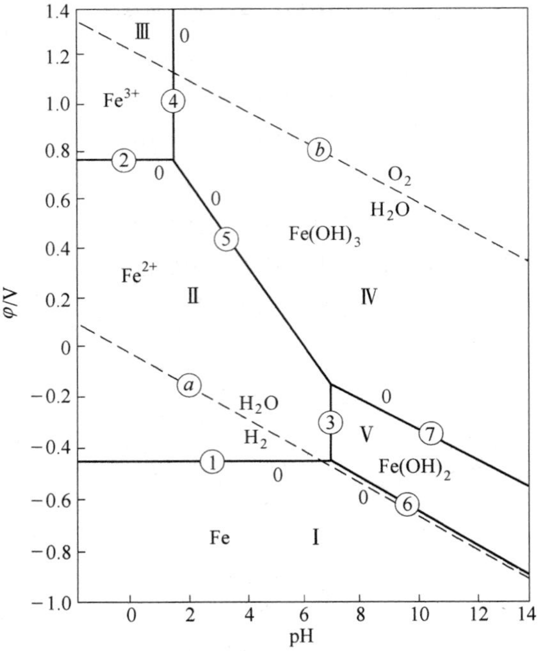

图 3.6 Fe-H_2O 系的电势-pH 图

（25℃，$p_{H_2}=p_{O_2}=101$kPa）

下面以 Fe-H_2O 为例，说明平衡方程的计算。

Fe-H_2O 系有化学反应 $Fe_3O_4 + 2H_2O + 2e = 3HFeO_2^- + H^+$。

查热力学数据手册，得 $\Delta G^{\ominus}_{m,H^+}=0$，$\Delta G^{\ominus}_{m,Fe_3O_4}=-498.9$kJ/mol，$\Delta G^{\ominus}_{m,H_2O}=-238.4$kJ/mol，$\Delta G^{\ominus}_{m,HFeO_2^-}=-337.6$kJ/mol，利用这些数据，可计算所求化学反应的标准吉布斯自由能变化为

$$\begin{aligned}\Delta G^{\ominus}_m &= 3\Delta G^{\ominus}_{m,HFeO_2^-} + \Delta G^{\ominus}_{m,H^+} - \Delta G^{\ominus}_{m,Fe_3O_4} - 2\Delta G^{\ominus}_{m,H_2O} \\ &= 3\times(-337.6) + 0 - (498.9) - 2\times(-238.4) \\ &= -37.1\text{kJ/mol}\end{aligned}$$

$$\varphi^{\ominus} = \frac{\Delta G^{\ominus}_m}{nF} = \frac{-37\times 10^3}{2\times 96500} = -0.192\text{V}$$

代入方程式（3.109）中，得

$$\varphi = \varphi^{\ominus} + \frac{2.3RT}{nF}m\text{pH} + \frac{2.3RT}{nF}\lg\frac{a_{Fe_3O_4}}{a^3_{HFeO_2^-}}$$

固体 Fe_3O_4 的活度取 1，将有关数据代入，得

$$\varphi = -0.192 + \frac{2.3\times 8.314\times 298}{2\times 96500}\text{pH} - 3\times\frac{2.3\times 8.314\times 298}{2\times 96500}\lg a_{HFeO_2^-}$$

$$=-0.192+0.0295\text{pH}-0.089\lg a_{HFeO_2^-}$$

$$Fe^{2+}+2e = Fe$$

$$\varphi=-0.441+0.0295\lg a_{Fe^{2+}}$$

$$Fe^{3+}+e = Fe^{2+}$$

$$\varphi=0.771+0.059\lg\frac{a_{Fe^{3+}}}{a_{Fe^{2+}}}$$

$$Fe(OH)_2+2H^+ = Fe^{2+}+2H_2O$$

$$\text{pH}=6.57-\frac{1}{2}\lg a_{Fe^{2+}}$$

$$Fe(OH)_3+3H^+ = Fe^{3+}+3H_2O$$

$$\text{pH}=1.53-\frac{1}{3}\lg a_{Fe^{3+}}$$

$$Fe(OH)_3+3H^++e = Fe^{2+}+3H_2O$$

$$\varphi=1.057-0.177\text{pH}-0.059\lg a_{Fe^{2+}}$$

$$Fe(OH)_2+2H^++2e = Fe^{2+}+2H_2O$$

$$\varphi=-0.047-0.059\text{pH}$$

$$Fe(OH)_3+H^++e = Fe(OH)_2+H_2O$$

$$\varepsilon=0.271-0.059\text{pH}$$

3.6.3.2 $Cu-H_2O$ 系电势-pH 图

$Cu-H_2O$ 系的反应及 φ 与 pH 的关系式（25℃）如下：

(1) $Cu^{2+}+2e = Cu$

$$\varphi=0.337+0.0295\lg a_{Cu^{2+}}$$

(2) $Cu_2O+2H^++2e = 2Cu^++H_2O$

$$\varphi=0.471-0.0591\text{pH}$$

(3) $2Cu^{2+}+H_2O+2e = Cu_2O+2H^+$

$$\varphi=0.203+0.0591\text{pH}+0.0591\lg a_{Cu^{2+}}$$

(4) $Cu^{2+}+H_2O = CuO+2H^+$

$$\text{pH}=3.95-0.50\lg a_{Cu^{2+}}$$

(5) $2CuO+2H^++2e = Cu_2O+H_2O$

$$\varphi=0.670-0.0591\text{pH}$$

(6) $2CuO_2^{2-}+6H^++2e = Cu_2O+3H_2O$

$$\varphi=2.56+0.0591\lg a_{Cu_2O^{2-}}-0.1773\text{pH}$$

(7) $CuO_2^{2-}+4H^++2e = Cu+2H_2O$

$$\varphi=1.515+0.0295\lg a_{CuO_2^{2-}}-0.1182\text{pH}$$

(8) $CuO+H_2O = CuO_2^{2-}+2H^+$

$$\text{pH}=15.97+0.50\lg a_{CuO_2^{2-}}$$

(9) $O_2+4H^++4e = 2H_2O$

$$\varphi=1.229-0.0591\text{pH}+0.01\lg\frac{p_{O_2}}{p^{\ominus}}$$

(10) $2H^+ + 2e \longrightarrow H_2$

$$\varphi = -0.0591\text{pH} - 0.0295\lg \frac{p_{H_2}}{p^{\ominus}}$$

根据上面的方程，绘制的 Cu-H_2O 系电势-pH 图为图 3.7。

下面对电势-pH 图作一些说明。

(1) 在溶液中，铜离子活度为 1；p_{O_2} 和 p_{H_2} 都为标准压力。

(2) 第一类是有电子得失的还原-氧化反应，又可分为两种：一种是有电子迁移，但 E 与 pH 值无关的半电池还原-氧化反应；第二种是有电子迁移，且 E 与 pH 值有关的半电池还原-氧化反应。这两种反应在 E-pH 图上分别以水平线和斜的直线表示其平衡位置。

第二类是水解-中和反应，在图中以垂线表示其平衡位置。各线围成的区域为该区域内注明的物质热力学稳定区域。

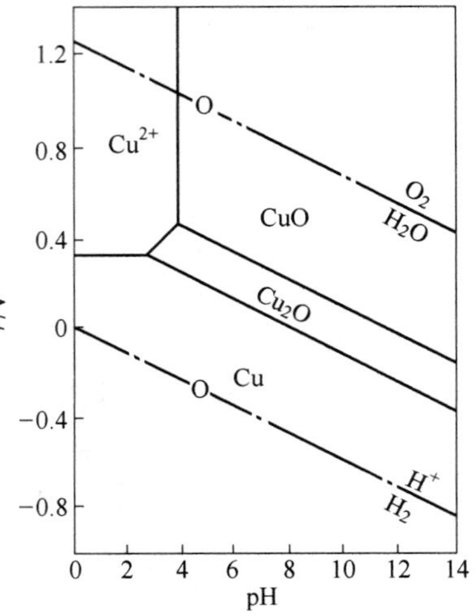

图 3.7 Cu-H_2O 系的电势-pH 图（25℃）

(3) 式 (9) 和式 (10) 对应的 O 线和 O'线之间的面积为水的热力学稳定区。

(4) 在高温条件下，需考虑离子的活度和 pH 值随温度变化的情况。离子的活度系数与温度的关系式为

$$\lg\gamma_{\pm m(t)} = \lg\gamma_{\pm m(25℃)} + |z_+ z_-| \frac{\sqrt{I}}{1+\sqrt{I}}[A_{\gamma(t)} - A_{\gamma(25℃)}]$$

式中，I 为离子强度，$I = \frac{1}{2}\sum_i M_i Z_i^2$ 。

A_γ是与温度有关的系数，表 3.16 是各温度的 A_γ值。

表 3.16 各温度的 A_γ值

t/℃	25	60	100	150	200	300
A_γ	0.511	0.545	0.595	0.689	0.809	0.983

在温度 t，pH 值的计算公式为

$$\text{pH} = \frac{pK_{H_2O(t)}\, pK_{(25℃)}}{pK_{H_2O(25℃)}}$$

式中，K_{H_2O} 是水的电离常数，$pK_{H_2O} = -\lg K_{H_2O}$ 。表 3.17 列出了各温度的 pK_{H_2O} 值。

表 3.17 各温度的 pK_{H_2O}值

t/℃	25	60	100	150	200	300
pK_{H_2O}	13.997	13.05	12.21	11.65	11.30	11.19

由图 3.7 可见：

（1）如果没有氧和氧化剂，对于任何 pH 值的水溶液，铜都是稳定的，这是由于铜的电极线在氢的电极线上面。

（2）如果有氧，对于任何 pH 值的水溶液，铜都是不稳定的，可以被氧化，因为氧电极线在铜电极线上面。氧化产物为

$$Cu + \frac{1}{2}O_2 + H_2O \longrightarrow \begin{cases} Cu^{2+} + 2OH^- & pH < 3 \\ CuO + HOH & 3 \leqslant pH \leqslant 14 \\ CuO_2^{2-} + 2H^+ & pH > 14 \end{cases}$$

（3）pH 值较小时，CuO 就以 Cu^{2+}形式进入溶液；在有氧或氧化剂存在，且 pH 值较小时，Cu_2O 才能以 Cu^{2+}形式进入溶液。

（4）有氧存在时，所有氧化态的铜都会被氢还原为铜，因为氢电极线在所有铜的氧化态电极线下面。

（5）增大氧的压力，氧的电极线上移，增大了氧化趋势；增大氢的压力，氢的电极线下移，增大了还原趋势。

3.6.3.3 $Cu-NH_3-H_2O$ 系电势-pH 图

在 $Cu-NH_3-H_2O$ 系中存在如下平衡：

$$Cu^{2+} + NH_3 \rightleftharpoons Cu(NH_3)^{2+} \quad K_1 = 10^{4.15}$$
$$Cu^{2+} + 2NH_3 \rightleftharpoons Cu(NH_3)_2^{2+} \quad K_2 = 10^{7.65}$$
$$Cu^{2+} + 3NH_3 \rightleftharpoons Cu(NH_3)_3^{2+} \quad K_3 = 10^{10.54}$$
$$Cu^{2+} + 4NH_3 \rightleftharpoons Cu(NH_3)_4^{2+} \quad K_4 = 10^{12.67}$$
$$Cu^{+} + NH_3 \rightleftharpoons Cu(NH_3)^{+} \quad K_1' = 10^{6.07}$$
$$Cu^{+} + 2NH_3 \rightleftharpoons Cu(NH_3)_2^{+} \quad K_2' = 10^{10.87}$$

溶液中铜离子的总浓度为

$$\begin{aligned} c_{Cu^{2+}} + c_{Cu^{+},t} &= c_{Cu^{2+}}(1 + K_1 c_{NH_3} + K_2 c_{NH_3}^2 + K_3 c_{NH_3}^3 + K_4 c_{NH_3}^4) + \\ &\quad c_{Cu^{+}}(1 + K_1' c_{NH_3} + K_2' c_{NH_3}^2) \\ &= \varphi_1 c_{Cu^{2+}} + \varphi_2 c_{Cu^{+}} \end{aligned}$$

式中

$$\varphi_1 = 1 + \sum_{n=1}^{m} K_n c_{NH_3}^n$$

$$\varphi_2 = 1 + \sum_{n=1}^{m} K_n' c_{NH_3}^n$$

还有如下平衡：

$$NH_3 + H^+ \rightleftharpoons NH_4^+ \quad K'' = 10^{9.27}$$

$$\begin{aligned} c_{NH_3,t} &= c_{NH_3} + c_{Cu^{2+}}(K_1 c_{NH_3} + 2K_2 c_{NH_3}^2 + 3K_3 c_{NH_3}^3 + 4K_4 c_{NH_3}^4) + \\ &\quad c_{Cu^{+}}(K_1' c_{NH_3} + 2K_2' c_{NH_3}^2) + c_{NH_4^+} \\ &= c_{NH_3} + \psi_1 c_{Cu^{2+}} + \psi_2 c_{Cu^{+}} + K'' c_{H^+} c_{NH_3} \end{aligned}$$

式中

$$\psi_1 = \sum_{n=1}^{m} n K_n c_{NH_3}^n$$

$$\psi_2 = \sum_{n=1}^{m} nK'_n c_{NH_3}^n$$

$$c_{NH_4^+} = K'' c_{H^+} c_{NH_3}$$

$Cu\text{-}NH_3\text{-}H_2O$ 系的反应与 pH 的关系式（25℃）如下：

（1）$O_2 + 4H^+ + 4e = 2H_2O$

$$\varphi = 1.229 - 0.0591pH + 0.0148\lg\frac{p_{O_2}}{p^\ominus}$$

（2）$2H^+ + 2e = H_2$

$$\varphi = 0 - 0.0591pH - 0.0295\lg\frac{p_{H_2}}{p^\ominus}$$

（3）$Cu^{2+} + 2e = Cu$

$$\varphi = 0.337 + 0.0295\lg a_{Cu^{2+}}$$

（4）$Cu_2O + 2H^+ + 2e = 2Cu + H_2O$

$$\varphi = 0.471 - 0.0591pH$$

（5）$2Cu^{2+} + H_2O + 2e = Cu_2O + 2H^+$

$$\varphi = 0.203 + 0.0591pH + 0.0591\lg a_{Cu^{2+}}$$

（6）$Cu^{2+} + H_2O = CuO + 2H^+$

$$pH = 3.95 - 0.5\lg a_{Cu^{2+}}$$

（7）$2CuO + 2H^+ + 2e = Cu_2O + H_2O$

$$\varphi = 0.670 - 0.0591pH$$

根据上面的方程，绘制的 $Cu\text{-}NH_3\text{-}H_2O$ 系电势-pH 图为图 3.8（图中 $p_{O_2}/p^\ominus = 1$，$p_{H_2}/p^\ominus = 1$）。

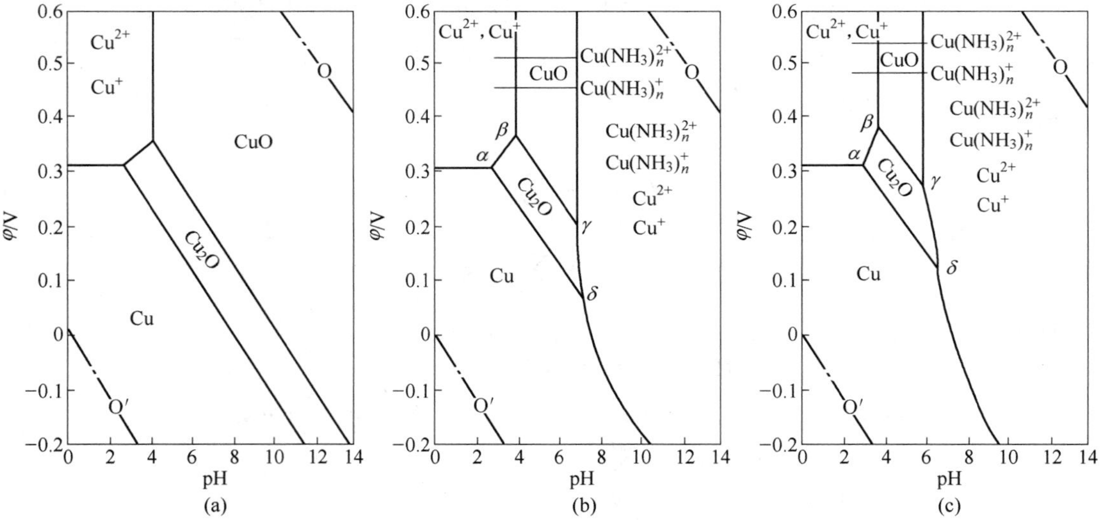

图 3.8　$Cu\text{-}NH_3\text{-}H_2O$ 系电势-pH 图（$[Cu]_T = 0.1m$，25℃）

（a）$[NH_3]_T = 0m$；（b）$[NH_3]_T = 1m$；（c）$[NH_3]_T = 5m$

由图3.8可知，式（2）和式（5）对应的两条平行线位置是固定的。交点 α 和 δ 是溶液、Cu 与 Cu_2O 三相平衡点；交点 β 和 γ 是溶液、Cu_2O 与 Cu 三相平衡点。$\alpha\beta\gamma\delta\alpha$ 线围成的区域是 Cu_2O 稳定区。图中也给出了 Cu 和 CuO 的稳定区。

由图3.8还可知，在 T、p 和 $a_{Cu^{2+}}$ 固定的条件下，随着 a_{NH_3} 增大，溶液的配合物稳定区增大，氧化物稳定区减小。

3.6.3.4 $S\text{-}H_2O$ 系的电势-pH 图

在水溶液中，硫的存在形态有比较稳定的 S^{2-}、S^0、H_2S、HS^-、SO_4^{2-}、HSO_4^- 和不太稳定的 $S_2O_3^{2-}$ 和 SO_3^{2-}。S 的价态从−2 变到+6。

这些硫化物在水溶液中相互作用的关系如下：

(1) $HSO_4^- \rightleftharpoons H^+ + SO_4^{2-}$

$$pH = 1.91 + \lg a_{SO_4^{2-}} - \lg a_{HSO_4^-}$$

(2) $H_2S(aq) \rightleftharpoons H^+ + HS^-$

$$pH = 7 + \lg a_{HS^-} - \lg a_{H_2S(aq)}$$

(3) $HS^- \rightleftharpoons H^+ + S^{2-}$

$$pH = 14 + \lg a_{S^{2-}} - \lg a_{HS^-}$$

(4) $HSO_4^- + 7H^+ + 6e \rightleftharpoons S + 4H_2O$

$$\varphi = 0.338 - 0.0693pH + 0.0099\lg a_{HSO_4^-}$$

(5) $SO_4^{2-} + 8H^+ + 6e \rightleftharpoons S + 4H_2O$

$$\varphi = 0.357 - 0.0792pH + 0.0099\lg a_{SO_4^{2-}}$$

(6) $S + 2H^+ + 2e \rightleftharpoons H_2S(aq)$

$$\varphi = 0.142 - 0.0591pH - 0.0295\lg a_{H_2S(aq)}$$

(7) $S + H^+ + 2e \rightleftharpoons HS^-$

$$\varphi = -0.065 - 0.0295pH - 0.0295\lg a_{HS^-}$$

(8) $SO_4^{2-} + 9H^+ + 8e \rightleftharpoons HS^- + 4H_2O$

$$\varphi = 0.252 - 0.0665pH - 0.0074\lg a_{SO_4^{2-}} - \lg a_{HS^-}$$

(9) $SO_4^{2-} + 10H^+ + 8e \rightleftharpoons H_2S(aq) + 4H_2O$

$$\varphi = 0.303 - 0.0738pH - 0.0074\lg a_{SO_4^{2-}} - \lg a_{H_2S(aq)}$$

将上述关系式表示在图3.9上，就是 $S\text{-}H_2O$ 系的电势-pH 图。

$S\text{-}H_2O$ 系电势-pH 图有一个 S^0 的稳定区，即④、⑤、⑥、⑦线围成的区域。元素 S^0 稳定区的大小与溶液中含硫的离子浓度有关。含硫的离子浓度降低，S^0 的稳定区缩小。在25℃，若含硫的离子浓度小于 10^{-4}mol/L（图3.9中−4所示的线段），S^0 的稳定区基本消失。含硫的离子浓度降到 10^{-6}mol/L，只剩 H_2S 与 SO_4^{2-} 或 HSO_4^- 的边界。这是由于含硫的离子浓度降低，线④、线⑤位置下移，而线⑥、线⑦位置上移。

电势降低，若溶液中含硫离子的浓度为1mol/L，pH 在 1.90~8.50 之间，SO_4^{2-} 被还原成 S^0；电势再降低，若 pH<7，S^0 进一步还原成 H_2S；pH>7，还原成 HS^-。相反，电势升高，pH<8.50，H_2S 和 HS^- 氧化成 S^0，再氧化成 SO_4^{2-}。pH>8，HS^- 直接氧化成 SO_4^{2-}。

3.6.3.5 $Me\text{-}S\text{-}H_2O$ 系电势-pH 图

$Me\text{-}S\text{-}H_2O$ 系电势-pH 图，即 $MeS\text{-}H_2O$ 系电势-pH 图。它是由 $S\text{-}H_2O$ 系电势-pH 图与

Me-H_2O 系电势-pH 图构成的。

图 3.10 是 Fe-S-H_2O 系电势-pH 图。从图 3.10 可见，若有氧化剂（O_2）存在，FeS_2 在任何 pH 值都不稳定，可以被氧化成 S^0、HSO_4^-、SO_4^{2-}。但 FeS 不能直接反应生成 S^0。

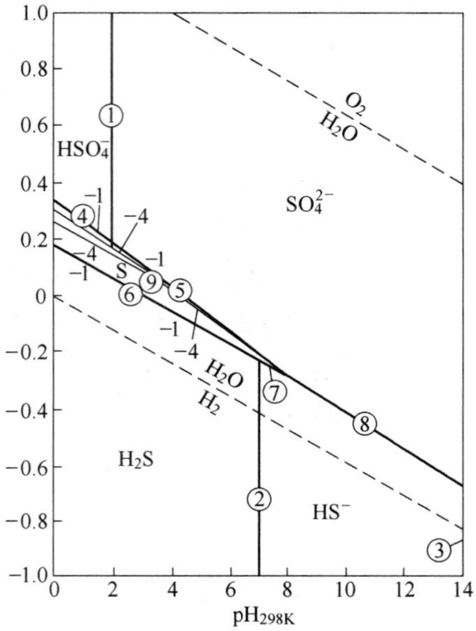

图 3.9 S-H_2O 系电势-pH 图

（25℃，101kPa）

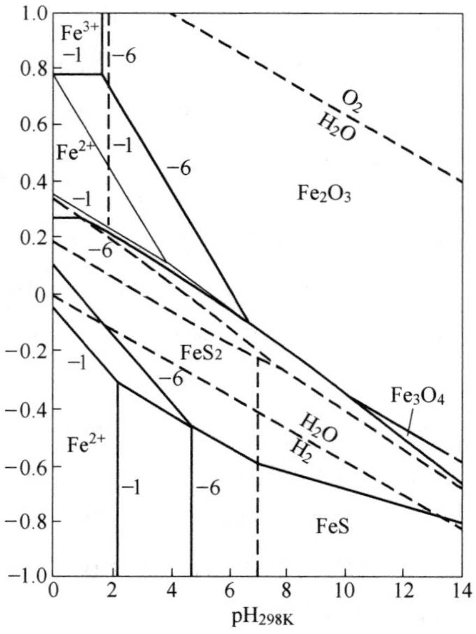

图 3.10 Fe-S-H_2O 系电势-pH 图

（含硫的离子的活度为 10^{-1}mol/L）

3.6.3.6 配位平衡的建立对电极电势的影响

Au、Ag、Cu 等金属的标准电极电势很高，很难溶解成简单离子状态。它们若与络合剂形成稳定的配合物，则大大降低了它们被氧化的电势。

形成配合物的反应为

$$Me^{z+} + nL \Longrightarrow MeL_n^{z+}$$

$$K_f = \frac{a_{MeL_n^{z+}}}{a_{Me^{z+}} a_L^n} \tag{3.117}$$

式中，K_f 为配合物的生成常数；n 为配位数。

形成配合物后，金属离子的活性降低。金属离子被还原成金属，还原反应为

$$Me^{z+} + ze \Longrightarrow Me$$

这里的金属离子是溶液中的全部金属离子，$a_{Me^{z+}}$ 是溶液全部金属离子的活度。

$$\varphi_{Me^{z+}/Me} = \varphi^0_{Me^{z+}/Me} + \frac{2.303RT}{zF}\lg a_{Me^{z+}} \tag{3.118}$$

络离子被还原，还原反应为

$$MeL_n^{z+} + ze \Longrightarrow Me + nL$$

$$\varphi_{MeL_n^{z+}/Me} = \varphi^0_{MeL_n^{z+}/Me} + \frac{2.303RT}{zF}\lg a_{Me^{z+}} \tag{3.119}$$

若 $a_{MeL_n^{z+}} = a_L = 1$，由式（3.117）得

$$a_{Me^{z+}} = \frac{a_{MeL_n^{z+}}}{K_f a_L^n} = \frac{1}{K_f} \tag{3.120}$$

将式（3.120）代入式（3.118）得

$$\varphi_{MeL_n^{z+}/Me} = \varphi^0_{Me^{z+}/Me} + \frac{2.303RT}{zF}\lg a_{Me^{z+}}$$

$$= \varphi^0_{Me^{z+}/Me} + \frac{2.303RT}{zF}\lg \frac{1}{K_f}$$

$$= \varphi^0_{Me^{z+}/Me} + \frac{2.303RT}{zF}\lg K_d \tag{3.121}$$

将 $a_{MeL_n^{z+}} = a_L = 1$，代入式（3.119）得

$$\varphi_{MeL_n^{z+}/Me} = \varphi^0_{MeL_n^{z+}/Me}$$

所以

$$\varphi^0_{MeL_n^{z+}/Me} = \varphi^0_{Me^{z+}/Me} + \frac{2.303RT}{zF}\lg\frac{1}{K_f}$$

$$= \varphi^0_{Me^{z+}/Me} + \frac{2.303RT}{zF}\lg K_d$$

例如，对于银离子还原，不生成络离子，有

$$Ag^+ + e = Ag$$

$$\varphi^0_{Ag^+/Ag} = 0.799V$$

生成络离子，有

$$Ag(CN)_2^- + e = Ag + 2CN^-$$

$$\varphi = \varphi^0_{Ag(CN)_2^-/Ag} + \frac{RT}{F}\lg\frac{a_{Ag(CN)_2^-}}{a^2_{CN^-}}$$

$$= \varphi^0_{Ag(CN)_2^-/Ag} + \frac{2.303RT}{F}\lg a_{Ag(CN)_2^-} + \frac{2\times 2.303RT}{F}pCN$$

式中

$$pCN = -\lg a_{CN^-}$$

由

$$Ag^+ + 2CN^- = Ag(CN)_2^-$$

$$K_f = \frac{a_{Ag(CN)_2^-}}{a_{Ag^+}a^2_{CN^-}}$$

得

$$a_{Ag^+} = \frac{a_{Ag(CN)_2^-}}{K_f a^2_{CN^-}}$$

已知 $K_f = 10^{18.8}$，$K_d = \frac{1}{K_f}$

所以

$$\varphi_{Ag(CN)_2^-/Ag} = \varphi^0_{Ag^+/Ag} + \frac{2.303RT}{F}\lg a_{Ag^+}$$

$$= \varphi^0_{Ag^+/Ag} + \frac{2.303RT}{F}\lg\frac{a_{Ag(CN)_2^-}}{K_f a^2_{CN^-}}$$

取 $a_{Ag(CN)_2^-} = a_{CN^-} = 1$，得

$$\varphi^0_{Ag(CN)_2^-/Ag} = \varphi^0_{Ag^+/Ag} + \frac{2.303RT}{F}\lg\frac{1}{K_f}$$

$$= \varphi^0_{Ag^+/Ag} + \frac{2.303RT}{F}\lg K_d$$

$$= 0.799 + 0.059\lg 10^{-18.8}$$
$$= -0.31\text{V}$$

采用同样的方法可求得

$$\varphi^0_{Au(CN)_2^-/Au} = 1.68 + 0.059\lg 10^{-38} = -0.562\text{V}$$

形成络离子将造成 Ag^+、Au^+ 难还原，Ag、Au 易氧化。

3.6.3.7 Me-L-H_2O 系电势-pH 图

金属与络合剂生成配合物，体系的电势-pH 图绘制步骤为：

（1）根据体系的基本反应求出 φ 与 pL 的关系式，绘出 φ-pL 图；

（2）求出 pH 与 pL 的关系，绘出 pH-pL 图；

（3）将 φ-pL 关系式中的 pL 用相应的 pH 关系式代替，绘出 φ-pH 图。

下面以 Ag-CN^--H_2O 系为例，介绍 Me-L-H_2O 系电势-pH 图的绘制。

（1）φ-pH 图。络合剂 CN^-参加反应，体系的基本反应有

1）$Ag^+ + CN^- = AgCN$

$$K_f = \frac{a_{AgCN}}{a_{Ag^+}a_{CN^-}} = 10^{13.8}$$

$$pCN = -\lg a_{CN^-} = 13.8 + \lg a_{Ag^+}$$

2）$AgCN + CN^- = Ag(CN)_2^-$

$$K_f = \frac{a_{Ag(CN)_2^-}}{a_{AgCN}a_{CN^-}} = 10^{5.0}$$

$$pCN = 5.0 - \lg a_{Ag(CN)_2^-}$$

3）$Ag^+ + 2CN^- = Ag(CN)_2^-$

$$K_f = \frac{a_{Ag(CN)_2^-}}{a_{Ag^+}a^2_{CN^-}} = 10^{18.8}$$

$$pCN = 9.4 + \frac{1}{2}\lg\frac{a_{Ag^+}}{a_{Ag(CN)_2^-}}$$

4）$2Ag^+ + H_2O = Ag_2O + 2H^+$

$$pH = 6.32 - \lg a_{Ag^+}$$

5）$Ag_2O + 2H^+ + 2CN^- = 2AgCN + H_2O$

$$pH + pCN = 20.1$$

6）$Ag_2O + 2H^+ + 4CN^- = 2Ag(CN)_2^- + H_2O$

$$pH + pCN = 25.1 - \lg a_{Ag(CN)_2^-}$$

7）$Ag^+ + e = Ag$

$$\varphi = 0.799 + 0.0591\lg a_{Ag^+}$$

8）$AgCN + e = Ag + CN^-$

$$\varphi = -0.017 + 0.059pCN$$

9）$Ag(CN)_2^- + e = Ag + 2CN^-$

$$\varphi = -0.31 + 0.12pCN + 0.059\lg a_{Ag(CN)_2^-}$$

将上面的电势与 pCN 的关系绘成 φ-pCN 图，如图 3.11 所示。由图 3.11 可见，pCN

越小，平衡电势越低，表明银更易溶解。若溶液中没有 CN^-，平衡电势高，银难溶解。

（2）pH-pCN 关系。水溶液中有 CN^-，H^+ 与 CN^-、HCN 之间存在平衡关系：

$$H^+ + CN^- \rightleftharpoons HCN$$

$$K_f = \frac{a_{HCN}}{a_{H^+}a_{CN^-}}$$

上述平衡受溶液的 pH 值控制。在电势-pH 图中，pCN 要以相应的 pH 表示。因此，需要求出 pCN 与 pH 的关系。

NaCN 的浓度为 10^{-3} mol/L。NaCN 在水溶液中的平衡为

$$NaCN + H_2O \rightleftharpoons Na^+ + HCN + OH^-$$

$$a_{CN^-,t} = a_{HCN} + a_{CN^-} = a_{H^+}a_{CN^-} \times 10^{9.4} + a_{CN^-}$$
$$= a_{CN^-}(a_{H^+} \times 10^{9.4} + 1) = 10^{-2}$$

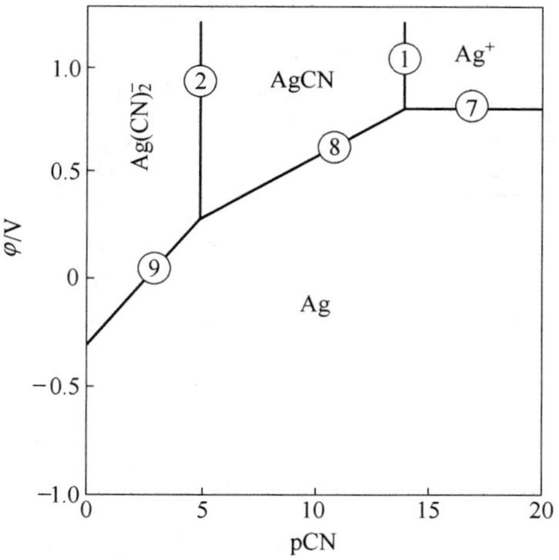

图 3.11　Ag-CN-H_2O 系的电势-pCN 图

式中，$a_{CN^-,t}$ 为水溶液中 CN^- 的总活度。

pCN 与 pH 的关系为：

1）pH>11.4，$a_{H^+} < 10^{-11.4}$。

$$a_{H^+} \times 10^{9.4} + 1 = 10^{-11.4} \times 10^{9.4} + 1 \approx 1$$

则

$$a_{CN^-,t} = a_{CN^-} = 10^{-2}$$

2）pH<7.4，$a_{H^+} > 10^{-7.4}$。

$$a_{H^+} \times 10^{9.4} + 1 = 10^{-7.4} \times 10^{9.4} + 1 \approx a_{H^+} \times 10^{9.4}$$

则

$$a_{CN^-,t} = a_{CN^-}a_{H^+} \times 10^{9.4}$$

取对数，得

$$pH + pCN = 9.4 - \lg a_{CN^-,t} = 9.4 + 2 = 11.4$$

3）7.4<pH<11。

$a_{H^+} \times 10^{9.4} + 1$ 不能忽略任何部分。

$$pH + pCN = 9.4 - \lg a_{CN^-,t} + \lg(10^{pH-9.4} + 1)$$

从上面的三种情况可以计算出 pH 与 pCN 的关系。结果列于表 3.18 和图 3.12。图中用线Ⓐ表示。

表 3.18　方程式 8）、9）中的 pH、pCN 及对应的 φ 值

pH	0	1	2	3	4	5
pCN	11.4	10.4	9.4	8.4	7.4	6.4
$\varphi_{AgCN/Ag}$/V	0.667	0.607	0.547	0.479	0.420	0.367
$\varphi_{AgCN_2^-/Ag}$/V	0.82	0.70	0.58	0.46	0.34	0.22

续表 3.18

pH	6	7	8.4	9.4	10.4	
pCN	5.4	4.4	3.04	2.3	2.04	
$\varphi_{AgCN/Ag}/V$	0.302	0.247	0.165	0.121	0.105	
$\varphi_{AgCN_2^-/Ag}/V$	0.10	0.02	-0.18	-0.27	-0.30	

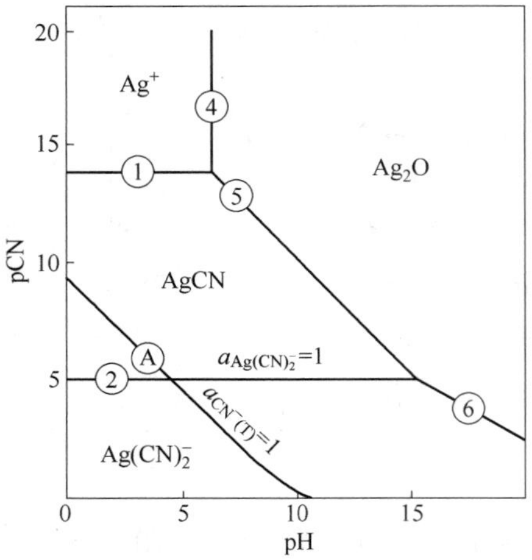

图 3.12 Ag 的 pCN-pH 关系图

（3）Ag-CN-H_2O 系电势-pH 图。根据 φ-pCN 图和 pH-pCN 关系，溶液中的总氰活度 $a_{CN^-,t}$ 一定，给出 Ag 的活度，就可以求出各反应式中 φ 与 pH 的关系式。

将方程 1)、2)、8)、9) 中的 pCN 用对应的 pH 代替，取 $a_{Ag^+}=10^{-4}$，对方程 1)，有

$$pCN = 13.8 + \lg a_{Ag^+} = 9.8$$
$$pH = 11.4 - pCN = 11.4 - 9.8 = 1.6$$

对方程 2)，有

$$pCN = 5.0 - \lg 10^{-4} = 9.0$$
$$pH = 11.4 - 9.0 = 2.4$$

将方程 8) 和 9) 中的 pCN 用相应的 pH 代替，计算对应的 $\varphi_{AgCN/Ag}$ 和 $\varphi_{Ag(CN)_2^-}$，结果列于表 3.18 中。

根据方程 1)、2)、7)、8)、9) 的电势与 pH 值的关系绘成图 3.13。用类似的方法，在图中绘出 Au-CN^--H_2O 系、Zn-CN^--H_2O 系的电势-pH 关系线。

3.6.3.8 Cl-H_2O 系的电势-pH 图

Cl-H_2O 系存在的离子和化合物很多，主要有 Cl^-、Cl_2(aq)、HClO、ClO^-、$HClO_2$、ClO_2^-、ClO_3^-、ClO_4^- 以及 HCl、Cl_2、Cl_2O、ClO_2 等气体。

下面讨论常见的 Cl^-、Cl_2、HClO 和 ClO^-之间的平衡。图 3.14 是 Cl-H_2O 系的简单电势-pH 图。

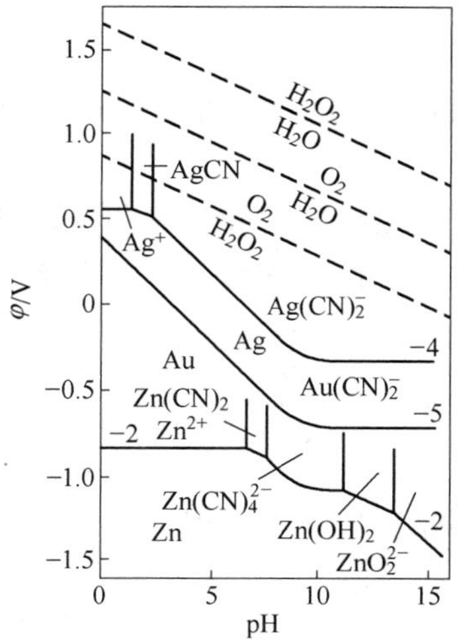

图 3.13 Au-CN^--H_2O 系，Ag-CN^--H_2O 系的电势-pH 图

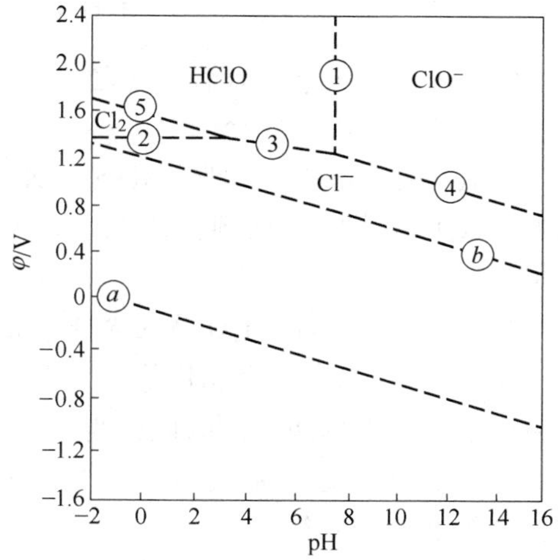

图 3.14 Cl-H_2O 系的电势-pH 图

图 3.14 中的反应平衡线为

$$HClO \rightleftharpoons ClO^- + H^+$$

$$pH = 7.49 + \lg \frac{a_{ClO^-}}{a_{HClO}}$$

$$Cl_2(aq) + 2e \rightleftharpoons 2Cl^-$$

$$\varphi_{Cl_2/Cl^-} = 1.395 + 0.0295\lg \frac{a_{Cl_2(aq)}}{a_{Cl^-}^2}$$

$$HClO + H^+ + 2e \rightleftharpoons Cl^- + H_2O$$

$$\varphi = 1.494 - 0.0295pH + 0.0295\lg \frac{a_{HClO}}{a_{Cl^-}}$$

$$ClO^- + 2H^+ + 2e \rightleftharpoons Cl^- + H_2O$$

$$\varphi = 1.715 - 0.0591pH + 0.0295\lg \frac{a_{ClO^-}}{a_{Cl^-}}$$

$$2HClO + 2H^+ + 2e \rightleftharpoons Cl_2(aq) + 2H_2O$$

$$\varphi = 1.594 - 0.0591pH + 0.0295\lg \frac{a_{HClO}^2}{a_{Cl_2(aq)}}$$

式中，$Cl_2(aq)$ 表示溶解于水的 Cl_2。

由图 3.12 可见，盐酸电离

$$HCl \rightleftharpoons H^+ + Cl^-$$

产生的 Cl^- 很稳定。Cl^- 的稳定区覆盖图 3.14 中 pH 的全部刻度范围，完全覆盖水的稳定区。

气体 Cl_2 可以使水氧化：

$$Cl_2 + H_2O = 2Cl^- + 2H^+ + \frac{1}{2}O_2$$

$Cl_2(aq)$ 的稳定区很小，仅在 pH 值小的区域存在。在碱性溶液中，Cl_2 转变为次氯酸盐、氯酸盐或高氯酸盐。

次氯酸是弱酸，却是强氧化剂。次氯酸和次氯酸盐能使水和氯化物成为氧和氯。Cl_2 在水溶液中也是强氧化剂。在酸性或碱性溶液中，Cl_2 都能将水和一些金属或化合物氧化。

3.6.3.9　$Cu\text{-}Cl^-\text{-}H_2O$ 系的电势-pCl 图

在 $Cl\text{-}H_2O$ 系中，除 pH 值外，Cl^- 的浓度也是一个重要的影响因素。因此，为了分析 Cl^- 浓度的影响，在一定的温度和一定的 pH 值条件下，绘制电势-pCl 图。

下面以 $Cu\text{-}Cl^-\text{-}H_2O$ 系为例，说明电势-pCl 图。其中

$$pCl = -\lg a_{Cl^-}$$

图 3.15 是 $Cu\text{-}Cl^-\text{-}H_2O$ 系的 φ-pCl 图。图中各线表示的反应及 φ-pCl 关系如下：

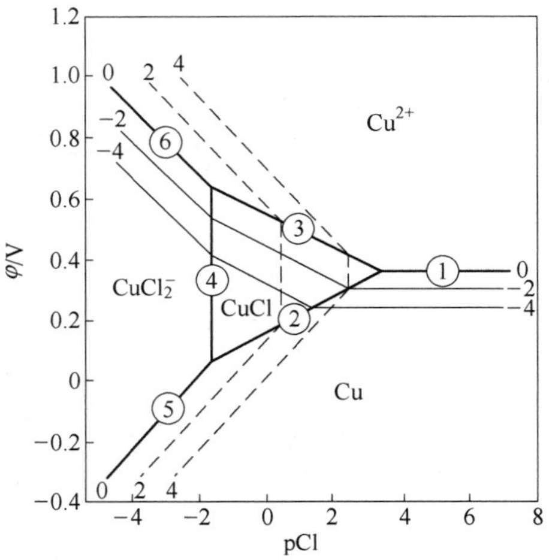

图 3.15　在 25℃，$Cu\text{-}Cl^-\text{-}H_2O$ 系的电势-pCl 图

（1）$Cu^{2+} + 2e = Cu$

$$\varphi = 0.345 + 0.0295\lg a_{Cu^{2+}}$$

（2）$CuCl + e = Cu + Cl^-$

$$\varphi = 0.124 + 0.0591pCl$$

（3）$Cu^{2+} + Cl^- + e = CuCl$

$$\varphi = 0.566 - 0.0591pCl + 0.0591\lg a_{Cu^{2+}}$$

（4）$CuCl + Cl^- = CuCl_2^-$

$$pCl = -1.19 - \lg a_{CuCl_2^-}$$

（5）$CuCl_2^- + e = Cu + 2Cl^-$

$$\varphi = 0.194 + 0.1182pCl + 0.0591\lg a_{CuCl_2^-}$$

（6）$Cu^{2+} + 2Cl^- + e = CuCl_2^-$

$$\varphi = 0.495 - 0.1182pCl + 0.0591\lg \frac{a_{Cu^{2+}}}{a_{CuCl_2^-}}$$

从图 3.15 可见，铜在溶液中存在的形态与 Cl^- 的浓度有关。Cl^- 达到一定浓度会生成不溶解的 CuCl。而 Cl^- 的浓度进一步增加，CuCl 生成 $CuCl_2^-$ 络离子而使 CuCl 溶解。

3.6.3.10　高温电势-pH 图

高温电势-pH 图的绘制方法与常温一样。只是在计算时，各物质的相关数据用高温的数据。

（1）$Ni\text{-}H_2O$ 系的电势-pH 图。$Ni\text{-}H_2O$ 系的反应为

1）$2H^+ + 2e = H_2$

$$\varphi = 0 - \frac{2.303RT}{F}\text{pH} - \frac{2.303RT}{zF}\lg\frac{p_{H_2}}{p^{\ominus}}$$

2) $4H^+ + O_2 + 4e \xlongequal{} 2H_2O$

$$\varphi = \varphi^{\ominus} - \frac{2.303RT}{F}\text{pH} - \frac{2.303RT}{4F}\lg\frac{p_{O_2}}{p^{\ominus}}$$

3) $Ni^{2+} + 2e \xlongequal{} Ni$

$$\varphi = \varphi^{\ominus} + \frac{2.303RT}{2F}\lg a_{Ni^{2+}}$$

4) $NiO(s) + 2H^+ + 2e \xlongequal{} Ni + H_2O$

$$\varphi = \varphi^{\ominus} - \frac{2.303RT}{F}\text{pH}$$

5) $Ni^{2+} + H_2O \xlongequal{} NiO + 2H^+$

$$\lg a_{Ni^{2+}} = \frac{\Delta G_m^{\ominus}}{2.303RT} - 2\text{pH}$$

6) $HNiO_2^- + 3H^+ + 2e \xlongequal{} Ni + 2H_2O$

$$\varphi = \varphi^{\ominus} - \frac{3 \times 2.303RT}{2F}\text{pH} + \frac{2.303RT}{2F}\lg a_{HNiO_2^-}$$

7) $NiO + H_2O \xlongequal{} HNiO_2^- + H^+$

$$\lg a_{HNiO_2^-} = -\frac{\Delta G_m^{\ominus}}{2.303RT} + \text{pH}$$

8) $Ni_3O_4 + 2H^+ + 2e \xlongequal{} 3NiO + H_2O$

$$\varphi = \varphi^{\ominus} - \frac{2.303RT}{F}\text{pH}$$

9) $3Ni_2O_3 + 2H^+ + 2e \xlongequal{} 2Ni_3O_4 + H_2O$

$$\varphi = \varphi^{\ominus} - \frac{2.303RT}{F}\text{pH}$$

10) $2NiO_2 + 2H^+ + 2e \xlongequal{} 2Ni_2O_3 + H_2O$

$$\varphi = \varphi^{\ominus} - \frac{2.303RT}{F}\text{pH}$$

11) $Ni_3O_4 + 8H^+ + 2e \xlongequal{} 3Ni^{2+} + 4H_2O$

$$\varphi = \varphi^{\ominus} - \frac{4 \times 2.303RT}{F}\text{pH} - \frac{3 \times 2.303RT}{2F}\lg a_{Ni^{2+}}$$

12) $Ni_2O_3 + 6H^+ + 2e \xlongequal{} 2Ni^{2+} + 3H_2O$

$$\varphi = \varphi^{\ominus} - \frac{3 \times 2.303RT}{F}\text{pH} - \frac{2.303RT}{F}\lg a_{Ni^{2+}}$$

13) $NiO_2 + 4H^+ + 2e \xlongequal{} Ni^{2+} + 2H_2O$

$$\varphi = \varphi^{\ominus} - \frac{2 \times 2.303RT}{F}\text{pH} - \frac{2.303RT}{F}\lg a_{Ni^{2+}}$$

14) $Ni_3O_4 + 2H_2O + 2e \xlongequal{\quad} 3HNiO_2^- + H^+$

$$\varphi = \varphi^{\ominus} + \frac{2.303RT}{2F}\mathrm{pH} - \frac{3 \times 2.303RT}{2F}\lg a_{HNiO_2^-}$$

温度 T 为 298K、373K、473K 和 573K，将相应温度的数据代入上面的 14 个方程，将得到结果绘制成 Ni-H_2O 系的电势-pH 图（图 3.16）。

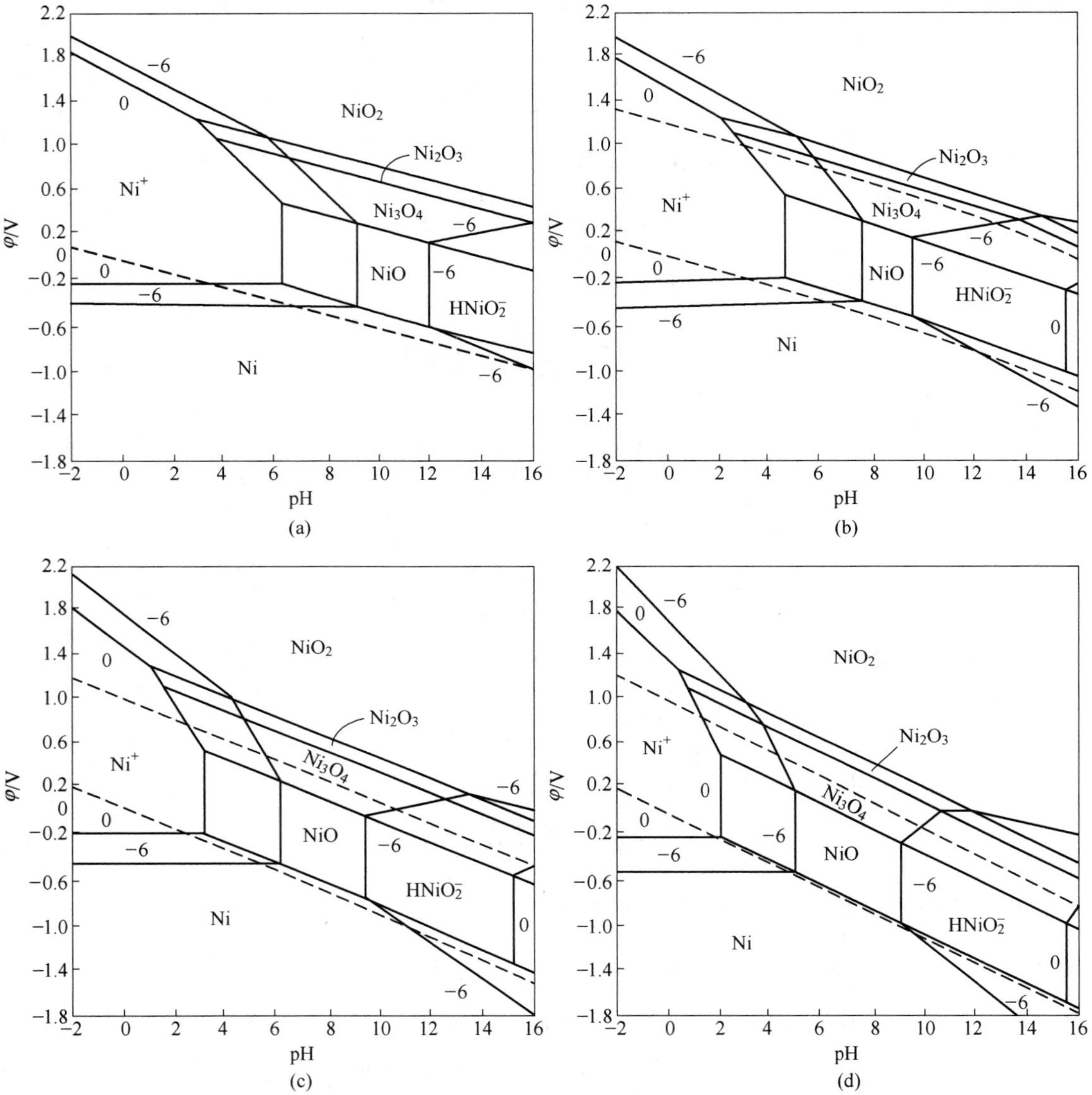

图 3.16 Ni-H_2O 系的电势-pH 图

(a) 298K；(b) 373K；(c) 473K；(d) 573K

由图 3.16 可见，随着温度的升高，在酸性范围内，镍的氧化物稳定性增大。在较大 pH 值，$HNiO_2^-$ 的稳定范围随着温度的升高而扩大。

(2) Cu-H_2O 系的电势-pH 图。在 373K，Cu-H_2O 系相应于前面 10 个反应的 φ 和 pH 的公式，为

1）$\varphi = 0.337 + 0.0370\lg a_{Cu^{2+}}$；

2）$\varphi = 0.435 - 0.0740pH$；

3）$\varphi = 0.241 + 0.0740pH + 0.0740\lg a_{Cu^{2+}}$；

4）$pH = 2.795 - 0.50\lg a_{Cu^{2+}}$；

5）$\varphi = 0.654 - 0.0740pH$；

6）$\varphi = 2.756 + 0.0740\lg a_{CuO_2^{2-}} - 0.2220pH$；

7）$\varphi = 1.596 + 0.0370\lg a_{CuO_2^{2-}} - 0.1480pH$；

8）$pH = 14.41 + 0.50\lg a_{CuO_2^{2-}}$；

9）$\varphi = 1.178 - 0.0740pH + 0.0185\lg \dfrac{p_{O_2}}{p^{\ominus}}$；

10）$\varphi = -0.0740pH - 0.0370\lg \dfrac{p_{H_2}}{p^{\ominus}}$。

在 423K 为：

1）$\varphi = 0.336 + 0.0420\lg a_{Cu^{2+}}$；

2）$\varphi = 0.411 - 0.0839pH$；

3）$\varphi = 0.266 + 0.0839pH + 0.0839\lg a_{Cu^{2+}}$；

4）$pH = 2.265 - 0.50\lg a_{Cu^{2+}}$；

5）$\varphi = 0.644 - 0.0839pH$；

6）$\varphi = 2.930 + 0.0839\lg a_{CuO_2^{2-}} - 0.2517pH$；

7）$\varphi = 1.671 + 0.0420\lg a_{CuO_2^{2-}} - 0.1676pH$；

8）$pH = 13.63 + 0.50\lg a_{CuO_2^{2-}}$；

9）$\varphi = 1.136 - 0.0839pH + 0.0210\lg \dfrac{p_{O_2}}{p^{\ominus}}$；

10）$\varphi = -0.0839pH - 0.0420\lg \dfrac{p_{H_2}}{p^{\ominus}}$。

将上面的方程作图，得到高温 Cu-H_2O 系电势-pH 图，如图 3.17 所示。

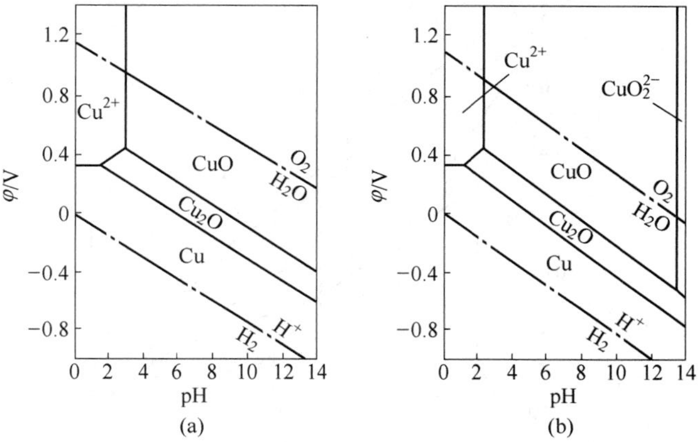

图 3.17 Cu-H_2O 系的高温电势-pH 图

（a）373K；（b）423K

用同样的方法可以绘制其他体系的电势-pH 图。图 3.18 和图 3.19 分别为 373K $S-H_2O$ 系和 $Fe-S-H_2O$ 系的电势-pH 图。

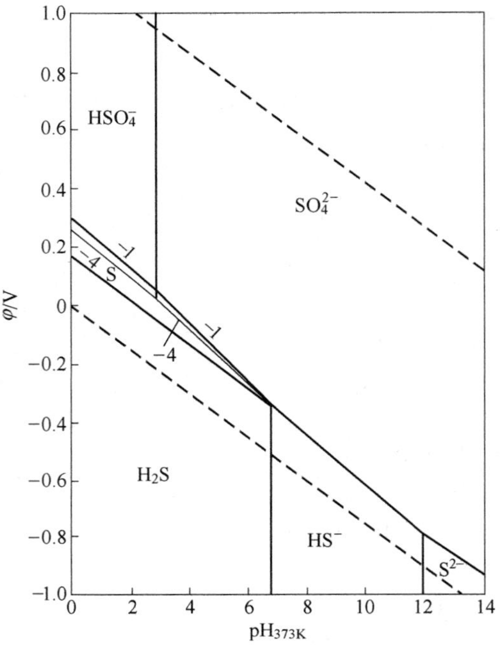

图 3.18 $S-H_2O$ 系的电势-pH 图（$T=373K$，$p=p^{\ominus}$）

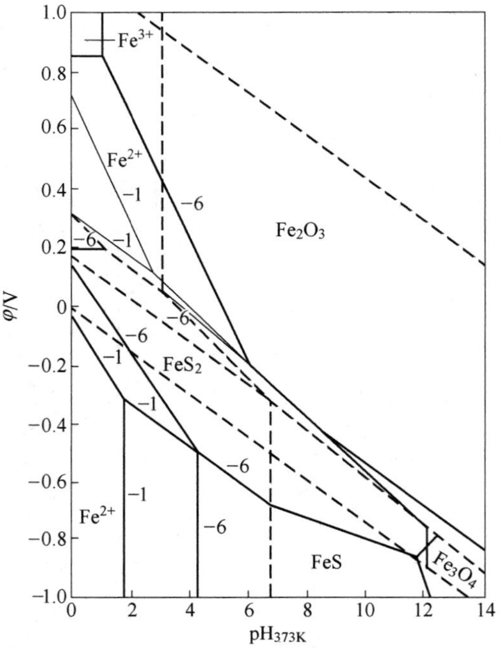

图 3.19 $Fe-S-H_2O$ 系的电势-pH 图（$T=373K$，$p=p^{\ominus}$）

习　　题

3-1　说明电解质溶液的离子活度、活度系数、平均活度和平均活度系数。

3-2　概述离子方程理论。

3-3　简述匹采理论及其发展。

3-4　说明离子水化理论。

3-5　说明弥散晶格理论。

3-6　何谓对比活度系数，有何应用？

4 传　质

4.1 扩　散

4.1.1 菲克第一定律

在等温等压条件下，体系中组元 i 的扩散通量与其浓度梯度成正比，有

$$J_{i,c} = -D_i \nabla c_i \tag{4.1}$$

式中，$J_{i,c}$ 为组元 i 在其浓度梯度方向上，相对于摩尔平均速度的摩尔通量，mol · m^2/s；D_i 为比例常数，称为组元 i 的扩散系数，单位为 m^2/s；c_i 为组元 i 的体积摩尔浓度。

此即菲克（Fick）第一定律，是菲克在 1858 年提出来的。

若以质量表示浓度，则有

$$J_{i,\rho} = -D_i \nabla \rho_i \tag{4.2}$$

式中，$J_{i,\rho}$ 为组元 i 的质量通量，单位为 $kg/(m^2 \cdot s)$；D_i 为比例常数，称为组元 i 的扩散系数，单位为 m^2/s；ρ_i 为组元 i 的密度，即单位体积组元 i 的质量，单位为 kg/m^3。

在非等温等压条件下，有

$$J_{i,x} = -cD_i \nabla x_i \tag{4.3}$$

式中，c 为所描写点位置全部组元的总物质的量浓度；x_i 为组元 i 的摩尔分数。

如果为等温条件，则式（4.3）成为式（4.1），即

$$J_{i,w} = -\rho D_i \nabla w_i \tag{4.4}$$

式中，ρ 为所描写点位置全部组元的总质量浓度；w_i 为组元 i 的质量分数。如果为等温条件，则式（4.4）成为式（4.2）。

式（4.1）~式（4.4）都是菲克第一定律的表达式。

菲克第一定律描述的是稳态扩散。所谓稳态扩散是体系内浓度与时间无关，只是空间坐标的函数，扩散流量是一恒量。

菲克第一定律适用于气体、液体和固体中的扩散。

如果体系的浓度不仅与空间坐标有关，还与时间有关，扩散流量随时间变化而变化，这叫非稳态扩散，不能用菲克第一定律描述。

4.1.2 菲克第二定律

在非稳态扩散过程中，体系各点的浓度既是空间坐标的函数，又是时间的函数。在等温等压条件下，有

$$\frac{\partial c_i}{\partial t} = D_i \nabla^2 c_i \tag{4.5}$$

和

$$\frac{\partial \rho_i}{\partial t} = D_i \nabla^2 \rho_i \tag{4.6}$$

式（4.5）和式（4.6）都是菲克第二定律的表达式，只是浓度表示不同。

菲克第二定律适用于气体、液体和固体中的扩散。

4.1.3 体系中流体流动

体系中组元 i 相对于静止坐标的流速为 $\boldsymbol{v}_i$，则在流动体系中组元 i 的摩尔通量为

$$\boldsymbol{J}_{i,c} = c_i(\boldsymbol{v}_i - \bar{\boldsymbol{v}}_{\mathrm{M}}) \tag{4.7}$$

式中，$\bar{\boldsymbol{v}}_{\mathrm{M}}$ 为体系的摩尔平均速度；$\boldsymbol{v}_i$ 为组元 i 的流速。

$$\bar{\boldsymbol{v}}_{\mathrm{M}} = \frac{\sum_{i=1}^{n} c_i \boldsymbol{v}_i}{\sum_{i=1}^{n} c_i} = \sum_{i=1}^{n} x_i \boldsymbol{v}_i$$

在流动体系中组元 i 的质量通量为

$$\boldsymbol{J}_{i,\rho} = \rho_i(\boldsymbol{v}_i - \bar{\boldsymbol{v}}_m) \tag{4.8}$$

式中

$$\bar{\boldsymbol{v}}_m = \frac{\sum_{i=1}^{n} \rho_i \boldsymbol{v}_i}{\sum_{i=1}^{n} \rho_i} = \sum_{i=1}^{n} w_i \boldsymbol{v}_i$$

$\bar{\boldsymbol{v}}_m$ 为体系的质量平均速度；$\boldsymbol{v}_i$ 为组元 i 的流速。

并有

$$c_i(\boldsymbol{v}_i - \bar{\boldsymbol{v}}_{\mathrm{M}}) = -cD_i \nabla x_i \tag{4.9}$$

得

$$c_i \boldsymbol{v}_i = -cD_i \nabla x_i + x_i \sum_{i=1}^{n} c_i \boldsymbol{v}_i \tag{4.10}$$

$$\boldsymbol{J}_{\mathrm{M}_i} = \boldsymbol{J}_{i,c} + x_i \sum_{i=1}^{n} \boldsymbol{J}_{\mathrm{M}_i} \tag{4.11}$$

以及

$$\rho_i(\boldsymbol{v}_i - \bar{\boldsymbol{v}}_m) = -\rho D_i \nabla w_i \tag{4.12}$$

$$\rho_i \boldsymbol{v}_i = -\rho D_i \nabla w_i + w_i \sum_{i=1}^{n} \rho_i \boldsymbol{v}_i \tag{4.13}$$

$$\boldsymbol{J}_{m,i} = \boldsymbol{J}_{i,\rho} + w_i \sum_{i=1}^{n} \boldsymbol{J}_{m,i} \tag{4.14}$$

由式（4.14）可见，质量通量由两部分构成。

将式（4.1）代入式（4.11），式（4.2）代入式（4.14），得

$$\sum_{i=1}^{n} \boldsymbol{J}_{i,x} = 0 \tag{4.15}$$

$$\sum_{i=1}^{n} \boldsymbol{J}_{i,w} = 0 \tag{4.16}$$

可见，n 个扩散流不是独立的。

体系内流体流动且体系内没有化学反应时，以体积摩尔数表示浓度，菲克第二定律写作

$$\frac{\partial c_i}{\partial t} = \nabla \cdot cD_i \nabla x_i - \nabla \cdot c_i \boldsymbol{v}_{\mathrm{M}} \tag{4.17}$$

以质量表示浓度，有

$$\frac{\partial \rho_i}{\partial t} = \nabla \cdot \rho D_i \nabla w_i - \nabla \cdot \rho_i \boldsymbol{v}_i \tag{4.18}$$

在非电解质流体体系中，组元 i 可以是原子、分子；在电解质体系中组元 i 是离子；在固体中组元 i 可以是原子、离子或电子。

4.1.4 体系中有电迁移的流体流动

若有电场存在，在单位时间、单位面积上通过的离子物质的量称为电迁移流量，有

$$J_{i,\mathrm{e}} = \pm c_i v_i = \pm c_i u_i E_{\mathrm{f}} \tag{4.19}$$

式中，c_i 为离子 i 的体积摩尔浓度；v_i 为离子 i 的运动速度；u_i 为离子 i 的淌度；E_{f} 为电场强度。对于阳离子，上式取正号，对于阴离子，上式取负号。

如果单位截面积上通过的总电流为 j，电迁移流量也可以表示为

$$J_{i,\mathrm{e}} = \frac{jt_i}{z_i F} \tag{4.20}$$

式中，t_i 为离子 i 的迁移数；z_i 为离子 i 的电荷数；F 为法拉第常数。

如果溶液中有浓度差，则有扩散传质。在 x 方向的扩散流量为

$$J_{i,d} = - D_i \frac{\mathrm{d}c_i}{\mathrm{d}x} \tag{4.21}$$

如果液体流动，溶液中的各组元会随着流动的流体一起移动。组元 i 在 x 方向的流量为

$$J_{i,c} = v_x c_i \tag{4.22}$$

x 方向为电场强度方向，即电流方向。

电流通过电极，在两极间三种传质过程都存在。因此，组元 i 的总流量为

$$J_i = J_{i,\mathrm{e}} + J_{i,d} + J_{i,c} = \frac{jt_i}{z_i F} - D_i \frac{\mathrm{d}c_i}{\mathrm{d}x} + v_x c_i \tag{4.23}$$

对于某种离子 i，其总流量应该等于在电极反应的该离子的量。

4.1.5 扩散系数

4.1.5.1 气体的扩散系数

由 A、B 两种气体组成的混合气体，组元 A 在某一方向的扩散流密度等于组元 B 在相

反方向的扩散流密度。因此，两者的扩散系数相等，有

$$D_A = D_B = D_{AB} \tag{4.24}$$

式中，D_A 为气体 A 经过气体 B 的扩散系数；D_B 为气体 B 经过气体 A 的扩散系数；D_{AB} 为互扩散系数。

对于非极性分子组成的二元系，扩散系数公式为

$$D_A = \frac{0.001858T^{\frac{3}{2}}\left(\frac{1}{M_A} + \frac{1}{M_B}\right)^{\frac{1}{2}}}{p\sigma_{AB}^2\Omega_D} \tag{4.25}$$

式中，D_A 为扩散系数，cm^2/s；T 为绝对温度，K；M_A 和 M_B 分别为气体 A 和 B 的相对分子质量；p 为绝对压力，MPa；σ_{AB} 是 A、B 分子的碰撞直径，10^{-1}nm，它是势能的函数；Ω_D 为碰撞积分，它是一个 A 分子和一个 B 分子间势场的函数，也是温度的函数，随温度升高而减小，为无因次数。

由多于两种气体组成的混合气体，组元 j 的扩散系数为

$$D_j = \frac{1}{\sum_{i=1}^{n} x_i^j / D_{ji}} \tag{4.26}$$

式中，D_j 为组元 j 在混合气体中的扩散系数；x_i^j 为混合气体中不考虑组元 j 的组元 i 的摩尔分数；D_{ji} 为组元 j 在 i-j 二元系气体中的扩散系数。

4.1.5.2　液体的扩散系数

A　非电解溶液的扩散系数

非电解溶液的扩散系数的斯托克斯-爱因斯坦（Stoks-Einstein）公式为

$$D_{AB} = \frac{k_B T}{6\pi r_A \eta_B} \tag{4.27}$$

式中，D_{AB} 为 A 在稀溶液中对溶剂 B 的扩散系数；k_B 为玻耳兹曼常数；T 为绝对温度；r_A 为溶质 A 的半径；η_B 为溶剂 B 的黏度。式（4.27）也适用于大分子和胶体粒子在连续介质中的扩散。

极性分子、缔合分子液体的扩散系数的公式为

$$D_{AB} = \frac{k_B T}{4\pi r_A \eta_B} \tag{4.28}$$

这是萨瑟兰德修正的斯托克斯-爱因斯坦公式。

B　电解质溶液的扩散系数

在极稀的电解质水溶液中，单一盐的扩散系数适用能斯特-哈斯克尔（Nernst-Haskell）公式：

$$D_{AB}^0 = \frac{RT(1/n_+ + 1/n_-)}{F^2(1/\lambda_+^0 + 1/\lambda_-^0)} \tag{4.29}$$

式中，D_{AB}^0 为在极稀电解质溶液中，单一盐 A 对溶剂水的扩散系数；λ_+^0 和 λ_-^0 为在温度 T 时阳离子和阴离子的极限离子电导；F 为法拉第常数；R 为气体常数；n_+ 和 n_- 分别为阳离子和阴离子的价数。

4.1.5.3　固体的扩散系数

A　纯固体物质中的扩散系数

在纯固体中，原子、分子或离子的迁移距离大于晶格常数，发生的扩散叫做自扩散。自扩散系数满足爱因斯坦方程

$$D_i^* = B_i^* kT \tag{4.30}$$

式中，D_i^* 为物质 i 的自扩散系数；B_i^* 表示物质 i 在无任何外力场或化学势梯度驱动下，由于内部结构而迁移的能力，是与物质 i 自扩散相应的“淌度”。

B　非纯固体的扩散系数

固体的扩散系数公式为

$$D = D_0 \exp\left(-\frac{E}{RT}\right) \tag{4.31}$$

式中，E 为扩散活化能；D_0 为常数。

由式（4.31）可知，扩散系数 D 是由 D_0、E 和温度 T 决定的。因此，温度 T 和凡是能影响 D_0、E 的因素都会影响扩散系数，都会影响扩散过程。

C　影响固体中扩散系数的因素

a　温度的影响

扩散系数与温度呈指数关系。温度对扩散系数有很大的影响，温度越高，原子能量越大，越容易迁移，扩散系数越大。例如，1027℃时碳在 γ 铁中的扩散系数是 927℃时的 3 倍多。

将式（4.27）取对数，得

$$\ln D = \ln D_0 - \frac{E}{RT} \tag{4.32}$$

可见，$\ln D$ 与 $\frac{1}{T}$ 呈直线关系，$\ln D_0$ 为截距，$-\frac{E}{R}$ 为斜率。

图 4.1 给出了金在铅中的扩散系数与温度的关系。将直线外延到 $\frac{1}{T}=0$，可得

$$\ln D = \ln D_0 \tag{4.33}$$

$$D_0 = \lim_{T \to \infty} D \tag{4.34}$$

$$\tan\alpha = -\frac{E}{R} \tag{4.35}$$

$$E = -R\tan\alpha \tag{4.36}$$

可见，可以由实验确定 D_0 和 E 的值。

b　晶体结构的影响

晶体结构对扩散有明显的影响。通常在密堆积结构中的扩散比在非密堆积结构中的扩散慢。

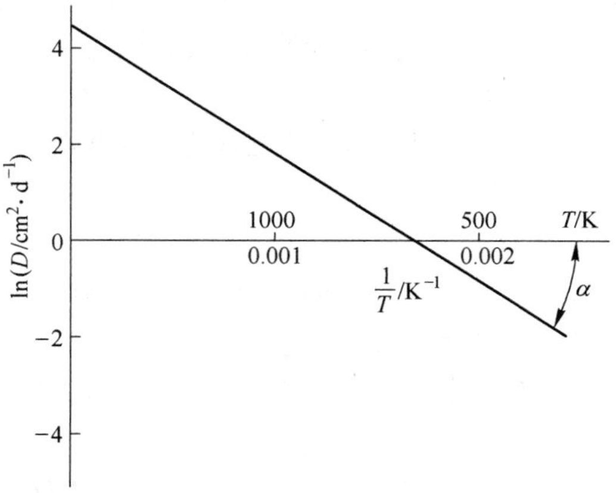

图 4.1　金在铅中的扩散系数与温度的关系

c　短路扩散

实际晶体中存在的晶界、晶面、表面和位错都会影响物质的扩散。沿表面、界面和位

错等缺陷部位的扩散称为短路扩散。实验结果表明，多晶的扩散系数大于单晶的扩散系数。这表明，通过缺陷部位的扩散比通过晶格扩散容易。沿晶格、晶界、表面的扩散系数分别为

$$D_v = D_v^0 \exp\left(-\frac{E_v}{k_B T}\right) \tag{4.37}$$

$$D_b = D_b^0 \exp\left(-\frac{E_b}{k_B T}\right) \tag{4.38}$$

$$D_s = D_s^0 \exp\left(-\frac{E_s}{k_B T}\right) \tag{4.39}$$

式中，D_v、D_b、D_s 分别表示沿晶格、晶界、表面的扩散系数；E_v、E_b、E_s 为相应的扩散活化能。

在熔点附近，E_v 较小，所以高温条件下显不出晶界的作用，即高温条件下晶格扩散起主要作用。低温条件下短路扩散起主要作用。两者的转变温度为 $0.75 \sim 0.80T_m$，T_m 为晶体的熔点。

（1）沿晶界扩散对结构敏感。在温度一定的条件下，晶粒越小，晶界扩散越显著。晶界扩散还与晶粒位相、晶界结构以及晶界上存在的杂质有关。

（2）沿晶界扩散的深度与晶界两侧晶粒间的位相差（用夹角 θ 表示）有关。

（3）过饱和空位和位错对扩散有显著影响。

D　离子晶体的扩散系数

在离子晶体中，离子的扩散系数公式为

$$D = \frac{1}{2} a^2 v \exp\left(-\frac{E_a}{k_B T}\right) \tag{4.40}$$

式中，a 为离子从晶格位置跃迁到空位或从间隙位置跃迁到间隙位置的距离；v 为平均漂移速率；E_a 为活化能。

（1）扩散系数与电导率的关系为

$$\lambda = D \frac{nq^2}{k_B T} \tag{4.41}$$

式中，λ 为电导率；D 为扩散系数；q 为每个载流子的电量；n 为载流子密度；k_B 为玻耳兹曼常数；T 为热力学温度。

（2）扩散系数与离子迁移率的关系为

$$D = \frac{U}{q} k_B T = B k_B T \tag{4.42}$$

式中，U 为离子的淌度；B 为离子绝对迁移率。

4.1.6　扩散系数与活度系数的关系

确切地说，扩散传质的推动力应该是化学势梯度。设多元系中组元 i 的淌度为 u_i，则 x 方向上组元 i 的摩尔扩散速度为

$$v_{ix} - v_{Mx} = -u_i \frac{d\mu_i}{dx} \tag{4.43}$$

摩尔扩散通量为

$$J_{ix} = c_i(v_{ix} - v_{Mx}) = -c_i u_i \frac{d\mu_i}{dx} \tag{4.44}$$

在等温等压条件下，由

$$\mu_i = \mu_i^{\ominus} + RT\ln a_i \tag{4.45}$$

得

$$\frac{d\mu_i}{dx} = RT\frac{d\ln a_i}{dx} \tag{4.46}$$

式中，a_i 为组元 i 的活度，与标准状态选择有关。

将式（4.46）代入式（4.44），得

$$J_{ix} = c_i u_i RT\frac{d\ln a_i}{dx} \tag{4.47}$$

与菲克定律相比较，得

$$cD_i\frac{dx_i}{dx} = c_i u_i RT\frac{d\ln a_i}{dx}$$

$$D_i = u_i RT\left(1 + \frac{d\ln \gamma_i}{d\ln x_i}\right) \tag{4.48}$$

式（4.48）给出扩散系数与活度系数之间的关系。由式（4.48）可见，当 $d\ln\gamma_i/dx_i < -1$ 时，$D_i < 0$，则发生反向扩散，即组元 i 由浓度低向浓度高的方向扩散。这种现象叫做爬坡扩散。

在实际溶液中，活度系数与溶液组成有关。由式（4.48）可见，扩散系数也与溶液组成有关，随溶液的浓度改变而变化。只有理想溶液

$$\frac{d\ln\gamma_i}{d\ln x_i} = 0$$

$$D_i = u_i RT \tag{4.49}$$

扩散系数与浓度无关。式（4.49）称为能斯特-爱因斯坦（Nernst-Einstein）公式。

4.1.7 反应-扩散方程

在一体系中，既有化学反应，又有扩散过程，描写体系组元 i 变化的方程为反应-扩散方程。

$$\frac{\partial c_i}{\partial t} = -\nabla\cdot \boldsymbol{J}_i + \sum_{j=1}^{r} v_{ij} j_j \quad (i = 1,\ 2,\ \cdots,\ n) \tag{4.50}$$

式中，r 为独立化学反应的个数；i 为参与化学反应和扩散的组元。参与化学反应的组元 i 和扩散的组元 i 在同一相中，但不要求参与同一化学反应的其他组元都在同一相中。

4.2 对流传质

对流传质是指运动的流体和与其相接触的界面之间的传质。对流传质可以发生在固体

和流体之间的界面，也可以发生在两个不相溶解（或相互溶解很少）的流体之间的界面。对流传质也是分子的扩散。对流传质不仅与传输性质（如扩散系数）有关，还与流体的性质和流动有关。

对流有自然对流和强制对流。自然对流是由流体本身的密度差异、浓度差异或温度差异引起的流体流动；强制对流是由外界的作用所引起的流体流动。因此，对流传质也有自然对流传质和强制对流传质。

本节主要讨论对流传质，但也会涉及动量和热量的对流传递。

4.2.1 对流传质与流体的流动特性

4.2.1.1 对流传质的传质速率

A 对流传质的传质速率表达式

对流传质的传质速率为

$$J_A = k_A \Delta c_A \tag{4.51}$$

式中，J_A 为组元 A 的传质通量，mol/(s · cm^2)；Δc_A 为组元 A 在界面上和流体内部的浓度差，mol/cm^3；k_A 是组元 A 的对流传质系数，cm/s，k_A 不仅与组元 A 的性质有关，还与流体的流动特性有关。

流体流经固体表面，固体表面的溶质 A 会由固体向流体传递。设固体表面上 A 的浓度为 c_{AS}，流体本体中 A 的浓度为 c_{Ab}，则固体表面和流体本体间的传质可写作

$$J_A = k_A (c_{AS} - c_{Ab}) \tag{4.52}$$

B 对流传质与扩散传质的关系

由于在固体表面上的传质是以分子扩散的形式进行的，所以其传质也可写为

$$J_A = -D_A \left.\frac{dc_A}{dx}\right|_{x=0} \tag{4.53}$$

若固体表面上 A 的浓度 c_{AS} 为常数，则上式可写作

$$J_A = -D_A \left.\frac{d}{dx}(c_A - c_{AS})\right|_{x=0} \tag{4.54}$$

比较式（4.48）和式（4.50），得

$$k_A (c_{AS} - c_{Ab}) = -D_A \left.\frac{d}{dx}(c_A - c_{AS})\right|_{x=0} \tag{4.55}$$

整理，得

$$\frac{k_C}{D_A} = \frac{-\left.\frac{d}{dx}(c_A - c_{AS})\right|_{x=0}}{c_{AS} - c_{Ab}} \tag{4.56}$$

将方程两边同乘体系的特征尺寸 L，得出无因次式

$$\frac{k_C L}{D_A} = \frac{-\left.\frac{d}{dx}(c_A - c_{AS})\right|_{x=0}}{\frac{c_{AS} - c_{Ab}}{L}} \tag{4.57}$$

式（4.57）的右边为界面上的浓度梯度与总浓度梯度之比，也是扩散传质阻力与对流传质阻力之比。式中

$$Nu = Sh = \frac{k_C L}{D_A} \tag{4.58}$$

称为传质的努塞尔（Nusselt）数或谢伍德（Sherwood）数。

4.2.1.2 *层流和湍流*

根据流体的流动特性，流体的流动可分为层流和湍流（或紊流）两种状态。流速较低时为层流，流速达到某一数值则变为湍流。两种状态转变的临界速度值 v_c 与流体的黏度、密度和容器的尺寸有关，可以表示为

$$v_c = Re_c \frac{\eta}{\rho L} \tag{4.59}$$

式中，v_c 为流体的临界速度；η 为流体的黏度；ρ 为流体的密度；L 为容器的尺寸，对于圆管就是管子的直径；Re_c 为比例系数，称为临界雷诺（Reynolds）数，是无因次数。雷诺数可以表示为

$$Re = \frac{v\rho L}{\eta} = \frac{vL}{\eta_m} \tag{4.60}$$

式中，η_m 为流体的运动黏度，$\eta_m = \frac{\eta}{\rho}$；$Re$ 为雷诺数；v 为流体的流速。

当 v 等于 v_c 时，则 $Re = Re_c$，即为临界状态雷诺数的值。

雷诺数是惯性力 $v\rho$ 和黏滞力 η 的比值。当黏滞力影响大时，流体的流动受黏滞力控制，做层状的平行滑动，即为层流；当惯性力影响大时，流体的流动受惯性力控制，流体内部产生旋涡，即为湍流，也称作紊流。若两种力的影响相近，则流体的流动处于过渡状态。

流体在圆管内流动，$Re < 2300$ 为层流，$Re > 13800$ 为湍流，$2300 < Re < 13800$ 为过渡状态。

层流在流动方向上，流体中的传质体运动贡献大；但在垂直于流动方向上，没有体运动，只有分子扩散一种传质方式。湍流在流动方向和垂直于流动方向上，流体中都有体运动引起的传质。

4.2.2 边界层

1909 年，普兰特（Prandtl）提出边界层的概念。边界层有速度边界层、浓度边界层和温度边界层，下面阐述速度边界层。

当可压缩的流体流过固体壁表面，流体的本体流速为 v_b，固体壁表面处流体的流速为零。由于流体的黏滞作用，在靠近固体壁表面处有一速度逐渐降低的薄层，称为速度边界层。定义从固体壁表面流体的流速为零的位置到流速为流体本体速度的 99%的位置之间的距离叫做速度边界层厚度，以 δ 表示。

在速度边界层中流体的流动也有层流和湍流两种情况。当流体流过平板时，如果流体的流速较小，平板的长度也不大，则在平板的全长上只形成层流边界层。如果流体的流速大，平板的长度较长，则在平板的全长上形成由层流边界层向湍流边界层的过渡。图 4.2

是在湍流强制对流的条件下，在平板上形成的速度边界层示意图。在平板起始部分形成层流边界层段，其厚度用 δ_L 表示；沿着流动方向，紧接层流边界层是过渡段，再向前形成湍流边界层段，其厚度用 δ_{tur} 表示；在湍流边界层内紧贴平板表面的底层，还有一很薄的层流底层（或称层流亚层），以 δ_{sub} 表示。

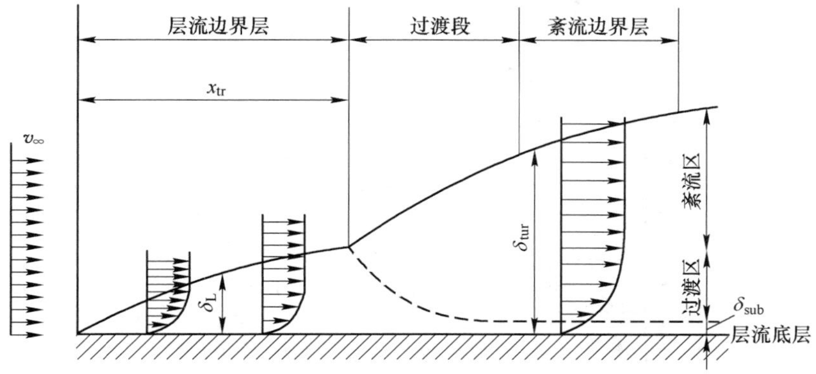

图 4.2 在平板上形成速度边界层的示意图

从层流边界层过渡为湍流边界层时，边界层厚度突然增大，边界层流体中内摩擦应力也骤然增加。由层流边界层过渡为湍流边界层的点（叫过渡点）距平板前缘的距离 x_{tr} 通过专门定义的雷诺数来确定，即

$$Re_{tr} = \frac{x_{tr} v_b}{\eta_m} \tag{4.61}$$

4.2.3 相间传质理论

关于两相间的传质机理，人们进行了许多研究，提出以下几种理论。

4.2.3.1 溶质渗透理论

1935 年，黑碧（Higbie）提出溶质渗透理论。该理论认为，两相间的传质是靠流体中的微元体短暂、重复地与界面接触实现的。如图 4.3 所示，流体 1 与流体 2 相互接触，由于自然对流或湍流的原因，流体 2 中的某些组元被带到界面与流体 1 相接触。如果流体 1 中某组元的浓度大于流体 2 该组元的浓度，则流体 1 中该组元就向流体 2 的微元体中迁移。经过一段时间 t_e 以后，该微元体离开界面，回到流体 2 内，另一微元体到达界面，重复上述的传质过程。这就实现了两相间的传质过程。微元体在界面处停留的时间 t_e 为微元体的寿命。由于微元体的寿命很短，组元渗透到微元体中的深度小于微元体的厚度，还来不及建立起稳态扩散，可以当作一维半无穷大的非稳态扩散过程处理。设流体边界层为一维，微分方程为

$$\frac{\partial c}{\partial t} = D\frac{\partial^2 c}{\partial x^2} \tag{4.62}$$

初始条件和边界条件为

$$t = 0,\ x \geqslant 0,\ c = c_b$$
$$0 \leqslant t \leqslant t_e,\ x = 0,\ c = c_s$$

$$x = \infty , \quad c = c_b$$

其中，c_b 为传输组元在流体 2 中的浓度；c_s 为被传输组元在界面上的浓度，即在流体 1 中的浓度。对于半无限大的非稳态扩散，菲克第二定律的解为

$$\frac{c - c_b}{c_s - c_b} = 1 - \mathrm{erf}\left(\frac{x}{2\sqrt{Dt}}\right)$$

$$c = c_s - (c_s - c_b)\,\mathrm{erf}\left(\frac{x}{2\sqrt{Dt}}\right) \tag{4.63}$$

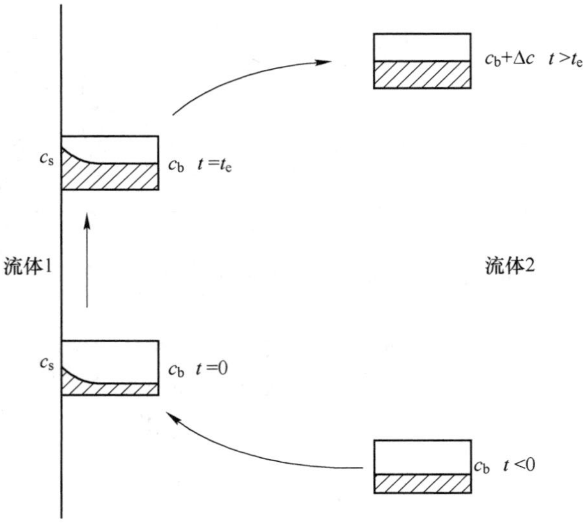

图 4.3 溶质渗透理论示意图

在界面处 $x = 0$，被传输组元的扩散速度为

$$J = -D\left(\frac{\partial c}{\partial x}\right)_{x=0} = D(c_s - c_b)\left[\frac{\partial}{\partial x}\left(\mathrm{erf}\,\frac{x}{2\sqrt{Dt}}\right)\right]_{x=0} = D(c_s - c_b)\frac{1}{\sqrt{\pi D t}} = \sqrt{\frac{D}{\pi t}}(c_s - c_b) \tag{4.64}$$

在微元体的寿命时间 t_e 内，平均扩散速度为

$$\bar{J} = \frac{1}{t_e}\int_0^{t_e}\sqrt{\frac{D}{\pi t}}(c_s - c_b)\,\mathrm{d}t = 2\sqrt{\frac{D}{\pi t_e}}(c_s - c_b) \tag{4.65}$$

与传质系数的定义相比较，得

$$k_e = 2\sqrt{\frac{D}{\pi t_e}} \tag{4.66}$$

即传质系数 k_e 与扩散系数 D 的平方根成正比。这比较符合实际情况，一般认为 D 的幂次为 $\frac{1}{2} \sim \frac{3}{4}$。由于 t_e 难知晓，所以黑碧理论不能预估传质系数。

4.2.3.2 *表面更新理论*

1951 年，丹克沃兹（Danckwerts）对黑碧的理论进行了修正，认为流体 2 中的各微元与流体 1 的接触时间，即在界面处停留时间是各不相同的，其值在 0 ~ ∞ 之间且服从统

计分布规律。

设 φ_t 为界面上流体 2 的微元体面积的寿命分布函数，表示界面上寿命为 t 的微元体面积占总微元体面积的分数，应有

$$\int_0^\infty \varphi_t \mathrm{d}t = 1 \tag{4.67}$$

以 S 表示表面更新率，即在单位时间内更新的微元体的表面积与在界面上总微元体的表面积比例。在 t 到 $t + \mathrm{d}t$ 的时间间隔内，未被更新的面积为 $\varphi_t \mathrm{d}t(1 - S\mathrm{d}t)$，此数值应等于寿命为 $t + \mathrm{d}t$ 的微元体面积 $\varphi_{t+\mathrm{d}t}\mathrm{d}t$，因此

$$\varphi_t \mathrm{d}t(1 - S\mathrm{d}t) = \varphi_{t+\mathrm{d}t}\mathrm{d}t$$

$$\varphi_{t+\mathrm{d}t}\mathrm{d}t - \varphi_t = -\varphi_t S\mathrm{d}t$$

$$\frac{\mathrm{d}\varphi_t}{\varphi_t} = -S\mathrm{d}t \tag{4.68}$$

设 S 为一常数，则

$$\varphi_t = A\mathrm{e}^{-St} \tag{4.69}$$

式中，A 为积分常数，代入式（4.67）得

$$\int_0^\infty A\mathrm{e}^{-S't}\mathrm{d}t = 1 \tag{4.70}$$

$$\frac{A}{S}\int_0^\infty \mathrm{e}^{-St}\mathrm{d}(St) = 1 \tag{4.71}$$

而

$$\int_0^\infty \mathrm{e}^{-St}\mathrm{d}(St) = 1 \tag{4.72}$$

故

$$\frac{A}{S} = 1 \tag{4.73}$$

即

$$A = S \tag{4.74}$$

代入式（4.65），得

$$\varphi_t = S\mathrm{e}^{-St} \tag{4.75}$$

式（4.64）中的扩散速度 J 是对微元体寿命为 t 的传质速度。因此，对于寿命为由零到无穷大的微元体的总传质速度为

$$J = \int_0^\infty J_t \varphi_t \mathrm{d}t = \int_0^\infty \sqrt{\frac{D}{\pi t}}(c_\mathrm{s} - c_\mathrm{b})S\mathrm{e}^{-St} = \sqrt{DS}(c_\mathrm{s} - c_\mathrm{b}) \tag{4.76}$$

根据传质系数的定义，得

$$k_\mathrm{e} = \sqrt{DS} \tag{4.77}$$

由于表面更新率 S 难以确定，所以不能预估传质系数 k_e 值。

4.2.3.3 双膜传质理论

1924 年，路易斯（Lewis）和惠特曼（Wvhitman）提出双膜传质理论。该理论认为：在互相接触的两个流体相的界面两侧，都存在一层薄膜。物质从一个相进入另一个相的传质阻力主要在界面两侧的薄膜内。扩散组元穿过两相界面没有阻力。在每个相内部，被传

输组元的传输速度，对液体而言与该组元在液体内和界面处的浓度差成正比；对气体而言与该组元在气体内和界面处的分压差成正比。薄膜中的流体是静止的，不受流体内部流动状态的影响。各相中的传质是独立进行的，互不影响。

下面以气液两相间的传质为例进行讨论。假设组元 i 由液相传入气相。则有

$$J_{il} = k_l(c_{ib} - c_{is}) \tag{4.78}$$

$$J_{ig} = k_g(p_{is} - p_{ib}) \tag{4.79}$$

式中，c_{ib} 和 c_{is} 分别为组元 i 在液相本体中和液相一侧界面上的浓度差；p_{is} 和 p_{ib} 分别为组元 i 在气相一侧界面上和气相本体中的分压；k_l 和 k_g 分别为组元 i 在液相和气相中的传质系数，且有

$$k_e = \frac{D_{il}}{\delta_l} \tag{4.80}$$

$$k_g = \frac{D_{ig}}{RT\delta_g} \tag{4.81}$$

式中，D_{il}、D_{ig} 为组元 i 在液体、气体中的扩散系数；δ_l、δ_g 为液相侧和气相侧薄膜的厚度。

在稳态条件下，第一相中的物质流等于第二相的物质流。即

$$J_{il} = J_{ig} \tag{4.82}$$

$$k_l(c_{ib} - c_{is}) = k_g(p_{is} - p_{ib}) \tag{4.83}$$

$$\frac{k_l}{k_g} = \frac{p_{is} - p_{ib}}{c_{ib} - c_{is}} \tag{4.84}$$

界面上组元 i 的浓度 c_{is} 和压力 p_{is} 难以测量，实际上需应用流体本体相的浓度 c_{ib} 和压力 p_{ib} 计算总传质系数。而有

$$J_i = K_L(c_{ib} - c_{ig}^*) \tag{4.85}$$

或

$$J_i = K_{CT}(p_{il}^* - c_{ib}) \tag{4.86}$$

式中，c_{ib} 为液相中组元 i 的温度；c_{ig}^* 为气相中与气相分压 p_{ib} 相平衡的组元 i 的浓度；p_{il}^* 为与 c_{ib} 相平衡的组元 i 的分压；p_{ib} 为气相中组元 i 的分压。

如果界面上组元 i 的压力与其浓度之间呈线性关系，即

$$p_{is} = mc_{is} \tag{4.87}$$

则有

$$p_{ib} = mc_{ig}^* \tag{4.88}$$

$$p_{il}^* = mc_{ib} \tag{4.89}$$

将式（4.85）改写为

$$\frac{1}{K_L} = \frac{c_{ib} - c_{is}}{J_{Mi}} + \frac{c_{is} - c_{ig}^*}{J_{Mi}} = \frac{c_{ib} - c_{is}}{J_{Mi}} + \frac{p_{is} - p_{ib}}{mJ_{Mi}} = \frac{1}{k_l} + \frac{1}{mk_g} \tag{4.90}$$

后一步利用了式（4.87）和式（4.88）。同理可得

$$\frac{1}{K_G} = \frac{1}{k_g} + \frac{m}{k_l} \tag{4.91}$$

由上两式可知，每个相的阻力的相对大小与气体的溶解速度有关。若 m 很小，气相阻力与其体系的总阻力基本相等，传质阻力主要在气相，这样的体系称为气相控制体系；

若 m 很大，以至于气相的传质阻力可以省略，总的传质阻力主要在液相，这样的体系称为液相控制体系。前者如溶有氨的水溶液，后者如溶有二氧化碳的水溶液。在 m 值不算大也不算小的情况下，总的传质阻力由两相共同决定。

在应用双膜理论时，需注意下列几点：

（1）传质系数 k_l、k_g 与扩散组元的性质、扩散组分所通过的相的性质有关，还与相的流动状况有关。总传质系数 k_G、k_L 只能在与测定条件相类似的情况下使用，而不能外推到其他浓度范围。除非在所使用的浓度范围内 m 为常数（这时 k_G 或 k_L 也为常数）。

（2）对于两个互不相混的液体体系，m 就是扩散组元在两个液相中的分配系数。

（3）单独的传质系数 k_l、k_g 一般是在其相应的相的传质阻力为控制步骤时测得，与二相阻力都起作用的 k_l、k_g 不同。

（4）在下列情况下，传质过程会变得复杂：

1）界面上存在表面活性物质，引起附加的传质阻力。

2）界面上产生湍流或者微小的扰动会使 k_l、k_g 值变大。

3）界面上发生化学反应会使 k_l、k_g 变大。

4.2.4 传质的微分方程

前面分别讨论了扩散传质和对流传质。在实际过程中，还有随流体流动一同传输的物质，而且在体系内还可能伴随有化学反应，也会有某些组元的生成和减少。因此，需要对这些情况做综合考虑。

4.2.4.1 质量守恒方程

A 以质量为单位表示的质量守恒方程

在体系的某一体积元内，物质 i 的质量改变可以由化学反应和相邻体积元间的物质交换引起。可以写作

$$\mathrm{d}m_i = \mathrm{d_e}m_i + \mathrm{d_i}m_i \tag{4.92}$$

式中，$\mathrm{d_e}m_i$ 为由于物质交换在某体积元内引起的物质 i 的改变量；$\mathrm{d_i}m_i$ 为由于化学反应所引起的某体积元内物质 i 的改变量。

体积为 V 的开放体系，体积 V 内组元 i 的质量变化率，应等于单位时间内通过表面 $\boldsymbol{\Omega}$ 流入体积 V 内的组元 i 的质量与在体积 V 内发生化学反应所产生的组元 i 的质量之和。即

$$\frac{\mathrm{d}}{\mathrm{d}t}\int_V \rho_i \mathrm{d}V = \int_V \frac{\partial \rho_i}{\partial t}\mathrm{d}V = -\int_\Omega \rho_i \boldsymbol{v}_i \cdot \mathrm{d}\boldsymbol{\Omega} + \int_V j_i \mathrm{d}V \tag{4.93}$$

式中，$\boldsymbol{v}_i$ 为 i 组元的流速；面积元 $\mathrm{d}\boldsymbol{\Omega}$ 是大小为 $\mathrm{d}\boldsymbol{\Omega}$ 而方向与体积 V 表面垂直（法线方向）的面积矢量，以指向体积 V 外的方向为正；j_i 为单位体积内化学反应所产生的组元 i 的质量。

将高斯（Gauss）定理应用于式（4.93）等号右边的第一项，则有

$$\int_\Omega \rho_i \boldsymbol{v}_i \cdot \mathrm{d}\boldsymbol{\Omega} = \int_V \nabla \cdot \rho_i \boldsymbol{v}_i \mathrm{d}V \tag{4.94}$$

将式（4.91）代入式（4.90），得

$$\int_V \frac{\partial \rho_i}{\partial t}\mathrm{d}V = -\int_\Omega \rho_i \boldsymbol{v}_i \cdot \mathrm{d}\boldsymbol{\Omega} + \int_V j_i \mathrm{d}V = \int_V (-\nabla \cdot \rho_i \boldsymbol{v}_i + j_i)\mathrm{d}V \tag{4.95}$$

所以

$$\frac{\partial \rho_i}{\partial t} = -\nabla \cdot \rho_i \boldsymbol{v}_i + j_i \tag{4.96}$$

此即组元 i 的质量守恒方程。

将方程（4.92）对所有组元求和，

$$左边 = \sum_{i=1}^{n} \frac{\partial \rho_i}{\partial t} = \frac{\partial}{\partial t}\sum_{i=1}^{n}\rho_i = \frac{\partial \rho}{\partial t} \tag{4.97}$$

$$右边 = -\sum_{i=1}^{n} \nabla \cdot \rho_i \boldsymbol{v}_i + \sum_{i=1}^{n} j_i = -\nabla \cdot \sum_{i=1}^{n}\rho_i \boldsymbol{v}_i = -\nabla \cdot \rho \sum_{i=1}^{n}\rho_i \boldsymbol{v}_i/\rho = -\nabla \cdot \rho \boldsymbol{v}_{\mathrm{m}} \tag{4.98}$$

式中，ρ 为流体的密度；$\sum_{i=1}^{n} j_i = 0$，为由化学反应的质量守恒定律所得；$\boldsymbol{v}_{\mathrm{m}} = \sum_{i=1}^{n}\rho_i \boldsymbol{v}_i/\rho$ 为质心速度（即质量平均速度）。

比较式（4.93）和式（4.94），得

$$\frac{\partial \rho}{\partial t} = -\nabla \cdot \rho \boldsymbol{v}_{\mathrm{m}} \tag{4.99}$$

此即总的质量守恒方程，即连续性方程。

若体系的总浓度不随时间变化，则有

$$\frac{\partial \rho}{\partial t} = 0 \tag{4.100}$$

$$-\nabla \cdot \rho \boldsymbol{v}_{\mathrm{m}} = 0 \tag{4.101}$$

由式（4.13）和式（4.14）得

$$\boldsymbol{j}_{\mathrm{m}i} = -\rho D_i \nabla w_i + w_i \sum_{i=1}^{n}\rho_i \boldsymbol{v}_i = -\rho D_i \nabla w_i + \rho_i \boldsymbol{v}_{\mathrm{m}} = \rho_i \boldsymbol{v}_i \tag{4.102}$$

将式（4.102）代入式（4.96），得

$$\frac{\partial \rho_i}{\partial t} = \nabla \cdot \rho D_i \nabla w_i - \nabla \cdot \rho_i \boldsymbol{v}_{\mathrm{m}} + j_i \tag{4.103}$$

B 以摩尔为单位表示的质量守恒方程

如果以摩尔为单位，将 $\rho_i = c_i M_i$（M_i 为组元 i 的相对分子质量）代入式（4.96）得

$$\frac{\partial c_i}{\partial t} = -\nabla \cdot c_i \boldsymbol{v}_i + j_{i,\mathrm{M}} \tag{4.104}$$

式中，c_i 为组元 i 的体积摩尔浓度；$j_{i,\mathrm{M}}$ 为单位体积由化学反应生成的组元 i 的物质的量。

将方程（4.104）对所有组元求和，得

$$\frac{\partial c}{\partial t} = -\nabla \cdot c \boldsymbol{v}_{\mathrm{M}} + \sum_{i=1}^{n} j_{i,\mathrm{M}} \tag{4.105}$$

式中，c 为体系的摩尔浓度；$\boldsymbol{v}_{\mathrm{M}}$ 为摩尔平均速度，$\boldsymbol{v}_{\mathrm{M}} = \dfrac{\sum_{i=1}^{n} c_i \boldsymbol{v}_i}{c}$；$\sum_{i=1}^{n} j_{i,\mathrm{M}}$ 为由于化学反应引起的体系内物质的量的变化。

由式（4.10）和式（4.11）得

$$\boldsymbol{J}_{Mi} = -cD_i \nabla x_i + x_i \sum_{i=1}^{n} \boldsymbol{J}_{Mi} = -cD_i \nabla x_i + c_i \boldsymbol{v}_M = c_i \boldsymbol{v}_i \tag{4.106}$$

将式（4.106）的后一个等号关系式代入式（4.104），得

$$\frac{\partial c_i}{\partial t} = \nabla \cdot cD_i \nabla x_i - \nabla \cdot c_i \boldsymbol{v}_M + j_{i,M} \tag{4.107}$$

4.2.4.2 质量守恒方程的简化

在一些特殊条件下，质量守恒方程式（4.103）和式（4.107）可以简化：

（1）若 ρ 和 D_i 为常数，则式（4.103）成为

$$\frac{\partial \rho_i}{\partial t} = D_i \nabla^2 \rho_i - \boldsymbol{v}_M \cdot \nabla \rho_i + j_i \tag{4.108}$$

各项除以组元 i 的相对分子质量，得

$$\frac{\partial c_i}{\partial t} = D_i \nabla^2 c_i - \boldsymbol{v}_M \cdot \nabla c_i + j_{i,M} \tag{4.109}$$

（2）若 ρ 和 D_i 为常数，并且无化学反应发生，式（4.109）成为

$$\frac{\partial c_i}{\partial t} = D_i \nabla^2 c_i - \boldsymbol{v}_M \cdot \nabla c_i \tag{4.110}$$

（3）除上述条件外，流体还不流动，则上式成为

$$\frac{\partial c_i}{\partial t} = D_i \nabla^2 c_i \tag{4.111}$$

此即菲克第二定律的表达式，适用于固体和静止的流体中，以及流体或气体二元系中的等摩尔逆扩散。

（4）若 c 和 D_i 为常数，且 $\frac{\partial c_i}{\partial t} = 0$，即稳态扩散情况，式（4.109）可简化为

$$\boldsymbol{v}_M \cdot \nabla c_i = D_i \nabla^2 c_i + j_{i,M} \tag{4.112}$$

若再无化学反应，则进一步化简为

$$\boldsymbol{v}_M \cdot \nabla c_i = D_i \nabla^2 c_i \tag{4.113}$$

写作普通的微分方程形式则为

$$v_{Mx} \frac{\partial c_i}{\partial x} + v_{My} \frac{\partial c_i}{\partial y} + v_{Mz} \frac{\partial c_i}{\partial z} = D_i \left(\frac{\partial^2 c_i}{\partial x^2} + \frac{\partial^2 c_i}{\partial y^2} + \frac{\partial^2 c_i}{\partial z^2} \right) \tag{4.114}$$

若液体不流动，则式（4.113）简化为

$$\nabla^2 c_i = 0 \tag{4.115}$$

（5）若 ρ 和 D_i 为常数，并且流体不流动，则式（4.109）成为

$$\frac{\partial c_i}{\partial t} = D_i \nabla^2 c_i + j_{i,M} \tag{4.116}$$

上述传质微分方程中的化学反应指的是均相化学反应，即化学反应与扩散都发生在同一流体中，其在传质微分方程中是以生成相 j_i 的形式表示的。而非均相的化学反应通常发生在相界面处，与扩散或流体流动不在同一相内。在这种情况下，传质微分方程中不包含生成项（即化学反应项），而是把化学反应作为边界条件来处理。例如，化学反应发生在

相界面处，物质向界面扩散。在整个过程中，既存在扩散，又存在化学反应，如同一组接力赛的每个成员。它们之间的相对快慢是十分重要的。当化学反应与扩散相比快得多，则决定整个过程速率的是扩散过程，这个过程称作扩散过程控制；反之，化学反应比扩散慢得多，则决定整个过程速度的是化学反应，这个过程称作化学反应控制。如果两者快慢相近，这个过程为化学反应和扩散共同控制。

4.2.4.3 常见的边界条件

一个传质过程可以通过求解其微分方程来描述。解微分方程时，需要初始条件和边界条件。传质过程的初始条件就是过程初始时刻的浓度，即

在 $t=0$ 时，$c_i=c_{i0}$（摩尔浓度单位）

在 $t=0$ 时，$\rho_i=\rho_{i0}$（质量浓度单位）

或

在 $t=0$ 时，$c_i=f(x, y, z)|_{t=0}$

在 $t=0$ 时，$\rho_i=f(x, y, z)|_{t=0}$

常见的边界条件如下：

（1）表面浓度。流体表面处的浓度 c_i 或 ρ_i 有确定值。对于气体也可以是分压。例如，液体中组元 i 在表面蒸发向气相扩散，假设组元 i 符合拉乌尔定律，则边界条件为

$$p_i=x_ip_i^* \tag{4.117}$$

（2）表面通量。流体表面处的质量通量 J_i 或 j_i 有确定值。

（3）化学反应速率。界面上组元 i 的变化速率由化学反应确定，$j_i=k_ic_i$ 。

（4）如果所考虑的体系有对流传质存在，则对流传质在边界上的摩尔通量可作为边界条件

$$J_i=k_c(c_{il}-c_{ib}) \tag{4.118}$$

式中，c_{il} 为固液界面流体中的 i 组元浓度；c_{ib} 为流体本体中 i 组元的浓度；k_c 为对流传质系数。

习 题

4-1 简述菲克第一定律和菲克第二定律。

4-2 说明其他扩散的规律。

4-3 什么是层流，什么是湍流，两种流动状态转变的临界值是什么？

4-4 扩散系数与活度系数有何关系？

4-5 相间传质有哪些理论？比较其差异。

4-6 说明反应-扩散方程。

4-7 估算在 450℃，SO_2 在空气中的扩散系数。

4-8 何谓边界层？简述边界层的意义。

5 溶　解

5.1 溶　解　度

在一定的温度、压力条件下，物质在溶剂中溶解达到的饱和浓度叫做该物质的溶解度。溶解度的单位与浓度单位相同。对于固体物质，压力通常为标准大气压。

物质的溶解度与物质的组成和结构有关，还与溶剂的组成和结构有关。例如，25℃，AgCl 在水中的溶解度为 0.000195g/L；CoF_2 在水中的溶解度为 14.1g/L。

5.1.1 难溶电解质的溶解度

5.1.1.1 氢氧化物（氧化物）在水中的溶解度

图 5.1 是克拉格滕（Kragten）绘制的氢氧化物（氧化物）的 $\lg c_{Me^{2+}}$-pH 图。

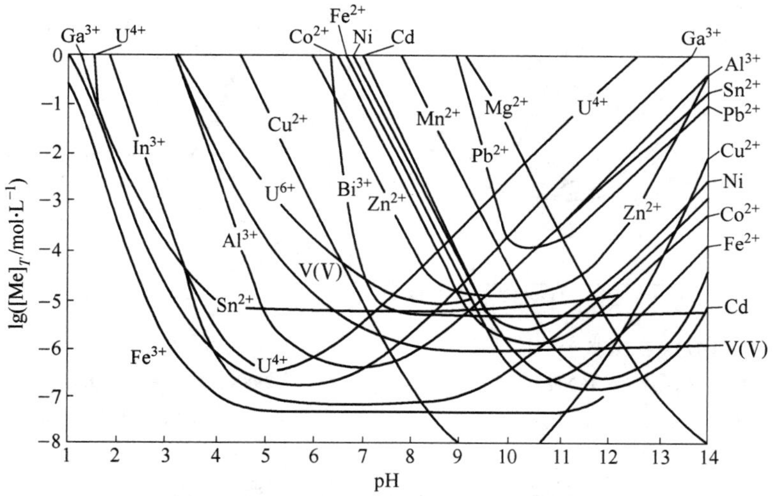

图 5.1　Me-H_2O 系 $\lg c_{Me^{2+}}$-pH 图（25℃）

由图 5.1 可见各金属离子溶解或沉淀的浓度与 pH 值的关系。很多金属既可溶于酸，又可溶于碱。

图 5.2～图 5.6 是克拉格滕、杨显万等绘制的金属-NH_3-水系的 $\lg c_{Me^{2+}}$-pH 图。

5.1.1.2 氯化物的溶解度

图 5.7 是 Ag^+-Cl^--H_2O 系 $\lg c_{Ag^+}$ 与 $\lg c_{Cl^-}$ 的关系曲线。由图可见，以 AgCl 形式从水溶液中沉淀银，水溶液中氯离子浓度在 10^{-2}mol/L，Ag^+沉淀最完全。由于 Ag^+与 Cl^-形成配合物，AgCl 在溶液中的溶解度随 c_{Cl^-} 增大而增大。因此，可以用 $FeCl_3$、$FeCl_2$、NaCl、$CaCl_2$、HCl 等水溶液浸出 AgCl，Fe^{3+}、Fe^{2+}、Na^+、Ca^{2+}等与 Cl^-的配合能力不及 Ag^+。

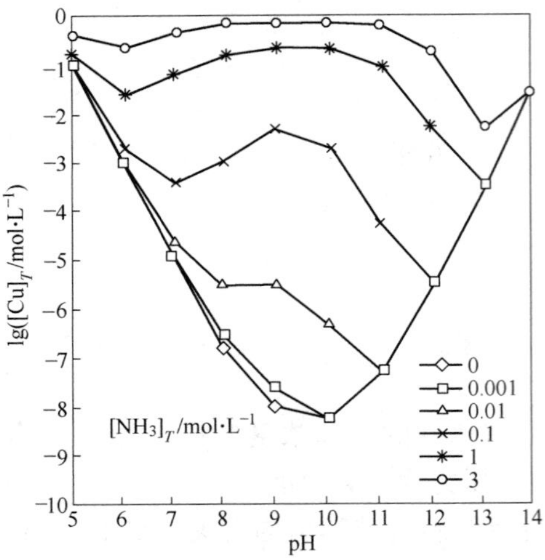

图 5.2 Cu(OH)$_2$ 在氨水中的溶解度（25℃）

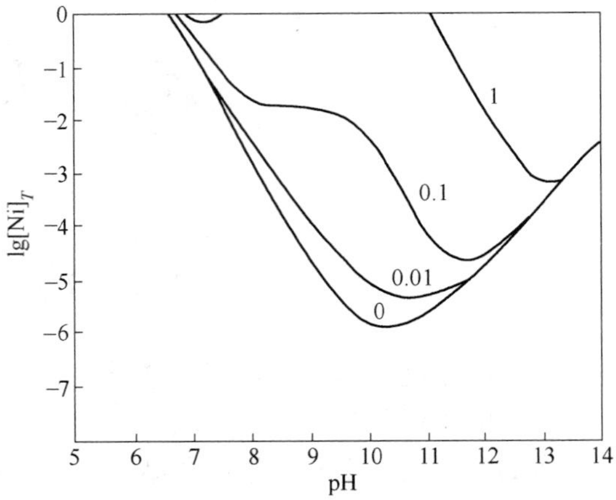

图 5.3 Ni(OH)$_2$ 在氨水中的溶解度

（T=298K；线上数字为溶液中 NH_3 的总浓度 [NH_3]$_T$，单位为 mol/L）

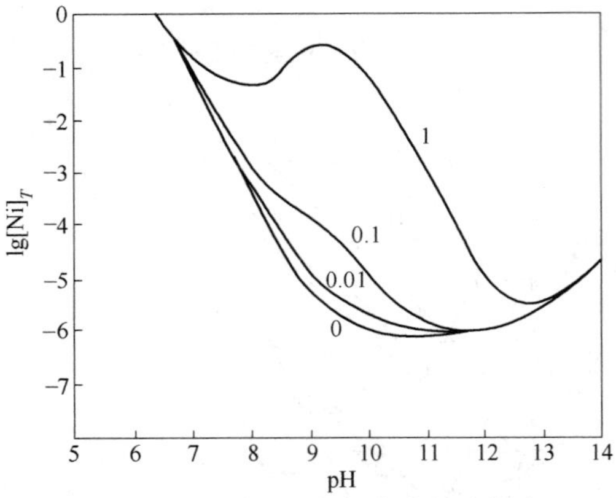

图 5.4 Co(OH)$_2$ 在氨水中的溶解度

（T=298K；线上数字为溶液中 NH_3 的总浓度 [NH_3]$_T$，单位为 mol/L）

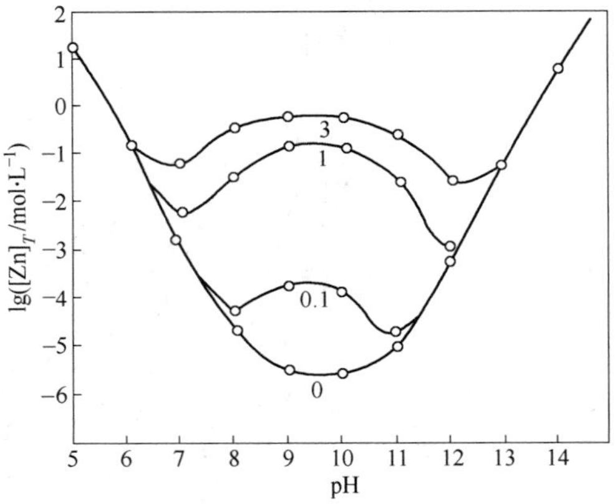

图 5.5 ZnO 在氨水中的溶解度

（T=298K；线上数字为溶液中 NH_3 的总浓度 [NH_3]$_T$，单位为 mol/L）

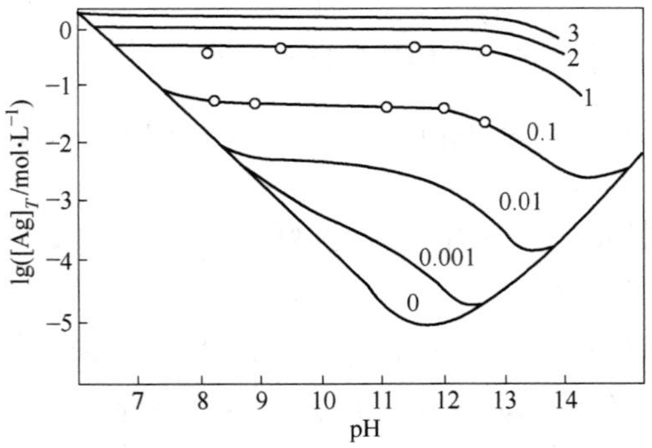

图 5.6 Ag_2O 在氨（铵）溶液中的溶解度

（T=298K；线上数字为溶液中氨的总浓度，mol/L；○为实测值）

图 5.8 是含有 $FeCl_3$ 的 HCl 水溶液中 AgCl 的溶解度。

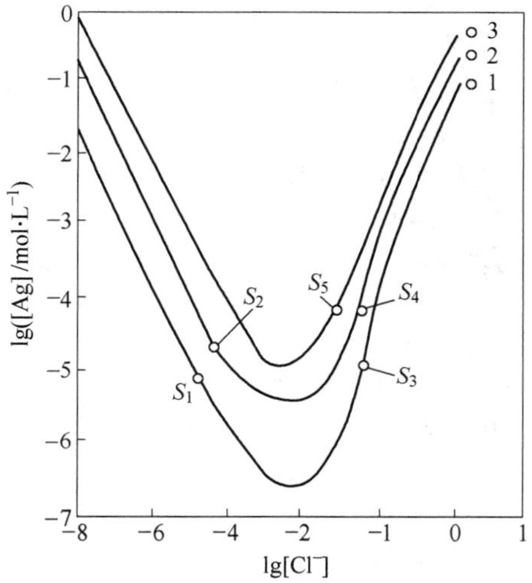

图 5.7 Ag-Cl^--H_2O 系中 lg[Ag]$_T$ 与 lg[Cl^-] 的关系

1—T=298K，S_1、S_3 为在该温度的实测值；
2—T=323K，S_2、S_4 为在该温度的实测值；
3—T=348K，S_5 为在该温度的实测值

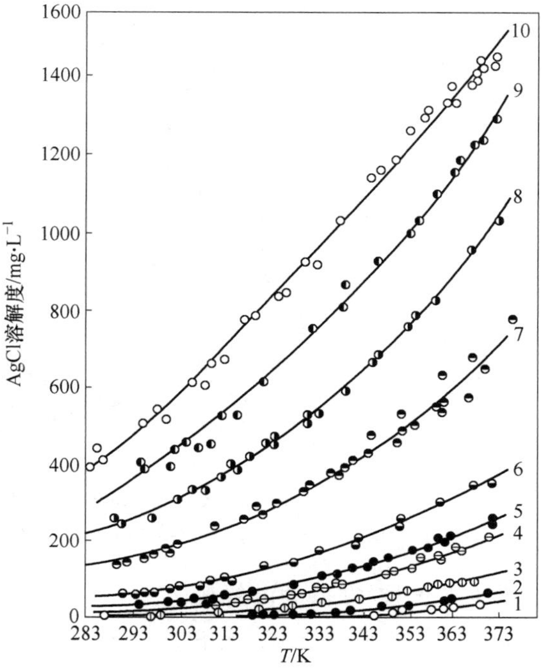

图 5.8 在浓度为 0.3 mol/L 的盐酸中，含有不同浓度的 $FeCl_3$，测得的 AgCl 的溶解度

1—0.0mol/L；2—0.1mol/L；3—0.3mol/L；4—0.5mol/L；5—0.6mol/L；6—1.0mol/L；7—1.5mol/L；8—2.0mol/L；9—2.7mol/L；10—3.2mol/L

图 5.9 是 AgCl 在 $ZnSO_4$-H_2SO_4-HCl-H_2O 溶液中的溶解度。

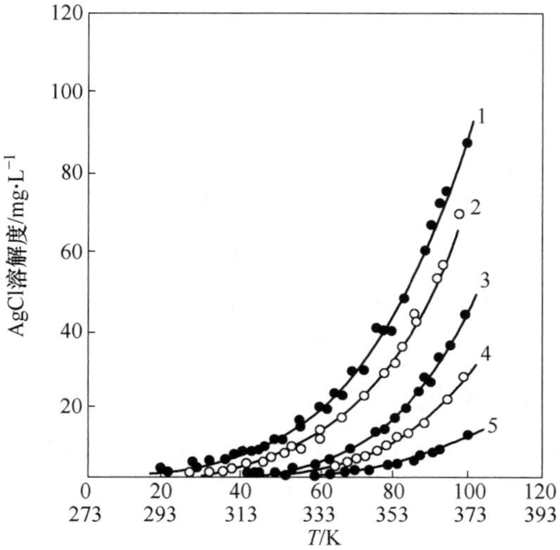

图 5.9 AgCl 在 $ZnSO_4$+H_2SO_4+HCl+H_2O 系水溶液中的溶解度

1—0mg/L HCl；2—5mg/L HCl；3—25mg/L HCl；4—50mg/L HCl；5—200mg/L HCl

图 5.10 是 AgCl 在 $CuSO_4$-H_2SO_4-HCl-H_2O 溶液中的溶解度。

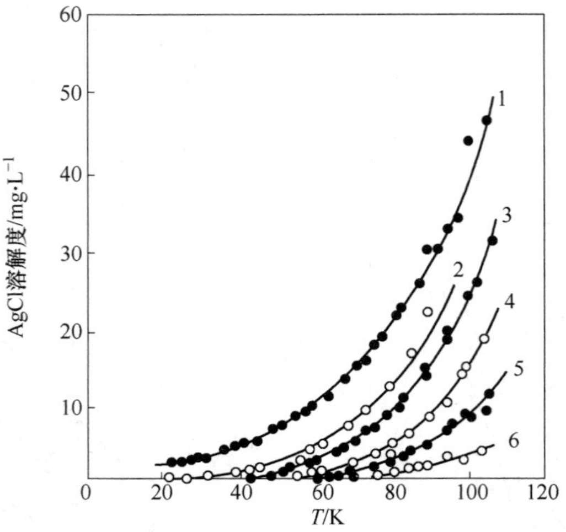

图 5.10　AgCl 在 $CuSO_4+H_2SO_4+HCl+H_2O$ 系中的溶解度

1—0mg/L HCl；2—5mg/L HCl；3—10mg/L HCl；4—25mg/L HCl；5—50mg/L HCl；6—200mg/L HCl

5.1.1.3　硫化物的溶解度

在含 S^{2-} 的水溶液中，有 S^{2-}、HS^- 和 H_2S。存在以下平衡

$$H_2S \rightleftharpoons H^+ + HS^-$$

平衡常数

$$K_1 = \frac{c_{H^+}c_{HS^-}}{c_{H_2S}}$$

$$HS^- \rightleftharpoons H^+ + S^{2-}$$

平衡常数

$$K_2 = \frac{c_{H^+}c_{S^{2-}}}{c_{HS^-}}$$

H_2S 气体溶解于水，有

$$H_2S(g) \rightleftharpoons H_2S(aq)$$

平衡常数

$$K = \frac{a_{H_2S}}{p_{H_2S}} = \frac{c_{H_2S}f_{H_2S}}{p_{H_2S}}$$

$$c_{H_2S} = \frac{Kp_{H_2S}}{f_{H_2S}}$$

PbS 在 H_2S 的水溶液中，有化学反应

$$PbS(s) + H_2S(aq) + HS^-(aq) = Pb(HS)_3(aq)$$

在 65℃　　$K = 10^{-2.1}$

配合反应

$$PbS(s) + H_2S(aq) + HS^-(aq) = Pb(HS)_3^-$$

在 65℃

$$\lg K = -2.54$$

图 5.11 是 PbS 在饱和 H_2S 的 NaCl 水溶液中的溶解度。

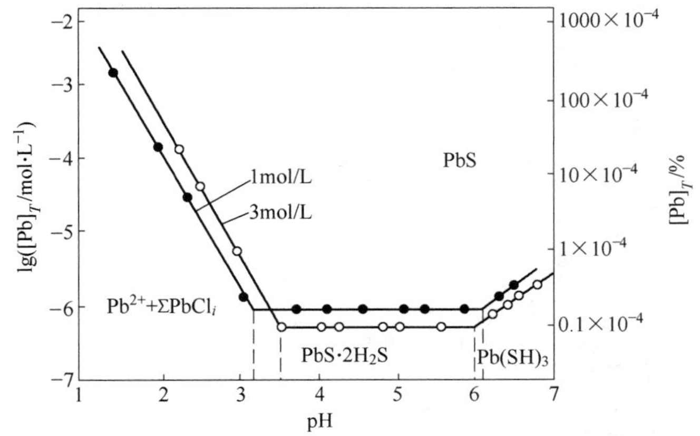

图 5.11　PbS 在饱和 H_2S 的 NaCl 水溶液中的溶解度

Ag^+、Hg^+等也会和 HS^-生成配合物。

Cu^{2+}、Ni^{2+}在 H_2S 水溶液中溶解度很小。

$$Cu^{2+} + S^{2-} \rightleftharpoons CuS$$

$$K = \frac{c_{CuS}}{c_{Cu^{2+}}c_{S^{2-}}}$$

$$Ni^{2+} + S^{2-} \rightleftharpoons NiS$$

$$K = \frac{c_{NiS}}{c_{Ni^{2+}}c_{S^{2-}}}$$

5.1.1.4　砷酸盐的溶解度

砷酸盐在水溶液中的溶解度与溶液的 pH 值有关。图 5.12 是 Cu(Ⅱ) 和 As(Ⅲ) 与 Zn(Ⅱ) 和 As(Ⅲ) 的溶解度与溶液 pH 值的关系。图 5.13 是 Cu(Ⅱ) 和 As(Ⅴ) 与 Zn(Ⅱ)和 As(Ⅴ) 的溶解度与溶液 pH 值的关系。

由图 5.12 和图 5.13 可见，砷的溶解度与其价态有关，并与溶液中的其他离子有关。砷也影响其他物质的溶解度。

砷酸根、硫酸根、碳酸根等可以影响砷酸盐中金属离子的平衡浓度。因而，溶液中这些酸根会影响砷酸盐的溶解度。

例如，在 As(Ⅴ) -Ca^{2+} -SO_4^{2-} -H_2O 系溶液中，Ca^{2+}的平衡浓度受硫酸钙溶解平衡制约。有

$$CaSO_4 \cdot 2H_2O \rightleftharpoons Ca^{2+} + SO_4^{2-} + 2H_2O$$

$$K_{sp_1} = c_{Ca^{2+}}c_{SO_4^{2-}} = 10^{-4.37}$$

得

$$c_{Ca^{2+}} = K_{sp}c_{SO_4^{2-}}^{-1}$$

$$Ca(AsO_2)_2 \rightleftharpoons Ca^{2+} + 2AsO_2^-$$

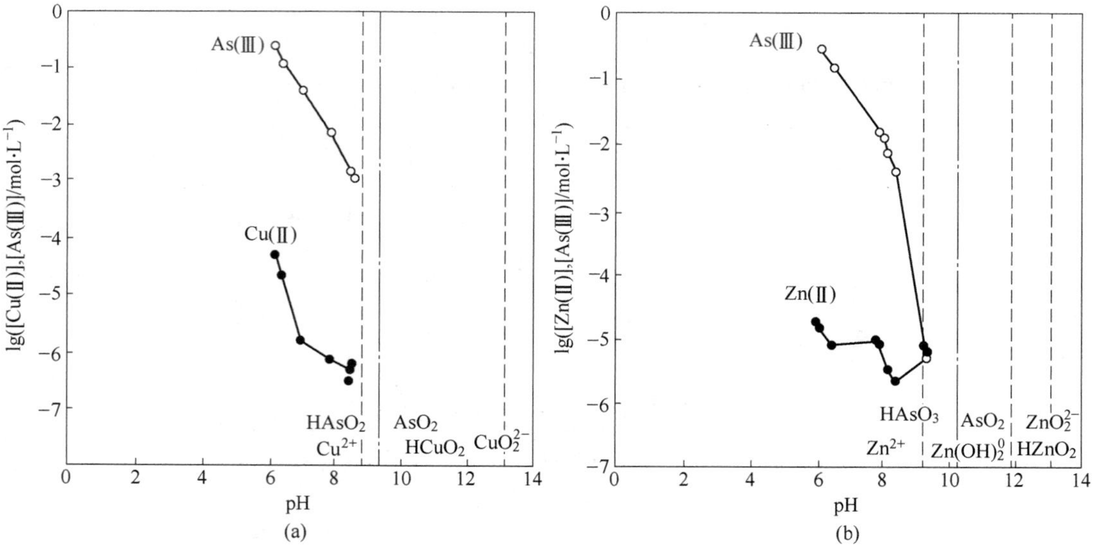

图 5.12　Cu(Ⅱ) 和 As(Ⅲ) 溶解度 (a) 及 Zn(Ⅱ) 和 As(Ⅲ) 溶解度 (b) 与溶液 pH 值的关系

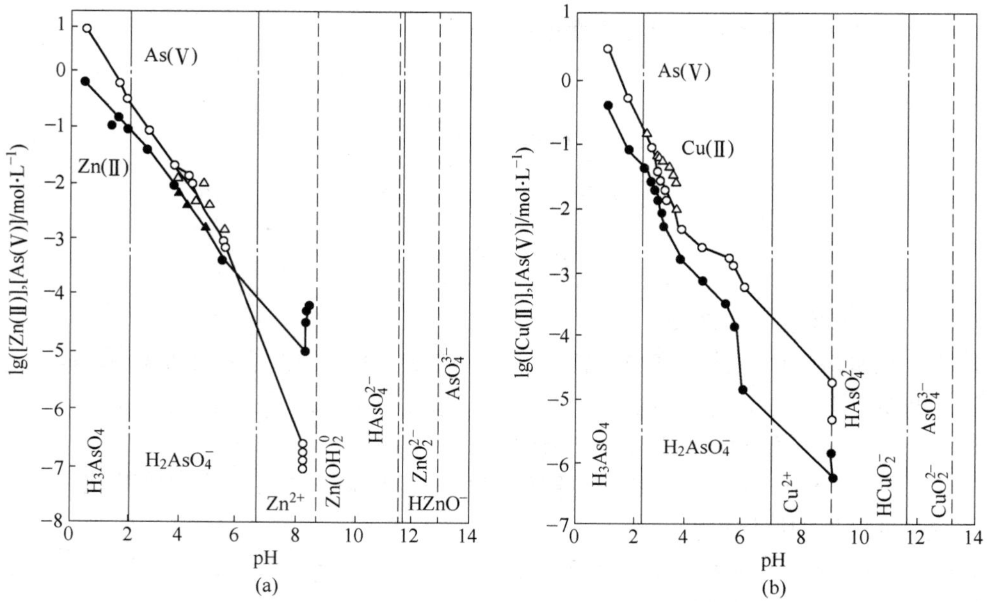

图 5.13　Cu(Ⅱ) 和 As(Ⅴ) 溶解度 (a) 及 Zn(Ⅱ) 和 As(Ⅴ) 的溶解度 (b) 与溶液 pH 值的关系

$$K_{sp_2} = c_{Ca^{2+}} c^{2}_{AsO_2^-} = 10^{-6.76}$$

所以

$$c_{AsO_2^-} = K_{sp_2}^{\frac{1}{2}} c_{Ca^{2+}}^{-\frac{1}{2}} = K_{sp_1}^{-\frac{1}{2}} K_{sp_2}^{\frac{1}{2}} c_{SO_4^{2-}}^{\frac{1}{2}}$$

由上式可见，水溶液中砷酸根的浓度受 SO_4^{2-} 影响。图 5.14 是砷酸钙在水溶液中的溶解度与 pH 值的关系。

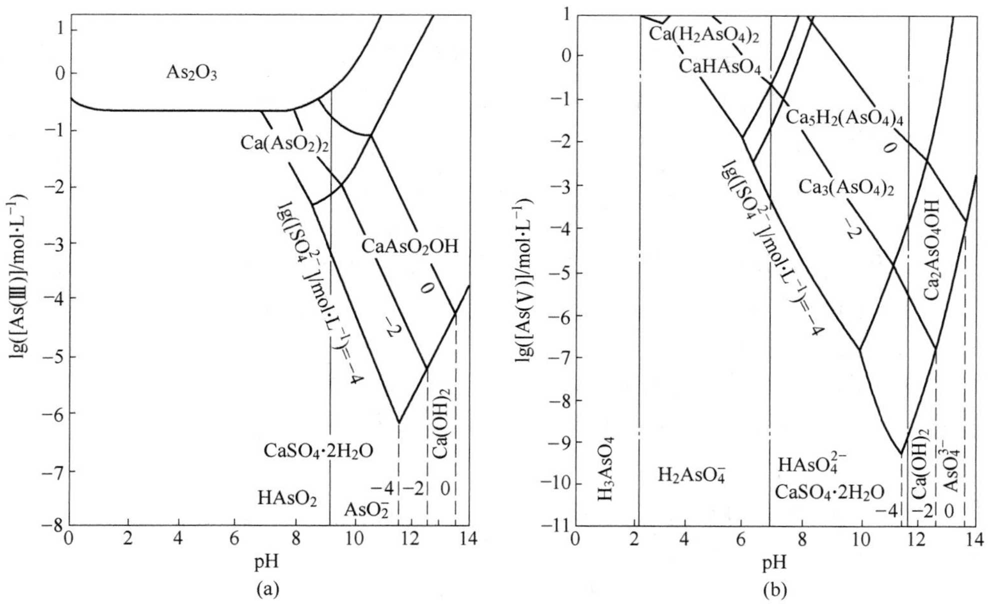

图 5.14 砷酸钙溶解度与溶液 pH 值的关系

（a）Ca-As(Ⅲ)-SO_4^{2-}-H_2O 系；（b）Ca-As(Ⅴ)-SO_4^{2-}-H_2O 系

5.1.2 影响溶解度的因素

5.1.2.1 温度对溶解度的影响

温度对溶解度的影响可以用范特霍夫方程描述，即

$$\lg \frac{c_2}{c_1} = \frac{\Delta H}{2.303R} \frac{T_2 - T_1}{T_1 T_2} \tag{5.1}$$

式中，c_1 和 c_2 分别为温度 T_1 和 T_2 的溶解度；ΔH 是溶解热。溶解过程放热，温度升高，溶解度减小；温度降低，溶解度升高。溶解过程吸热，情况相反。

多数盐的溶解度随着温度升高而增大，但有一极大值（120~150℃）。超出此温度溶解度减小。

气体在水中的溶解度随着温度升高而减小。

5.1.2.2 颗粒尺寸对溶解度的影响

颗粒尺寸对溶解度的影响有奥斯特瓦尔德(Ostwald)-弗伦德里希(Freundich) 公式

$$\ln \frac{c_2}{c_1} = \frac{2\sigma M}{RT\rho}\left(\frac{1}{r_2} - \frac{1}{r_1}\right) \tag{5.2}$$

式中，r_1 和 r_2 分别为同种物料固体颗粒的半径；c_1 和 c_2 分别为半径为 r_1 和 r_2 的颗粒的溶解度；ρ 为固体密度；σ 为固-液界面张力；M 为固体颗粒的相对分子质量。

若 $r_1 \gg r_2$，即 $\frac{1}{r_1} \to 0$，式（5.2）可近似为

$$\ln \frac{c_r}{c_{大}} = \frac{2\sigma M}{RT\rho r_2} \tag{5.3}$$

式中，$c_{大}$为大颗粒的溶解度；c_r 为平均半径为 r_2 的颗粒的溶解度。

对于电解质，有

$$\ln\left(\frac{K_{sp,小}}{K_{sp,大}}\right) = \frac{2M}{RT\rho r_{小}} \tag{5.4}$$

式中，$K_{sp,小}$ 和 $K_{sp,大}$ 分别为半径为 $r_{小}$的小颗粒的溶度积和半径为 $r_{大}$的大颗粒的溶度积。式（5.4）的适用粒度为0.01~1μm。

5.1.2.3　配位对溶解度的影响

向溶液中添加络合剂，与溶质形成络离子，增大溶质的溶解度。

例如，向溶液中添加碱金属氰化物，使银的溶解度增大。

$$Ag^+ + 2CN^- \longequal Ag(CN)_2^-$$

促进银的难溶化合物以 Ag^+进入溶液。

向溶液中加入金属氯化物，

$$Cu^+ + 2Cl^- \longequal CuCl_2^-$$

$$Cu^+ + 3Cl^- \longequal CuCl_3^{2-}$$

促进亚铜的难溶化合物以 Cu^+进入溶液。

这是由于络合剂与金属离子形成配合物，降低了溶液中金属离子的活度，从而使原来已饱和的金属离子变成不饱和，使难溶化合物的金属离子进入溶液。

5.1.2.4　共同离子的影响

向溶液中加入与溶质有共同离子的盐，会降低溶质的溶解度。

例如，向含有银盐的溶液中加入氯化钠，有

$$Ag^+ + Cl^- \longequal AgCl$$

$$K_{sp,AgCl} = c_{Ag^+}c_{Cl^-}$$

继续加入 NaCl，溶液中 Cl^-增多。$K_{sp,AgCl}$ 是常数，在溶度积公式中，c_{Cl^-} 增大，c_{Ag^+} 必然减小。

5.1.2.5　不含共同离子的惰性电解质对溶质溶解度的影响

一种微溶盐 MeA，在水中的溶解度为 c_0(mol/L)。溶解后完全电离。其离子浓度分别为

$$c_{Me^{z+}} = \nu_+ c_0$$

$$c_{A^{z-}} = \nu_- c_0$$

$$K_{sp(Me_{\nu_+}A_{\nu_-})} = (\nu_+ c_0)^{\nu_+}(\nu_- c_0)^{\nu_-} f_{c,\pm}^{\nu} = (\nu_+^{\nu_+}\nu_-^{\nu_-})c_0^{\nu} f_{c,\pm}^{\nu} \tag{5.5}$$

式中，$f_{c,\pm}$ 为平均活度系数。

对于1-1价型的微溶电解质，式（5.5）成为

$$K_{sp} = c_0^2 f_{c,\pm}^2 \tag{5.6}$$

溶液中加入其他电解质，离子强度增大，根据德拜-休克尔公式，离子强度增大，活度系数减小，因此式（5.6）中 c_0 增大。

由活度系数与离子强度关系的公式，得

$$\lg \frac{c}{c_0} = \lg f_0 - \lg f = A|z_+ z_-|(\sqrt{I} - \sqrt{I_0}) \quad (5.7)$$

式中，c_0 和 c 分别为仅有微溶盐和溶入其他盐的溶液溶质的溶解度；f_0 和 I_0 分别为仅有微溶盐的溶液离子活度和离子强度；f 和 I 分别为溶入其他盐的混合盐溶液的离子活度和离子强度。

由式（5.7）可见，$\lg \frac{c}{c_0}$ 对 $(\sqrt{I} - \sqrt{I_0})$ 作图，应得直线。直线斜率等于 $A|z_+ z_-|$。实验证明这个关系正确。图 5.15 给出了不同价型电解质溶解度的比值与离子强度的关系。

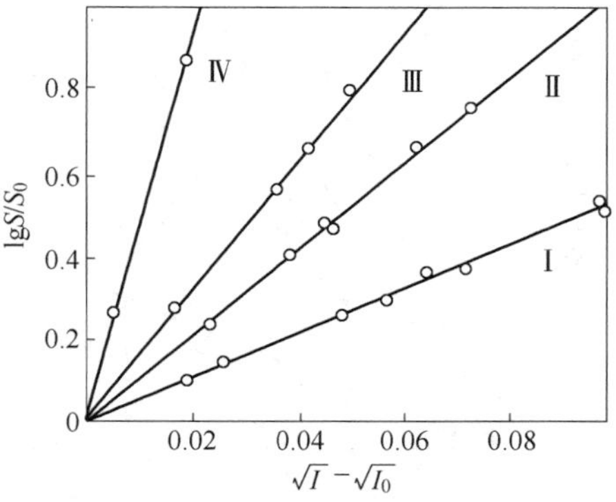

图 5.15 电解质溶解度比值与溶液离子强度的关系
Ⅰ，Ⅲ—1 价型；Ⅱ—2 价型；Ⅳ—3 价型

由图 5.15 可见，盐的价态越高，其他电解质对其溶解度的影响越显著。其他电解质价态越高，影响越显著。溶液盐浓度增大到一定程度，德拜-休克尔公式不适用了，上述分析也就不正确了。

5.1.3 气体在水中的溶解度

气体在水中的溶解度与体系的温度和压力有关。温度对气体溶解度的影响，可以用范特霍夫（Van't-Hoff）公式表示：

$$\lg \frac{\alpha_2}{\alpha_1} = \frac{\Delta H}{2.303R} \frac{T_2 - T_1}{T_1 T_2} \quad (5.8)$$

式中，ΔH 为溶解 1mol 气体的焓变化；α 为气体吸收常数，表示在测量温度、气体的压力为标准压力时单位体积溶液溶解该气体的体积换算成在 0℃、标准压力时单位体积溶液溶解该气体的体积；α_2 为温度 T_2 的吸收常数；α_1 为温度 T_1 的吸收常数。在测量温度、每升液体溶解的气体物质的量为

$$溶解度 = \frac{\alpha}{22.4}$$

气体溶解于水，常常放出热量。在常压，升高温度气体在水中的溶解度降低。

在高温高压，气体在水中的溶解度随温度升高而增加。图 5.16 是在不同压力条件下氧在水中的溶解度与温度的关系。

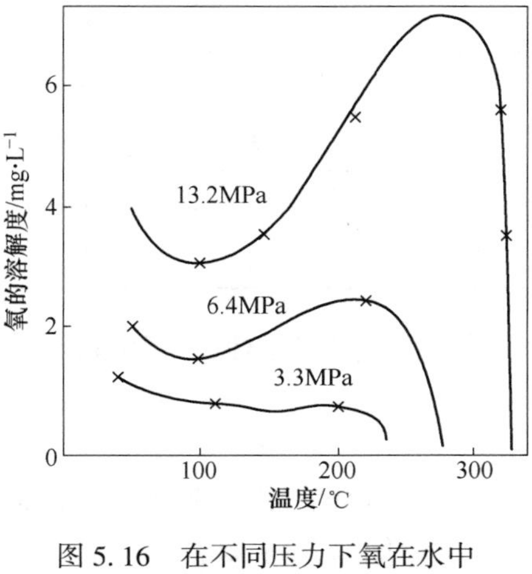

图 5.16 在不同压力下氧在水中溶解度与温度的关系

压力对气体在水中溶解度的影响服从亨利定律：

$$w = kp$$

式中，w 为在一定温度 1L 溶剂中溶解气体的质量；k 为亨利定律常数；p 为平衡气体压力。

如果溶解的气体为混合气体，每种气体的溶

解度与其压力成正比。

图 5.17 是在不同压力，氧气、氢气在水中的溶解度。

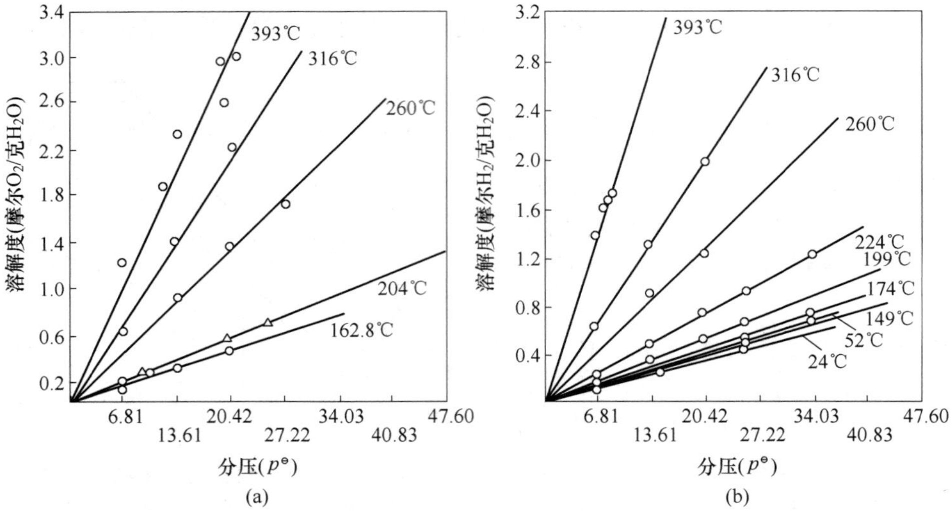

图 5.17 在不同压力，氧气（a）、氢气（b）在水中的溶解度

如果气体与水发生化学反应，则具有高的溶解度，且放出大量的热。在这种情况下，亨利定律不适用。例如，HCl、CO_2、NH_3、SO_3 等。

表 5.1 列出了一些气体的溶解度。

表 5.1 一些气体在水中的溶解度 （cm^3 气体/cm^3 水）

气体	0℃	20℃	30℃	40℃	50℃	60℃
空气	0.0292	0.0228	0.0157	—	—	—
N_2	0.0239	0.0196	0.0138	0.0118	0.0106	0.0100
NH_3	1300	910	595	—	—	—
H_2	0.0215	0.0198	—	—	—	—
O_2	0.049	0.038	0.026	0.023	0.021	0.019
CO_2	1.713	1.194	0.66	0.53	0.44	0.36
Cl_2		3.148	1.799	1.450	1.216	1.025
HCl	507	474	412	386	362	339

根据包麦格夫定律，气体在溶解了盐的水中溶解度降低，有

$$\lg \frac{c_0}{c} = kc_s \tag{5.9}$$

式中，c_0 为气体在水中的溶解度，mol/L；c 为气体在盐水中的溶解度，mol/L；c_s 为盐的浓度，mol/L；k 为常数。

5.2 溶解热力学

5.2.1 溶解热

一定量的溶质溶于一定量的溶剂产生的热效应叫做溶解热。影响溶解热的因素有溶质、溶剂、温度和压力。

例如，在25℃，101kPa，1mol HCl气体在10mol H_2O中的溶解热是-16.61×4.17kJ，可以表示为

$$HCl(g)(p^{\ominus}) + 10aq = HCl \cdot 10aq$$
$$\Delta H_{298} = -16.61kJ$$

式中，aq表示水，规定水的生成热为零。

5.2.2 冲淡热

向一定量的溶液中加入一定量的溶剂产生的热效应叫做冲淡热。如果溶液稀到再加入溶剂没有热效应，该溶液叫做无限稀溶液（这只是对热效应而言，对于其他效应，该溶液可能不是无限稀溶液）。

例如，

$$HCl(g) + \infty aq = HCl \cdot \infty aq$$
$$\Delta H = -17.46kJ$$

5.2.3 溶解自由能

5.2.3.1 固体溶入液体

A 纯固体溶入液体

在恒温恒压条件下，固体物质溶入液体称为固体在液体中的溶解。写作

$$i(s) = (i)_1$$

式中，$i(s)$表示固态物质i；$(i)_1$表示溶液中的组元i。

（1）以纯固态组元i为标准状态。固相和液相中的组元i都以纯固态物质为标准状态，浓度以摩尔分数表示，溶解自由能为

$$\Delta G_m = \mu_{(i)_1} - \mu_{i(s)} = \Delta G_m^{\ominus} + RT\ln a_{(i)_1}^R$$

式中

$$\mu_{(i)_1} = \mu_{i(s)}^* + RT\ln a_{(i)_1}^R$$
$$\mu_{i(s)} = \mu_{i(s)}^*$$

标准溶解自由能

$$\Delta G_m^{\ominus} = \mu_{i(s)}^* - \mu_{i(s)}^* = 0$$

溶解自由能

$$\Delta G_m = RT\ln a_{(i)_1}^R$$

（2）以纯液体组元i为标准状态。固相和液相中的组元都以纯液态物质为标准状态，浓度以摩尔分数表示，溶解自由能为

$$\Delta G_m = \mu_{(i)_l} - \mu_{i(s)} = \Delta G_m^{\ominus} + RT\ln a_{(i)_l}^{R}$$

式中

$$\mu_{(i)_l} = \mu_{(i)_l}^{*} + RT\ln a_{(i)_l}^{R}$$

$$\mu_{i(s)} = -\Delta_{fus} G_{i(s)}^{\ominus} + \mu_{(i)_l}^{*}$$

标准溶解自由能

$$\Delta G_m^{\ominus} = \mu_{(i)_l}^{*} + \Delta_{fus} G_{i(s)}^{\ominus} - \mu_{(i)_l}^{*} = \Delta_{fus} G_{m,i(s)}^{\ominus}$$

溶解自由能

$$\Delta G_m = \Delta_{fus} G_{i(s)}^{\ominus} + RT\ln a_{(i)_l}^{R}$$

式中，$\Delta_{fus} G_i^{\ominus}$ 为组元 i 的标准熔化自由能，即在标准状态下，组元 i 由固态变为液态，液固两相摩尔吉布斯自由能之差。

（3）以符合亨利定律的假想的纯物质为标准状态。固相组元 i 以纯固态为标准状态，溶液中的组元 i 以符合亨利定律的假想的纯物质为标准状态。浓度以摩尔分数表示，溶解自由能为

$$\Delta G_m = \mu_{(i)_l} - \mu_{i(s)} = \Delta G_m^{\ominus} + RT\ln a_{(i)_{lx}}^{H}$$

标准溶解自由能为

$$\Delta G_m^{\ominus} = \mu_{i(lx)}^{\ominus} - \mu_{i(s)}^{*}$$

由于化学势与标准状态的选择无关，所以

$$\mu_{(i)_l} = \mu_{i(lx)}^{\ominus} + RT\ln a_{(i)_l}^{H} = \mu_{i(s)}^{*} + RT\ln a_{(i)_{lx}}^{R}$$

得

$$\mu_{i(lx)}^{\ominus} - \mu_{i(s)}^{*} = RT\ln \frac{a_{(i)_l}^{R}}{a_{(i)_{lx}}^{H}} = RT\ln \gamma_{i(s)}^{0}$$

即

$$\Delta G_m^{\ominus} = RT\ln \gamma_i^{0}$$

溶解自由能为

$$\Delta G_m = RT\ln \gamma_{i(s)}^{0} + RT\ln a_{(i)_{lx}}^{H}$$

（4）以符合亨利定律的假想的浓度 1% 的 i 溶液为标准状态。固体组元 i 以纯固态为标准状态，溶液中的组元 i 以符合亨利定律的假想的浓度 1% 的 i 溶液为标准状态，浓度以质量分数表示，溶解自由能为

$$\Delta G_m = \mu_{(i)_l} - \mu_{i(s)} = \Delta G_m^{\ominus} + RT\ln a_{(i)_{lw}}^{H}$$

式中

$$\mu_{i(s)} = \mu_{i(s)}^{*}$$

$$\Delta G_m^{\ominus} = \mu_{i(lw)}^{\ominus} - \mu_{(i)lw}^{R}$$

$$\mu_{(i)_l} = \mu_{i(lw)}^{\ominus} + RT\ln a_{(i)_{lw}}^{H} = \mu_{i(s)}^{*} + RT\ln a_{(i)_l}^{R}$$

$$\mu_{i(lw)}^{\ominus} - \mu_{i(s)}^{*} = RT\ln \frac{a_{(i)_l}^{R}}{a_{(i)_{lw}}^{H}} = RT\ln \frac{M_1}{100M_i}\gamma_i^{0}$$

标准溶解自由能

$$\Delta G_m^{\ominus} = RT\ln \frac{M_1}{100M_i}\gamma_i^{0}$$

溶解自由能

$$\Delta G_m = RT\ln\frac{M_1}{100M_i}\gamma_{i(s)}^0 + RT\ln a_{(i)_{lw}}^H$$

式中，M_1 为溶剂的摩尔质量；M_i 为组元 i 的摩尔质量。

B 固溶体溶入液体

固溶体中的组元 i 溶入液体，表示为

$$(i)_s = (i)_l$$

（1）固溶体和溶液中的组元 i 都以纯固态为标准状态，浓度以摩尔分数表示，溶解自由能为

$$\Delta G_m = \mu_{(i)_l} - \mu_{(i)_s} = \Delta G_m^{\ominus} + RT\ln\frac{a_{(i)_l}^R}{a_{(i)_s}^R}$$

式中

$$\mu_{(i)_l} = \mu_{i(s)}^* + RT\ln a_{(i)_l}^R$$
$$\mu_{(i)_s} = \mu_{i(s)}^* + RT\ln a_{(i)_s}^R$$
$$\Delta G_m^{\ominus} = \mu_{i(s)}^* - \mu_{i(s)}^* = 0$$

溶解自由能

$$\Delta G_m = RT\ln\frac{a_{(i)_l}^R}{a_{(i)_s}^R}$$

（2）固溶体中的组元 i 以纯固态为标准状态，溶液中的组元 i 以纯液态为标准状态，浓度以摩尔分数表示，溶液自由能为

$$\Delta G_m = \mu_{(i)_l} - \mu_{(i)_s} = \Delta G_m^{\ominus} + RT\ln\frac{a_{(i)_l}^R}{a_{(i)_s}^R}$$

式中

$$\mu_{(i)_l} = \mu_{i(l)}^* + RT\ln a_{(i)_l}^R$$
$$\mu_{(i)_s} = \mu_{i(s)}^* + RT\ln a_{(i)_s}^R$$
$$\Delta G_m^{\ominus} = \mu_{i(l)}^* - \mu_{i(s)}^* = \Delta_{fus}G_m^{\ominus}$$

溶解自由能

$$\Delta G_m = \Delta_{fus}G_m^{\ominus} + RT\ln\frac{a_{(i)_l}^R}{a_{(i)_s}^R}$$

（3）固溶体中的组元 i 以符合亨利定律的假想的纯物质为标准状态，浓度以摩尔分数表示；溶液中的组元 i 以符合亨利定律的假想的浓度 1% 的 i 溶液为标准状态，浓度以质量分数表示，摩尔溶解自由能为

$$\Delta G_m = \mu_{(i)_l} - \mu_{(i)_s} = \Delta G_m^{\ominus} + RT\ln\frac{a_{(i)_{lw}}^H}{a_{(i)_{sx}}^H}$$

式中

$$\mu_{(i)_l} = \mu_{(i)_{lw}}^{\ominus} + RT\ln a_{(i)_{lw}}^H$$
$$\mu_{(i)_s} = \mu_{i(sx)}^{\ominus} + RT\ln a_{(i)_{lw}}^H$$

$$\Delta G_{\mathrm{m}}^{\ominus} = \mu_{(i)_{\mathrm{lw}}}^{\ominus} - \mu_{i(\mathrm{sx})}^{\ominus}$$

$$\mu_{(i)_1} = \mu_{(i)_{\mathrm{lw}}}^{\ominus} + RT\ln a_{(i)_{\mathrm{lw}}}^{\mathrm{H}} = \mu_{i(\mathrm{s})}^{*} + RT\ln a_{(i)_1}^{\mathrm{R}}$$

两式相减，得

$$\mu_{(i)_{\mathrm{lw}}}^{\ominus} - \mu_{i(\mathrm{s})}^{*} = RT\ln \frac{a_{(i)_1}^{\mathrm{R}}}{a_{(i)_{\mathrm{lw}}}^{\mathrm{H}}}$$

$$\mu_{(i)_{\mathrm{lw}}}^{\ominus} - \mu_{i(\mathrm{sx})}^{\ominus} = (\mu_{(i)_{\mathrm{lw}}} - \mu_{i(\mathrm{s})}^{*}) - (\mu_{i(\mathrm{sx})}^{\ominus} - \mu_{i(\mathrm{s})}^{*}) = RT\ln \frac{a_{(i)_{\mathrm{s}}}^{\mathrm{R}}}{a_{(i)_{\mathrm{lw}}}^{\mathrm{H}}} - RT\ln \frac{a_{(i)_{\mathrm{s}}}^{\mathrm{R}}}{a_{(i)_{\mathrm{lx}}}^{\mathrm{H}}}$$

$$= RT\ln \frac{M_1}{100M_i}\gamma_i^0 - RT\ln\gamma_{i(\mathrm{s})}^0 = RT\ln \frac{M_1}{100M_i}$$

标准溶解自由能为

$$\Delta G_{\mathrm{m}}^{\ominus} = RT\ln \frac{M_1}{100M_i}$$

溶解自由能为

$$\Delta G_{\mathrm{m}} = RT\ln \frac{M_1}{100M_i} + RT\ln \frac{a_{(i)_{\mathrm{lw}}}^{\mathrm{H}}}{a_{(i)_{\mathrm{sx}}}^{\mathrm{H}}}$$

5.2.3.2 液体溶入液体

A 纯液体溶入液体

在恒温恒压条件下，纯液体组元 i 溶解于液体。可以表示为

$$i(1) = (i)_1$$

（1）以纯液态为标准液态。纯液体和溶液中的组元 i 都以纯液态为标准状态，溶液中的组元 i 的浓度以摩尔分数表示。溶解自由能为

$$\Delta G_{\mathrm{m}} = \mu_{(i)_1} - \mu_{i(1)} = \Delta G_{\mathrm{m}}^{\ominus} + RT\ln a_{(i)_l}^{\mathrm{R}}$$

式中

$$\mu_{(i)_1} = \mu_{i(1)}^{*} + RT\ln a_{(i)_1}^{\mathrm{R}}$$

$$\mu_{i(1)} = \mu_{i(1)}^{*}$$

标准溶解自由能为

$$\Delta G_{\mathrm{m}}^{\ominus} = \mu_{i(1)}^{*} - \mu_{i(1)}^{*} = 0$$

溶解自由能为

$$\Delta G_{\mathrm{m}} = RT\ln a_{(i)_1}^{\mathrm{R}}$$

（2）纯液体组元 i 以纯液态为标准状态，溶液中的组元 i 以纯固态为标准状态，浓度以摩尔分数表示，溶解自由能为

$$\Delta G_{\mathrm{m}} = \mu_{(i)_1} - \mu_{i(1)} = \Delta G_{\mathrm{m}}^{\ominus} + RT\ln a_{(i)_1}^{\mathrm{R}}$$

式中

$$\mu_{(i)_1} = \mu_{i(\mathrm{s})}^{*} + RT\ln a_{(i)_1}^{\mathrm{R}}$$

$$\mu_{i(1)} = \mu_{i(1)}^{*}$$

标准溶解自由能为

$$\Delta G_{\mathrm{m}}^{\ominus} = \mu_{i(\mathrm{s})}^{*} - \mu_{i(1)}^{*} = -\Delta_{\mathrm{fus}} G_{\mathrm{m},i}^{\ominus}$$

溶解自由能为

$$\Delta G_{\mathrm{m}} = -\Delta_{\mathrm{fus}} G_{\mathrm{m},i}^{\ominus} + RT\ln a_{(i)_l}^{\mathrm{R}}$$

(3) 纯液体组元 i 以纯液态为标准状态，溶液中的组元 i 以符合亨利定律的假想的纯物质为标准状态，浓度以摩尔分数表示，溶解自由能为

$$\Delta G_{\mathrm{m}} = \mu_{(i)_1} - \mu_{i(1)} = \Delta G_{\mathrm{m}}^{\ominus} + RT\ln a_{(i)_{\mathrm{lx}}}^{\mathrm{H}}$$

式中

$$\mu_{(i)_1} = \mu_{i(\mathrm{lx})}^{\ominus} + RT\ln a_{(i)_{\mathrm{lx}}}^{\mathrm{H}}$$

$$\mu_{(i)_1} = \mu_{i(1)}^{*}$$

$$\Delta G_{\mathrm{m}}^{\ominus} = \mu_{i(\mathrm{lx})}^{\ominus} - \mu_{i(1)}^{*}$$

由

$$\mu_{(i)_1} = \mu_{i(\mathrm{lx})}^{\ominus} + RT\ln a_{(i)_{\mathrm{lx}}}^{\mathrm{H}} = \mu_{i(1)}^{*} + RT\ln a_{(i)_1}^{\mathrm{R}}$$

得

$$\mu_{i(\mathrm{lx})}^{\ominus} - \mu_{i(1)}^{*} = RT\ln \frac{a_{(i)_1}^{\mathrm{R}}}{a_{(i)_{\mathrm{lx}}}^{\mathrm{H}}} = RT\ln \gamma_i^0$$

标准溶解自由能为

$$\Delta G_{\mathrm{m}}^{\ominus} = (\mu_{i(\mathrm{lx})}^{\ominus} - \mu_{i(1)}^{*}) = RT\ln \gamma_i^0$$

溶解自由能为

$$\Delta G_{\mathrm{m}} = \Delta G_{\mathrm{m}}^{\ominus} + RT\ln a_{(i)\mathrm{lx}}^{\mathrm{H}} = RT\ln \gamma_{i(1)}^0 + RT\ln a_{(i)_{\mathrm{lx}}}^{\mathrm{H}}$$

(4) 纯液体组元 i 以纯液态为标准状态，溶液中的组元 i 以符合亨利定律的假想的1%浓度 i 的溶液为标准状态，浓度以质量分数表示，溶解自由能为

$$\Delta G_{\mathrm{m}} = \mu_{(i)_1} - \mu_{i(1)} = \Delta G_{\mathrm{m}}^{\ominus} + RT\ln a_{(i)_{\mathrm{lw}}}^{\mathrm{H}}$$

式中

$$\mu_{(i)_1} = \mu_{(i)_{\mathrm{lw}}}^{\ominus} + RT\ln a_{(i)_{\mathrm{lw}}}^{\mathrm{H}}$$

$$\mu_{(i)_1} = \mu_{i(1)}^{*}$$

$$\Delta G_{\mathrm{m}}^{\ominus} = \mu_{(i)_{\mathrm{lw}}}^{\ominus} - \mu_{i(1)}^{*}$$

由

$$\mu_{(i)_1} = \mu_{(i)_{\mathrm{lw}}}^{\ominus} + RT\ln a_{(i)_{\mathrm{lw}}}^{\mathrm{H}} = \mu_{i(1)}^{*} + RT\ln a_{(i)_1}^{\mathrm{R}}$$

得

$$\Delta G_{\mathrm{m}}^{\ominus} = \mu_{(i)_{\mathrm{lw}}}^{\ominus} - \mu_{i(1)}^{*} = RT\ln \frac{a_{(i)_1}^{\mathrm{R}}}{a_{(i)_{\mathrm{lw}}}^{\mathrm{H}}} = RT\ln \frac{M_1}{100M_i}$$

溶解自由能为

$$\Delta G_{\mathrm{m}} = \Delta G_{\mathrm{m}}^{\ominus} + RT\ln a_{(i)\mathrm{lw}}^{H} = RT\ln \frac{M_1}{100M_i}\gamma_i^0 + RT\ln a_{(i)_{\mathrm{lw}}}^{\mathrm{H}}$$

B 溶液中的组元溶入另一溶液

在恒温恒压条件下，溶液中组元 i 溶入液体，表示为

$$(i)_{\mathrm{l}_1} = (i)_{\mathrm{l}_2}$$

(1) 两个溶液中的组元 i 都以纯液态组元 i 为标准状态，浓度以摩尔分数表示，溶解

自由能为

$$\Delta G_{\mathrm{m}}=\mu_{(i)_{\mathrm{l}_2}}-\mu_{(i)_{\mathrm{l}_1}}=\Delta G_{\mathrm{m}}^{*}+RT\ln\frac{a_{\mu_{(i)_{\mathrm{l}_2}}}^{\mathrm{R}}}{a_{\mu_{(i)_{\mathrm{l}_1}}}^{\mathrm{R}}}$$

式中

$$\mu_{(i)_{\mathrm{l}_2}}=\mu_{i(\mathrm{l})}^{*}+RT\ln a_{\mu_{(i)_{\mathrm{l}_2}}}^{\mathrm{R}}$$

$$\mu_{(i)_{\mathrm{l}_1}}=\mu_{i(\mathrm{l})}^{*}+RT\ln a_{\mu_{(i)_{\mathrm{l}_1}}}^{\mathrm{R}}$$

标准溶解自由能为

$$\Delta G_{\mathrm{m}}^{*}=\mu_{i(\mathrm{l})}^{*}-\mu_{i(\mathrm{l})}^{*}=0$$

溶解自由能为

$$\Delta G_{\mathrm{m}}=RT\ln\frac{a_{\mu_{(i)_{\mathrm{l}_2}}}^{\mathrm{R}}}{a_{\mu_{(i)_{\mathrm{l}_1}}}^{\mathrm{R}}}$$

（2）溶液 1 中的组元 i 以符合亨利定律的假想的纯液态为标准状态，浓度以摩尔分数表示。溶液 2 中的组元 i 以符合亨利定律的假想的浓度 1%的 i 溶液为标准状态，浓度以质量分数表示，溶解自由能为

$$\Delta G_{\mathrm{m}}=\mu_{(i)_{\mathrm{l}_2}}-\mu_{(i)_{\mathrm{l}_1}}=\Delta G_{\mathrm{m}}^{\ominus}+RT\ln\frac{a_{(i)_{\mathrm{l}_{2\mathrm{w}}}}^{\mathrm{H}}}{a_{(i)_{\mathrm{l}_{1\mathrm{x}}}}^{\mathrm{H}}}$$

式中

$$\mu_{(i)_{\mathrm{l}_2}}=\mu_{(i)_{\mathrm{l}_{2\mathrm{w}}}}^{\ominus}+RT\ln a_{(i)_{\mathrm{l}_{2\mathrm{w}}}}^{\mathrm{H}}$$

$$\mu_{(i)_{\mathrm{l}_1}}=\mu_{(i)_{\mathrm{l}_{1\mathrm{x}}}}^{\ominus}+RT\ln a_{(i)_{\mathrm{l}_{1\mathrm{x}}}}^{\mathrm{H}}$$

$$\Delta G_{\mathrm{m}}^{\ominus}=\mu_{(i)_{\mathrm{l}_{2\mathrm{w}}}}^{\ominus}-\mu_{(i)_{\mathrm{l}_{1\mathrm{x}}}}^{\ominus}$$

由

$$\mu_{(i)_{\mathrm{l}_2}}=\mu_{(i)_{\mathrm{l}_{2\mathrm{w}}}}^{\ominus}+RT\ln a_{(i)_{\mathrm{l}_{2\mathrm{w}}}}^{\mathrm{H}}=\mu_{i(\mathrm{l}_2)}^{*}+RT\ln a_{(i)_{\mathrm{l}_2}}^{\mathrm{R}}$$

得

$$\mu_{(i_2)_{\mathrm{w}}}^{\ominus}-\mu_{i(\mathrm{l}_2)}^{*}=RT\ln\frac{a_{i(\mathrm{l}_2)}^{\mathrm{R}}}{a_{(i)_{\mathrm{l}_{2\mathrm{w}}}}^{\mathrm{R}}}=RT\ln\frac{M_1}{100M_i}\gamma_i^0$$

由

$$\mu_{(i)_{\mathrm{l}_1}}=\mu_{(i)_{\mathrm{l}_{1\mathrm{x}}}}^{\ominus}+RT\ln a_{(i)_{\mathrm{l}_{1\mathrm{x}}}}^{\mathrm{H}}=\mu_{i(\mathrm{l}_1)}^{*}+RT\ln a_{(i)_{\mathrm{l}_1}}^{\mathrm{R}}$$

得

$$\mu_{(i)_{\mathrm{l}_{1\mathrm{x}}}}^{\ominus}-\mu_{i(\mathrm{l}_1)}^{*}=RT\ln\frac{a_{(i)_{\mathrm{l}_1}}^{\mathrm{R}}}{a_{(i)_{\mathrm{l}_{1\mathrm{x}}}}^{\mathrm{H}}}=RT\ln\gamma_i^0$$

标准溶解自由能为

$$\begin{aligned}\Delta G_{\mathrm{m}}^{\ominus}&=\mu_{(i)_{\mathrm{l}_{2\mathrm{w}}}}^{\ominus}-\mu_{(i)_{\mathrm{l}_{1\mathrm{x}}}}^{\ominus}=(\mu_{(i)_{\mathrm{l}_{2\mathrm{w}}}}^{\ominus}-\mu_{i(l_2)}^{*})-(\mu_{(i)_{\mathrm{l}_{1\mathrm{x}}}}^{\ominus}-\mu_{i(\mathrm{l}_1)}^{*})\\&=RT\ln\frac{M_1}{100M_i}\gamma_i^0-RT\ln\gamma_i^0=RT\ln\frac{M_1}{100M_i}\end{aligned}$$

5.2.4 气体溶入液体

在恒温恒压条件下，气体分子溶入液体，溶解后气体分子不分解。可表示为

$$(i_2)_g = (i_2)_l$$

（1）气体和液体的组元 i_2 都以一个标准压力的气体为标准状态，溶解自由能为

$$\Delta G_m = \mu_{(i_2)_l} - \mu_{(i_2)_g} = \Delta G_m^{\ominus} - RT\ln \frac{a_{(i_2)_l}^R}{p_{i_2}}$$

式中

$$\mu_{(i_2)_l} = \mu_{i_2(g)}^{\ominus} + RT\ln a_{(i_2)_l}^R$$

$$\mu_{(i)_g} = \mu_{i_2(g)}^{\ominus} + RT\ln p_{i_2}$$

标准溶解自由能为

$$\Delta G_m^{\ominus} = \mu_{i_2(g)}^{\ominus} - \mu_{i_2(g)}^{\ominus} = 0$$

溶解自由能为

$$\Delta G_m = RT\ln \frac{a_{(i_2)_l}^R}{p_{i_2}}$$

式中，p_{i_2} 为气体 i_2 的分压。

（2）气体组元 i_2 以一个标准压力为标准状态，溶液中的组元 i_2 以纯液态为标准状态，浓度以摩尔分数表示，溶解自由能为

$$\Delta G_m = \mu_{(i_2)_l} - \mu_{(i_2)_g} = \Delta G_m^{\ominus} + RT\ln \frac{a_{(i_2)_l}^R}{p_{i_2}}$$

式中

$$\mu_{(i_2)_l} = \mu_{i_2(l)}^{*} + RT\ln a_{(i_2)_l}^R$$

$$\mu_{(i_2)_g} = \mu_{i_2(g)}^{\ominus} + RT\ln p_{i_2}$$

标准溶解自由能为

$$\Delta G_m^{\ominus} = \mu_{i_2(l)}^{*} - \mu_{i_2(g)}^{\ominus} = \Delta_{冷凝} G_{m,i_2}^{\ominus} = -\Delta_{气化} G_{m,i_2}^{\ominus}$$

式中，$\Delta_{冷凝} G_{m,i_2}^{\ominus}$ 和 $\Delta_{气化} G_{m,i_2}^{\ominus}$ 分别为组元 i_2 的标准冷凝吉布斯自由能和标准气化吉布斯自由能。

溶解自由能为

$$\Delta G_m = \Delta_{冷凝} G_{m,i_2}^{\ominus} + RT\ln \frac{a_{(i_2)_l}^R}{p_{i_2}/p^{\ominus}} = -\Delta_{气化} G_{m,i_2}^{\ominus} + RT\ln \frac{a_{(i_2)_l}^R}{p_{i_2}}$$

（3）气体组元 i_2 以一个标准压力为标准状态，溶液中的组元 i_2 以符合亨利定律的假想的纯物质为标准状态，浓度以摩尔分数表示，溶解自由能为

$$\Delta G_m = \mu_{(i_2)_l} - \mu_{(i_2)_g} = \Delta G_m^{\ominus} + RT\ln \frac{a_{(i_2)_l}^H}{p_{i_2}}$$

式中

$$\mu_{(i_2)_l} = \mu_{i_2(lx)}^{\ominus} + RT\ln a_{(i_2)_{lx}}^H$$

$$\mu_{(i_2)_g} = \mu_{i_2(g)}^{\ominus} + RT\ln p_{i_2}$$

$$\Delta G_m^{\ominus} = \mu_{i_2(lx)}^{\ominus} - \mu_{i_2(g)}^{\ominus}$$

由

$$\mu_{(i_2)_l} = \mu_{i_2(lx)}^{\ominus} + RT\ln a_{(i_2)_{lx}}^{H} = \mu_{i_2(g)}^{\ominus} + RT\ln a_{(i_2)_l}^{R}$$

得

$$\mu_{i(lx)}^{\ominus} - \mu_{i_2(g)}^{\ominus} = RT\ln \frac{a_{(i_2)_l}^{R}}{a_{(i_2)_{lx}}^{H}}$$

标准溶解自由能为

$$\Delta G_m^{\ominus} = \mu_{i_2(lx)}^{\ominus} - \mu_{i_2(g)}^{\ominus} = RT\ln\gamma_{i_2}^{0}$$

式中，$\mu_{i_2(g)}^{\ominus}$ 为气体中组元 i_2 为标准状态时的化学势。

溶解自由能为

$$\Delta G_m = \Delta G_m^{\ominus} + RT\ln \frac{a_{(i_2)_{lx}}^{H}}{p_{i_2}} = RT\ln\gamma_{i_2}^{0} + RT\ln \frac{a_{(i_2)_{lx}}^{H}}{p_{i_2}}$$

(4) 气体组元 i_2 以标准压力为标准状态，溶液中的组元 i_2 以符合亨利定律的假想的1%浓度 i_2 为标准状态，浓度以质量分数表示，溶解自由能为

$$\Delta G_m = \mu_{(i_2)_l} - \mu_{(i_2)_g} = \Delta G_m^{\ominus} + RT\ln \frac{a_{(i_2)_{lw}}^{H}}{p_{i_2}}$$

式中

$$\mu_{(i_2)_l} = \mu_{(i_2)_{lw}}^{\ominus} + RT\ln a_{(i_2)_{lw}}^{H}$$
$$\mu_{(i_2)_g} = \mu_{i_2(g)}^{\ominus} + RT\ln p_{i_2}$$
$$\Delta G_m^{\ominus} = \mu_{(i_2)_{lw}}^{\ominus} - \mu_{i_2(g)}^{\ominus}$$

由

$$\mu_{(i_2)_l} = \mu_{(i_2)_{lw}}^{\ominus} + RT\ln a_{(i_2)_{lw}}^{H} = \mu_{i_2(g)}^{\ominus} + RT\ln a_{(i_2)_l}^{R}$$

得

$$\mu_{(i_2)_{lw}}^{\ominus} - \mu_{i_2(g)}^{\ominus} = RT\ln \frac{a_{(i_2)_l}^{R}}{a_{(i_2)_{lw}}^{H}} = RT\ln \frac{M_1}{100M_i}\gamma_i^0$$

标准溶解自由能为

$$\Delta G_m^{\ominus} = \mu_{(i_2)_{lw}}^{\ominus} - \mu_{i_2(g)}^{\ominus} = RT\ln \frac{M_1}{100M_i}\gamma_i^0$$

溶解自由能为

$$\Delta G_m = \Delta G_m^{\ominus} + RT\ln \frac{a_{(i_2)_{lw}}^{H}}{p_{i_2}} = RT\ln \frac{M_1}{100M_i}\gamma_{i_2}^0 + RT\ln \frac{a_{(i_2)_{lw}}^{H}}{p_{i_2}/p^{\ominus}}$$

5.3　气体在液体中溶解的动力学

湿法冶金常有气体溶解于液体的情况。例如，SO_3、NO_2、Cl_2、HCl、O_2 等气体溶于水或水溶液中。

气体溶解于液体中有三个步骤：一是气体通过液体表面的气相边界层——气膜扩散；

二是气体与液体在气-液界面发生反应——溶解；三是溶解组元在液相边界层向液相本体传质。

气体在液体中溶解，有分子组成不变和分子分解两种情况。前者如氧气、氮气溶解到水中，后者如氮气、氢气、氨气溶解到钢液中。反应方程式为

$$(A_2)_g = (A_2)_l$$

$$(A_mB_n)_g = (A_mB_n)_l$$

$$(A_2)_g = 2[A]$$

$$(A_mB_n)_g = m[A] + n[B]$$

这里仅讨论气体在液体中溶解时分子组成不变的情况。

(1) 气体在气相边界层的扩散为控制步骤。气体在气相边界层中的扩散速度慢，是过程的控制步骤。

过程速率为

$$-\frac{dN_{(A_2)_g}}{dt} = \frac{dN_{(A_2)_l}}{dt} = \Omega_{g'l'}J_{A_2,g'}$$

式中

$$J_{A_2,g'} = D_{A_2,g'}(p_{A_2,b} - p_{A_2,i})$$

$$-\frac{dN_{(A_2)_g}}{dt} = \frac{dN_{(A_2)_l}}{dt} = \Omega_{g'l'}[D_{A_2,g'}(p_{A_2,b} - p_{A_2,i})]$$

式中，$N_{(A_2)_g}$、$N_{(A_2)_l}$ 分别为气相和液相组元 A_2 的物质的量；$\Omega_{g'l'}$ 为气膜和液膜界面面积；$D_{A_2,g'}$ 为组元 A_2 在气膜中的扩散系数；$J_{A_2,g'}$ 为单位时间、单位气膜-液膜界面面积组元 A_2 的扩散通量；$p_{A_2,b}$、$p_{A_2,i}$ 分别为组元 A_2 在气相本体和气液界面的压力。

(2) 气体与溶剂的相互作用为控制步骤。气体与溶剂相互作用，气体不分解，生成水化分子，例如，氧气、氮气、氨溶解于水中。

过程速率为

$$-\frac{dN_{(A_2)_g}}{dt} = \frac{dN_{(A_2)_l}}{dt} = \Omega_{g'l'}j_{A_2}$$

式中，$J_{A_2} = k_{A_2}(p_{A_2,i})^{n_{A_2}} - k'_{A_2}c_{A_2,i}^{n_{A_2}} = k_{A_2}(p_{A_2,b})^{n_{A_2}} - k'_{A_2}c_{A_2,i}^{n_{A_2}}$。

达成平衡，有

$$\frac{k_{A_2}}{k'_{A_2}} = \left(\frac{c'_{A_2,i}}{p'_{A_2,i}}\right)^{n_{A_2}} = \frac{1}{k} = K$$

$$-\frac{dN_{(A_2)_g}}{dt} = \frac{dN_{(A_2)_l}}{dt} = \Omega_{g'l'}k_{A_2}\left[(p_{A_2,b})^{n_{A_2}} - \frac{c_{A_2,i}^{n_{A_2}}}{K}\right]$$

由于在气膜中的扩散不是控制步骤，所以组元 A_2 在气-液界面的压力等于气相本体的压力。式中，K 为平衡常数；$c_{A_2,i}$ 为组元 A_2 在的气-液界面液相一侧的浓度；$c'_{A_2,i}$、$p_{A_2,b}$ 为体系达到平衡时组元 A_2 的浓度和压力。

(3) 在液相边界层中的传质为控制步骤。溶解进入液相边界层中的气体会向液相本体扩散。如果该过程慢，就成为溶解过程的控制步骤。

过程速率为

$$-\frac{dN_{(A_2)_g}}{dt}=\frac{dN_{(A_2)_l}}{dt}=\Omega_{l'l}J_{A_2,l'}$$

式中，$\Omega_{l'l}$ 为液相边界层与液相本体的界面；$J_{A_2,l'}$ 为组元 A_2 在单位面积液膜 l′ 的扩散速率，为

$$J_{A_2,l'}=D_{A_2,l'}(c_{A_2,i}-c_{A_2,b})$$

$$-\frac{dN_{(A_2)_g}}{dt}=\frac{dN_{(A_2)_l}}{dt}=\Omega_{l'l}D_{A_2,l'}(c_{A_2,i}-c_{A_2,b})$$

式中，$c_{A_2,i}$ 为气-液界面液相一侧组元 A_2 的浓度；$c_{A_2,b}$ 为液相本体组元 A_2 的浓度。

（4）溶解过程由在气膜中的传质和气体与溶剂的相互作用共同控制。过程速率为

$$-\frac{dN_{(A_2)_g}}{dt}=\frac{dN_{(A_2)_l}}{dt}=\Omega_{l'l}J_{A_2,g'}=\Omega_{g'l'}j_{A_2}=\Omega J$$

式中，$\Omega_{g'l'}=\Omega$；$J=\frac{1}{2}(J_{A_2,g'}+j_{A_2})$；$J_{A_2,g'}=D_{A_2,g'}(p_{A_2,b}-p_{A_2,i})$。

$$j_{A_2}=k_{A_2}(p_{A_2,i})^{n_{A_2}}-k'_{A_2}c_{A,i}^{n_A}=k_{A_2}\left[(p_{A_2,i})^{n_{A_2}}-\frac{c_{A_2,i}^{n_{A_2}}}{K}\right]$$

达到平衡，有

$$\frac{k_{A_2}}{k'_{A_2}}=\left(\frac{c'_{A_2,i}}{p'_{A_2,i}}\right)^{n_{A_2}}=K$$

$$-\frac{dN_{(A_2)_g}}{dt}=\frac{dN_{(A_2)_l}}{dt}=\frac{\Omega_{g'l'}}{2}\left\{D_{A_2,g'}(p_{A_2,b}-p_{A_2,i})+k_{A_2}\left[(p_{A_2,i})^{n_{A_2}}-\frac{c_{A_2,i}^{n_{A_2}}}{K}\right]\right\}$$

（5）溶解过程由气膜传质和液膜传质共同控制。过程速率为

$$-\frac{dN_{(A_2)_g}}{dt}=\frac{dN_{(A_2)_l}}{dt}=\Omega_{g'l'}J_{A_2,g'}=\Omega_{g'l'}J_{A_2,l'}=\Omega J$$

式中，$\Omega_{g'l'}\approx\Omega_{l'l}=\Omega$；$J=\frac{1}{2}(J_{A_2,g'}+J_{A_2,l'})$；$J_{A_2,g'}=D_{A_2,g'}(p_{A_2,b}-p_{A_2,i})$；$J_{A,l'}=D_{A,l'}(c_{A,i}-c_{A,b})$。

$$-\frac{dN_{(A_2)_g}}{dt}=\frac{dN_{(A_2)_l}}{dt}=\frac{\Omega}{2}[D_{A_2,g'}(p_{A_2,b}-p_{A_2,i})+D_{A,l'}(c_{A,b}-c_{A,i})]$$

（6）溶解过程由气体与溶剂的相互作用和液膜中传质共同控制。气体与溶剂的相互作用和液膜中的传质都很慢，是气体溶解过程的共同控制步骤。

过程速率为

$$-\frac{dN_{(A_2)_g}}{dt}=\frac{dN_{(A_2)_l}}{dt}=\Omega_{g'l'}j_{A_2}=\Omega_{l'l}J_{A_2,l'}=\Omega J$$

式中，$\Omega_{g'l'}\approx\Omega_{l'l}=\Omega$；$J=\frac{1}{2}(j_{A_2}+J_{A_2,l'})$。

$$j_{A_2}=K_{A_2}(p_{A_2,i})^{n_{A_2}}-k'_{A_2}c_{A_2,i}^{n_{A_2}}=k_{A_2}(p_{A_2,b})^{n_{A_2}}-k'_{A_2}c_{A_2,i}^{n_{A_2}}=k_{A_2}[(p_{A_2,b})^{n_{A_2}}-c_{A_2}^{n_{A_2}}]$$

达到平衡，有

$$K = \frac{k_{A_2}}{k'_{A_2}} = \left(\frac{c'_{A_2,i}}{p'_{A_2,b}}\right)^{n_{A_2}}$$

由于气体在气膜中扩散速度快，不是过程的控制步骤，所以有

$$p_{A_2,b} = p_{A_2,i}$$

$$J_{A_2,l'} = D_{A_2,l'}(c_{A_2,i} - c_{A_2,b})$$

$$-\frac{dN_{(A_2)_g}}{dt} = \frac{dN_{(A_2)_l}}{dt} = \frac{\Omega}{2}\left\{k_{A_2}\left[(p_{A_2,b})^{n_{A_2}} - \frac{c_{A_2,i}^{n_{A_2}}}{K}\right] + D_{A_2,l'}(c_{A_2,i} - c_{A_2,b})\right\}$$

（7）溶解过程由气体在气膜中的传质，气体与溶剂的相互作用和液膜中的传质共同控制。气体在气膜中的传质，气体与溶剂的相互作用及溶解的气体在液膜中的传质都慢，共同是过程的控制步骤。

过程速率为

$$-\frac{dN_{(A_2)_g}}{dt} = \frac{dN_{(A_2)_l}}{dt} = \Omega_{g'l'}J_{A_2,g'} = \Omega_{g'l'}j_{A_2} = \Omega_{l'l}J_{A_2,l'} = \Omega J$$

式中，$\Omega_{g'l'} \approx \Omega_{l'l} = \Omega$；$J = \frac{1}{3}(J_{A_2,g'} + j_{A_2} + J_{A_2,l'})$；$J_{A_2,g'} = D_{A_2,g'}(p_{A_2,b} - p_{A_2,i})$；$j_{A_2} = k_{A_2}\left[(p_{A_2,i})^{n_{A_2}} - \frac{c_{A_2}^{n_{A_2}}}{K}\right]$；$J_{A_2,l'} = D_{A_2,l'}(c_{A_2,i} - c_{A_2,b})$。

$$-\frac{dN_{(A_2)_g}}{dt} = \frac{dN_{(A_2)_l}}{dt} = \frac{\Omega}{3}\left\{D_{A_2,g'}(p_{A_2,b} - p_{A_2,i}) + k_{A_2}\left[(p_{A_2,i})^{n_{A_2}} - \frac{c_{A_2}^{n_{A_2}}}{K}\right] + D_{A_2,l'}(c_{A_2,i} - c_{A_2,b})\right\}$$

式中，$K = \frac{k_{A_2}}{k'_{A_2}} = \left(\frac{c'_{A_2}}{p'_{A_2}}\right)^{n_{A_2}}$ 为平衡常数。

5.4 液体溶解于液体的动力学

两个不互溶的液相接触，一个液相的溶质组元向另一个液相溶解。例如，萃取体系，水相中的配合物向油相中溶解。

液体溶解于液体有三个步骤：一是液体通过两个液体界面的边界层扩散；二是液体 1 与液体 2 在液-液界面相互作用——溶解；三是溶解组元在液-液相边界层 2 扩散进入液相 2 的本体。

这个过程可以划分为三种情况：一是与扩散相比溶解过程速率很慢，整个过程由溶解过程控制。溶解在两液相界面处进行。二是扩散比溶解慢很多，整个过程由扩散控制。三是扩散和溶解速率相近，整个过程为扩散和溶解共同控制。

下面分别讨论。

（1）溶解过程的控制步骤是液体 A 在液体 l′中的溶解。溶解过程可以表示为

$$A(l_1) = (A)_{l_1}$$

液体 A 与液体 l_1 不完全互溶，即液体 A 在液体 l_1 中有一定的溶解度，则

$$-\frac{dN_{A(l)}}{dt}=\frac{dN_{(A)_{l_1}}}{dt}=\Omega_{A'l_1'}j_A \tag{5.10}$$

式中，$\Omega_{A'l_1'}$ 为液体 A 的液膜 A′与液体 l_1 的液膜 l_1'的界面面积。单位界面面积的溶解速率为

$$j_A=k_A c_A^{n_A}-k'_A c_A'^{n_A'} \tag{5.11}$$

式中，c_A 为组元 A 的体积摩尔浓度；c'_A 为组元 A 在 l_1 中的体积摩尔浓度。

将式（5.11）代入式（5.10），得

$$-\frac{dN_{A(l)}}{dt}=\frac{dN_{(A)_{l_1}}}{dt}=\Omega_{A'l_1'}(k_A c_A^{n_A}-k'_A c_A'^{n_A'})$$

$$=\Omega_{A'l_1'}k_A\left(1-\frac{c_A'^{n_A'}}{K}\right)$$

式中

$$K=\frac{k_A}{k'_A}=c''^{n_A'}_A$$

c'' 为组元 A 在液体 l_1 中的饱和浓度。

（2）溶解过程的控制步骤是溶液 l_1 中的组元 A 在液体 l_2 中的溶解。溶解过程可以表示为

$$(A)_{l_1}=\!=\!=(A)_{l_2}$$

（3）溶解过程由组元 A 在液膜 l_1'内的扩散控制。扩散控制的溶解速率为

$$-\frac{dN_{(A)_{l_1}}}{dt}=\frac{dN_{(A)_{l_2}}}{dt}=\Omega_{l_1'l_2'}J_{Al_1'} \tag{5.12}$$

在单位时间内，在液膜 l_1'中，通过单位界面面积 $l_1'l_2'$进入 l_2'中的组元 A 的物质的量为

$$J_{Al_1'}=|\boldsymbol{J}_{Al_1'}|=|-D_{Al_1'}\nabla c_{Al_1'}|=D_{Al_1'}\frac{\Delta c_{Al_1'}}{\delta_{l_1'}}=D'_{Al_1'}\Delta c_{Al_1'} \tag{5.13}$$

式中，$D'_{Al_1'}=\dfrac{D_{Al_1'}}{\delta_{l_1'}}$；$\Delta c_{Al_1'}=c_{Al_1}-c_{Al_1'l_2'}$；$D_{Al_1'}$ 为组元 A 在液膜 l_1'中的扩散系数；$\nabla c_{Al_1'}$ 为液膜 l_1'中组元 A 的浓度梯度；$\delta_{l_1'}$ 为液膜 l_1'的厚度；c_{Al_1} 为溶液 l_1 中组元 A 的浓度；$c_{Al_1'l_2'}$ 为在液膜界面 $l_1'l_2'$上 l_1'侧组元 A 的浓度。

将式（5.13）代入式（5.12），得

$$-\frac{dN_{(A)_{l_1}}}{dt}=\frac{dN_{(A)_{l_2}}}{dt}=\Omega_{l_1'l_2'}D'_{Al_1'}\Delta c_{Al_1'}$$

（4）溶解过程由组元 A 在液膜 l_2'内的扩散控制。扩散控制的溶解速率为

$$-\frac{dN_{(A)_{l_1}}}{dt}=\frac{dN_{(A)_{l_2}}}{dt}=\Omega_{l_1'l_2'}J_{Al_2'} \tag{5.14}$$

式中，$\Omega_{l_1'l_2'}$ 为液相 l_2 的液膜 l_2'与液相 l_2 的界面面积；$J_{Al_2'}$ 为组元 A 在液膜 l_2'中的扩散速率。

在单位时间内，在液膜 l_2'中，通过界面 $l_1'l_2'$单位面积进入液相 l_2 中的组元 A 的物质的量为

$$J_{\mathrm{Al}_2'} = |\boldsymbol{J}_{\mathrm{Al}_1'}| = |-D_{\mathrm{Al}_2'} \nabla c_{\mathrm{Al}_2'}| = D_{\mathrm{Al}_2'} \frac{\Delta c_{\mathrm{Al}_2'}}{\delta_{\mathrm{l}_2'}} = D'_{\mathrm{Al}_2'} \Delta c_{\mathrm{Al}_2'} \tag{5.15}$$

式中，$D'_{\mathrm{Al}_2'} = \dfrac{D_{\mathrm{Al}_2'}}{\delta_{\mathrm{l}_2'}}$；$\Delta c_{\mathrm{Al}_2'} = c_{\mathrm{Al}_1'\mathrm{l}_2'} - c_{\mathrm{Al}_2}$；$D_{\mathrm{Al}_2'}$ 为组元 A 在液膜 l_2'中的扩散系数；$\nabla c_{\mathrm{Al}_2'}$ 为液膜 l_2'中组元 A 的浓度梯度；$c_{\mathrm{Al}_1'\mathrm{l}_2'}$ 为界面 $\mathrm{l}_1'\mathrm{l}_2'$上 l_2'侧组元 A 的浓度；c_{Al_2} 为液相 l_2 中组元 A 的浓度；$\delta_{\mathrm{l}_2'}$ 为液膜 l_2 的厚度。

将式（5.15）代入式（5.14），得

$$-\frac{\mathrm{d}N_{(\mathrm{A})_{\mathrm{l}_1}}}{\mathrm{d}t} = \frac{\mathrm{d}N_{(\mathrm{A})_{\mathrm{l}_2}}}{\mathrm{d}t} = \Omega_{\mathrm{l}_1'\mathrm{l}_2} D'_{\mathrm{Al}_2'} \Delta c_{\mathrm{Al}_2'}$$

（5）溶解过程由组元 A 在液膜 l_1'与 l_2'中的扩散共同控制。溶解过程由组元 A 在液膜 l'_1与 l_2'中的扩散共同控制，溶解速率为

$$-\frac{\mathrm{d}N_{(\mathrm{A})_{\mathrm{l}_1}}}{\mathrm{d}t} = \frac{\mathrm{d}N_{(\mathrm{A})_{\mathrm{l}_2}}}{\mathrm{d}t} = \Omega_{\mathrm{l}_1'\mathrm{l}_2'} J_{\mathrm{A},\mathrm{l}_1'} = \Omega_{\mathrm{l}_1'\mathrm{l}_2} J_{\mathrm{A},\mathrm{l}_2'} = \Omega J_{\mathrm{A}} \tag{5.16}$$

式中

$$\Omega_{\mathrm{l}_1'\mathrm{l}_2} = \Omega_{\mathrm{l}_2'\mathrm{l}_2} = \Omega$$

$$J_{\mathrm{A}} = \frac{1}{2}(J_{\mathrm{Al}_1'} + J_{\mathrm{Al}_2'})$$

$$J_{\mathrm{Al}_1'} = |\boldsymbol{J}_{\mathrm{Al}_1'}| = |-D_{\mathrm{Al}'} \nabla c_{\mathrm{Al}_1'}| = D_{\mathrm{Al}_1'} \frac{\Delta c_{\mathrm{Al}_1'}}{\delta_{\mathrm{l}_1'}} = D'_{\mathrm{Al}_1'} \Delta c_{\mathrm{Al}_1'}$$

$$J_{\mathrm{Al}_2'} = |\boldsymbol{J}_{\mathrm{Al}_2'}| = |-D_{\mathrm{Al}_2'} \nabla c_{\mathrm{Al}_2'}| = D_{\mathrm{Al}_2'} \frac{\Delta c_{\mathrm{Al}_2'}}{\delta_{\mathrm{l}_2'}} = D'_{\mathrm{Al}_2'} \Delta c_{\mathrm{Al}_2'}$$

各符号意义同前。

$$J_{\mathrm{A}} = \frac{1}{2}(J_{\mathrm{Al}_1'} + J_{\mathrm{Al}_2'}) = \frac{1}{2}(D'_{\mathrm{Al}_1'} \Delta c_{\mathrm{Al}_1'} + D'_{\mathrm{Al}_2'} \Delta c_{\mathrm{Al}_2'}) \tag{5.17}$$

将式（5.17）代入式（5.16），得

$$-\frac{\mathrm{d}N_{(\mathrm{A})_{\mathrm{l}_1}}}{\mathrm{d}t} = \frac{\mathrm{d}N_{(\mathrm{A})_{\mathrm{l}_2}}}{\mathrm{d}t} = \frac{1}{2}\Omega(D'_{\mathrm{Al}_1'} \Delta c_{\mathrm{Al}_1'} + D'_{\mathrm{Al}_2'} \Delta c_{\mathrm{Al}_2'})$$

（6）溶解过程由组元 A 在液膜 l_1'中的扩散与在 l_2'中的溶解共同控制。该过程的速率为

$$-\frac{\mathrm{d}N_{(\mathrm{A})_{\mathrm{l}_1}}}{\mathrm{d}t} = \frac{\mathrm{d}N_{(\mathrm{A})_{\mathrm{l}_2}}}{\mathrm{d}t} = \Omega_{\mathrm{l}_1'\mathrm{l}_2'} J_{\mathrm{A},\mathrm{l}_1'} = \Omega_{\mathrm{l}_1'\mathrm{l}_2'} j_{\mathrm{A}} = \Omega J_{\mathrm{A}} \tag{5.18}$$

式中

$$\Omega = \Omega_{\mathrm{l}_1'\mathrm{l}_2'}$$

$$J_{\mathrm{A}} = \frac{1}{2}(J_{\mathrm{A},\mathrm{l}_1'} + j_{\mathrm{A}})$$

$$J_{\mathrm{A},\mathrm{l}_1'} = |\boldsymbol{J}_{\mathrm{A},\mathrm{l}_1'}| = |-D_{\mathrm{Al}'} \nabla c_{\mathrm{Al}_1'}| = D'_{\mathrm{Al}_1'} \frac{\Delta c_{\mathrm{Al}_1'}}{\delta_{\mathrm{l}_1'}} = D'_{\mathrm{Al}_1'} \Delta c_{\mathrm{Al}_1'}$$

$$j_A = k_A c_A^{n_A} - k'_A c'^{n'_A}_A = k_A \left(c_A^{n_A} - \frac{c'^{n'_A}_A}{K} \right)$$

$$K = \frac{k_A}{k'_A} = \frac{c''^{n'_A}_A}{c_A^{*\ n_A}}$$

式中，c_A 为组元 A 在界面 $l'_1l'_2$ 处 l'_1 一侧的浓度；c'_A 为组元 A 在界面 $l'_1l'_2$ 处 l'_2 一侧的浓度，由于在液膜 l'_2 中的扩散不是控制步骤，所以也是在液体 l_2 本体的浓度。其他符号意义同前。

$$J_A = \frac{1}{2}(J_{A,l'_1} + j_A) = \frac{1}{2}\left[D'_{Al'_1}\Delta c_{Al'_1} + k_A \left(c_A^{n_A} - \frac{c'^{n'_A}_A}{K} \right) \right] \tag{5.19}$$

将式（5.19）代入式（5.18），得

$$-\frac{dN_{(A)_{l_1}}}{dt} = \frac{dN_{(A)_{l_2}}}{dt} = \frac{1}{2}\Omega\left[D'_{Al'_1}\Delta c_{Al'_1} + k_A \left(c_A^{n_A} - \frac{c'^{n'_A}_A}{K} \right) \right]$$

（7）溶解过程由组元 A 在液膜 l'_2 中的扩散与在液膜 l'_2 中的溶解共同控制。整个过程的速率为

$$-\frac{dN_{(A)_{l_1}}}{dt} = \frac{dN_{(A)_{l_2}}}{dt} = \Omega_{l'_1l'_2}\, j_A = \Omega_{l'_1l_2} J_{A,l'_2} = \Omega J_A \tag{5.20}$$

其中

$$\Omega = \Omega_{l'_1l'_2} = \Omega_{l'_1l_2}$$

$$J_A = \frac{1}{2}(j_A + J_{A,l'_2})$$

$$J_A = \frac{1}{2}(j_A + J_{A,l'_2})$$

$$j_A = k_A c_A^{n_A} - k'_A c'^{n'_A}_A = k_A \left(c_A^{n_A} - \frac{c'^{n'_A}_A}{K} \right)$$

式中，$K = \dfrac{k_A}{k'_A} = \dfrac{c'^{\ n'_A}_A}{c_A^{*\ n_A}}$ 为平衡常数。

$$J_{A,l'_2} = |\boldsymbol{J}_{A,l'_2}| = |-D_{Al'_2}\nabla c_{Al'_2}| = D_{Al'_2}\frac{\Delta c_{Al'_2}}{\delta_{l'_2}} = D_{Al'_2}\Delta c_{Al'_2}$$

式中，c_A 为组元 A 在液膜 l'_1 中的浓度，由于在液膜 l'_1 中的扩散不是控制步骤，c_A 也是组元 A 在液体 l_1 中的浓度；c'_A 为组元 A 在液膜 l'_1 和 l'_2 界面 l'_2 一侧的浓度；其他符号意义同前。

$$J_A = \frac{1}{2}(j_A + J_{A,l'_2})$$

$$J_A = \frac{1}{2}(j_A + J_{A,l'_2}) = \frac{1}{2}\left[k_A \left(c_A^{n_A} - \frac{c'^{n'_A}_A}{K} \right) + D_{Al'_2}\Delta c_{Al'_2} \right] \tag{5.21}$$

将式（5.21）代入式（5.20），得

$$-\frac{dN_{(A)_{l_1}}}{dt} = \frac{dN_{(A)_{l_2}}}{dt} = \frac{1}{2}\Omega\left[k_A \left(c_A^{n_A} - \frac{c'^{n'_A}_A}{K} \right) + D_{Al'_2}\Delta c_{Al'_2} \right]$$

（8）溶解过程由组元 A 在液膜 l_1' 中的扩散，在液膜 l_2' 中的溶解及在液膜 l_2' 中的扩散共同控制。整个过程的速率为

$$-\frac{dN_{(A)_{l_1}}}{dt}=\frac{dN_{(A)_{l_2}}}{dt}=\Omega_{l_1'l_2'}J_{A,l_1'}=\Omega_{l_1'l_2}j_A=\Omega_{l_2'l_2}J_{A,l_2'}=\Omega J_A \tag{5.22}$$

其中

$$\Omega=\Omega_{l_1'l_2'}=\Omega_{l_1'l_2}$$

$$J_A=\frac{1}{3}(J_{A,l_1'}+j_A+J_{A,l_2'})$$

$$J_{A,l_1'}=|\boldsymbol{J}_{A,l_1'}|=|-D_{Al'}\nabla c_{Al_1'}|=D_{Al_1'}\frac{\Delta c_{Al_1'}}{\delta_{l_1'}}=D'_{Al_1'}\Delta c_{Al_1'}$$

$$j_A=k_Ac_A^{n_A}-k'_Ac_A'^{n_A'}$$

$$J_{Al_2'}=|\boldsymbol{J}_{A,l_2'}|=|-D_{Al_2'}\nabla c_{Al_2'}|=D_{Al_2'}\frac{\Delta c_{Al_2'}}{\delta_{l_2'}}=D_{Al_2'}\Delta c_{Al_2'}$$

式中，c_A 为组元 A 在液膜 l_1' 和 l_2' 界面 l_1' 一侧的浓度；c'_A 为组元 A 在 l_2' 一侧的浓度；其他符号意义同前。

$$J_A=\frac{1}{3}(J_{Al_1'}+j_A+J_{Al_2'})=\frac{1}{3}\left[D'_{Al_1'}\Delta c_{Al_1'}+k_A\left(c_A^{n_A}-\frac{c_A'^{n_A'}}{K}\right)+D'_{Al_2'}\Delta c_{Al_2'}\right] \tag{5.23}$$

将式（5.23）代入式（5.22），得

$$-\frac{dN_{(A)_{l_1}}}{dt}=\frac{dN_{(A)_{l_2}}}{dt}=\frac{1}{3}\Omega(D'_{Al_1'}\Delta c_{Al_1'}+k_Ac_A^{n_A}c_B^{n_B}+D'_{Al_2'}\Delta c_{Al_2'})$$

5.5　固体溶入液体的动力学

在溶解过程中，随着固体物质进入溶液，溶解从固体表面向固体内部发展。溶解过程有两种情况：一是在溶解过程中，固体物质完全溶解或者固体中不溶解的物质形成的剩余层疏松，对溶解的阻碍作用可以忽略不计；二是剩余层致密，则需考虑溶质穿过不溶解的物料层的阻力。

5.5.1　溶解过程的步骤

溶解过程包括以下步骤：

第一种情况，没有剩余层或剩余层疏松。

（1）溶剂在固体表面形成液膜。

（2）固体中可溶解的物质与溶剂相互作用，进入溶液成为溶质。

（3）溶质在液膜中向溶液本体扩散。

第二种情况，形成致密的剩余层。

（1）溶剂在固体表面形成液膜。

（2）固体中可溶解的物质在剩余层中扩散到剩余层和液膜的界面。

（3）可溶解的物质与溶剂相互作用，进入溶液液膜，成为溶质。

（4）溶质在液膜中扩散进入溶液本体。

5.5.2　溶解过程不形成致密剩余层的情况

（1）溶解过程由组元 B 在液膜中的扩散控制。溶质在液膜中的扩散速度慢，成为溶解过程的控制步骤。溶解速率为

$$-\frac{\mathrm{d}N_{\mathrm{B(s)}}}{\mathrm{d}t} = \frac{\mathrm{d}N_{\mathrm{B}}}{\mathrm{d}t} = \Omega_{\mathrm{l'l}}J_{\mathrm{Bl'}} \tag{5.24}$$

式中，$N_{\mathrm{B(s)}}$ 为固相组元 B 的物质的量；N_{B} 为溶液中组元 B 的物质的量；$\Omega_{\mathrm{l'l}}$ 为液膜与溶液本体的界面面积，即液膜外表面面积；$J_{\mathrm{Bl'}}$ 为组元 B 在液膜中的扩散速率，即扩散速度的绝对值。

在单位时间，通过单位液膜和溶液本体界面面积进入溶液本体的溶质组元 B 的物质的量为

$$J_{\mathrm{Bl'}} = |\boldsymbol{J}_{\mathrm{Bl'}}| = |-D_{\mathrm{Bl'}}\nabla c_{\mathrm{Bl'}}| = D_{\mathrm{Bl'}}\frac{\Delta c_{\mathrm{Bl'}}}{\delta_{\mathrm{l'}}} = D'_{\mathrm{Bl'}}\Delta c_{\mathrm{Bl'}} \tag{5.25}$$

式中，$D'_{\mathrm{Bl'}} = \dfrac{D_{\mathrm{Bl'}}}{\delta_{\mathrm{l'}}}$；$\Delta c_{\mathrm{Bl'}} = c_{\mathrm{Bl's}} - c_{\mathrm{Bl'l}} = c_{\mathrm{Bs}} - c_{\mathrm{Bl}}$；$D_{\mathrm{Bl'}}$ 为组元 B 在液膜中的扩散系数；$\nabla c_{\mathrm{Bl'}}$ 为液膜中组元 B 的浓度梯度；$\delta_{\mathrm{l'}}$ 为液膜厚度，在溶解过程中，液膜面积缩小，但厚度不变；$c_{\mathrm{Bl's}}$ 为固体和液膜界面处组元 B 的浓度，即固体中组元 B 的浓度，如果固体为纯物质，则 $c_{\mathrm{Bs}} = 1$，如果固体为固溶体，则为固溶体中组元 B 的浓度，即 $c_{\mathrm{Bl's}} = c_{\mathrm{(B)s}}$；$c_{\mathrm{Bl'l}}$ 为液膜和溶液本体界面组元 B 的浓度，即溶液本体中组元 B 的浓度，$c_{\mathrm{Bl'l}} = c_{\mathrm{Bl}}$。

将式（5.25）代入式（5.24），得

$$-\frac{\mathrm{d}N_{\mathrm{B(s)}}}{\mathrm{d}t} = \Omega_{\mathrm{l'l}}J_{\mathrm{Bl'}} = \Omega_{\mathrm{l'l}}D'_{\mathrm{Bl'}}\Delta c_{\mathrm{Bl'}} \tag{5.26}$$

对于半径为 r 的球形的颗粒，有

$$-\frac{\mathrm{d}N_{\mathrm{B(s)}}}{\mathrm{d}t} = 4\pi r^2 D'_{\mathrm{Bl'}}\Delta c_{\mathrm{Bl'}} \tag{5.27}$$

将

$$N_{\mathrm{B}} = \frac{4}{3}\pi r^3 \frac{\rho_{\mathrm{B}}}{M_{\mathrm{B}}} \tag{5.28}$$

代入式（5.27），得

$$-\frac{\mathrm{d}r}{\mathrm{d}t} = \frac{M_{\mathrm{B}}D'_{\mathrm{Bl'}}}{\rho_{\mathrm{B}}}\Delta c_{\mathrm{Bl'}} \tag{5.29}$$

式中，ρ_{B} 为组元 B 的密度；M_{B} 为组元 B 的摩尔质量。

分离变量积分式（5.29），得

$$1 - \frac{r}{r_0} = \frac{M_{\mathrm{B}}D'_{\mathrm{Bl'}}}{\rho_{\mathrm{B}}r_0}\int_0^t \Delta c_{\mathrm{Bl'}}\mathrm{d}t \tag{5.30}$$

引入转化率 α，得

$$1 - (1 - \alpha_{\mathrm{B}})^{\frac{1}{3}} = \frac{M_{\mathrm{B}}D'_{\mathrm{Bl'}}}{\rho_{\mathrm{B}}r_0}\int_0^t \Delta c_{\mathrm{Bl'}}\mathrm{d}t \tag{5.31}$$

其中

$$\alpha_B = \frac{w_{B_0} - w_B}{w_{B_0}} = \frac{\frac{4}{3}\pi r_0^3 \rho_B - \frac{4}{3}\pi r^3 \rho_B}{\frac{4}{3}\pi r_0^3 \rho_B} = \frac{\frac{4}{3}\pi r_0^3 \rho_B / M_B - \frac{4}{3}\pi r^3 \rho_B / M_B}{\frac{4}{3}\pi r_0^3 \rho_B / M_B} = \frac{N_{B_0} - N_B}{N_{B_0}}$$

式中，w_{B_0} 和 w_B 分别为组元 B 的初始质量和 t 时刻质量；r_0 和 r 分别为球形颗粒的初始半径和 t 时刻半径；ρ_B 为球形颗粒的密度；M_B 为组元 B 的摩尔质量；N_{B_0} 和 N_B 分别为组元 B 的初始物质的量和 t 时刻物质的量。

（2）溶解过程由固体组元与溶剂的相互作用控制。固体组元 B 与溶剂 A 的相互作用可以写作

$$xB(s) + yA(l) = B_xA_y(l)$$

如果其速率慢，则成为溶解过程的控制步骤。溶解速率为

$$-\frac{dN_{B(s)}}{dt} = \frac{dN_{(B)}}{dt} = \Omega_{sl'} j_B \tag{5.32}$$

式中，$\Omega_{sl'}$ 为固体与液膜的界面面积，即未溶解内核的固体表面积。单位面积的溶解速率为

$$j_B = k_B c_{Bsl'}^{n_B} c_{Al's}^{n_A} = k_B c_{Bs}^{n_B} c_{Al}^{n_A} \tag{5.33}$$

式中，k_B 为溶解速率常数；$c_{Bsl'}$ 为未溶解内核与液膜界面组元 B 的浓度，即未溶解内核中组元 B 的浓度；$c_{Al's}$ 为液膜与未溶解内核界面溶剂组元 A 的浓度，即溶液本体中组元 A 的浓度。

将式（5.33）代入式（5.32），得

$$-\frac{dN_{B(s)}}{dt} = \Omega_{sl'} k_B c_{Bs}^{n_B} c_{Al}^{n_A} \tag{5.34}$$

对于半径为 r 的球形颗粒，有

$$-\frac{dN_{B(s)}}{dt} = 4\pi r^2 k_B c_{Bs}^{n_B} c_{Al}^{n_A} \tag{5.35}$$

将式（5.28）代入式（5.35），得

$$-\frac{dr}{dt} = \frac{M_B k_B}{\rho_B} c_{Bs}^{n_B} c_{Al}^{n_A} \tag{5.36}$$

分离变量积分式（5.36），得

$$1 - \frac{r}{r_0} = \frac{M_B k_B}{\rho_B r_0} \int_0^t c_{Bs}^{n_B} c_{Al}^{n_A} dt \tag{5.37}$$

引入转化率 α_B，得

$$1 - (1 - \alpha_B)^{\frac{1}{3}} = \frac{M_B k_B}{\rho_B r_0} \int_0^t c_{Bs}^{n_B} c_{Al}^{n_A} dt \tag{5.38}$$

（3）溶解过程由组元 B 在液膜中的扩散和组元 B 与溶剂的相互作用共同控制。溶质在液膜中的扩散慢，组元 B 与溶解的相互作用也慢，溶解过程由两者共同控制。过程速率为

$$-\frac{dN_{B(s)}}{dt}=\frac{dN_{(B)}}{dt}=\Omega_{l'l}J_{Bl'}=\Omega_{l's}j_B=\Omega J_B \tag{5.39}$$

$$J_{Bl'}=|\boldsymbol{J}_{Bl'}|=|-D_{Bl'}\nabla c_{Bl'}|=D_{Bl'}\frac{\Delta c_{Bl'}}{\delta_{l'}}=D'_{Bl'}\Delta c_{Bl'}$$

$$\Delta c_{Bl'}=c_{Bl's}-c_{Bl'l}=c_{Bl's}-c_{Bl} \tag{5.40}$$

式中，$c_{Bl's}$ 为液膜靠近未溶解内核一侧组元 B 的浓度；$c_{Bl'l}$ 为液膜与溶液本体界面处组元 B 的浓度，即溶液本体组元 B 的浓度。

$$j_B=k_B c_{Bl's}^{n_B}c_{Al's}^{n_A}=k_B c_{Bs}^{n_B}c_{Al's}^{n_A} \tag{5.41}$$

式中，c_{Bs} 为未溶解内核和液膜界面组元 B 的浓度，即未溶解内核组元 B 的浓度；$c_{Al's}$ 为液膜靠近未溶解内核一侧组元 A 的浓度。

$$J_B=\frac{1}{2}(J_{Bl'}+j_B) \tag{5.42}$$

整个颗粒的溶解速率为

$$-\frac{dN_{B(s)}}{dt}=\Omega_{l'l}J_{Bl'}=\Omega_{l'l}D'_{Bl}\Delta c_{Bl'} \tag{5.43}$$

$$-\frac{dN_{B(s)}}{dt}=\Omega_{l's}j_B=\Omega_{l'l}k_B c_{Bs}^{n_B}c_{Al's}^{n_A} \tag{5.44}$$

对于半径为 r 的球形颗粒，有

$$-\frac{dN_{B(s)}}{dt}=4\pi r^2 D'_{Bl}\Delta c_{Bl'} \tag{5.45}$$

$$-\frac{dN_{B(s)}}{dt}=4\pi r^2 k_B c_{Bs}^{n_B}c_{Al's}^{n_A} \tag{5.46}$$

将式（5.28）分别代入式（5.45）和式（5.46），得

$$-\frac{dr}{dt}=\frac{M_B D'_{Bl}}{\rho_B}\Delta c_{Bl'} \tag{5.47}$$

和

$$-\frac{dr}{dt}=\frac{M_B k_B}{\rho_B}c_{Bs}^{n_B}c_{Al's}^{n_A} \tag{5.48}$$

将式（5.47）和式（5.48）分离变量积分，得

$$1-\frac{r}{r_0}=\frac{M_B D'_{Bl}}{\rho_B r_0}\int_0^t \Delta c_{Bl'}dt \tag{5.49}$$

和

$$1-\frac{r}{r_0}=\frac{M_B k_B}{\rho_B r_0}\int_0^t c_{Bs}^{n_B}c_{Al's}^{n_A}dt \tag{5.50}$$

引入转化率 α，有

$$1-(1-\alpha_B)^{\frac{1}{3}}=\frac{M_B D'_{Bl}}{\rho_B r_0}\int_0^t \Delta c_{Bl'}dt \tag{5.51}$$

$$1 - (1 - \alpha_B)^{\frac{1}{3}} = \frac{M_B k_B}{\rho_B r_0} \int_0^t c_{Bs}^{n_B} c_{Al's}^{n_A} dt \tag{5.52}$$

式（5.49）+式（5.50），得

$$2 - 2\left(\frac{r}{r_0}\right) = \frac{M_B D'_{Bl}}{\rho_B r_0} \int_0^t \Delta c_{Bl'} dt + \frac{M_B k_B}{\rho_B r_0} \int_0^t c_{Bs}^{n_B} c_{Al's}^{n_A} dt \tag{5.53}$$

式（5.51）+式（5.52），得

$$2 - 2(1 - \alpha_B)^{\frac{1}{3}} = \frac{M_B D'_{Bl}}{\rho_B r_0} \int_0^t \Delta c_{Bl'} dt + \frac{M_B k_B}{\rho_B r_0} \int_0^t c_{Bs}^{n_B} c_{Al's}^{n_A} dt \tag{5.54}$$

5.5.3 有致密固体剩余层但颗粒尺寸不变的情况

（1）溶解过程由溶质在液膜中的扩散控制。溶质在液膜中的扩散速率慢，成为整个过程的控制步骤。溶解速率为

$$-\frac{dN_{B(s)}}{dt} = \frac{dN_{(B)}}{dt} = \Omega_{l'l} J_{Bl'} \tag{5.55}$$

在单位时间，单位液膜与溶液本体界面面积，溶质 B 的扩散速率为

$$\left.\begin{aligned} J_{Bl'} &= |\boldsymbol{J}_{Bl'}| = |-D_{Bl'} \nabla c_{Bl'}| = D_{Bl'} \frac{\Delta c_{Bl'}}{\delta_{l'}} = D'_{Bl'} \Delta c_{Bl'} \\ D'_{Bl'} &= \frac{D_{Bl'}}{\delta_{l'}} \\ \Delta c_{Bl'} &= c_{Bl's'} - c_{Bl'l} = c_{Bs} - c_{Bl} \end{aligned}\right\} \tag{5.56}$$

式中，$\delta_{l'}$ 为液膜厚度；$c_{Bl's'}$ 为液膜和固体剩余层界面组元 B 的浓度，即固体剩余层外表面组元 B 的浓度，也是未溶解内核组元 B 的浓度；$c_{Bl'l}$ 为液膜和溶液本体界面组元 B 的浓度，即溶液本体中组元 B 的浓度。

将式（5.56）代入式（5.55），得

$$-\frac{dN_{B(s)}}{dt} = \Omega_{l'l} J_{Bl'} = \Omega_{l'l} D'_{Bl} \Delta c_{Bl'} \tag{5.57}$$

对于半径为 r 的球形颗粒，有

$$-\frac{dN_{B(s)}}{dt} = 4\pi r_0^2 D'_{Bl} \Delta c_{Bl'} \tag{5.58}$$

将式（5.28）代入式（5.57），得

$$-\frac{dr}{dt} = \frac{r_0^2 M_B D'_{Bl}}{r^2 \rho_B} \Delta c_{Bl'} \tag{5.59}$$

分离变量积分式（5.59），得

$$1 - \left(\frac{r}{r_0}\right)^3 = \frac{M_B D'_{Bl}}{\rho_B r_0} \int_0^t \Delta c_{Bl'} dt \tag{5.60}$$

引入转化率 α，得

$$\alpha_B = \frac{3 M_B D'_{Bl}}{\rho_B r_0} \int_0^t \Delta c_{Bl'} dt \tag{5.61}$$

（2）溶解过程由溶质在固体剩余层中的扩散控制。溶质在固体剩余层中的扩散速度慢，成为整个过程的控制步骤。溶解速率为

$$-\frac{\mathrm{d}N_{\mathrm{B(s)}}}{\mathrm{d}t}=\frac{\mathrm{d}N_{\mathrm{(B)}}}{\mathrm{d}t}=\Omega_{\mathrm{s'l'}}J_{\mathrm{Bs'}} \tag{5.62}$$

在单位时间，单位剩余层与液膜界面面积，溶质 B 的扩散速率为

$$J_{\mathrm{Bs'}}=|\boldsymbol{J}_{\mathrm{Bs'}}|=|-D_{\mathrm{Bs'}}\nabla c_{\mathrm{Bs'}}|=D_{\mathrm{Bs'}}\frac{\Delta c_{\mathrm{Bs'}}}{\delta_{\mathrm{s'}}} \tag{5.63}$$

式中，$D_{\mathrm{Bs'}}$ 为组元 B 在固体剩余层中的扩散系数；$\delta_{\mathrm{s'}}$ 为固体剩余层厚度；$\Delta c_{\mathrm{Bs'}}=c_{\mathrm{Bs's}}-c_{\mathrm{Bs'l'}}=c_{\mathrm{Bs}}-c_{\mathrm{Bl}}$；$c_{\mathrm{Bs's}}$ 为组元 B 在固体剩余层和未溶解内核界面组元 B 的浓度，即未溶解内核中组元 B 的浓度，对于纯物质 $c_{\mathrm{Bs}}=1$，对于固溶体 $c_{\mathrm{Bs}}=c_{\mathrm{(B)_s}}$；$c_{\mathrm{Bs'l'}}$ 为固体剩余层和液膜界面组元 B 的浓度，即溶液本体组元 B 的浓度。

将式（5.63）代入式（5.62），得

$$-\frac{\mathrm{d}N_{\mathrm{B(s)}}}{\mathrm{d}t}=\Omega_{\mathrm{s'l'}}J_{\mathrm{Bs'}}=\Omega_{\mathrm{s's'}}D_{\mathrm{Bs'}}\frac{\Delta c_{\mathrm{Bs'}}}{\delta_{\mathrm{s'}}} \tag{5.64}$$

对于半径为 r 的球形颗粒，有

$$-\frac{\mathrm{d}N_{\mathrm{B(s)}}}{\mathrm{d}t}=\frac{4\pi r_0^2D_{\mathrm{Bs'}}}{r_0-r}\Delta c_{\mathrm{Bs'}} \tag{5.65}$$

将式（5.28）代入式（5.65），得

$$-\frac{\mathrm{d}r}{\mathrm{d}t}=\frac{r_0^2M_{\mathrm{B}}D_{\mathrm{Bs'}}}{r^2(r_0-r)\rho_{\mathrm{B}}}\Delta c_{\mathrm{Bs'}} \tag{5.66}$$

分离变量积分式（5.64），得

$$4\left(\frac{r}{r_0}\right)^3-3\left(\frac{r}{r_0}\right)^4-1=\frac{12M_{\mathrm{B}}D_{\mathrm{Bs'}}}{\rho_{\mathrm{B}}r_0^2}\int_0^t\Delta c_{\mathrm{Bs'}}\mathrm{d}t \tag{5.67}$$

和

$$3-\alpha_{\mathrm{B}}-3(1-\alpha_{\mathrm{B}})^{\frac{4}{3}}=\frac{12M_{\mathrm{B}}D_{\mathrm{Bs'}}}{\rho_{\mathrm{B}}r_0^2}\int_0^t\Delta c_{\mathrm{Bs'}}\mathrm{d}t \tag{5.68}$$

（3）溶解过程由溶质与溶剂的相互作用控制。溶质与溶剂的相互作用的速率慢，成为溶解过程的控制步骤。溶解速率为

$$-\frac{\mathrm{d}N_{\mathrm{B(s)}}}{\mathrm{d}t}=\frac{\mathrm{d}N_{\mathrm{(B)}}}{\mathrm{d}t}=\Omega_{\mathrm{s'l'}}j_{\mathrm{B}} \tag{5.69}$$

式中，$\Omega_{\mathrm{s'l'}}$ 为剩余层与液膜的界面面积，即剩余层的外表面积。在单位时间，单位剩余层与液膜界面面积溶解速率为

$$j_{\mathrm{B}}=k_{\mathrm{B}}c_{\mathrm{Bs'l'}}^{n_{\mathrm{B}}}c_{\mathrm{Al's'}}=k_{\mathrm{B}}c_{\mathrm{Bs}}^{n_{\mathrm{B}}}c_{\mathrm{Al}}^{n_{\mathrm{A}}} \tag{5.70}$$

式中，k_{B} 为溶解速率常数；$c_{\mathrm{Bs'l'}}$ 为剩余层和液膜界面组元 B 的浓度，即未溶解核组元 B 的浓度 c_{Bs}；$c_{\mathrm{Al's'}}$ 为液膜和剩余层界面组元 A 的浓度，即溶液本体组元 A 的浓度 c_{Ab}。

对于半径为 r_0 的球形固体颗粒，有

$$-\frac{\mathrm{d}N_{\mathrm{B}}}{\mathrm{d}t}=4\pi r_0^2k_{\mathrm{B}}c_{\mathrm{Bs}}^{n_{\mathrm{B}}}c_{\mathrm{Ab}}^{n_{\mathrm{A}}} \tag{5.71}$$

将式（5.28）代入式（5.71），得

$$-\frac{\mathrm{d}r}{\mathrm{d}t}=\frac{r_0^2 M_{\mathrm{B}} k_{\mathrm{B}}}{r^2 \rho_{\mathrm{B}}} c_{\mathrm{Bs}}^{n_{\mathrm{B}}} c_{\mathrm{Ab}}^{n_{\mathrm{A}}} \tag{5.72}$$

分离变量积分，得

$$1-\left(\frac{r}{r_0}\right)^3=\frac{3 M_{\mathrm{B}} k_{\mathrm{B}}}{\rho_{\mathrm{B}} r_0} \int_0^t c_{\mathrm{Bs}}^{n_{\mathrm{B}}} c_{\mathrm{Ab}}^{n_{\mathrm{A}}} \mathrm{d} t \tag{5.73}$$

和

$$\alpha_{\mathrm{B}}=\frac{3 M_{\mathrm{B}} k_{\mathrm{B}}}{\rho_{\mathrm{B}} r_0} \int_0^t c_{\mathrm{Bs}}^{n_{\mathrm{B}}} c_{\mathrm{Ab}}^{n_{\mathrm{A}}} \mathrm{d} t \tag{5.74}$$

（4）溶解过程由溶质的内扩散、外扩散共同控制。溶质在固体剩余层和液膜中的扩散速度都慢，是溶解过程的控制步骤，溶解过程由内扩散、外扩散共同控制，溶解速率为

$$-\frac{\mathrm{d}N_{\mathrm{B(s)}}}{\mathrm{d}t}=\frac{\mathrm{d}N_{(\mathrm{B})}}{\mathrm{d}t}=\Omega_{\mathrm{s'l'}} J_{\mathrm{Bs'}}=\Omega_{\mathrm{l'l}} J_{\mathrm{Bl'}}=\Omega J \tag{5.75}$$

$$\left.\begin{array}{l}\Omega_{\mathrm{s'l'}}=\Omega_{\mathrm{l'l}}=\Omega \\ J=\dfrac{1}{2}\left(J_{\mathrm{Bs'}}+J_{\mathrm{Bl'}}\right)\end{array}\right\} \tag{5.76}$$

$$J_{\mathrm{Bs'}}=\left|\boldsymbol{J}_{\mathrm{Bs'}}\right|=\left|-D_{\mathrm{Bs'}} \nabla c_{\mathrm{Bs'}}\right|=D_{\mathrm{Bs'}} \frac{\Delta c_{\mathrm{Bs'}}}{\delta_{\mathrm{s'}}}=\frac{D_{\mathrm{Bs'}}}{\delta_{\mathrm{s'}}}\left(c_{\mathrm{Bs's}}-c_{\mathrm{Bs'l'}}\right) \tag{5.77}$$

其中

$$\Delta c_{\mathrm{Bs'}}=c_{\mathrm{Bs's}}-c_{\mathrm{Bs'l'}}=c_{\mathrm{Bs}}-c_{\mathrm{Bs'l'}}$$

式中，$c_{\mathrm{Bs's}}$ 为剩余层与未溶解的内核界面组元 B 的浓度，即未溶解的内核组元 B 的浓度；$c_{\mathrm{Bs'l'}}$ 为剩余层与液膜界面组元 B 的浓度。

$$J_{\mathrm{Bl'}}=\left|\boldsymbol{J}_{\mathrm{Bl'}}\right|=\left|-D_{\mathrm{Bl'}} \nabla c_{\mathrm{Bl'}}\right|=D_{\mathrm{Bl'}} \frac{\Delta c_{\mathrm{Bl'}}}{\delta_{\mathrm{l'}}}=D'_{\mathrm{Bl'}}\left(c_{\mathrm{Bl's'}}-c_{\mathrm{Bl'l}}\right) \tag{5.78}$$

其中

$$\Delta c_{\mathrm{Bl'}}=c_{\mathrm{Bl's'}}-c_{\mathrm{Bl'l}}=c_{\mathrm{Bl's'}}-c_{\mathrm{Bl}}$$

式中，$c_{\mathrm{Bl's'}}$ 为液膜靠近剩余层一侧组元 B 的浓度；$c_{\mathrm{Bl'l}}$ 为液膜靠近液相本体一侧组元 B 的浓度，即溶液本体组元 B 的浓度。

$$D'_{\mathrm{Bl'}}=\frac{D_{\mathrm{Bl'}}}{\delta_{\mathrm{l'}}}$$

对于半径为 r_0 的球形颗粒，由式（5.75）得

$$-\frac{\mathrm{d}N_{\mathrm{B(s)}}}{\mathrm{d}t}=\frac{4\pi r_0^2 D_{\mathrm{Bs'}}}{r_0-r} \Delta c_{\mathrm{Bs'}} \tag{5.79}$$

和

$$-\frac{\mathrm{d}N_{\mathrm{B(s)}}}{\mathrm{d}t}=4\pi r_0^2 D'_{\mathrm{Bl'}} \Delta c_{\mathrm{Bl'}} \tag{5.80}$$

将式（5.28）代入式（5.79），得

$$-\frac{dr}{dt}=\frac{r_0^2 M_B D_{Bs'}}{r^2(r_0-r)\rho_B}\Delta c_{Bs'} \tag{5.81}$$

将式（5.81）分离变量积分，得

$$4\left(\frac{r}{r_0}\right)^3-3\left(\frac{r}{r_0}\right)^4-1=\frac{12M_B D_{Bs'}}{\rho_B r_0^2}\int_0^t \Delta c_{Bs'}\mathrm{d}t \tag{5.82}$$

和

$$3-4\alpha_B-3(1-\alpha_B)^{\frac{4}{3}}=\frac{12M_B D_{Bs'}}{\rho_B r_0^2}\int_0^t \Delta c_{Bs'}\mathrm{d}t \tag{5.83}$$

将式（5.28）代入式（5.80），得

$$-\frac{dr}{dt}=\frac{r_0^2 M_B D'_{Bl'}}{r^2\rho_B}\Delta c_{Bl'} \tag{5.84}$$

将式（5.84）分离变量积分，得

$$1-\left(\frac{r}{r_0}\right)^3=\frac{3M_B D'_{Bl'}}{\rho_B r_0}\int_0^t \Delta c_{Bl'}\mathrm{d}t \tag{5.85}$$

和

$$\alpha_B=\frac{3M_B D'_{Bl'}}{\rho_B r_0}\int_0^t \Delta c_{Bl'}\mathrm{d}t \tag{5.86}$$

式（5.82）+式（5.85），得

$$\left(\frac{r}{r_0}\right)^3-\left(\frac{r}{r_0}\right)^4=\frac{4M_B D_{Bs'}}{\rho_B r_0^2}\int_0^t \Delta c_{Bs'}\mathrm{d}t+\frac{M_B D'_{Bl'}}{\rho_B r_0}\int_0^t \Delta c_{Bl'}\mathrm{d}t \tag{5.87}$$

式（5.83）+式（5.86），得

$$1-\alpha_B-(1-\alpha_B)^{\frac{4}{3}}=\frac{4M_B D_{Bs'}}{\rho_B r_0^2}\int_0^t \Delta c_{Bs'}\mathrm{d}t+\frac{M_B D'_{Bl'}}{\rho_B r_0}\int_0^t \Delta c_{Bl'}\mathrm{d}t \tag{5.88}$$

（5）溶解过程由溶质与溶剂相互作用和溶质在液膜中的扩散共同控制。溶质在液膜中的扩散，溶质与溶剂的相互作用都慢，溶解过程由溶质在液膜中的扩散和溶质与溶剂的相互作用共同控制。溶解速率为

$$-\frac{dN_{B(s)}}{dt}=\frac{dN_{(B)}}{dt}=\Omega_{l'l}J_{Bl'}=\Omega_{s'l'}j_B=\Omega J_B \tag{5.89}$$

式中

$$\Omega_{l'l}=\Omega_{s'l'}=\Omega$$

由式（5.89）得

$$J_B=\frac{1}{2}(J_{Bl'}+j_B) \tag{5.90}$$

$$J_{Bl'}=|\boldsymbol{J}_{Bl'}|=|-D_{Bl'}\nabla c_{Bl'}|=D_{Bl'}\frac{\Delta c_{Bl'}}{\delta_{l'}}=D'_{Bl'}(c_{Bl's'}-c_{Bl'l}) \tag{5.91}$$

其中

$$\Delta c_{Bl'}=c_{Bl's'}-c_{Bl'l}=c_{Bl's'}-c_{Bl}$$

式中，$c_{Bl's'}$ 为液膜靠近剩余层一侧组元 B 的浓度；$c_{Bl'l}$ 为液膜靠近液相本体一侧组元 B 的浓度，即溶液本体中组元 B 的浓度 c_{Bl} 。

$$D'_{Bl'} = \frac{D_{Bl'}}{\delta_{l'}}$$

$$j_B = k_B c_{Bs'l'}^{n_B} c_{Al's'}^{n_A} = k_B c_{Bs}^{n_B} c_{Al's'}^{n_A} \tag{5.92}$$

式中，$c_{Bs'l'}$ 为剩余层与液膜界面处组元 B 的浓度，即未溶解内核中组元 B 的浓度；$c_{Al's'}$ 为液膜与剩余层界面处组元 A 的浓度；k_B 为化学反应速率常数。

对于半径为 r 的球形颗粒，溶解速率为

$$-\frac{dN_{B(s)}}{dt} = 4\pi r_0^2 j_B = 4\pi r_0^2 k_B c_{Bs}^{n_B} c_{Al's'}^{n_A} \tag{5.93}$$

和

$$-\frac{dN_{B(s)}}{dt} = 4\pi r_0^2 J_{Bl'} = 4\pi r_0^2 D'_{Bl'} \Delta c_{Bl'} \tag{5.94}$$

将式（5.28）分别代入式（5.93）和式（5.94），得

$$-\frac{dr}{dt} = \frac{r_0^2 M_B k_B}{r^2 \rho_B} c_{Bs}^{n_B} c_{Al's'}^{n_A} \tag{5.95}$$

和

$$-\frac{dr}{dt} = \frac{r_0^2 M_B D'_{Bl'}}{r^2 \rho_B} \Delta c_{Bl'} \tag{5.96}$$

分离变量积分式（5.95）和式（5.96），得

$$1 - \left(\frac{r}{r_0}\right)^3 = \frac{3M_B k_B}{\rho_B r_0} \int_0^t c_{Bs'l'}^{n_B} c_{Al's'}^{n_A} dt \tag{5.97}$$

和

$$1 - \left(\frac{r}{r_0}\right)^3 = \frac{3M_B D'_{Bl'}}{\rho_B r_0} \int_0^t \Delta c_{Bl'} dt \tag{5.98}$$

引入转化率，得

$$\alpha_B = \frac{3M_B k_B}{\rho_B r_0} \int_0^t c_{Bs'l'}^{n_B} c_{Al's'}^{n_A} dt \tag{5.99}$$

和

$$\alpha_B = \frac{3M_B D'_{Bl'}}{\rho_B r_0} \int_0^t \Delta c_{Bl'} dt \tag{5.100}$$

式（5.97）+式（5.98），得

$$2 - 2\left(\frac{r}{r_0}\right)^3 = \frac{3M_B k_B}{\rho_B r_0} \int_0^t c_{Bs'l'}^{n_B} c_{Al's'}^{n_A} dt + \frac{3M_B D'_{Bl'}}{\rho_B r_0} \int_0^t \Delta c_{Bl'} dt \tag{5.101}$$

式（5.99）+式（5.100），得

$$2\alpha_B = \frac{3M_B k_B}{\rho_B r_0} \int_0^t c_{Bs'l'}^{n_B} c_{Al's'}^{n_A} dt + \frac{3M_B D'_{Bl'}}{\rho_B r_0} \int_0^t \Delta c_{Bl'} dt \tag{5.102}$$

（6）溶解过程由溶质在固体剩余层中的扩散和溶质与溶剂的相互作用共同控制。溶

质在固体剩余层中的扩散和溶质与溶剂的相互作用都慢，溶解由溶质在固体产物层中的扩散和溶质与溶剂的相互作用共同控制。溶解速率为

$$-\frac{\mathrm{d}N_{\mathrm{B(s)}}}{\mathrm{d}t}=\frac{\mathrm{d}N_{\mathrm{(B)}}}{\mathrm{d}t}=\Omega_{\mathrm{s'l'}}J_{\mathrm{Bs'}}=\Omega_{\mathrm{s'l'}}j_{\mathrm{B}}=\Omega J_{\mathrm{B}} \tag{5.103}$$

其中

$$\Omega_{\mathrm{s'l'}}=\Omega$$

由式（5.103），得

$$J_{\mathrm{B}}=\frac{1}{2}(J_{\mathrm{Bs'}}+j_{\mathrm{B}}) \tag{5.104}$$

$$J_{\mathrm{Bs'}}=|\boldsymbol{J}_{\mathrm{Bs'}}|=|-D_{\mathrm{Bs'}}\nabla c_{\mathrm{Bs'}}|=D_{\mathrm{Bs'}}\frac{\Delta c_{\mathrm{Bs'}}}{\delta_{\mathrm{s'}}}=\frac{D_{\mathrm{Bs'}}}{\delta_{\mathrm{s'}}}(c_{\mathrm{Bs's}}-c_{\mathrm{Bs'l'}}) \tag{5.105}$$

其中

$$\Delta c_{\mathrm{Bs'}}=c_{\mathrm{Bs's}}-c_{\mathrm{Bs'l'}}=c_{\mathrm{Bs}}-c_{\mathrm{Bs'l'}}$$

式中，$c_{\mathrm{Bs's}}$ 为未溶解内核与固体剩余层界面组元 B 的浓度，即未溶解内核组元 B 的浓度；$c_{\mathrm{Bs'l'}}$ 为固体剩余层与液膜界面组元 B 的浓度。

$$j_{\mathrm{B}}=k_{\mathrm{B}}c_{\mathrm{Bs'l'}}^{n_{\mathrm{B}}}c_{\mathrm{Al's'}}^{n_{\mathrm{A}}}=k_{\mathrm{B}}c_{\mathrm{Bs'l'}}^{n_{\mathrm{B}}}c_{\mathrm{Al}}^{n_{\mathrm{A}}} \tag{5.106}$$

式中，$c_{\mathrm{Bs'l'}}$ 为固体剩余层与液膜界面组元 B 的浓度；$c_{\mathrm{Al's'}}$ 为液膜与固体剩余层界面组元 A 的浓度，等于溶液本体组元 A 的浓度 c_{Al}。

对于半径为 r 的球形颗粒，有

$$-\frac{\mathrm{d}N_{\mathrm{B(s)}}}{\mathrm{d}t}=4\pi r_0^2J_{\mathrm{Bs'}}=\frac{4\pi r_0^2D'_{\mathrm{Bs'}}}{r_0-r}\Delta c_{\mathrm{Bs'}} \tag{5.107}$$

和

$$-\frac{\mathrm{d}N_{\mathrm{B(s)}}}{\mathrm{d}t}=4\pi r_0^2j_{\mathrm{B}}=4\pi r_0^2k_{\mathrm{B}}c_{\mathrm{Bs'l'}}^{n_{\mathrm{B}}}c_{\mathrm{Al}}^{n_{\mathrm{A}}} \tag{5.108}$$

将式（5.28）代入式（5.107）和式（5.108），得

$$-\frac{\mathrm{d}r}{\mathrm{d}t}=\frac{r_0^2M_{\mathrm{B}}D'_{\mathrm{Bs'}}}{r^2(r_0-r)\rho_{\mathrm{B}}}\Delta c_{\mathrm{Bs'}} \tag{5.109}$$

和

$$-\frac{\mathrm{d}r}{\mathrm{d}t}=\frac{r_0^2M_{\mathrm{B}}k_{\mathrm{B}}}{r^2\rho_{\mathrm{B}}}c_{\mathrm{Bs'l'}}^{n_{\mathrm{B}}}c_{\mathrm{Al}}^{n_{\mathrm{A}}} \tag{5.110}$$

分离变量积分式（5.109）和式（5.110），得

$$4\left(\frac{r}{r_0}\right)^3-3\left(\frac{r}{r_0}\right)^4-1=\frac{12M_{\mathrm{B}}D_{\mathrm{Bs'}}}{\rho_{\mathrm{B}}r_0^2}\int_0^t\Delta c_{\mathrm{Bs'}}\mathrm{d}t \tag{5.111}$$

和

$$1-\left(\frac{r}{r_0}\right)^3=\frac{3M_{\mathrm{B}}k_{\mathrm{B}}}{\rho_{\mathrm{B}}r_0}\int_0^tc_{\mathrm{Bs'l'}}^{n_{\mathrm{B}}}c_{\mathrm{Al}}^{n_{\mathrm{A}}}\mathrm{d}t \tag{5.112}$$

引入转化率，得

$$3-4\alpha_{\mathrm{B}}-3(1-\alpha_{\mathrm{B}})^{\frac{4}{3}}=\frac{12M_{\mathrm{B}}D_{\mathrm{Bs'}}}{\rho_{\mathrm{B}}r_0^2}\int_0^t\Delta c_{\mathrm{Bs'}}\mathrm{d}t \tag{5.113}$$

$$\alpha_B = \frac{3M_B k_B}{\rho_B r_0}\int_0^t c_{Bs'l'}^{n_B} c_{Al}^{n_A} dt \tag{5.114}$$

式（5.111）+式（5.112），得

$$\left(\frac{r}{r_0}\right)^3 - \left(\frac{r}{r_0}\right)^4 = \frac{4M_B D_{Bs'}}{\rho_B r_0^2}\int_0^t \Delta c_{Bs'} dt + \frac{M_B k_B}{\rho_B r_0}\int_0^t c_{Bs'l'}^{n_B} c_{Al}^{n_A} dt \tag{5.115}$$

式（5.113）+式（5.114），得

$$1 - \alpha_B - (1 - \alpha_B)^{\frac{4}{3}} = \frac{4M_B D_{Bs'}}{\rho_B r_0^2}\int_0^t \Delta c_{Bs'} dt + \frac{M_B k_B}{\rho_B r_0}\int_0^t c_{Bs'l'}^{n_B} c_{Al}^{n_A} dt \tag{5.116}$$

（7）溶解过程由溶质在固体剩余层中的扩散、溶质与溶剂的相互作用、溶质在液膜中的扩散共同控制。溶质在固体剩余层中的扩散，溶质与溶剂的相互作用，溶质在液膜中的扩散过程都慢。溶解由溶质在固体剩余层中的扩散、溶质与溶剂的相互作用和溶质在液膜中的扩散共同控制。溶解速率为

$$-\frac{dN_{B(s)}}{dt} = \frac{dN_{(B)}}{dt} = \Omega_{s'l'} J_{Bs'} = \Omega_{s'l'} j_B = \Omega_{l'l} J_{Bl'} = \Omega J_B \tag{5.117}$$

式中

$$\Omega_{s'l'} = \Omega_{l'l} = \Omega$$

由式（5.117），得

$$J_B = \frac{1}{3}(J_{Bs'} + J_{Bl'} + j_B) \tag{5.118}$$

其中

$$J_{Bs'} = |\boldsymbol{J}_{Bs'}| = |-D_{Bs'}\nabla c_{Bs'}| = D_{Bs'}\frac{\Delta c_{Bs'}}{\delta_{s'}} = \frac{D_{Bs'}}{\delta_{s'}}(c_{Bs's} - c_{Bs'l'}) \tag{5.119}$$

$$\Delta c_{Bs'} = c_{Bs's} - c_{Bs'l'} = c_{Bs} - c_{Bs'l'}$$

式中，$c_{Bs's}$ 为固体剩余层与未溶解内核界面组元 B 的浓度，即未溶解内核中组元 B 的浓度；$c_{Bs'l'}$ 为固体剩余层与液膜界面处组元 B 的浓度。

$$j_B = k_B c_{Bs'l'}^{n_B} c_{Al's'}^{n_A} \tag{5.120}$$

式中，$c_{Bs'l'}^{n_B}$ 和 $c_{Al's'}^{n_A}$ 分别为固体剩余层与液膜界面组元 B 和 A 的浓度。

$$J_{Bl'} = |\boldsymbol{J}_{Bl'}| = |-D_{Bl'}\nabla c_{Bl'}| = D_{Bl'}\frac{\Delta c_{Bl'}}{\delta_{l'}} = D'_{Bl'}\Delta c_{Bl'} \tag{5.121}$$

其中

$$D'_{Bl'} = \frac{D_{Bl'}}{\delta_{l'}}$$

$$\Delta c_{Bl'} = c_{Bl's} - c_{Bl'l} = c_{Bl's'} - c_{Bl}$$

式中，$D'_{Bl'}$ 为组元 B 在液膜中的扩散系数；$\delta_{l'}$ 为液膜厚度；$c_{Bl's'}$ 为液膜靠近固体剩余层一侧组元 B 的浓度；$c_{Bl'l}$ 为液膜与溶液界面组元 B 的浓度，即溶液本体中组元 B 的浓度 c_{Bl}。

对于半径为 r 的球形颗粒，组元 B 的溶解速率为

$$-\frac{dN_{B(s)}}{dt} = 4\pi r_0^2 J_{Bs'} = \frac{4\pi r_0^2 D'_{Bs'}}{r_0 - r}\Delta c_{Bs'} \tag{5.122}$$

$$-\frac{dN_{B(s)}}{dt}=4\pi r_0^2 j_B=4\pi r_0^2 k_B c_{Bs'l'}^{n_B} c_{As'l'}^{n_A} \tag{5.123}$$

$$-\frac{dN_{B(s)}}{dt}=4\pi r_0^2 J_{Bl'}=4\pi r_0^2 D'_{sl'}\Delta c_{Bl'} \tag{5.124}$$

将式（5.28）分别代入式（5.122）~式（5.124），得

$$-\frac{dr}{dt}=\frac{r_0^2 M_B D'_{Bs'}}{r^2(r_0-r)\rho_B}\Delta c_{Bs'} \tag{5.125}$$

$$-\frac{dr}{dt}=\frac{r_0^2 M_B k_B}{r^2\rho_B}c_{Bs'l'}^{n_B} c_{Al's'}^{n_A} \tag{5.126}$$

$$-\frac{dr}{dt}=\frac{r_0^2 M_B D'_{Bl'}}{r^2\rho_B}\Delta c_{Bl'} \tag{5.127}$$

将式（5.125）~式（5.127）分离变量积分，得

$$4\left(\frac{r}{r_0}\right)^3-3\left(\frac{r}{r_0}\right)^4-1=\frac{12M_B D_{Bs'}}{\rho_B r_0^2}\int_0^t \Delta c_{Bs'}dt \tag{5.128}$$

$$1-\left(\frac{r}{r_0}\right)^3=\frac{3M_B k_B}{\rho_B r_0}\int_0^t c_{Bs'l'}^{n_B} c_{Al's'}^{n_A}dt \tag{5.129}$$

$$1-\left(\frac{r}{r_0}\right)^3=\frac{3M_B D'_{Bl'}}{\rho_B r_0}\int_0^t \Delta c_{Bl'}dt \tag{5.130}$$

引入转化率，得

$$3-4\alpha_B-3(1-\alpha_B)^{\frac{4}{3}}=\frac{12M_B D_{Bs'}}{\rho_B r_0^2}\int_0^t \Delta c_{Bs'}dt \tag{5.131}$$

$$\alpha_B=\frac{3M_B k_B}{\rho_B r_0}\int_0^t c_{Bs'l'}^{n_B} c_{Al's'}^{n_A}dt \tag{5.132}$$

$$\alpha_B=\frac{3M_B D_{Bl'}}{\rho_B r_0}\int_0^t \Delta c_{Bl'}dt \tag{5.133}$$

式（5.128）+式（5.129）+式（5.130），得

$$2\left(\frac{r}{r_0}\right)^3-3\left(\frac{r}{r_0}\right)^4+1=\frac{12M_B D_{Bs'}}{\rho_B r_0^2}\int_0^t \Delta c_{Bs'}dt+\frac{3M_B k_B}{\rho_B r_0}\int_0^t c_{Bs'l'}^{n_B} c_{Al's'}^{n_A}dt+\frac{3M_B D'_{Bl'}}{\rho_B r_0}\int_0^t \Delta c_{Bl'}dt \tag{5.134}$$

式（5.131）+式（5.132）+式（5.133），得

$$3-2\alpha_B-3(1-\alpha_B)^{\frac{4}{3}}=\frac{12M_B D_{Bs'}}{\rho_B r_0^2}\int_0^t \Delta c_{Bs'}dt+\frac{3M_B k_B}{\rho_B r_0}\int_0^t c_{Bs'l'}^{n_B} c_{Al's'}^{n_A}dt+\frac{3M_B D'_{Bl'}}{\rho_B r_0}\int_0^t \Delta c_{Bl'}dt \tag{5.135}$$

在组元 B 溶解接近饱和时，组元 B 与溶剂 A 的相互作用速率应为

$$j_B=k_B c_{s'l'}^{n_B} c_{Al's}-k_B'^{n_B'} c_{Bl's'}^{n_B'}$$

式中，$c_{Bs'l'}$ 为液膜 l′和固体层 s′界面处固体 s′一侧组元 B 的浓度；$c_{Bl's'}$ 为液膜 l′和固体层 s′界面处固体 l′一侧组元 B 的浓度，并有 $c_{Bl's'}=c_{B_xA_yl's'}$；$c_{B_xA_y}$ 为溶剂化的 B 的浓度。

习 题

5-1 固体、液体和气体在水中的溶解度与哪些因素有关?

5-2 配制 500mL 0.5mol 的硫酸钠溶液，需要多少克 $Na_2SO_4 \cdot 10H_2O$?

5-3 计算 A(s) ═(A) 和 B(g) ═(B) 的溶解过程自由能变化。

5-4 溶解过程有哪些步骤?

5-5 固体溶解过程由内扩散和化学反应共同控制，推导出溶解过程的速率公式。

5-6 气体溶解于液体，过程由气膜扩散控制，给出溶解过程的速率公式。

6 浸　　出

浸出是用浸出剂与矿石、精矿、焙烧熟料等物料发生化学作用，使物料中的一些组元进入溶剂，形成溶液。

6.1 浸出的类型

浸出有多种类型。按压力分类，有常压浸出和高压浸出；按温度分类，有常温浸出和加热浸出；按浸出装备分类，有槽浸出、池浸出、管道浸出、球磨浸出；按作业方式分类，有间断浸出、连续浸出、流态化浸出、渗滤浸出、堆浸；按浸出溶剂分类，有酸浸、碱浸、氧浸、氯化浸出、氰化物浸出、硫脲浸出、细菌浸出、电化学浸出等。

6.1.1 酸浸

酸浸是用酸将物料中的碱性氧化物溶入溶液。

硫酸、盐酸、硝酸是最常用的浸出剂。在有些情况下，也用氢氟酸、亚硫酸、王水等。

硫酸的电极电势 $\varphi^{\ominus}_{SO_4^{2-}/H_2SO_4} = 0.17V$，属弱氧化酸，腐蚀性差；沸点高，为 330℃；浸出温度高，适于浸出氧化矿、碳酸盐、磷酸盐和硫化物等。

硝酸的电极电势 $\varphi^{\ominus}_{NO_3^-/NO} = 0.96V$，是强氧化酸，腐蚀性强；易挥发。一般不单独使用硝酸做浸出剂，而是将其作为氧化剂使用。

盐酸的电极电势 $\varphi^{\ominus}_{Cl^-/Cl_2} = -1.38V$，能与金属、金属氧化物、金属硫化物、碳酸盐、硅酸盐等作用，生成可溶性金属氯化物。

6.1.1.1　*硫酸浸出*

硫酸可以浸出碱性氧化物、两性氧化物、碳酸盐、硅酸盐、硫化物等。

例如：

$$MgO(s) + H_2SO_4 = MgSO_4 + H_2O$$

$$Al_2O_3(s) + 3H_2SO_4 = Al_2(SO_4)_3 + 3H_2O$$

$$MgCO_3(s) + H_2SO_4 = MgSO_4 + CO_2\uparrow + H_2O$$

$$ZnSiO_3(s) + H_2SO_4 = ZnSO_4 + SiO_2(s) + H_2O$$

硫酸通氧浸出硫化物：

$$CuS(s) + H_2SO_4 + O_2 = CuSO_4 + SO_2\uparrow + H_2O$$

6.1.1.2　*盐酸浸出*

盐酸可以浸出氧化物、两性氧化物、碳酸盐、硅酸盐等。

例如：

$$MgO(s) + 2HCl = MgCl_2 + H_2O$$

$$Al_2O_3(s) + 6HCl = 2AlCl_3 + 3H_2O$$
$$CaCO_3(s) + 2HCl = CaCl_2 + CO_2\uparrow + H_2O$$
$$ZnSiO_3(s) + 2HCl = ZnCl_2 + SiO_2 + H_2O$$
$$CuS(s) + 2HCl = CuCl_2 + H_2S\uparrow$$

6.1.1.3 王水浸出

王水（3 体积盐酸和 1 体积硝酸）可以溶解金。化学反应为

$$Au + 4HCl + HNO_3 = HAuCl_4 + NO + 2H_2O$$

6.1.2 碱浸

氢氧化钠、碳酸钠、氨水、硫化钠、氰化钠是常用的碱浸出剂。碱浸出剂比酸浸出剂反应能力弱，而浸出选择性比酸强，但其浸出率比酸的浸出率低。

6.1.2.1 氢氧化钠浸出

工业上采用氢氧化钠浸出铝土矿，浸出反应为

$$Al_2O_3 \cdot 3H_2O + 2NaOH = Na_2O \cdot Al_2O_3 \cdot 2H_2O + H_2O$$
$$Al(OH)_3 + NaOH = NaAl(OH)_4$$
$$AlOOH + NaOH + H_2O = NaAl(OH)_4$$

浸出黑钨矿的反应为

$$FeWO_4 + 2NaOH = Na_2WO_4 + Fe(OH)_2$$
$$MnWO_4 + 2NaOH = Na_2WO_4 + Mn(OH)_2$$

6.1.2.2 氨浸出

Cu^{2+}、Ni^{2+}、Co^{2+}与氨形成稳定的络离子，进入溶液。

Cu^{2+}、Ni^{2+}、Co^{2+}与氨的配合反应为

$$Cu^{2+} + 4NH_3 = Cu(NH_3)_4^{2+}$$
$$Ni^{2+} + 6NH_3 = Ni(NH_3)_6^{2+}$$
$$Co^{2+} + 6NH_3 = Co(NH_3)_6^{2+}$$

表 6.1 是 Cu^{2+}、Ni^{2+}、Co^{2+}与 NH_3 反应生成络离子的 $\lg K_f$ 值及 $\varphi^{\ominus}_{Me(NH_3)_z^{2+}/Me}$ 标准电极电势。

表 6.1 $Me(NH_3)_z^{2+}$ 生成反应的 $\lg K_f$ 及 $\varphi^{\ominus}_{Me(NH_3)_z^{2+}/Me}$

一些离子的氨的配位数（z）		0	1	2	3	4	5	6
$\lg K_f$	Cu^{2+}	—	4.15	7.65	10.54	12.68	—	—
	Ni^{2+}	—	2.80	5.04	6.77	7.96	8.71	8.74
	Co^{2+}	—	2.11	3.47	4.52	5.28	5.46	4.84
$\varphi^{\ominus}_{Me(NH_3)_z^{2+}/Me}$	Cu^{2+}	0.337	0.214	0.111	0.026	−0.038	—	—
	Ni^{2+}	−0.241	−0.324	−0.390	−0.441	−0.477	−0.499	−0.500
	Co^{2+}	−0.267	−0.329	−0.378	−0.409	−0.431	−0.436	−0.481

在有氧存在的情况下，镍和钴与氨生成 4 配位的络离子。

$$Ni + 4NH_3 + CO_2 + \frac{1}{2}O_2 \longrightarrow Ni(NH_3)_4CO_3$$

$$Co + 4NH_3 + CO_2 + \frac{1}{2}O_2 \longrightarrow Co(NH_3)_4CO_3$$

氧化铜、铜的氨浸反应为

$$CuO + 2NH_3 \cdot H_2O + (NH_4)_2CO_3 \longrightarrow Cu(NH_3)_4CO_3 + 3H_2O$$

$$Cu + Cu(NH_4)_2CO_3 \longrightarrow Cu_2(NH_3)_4CO_3$$

生成的碳酸铵亚铜和氧气反应生成碳酸铵铜。

$$Cu_2(NH_3)_4CO_3 + 2NH_3 \cdot H_2O + (NH_4)_2CO_3 + \frac{1}{2}O_2 \longrightarrow 2Cu(NH_3)_4CO_3 + 3H_2O$$

氨浸选择性强，除 Cu^{2+}、Ni^{2+}、Co^{2+} 外其他组元，例如铁等很难被浸出。浸出镍、钴、铜的金属比氧化物更容易。

6.1.2.3 Na_2S 浸出

砷、锑、锡、汞的硫化物适合用 Na_2S 浸出，这些硫化物和 Na_2S 反应生成一系列稳定的金属硫离子配合物。

$$Sb_2S_3 + 3S^{2-} \longrightarrow 2SbS_3^{3-}$$

$$Sb_2S_3 + S^{2-} \longrightarrow 2SbS_2^{-}$$

$$As_2S_3 + S^{2-} \longrightarrow 2AsS_2^{-}$$

$$As_2S_3 + 3S^{2-} \longrightarrow 2AsS_3^{3-}$$

$$HgS + S^{2-} \longrightarrow HgS_2^{2-}$$

$$SnS_2 + S^{2-} \longrightarrow SnS_3^{2-}$$

Na_2S 易水解，为防止 Na_2S 水解，需要在浸出液中添加 NaOH。

$$Na_2S + H_2O \longrightarrow NaHS + NaOH$$

$$NaHS + H_2O \longrightarrow H_2S + NaOH$$

6.1.2.4 氰化钠浸出

金、银等电极电势高的金属能与 CN^- 生成配合物，降低了金、银的氧化-还原电势，而容易进入溶液。因此，可以用氰化钠浸出金、银等贵金属。浸出反应为

$$2Au + 4NaCN + O_2 + 2H_2O \longrightarrow 2NaAu(CN)_2 + 2NaOH + H_2O_2$$

$$2Ag + 4NaCN + O_2 + 2H_2O \longrightarrow 2NaAg(CN)_2 + 2NaOH + H_2O_2$$

6.1.2.5 硫脲浸出

用硫脲水溶液浸出贵金属。例如：

$$Au + 2SC(NH_2)_2 + \frac{1}{4}O_2 + H^+ \longrightarrow Au[SC(NH_2)_2]_2^+ + \frac{1}{2}H_2O$$

$$Au + 2SC(NH_2)_2 + Fe^{3+} \longrightarrow Au[SC(NH_2)_2]_2^+ + Fe^{2+}$$

6.1.3 盐浸

NaCl、$CaCl_2$、$FeCl_3$、$CuCl_2$、NaClO 等盐可以作为浸出剂浸出氧化物、硫化物、硫酸盐等。在浸出过程中，有些盐不发生价态变化，例如 NaCl、$CaCl_2$、$MgCl_2$ 等；有些盐要

发生价态变化，例如 $FeCl_3$、$CuCl_2$、NaClO 等。

6.1.3.1 不发生价态变化的盐浸出

不发生价态变化的盐浸出反应：

$$PbSO_4 + 2NaCl = PbCl_2 + Na_2SO_4$$

$$PbCl_2 + 2NaCl = Na_2[PbCl_4]$$

6.1.3.2 发生价态变化的盐浸出

发生价态变化的盐浸出反应：

$$UO_2(s) + 2Fe^{3+} = UO_2^{2+} + 2Fe^{2+}$$

$$CuFeS_2(s) + 4FeCl_3 = CuCl_2 + 5FeCl_2 + 2S^0$$

$FeCl_3$ 浸出金属硫化物的顺序（从难到易）为：辉钼矿→黄铁矿→黄铜矿→镍黄铁矿→辉钴矿→闪锌矿→方铅矿→辉铜矿→磁黄铁矿。$CuCl_2$ 也是氧化剂。

$$CuFeS_2 + 3CuCl_2 = FeCl_2 + 4CuCl + 2S^0$$

$$Cu_2S + 2CuCl_2 = 4CuCl + S^0$$

$$FeS_2 + 2CuCl_2 = FeCl_2 + 2CuCl + 2S^0$$

$$PbS + 2CuCl_2 = PbCl_2 + 2CuCl + S^0$$

$$ZnS + 2CuCl_2 = ZnCl_2 + 2CuCl + S^0$$

生成的 CuCl 难溶于水，但提高水中 Cl^- 浓度，可生成溶于水的 $CuCl_2^-$ 络离子。为此，在浸出过程中添加 NaCl，以提高 Cl^- 浓度。

6.1.3.3 次氯酸钠浸出

次氯酸钠是强氧化剂，可以用其浸出硫化物，例如，用次氯酸钠浸出辉钼矿，化学反应为

$$MoS_2 + 9NaClO + 6NaOH = Na_2MoO_4 + 9NaCl + 2Na_2SO_4 + 3H_2O$$

6.1.3.4 其他盐浸出

$$Na_2MoO_4 + CaCl_2 = CaMoO_4 + 2NaCl$$

或

$$Na_2MoO_4 + 2NH_4Cl = (NH_4)_2MoO_4 + 2NaCl$$

6.1.4 氯气浸出

氯气溶解于水，发生水解，生成盐酸和次氯酸，从而使贵金属氧化成氯络酸而溶解于水。

$$Cl_2(aq) + H_2O = HCl + HClO$$

$$2Au + 3Cl_2 + 2HCl = 2HAuCl_4$$

$$Pd + 2Cl_2 + 2HCl = H_2PdCl_6$$

$$Pt + 2Cl_2 + 2HCl = H_2PtCl_6$$

6.1.5 电解浸出

电解浸出有两种方式：一种是利用电解产物做浸出剂，浸出物料；另一种是将物料作为阳极，通电溶解。

6.1.5.1 利用电解产物浸出

将含金物料放入 NaCl 溶液中，进行电解。发生的化学反应为

阴极： $$2H_2O + 2e = H_2 + 2OH^-$$

阳极： $$2OH^- - 2e = H_2O + \frac{1}{2}O_2$$

或 $$2Cl^- - 2e = 2Cl$$

$$2Cl = Cl_2$$

在阳极，如果没有超电压，则析出 O_2 而不析出 Cl_2，电解反应为

$$H_2O = H_2 + \frac{1}{2}O_2$$

以石墨做阳极，氧在石墨阳极上的超电压比氯的超电压大。因此，在石墨阳极上析出氯。电解反应为

$$2H_2O + 2Cl^- = Cl_2 + H_2 + 2OH^-$$

溶液中有 Na^+，因此电解产物有 NaOH。溶液显碱性。

阳极产生的初生氯原子具有强的氧化性，与金反应生成 $AuCl_2$，$AuCl_2$ 继续反应生成金氰氯酸。化学反应为

$$2Au + 6Cl + 2HCl = 2HAuCl_4$$

和

$$2Au + 6Cl + 2NaCl = 2NaAuCl_4$$

Cl_2 水解生成 ClO^-、ClO_3^- 等阴离子，ClO^-、ClO_3^- 也会在阳极反应，有

$$2ClO^- - 2e = 2Cl^- + O_2$$

$$2ClO_3^- - 2e = 2Cl^- + 3O_2$$

6.1.5.2 通电溶解

以金属硫化物为阳极进行电解，发生如下反应：

$$MeS - 2e = Me^{2+} + S^0$$

$$MeS + 4H_2O - 8e = Me^{2+} + SO_4^{2-} + 8H^+$$

例如：

$$CuS - 2e = Cu^{2+} + S^0$$

$$FeS - 2e = Fe^{2+} + S^0$$

$$CuS + 4H_2O - 8e = Cu^{2+} + SO_4^{2-} + 8H^+$$

$$FeS + 4H_2O - 8e = Fe^{2+} + SO_4^{2-} + 8H^+$$

6.1.6 加压浸出

在标准压力下，水的沸点是 100℃。增大压力，水的沸点升高。为了提高水溶液浸出的温度，可以通过增大压力的方法实现。图 6.1 是水的沸点与压力的关系。

水的临界温度是 374℃。在临界温度以上，是气液不分的状态。由于高压对设备要求太高，且不安全，因此加压浸出不超过 1×10^7Pa，溶液温度不超过 300℃。蒸气压相同时，溶液的温度更高。

加压浸出设备为压力容器，例如高压釜。在加压浸出过程中，除通过升高温度，靠饱

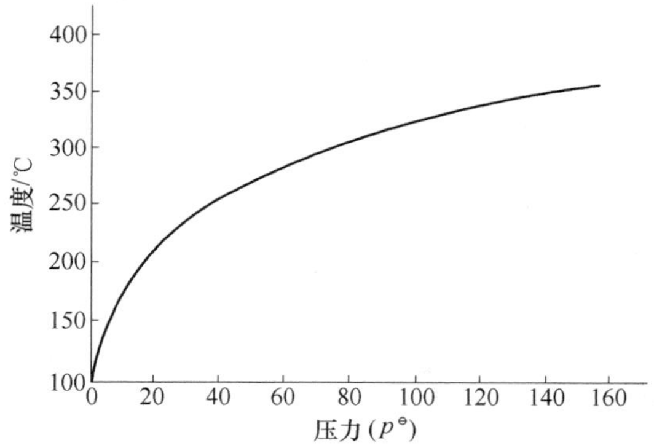

图 6.1 水的饱和蒸气压与温度的关系

和蒸气提高反应釜内的压力外，还可以向釜内通入其他气体来提高反应压力。

6.1.6.1 不通入其他气体的浸出

不向釜内通入其他气体的浸出是为了提高浸出温度，增加被浸出物在水中的溶解度。例如，拜耳法生产氧化铝，采用碱液浸出铝土矿。三水铝石（$Al_2O_3 \cdot 3H_2O$ 或 $Al(OH)_3$）在 100℃就溶解于 NaOH 溶液，一水软铝石（γ-AlOOH）则需要在 155～175℃才溶解于 NaOH 溶液；一水硬铝石（α-AlOOH 或 $Al_2O_3 \cdot H_2O$）则需要在 200℃以上才能溶解于 NaOH 溶液。因此，后两者需要加压浸出。

三水铝石的浸出反应条件是常压，100℃。

$$Al_2O_3 \cdot 3H_2O + 2NaOH = 2NaAl(OH)_4$$

一水软铝石的浸出反应条件是 155～175℃，12Pa。

$$\gamma\text{-}AlOOH + NaOH + H_2O = NaAl(OH)_4$$

一水硬铝石的浸出反应条件是 230～240℃，30Pa。

$$\alpha\text{-}AlOOH + NaOH + H_2O = NaAl(OH)_4$$

用 Na_2CO_3 浸出白钨矿也不需要通入其他气体。浸出条件是 14～15Pa，108～200℃。

$$CaWO_4 + Na_2CO_3 = Na_2WO_4 + CaCO_3$$

6.1.6.2 通入空气或氧气的加压浸出

向反应釜内通入空气或氧气，加压浸出硫化物。化学反应为

$$2MeS + 2H_2SO_4 + \frac{1}{2}O_2 = 2MeSO_4 + H_2S + S^0 + H_2O$$

例如：

$$2CuS(s) + 2H_2SO_4 + \frac{1}{2}O_2 = 2CuSO_4 + H_2S + S^0 + H_2O$$

$$2NiS(s) + 2H_2SO_4 + \frac{1}{2}O_2 = 2NiSO_4 + H_2S + S^0 + H_2O$$

6.1.7 细菌浸出

利用细菌作用，从物料中浸出金属。例如，用氧化亚铁硫杆菌浸出硫化物，如图 6.2 所示。

$$CuFeS_2 + 4O_2 \xrightleftharpoons{细菌} CuSO_4 + FeSO_4$$

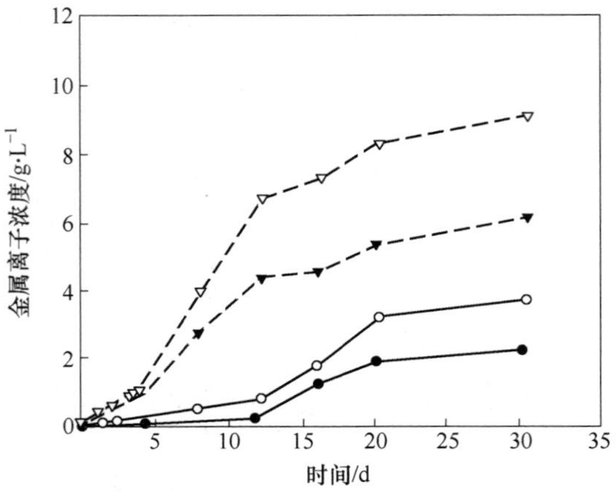

图 6.2　氧化亚铁硫杆菌浸出黄铜矿结果

●—Cu（在含 Fe^{2+} 溶液中培养）；○—Fe（在含 Fe^{2+} 溶液中培养）；

▼—Cu（在含元素硫介质中培养）；▽—Fe（在含元素硫介质中培养）

6.2　浸出反应的热力学

浸出过程的化学反应为

$$aA(s) + bB(aq) \longrightarrow cC(aq) + dD(s)$$

该反应的摩尔吉布斯自由能变化为

$$\Delta G_m = \Delta G_m^{\ominus} + RT\ln\frac{a_C^c}{a_B^b} \tag{6.1}$$

式中

$$\mu_{A(s)} = \mu_{A(s)}^*$$

$$\mu_{(B)} = \mu_{(B)}^{\ominus} + RT\ln a_B^b$$

$$\mu_{(C)} = \mu_{(C)}^{\ominus} + RT\ln a_C^c$$

$$\mu_{D(s)} = \mu_{D(s)}^*$$

$$\Delta G_m = c\mu_{(C)} + d\mu_{D(s)} - a\mu_{A(s)} - b\mu_{(B)}$$

$$\Delta G_m^{\ominus} = c\mu_C^{\ominus} + d\mu_{D(s)}^* - a\mu_{A(s)}^* - b\mu_B^{\ominus}$$

$\mu_C^{\ominus}$、$\mu_{D(s)}^*$、$\mu_{A(s)}^*$、$\mu_B^{\ominus}$ 为标准状态化学势。组元 D、A 以固态纯物质为标准状态；组元 C、B 为所选的标准状态的化学势。

例如，H_2SO_4 浸出 ZnO。H_2SO_4 浸出 ZnO 的化学反应为

$$ZnO(s) + H_2SO_4(aq) \longrightarrow ZnSO_4(aq) + H_2O$$

该反应的摩尔吉布斯自由能变化为

$$\Delta G_m = \Delta G_m^{\ominus} + RT\ln\frac{a_{ZnSO_4}}{a_{H_2SO_4}}$$

式中，$\Delta G_m^{\ominus}=\mu_{ZnSO_4}^{\ominus}+\mu_{H_2O}^{*}-\mu_{ZnO}^{*}-\mu_{H_2SO_4}^{\ominus}$；$\mu_{H_2O}^{*}=\Delta_f G_{m,\,H_2O}^{*}$，为 H_2O 的标准生成自由能；$\mu_{ZnO}=\Delta_f G_{m,\,ZnO}^{*}$，为 ZnO 的标准生成自由能；$\mu_{ZnSO_4}^{\ominus}$ 和 $\mu_{H_2SO_4}^{\ominus}$ 为所选标准状态的摩尔吉布斯自由能。

6.2.1 NaOH 浸出 Al_2O_3

NaOH 浸出 Al_2O_3 的化学反应为

$$Al_2O_3(s)+2NaOH=\!=\!=2NaAlO_2+H_2O$$

该反应的摩尔吉布斯自由能变化为

$$\Delta G_m=\Delta G_m^{\ominus}+RT\ln\frac{a_{NaAlO_2}^2}{a_{NaOH}^2}\qquad(6.2)$$

式中，$\Delta G_m^{\ominus}=2\mu_{NaAlO_2}^{\ominus}+\mu_{H_2O}^{*}-\mu_{Al_2O_3}^{*}-2\mu_{NaOH(aq)}^{\ominus}$；$\mu_{H_2O}^{*}=\Delta_f G_{m,\,H_2O}^{*}$，为 H_2O 的标准生成自由能；$\mu_{Al_2O_3}^{*}=\Delta_f G_{m,\,Al_2O_3}^{*}$，为 Al_2O_3 的标准生成自由能；$\mu_{NaAlO_2}^{\ominus}$ 和 $\mu_{NaOH}^{\ominus}$ 为所选标准状态的摩尔吉布斯自由能。可利用平衡常数计算 $\Delta G_m^{\ominus}$。

例如，在 20℃，浸出反应

$$CaWO_4(s)+2NaOH(aq)\rightleftharpoons Ca(OH)_2(s)+NaWO_4(aq)$$

的平衡常数 $K=3.9\times10^{-4}$。

$$\Delta G_m^{\ominus}=-RT\ln K$$

$$\Delta G_m=\Delta G_m^{\ominus}+RT\ln\frac{a_{NaWO_4}}{a_{NaOH}^2}=-RT\ln K+RT\ln\frac{a_{NaWO_4}}{a_{NaOH}^2}$$

可见提高 NaOH 的浓度有利于浸出反应。

6.2.2 浸出反应的平衡常数

6.2.2.1 平衡常数和表观平衡常数

浸出反应为

$$aA(s)+bB(aq)\rightleftharpoons cC(aq)+dD(aq)$$

达到平衡，平衡常数为

$$K=\frac{a_C^c a_D^d}{a_B^b}=\frac{(f_C c_C)^c\,(f_D c_D)^d}{(f_B c_B)^b}=K_c\frac{f_C^c f_D^d}{f_B^b}\qquad(6.3)$$

式中

$$K_c=\frac{c_C^c c_D^d}{c_B^b}$$

称作表观平衡常数。

例如，浸出反应

$$CaWO_4(s)+2NaOH(aq)\rightleftharpoons Ca(OH)_2(s)+Na_2WO_4(aq)$$

表 6.2 为上述反应的表观平衡常数 K_c 与 NaOH 浓度的关系（150℃）。

表 6.2 碱浸白钨矿反应的表观平衡常数与 NaOH 的浓度（150℃）

c_{NaOH}/mol · kg^{-1}	2.0	2.56	3.19	4.06
K_c/kg · mol^{-1}	11.0×10^3	13.9×10^3	16.2×10^3	20.5×10^3

6.2.2.2 表观平衡常数的测量

对浸出反应

$$aA(s) + bB(aq) \rightleftharpoons cC(aq) + dD(aq)$$

取样分析，组元 A、B、C、D 的量不再变化，认为反应达到平衡。代入式

$$K_c = \frac{c_C^c c_D^d}{c_B^b} \tag{6.4}$$

得出表观平衡常数。其值与组元 B 的加入量有关。

6.2.2.3 平衡常数的测量

（1）将测得的表观平衡常数外延到离子强度 $I\rightarrow0$，则 $K_c\approx K$。因为在溶液浓度很稀时，活度系数 $f\approx1$，活度近似为浓度，$a\approx c$，所以 $K_c\approx K$。

（2）如果知道溶液中组元的活度系数，则可以由浓度计算活度，进而得到平衡常数 K。

6.2.2.4 平衡常数的计算

A 利用公式计算

$$\Delta G_m^\ominus = -RT\ln K$$

$$\Delta G_m^\ominus = c\mu_C^\ominus + d\mu_D^\ominus - a\Delta_f G_{m,A}^\ominus - b\mu_B^\ominus \tag{6.5}$$

已知式中各组元的标准摩尔吉布斯自由能或标准生成摩尔吉布斯自由能就可得到 $\Delta G_m^\ominus$，进而计算出平衡常数 K。

B 利用溶度积计算

浸出反应为

$$k\mathrm{Me}_m\mathrm{A}_n(s) + mn\mathrm{Na}_k\mathrm{B}(aq) = m\mathrm{Me}_k\mathrm{B}_n(s) + nk\mathrm{Na}_m\mathrm{A}(aq)$$

写成离子反应，为

$$k\mathrm{Me}_m\mathrm{A}_n + mn\mathrm{B}^{k-} = m\mathrm{Me}_k\mathrm{B}_n(s) + nk\mathrm{A}^{m-}$$

平衡常数

$$K = \frac{a_{\mathrm{A}^{m-}}^{nk}}{a_{\mathrm{B}^{k-}}^{mn}} \tag{6.6}$$

将分子分母乘以 $a_{\mathrm{Me}^{n+}}^{mk}$，得

$$K = \frac{a_{\mathrm{A}^{m-}}^{nk} a_{\mathrm{Me}^{n+}}^{mk}}{a_{\mathrm{B}^{k-}}^{mn} a_{\mathrm{Me}^{n+}}^{mk}} = \frac{(a_{\mathrm{A}^{m-}}^{n} a_{\mathrm{Me}^{n+}}^{m})^k}{(a_{\mathrm{B}^{k-}}^{n} a_{\mathrm{Me}^{n+}}^{k})^m} = \frac{K_{sp,\mathrm{Me}_m\mathrm{A}_n}}{K_{sp,\mathrm{Me}_k\mathrm{B}_n}} \tag{6.7}$$

可见，如果知道 $\mathrm{Me}_m\mathrm{A}_n$ 和 $\mathrm{Me}_k\mathrm{B}_n$ 的溶度积 $K_{sp,\mathrm{Me}_m\mathrm{A}_n}$ 和 $K_{sp,\mathrm{Me}_k\mathrm{B}_n}$，即可求得平衡常数 K。

例如，利用 NaOH 浸出白钨矿，浸出反应为

$$CaWO_4(s) + 2NaOH(aq) \xlongequal{} Ca(OH)_2(s) + Na_2WO_4(aq)$$

$$k = m = 1$$

平衡常数（20℃）为

$$K = \frac{K_{sp,CaWO_4}}{K_{sp,Ca(OH)_2}} = \frac{2.13 \times 10^{-9}}{5.5 \times 10^{-6}} = 3.9 \times 10^{-4}$$

C　利用标准电动势计算

对于有氧化-还原反应的浸出反应，设还原态的组元 A(Re) 被氧化态的组元 B(ox) 氧化为氧化态的组元 A(ox)，反应为

$$a\text{A(Re)} + b\text{B(ox)} \xlongequal{\quad} m\text{A(ox)} + n\text{B(Re)}$$

此浸出反应可以分为两个电极反应

$$m\text{A(ox)} + z\text{e} \xlongequal{\quad} a\text{A(Re)}$$

$$\varphi_1 = \varphi_1^{\ominus} + \frac{RT}{zF}\ln\left(\frac{a_{\text{A(ox)}}^m}{a_{\text{A(Re)}}^a}\right) \tag{6.8}$$

$$b\text{B(ox)} + z\text{e} \xlongequal{\quad} n\text{B(Re)}$$

$$\varphi_2 = \varphi_2^{\ominus} + \frac{RT}{zF}\ln\left(\frac{a_{\text{B(ox)}}^b}{a_{\text{B(Re)}}^n}\right) \tag{6.9}$$

整个反应的电动势为

$$E = E_2 - E_1 = E_2^{\ominus} - E_1^{\ominus} + \frac{RT}{zF}\ln\left(\frac{a_{\text{B(ox)}}^b a_{\text{A(Re)}}^a}{a_{\text{B(Re)}}^n a_{\text{A(ox)}}^m}\right) \tag{6.10}$$

$$E^{\ominus} = E_2^{\ominus} - E_1^{\ominus}$$

则

$$E^{\ominus} = \frac{RT}{zF}\ln\left(\frac{a_{\text{B(ox)}}^b a_{\text{A(Re)}}^a}{a_{\text{B(Re)}}^n a_{\text{A(ox)}}^m}\right) = \frac{RT}{zF}\ln K \tag{6.11}$$

例如，利用 $FeCl_3$ 浸出蓝铜矿，化学反应为

$$CuS + 2Fe^{3+} \xlongequal{\quad} Cu^{2+} + S + 2Fe^{2+}$$

在 25℃，电极反应

$$CuS \xlongequal{\quad} Cu^{2+} + S + 2e \qquad E^{\ominus} = 0.59\text{V}$$

$$Fe^{3+} + e \xlongequal{\quad} Fe^{2+} \qquad E^{\ominus} = 0.77\text{V}$$

利用上面的公式，有

$$\ln K = \frac{(0.77 - 0.59)zF}{RT}$$

$$\lg K = \frac{0.18 \times 2 \times 96500}{2.303 \times 8.314 \times 298} = 6.088$$

$$K = 1.22 \times 10^6$$

6.3　电势-pH 图在浸出过程的应用

根据热力学数据绘制的 φ-pH 图，给出了体系中各组元相互平衡的情况，以及在一定条件下，各组元稳定存在的形态。这对分析浸出体系的热力学具有指导作用和参考价值。

6.3.1 氧化物的浸出

由电势-pH 图可知，对金属氧化物来说，在 pH 值小的条件下，可以以阳离子的形态溶入溶液；在 pH 值大的条件下，可以以含氧阴离子的形态溶入溶液。因此，金属氧化物可以用酸或碱浸出。碱浸除了 Al_2O_3、ZnO 等两性氧化物或酸性强的 WO_3、MoO_3 外，所需碱的浓度都非常高，已超出电势-pH 图的表达范围，一般不用 φ-pH 图分析。

下面讨论氧化物的酸浸。

金属氧化物的酸浸反应可以表示为

$$Me_xO_y + 2yH^+ \Longrightarrow xMe^{z+} + yH_2O$$

由 φ-pH 图可知，反应向右进行的条件是溶液中的电势和 pH 值处于 Me^{z+} 的稳定区，即溶液的 pH 值小于平衡的 pH 值，Me-H_2O 系 $pH^{\ominus}$越大，其氧化物越容易浸出。

上面的分析仅适用金属组元无价态变化的浸出过程。对变价的金属在浸出过程需要有氧化还原条件。

例如，浸出 UO_2，可以有三种方案。

（1）化学溶解。

$$UO_2 + 4H^+ \Longrightarrow U^{4+} + 2H_2O$$

若 U^{4+}的活度为 1，则浸出反应进行的条件是溶液的 $pH<pH^{\ominus}$。

（2）氧化溶解。

$$UO_2 \Longrightarrow UO_2^{2+} + 2e$$

浸出反应进行条件是用氧化剂氧化 UO_2，氧化剂的氧化还原电势要高于 $\varphi^{\ominus}_{UO_2^{2+}/UO_2} = 0.22V$。氧化剂可以为 Fe^{3+}、O_2 等。

（3）还原溶解。

$$UO_2 + e + 4H^+ \Longrightarrow U^{3+} + 2H_2O$$

浸出反应的条件是用还原剂还原 UO_2，若将 UO_2 还原为 U^{3+}，所用还原剂的还原电势要低于 a 线，在这种条件下，UO_2 将发生水解。

而对于 U_3O_8 来说，只能在控制一定的 pH 值的条件下，进行氧化浸出，即

$$U_3O_8 + 4H^+ \Longrightarrow 3UO_2^{2+} + 2H_2O + 2e$$

图 6.3 为 U-H_2O 系的电势-pH 图。

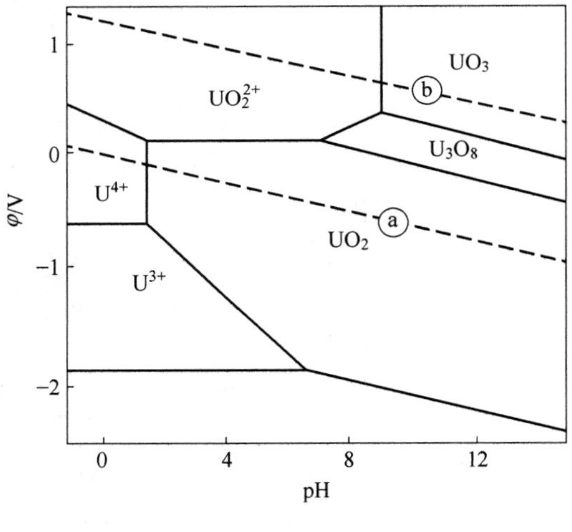

图 6.3 U-H_2O 系的 φ-pH 图

（25℃，铀的活度为 10^{-3}）

6.3.2 金属的浸出

金属的浸出有三种情况：

（1）$\varphi^{\ominus}_{Me^{z+}/Me}$ 线在ⓐ线以下，即它比氢更负，能直接置换水中的氢，金属被氧化进入溶液。例如，

$$Zn(s) + 2H^+ = Zn^{2+} + H_2$$

（2）$\varphi^{\ominus}_{Me^{z+}/Me}$ 线在ⓐ、ⓑ线之间，不能置换水中的氢，但可以通过适当的氧化进入溶液。例如，

$$Cu(s) + \frac{1}{2}O_2 + 2H^+ = Cu^{2+} + H_2O$$

（3）$\varphi^{\ominus}_{Me^{z+}/Me}$ 线在ⓑ线以上，不能置换水中氢，也不能被氧化进入溶液，若溶液中有该金属的离子，因其氧化能力极强，会被还原为金属，使 H_2O 析出氧。例如，

$$Au^{2+} + H_2O = Au(s) + 2H^+ + \frac{1}{2}O_2$$

6.3.3 硫化物浸出

6.3.3.1 金属-硫-水系的 φ-pH 图

图 6.4 为 25℃的 S-H_2O 系的 φ-pH 图。其中Ⅰ区为单质硫的稳定区。电势升高，pH 值不同，进入Ⅱ区，硫会被氧化成 HSO_4^-；进入Ⅲ区，硫被氧化成 SO_4^{2-}；电势降低，pH 值不同，进入Ⅰ区和Ⅲ区下面，硫被还原为 H_2S、HS^-；在大的 pH 值范围，HS^-被直接氧化成 SO_4^{2-}。

Me-S-H_2O 系的 φ-pH 图，虽然由于金属不同而不同，但其主要反应及相关平衡线走向大致相似。以二价金属为例，Me-S-H_2O 系有下列反应。

$$Me^{2+} + S + 2e = MeS \qquad (1)$$

其平衡状态与 pH 无关，平衡线与横坐标轴平行，且在图 6.4 的单质硫稳定区内。并有

$$\varphi_T = \varphi_T^{\ominus} + \frac{2.303RT}{2F}\lg a_{Me^{2+}} \qquad (6.12)$$

在 25℃，有

$$\varphi_{298} = \varphi_{298}^{\ominus} + \frac{0.0591}{2}\lg a_{Me^{2+}}$$

$$MeS + 2H^+ = Me^{2+} + H_2S \qquad (2)$$

其平衡与电势无关，平衡线与纵坐标轴平行，且在图 6.4 的 H_2S 稳定区内，并有

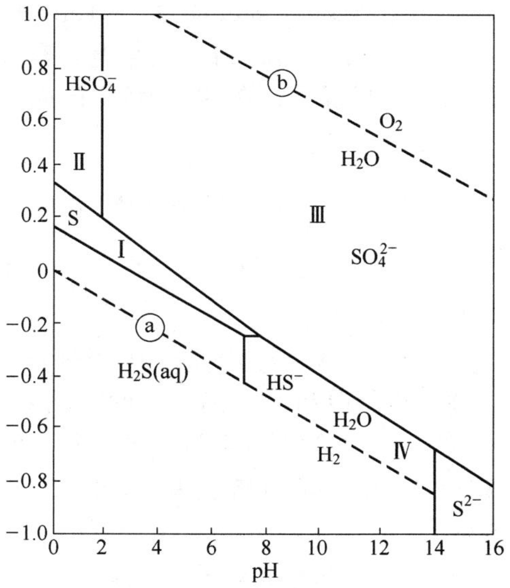

图 6.4 S-H_2O 系的 φ-pH 图（25℃）

$$pH_T = -\frac{\Delta G^{\ominus}_{m,T}}{2\times 2.303RT} - \frac{1}{2}\lg a_{Me^{2+}} - \frac{1}{2}\lg p_{H_2S} \qquad (6.13)$$

在 25℃，有

$$pH_{298} = -\frac{\Delta G^{\ominus}_{m,298}}{11214.04} - \frac{1}{2}\lg a_{Me^{2+}} - \frac{1}{2}\lg p_{H_2S}$$

有些硫化物在进行上面反应的同时，还发生氧化-还原反应，例如，

$$FeS + 4H^+ + 2e = Fe^{2+} + 2H_2S$$

$$Ni_3S_2 + 4H^+ - 2e \longrightarrow 3Ni^{2+} + 2H_2S$$

在这种情况下，其平衡状态既与 pH 值有关，又与电势有关，其平衡线是斜线。

$$HSO_4^- + Me^{2+} + 7H^+ + 8e \longrightarrow MeS + 4H_2O \tag{3}$$

其平衡状态与 pH 值有关，与电势有关，平衡线为斜线，且在图 6.4 的 HSO_4^- 稳定区内。平衡线方程为

$$\varphi_T = \varphi_T^0 - \frac{1}{8F}(2.303 \times 7RT\,pH_T - RT\ln a_{Me^{2+}} - RT\ln a_{HSO_4^-}) \tag{6.14}$$

在 25℃，有

$$\varphi_{298} = \varphi_{298}^0 - 0.0517\,pH_{298} + 0.0074(\ln a_{Me^{2+}} - \ln a_{HSO_4^-})$$

$$SO_4^{2-} + Me^{2+} + 8H^+ + 8e \longrightarrow MeS + 4H_2O \tag{4}$$

其平衡状态与 pH 值有关，与电动势有关，平衡线为一斜线，且在 SO_4^{2-} 稳定区内，平衡线方程为

$$\varphi_T = \varphi_T^0 - \frac{1}{8F}(2.303 \times 8RT\,pH_T - RT\ln a_{Me^{2+}} - RT\ln a_{SO_4^{2-}}) \tag{6.15}$$

在 25℃，有

$$\varphi_{298} = \varphi_{298}^{\ominus} - 0.0591pH_{298} + 0.0074(\ln a_{Me^{2+}} + \ln a_{SO_4^{2-}})$$

$$SO_4^{2-} + Me(OH)_2 + 10H^+ + 8e \longrightarrow MeS + 6H_2O \tag{5}$$

其平衡状态与 pH 有关，与电势有关，其平衡线为一斜线，且在 SO_4^{2-} 稳定区内，平衡线的方程为

$$\varphi_T = \varphi_T^{\ominus} - \frac{1}{8F}(2.303 \times 10RT\,pH_T - RTpH_T - RT\ln a_{SO_4^{2-}}) \tag{6.16}$$

在 25℃，有

$$\varphi_{298} = \varphi_{298}^{\ominus} - 0.074pH_{298} + 0.0074\ln a_{SO_4^{2-}}$$

将上面的分析绘成图 6.5 的金属-硫-水系 φ-pH 图。图中给出了各平衡线单质硫的稳定区和平衡线包围的硫化物 MeS、H_2S 的稳定区。

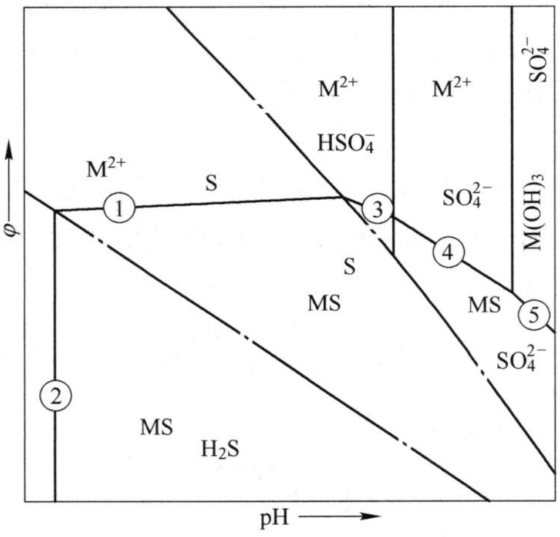

图 6.5　金属-硫-水系的 φ-pH 图

6.3.3.2　*硫化物的浸出方案*

图 6.6 为各种常见的金属-硫-水系的 φ-pH 图，由图可见：

（1）浸出 MnS、FeS、NiS 等有以下方案：

1）酸浸，按式（2）生成 Me^{2+}和 H_2S。

$$MnS(s) + 2H^+ \longrightarrow Mn^{2+} + H_2S$$

$$FeS(s) + 2H^+ \longrightarrow Fe^{2+} + H_2S$$

$$NiS(s) + 2H^+ \longrightarrow Ni^{2+} + H_2S$$

2）控制一定的 pH 值，氧化浸出，按式（4）生成 Me^{2+}和 SO_4^{2-} 或按式（5）生成 $Me(OH)_2$ 和 SO_4^{2-}。

（2）对浸出 ZnS、PbS 和 $CuFeS_2$ 等硫化物而言，按化学反应式（2）的反应所需 pH 值很小，例如浸出 ZnS 的 pH 值仅为 -1.586。因此，实际上是不能用酸浸出。从图 6.6 可见，这些硫化物按反应式（1）氧化成 Me^{2+} 和 S^0 所需的 pH 值可以做到。例如，在 150℃，高压氧浸出闪锌矿：

$$2ZnS + O_2 \xlongequal{\quad} 2ZnO + 2S^0$$

用 $FeCl_3$ 浸出 CuS：

$$CuS(s) + 2FeCl_3 \xlongequal{\quad} CuCl_2 + 2FeCl_2 + S^0$$

控制高的 pH 值，也可按式（4）氧化成 Me^{2+} 和 SO_4^{2-} 进入溶液。例如：

$$ZnS(s) + 2O_2 \xlongequal{\quad} Zn^{2+} + SO_4^{2-}$$

（3）对 FeS、CuS 等按式（1）或式（2）的反应所需 pH 值较低，工业上难以实现，需按式（4）在氧化条件下浸出，有：

$$FeS(s) + FeCl_3 \xlongequal{\quad} Fe^{2+} + FeCl_2 + S^0$$

$$CuS(s) + 2H^+ \xlongequal{\quad} Cu^{2+} + H_2S$$

（4）由图 6.6 和图 6.5 可知，O_2、Fe^{3+} 是硫化物的氧化剂。在一定条件下，$CuCl_2$、$SbCl_3$ 也可作为氧化剂，Cl_2 也可作为氧化剂。

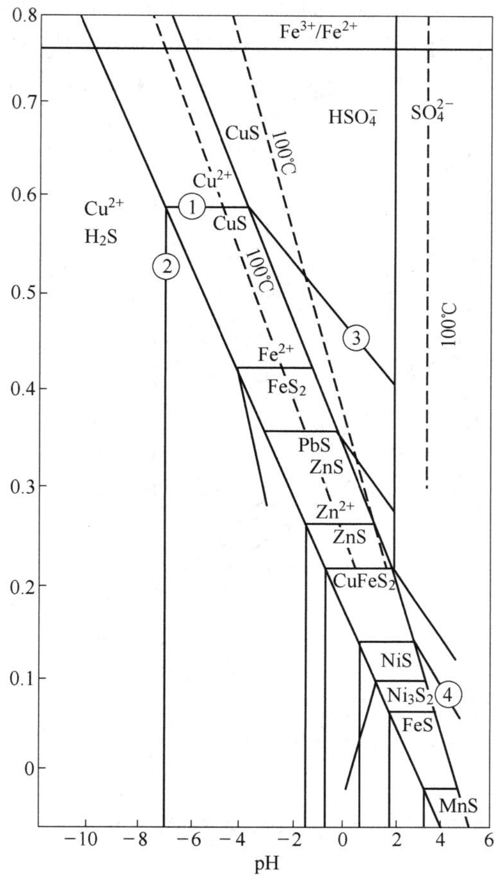

图 6.6 某些金属-硫-水系的 φ-pH 图

上面的讨论是基于 25℃ 的 φ-pH 图，如果温度升高，各平衡线的位置会移位。在有配位体的条件下，金属配位离子 $(MeL_n)^{z+}$ 的稳定区会比简单金属离子 Me^{z+} 的稳定区扩大，某些按图 6.6 分析不能进行的反应可能进行。

某些酸性强的金属硫化物，如 WS_2、MoS_2 等，在通常可达到的酸度范围，不能以金属阳离子形式存在而是以含氧阴离子形式存在，其 φ-pH 图与其他金属不同。

例如，在 100℃ 和 200℃，Mo-S-H_2O 的 φ-pH 图中 MoS 在不同的 φ 和 pH 值条件下，氧化成 $H_2MoO_4 + HSO_4^-$、$H_2MoO_4 + SO_4^{2-}$、$MoO_4^{2-} + SO_4^{2-}$，如图 6.7 和图 6.8 所示。

6.3.4 三元溶解度图在浸出中的应用

三元溶解度图是平衡状态图的一种。它给出水溶液及有关化合物在平衡状态的组成、温度关系。对于无价态变化的浸出过程具有参考价值和指导意义。

三元系溶解度有两种表示方法，即直角坐标和等边三角形坐标。图 6.9 是 Al_2O_3-Na_2O-H_2O 系的平衡图。直角坐标分别表示 Al_2O_3 和 Na_2O 的质量分数，图中各点水的质量分数可以由 100% 与 Al_2O_3 和 Na_2O 的质量分数的差算出。

图中的 0*B*、0*B*′、0*B*″线分别为 30℃、150℃、200℃ 三水铝石（$Al(OH)_3$）在 NaOH

溶液中的溶解度曲线；BC、$B'C'$、$B''C''$分别为30℃、150℃、200℃铝酸钠（$NaAlO_2$）的溶解度曲线。曲线上的点所对应的数值分别为$Al(OH)_3$和$NaAlO_2$饱和浓度。图中Ⅰ区为三水铝石与其饱和溶液共存，Ⅱ区为未饱和溶液。图中的斜线是不同组成体系的α_k值。

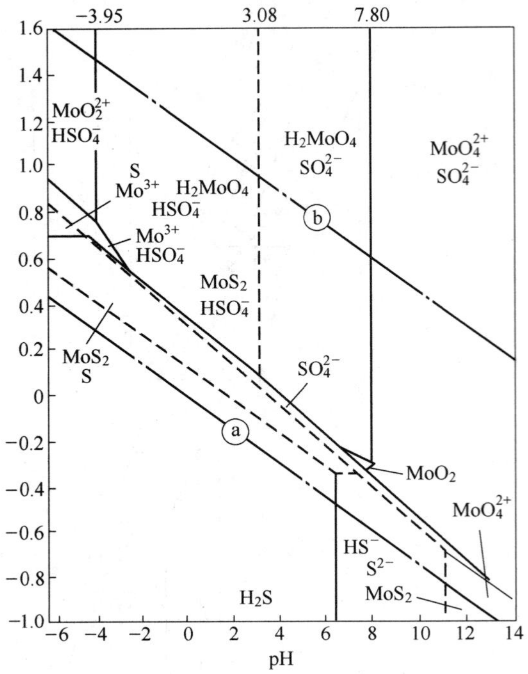

图 6.7 Mo-S-H_2O 系的 φ-pH 图（100℃）

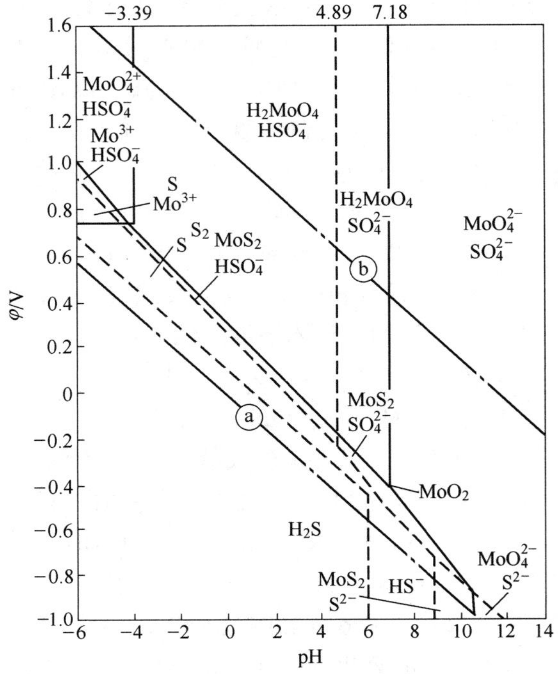

图 6.8 Mo-S-H_2O 系的 φ-pH 图（200℃）

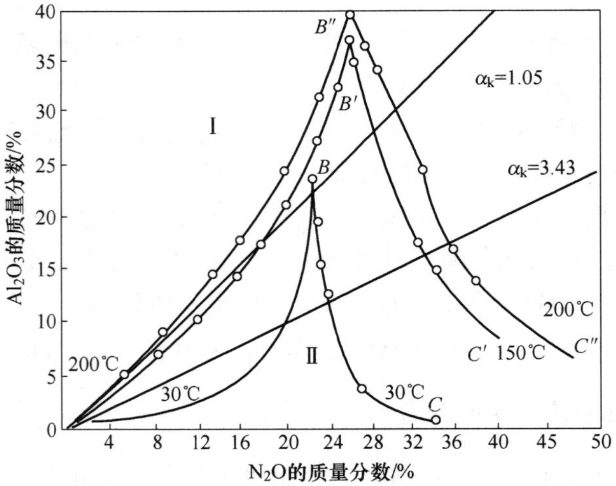

图 6.9 Al_2O_3-Na_2O-H_2O 系平衡状态图

利用图 6.9 可以得到 Al_2O_3 在 NaOH 溶液中的浸出条件为：

（1）体系的组成应保持在未饱和区，即Ⅱ区。

（2）温度升高，Ⅱ区扩大，升高温度对浸出有利。

（3）增加 Na_2O 的浓度，或保持 Na_2O 浓度一定，提高 α_k 值，可以使体系离平衡状态远（即离 $0B$、$0B'$、$0B''$远），对浸出有利。

图 6.10 是 Al_2O_3-Na_2O-H_2O 系平衡状态图的等温截面。图 6.11 是以等边三角形表示的 V_2O_5-Na_2O-H_2O 系的平衡图。

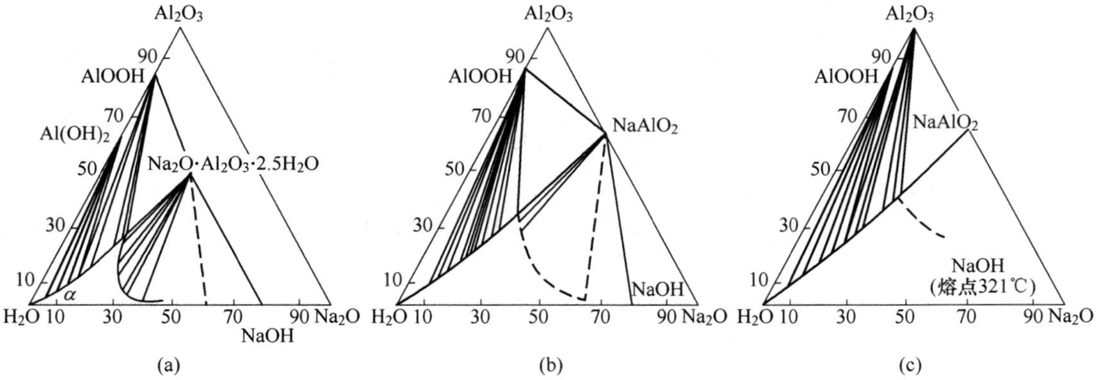

图 6.10　Al_2O_3-Na_2O-H_2O 系等温截面图

（a）95℃；（b）150℃；（c）350℃

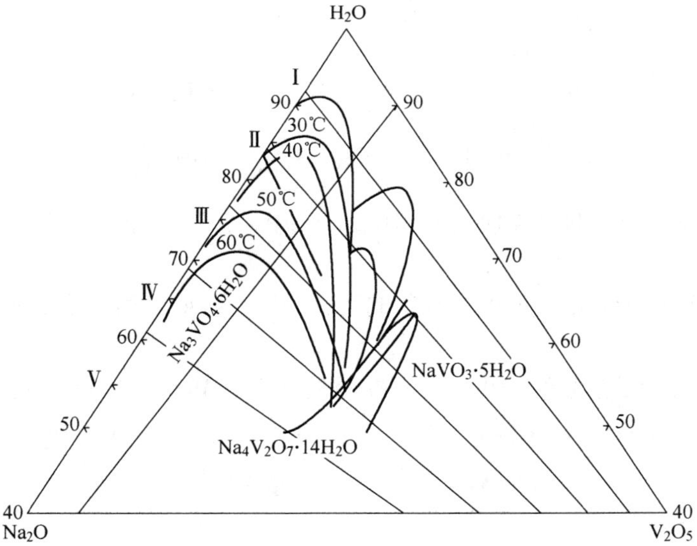

图 6.11　V_2O_5-Na_2O-H_2O 系平衡图

6.4　选择性浸出

控制浸出条件，使某些组元进入溶液，另一些组元进入渣相，达到初步分离的目的，称为选择性浸出。

（1）选择合适的浸出剂，使有些组元与浸出剂反应，有些组元不与浸出剂反应。例如，用 NaOH 浸出红土镍矿，使 SiO_2 进入溶液，而 Ni、Co 等留在渣中，得到富集。

（2）选择性浸出 $pH^{\ominus}$ 相差大的氧化物。氧化物 Me_2O_z 和 M_2O_z 浸出反应为

$$Me_2O_z + 2zH^+ \longrightarrow 2Me^{z+} + zH_2O$$

$$K_1 = \frac{a_{Me^{z+}}^2}{a_{H^+}^{2z}}$$

取对数，得：

$$2\lg a_{Me^{z+}} = \lg K_1 - 2z\mathrm{pH} = 2z\mathrm{pH}^{\ominus}_{Me_2O_z} - 2z\mathrm{pH} \tag{6.17}$$

式中

$$\lg K_1 = 2z\mathrm{pH}^{\ominus}_{Me_2O_z}$$

同理，对于反应

$$M_2O_z + 2zH^+ \longrightarrow 2M^{z+} + zH_2O$$

有

$$K_2 = \frac{a_{M^{z+}}^2}{a_{H^+}^{2z}}$$

和

$$2\lg a_{M^{z+}} = \lg K_2 - 2z\mathrm{pH} = 2z\mathrm{pH}^{\ominus}_{M_2O_z} - 2z\mathrm{pH} \tag{6.18}$$

式中

$$\lg K_2 = 2z\mathrm{pH}^{\ominus}_{M_2O_z}$$

式（6.17)−式（6.18)，得

$$\lg a_{Me^{z+}} - \lg a_{M^{z+}} = z(\mathrm{pH}^{\ominus}_{Me_2O_z} - \mathrm{pH}^{\ominus}_{M_2O_z})$$

$$\lg \frac{c_{Me^{z+}}}{c_{M^{z+}}} \approx \lg \frac{a_{Me^{z+}}}{a_{M^{z+}}} = z(\mathrm{pH}^{\ominus}_{Me_2O_z} - \mathrm{pH}^{\ominus}_{M_2O_z})$$

可见 Me_2O_z 和 M_2O_z 的分离程度由 $\mathrm{pH}^{\ominus}_{Me_2O_z} - \mathrm{pH}^{\ominus}_{M_2O_z}$ 决定。$\mathrm{pH}^{\ominus}$与温度有关，改变温度会影响分离效果。

这个原理也适用于其他类型的化合物的选择浸出。例如，利用这个原理可以选择性浸出 $CaWO_4$ 和 $CaMoO_4$。

（3）复杂化合物的选择性浸出。酸浸铁酸盐化合物 $MeO \cdot Fe_2O_3$，化学反应为

$$MeO \cdot Fe_2O_3(s) + 2H^+ \longrightarrow Me^{2+} + Fe_2O_3(s) + H_2O$$

$$\lg a_{Me^{2+}} = 2(K_{MeO \cdot Fe_2O_3} - \mathrm{pH}) \tag{6.19}$$

式中

$$K_{MeO \cdot Fe_2O_3} = \frac{a_{Me^+}}{a_{H^+}^2}$$

$$2\lg a_{H^+} + \lg K_{MeO \cdot Fe_2O_3} = \lg a_{Me^{2+}}$$

$$-2\mathrm{pH} + \lg K_{MeO \cdot Fe_2O_3} = \lg a_{Me^{2+}} \tag{6.20}$$

$$Fe_2O_3(s) + 6H^+ \longrightarrow 2Fe^{3+} + 3H_2O$$

$$K_{Fe_2O_3} = \frac{a_{Fe^{3+}}^2}{a_{H^+}^6}$$

$$2\lg a_{Fe^{3+}} = \lg K_{Fe_2O_3} + 6\lg a_{H^+}$$

$$\lg a_{Fe^{3+}} = 3(\mathrm{pH}^{\ominus} - \mathrm{pH}) \tag{6.21}$$

6.5 浸出动力学

浸出是浸出剂与固体物料间复杂的多相反应过程。浸出过程包括如下步骤:

(1) 液体中的反应物经过固体表面的液膜向固体表面扩散;

(2) 浸出剂经过固体产物层或不能被浸出的物料层向未被浸出的内核表面扩散;

(3) 在未被浸出的内核表面进行化学反应;

(4) 被浸出物经过固体产物层和（或）剩余物料层向液膜扩散;

(5) 被浸出物经过固体表面的液膜向溶液本体扩散。

如果在浸出过程中没有固体产物生成，也没有剩余物料层，则步骤（2）和步骤（4）就不存在。

6.5.1 浸出过程不形成固体产物层和致密的剩余层

浸出过程不形成固体产物层，也没有致密的剩余层。浸出反应可以表示为

$$a(\mathrm{A}) + b\mathrm{B(s)} = c(\mathrm{C})$$

6.5.1.1 浸出过程由浸出剂在液膜中的扩散控制

浸出剂在液膜中的扩散速度慢，是浸出过程的控制步骤。浸出速率为

$$-\frac{1}{a}\frac{\mathrm{d}N_{(\mathrm{A})}}{\mathrm{d}t} = -\frac{1}{b}\frac{\mathrm{d}N_{\mathrm{B(s)}}}{\mathrm{d}t} = \frac{1}{c}\frac{\mathrm{d}N_{(\mathrm{C})}}{\mathrm{d}t} = \frac{1}{a}\Omega_{\mathrm{l's}}J_{\mathrm{Al'}} \tag{6.22}$$

式中，$N_{(\mathrm{A})}$ 为浸出剂 A 的物质的量；$N_{\mathrm{B(s)}}$ 为固体组元 B 的物质的量；$N_{(\mathrm{C})}$ 为产物 C 的物质的量；$\Omega_{\mathrm{l's}}$ 为液膜与未被浸出的内核的界面面积；$J_{\mathrm{Al'}}$ 为浸出剂 A 在液膜中的扩散速率，即到达单位面积液膜与未被浸出的内核界面的组元 A 的扩散量。

$$J_{\mathrm{Al'}} = |\boldsymbol{J}_{\mathrm{Al'}}| = |-D_{\mathrm{Al'}}\nabla c_{\mathrm{Al'}}| = D_{\mathrm{Al'}}\frac{\Delta c_{\mathrm{Al'}}}{\delta_{\mathrm{l'}}} = D'_{\mathrm{Al'}}\Delta c_{\mathrm{Al'}} \tag{6.23}$$

$$D'_{\mathrm{Al'}} = \frac{D_{\mathrm{Al'}}}{\delta_{\mathrm{l'}}}$$

$$\Delta c_{\mathrm{Al'}} = c_{\mathrm{Al'l}} - c_{\mathrm{Al's}} = c_{\mathrm{Al}}$$

式中，$D_{\mathrm{Al'}}$ 为组元 A 在液膜中的扩散系数；$\delta_{\mathrm{l'}}$ 为液膜厚度，浸出过程中，固体尺寸不断减少，但液膜厚度不变；$c_{\mathrm{Al'l}}$ 为液膜与溶液本体界面组元 A 的浓度，即溶液本体组元 A 的浓度 c_{Al}；$c_{\mathrm{Al's}}$ 为液膜与未被浸出的内核界面组元 A 的浓度。由于化学反应速率快，$c_{\mathrm{Al's}}$ 为零。

将式（6.23）代入式（6.22），得

$$-\frac{\mathrm{d}N_{(\mathrm{A})}}{\mathrm{d}t} = \Omega_{\mathrm{l's}}J_{\mathrm{Al'}} = \Omega_{\mathrm{l's}}D'_{\mathrm{Al'}}\Delta c_{\mathrm{Al'}} \tag{6.24}$$

对于半径为 r 的球形颗粒，有

$$-\frac{\mathrm{d}N_{(\mathrm{A})}}{\mathrm{d}t} = -\frac{a}{b}\frac{\mathrm{d}N_{\mathrm{B(s)}}}{\mathrm{d}t} = 4\pi r^2 D'_{\mathrm{Al'}}\Delta c_{\mathrm{Al'}} \tag{6.25}$$

将式

$$N_{B(s)} = \frac{4}{3}\pi r^3 \rho_B / M_B \tag{6.26}$$

代入式（6.25），得

$$-\frac{dr}{dt} = \frac{bM_B D'_{Al'}}{a\rho_B}\Delta c_{Al'} \tag{6.27}$$

分离变量积分式（6.26），得

$$1 - \frac{r}{r_0} = \frac{bM_B D'_{Al'}}{a\rho_B r_0}\int_0^t \Delta c_{Al'} dt \tag{6.28}$$

和

$$1 - (1 - \alpha)^{\frac{1}{3}} = \frac{bM_B D'_{Al'}}{a\rho_B r_0}\int_0^t \Delta c_{Al'} dt \tag{6.29}$$

式中

$$\alpha = 1 - \left(\frac{r}{r_0}\right)^3$$

6.5.1.2　浸出过程由浸出剂和被浸出物的相互作用控制

浸出剂和被浸出物的相互作用速率慢，是浸出过程的控制步骤。浸出速率为

$$-\frac{1}{a}\frac{dN_{(A)}}{dt} = -\frac{1}{b}\frac{dN_{B(s)}}{dt} = \frac{1}{c}\frac{dN_{(C)}}{dt} = \Omega_{sl'}j \tag{6.30}$$

式中，$\Omega_{sl'}$ 为液膜与未被浸出的内核的界面面积；j 为在单位界面面积浸出剂和被浸出物相互作用速率。

$$j = kc_{Al's}^{n_A}c_{Bl's}^{n_B} = kc_{Al}^{n_A}c_{Bs}^{n_B} \tag{6.31}$$

式中，$c_{Al's}$ 是在液膜与未被浸出内核界面浸出剂 A 的浓度，即溶液本体浸出剂 A 的浓度；c_{Bs} 是在液膜与未被浸出内核界面被浸出物 B 的浓度，即未被浸出内核组元 B 的浓度。

将式（6.31）代入式（6.30），得

$$-\frac{dN_{B(s)}}{dt} = \Omega_{sl'}bj_B = \Omega_{sl'}bkc_{Al}^{n_A}c_{Bs}^{n_B} \tag{6.32}$$

对于半径为 r 的球形颗粒，有

$$-\frac{dN_{B(s)}}{dt} = 4\pi r^2 bkc_{Al}^{n_A}c_{Bs}^{n_B} \tag{6.33}$$

将式（6.26）代入式（6.32），得

$$-\frac{dr}{dt} = \frac{bM_B k}{\rho_B}c_{Al}^{n_A}c_{Bs}^{n_B} \tag{6.34}$$

分离变量积分式（6.34），得

$$1 - \frac{r}{r_0} = \frac{bM_B k}{\rho_B}\int_0^t c_{Al}^{n_A}c_{Bs}^{n_B} dt \tag{6.35}$$

和

$$1 - (1 - \alpha_B)^{\frac{1}{3}} = \frac{bM_B k}{\rho_B}\int_0^t c_{Al}^{n_A}c_{Bs}^{n_B} dt \tag{6.36}$$

6.5.1.3 浸出过程由浸出剂在液膜中的扩散及其与被浸出物的相互作用共同控制

浸出剂在液膜中的扩散及其与被浸出物的相互作用都慢，共同为浸出过程的控制步骤。浸出速率为

$$-\frac{1}{a}\frac{\mathrm{d}N_{(A)}}{\mathrm{d}t}=-\frac{1}{b}\frac{\mathrm{d}N_{B(s)}}{\mathrm{d}t}=\frac{1}{c}\frac{\mathrm{d}N_{(C)}}{\mathrm{d}t}=\frac{1}{a}\Omega_{l's}J_{Al'}=\Omega_{sl'}j=\frac{1}{a}\Omega J \tag{6.37}$$

式中

$$\Omega_{l's}=\Omega_{sl'}=\Omega$$

$$J=\frac{1}{2}(J_{Al'}+aj) \tag{6.38}$$

$$J_{Al'}=|\boldsymbol{J}_{Al'}|=|-D_{Al'}\nabla c_{Al'}|=D_{Al'}\frac{\Delta c_{Al'}}{\delta_{l'}}=D'_{Al'}\Delta c_{Al'} \tag{6.39}$$

其中

$$D'_{Al'}=\frac{D_{Al'}}{\delta_{l'}}$$

$$\Delta c_{Al'}=c_{Al'l}-c_{Al's}=c_{Al}-c_{Al's}$$

$$j=kc_{Al's}^{n_A}c_{Bl's}^{n_B}=kc_{Al's}^{n_A}c_{Bs}^{n_B} \tag{6.40}$$

对于半径为 r 的球形颗粒，有

$$-\frac{\mathrm{d}N_{(A)}}{\mathrm{d}t}=-\frac{a}{b}\frac{\mathrm{d}N_{B(s)}}{\mathrm{d}t}=4\pi r^2J_{Al'}=4\pi r^2D'_{Al'}\Delta c_{Al'} \tag{6.41}$$

和

$$-\frac{\mathrm{d}N_{(A)}}{\mathrm{d}t}=-\frac{a}{b}\frac{\mathrm{d}N_{B(s)}}{\mathrm{d}t}=4\pi r^2akc_{Al's}^{n_A}c_{Bs}^{n_B} \tag{6.42}$$

将式（6.26）分别代入式（6.41）和式（6.42），得

$$-\frac{\mathrm{d}r}{\mathrm{d}t}=\frac{bM_BD'_{Al'}}{a\rho_B}\Delta c_{Al'} \tag{6.43}$$

和

$$-\frac{\mathrm{d}r}{\mathrm{d}t}=\frac{bM_Bk}{\rho_B}c_{Al}^{n_A}c_{Bs}^{n_B} \tag{6.44}$$

将式（6.43）和式（6.44）分离变量积分

$$1-\frac{r}{r_0}=\frac{bM_BD'_{Bl'}}{a\rho_Br_0}\int_0^t\Delta c_{Al'}\mathrm{d}t \tag{6.45}$$

$$1-\frac{r}{r_0}=\frac{bM_Bk}{\rho_Br_0}\int_0^tc_{Al's}^{n_A}c_{Bs}^{n_B}\mathrm{d}t \tag{6.46}$$

引入转化率，得

$$1-(1-\alpha_B)^{\frac{1}{3}}=\frac{bM_BD'_{Al'}}{a\rho_Br_0}\int_0^t\Delta c_{Al'}\mathrm{d}t \tag{6.47}$$

$$1-(1-\alpha_B)^{\frac{1}{3}}=\frac{bM_Bk}{\rho_Br_0}\int_0^tc_{Al's}^{n_A}c_{Bs}^{n_B}\mathrm{d}t \tag{6.48}$$

式 (6.45)+式 (6.46)，得

$$2 - 2\left(\frac{r}{r_0}\right) = \frac{bM_B D'_{Al'}}{a\rho_B r_0}\int_0^t \Delta c_{Al'}dt + \frac{bM_B k}{\rho_B r_0}\int_0^t c_{Al's}^{n_A} c_{Bs}^{n_B}dt \qquad (6.49)$$

式 (6.47)+式 (6.48)，得

$$2 - 2(1 - \alpha_B)^{\frac{1}{3}} = \frac{bM_A D'_{Al'}}{a\rho_B r_0}\int_0^t \Delta c_{Al'}dt + \frac{bM_B k}{\rho_B r_0}\int_0^t c_{Al's}^{n_A} c_{Bs}^{n_B}dt \qquad (6.50)$$

6.5.2 浸出过程形成固体产物层或致密的剩余层，颗粒尺寸不变的情况

浸出过程形成致密的固体产物层，可以表示为

$$a(\mathrm{A}) + b\mathrm{B}(\mathrm{s}) = c(\mathrm{C}) + d\mathrm{D}(\mathrm{s})$$

6.5.2.1 浸出过程由浸出剂在液膜中的扩散控制

浸出剂在液膜中的扩散速度慢，是浸出过程的控制步骤。浸出速率为

$$-\frac{1}{a}\frac{dN_{(\mathrm{A})}}{dt} = -\frac{1}{b}\frac{dN_{\mathrm{B(s)}}}{dt} = \frac{1}{c}\frac{dN_{(\mathrm{C})}}{dt} = \frac{1}{d}\frac{dN_{\mathrm{D(s)}}}{dt} = \Omega_{l's'} J_{Al'} \qquad (6.51)$$

式中，$\Omega_{l's'}$ 为液膜与固体产物层的界面面积，浸出过程中液膜与固体产物层的界面面积不变。

$$J_{Al'} = |\boldsymbol{J}_{Al'}| = |-D_{Al'}\nabla c_{Al'}| = D_{Al'}\frac{\Delta c_{Al'}}{\delta_{l'}} = D'_{Al'}\Delta c_{Al'} \qquad (6.52)$$

式中

$$D'_{Al'} = \frac{D_{Al'}}{\delta_{l'}}$$

$$\Delta c_{Al'} = c_{Al'l} - c_{Al's} = c_{Al}$$

$\delta_{l'}$ 为液膜厚度，浸出过程液膜厚度不变；$c_{Al's'}$ 是在液膜与固体产物层界面组元 A 的浓度，浸出剂与被浸出物相互作用速率快，$c_{Al's'} = 0$。

$$-\frac{1}{a}\frac{dN_{(\mathrm{A})}}{dt} = -\frac{1}{b}\frac{dN_{\mathrm{B(s)}}}{dt} = \Omega_{l's'} J_{Al'} = \Omega_{l's'} D'_{Al'}\Delta c_{Al'} \qquad (6.53)$$

对于半径为 r 的球形颗粒，有

$$-\frac{dN_{(\mathrm{A})}}{dt} = -\frac{a}{b}\frac{dN_{\mathrm{B(s)}}}{dt} = 4\pi r_0^2 J_{Al'} = 4\pi r_0^2 D'_{Al'}\Delta c_{Al'} \qquad (6.54)$$

将式 (6.26) 代入式 (6.54)，得

$$-\frac{dr}{dt} = \frac{r_0^2 bM_B D'_{Al'}}{r^2 a\rho_B}\Delta c_{Al'} \qquad (6.55)$$

分离变量积分式 (6.55)，得

$$1 - \left(\frac{r}{r_0}\right)^3 = \frac{3bM_B D'_{Al'}}{a\rho_B r_0}\int_0^t \Delta c_{Al'}dt \qquad (6.56)$$

和

$$\alpha_B = \frac{3bM_B D'_{Al'}}{a\rho_B r_0}\int_0^t \Delta c_{Al'}dt \qquad (6.57)$$

6.5.2.2 浸出过程由浸出剂在固体产物层中的扩散控制

浸出剂在固体产物层中的扩散速度慢，是浸出过程的控制步骤。浸出速率为

$$-\frac{1}{a}\frac{dN_{(A)}}{dt}=-\frac{1}{b}\frac{dN_{B(s)}}{dt}=\frac{1}{c}\frac{dN_{(C)}}{dt}=\frac{1}{d}\frac{dN_{D(s)}}{dt}=\frac{1}{a}\Omega_{s's}J_{As'} \tag{6.58}$$

式中，$\Omega_{s's}$ 为产物层与未被浸出内核的界面面积。

浸出剂 A 在固体产物层中的扩散速率为

$$J_{As'}=|J_{As'}|=|-D_{As'}\nabla c_{As'}|=D_{As'}\frac{dc_{As'}}{dr} \tag{6.59}$$

式中，$D_{As'}$ 为组元 A 在固体产物层中的扩散系数。

对于半径为 r 的球形颗粒，将式（6.59）代入式（6.58），得

$$-\frac{dN_{(A)}}{dt}=4\pi r^2 J_{As'}=4\pi r^2 D_{As'}\frac{dc_{As'}}{dr} \tag{6.60}$$

过程达到稳态，$-\frac{dN_{(A)}}{dt}=$常数，将式（6.60）对 r 分离变量积分，得

$$-\frac{dN_{(A)}}{dt}=\frac{4\pi r_0 r D_{As'}}{r_0-r}\Delta c_{As'} \tag{6.61}$$

式中

$$\Delta c_{As'}=c_{As'l'}-c_{As's}=c_{Al}-c_{As's}$$

$c_{As'l'}$ 为固体产物层与液膜界面组元 A 的浓度，等于溶液本体的浓度 c_{Al}；$c_{As's}$ 为固体产物层与未被浸取的内核界面组元 A 的浓度。

将式（6.26）和式（6.61）代入式（6.58），得

$$-\frac{dr}{dt}=\frac{r_0 b M_B D_{As'}}{r(r_0-r)a\rho_B}\Delta c_{As'} \tag{6.62}$$

分离变量积分式（6.62），得

$$1-3\left(\frac{r}{r_0}\right)^2+2\left(\frac{r}{r_0}\right)^3=\frac{6bM_B D_{As'}}{a\rho_B r_0^2}\int_0^t \Delta c_{As'}dt \tag{6.63}$$

和

$$3-3(1-\alpha_B)^{\frac{2}{3}}-2\alpha_B=\frac{6bM_B D_{As'}}{a\rho_B r_0^2}\int_0^t \Delta c_{As'}dt \tag{6.64}$$

6.5.2.3 浸出过程由浸出剂和被浸出物的相互作用控制

浸出剂和被浸出物的相互作用速率慢，是浸出过程的控制步骤。浸出速率为

$$-\frac{1}{a}\frac{dN_{(A)}}{dt}=-\frac{1}{b}\frac{dN_{B(s)}}{dt}=\frac{1}{c}\frac{dN_{(C)}}{dt}=\frac{1}{d}\frac{dN_{D(s)}}{dt}=\Omega_{s's}j \tag{6.65}$$

式中，$\Omega_{s's}$ 为固体产物层与未被浸出的内核的界面面积。

$$j=kc_{As's}^{n_A}c_{Bs's}^{n_B}=kc_{As's}^{n_A}c_{Bs}^{n_B} \tag{6.66}$$

将式（6.66）代入式（6.65），得

$$-\frac{dN_{B(s)}}{dt}=\Omega_{ss'}bj=\Omega_{ss'}bkc_{As's}^{n_A}c_{Bs}^{n_B} \tag{6.67}$$

对于半径为 r 的球形颗粒，有

$$-\frac{dN_{B(s)}}{dt}=4\pi r^2bkc_{As's}^{n_A}c_{Bs}^{n_B} \tag{6.68}$$

将式（6.26）代入式（6.68），得

$$-\frac{dr}{dt}=\frac{bM_Bk}{\rho_B}c_{As's}^{n_A}c_{Bs}^{n_B} \tag{6.69}$$

分离变量积分式（6.69），得

$$1-\frac{r}{r_0}=\frac{bM_Bk}{\rho_Br_0}\int_0^t c_{As's}^{n_A}c_{Bs}^{n_B}dt \tag{6.70}$$

和

$$1-(1-\alpha_B)^{\frac{1}{3}}=\frac{bM_Bk}{\rho_Br_0}\int_0^t c_{As's}^{n_A}c_{Bs}^{n_B}dt \tag{6.71}$$

6.5.2.4　浸出过程由浸出剂在液膜中的扩散和固体产物层中的扩散共同控制

浸出剂在液膜中的扩散速度和在固体产物层中的扩散速度都慢，共同为浸出过程的控制步骤。浸出速率为

$$-\frac{1}{a}\frac{dN_{(A)}}{dt}=-\frac{1}{b}\frac{dN_{B(s)}}{dt}=\frac{1}{c}\frac{dN_{(C)}}{dt}=\frac{1}{d}\frac{dN_{D(s)}}{dt}=\frac{1}{a}\Omega_{l's'}J_{Al'}=\frac{1}{a}\Omega_{s's}J_{As'}=\frac{1}{a}\Omega J_{l's'} \tag{6.72}$$

$$\Omega_{l's}=\Omega$$

$$J_{l's'}=\frac{1}{2}\left(J_{Al'}+\frac{\Omega_{s's}}{\Omega}J_{As'}\right) \tag{6.73}$$

$$J_{Al'}=|\boldsymbol{J}_{Al'}|=|-D_{Al'}\nabla c_{Al'}|=D_{Al'}\frac{\Delta c_{Al'}}{\delta_{l'}}=D'_{Al'}\Delta c_{Al'} \tag{6.74}$$

$$D'_{Al'}=\frac{D_{Al'}}{\delta_{l'}}$$

$$\Delta c_{Al'}=c_{Al'l}-c_{Al's}=c_{Al}-c_{Al's}$$

$$J_{As'}=|\boldsymbol{J}_{As'}|=|-D_{As'}\nabla c_{As'}|=D_{As'}\frac{dc_{As'}}{dr} \tag{6.75}$$

对于半径为 r 的球形颗粒，有

$$-\frac{dN_{(A)}}{dt}=-\frac{a}{b}\frac{dN_{B(s)}}{dt}=4\pi r_0^2J_{Al'}=4\pi r_0^2D'_{Al'}\Delta c_{Al'} \tag{6.76}$$

和

$$-\frac{dN_{(A)}}{dt}=-\frac{a}{b}\frac{dN_{B(s)}}{dt}=4\pi r^2J_{As'}=4\pi r^2D_{As'}\frac{dc_{As'}}{dr} \tag{6.77}$$

过程达到稳态，$-\frac{dN_{(A)}}{dt}=$常数。将式（6.77）对 r 分离变量积分，得

$$-\frac{dN_{(A)}}{dt}=\frac{4\pi r_0 r D_{As'}}{r_0-r}\Delta c_{As'} \tag{6.78}$$

其中

$$\Delta c_{As'}=c_{As'l}-c_{As's}$$

将式（6.26）、式（6.76）和式（6.78）代入式（6.72），得

$$-\frac{dr}{dt}=\frac{r_0^2 bM_B D'_{Al'}}{r^2 a\rho_B}\Delta c_{Al'} \tag{6.79}$$

和

$$-\frac{dr}{dt}=\frac{r_0 bM_B D_{As'}}{r(r_0-r)a\rho_B}\Delta c_{As'} \tag{6.80}$$

分离变量积分式（6.79）和式（6.80），得

$$1-\left(\frac{r}{r_0}\right)^3=\frac{3bM_B D'_{Al'}}{a\rho_B r_0}\int_0^t \Delta c_{Al'}dt \tag{6.81}$$

和

$$1-3\left(\frac{r}{r_0}\right)^2+2\left(\frac{r}{r_0}\right)^3=\frac{6bM_B D_{As'}}{a\rho_B r_0^2}\int_0^t \Delta c_{As'}dt \tag{6.82}$$

引入转化率，得

$$\alpha_B=\frac{3bM_B D'_{Al'}}{a\rho_B r_0}\int_0^t \Delta c_{Al'}dt \tag{6.83}$$

$$3-3(1-\alpha_B)^{\frac{2}{3}}-2\alpha_B=\frac{6bM_B D_{As'}}{a\rho_B r_0^2}\int_0^t \Delta c_{As'}dt \tag{6.84}$$

式（6.81)+式（6.82)，得

$$2-3\left(\frac{r}{r_0}\right)^2+\left(\frac{r}{r_0}\right)^3=\frac{3bM_B D'_{Al'}}{a\rho_B r_0}\int_0^t \Delta c_{Al'}dt+\frac{6bM_B D_{As'}}{a\rho_B r_0^2}\int_0^t \Delta c_{As'}dt \tag{6.85}$$

式（6.83)+式（6.84)，得

$$3-3(1-\alpha_B)^{\frac{2}{3}}=\frac{3bM_B D'_{Al'}}{a\rho_B r_0}\int_0^t \Delta c_{Al'}dt+\frac{6bM_B D_{As'}}{a\rho_B r_0^2}\int_0^t \Delta c_{As'}dt \tag{6.86}$$

6.5.2.5 浸出过程由浸出剂在液膜中的扩散和化学反应共同控制

浸出剂在液膜中的扩散速度慢，化学反应速率也慢，浸出过程由这两者共同控制。浸出速率为

$$-\frac{1}{a}\frac{dN_{(A)}}{dt}=-\frac{1}{b}\frac{dN_{B(s)}}{dt}=\frac{1}{c}\frac{dN_{(C)}}{dt}=\frac{1}{d}\frac{dN_{D(s)}}{dt}=\frac{1}{a}\Omega_{l's'}J_{Al'}=\Omega_{s's}j=\frac{1}{a}\Omega J_{l'j} \tag{6.87}$$

式中

$$\Omega_{l's'}=\Omega$$

$$J_{l'j}=\frac{1}{2}\left(J_{Al'}+\frac{\Omega_{s's}}{\Omega}aj\right) \tag{6.88}$$

$$J_{Al'} = |\boldsymbol{J}_{Al'}| = |-D_{Al'}\nabla c_{Al'}| = D_{Al'}\frac{\Delta c_{Al'}}{\delta_{l'}} = D'_{Al'}\Delta c_{Al'} \tag{6.89}$$

$$\Delta c_{Al'} = c_{Al'l} - c_{Al's} = c_{Al} - c_{Al's'}$$

$$j = kc_{As's}^{n_A}c_{Bs's}^{n_B} = kc_{As's}^{n_A}c_{Bs}^{n_B} \tag{6.90}$$

对于半径为 r 的球形颗粒，有

$$-\frac{dN_{(A)}}{dt} = -\frac{a}{b}\frac{dN_{B(s)}}{dt} = 4\pi r_0^2 J_{Al'} = 4\pi r_0^2 D'_{Al'}\Delta c_{Al'} \tag{6.91}$$

和

$$-\frac{dN_{(A)}}{dt} = -\frac{a}{b}\frac{dN_{B(s)}}{dt} = 4\pi r^2 aj = 4\pi r^2 akc_{As's}^{n_A}c_{Bs}^{n_B} \tag{6.92}$$

将式（6.26）分别代入式（6.91）和式（6.92），得

$$-\frac{dr}{dt} = \frac{r_0^2 bM_B D'_{Al'}}{r^2 a\rho_B}\Delta c_{Al'} \tag{6.93}$$

和

$$-\frac{dr}{dt} = \frac{bM_B k}{\rho_B}c_{As's}^{n_A}c_{Bs}^{n_B} \tag{6.94}$$

分离变量积分式（6.93）和式（6.94），得

$$1 - \left(\frac{r}{r_0}\right)^3 = \frac{3bM_B D'_{Al'}}{a\rho_B r_0}\int_0^t \Delta c_{Al'}dt \tag{6.95}$$

和

$$1 - \frac{r}{r_0} = \frac{bM_B k}{\rho_B r_0}\int_0^t c_{As's}^{n_A}c_{Bs}^{n_B}dt \tag{6.96}$$

引入转化率，得

$$\alpha_B = \frac{3bM_B D'_{Al'}}{a\rho_B r_0}\int_0^t \Delta c_{Al'}dt \tag{6.97}$$

$$1 - (1-\alpha)^{\frac{1}{3}} = \frac{bM_B k}{\rho_B r_0}\int_0^t c_{As's}^{n_A}c_{Bs}^{n_B}dt \tag{6.98}$$

式（6.95)+式（6.96），得

$$2 - \frac{r}{r_0} - \left(\frac{r}{r_0}\right)^3 = \frac{3bM_B D'_{Al'}}{a\rho_B r_0}\int_0^t \Delta c_{Al'}dt + \frac{bM_B k}{\rho_B r_0}\int_0^t c_{As's}^{n_A}c_{Bs}^{n_B}dt \tag{6.99}$$

和

$$1 - (1-\alpha)^{\frac{1}{3}} + \alpha_B = \frac{3bM_B D'_{Al'}}{a\rho_B r_0}\int_0^t \Delta c_{Al'}dt + \frac{bM_B k}{\rho_B r_0}\int_0^t c_{As's}^{n_A}c_{Bs}^{n_B}dt \tag{6.100}$$

6.5.2.6　浸出过程由浸出剂在固体产物层中的扩散和化学反应共同控制

浸出剂在固体产物层中的扩散速度慢，化学反应速率也慢，浸出过程由这两者共同控制。浸出速率为

$$-\frac{1}{a}\frac{dN_{(A)}}{dt} = -\frac{1}{b}\frac{dN_{B(s)}}{dt} = \frac{1}{c}\frac{dN_{(C)}}{dt} = \frac{1}{d}\frac{dN_{D(s)}}{dt} = \frac{1}{a}\Omega_{s's}J_{As'} = \Omega_{s's}j = \frac{1}{a}\Omega J_{s'j}$$

$$\tag{6.101}$$

其中

$$\Omega_{s's} = \Omega$$

$$J_{s'j} = \frac{1}{2}(J_{As'} + aj) \tag{6.102}$$

$$J_{As'} = |\boldsymbol{J}_{As'}| = |-D_{As'}\nabla c_{As'}| = D_{As'}\frac{dc_{As'}}{dr} \tag{6.103}$$

$$j = kc_{As's}^{n_A}c_{Bs's}^{n_B} = kc_{As's}^{n_A}c_{Bs}^{n_B} \tag{6.104}$$

对于半径为 r 的球形颗粒，有

$$-\frac{dN_{(A)}}{dt} = -\frac{a}{b}\frac{dN_{B(s)}}{dt} = 4\pi r^2 J_{As'} = 4\pi r^2 D_{As'}\frac{dc_{As'}}{dr} \tag{6.105}$$

和

$$-\frac{dN_A}{dt} = -\frac{a}{b}\frac{dN_{B(s)}}{dt} = 4\pi r^2 aj = 4\pi r^2 akc_{As's}^{n_A}c_{Bs}^{n_B} \tag{6.106}$$

过程达到稳态，$-\frac{dN_{(A)}}{dt}$=常数。将式（6.105）对 r 分离变量积分，得

$$-\frac{dN_{(A)}}{dt} = \frac{4\pi r_0 r D_{As'}}{r_0 - r}\Delta c_{As'} \tag{6.107}$$

其中

$$\Delta c_{As'} = c_{As'l'} - c_{As's} = c_{Al} - c_{As's}$$

将式（6.26）、式（6.106）和式（6.107）代入式（6.101），得

$$-\frac{dr}{dt} = \frac{bM_B k}{\rho_B}c_{As's}^{n_A}c_{Bs}^{n_B} \tag{6.108}$$

和

$$-\frac{dr}{dt} = \frac{r_0 bM_B D_{As'}}{r(r_0 - r)a\rho_B}\Delta c_{As'} \tag{6.109}$$

分离变量积分式（6.108）和式（6.109），得

$$1 - \frac{r}{r_0} = \frac{bM_B k}{\rho_B r_0}\int_0^t c_{As's}^{n_A}c_{Bs}^{n_B}dt \tag{6.110}$$

和

$$1 - 3\left(\frac{r}{r_0}\right)^2 + 2\left(\frac{r}{r_0}\right)^3 = \frac{6bM_B D_{As'}}{a\rho_B r_0^2}\int_0^t \Delta c_{As'}dt \tag{6.111}$$

引入转化率，得

$$1 - (1 - \alpha_B)^{\frac{1}{3}} = \frac{bM_B k}{\rho_B r_0}\int_0^t c_{As's}^{n_A}c_{Bs}^{n_B}dt \tag{6.112}$$

和

$$3 - 3(1 - \alpha_B)^{\frac{2}{3}} - \alpha_B = \frac{6bM_B D_{As'}}{a\rho_B r_0^2}\int_0^t \Delta c_{As'}dt \tag{6.113}$$

式（6.110）+式（6.111），得

$$2-\frac{r}{r_0}-3\left(\frac{r}{r_0}\right)^2+2\left(\frac{r}{r_0}\right)^3=\frac{6bM_BD_{As'}}{a\rho_Br_0^2}\int_0^t\Delta c_{As'}\mathrm{d}t+\frac{bM_Bk}{\rho_Br_0}\int_0^t c_{As's}^{n_A}c_{Bs}^{n_B}\mathrm{d}t \tag{6.114}$$

式（6.112)+式（6.113)，得

$$4-(1-\alpha_B)^{\frac{1}{3}}-3(1-\alpha_B)^{\frac{2}{3}}-2\alpha_B=\frac{6bM_BD_{As'}}{a\rho_Br_0^2}\int_0^t\Delta c_{As'}\mathrm{d}t+\frac{bM_Bk}{\rho_Br_0}\int_0^t c_{As's}^{n_A}c_{Bs}^{n_B}\mathrm{d}t \tag{6.115}$$

6.5.2.7 浸出过程由浸出剂 A 在液膜中的扩散、在固体产物层中的扩散和化学反应共同控制

浸出剂在液膜中的扩散和在固体产物层中的扩散速度慢，化学反应速度也慢，浸出过程由这三者共同控制。浸出速率为

$$-\frac{1}{a}\frac{\mathrm{d}N_{(A)}}{\mathrm{d}t}=-\frac{1}{b}\frac{\mathrm{d}N_{B(s)}}{\mathrm{d}t}=\frac{1}{c}\frac{\mathrm{d}N_{(C)}}{\mathrm{d}t}=\frac{1}{d}\frac{\mathrm{d}N_{D(s)}}{\mathrm{d}t}$$

$$=\frac{1}{a}\Omega_{l's}J_{Al'}=\frac{1}{a}\Omega_{s's}J_{As'}=\Omega_{s's}j=\frac{1}{a}\Omega J_{l's'j} \tag{6.116}$$

其中

$$\Omega_{l's}=\Omega$$

$$J_{l's'j}=\frac{1}{3}\left(J_{Al'}+\frac{\Omega_{s's}}{\Omega}J_{As'}+\frac{\Omega_{s's}}{\Omega}aj\right) \tag{6.117}$$

$$J_{Al'}=|\boldsymbol{J}_{Al'}|=|-D_{Al'}\nabla c_{Al'}|=D_{Al'}\frac{\Delta c_{Al'}}{\delta_{l'}}=D'_{Al'}\Delta c_{Al'} \tag{6.118}$$

$$J_{As'}=|\boldsymbol{J}_{As'}|=|-D_{As'}\nabla c_{As'}|=D_{As'}\frac{\mathrm{d}c_{As'}}{\mathrm{d}r} \tag{6.119}$$

$$j=kc_{As's}^{n_A}c_{Bs's}^{n_B}=kc_{As's}^{n_A}c_{Bs}^{n_B} \tag{6.120}$$

对于半径为 r 的球形颗粒，有

$$-\frac{\mathrm{d}N_{(A)}}{\mathrm{d}t}=-\frac{a}{b}\frac{\mathrm{d}N_{B(s)}}{\mathrm{d}t}=4\pi r_0^2J_{Al'}=4\pi r_0^2D'_{Al'}\Delta c_{Al'} \tag{6.121}$$

$$-\frac{\mathrm{d}N_{(A)}}{\mathrm{d}t}=-\frac{a}{b}\frac{\mathrm{d}N_{B(s)}}{\mathrm{d}t}=4\pi r^2J_{As'}=4\pi r^2D_{As'}\frac{\mathrm{d}c_{As'}}{\mathrm{d}r} \tag{6.122}$$

$$-\frac{\mathrm{d}N_{(A)}}{\mathrm{d}t}=-\frac{a}{b}\frac{\mathrm{d}N_{B(s)}}{\mathrm{d}t}=4\pi r^2aj=4\pi r^2akc_{As's}^{n_A}c_{Bs}^{n_B} \tag{6.123}$$

过程达到稳态，$-\frac{\mathrm{d}N_{(A)}}{\mathrm{d}t}$=常数。将式（6.122）对 r 分离变量积分，得

$$-\frac{\mathrm{d}N_{(A)}}{\mathrm{d}t}=\frac{4\pi r_0rD_{As'}}{r_0-r}\Delta c_{As'} \tag{6.124}$$

其中

$$\Delta c_{As'}=c_{As'l'}-c_{As's'}$$

将式（6.16)、式（6.121)、式（6.123）和式（6.124）代入式（6.116)，得

$$-\frac{\mathrm{d}r}{\mathrm{d}t}=\frac{r_0^2 bM_\mathrm{B}D'_{\mathrm{Al'}}}{r^2 a\rho_\mathrm{B}}\Delta c_{\mathrm{Al'}} \tag{6.125}$$

$$-\frac{\mathrm{d}r}{\mathrm{d}t}=\frac{bM_\mathrm{B}k}{\rho_\mathrm{B}}c_{\mathrm{As's}}^{n_\mathrm{A}}c_{\mathrm{Bs}}^{n_\mathrm{B}} \tag{6.126}$$

$$-\frac{\mathrm{d}r}{\mathrm{d}t}=\frac{r_0 bM_\mathrm{B}D_{\mathrm{As'}}}{r(r_0-r)a\rho_\mathrm{B}}\Delta c_{\mathrm{As'}} \tag{6.127}$$

将式（6.125）~式（6.127）分离变量积分，得

$$1-\left(\frac{r}{r_0}\right)^3=\frac{3bM_\mathrm{B}D'_{\mathrm{Al'}}}{a\rho_\mathrm{B}r_0}\int_0^t\Delta c_{\mathrm{Al'}}\mathrm{d}t \tag{6.128}$$

$$1-\frac{r}{r_0}=\frac{bM_\mathrm{B}k}{\rho_\mathrm{B}r_0}\int_0^t c_{\mathrm{As's}}^{n_\mathrm{A}}c_{\mathrm{Bs}}^{n_\mathrm{B}}\mathrm{d}t \tag{6.129}$$

$$1-3\left(\frac{r}{r_0}\right)^2+2\left(\frac{r}{r_0}\right)^3=\frac{6bM_\mathrm{B}D_{\mathrm{As'}}}{a\rho_\mathrm{B}r_0^2}\int_0^t\Delta c_{\mathrm{As'}}\mathrm{d}t \tag{6.130}$$

引入转化率，得

$$\alpha_\mathrm{B}=\frac{3bM_\mathrm{B}D'_{\mathrm{Al'}}}{a\rho_\mathrm{B}r_0}\int_0^t\Delta c_{\mathrm{Al'}}\mathrm{d}t \tag{6.131}$$

$$1-(1-\alpha_\mathrm{B})^{\frac{1}{3}}=\frac{bM_\mathrm{B}k}{\rho_\mathrm{B}r_0}\int_0^t c_{\mathrm{As's}}^{n_\mathrm{A}}c_{\mathrm{Bs}}^{n_\mathrm{B}}\mathrm{d}t \tag{6.132}$$

$$3-3(1-\alpha_\mathrm{B})^{\frac{2}{3}}-2\alpha_\mathrm{B}=\frac{6bM_\mathrm{B}D_{\mathrm{As'}}}{a\rho_\mathrm{B}r_0^2}\int_0^t\Delta c_{\mathrm{As'}}\mathrm{d}t \tag{6.133}$$

式（6.128）+式（6.129）+式（6.130），得

$$3-\frac{r}{r_0}-3\left(\frac{r}{r_0}\right)^2+\left(\frac{r}{r_0}\right)^3=\frac{3bM_\mathrm{B}D'_{\mathrm{Al'}}}{a\rho_\mathrm{B}r_0}\int_0^t\Delta c_{\mathrm{Al'}}\mathrm{d}t+\frac{6bM_\mathrm{B}D_{\mathrm{As'}}}{a\rho_\mathrm{B}r_0^2}\int_0^t\Delta c_{\mathrm{As'}}\mathrm{d}t+\frac{bM_\mathrm{B}k}{\rho_\mathrm{B}r_0}\int_0^t c_{\mathrm{As's}}^{n_\mathrm{A}}c_{\mathrm{Bs}}^{n_\mathrm{B}}\mathrm{d}t \tag{6.134}$$

式（6.131）+式（6.132）+式（6.133），得

$$\begin{aligned}&4-(1-\alpha_\mathrm{B})^{\frac{1}{3}}-3(1-\alpha_\mathrm{B})^{\frac{2}{3}}-\alpha_\mathrm{B}\\&=\frac{3bM_\mathrm{B}D'_{\mathrm{Al'}}}{a\rho_\mathrm{B}r_0}\int_0^t\Delta c_{\mathrm{Al'}}\mathrm{d}t+\frac{6bM_\mathrm{B}D_{\mathrm{As'}}}{a\rho_\mathrm{B}r_0^2}\int_0^t\Delta c_{\mathrm{As'}}\mathrm{d}t+\frac{bM_\mathrm{B}k}{\rho_\mathrm{B}r_0}\int_0^t c_{\mathrm{As's}}^{n_\mathrm{A}}c_{\mathrm{Bs}}^{n_\mathrm{B}}\mathrm{d}t\end{aligned} \tag{6.135}$$

6.5.2.8 浸出过程由固体反应物 B 在液膜中的扩散控制

固体反应物 B 在液膜中的扩散速度慢，成为过程的控制步骤，浸出速率为

$$-\frac{1}{a}\frac{\mathrm{d}N_{(\mathrm{A})}}{\mathrm{d}t}=-\frac{1}{b}\frac{\mathrm{d}N_{\mathrm{B(s)}}}{\mathrm{d}t}=\frac{1}{c}\frac{\mathrm{d}N_{(\mathrm{C})}}{\mathrm{d}t}=\frac{1}{d}\frac{\mathrm{d}N_{\mathrm{D(s)}}}{\mathrm{d}t}=\frac{1}{b}\Omega_{\mathrm{l'l}}J_{\mathrm{Bl'}} \tag{6.136}$$

$$J_{\mathrm{Bl'}}=|\boldsymbol{J}_{\mathrm{Bl'}}|=|-D_{\mathrm{Bl'}}\nabla c_{\mathrm{Bl'}}|=D_{\mathrm{Bl'}}\frac{\Delta c_{\mathrm{Bl'}}}{\delta_{\mathrm{l'}}}=D'_{\mathrm{Bl'}}\Delta c_{\mathrm{Bl'}} \tag{6.137}$$

式中，$D'_{Bl'}=\dfrac{D_{Bl'}}{\delta_{l'}}$；$\Delta c_{Bl'}=c_{Bl's'}-c_{Bl'l}=c_{Bs}-c_{Bl}$；$c_{Bl's'}$ 为固体产物层与液膜界面组元 B 的浓度，即组元 B 在未被浸出的内核的浓度 c_{Bs}；$C_{Bl'l}$ 为组元 B 在液膜与溶液本体界面的浓度，即组元 B 在溶液本体的浓度 c_{Bl}。

$$-\frac{\mathrm{d}N_{B(s)}}{\mathrm{d}t}=\Omega_{l'l}J_{Bl'}=\Omega_{l'l}D'_{Bl'}\Delta c_{Bl'} \tag{6.138}$$

对于半径为 r 的球形颗粒，有

$$-\frac{\mathrm{d}N_{B(s)}}{\mathrm{d}t}=4\pi r_0^2 D'_{Bl'}\Delta c_{Bl'} \tag{6.139}$$

将式（6.26）代入式（6.139），得

$$-\frac{\mathrm{d}r}{\mathrm{d}t}=\frac{r_0^2 M_B D'_{Bl'}}{r^2\rho_B}\Delta c_{Bl'} \tag{6.140}$$

将式（6.140）分离变量积分，得

$$1-\left(\frac{r}{r_0}\right)^3=\frac{3bM_B D'_{Al'}}{\rho_B r_0}\int_0^t \Delta c_{Al'}\mathrm{d}t \tag{6.141}$$

引入转化率，得

$$\alpha_B=\frac{3bM_B D'_{Al'}}{\rho_B r_0}\int_0^t \Delta c_{Al'}\mathrm{d}t \tag{6.142}$$

6.5.2.9 浸出过程由固体反应物 B 在固体产物层中的扩散控制

固体反应物 B 在固体产物层中的扩散速度慢，成为过程的控制步骤，浸出速率为

$$-\frac{1}{a}\frac{\mathrm{d}N_{(A)}}{\mathrm{d}t}=-\frac{1}{b}\frac{\mathrm{d}N_{B(s)}}{\mathrm{d}t}=\frac{1}{c}\frac{\mathrm{d}N_{(C)}}{\mathrm{d}t}=\frac{1}{d}\frac{\mathrm{d}N_{D(s)}}{\mathrm{d}t}=\frac{1}{b}\Omega_{s'l'}J_{Bs'} \tag{6.143}$$

$$J_{Bs'}=|\boldsymbol{J}_{Bs'}|=|-D_{Bs'}\nabla c_{Bs'}|=D_{Bs'}\frac{\Delta c_{Bs'}}{\delta_{s'}} \tag{6.144}$$

其中

$$\Delta c_{Bs'}=c_{Bs's'}-c_{Bs'l'}=c_{Bs}-c_{Bl}$$

由式（6.143）得

$$-\frac{\mathrm{d}N_{(B)}}{\mathrm{d}t}=\Omega_{s'l'}J_{Bs'}=\Omega_{s'l'}D_{Bs'}\frac{\Delta c_{Bs'}}{\delta_{s'}} \tag{6.145}$$

对于半径为 r 的球形颗粒，有

$$-\frac{\mathrm{d}N_{B(s)}}{\mathrm{d}t}=\frac{4\pi r_0^2 D_{Bs'}}{r_0-r}\Delta c_{Bs'} \tag{6.146}$$

将式（6.26）代入式（6.146），得

$$-\frac{\mathrm{d}r}{\mathrm{d}t}=\frac{r_0^2 M_B D_{Bs'}}{r^2(r_0-r)\rho_B}\Delta c_{Bs'} \tag{6.147}$$

分离变量积分式（6.147），得

$$4\left(\frac{r}{r_0}\right)^3-3\left(\frac{r}{r_0}\right)^4-1=\frac{12M_B D_{Bs'}}{\rho_B r_0^2}\int_0^t \Delta c_{Bs'}\mathrm{d}t \tag{6.148}$$

引入转化率，得

$$3-\alpha_B-3(1-\alpha_B)^{\frac{4}{3}}=\frac{12M_B D_{Bs'}}{\rho_B r_0^2}\int_0^t \Delta c_{Bs'}\mathrm{d}t \tag{6.149}$$

6.5.2.10 浸出过程由固体反应物 B 在液膜中的扩散和在产物层中的扩散共同控制

固体反应物 B 在液膜中的扩散和在产物层中的扩散速度慢，共同为过程的控制步骤。浸出速率为

$$-\frac{1}{a}\frac{\mathrm{d}N_{(A)}}{\mathrm{d}t}=-\frac{1}{b}\frac{\mathrm{d}N_{B(s)}}{\mathrm{d}t}=\frac{1}{c}\frac{\mathrm{d}N_{(C)}}{\mathrm{d}t}=\frac{1}{d}\frac{\mathrm{d}N_{D(s)}}{\mathrm{d}t}$$

$$=\frac{1}{b}\Omega_{l'l}J_{Bl'}=\frac{1}{b}\Omega_{s'l}J_{Bs'}=\frac{1}{b}\Omega J_{l's'} \tag{6.150}$$

其中

$$\Omega_{l'l}=\Omega_{s'l}=\Omega$$

$$J_{l's'}=\frac{1}{2}(J_{Bl'}+J_{Bs'}) \tag{6.151}$$

$$J_{Bl'}=|\boldsymbol{J}_{Bl'}|=|-D_{Bl'}\nabla c_{Bl'}|=D_{Bl'}\frac{\Delta c_{Bl'}}{\delta_{l'}}=D'_{Bl'}\Delta c_{Bl'} \tag{6.152}$$

式中，$D'_{Bl'}=\frac{D_{Bl'}}{\delta_{l'}}$；$\Delta c_{Bl'}=c_{Bl's'}-c_{Bl'l}=c_{Bl's'}-c_{Bl}$；$J_{Bs'}=|\boldsymbol{J}_{Bs'}|=|-D_{Bs'}\nabla c_{Bs'}|=D_{Bs'}\frac{\Delta c_{Bs'}}{\delta_{s'}}$；$\Delta c_{Bs'}=c_{Bs's'}-c_{Bs'l'}=c_{Bs}-c_{Bs'l'}$。

由式（6.150）得

$$-\frac{\mathrm{d}N_{B(s)}}{\mathrm{d}t}=\Omega_{l'l}J_{Bl'}=\Omega_{l'l}D'_{Bl'}\Delta c_{Bl'} \tag{6.153}$$

和

$$-\frac{\mathrm{d}N_{B(s)}}{\mathrm{d}t}=\Omega_{s'l'}J_{Bs'}=\Omega_{s'l'}D_{Bs'}\frac{\Delta c_{Bs'}}{\delta_{s'}} \tag{6.154}$$

对于半径为 r 的球形颗粒，有

$$-\frac{\mathrm{d}N_{B(s)}}{\mathrm{d}t}=4\pi r_0^2 D'_{Bl'}\Delta c_{Bl'} \tag{6.155}$$

和

$$-\frac{\mathrm{d}N_{B(s)}}{\mathrm{d}t}=\frac{4\pi r_0^2 D_{Bs'}}{r_0-r}\Delta c_{Bs'} \tag{6.156}$$

将式（6.33）代入式（6.155）和式（6.156），得

$$-\frac{\mathrm{d}r}{\mathrm{d}t}=\frac{r_0^2 M_B D'_{Bl'}}{r^2\rho_B}\Delta c_{Bl'} \tag{6.157}$$

和

$$-\frac{\mathrm{d}r}{\mathrm{d}t}=\frac{r_0^2 M_B D_{Bs'}}{r^2(r_0-r)\rho_B}\Delta c_{Bs'} \tag{6.158}$$

分离变量积分式（6.157）和式（6.158），得

$$1 - \left(\frac{r}{r_0}\right)^3 = \frac{3bM_B D'_{Al'}}{\rho_B r_0}\int_0^t \Delta c_{Al'} dt \tag{6.159}$$

和

$$4\left(\frac{r}{r_0}\right)^3 - 3\left(\frac{r}{r_0}\right)^4 - 1 = \frac{12M_B D_{Bs'}}{\rho_B r_0^2}\int_0^t \Delta c_{Bs'} dt \tag{6.160}$$

引入转化率，得

$$\alpha_B = \frac{3bM_B D'_{Al'}}{\rho_B r_0}\int_0^t \Delta c_{Al'} dt \tag{6.161}$$

和

$$3 - 4\alpha_B - 3(1 - \alpha_B)^{\frac{4}{3}} = \frac{12M_B D_{Bs'}}{\rho_B r_0^2}\int_0^t \Delta c_{Bs'} dt \tag{6.162}$$

式（6.159）+式（6.160），得

$$\left(\frac{r}{r_0}\right)^3 - \left(\frac{r}{r_0}\right)^4 = \frac{bM_B D'_{Al'}}{\rho_B r_0}\int_0^t \Delta c_{Al'} dt + \frac{4M_B D_{Bs'}}{\rho_B r_0^2}\int_0^t \Delta c_{Bs'} dt \tag{6.163}$$

式（6.161）+式（6.162），得

$$1 - \alpha_B - (1 - \alpha_B)^{\frac{4}{3}} = \frac{bM_B D'_{Al'}}{\rho_B r_0}\int_0^t \Delta c_{Al'} dt + \frac{4M_B D_{Bs'}}{\rho_B r_0^2}\int_0^t \Delta c_{Bs'} dt \tag{6.164}$$

6.6 几种矿物的浸出

自然界中的金属矿物组成复杂、种类繁多，以氧化物、硫化物、碳酸盐、硫酸盐、硅酸盐、卤盐、硝酸盐、硼酸盐、复合化合物及金属的形式存在。例如赤铁矿（Fe_2O_3）、磁铁矿（Fe_3O_4）、菱铁矿（FeS）、闪锌矿（ZnS）、方铅矿（PbS）、赤铜矿（CuO）、菱铜矿（$CuFeS_2$）、菱镁矿（$MgCO_3$）、菱锌矿（$ZnCO_3$）、异极矿（$ZnSiO_3$）、芒硝（Na_2SO_4）、硝石（$NaNO_3$）、氯化钠（NaCl）、萤石（CuF_2）、硼铁矿（$FeBO_3$）、硼镁矿（MgB_2O_4）、长石（$KAlSi_3O_8$）、自然金（Au）、自然银（Ag）、自然铜（Cu）等。

根据矿物的性质、经济和环境等因素，有些矿采用湿法冶金的方法处理。湿法冶金的一个主要工序是浸出。本节讨论几种矿物的浸出动力学。

6.6.1 混合电位

用一种金属的盐浸出另一种金属的氧化物，化学反应为

$$AO_2 + 2B^{3+} \xlongequal{} AO_2^{2+} + 2B^{2+}$$

阳极反应为

$$AO_2 \longrightarrow AO_2^{2+} + 2e$$

阴极反应为

$$2B^{3+} + 2e \longrightarrow 2B^{2+}$$

相应的阳极和阴极极化曲线为图 6.12 中的曲线 a 和 b。阳极和阴极的平衡电势分别

为 $\varphi_{a,e}$ 和 $\varphi_{c,e}$。

$$\varphi_{a,e} \neq \varphi_{c,e}$$

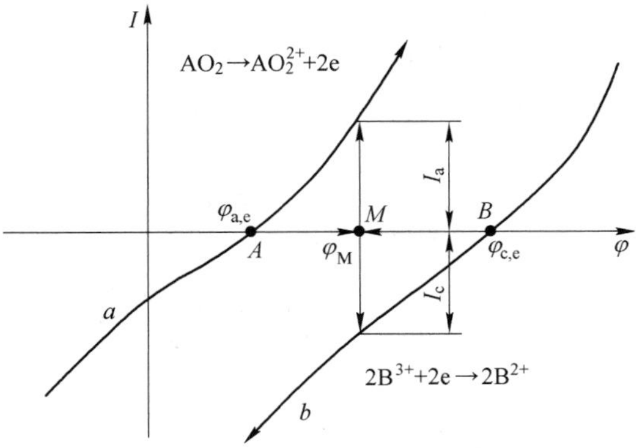

图 6.12 混合电位的极化曲线

如果 AO_2 导电，在阳极和阴极之间会有电流，则 φ_a 和 φ_c 会偏离平衡电势，沿着图中 *AM* 和 *BM* 的方向变化。变成

$$\varphi_a = \varphi_c = \varphi_M \tag{6.165}$$

有

$$I_c = I_a \tag{6.166}$$

体系达到稳态，相应的电势 φ_M 称作混合电势。

混合电势不是平衡电势。其值介于阴极和阳极平衡电势之间，是电极过程达到稳态的结果。由于 φ_M 不是平衡电势，阴极和阳极两个电极反应仍继续进行，浸出过程也继续进行。

6.6.2 硫化矿的浸出

硫化矿浸出的反应机理比较复杂，既与矿物有关，还与浸出剂有关。研究得出的硫化矿浸出反应机理有电化学机理、吸附配合物机理、硫化氢为中间产物的机理，以及氧化物和 SO_2 为中间产物的机理等。下面介绍其中的两种。

6.6.2.1 电化学机理

许多金属硫化矿的浸出符合电化学机理。下面以菱铜矿用三氯化铁浸出为例，分析硫化矿的浸出反应动力学。用三氯化铁浸出菱铜矿的化学反应方程可以表示为

$$CuFeS_2 + 4FeCl_3 = CuCl_2 + 5FeCl_2 + 2S$$

在浸出过程中，菱铜矿表面形成阳极区和阴极区，分别进行阳极反应和阴极反应。

在阳极区进行的阳极反应为

$$CuFeS_2 = Cu^{2+} + Fe^{2+} + 2S + 4e$$

生成的单质硫形成多孔产物层覆盖在矿物表面，浸出液可以通过多孔产物层到达反应界面，产物也可以从反应界面通过多孔产物层进入浸出液本体。阳极反应速率用阳极电流密度表示为

$$i_a = k_a \exp\left(\frac{\alpha n F \varphi_a}{RT}\right) \tag{6.167}$$

在阴极区，有四个平行进行的还原反应

$$Fe^{3+} + e = Fe^{2+}$$

$$FeCl^{2+} + e = Fe^{2+} + Cl^-$$

$$FeCl_2^+ + e = Fe^{2+} + 2Cl^-$$

$$FeCl_3 + e = Fe^{2+} + 3Cl^-$$

四个阴极反应的速率为

$$i_{c_1} = k_1 c_{Fe^{3+}} \exp\left(-\frac{\beta nF\varphi_c}{RT}\right) \tag{6.168}$$

$$i_{c_2} = k_2 c_{FeCl^{2+}} \exp\left(-\frac{\beta nF\varphi_c}{RT}\right) \tag{6.169}$$

$$i_{c_3} = k_3 c_{FeCl_2^+} \exp\left(-\frac{\beta nF\varphi_c}{RT}\right) \tag{6.170}$$

$$i_{c_4} = k_4 c_{FeCl_3} \exp\left(-\frac{\beta nF\varphi_c}{RT}\right) \tag{6.171}$$

总阴极电流密度为

$$i_c = i_{c_1} + i_{c_2} + i_{c_3} + i_{c_4} \tag{6.172}$$

将式（6.168）~式（6.171）代入式（6.172），得

$$i_c = (k_1 c_{Fe^{3+}} + k_2 c_{FeCl^{2+}} + k_3 c_{FeCl_2^+} + k_4 c_{FeCl_3}) \exp\left(-\frac{\beta nF\varphi_c}{RT}\right) \tag{6.173}$$

Fe^{3+}和Cl^-形成配合离子反应的平衡常数为

$$Fe^{3+} + Cl^- = FeCl^{2+} \quad K_1 = \frac{c_{FeCl^{2+}}}{c_{Fe^{3+}} c_{Cl^-}} \tag{6.174}$$

$$Fe^{3+} + 2Cl^- = FeCl_2^+ \quad K_2 = \frac{c_{FeCl_2^+}}{c_{Fe^{3+}} c_{Cl^-}^2} \tag{6.175}$$

$$Fe^{3+} + 3Cl^- = FeCl_3(aq) \quad K_3 = \frac{c_{FeCl_3}}{c_{Fe^{3+}} c_{Cl^-}^3} \tag{6.176}$$

将式（6.174）~式（6.176）代入式（6.173），得

$$i_c = c_{Fe^{3+}}(k_1 + k_2 K_1 c_{Cl^-} + k_3 K_2 c_{Cl^-}^2 + k_4 K_3 c_{Cl^-}^3) \exp\left(-\frac{\beta nF\varphi_c}{RT}\right) \tag{6.177}$$

阳极区和阴极区占有的硫化矿表面的面积分数分别为 S_a 和 S_c，阳极区和阴极区的总面积为

$$S' = (S_a + S_c)S \tag{6.178}$$

式中，S 为硫化矿表面面积

过程达到稳态，有

$$\varphi_a = \varphi_c = \varphi_M$$

所以

$$i_a S_a S = i_c S_c S \tag{6.179}$$

式中，i_a 和 i_c 分别为阳极区和阴极区的电流密度。

将式（6.168）和式（6.177）代入式（6.179），得混合电势为

$$\varphi_M = \frac{RT}{nF} \ln \frac{A_c c_{Fe^{3+}} (k_1 + k_2 K_1 c_{Cl^-} + k_3 K_2 c_{Cl^-}^2 + k_4 K_3 c_{Cl^-}^3)}{S_a k_a} \quad (6.180)$$

过程达到稳态菱铜矿浸出反应速率为

$$j = \frac{k_a S_a S}{nF} \exp\left(\frac{\alpha nF \varphi_M}{RT}\right) \quad (6.181)$$

如果 $\alpha = \frac{1}{2}$，将式（6.180）代入式（6.181），得

$$j = \frac{k_a^{\frac{1}{2}} (S_a S_c)^{\frac{1}{2}} S c_{Fe^{3+}}^{\frac{1}{2}}}{nF} (k_1 + k_2 K_1 c_{Cl^-} + k_3 K_2 c_{Cl^-}^2 + k_4 K_3 c_{Cl^-}^3)^{\frac{1}{2}} \quad (6.182)$$

溶液中三价铁的总浓度为

$$c_{Fe(III)} = c_{Fe^{3+}} + c_{FeCl^{2+}} + c_{FeCl_2^+} + c_{FeCl_3} \quad (6.183)$$

由式（6.174）~式（6.176）和式（6.183）得

$$c_{Fe^{3+}} = c_{Fe(III)} (1 + K_1 c_{Cl^-} + K_2 c_{Cl^-}^2 + K_3 c_{Cl^-}^3)^{-1} \quad (6.184)$$

将式（6.184）代入式（6.182），得

$$j = \frac{k_a^{\frac{1}{2}} (S_a S_c)^{\frac{1}{2}} S c_{Fe(III)}^{\frac{1}{2}}}{nF} \left(\frac{k_1 + k_2 K_1 c_{Cl^-} + k_3 K_2 c_{Cl^-}^2 + k_4 K_3 c_{Cl^-}^3}{1 + k_1 c_{Cl^-} + K_2 c_{Cl^-}^2 + K_3 c_{Cl^-}^3}\right)^{\frac{1}{2}} = k_s S \quad (6.185)$$

式中

$$k_s = \frac{k_a^{\frac{1}{2}} (S_a S_c)^{\frac{1}{2}} S c_{Fe(III)}^{\frac{1}{2}}}{nF} \left(\frac{k_1 + k_2 K_1 c_{Cl^-} + k_3 K_2 c_{Cl^-}^2 + k_4 K_3 c_{Cl^-}^3}{1 + K_1 c_{Cl^-} + K_2 c_{Cl^-}^2 + K_3 c_{Cl^-}^3}\right)^{\frac{1}{2}} \quad (6.186)$$

为硫化矿单位表面积的反应速率。

如果硫化矿为球形颗粒，初始半径为 r_0、密度为 ρ，则浸出率 α_l 与浸出时间 t 的关系为

$$1 - (1 - \alpha_l)^{\frac{1}{3}} = \frac{k_s}{r_0 \rho} t \quad (6.187)$$

以 $1 - (1 - \alpha_l)^{\frac{1}{3}}$ 为纵坐标，t 为横坐标，作图得一直线。直线斜率为 $\frac{k_s}{r_0 \rho}$。结果与实验值相符。

如果硫化矿酸性浸出有氧气参与，其反应动力学仍然符合电化学机理，浸出速率还与氧分压有关。

6.6.2.2 吸附配合物机理

在有氧气的情况下，硫化铅的碱浸出反应为

$$PbS + 2O_2 + 3OH^- \Longrightarrow HPbO_2^- + SO_4^{2-} + H_2O$$

该反应由三个步骤组成：

（1）氧气在硫化铅固体表面的吸附，硫化铅溶解进入溶液。有

$$PbS + \frac{1}{2}O_2 \longrightarrow \begin{array}{c} O \\ \diagup \diagdown \\ P - S \end{array}$$

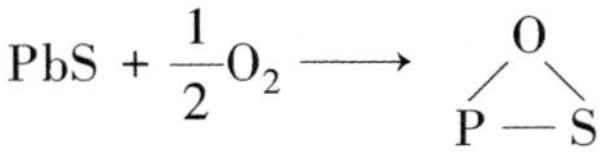

（2）吸附的氧原子发生水化作用

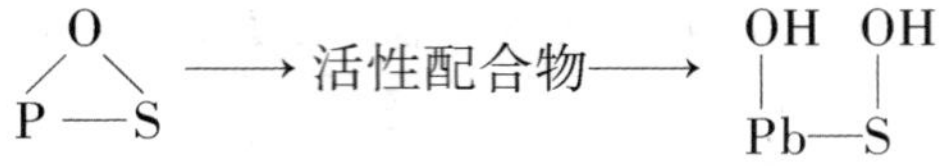

$$\overset{O}{\underset{P\ —\ S}{\diagdown\diagup}} \longrightarrow 活性配合物 \longrightarrow \overset{OH\quad OH}{\underset{Pb\ —\ S}{|\qquad|}}$$

（3）反应完成

$$\overset{OH\quad OH}{\underset{Pb\ —\ S}{|\qquad|}} + \frac{3}{2}O_2 + 3OH^- == HPbO_2^- + SO_3^{2-} + 2H_2O$$

6.6.2.3 生成中间产物硫化氢的机理

用硫酸浸出硫化亚铁，反应的中间产物为硫化氢。反应过程可以表示为

$$FeS + H_2SO_4 == FeSO_4 + H_2S$$
$$H_2S + O_2 == 2H_2O + 2S\downarrow$$

在氧化气氛下生成的 $FeSO_4$ 不稳定，被氧化成三价铁

$$4FeSO_4 + O_2 + 2H_2SO_4 == 2Fe_2(SO_4)_3 + 2H_2O$$

在较高的温度和合适的 pH 值，硫酸铁水解成赤铁矿，有

$$Fe_2(SO_4)_3 + 3H_2O == Fe_2O_3\downarrow + 3H_2SO_4$$

6.6.2.4 中间产物为氧化物和单质硫

在浸出硫化铜的过程中，先生成氧化铜和单质硫

$$2CuS + O_2 == 2CuO + 2S$$

在酸性浸出液中，氧化铜溶解浸出液，单质不反应，有

$$CuO + 2H^+ == Cu^{2+} + H_2O$$

在中性浸出液中，单质硫被氧化成硫酸

$$2S + 3O_2 + 2H_2O == 2H_2SO_4$$

硫酸与氧化铜反应，生成硫酸铜

$$CuO + H_2SO_4 == CuSO_4 + H_2O$$

在氨浸出液中，单质硫氧化成硫酸，氧化铜与氨形成配合离子，有

$$2S + 3O_2 + 2H_2O == 2H_2SO_4$$
$$CuO + 8NH_3 \cdot H_2O + H_2SO_4 == Cu(NH_3)_6^{2+} + (NH_4)_2SO_4^{2-} + 8H_2O$$

6.6.2.5 中间产物为氧化物和二氧化硫

浸出硫化锌，先生成氧化锌和二氧化硫，有

$$2ZnS + 3O_2 == 2ZnO + 2SO_2$$

在酸性浸出液中，反应为

$$ZnO + 2H^+ == Zn^{2+} + H_2O$$
$$2SO_2 + O_2 + 2H_2O == 2H_2SO_4$$

在中性浸出液中，反应为

$$ZnO + SO_2 == ZnSO_3$$
$$2ZnSO_3 + O_2 == 2ZnSO_4$$

在氨浸出液中，反应为

$$SO_2 + 2NH_3 \cdot H_2O == (NH_4)_2SO_3 + H_2O$$
$$2(NH_4)_2SO_3 + O_2 == 2(NH_4)_2SO_4$$

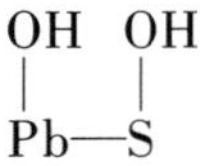

$$ZnO + (NH_4)_2SO_4 + 2NH_3 \cdot H_2O = Zn(NH_3)_4SO_4 + 3H_2O$$

6.6.3 氧化矿的浸出

氧化矿浸出过程大多数不涉及电化学反应，可以用前面的液-固反应动力学公式处理。但也有少数氧化矿浸出过程为电化学机理。例如，在氧气存在的情况下，用硫酸浸出 UO_2 就是电化学反应，有

$$2UO_2 + O_2 + 2H_2SO_4 = 2UO_2SO_4 + 2H_2O$$

铀由二价被氧化成四价。反应速率类似于金属的电化学溶解，与硫酸浓度和氧分压有关。

6.6.4 金属的浸出

在自然界中，有以单质形式存在的金、银、铜等金属。它们的浸出是金属与浸出液的反应。例如，金与氰化物的浸出反应为

$$2Au + 4CN^- + O_2 + 2H_2O = 2[Au(CN)_2]^- + 2OH^- + 2H_2O$$

在金矿的表面，有一部分为阳极、一部分为阴极。电极反应为

阳极反应 $$Au + 4CN^- = Au(CN)_2^- + e$$

阴极反应 $$O_2 + 2H_2O + 2e = 2OH^- + H_2O_2$$

金在氰化物溶液中的浸出过程受扩散控制。溶解的氧浓度高时，反应的控制步骤为溶解的氧通过液体边界层向阳极区的扩散控制。反应速率与氧气分压和氰化物的浓度有关，而且相应于确定的氧分压，氰化物浓度有一临界值。氰化物浓度低于此临界值，金的浸出速率与氰化物浓度成正比，主要由阳极反应决定。

氰化物浓度高于临界值，金的浸出速率与氰化物的浓度无关，而与氧分压成正比，主要由阴极反应决定。

用氰化物浸出金的阳极反应速率为

$$-\frac{dc_{CN^-}}{dt} = \frac{D_{CN^-}}{\delta_{CN^-}} S_a(c_{CN^-,b} - c_{CN^-,i}) \tag{6.188}$$

阴极反应速率为

$$-\frac{dc_{O_2}}{dt} = \frac{D_{O_2}}{\delta_{O_2}} S_c(c_{O_2,b} - c_{O_2,i}) \tag{6.189}$$

式中，D_{CN^-} 和 D_{O_2} 分别为 CN^-和 O_2 的扩散系数；δ_{CN^-} 和 δ_{O_2} 分别为 CN^-和 O_2 的扩散边界层厚度；$c_{CN^-,b}$ 和 $c_{O_2,b}$ 分别为 CN^-和 O_2 在浸出液本体中的浓度；$c_{CN^-,i}$ 和 $c_{O_2,i}$ 分别为金与浸出液界面 CN^-和 O_2 的浓度。

由于金的溶解速率很快，可以认为 CN^-在界面的浓度为零，式（6.188）简化为

$$-\frac{dc_{CN^-}}{dt} = \frac{D_{CN^-}}{\delta_{CN^-}} S_a c_{CN^-,b} \tag{6.190}$$

根据化学计算关系，有

$$\frac{dc_{CN^-}}{4dt} = \frac{dc_{O_2}}{dt} \tag{6.191}$$

浸出过程达到稳态，有

$$\frac{D_{CN^-}}{4\delta_{CN^-}}S_a c_{CN^-} = \frac{D_{O_2}}{\delta_{O_2}}S_c(c_{O_2,b} - c_{O_2,i}) \tag{6.192}$$

解得阴极表面氧的浓度为

$$c_{O_2,i} = \frac{\delta_{O_2}}{4D_{O_2}S_c}\left(\frac{4D_{O_2}S_c}{\delta_{O_2}}c_{O_2,b} - \frac{D_{CN^-}S_a}{\delta_{CN^-}}c_{CN^-}\right) \tag{6.193}$$

从式（6.190）和式（6.193）可见，如果浸出液中氧的浓度一定，金的浸出速率随着氰化物浓度的增加而增加，氧在阴极表面的浓度则随着氰化物浓度的增加而减少。如果溶液中 CN^-和 O_2 的浓度满足下式

$$\frac{4D_{O_2}S_c}{\delta_{O_2}}c_{O_2} = \frac{D_{CN^-}S_a}{\delta_{CN^-}}c_{CN^-} \tag{6.194}$$

即 CN^-和 O_2 在界面的浓度 $c_{CN^-,i}$ 和 $c_{O_2,i}$ 都为零，金的浸出速率达到最大值。这时保持氧的浓度 c_{O_2} 不变，增加氰化物的浓度 c_{CN^-}，或保持氰化物的浓度 c_{CN^-} 不变，增加氧的浓度 c_{O_2}，都不能进一步提高金的浸出速率。因此，要得到金的最大浸出速率，必须按式（6.194）控制氰化物和氧的浓度关系。

单质银、铜等金属氧化浸出，其浸出过程和浸出机理与金相似。

习　题

6-1　浸出如何分类，有哪些浸出类型？

6-2　举例说明如何利用电势-pH 图分析浸出过程。

6-3　计算硫酸浸出红土镍矿中的镍、铁、铝、镁的摩尔吉布斯自由能变化。

6-4　在电势-pH 图上描绘 100℃下列反应的平衡条件：

$$Zn^{2+} + 2e = Zn$$
$$ZnO + 2H^+ = Zn^{2+} + H_2O$$
$$ZnO + 2H^+ + 2e = Zn + H_2O$$

已知：

$$C_p(Zn) = 5.35 + 2.40 \times 10^{-3}T$$
$$C_p(ZnO) = 11.71 + 1.22 \times 10^{-3}T - 2.18 \times 10^5 T^{-2}$$
$$C_p(H_2O) = 75.44$$
$$C_p(H_2) = 28.83$$

参　数	Zn^{2+}	ZnO	Zn	H_2O	H_2	H^+
$\mu^{\ominus}_{298}$/kJ · mol^{-1}	−147.20	−318.10	0	−237.19	0	0
$S^{\ominus}_{298}$/kJ · mol^{-1}	−106.48	43.93	41.63	69.94	130.59	0

6-5　写出浸出过程由液体浸出剂的内扩散控制时的浸出速率公式。

6-6　写出浸出过程由液态浸出剂的外扩散控制时的浸出速率公式。

6-7　说明细菌浸出机理。

6-8　细菌浸出工艺有哪几个步骤？

7 析　　晶

溶液中溶质的浓度达到过饱和，溶质从溶液中以晶体形式析出，叫做析晶。析晶是物理过程。沉淀析出的物质也达到了过饱和，但沉淀是通过化学手段使溶液中的溶质发生化学反应，生成溶解度小的新化合物，沉淀先由化学过程形成难溶化合物，然后是物理过程，难溶化合物达到过饱和从溶液中析出。结晶是纯物质或杂质相对少的溶液的溶剂通过降温到过冷度超过其液-固转变温度而凝固（由液体转变成固体）。这也是物理过程。例如，水结成冰。但有时析晶也说成结晶。

7.1　过饱和溶液的形成

使溶液过饱和的方法有蒸发溶剂、改变温度、加入添加剂等。蒸发溶剂使溶液中溶质的浓度增大，达到过饱和。物质的溶解度因温度改变而改变，大多数固体在水中的溶解度随温度的降低而变小。因此，降低到一定温度，不饱和溶液会变成饱和溶液和过饱和溶液。向溶液中加入添加剂，改变了溶剂的组成，也就改变了溶质的溶解度。例如，向水溶液中加入乙醇会降低盐的溶解度，使盐的浓度过饱和。向溶液中添加具有相同离子的盐，盐析作用使盐的浓度过饱和。

7.2　过饱和溶液的稳定性

过饱和溶液的稳定性与溶液的组成、溶质的化学组成有关。一般来说，溶质的分子量大，分子组成复杂，形成的过饱和溶液稳定；固态含有结晶水的物质形成的过饱和溶液稳定；溶解度小的分子形成的过饱和溶液稳定。

过饱和溶液是一种热力学介稳状态。过饱和溶液的稳定性可以采用极限过饱和度或极限浓度描述。溶液达到极限浓度会自然结晶。

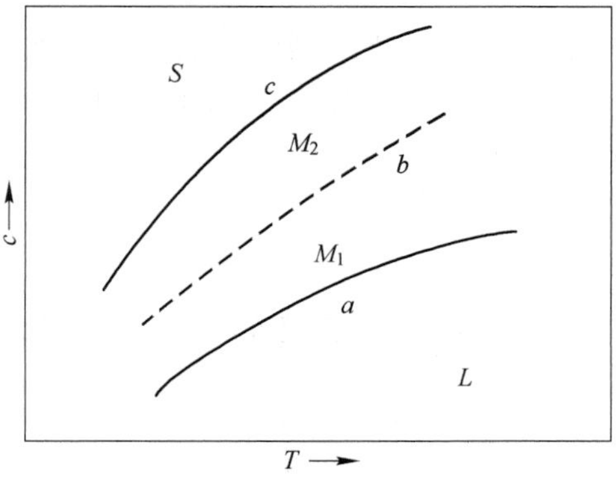

图 7.1　溶液的状态图

图 7.1 是溶液的浓度-温度关系状态图。曲线 a 为溶解度曲线，曲线 c 为极限浓度曲线。曲线 a 和 c 将平面划分为三个区域。其中 L 区为未饱和溶液的稳定区，该区的溶液是稳定的。S 区为溶液的不稳定区，处于该区的溶液立刻析出溶质晶体。

曲线 a 和 c 之间是介稳区。该区又被曲线 b 划分为 M_1 区和 M_2 区。曲线 a 和 b 之间为

M_1 区，曲线 b 和 c 之间为 M_2 区。M_1 区的过饱和溶液不能自发均匀成核。M_2 区的过饱和溶液可以自发均匀成核。

过饱和溶液是一种热力学介稳状态。介稳状态体系的稳定性用介稳区宽度和体系在介稳状态保留的时间描述。

过饱和溶液的介稳区宽度是极限浓度（高于此浓度立即开始自发结晶）与平衡浓度（即饱和浓度=溶解度）之差。

在介稳状态停留的时间与介稳区内溶液的过饱和度有关。过饱和度越接近极限浓度，则体系在介稳态停留的时间越短。在 M_2 区，溶液的过饱和度越接近 M_2 区和 M_1 区的界线 b，体系在介稳状态停留的时间越长。在 M_1 区，过饱和溶液不可能自发结晶，如果没有外来因素影响，过饱和溶液可以永远处于介稳状态。

7.3 诱 导 期

在晶核形成之前，过饱和溶液处于形核过程中，但看不到新相生成，这一时期称为潜伏期或诱导期。不同的过饱和溶液诱导期不同。有的只有几秒钟，有的则需要几天、几个月，甚至几年。过饱和度范围比较窄的过饱和溶液，其诱导期的时间 t_{ind} 可由式（7.1）确定

$$\lg t_{ind} = \frac{k_f \sigma^3 M^2}{\rho^2 T^3 (\lg s)^2} + b \tag{7.1}$$

式中，b 为常数。式（7.1）是基于热力学得到的。还有基于动力学的公式为

$$\lg t_{ind} = k - n_N \lg s \tag{7.2}$$

式中

$$k = \lg \Delta c - \lg k_f \rho L_{eq}^3 k_N c_{eq}^{n_N}$$

$$s = \frac{c_{过饱}}{c_{eq}}$$

$$\Delta c = c_{过饱} - c_{eq}$$

$$\delta = \frac{c_{过饱} - c_{eq}}{c_{eq}}$$

Δc 为刚开始结晶时过饱和溶液浓度的改变量，预先给定的数值很小；$c_{过饱}$ 为过饱和溶液浓度；c_{eq} 为达到平衡时溶液的浓度，即饱和溶液的浓度；Δc 为绝对过饱和度；δ 为相对过饱和度。

由式（7.2）得

$$s_{lim} = 10^{\frac{k_{ind}}{n_N}} \tag{7.3}$$

式中，s_{lim} 为溶液从介稳态变成不稳态的过饱和度，即极限过饱和度。

关于诱导期的时间还有如下公式

$$\delta = b t_{ind}^{\gamma_2} \tag{7.4}$$

和

$$t_{ind} = \frac{a}{\delta} \tag{7.5}$$

式中，b、a 为经验常数。

诱导期的时间与温度、搅拌强度、杂质等有关。其他条件相同，t_{ind}随温度升高而变短。

介稳状态时间也就是诱导期的时间，还有如下公式

$$\lg t_{ind} = k_{ind} - n_N \lg \frac{c_{过饱}}{c_{eq}} \tag{7.6}$$

式中

$$k_{ind} = \lg \frac{c_{过饱} - c_{eq}}{w_N k_N c_{eq}^{n_N}}$$

k_{ind}为诱导期常数；w_N 为晶核质量；k_N 为成核过程的速率常数；n_N 为成核过程阶数；$c_{过饱}$为过饱和溶液浓度；c_{eq}为平衡浓度，即饱和溶液浓度。利用上式可以求出介稳状态的时间和介稳区宽度。

表 7.1 给出了几种盐溶液的介稳状态数据。根据表中的数据判断，介稳区宽度与温度的关系较小，介稳状态时间与温度有关。温度越高，介稳状态时间随过饱和度变化而起的变化越大，这可由阶数 n_N 增大看出。

表 7.1　几种盐溶液的介稳状态数据

盐	T/℃	k_{ind}	n_N	Δc /g·(100mL·H_2O)$^{-1}$	c_{eq} /g·(100mL·H_2O)$^{-1}$
$Ba(NO_3)_2$	0.8	3.06	10	5.10	5.0
	25	3.03	14	7.00	10.6
	40	3.20	25	5.78	14.1
$CsNO_3$	0.8	2.78	15	4.95	9.7
	25	3.80	40	6.14	25.6
	40	2.28	160	1.42	47.3
$Na_2B_4O_7 \cdot 10H_2O$	0.8	6.68	6.4	21.15	2.1
	25	13.60	24	17.14	6.3
	40	18.68	40	25.67	13.3
$LiNO_3 \cdot 3H_2O$	0.8	4.85	8	473.82	159.0

图 7.2 是 $CsNO_3$ 和 $Ba(NO_3)_2$ 溶液的诱导期与过饱和度的关系。由图可见，在 $s=1.2\sim1.4$，$CsNO_3$ 和 $Ba(NO_3)_2$ 的诱导期很小，接近于零。随着 s 的减小，诱导期变大。

根据 k_{ind}与 n_N 的比值能够判断 M_1 和 M_2 介稳区的总宽度。此比值可由式

$$\frac{c_{过饱}}{c_{eq}} = 10^{\frac{k_{ind}}{n_N}}$$

求得。

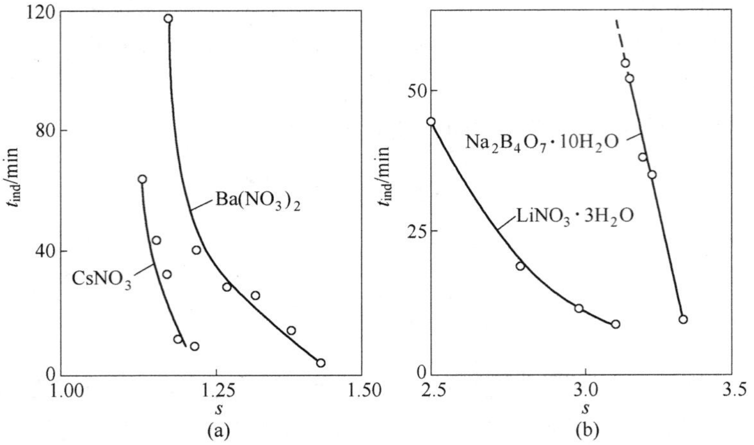

图 7.2 硝酸锶、硝酸钡溶液的诱导期与过饱和度的关系
（a）25℃；（b）0.8℃

7.4 成 核

晶核是过饱和溶液中能继续长大的最小固体颗粒。晶核也是与该浓度过饱和溶液达成平衡的固体颗粒。新相的晶核是由成核前的缔合物合并而成。

缔合物是由数量不等的原子、离子或分子组成。在过饱和溶液从介稳状态向不稳状态转变过程中，缔合物逐渐长大，最后形成新相晶核。

晶核形成之前，缔合物的尺寸分布如图 7.3 所示。

由图 7.3 可见，尺寸大的缔合物数量少，尺寸小的缔合物数量多。越接近形成晶核，过饱和溶液中尺寸大的缔合物增加得越多。尺寸最大的缔合物最先转变成晶核，然后是尺寸小一些的缔合物转变成晶核。

成核速率与时间的关系如图 7.4 所示。

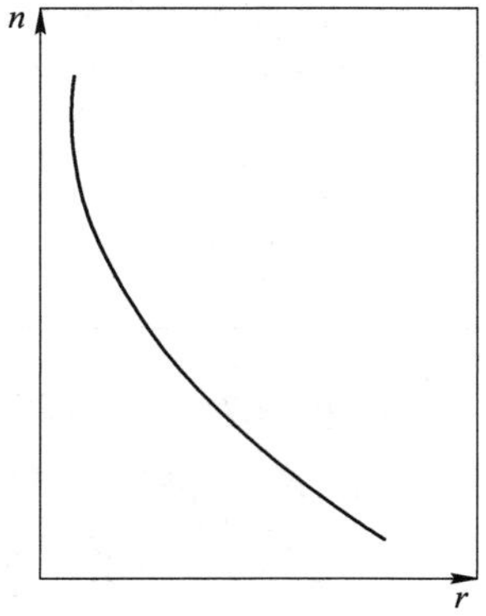

图 7.3 形核前缔合物的尺寸分布

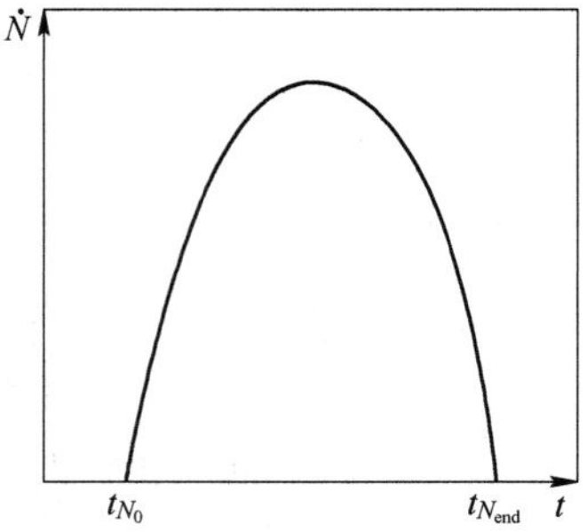

图 7.4 成核速率与时间的关系

由图 7.4 可见，成核速率从零开始逐渐加快，达到最大值后，又回到零。曲线形状类

似抛物线。随着晶核形成，溶液过饱和度变小，缔合物转变成晶核的速率变慢，直到没有了可以形成晶核的缔合物。

7.4.1 均相体系成核

7.4.1.1 均相体系成核的热力学

从过饱和溶液中析出一个晶核的摩尔吉布斯自由能变化为

$$\Delta G_c = \Delta G_\Omega - \Delta G_V \tag{7.7}$$

式中，ΔG_Ω 为由于新相产生形成液-固相界面引起的吉布斯自由能变化；ΔG_V 为由新相产生造成体积变化引起的吉布斯自由能变化。并有

$$\Delta G_\Omega = \Omega\sigma \tag{7.8}$$

$$\Delta G_V = n(\mu_{c_{过饱}} - \mu_{c_{eq}}) \tag{7.9}$$

式中，Ω 为固-液界面面积，即晶核与过饱和溶液的界面面积；σ 为界面能；n 为一个晶核的分子数；$\mu_{c_{过饱}}$ 为过饱和溶液的化学势；$\mu_{c_{eq}}$ 为与完美晶核平衡的过饱和溶液的化学势，即完美晶核的化学势。

$$\mu_{c_{过饱}} = \mu^*_{饱} + RT\ln c_{过饱} \tag{7.10}$$

$$\mu_{c_{eq}} = \mu^*_{饱} + RT\ln c_{eq} \tag{7.11}$$

式中，$\mu^*_{饱}$为饱和溶液溶质的化学势；$c_{过饱}$ 为溶质的过饱和浓度；c_{eq}为与完美晶核平衡的浓度。

将式（7.10）和式（7.11）代入式（7.9），得

$$\Delta G_V = -n_{晶核}k_B T\ln s \tag{7.12}$$

式中，$s = \dfrac{c_{过饱}}{c_{eq}}$。

$$\Delta G_c = -nk_B T\ln s + \Omega\sigma \tag{7.13}$$

式中，k_B 为玻耳兹曼常数。

过饱和溶液刚开始出现晶核，吉布斯自由能变化取最大值。当析出晶核的临界过饱和溶液与临界晶核平衡

$$\frac{\partial \Delta G_c}{\partial r} = 0 \tag{7.14}$$

临界晶核半径为

$$r_{临} = \frac{2\sigma v}{k_B T\ln s} \tag{7.15}$$

而

$$n_{临} = \frac{2k_B\sigma^3 v^3}{(k_B T\ln s)^2} \tag{7.16}$$

因出现晶核而引起的吉布斯自由能变化为

$$\Delta G_{临} = \frac{k_B\sigma^3 v^3}{(k_B T\ln s)^2} \tag{7.17}$$

7.4.1.2 均相体系中的成核速率

成核速率与晶核出现的概率成正比，概率与形成晶核所消耗的功有关，所以

$$\frac{\mathrm{d}N_{核}}{\mathrm{d}t}=k_N\exp\left(-\frac{\Delta G_{临}}{k_BT}\right)=k_N\exp\left[-\frac{k_B\sigma^3v^3}{(k_BT)^3(\ln s)^2}\right] \tag{7.18}$$

上式表明成核速率与温度、相对过饱和度及界面张力等有关。晶核数量随 s 的增大而急剧增大，随 s 的减小而趋于零。图7.5是成核速率与 s 的关系图。

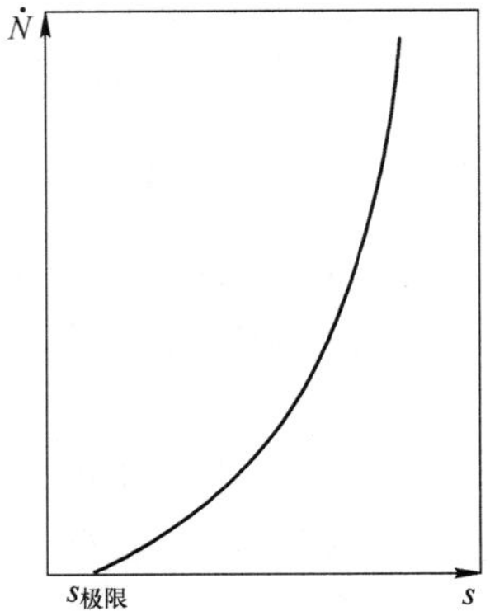

图7.5 成核速率与相对过饱和度的关系

由图7.5可见，在极限过饱和度 $s_{极限}$，成核速率等于零。极限过饱和度相当于第一介稳界限。各种化合物的 $s_{极限}$ 在1.01~1.20范围内，而 k_N 在 10^{22}~10^{30} 范围内。

表7.2给出了计算的晶核与过饱和溶液在25℃的数据。

表7.2 晶核与过饱和溶液的数据

盐	c_{eq} /mol·L^{-1}	δ_{lim}	r_{orit} /nm	n_{crit}	σ /kJ·m^{-2}
$PbCrO_4$	1.79×10^{-7}	1135.00	0.81	25.4	134
PbC_2O_4	5.42×10^{-6}	274.00	0.88	30.3	109
$BaSO_4$	9.51×10^{-6}	165.00	0.88	32.8	107
$SrCO_3$	7.45×10^{-5}	21.31	0.95	53.7	90
$PbSO_4$	1.40×10^{-4}	24.45	1.00	51.3	81
$MnCO_3$	5.66×10^{-4}	11.35	0.99	66.4	81
$CrSO_4$	6.15×10^{-4}	13.04	1.05	62.9	72
TlBr	1.76×10^{-3}	4.95	1.13	97.3	60
$AgBO_3$	7.04×10^{-3}	3.32	1.32	128.7	43
TlCl	1.33×10^{-2}	2.51	1.31	165.0	31
$AgCH_3COOH$	6.17×10^{-2}	2.31	1.57	182.1	30.4

成核速率也可以表示为

$$\frac{\mathrm{d}N_{核}}{\mathrm{d}t}=k_Nc^{n_N}\quad(c>c_{eq}) \tag{7.19}$$

或

$$\frac{\mathrm{d}N_{核}}{\mathrm{d}t}=k_N(\Delta c)^{n_N}\quad(\Delta c>0) \tag{7.20}$$

式中，c 为溶液浓度；Δc 为溶液绝对过饱和度；n_N 为成核阶数。

表 7.3 给出了一些物质的结晶过程参数。

表 7.3　成核过程参数

物　质	参　数		
	T/℃	n_N	k_N /$\mathrm{kg}^{1-n_N} \cdot \mathrm{m}^{3n_N^{-3}} \cdot \mathrm{h}^{-1}$
KCl	30	6.0±0.2	6×10^3
KBr	60	6.0±0.2	107×10^3

成核速率也可以表示为

$$\frac{\mathrm{d}N_{核}}{\mathrm{d}t} = k_N c^{n_N} - k'_n c^{-n'_N} \tag{7.21}$$

式中，右边第一项表示晶核形成，第二项表示晶核分解。

$$\frac{\mathrm{d}N_{核}}{\mathrm{d}t} = 0 \tag{7.22}$$

表示溶液浓度向第一介稳区转变，得到极限浓度

$$c_{\lim} = \left(\frac{k'_n}{k_n}\right)^{\frac{1}{n_N+n'_N}} \tag{7.23}$$

7.4.2　非均相体系成核

7.4.2.1　非均相体系成核的热力学

实际上，均匀形核的情况很难看到，因为绝对纯净的液体是没有的。再者，即使是纯净的液体也与盛装的容器壁接触，液体中的杂质和容器壁都会成为液体形成晶核的活性中心，造成非均匀形核。

过冷的均相液体不能立即形核的主要原因是形成晶核需产生新的表面——液固界面，具有界面能，使体系能量升高。如果晶核依附于已存在的界面上形成，就可以使界面能降低，因而，可以在较小的过冷度下形核。

假设晶核 α 在容器壁的平面 W 上形成，其形状是半径为 r 的球的球冠，其俯视图是一半径为 R 的圆。如图 7.6 所示。图中的 L 表示液相。

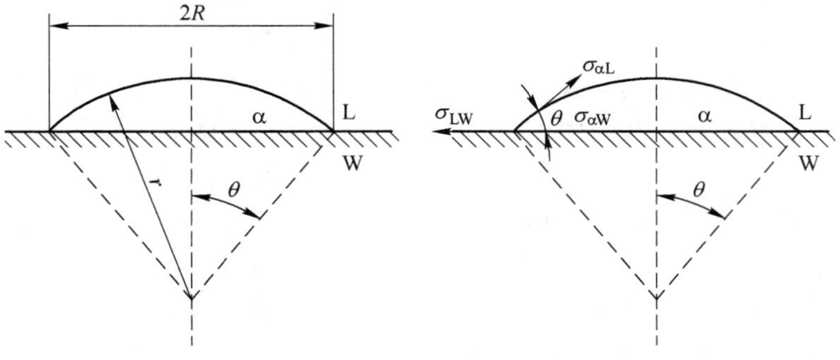

图 7.6　在平面器壁上形核

若形成晶核使体系增加的表面能为 $\Delta_t G_S$，则

$$\Delta_t G_S = S_{\alpha L}\sigma_{\alpha L} + S_{\alpha W}\sigma_{\alpha W} - S_{\alpha W}\sigma_{LW} \tag{7.24}$$

式中，$S_{\alpha L}$、$S_{\alpha W}$ 分别为晶核 α 与液相 L 及壁 W 之间的界面积；$\sigma_{\alpha L}$、$\sigma_{\alpha W}$、σ_{LW} 分别为 α-L、α-W、L-W 的界面的界面能。由图 7.6 可见，在三相交点处，表面张力应达成平衡，即

$$\sigma_{LW} = \sigma_{\alpha L}\cos\theta + \sigma_{\alpha W} \tag{7.25}$$

式中，θ 为晶核 α 与壁 W 的接触角。由几何知识可得

$$S_{\alpha W} = \pi R^2 \tag{7.26}$$

$$S_{\alpha L} = 2\pi r^2(1 - \cos\theta) \tag{7.27}$$

$$V_\alpha = \pi r^3 \frac{2 - 3\cos\theta + \cos^3\theta}{3} \tag{7.28}$$

$$R = r\sin\theta \tag{7.29}$$

式中，V_α 为晶核 α 的体积。将式（7.25）和式（7.26）代入式（7.24），得

$$\Delta G_S = S_{\alpha L}\sigma_{\alpha L} - \pi R^2(\sigma_{\alpha L}\cos\theta) \tag{7.30}$$

形成晶核引起体系总自由能变化为

$$\Delta G = V_\alpha \Delta G_V + \Delta_t G_S = V_\alpha \Delta G_V + (S_{\alpha L} - \pi R^2\cos\theta)\sigma_{\alpha L} \tag{7.31}$$

将式（7.27）~式（7.29）代入式（7.31），得

$$\Delta G = \left(\frac{4}{3}\pi r^3 \Delta G_V + 4\pi r^2\sigma_{\alpha L}\right)\frac{2 - 3\cos\theta + \cos^3\theta}{4} \tag{7.32}$$

将上式与均匀形核式相比较，两者也仅差一系数项 $\frac{2 - 3\cos\theta + \cos^3\theta}{4}$。

类似于均匀形核的方法，可以求出非均匀形核的临界晶核半径，即球冠半径为

$$r_{临} = \frac{2\sigma_{\alpha L}}{\Delta G_V} \tag{7.33}$$

可见，非均匀形核所成球冠晶核的球冠半径与均匀形核所成球形晶核的半径相等。

将式（7.33）代入式（7.32），得

$$\Delta G_{临界} = \frac{16\pi\sigma_{\alpha L}^3}{3(\Delta G_V)^2}\frac{2 - 3\cos\theta + \cos^3\theta}{4} \tag{7.34}$$

7.4.2.2 非均相体系成核的动力学

非均相体系成核，固相的存在会加速晶核的生成。不同的固相对形核的影响不同，固相的结构与形核物质越接近，对形核越有利。形核物质自身的晶体结构对形核影响最大。如果固相的结构与晶核的结构相差很大，固相促进晶核形成，是由于在固相表面有活性中心。溶液中的形核物质吸附在固体表面的结晶中心，并在吸附层中生成新相晶核。形核速率取决于固相表面活性中心的数量及其能量状态。不同的活性中心要求溶液有不同的极限过饱和度。低于其极限过饱和度，则在该活性中心不能形成晶核。活性中心是变化的，可以生成也可以消失。

如果只在活性中心生成晶核，则成核速率取决于自由的活性中心数目，即尚未形成晶核的活性中心数目。生成晶核要消耗形核功，即活性中心的活化能。因此，具有形核功大小的活化能的活性中心才能成为形核中心。

固相成核可以使形核加快。在固体表面成核的功小于在液相中直接形核的形核功。如果固相是最小的晶种，则在晶种的结晶中心消耗的形核功用来形成二级晶核。

非均相形核只在溶液的介稳区出现，同时还会有均相成核。而在高的过饱和度溶液中，主要还是均相成核。

如果成核完全是按多相形核机理进行，则晶核的生成速率与溶液的过饱和度之间没有明显的关系。这可以用来判断形核机理。如果将溶液加热，对形核速率有重大影响，表明固相形核起主要作用。

二维成核的速率可以表示为

$$\frac{\mathrm{d}N_{核}}{\mathrm{d}t} = k\exp - \frac{\Delta G_{\mathrm{m},\Omega,临}}{k_{\mathrm{B}}T} \tag{7.35}$$

式中，$\Delta G_{\mathrm{m},\Omega,临}$为二维晶核的临界摩尔吉布斯自由能变化。

由于溶液中也有活性中心，可以有均相成核，均相形核速率为

$$\frac{\mathrm{d}N_{核}}{\mathrm{d}t} = \frac{\mathrm{d}N_{\mathrm{a}}}{\mathrm{d}t}N_{\mathrm{a}}\theta(t) \tag{7.36}$$

式中，$\frac{\mathrm{d}N_{\mathrm{a}}}{\mathrm{d}t}$为在一个活性中心生成晶核的速率；$N_{\mathrm{a}}$为活性中心数；$\theta(t)$为$t$时刻自由活性中心份数。

过饱和度与形核时间的关系如图 7.7 所示。

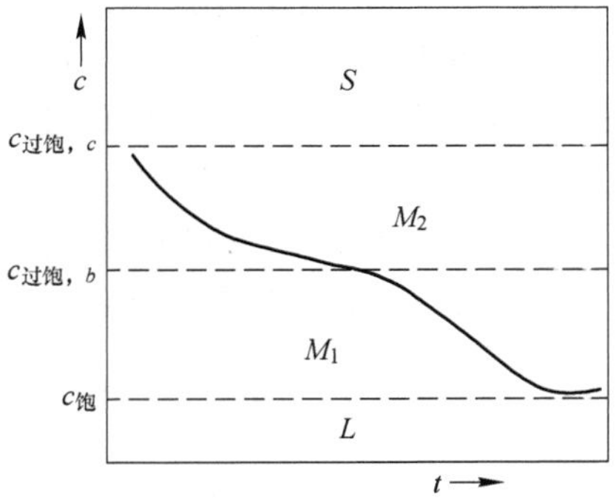

图 7.7 过饱和度与形核时间的关系

7.4.3 成核速率的宏观描述

成核速率可以用体系浓度-时间关系描述。

(1) 均匀成核。在 M_2 区过饱和溶液可以自发形成晶核。形核速率以溶液浓度的变化速率表示，有

$$\frac{\mathrm{d}c}{\mathrm{d}t} = J_c, \quad \frac{\mathrm{d}N}{\mathrm{d}t} = VJ_c \tag{7.37}$$

$$\frac{\mathrm{d}\rho}{\mathrm{d}t} = J_\rho, \quad \frac{\mathrm{d}w}{\mathrm{d}t} = VJ_\rho \tag{7.38}$$

在 M_1 区的过饱和溶液不能均匀成核。

(2) 非均匀成核。在 M_1 区的过饱和溶液可以非均匀成核，即在有异相物质晶核或固体杂质或容器壁存在，可以形核。因此，均匀形核后的体系在过饱和浓度达到 M_1 区后会非均匀形核，如图 7.8 所示。

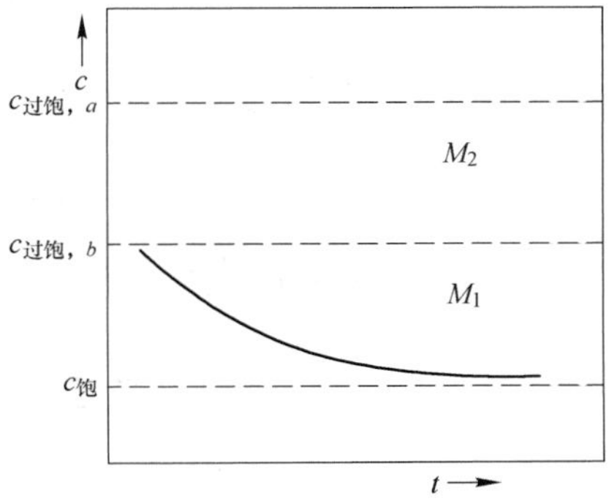

图 7.8 非均匀形核的过饱和度与时间的关系

成核速率为

$$\frac{\mathrm{d}c}{\mathrm{d}t} = J_c, \quad \frac{\mathrm{d}N}{\mathrm{d}t} = VJ_c \tag{7.39}$$

$$\frac{\mathrm{d}\rho}{\mathrm{d}t} = J_\rho, \quad \frac{\mathrm{d}w}{\mathrm{d}t} = VJ_\rho \tag{7.40}$$

如果一开始体系处于 M_1 区，过饱和溶液不能形成晶核，但添加晶种后，可以非均匀成核。成核速率为

$$\frac{\mathrm{d}c}{\mathrm{d}t}=J_c, \quad \frac{\mathrm{d}N}{\mathrm{d}t}=VJ_c \tag{7.41}$$

$$\frac{\mathrm{d}\rho}{\mathrm{d}t}=J_\rho, \quad \frac{\mathrm{d}w}{\mathrm{d}t}=VJ_\rho \tag{7.42}$$

7.4.4　二次成核

在产生晶体的溶液中成核称为二次成核。二次成核的机理有两种：接触成核和不接触成核。接触成核是溶液中的晶体与晶体、晶体与器壁接触、碰撞而造成很细小的晶粒脱落，成为结晶中心，进而形成晶核。不接触成核是溶液中的晶体与晶体、晶体与器壁不接触的情况下，溶液中产生晶核。

不接触成核的机理有三种：第一种是溶液中的晶体和溶液的机械作用导致细小的晶粒脱落成为结晶中心，进而形成晶核；第二种是溶液中的杂质吸附在晶体表面，造成晶体附近结晶组元过饱浓度提高，形成晶核；第三种是溶液中的杂质改变了成核的动力学条件，有利于结晶组元成核，或是晶体附近溶剂结构发生了变化，有利于结晶组元成核。

关于二次成核有如下公式：

$$\frac{N}{\Omega_{接}}=k_1\delta E_{碰}\,\Omega^{-\frac{1}{2}} \tag{7.43}$$

和

$$\frac{N}{\Omega_{接}}=k_2\delta E_{碰} \tag{7.44}$$

式中，N 为碰撞产生的晶核数；$\Omega_{接}$ 为碰撞的接触面积；$E_{碰}$ 为碰撞能。

式（7.43）是晶体与器壁的碰撞；式（7.44）是晶体与晶体的碰撞。

接触机理的二次成核速率公式为

$$\frac{\mathrm{d}N}{\mathrm{d}t}=k_3\,(\Delta c)^p\omega d_p E_{碰}\,n_0 d \tag{7.45}$$

式中，k_3 为常数；p 为经验值；d 为晶体直径；d_p 为晶体尺寸；ω 为转动频率；n_0 为分布密度。

对于晶体与晶体的碰撞，还有

$$\frac{\mathrm{d}N}{\mathrm{d}t}=K\,(\Delta c)^p E_{碰}\,w_{\min}^2 \tag{7.46}$$

式中，$w_{\min}$是生成晶核的最小尺寸粒子的质量。

7.5　结晶——晶体生长

7.5.1　晶体生长的热力学

晶体生长可以表示为

$$(A)_{过饱} = A(晶)$$

该过程的摩尔吉布斯自由能变化为

$$\begin{aligned}
\Delta G_m &= \mu_{(A)_{eq}} - \mu_{(A)_{过饱}} \\
&= \Delta G_m^{\ominus} + RT\ln \frac{a_{(A)_{eq}}}{a_{(A)_{过饱}}} \\
&\approx \Delta G_m^{\ominus} + RT\ln \frac{c_{(A)_{eq}}}{c_{(A)_{过饱}}} \\
&= \Delta G_m^{\ominus} - RT\ln \frac{c_{(A)_{过饱}}}{c_{(A)_{饱}}} \\
&= \Delta G_m^{\ominus} - RT\ln s
\end{aligned} \tag{7.47}$$

式中，$s = \frac{c_{(A)_{过饱}}}{c_{(A)_{eq}}}$。

$$\mu_{(A)_{饱}} = \mu_{A(晶)}^{*} + RT\ln c_{(A)_{eq}}$$

$$\mu_{(A)_{过饱}} = \mu_{A(晶)}^{*} + RT\ln c_{(A)_{过饱}}$$

$$\Delta G_m^{\ominus} = \mu_{A(晶)}^{*} - \mu_{A(晶)}^{*} = 0$$

所以

$$\Delta G_m = -RT\frac{c_{(A)_{过饱}}}{c_{(A)_{eq}}} = -RT\ln s < 0 \tag{7.48}$$

过饱和溶液的结晶可以自发进行。

从溶液中结晶，过饱和系数 s 为 $10^3 \sim 10^4$。

7.5.2 大量晶体生长

7.5.2.1 大量晶体生长的特点

大量晶体生长的特点是：

(1) 晶体结构不规则，杂质含量高。

(2) 间歇式生长有许多细晶粒，连续式生长晶粒也不大。

(3) 晶粒之间相互碰撞造成晶面缺陷和晶粒破碎。

(4) 形成晶粒的连生体。

(5) 在溶液中各个晶粒的生长条件不同，甚至同一晶粒的不同晶面生长条件都不同，即温度、过饱和度、杂质浓度、流体力学等条件不同。

7.5.2.2 晶体生长的阶段

晶体生长的主要阶段有：

(1) 结晶物质从溶液本体向晶体表面扩散。

(2) 结晶物质在晶体表面吸附。

(3) 结晶物质的小粒子在晶体表面移动。

(4) 小粒子在晶体表面的合适位置以某种方式嵌入晶格。

每个阶段有各自的活化能，活化能的大小与结晶条件有关。结晶速率的控制步骤有扩散控制、结晶动力学控制和扩散-动力学混合控制。

7.5.2.3 晶体生长机理

晶体生长机理是指结晶物质在晶面上的沉积方式。

A 在晶面上生成二维晶核的晶体生长机理

a 单核生长机理

在晶面上生成的二维晶核可以先生成一个晶核。这个晶核长大，把整个晶面单层覆盖起来。然后再在新晶面生成一个晶核。晶核长大把整个晶面单层覆盖起来。单核晶体生长机理的特征是，成核时间大大超过覆盖晶面的时间。这种机理晶面的线生长速率可以表示为

$$\frac{\mathrm{d}L}{\mathrm{d}t} = \nu \exp\left[\frac{(\pi\sigma^2/V_{\mathrm{mol}})l}{k_{\mathrm{B}}^2T^2\ln s}\right] \tag{7.49}$$

式中，L 为各晶面生长线速率的总和；ν 为频率因数；σ 为晶核的比表面能；V_{mol} 为结晶物质的分子体积；l 为覆盖单层的厚度；k_{B} 为玻耳兹曼常数。

b 多核生长机理

在晶面上同时生成多个晶核，这些晶核同时长大，把整个晶面单层覆盖起来。多核晶体生长机理的特征是成核时间小于单层覆盖时间。这种机理的晶面的线生长速率为

$$\frac{\mathrm{d}L}{\mathrm{d}t} = \frac{\pi k_{\mathrm{B}}T}{n\delta^2}\left(\frac{\sigma^*}{k_{\mathrm{B}}T}\right)^2 \exp\left(-\frac{E_{ak}}{k_{\mathrm{B}}T}\right)\exp\left[-\left(\frac{\sigma^*}{k_{\mathrm{B}}T}\right)^2\frac{\pi}{\ln s}\right] \tag{7.50}$$

式中，σ^* 为二维晶核的界面能；E_{ak} 为生成二维晶核的活化能。

在过饱和系数 s 不小于 1.01，即为溶解度的 1%～2%，晶体生长是二维晶核长大机理。

B 晶体缺陷生长机理

在过饱和度较小的溶液，晶体生长为晶体缺陷生长机理。小的晶粒在晶体缺陷的位置嵌入，晶体长大。

位错是晶体的一种缺陷。位错生长如图 7.9 所示。

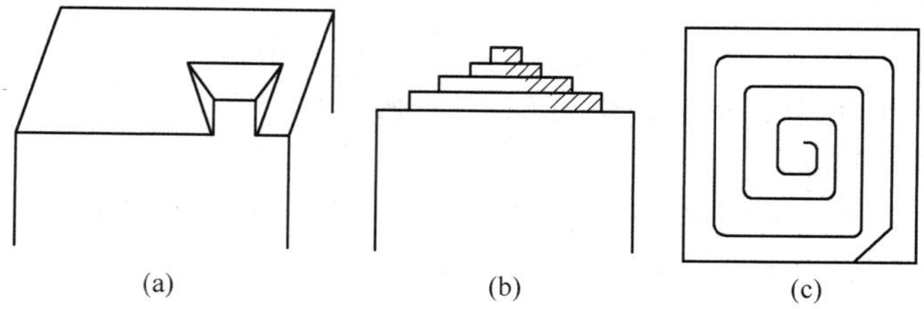

图 7.9 由于螺旋位错而产生的晶体生长

(a) 位错的产生；(b) (c) 螺旋形位错

晶体存在位错，在晶体表面形成梯级。晶体的线生长速率为：

(1) 小的过饱和度。

$$\frac{\mathrm{d}L}{\mathrm{d}t} = \frac{\beta k_0^* V_{\mathrm{mol}} n_0 \nu^* \exp[-E_{ak}/(k_{\mathrm{B}}T)]\delta^2}{2\pi\sigma_0^* l^*/(k_{\mathrm{B}}Tl_{\mathrm{s}})} \tag{7.51}$$

（2）大的过饱和度。

$$\frac{\mathrm{d}L}{\mathrm{d}t}=\beta k_0^* V_{\mathrm{mol}} n_0 \nu^* \exp\left(-\frac{E_{ak}}{k_{\mathrm{B}}T}\right)\delta \tag{7.52}$$

式中，β 为校正系数，粒子还没快速进入活性中心情况的修正；k_0^* 为系数，粒子到活性中心距离不比粒子在晶面移动距离小得多情况的修正；ν^* 为频率因子；E_{ak} 为粒子在螺旋位错晶体生长的活化能；n_0 为单位晶体表面积的分子位置数；σ_0^* 为相当于一个分子的二维晶核侧晶面的比界面能；l^* 为晶面上最小粒子的固定位置之间的距离；l_s 为解吸前最简单的粒子受晶体的吸附表面的作用而移动的平均距离；δ 为相对过饱和度。

此外，还有最微小的粒子结合成集聚体的晶体生长机理。

C 位错生长和晶核生长机理共存

位错生长和晶核生长共存的体系，晶体生长的线速率公式为

$$\frac{\mathrm{d}L}{\mathrm{d}t}=\beta k_0^* V_{\mathrm{mol}} n_0 \nu^* \exp\left(-\frac{E_{ak}}{k_{\mathrm{B}}T}\right)\delta+\nu\exp\left(-\frac{\pi\sigma^2 l}{V_{\mathrm{mol}} k_{\mathrm{B}}^2 T^2 \ln s}\right) \tag{7.53}$$

和

$$\frac{\mathrm{d}L}{\mathrm{d}t}=A\delta^B \tag{7.54}$$

式中，A 和 B 为经验常数。

晶体生长的速率可以表示为晶体质量的增加，有

$$\frac{\mathrm{d}w}{\mathrm{d}t}=k_{\mathrm{a}}\Omega(c-c_\Omega) \tag{7.55}$$

式中，$k_{\mathrm{a}}=\dfrac{D}{\delta}$；$c$ 为结晶物质在溶液本体的浓度（过饱和浓度）；c_Ω 为结晶物质在结晶界面的浓度；Ω 为溶液与结晶界面的界面面积；D 为扩散系数。

或

$$\frac{\mathrm{d}w}{\mathrm{d}t}=\frac{k_i\Omega}{c_\Omega-c_{\mathrm{eq}}} \tag{7.56}$$

式中，k_i 为结晶系数。

$$\frac{\mathrm{d}w}{\mathrm{d}t}=k_i\Omega\left(\Delta c-\frac{w}{k_{\mathrm{a}}\Omega}\right)^n \tag{7.57}$$

还可以写作

$$\frac{\mathrm{d}w}{\mathrm{d}t}=\frac{\Omega\Delta c^n}{\dfrac{\delta}{D}+\dfrac{1}{k_i}} \tag{7.58}$$

或

$$\frac{\mathrm{d}w}{\mathrm{d}t}=k\left(\frac{c_{\text{过饱}}-c_{\mathrm{eq}}}{c_{\mathrm{eq}}}\right)^n \tag{7.59}$$

式中，$\Delta c=c_{\text{过饱}}-c_{\mathrm{eq}}$；$k$ 为结晶系数；n 为阶数；k_i 和 n 为常数；盐的阶数 n 的值在 1~2 之间。

晶体生长速率也可以写作相对过饱和度的函数，即

$$\frac{\mathrm{d}L}{\mathrm{d}t}=k\delta^{n} \tag{7.60}$$

和

$$\frac{\mathrm{d}w}{\mathrm{d}t}=k'\delta^{n} \tag{7.61}$$

式中，k、k' 和 n 为常数，由实验确定。过饱和度较小，阶数 n 的值为 2 或 3，最大为 4。

晶体的不同晶面生长的线速度不同，例如，实验得到铝钾明矾的晶面生长线速率为

$$\frac{\mathrm{d}L}{\mathrm{d}t}=A\delta+B \tag{7.62}$$

其中 {100}、{110} 和 {111} 晶面的生长速率为

$$\frac{\mathrm{d}}{\mathrm{d}t}L\{100\}=5.40\delta+3.11\exp\left(-\frac{0.280}{\ln s}\right)(\mathrm{mm/h})$$

$$\frac{\mathrm{d}}{\mathrm{d}t}L\{110\}=1.60\delta+1.72\exp\left(-\frac{200}{\ln s}\right)(\mathrm{mm/h})$$

$$\frac{\mathrm{d}}{\mathrm{d}t}L\{111\}=0.41\delta+1.60\exp\left(-\frac{0.206}{\ln s}\right)(\mathrm{mm/h})$$

前面讲的晶体生长过程都是沿晶体的晶面平行增厚。此外还有以树枝状形式生长。树枝状晶是一种连生体，原生晶的某些位置成为新生粒子的生长中心。

从晶体生长速率来看，有两种树枝状晶体，即快速生长的和缓慢生长的树枝状晶体。两种树枝晶体的生长机理不同。前一种结晶过程受结晶组元从过饱和溶液中向晶体表面的扩散控制；后一种结晶过程受结晶组元与晶面相互作用控制。

（1）由结晶组元在晶体表面的扩散控制的树枝状晶体的生长速率。树枝状晶体的生长速率公式为

$$\frac{\mathrm{d}L}{\mathrm{d}t}=\frac{D\Omega V_{\mathrm{mol}}}{r_{枝}}(c_{过饱}-c_{晶面}) \tag{7.63}$$

式中，$r_{枝}$ 为树枝状晶体顶部的曲率半径；D 为结晶组元在晶面上的扩散系数；V_{mol} 为结晶组元（分子）的体积；$c_{过饱}$ 为枝晶附近溶液的过饱和度；$c_{晶面}$ 为枝晶表面结晶中心溶液的过饱和度。

（2）由结晶组元与晶体在界面上相互作用控制的树枝状晶体的生长速率。树枝状晶体的生长速率公式为

$$\frac{\mathrm{d}L}{\mathrm{d}t}=\frac{D\Omega V_{\mathrm{mol}}}{r_{枝}}(c_{过饱}^{n_1}-c_{枝晶}^{n_2})=\frac{kV_{\mathrm{mol}}}{r_{转}}(c_{过饱}^{n}-c_{枝晶}^{n}) \tag{7.64}$$

式中，k 为常数；Ω 为枝晶顶部面积；$r_{枝}$ 为枝晶顶部的曲率半径；$c_{过饱}$ 为枝晶附近（结晶中心）溶液的过饱和度；$c_{枝晶}$ 为与枝晶顶端平衡的溶液的浓度；n_1、n_2、n 为反应级数，并认为

$$n_1=n_2=n$$

7.5.2.4 晶体生长的控制步骤

结晶可以发生在扩散区、动力学区或扩散-动力学区。

在扩散区，结晶速率由结晶物质的扩散速度决定。扩散是结晶的控制步骤。

在动力学区，结晶速率取决于微观粒子（原子、分子或离子）与晶体表面相互作用的速率，即取决于结晶物质由液相转变为固相的行为。

在扩散-动力学区，微观粒子与晶体表面相互作用的速率与扩散速率相近。两者共同决定结晶速率。

（1）在扩散区。

$$-\frac{dN_{(A)_{过饱},M_2}}{dt}=\frac{dN_{A(晶体)}}{dt}=\Omega_{A(晶体)}J_A \tag{7.65}$$

$$J_A=|\boldsymbol{J}_A|=|-D_A\nabla c_A|=D_A\frac{c_{(A)_{过饱}}-c_{(A)_\Omega}}{d}=D'_A(c_{(A)_{过饱}}-c_{(A)_\Omega}) \tag{7.66}$$

式中，J_A 为单位时间扩散到晶体 A 单位表面积的组元 A 的量；$\Omega_{A(晶体)}$ 为全部晶体 A 的表面积；D_A 为组元 A 的扩散系数；d 为组元 A 扩散的距离；$c_{(A)_{过饱}}$ 为组元 A 的过饱和浓度；$c_{(A)_\Omega}$ 为晶体 A 表面组元 A 的浓度（扩散到晶体 A 表面的组元 A 立刻长到晶体 A 上）。

（2）在动力学区。析晶方程为

$$(A)_{过饱}+A^*_{(晶体)}=A(晶体)$$

在动力学区，晶体生长的速率为

$$-\frac{dN_{(A)_{过饱},M_2}}{dt}=\frac{dN_{A(晶体)}}{dt}=\Omega_A j_{A(晶体)} \tag{7.67}$$

$$j_{A(晶体)}=k_A c^{n_A}_{(A)_{过饱}}c^{*n^*_A}_{A(晶体)} \tag{7.68}$$

式中，$N_{(A)_{过饱}}$ 为过饱和溶液中组元 A 的物质的量；$N_{A(晶体)}$ 为晶体 A 的物质的量；$j_{A(晶体)}$ 为单位时间、单位表面积上生成晶体 A 的速率；$c_{(A)_{过饱}}$ 为组元 A 的过饱和浓度；$c^*_{A(晶体)}$ 为晶体 A 的表面缺陷度，其值是晶体 A 与同体积完美晶体 A 表面积的比值，该值越大，表面缺陷越严重，表面能 σ 越大。

（3）在动力学和扩散共同控制区。

$$-\frac{dN_{(A)_{过饱}}}{dt}=\frac{dN_{A(晶体)}}{dt}=\Omega_{A(晶体)}j_{A(晶体)}=\Omega_{A(晶体)}J_{A(晶体)}=\Omega J \tag{7.69}$$

式中

$$\Omega=\Omega_A$$

$$J=\frac{1}{2}(j_{A(晶体)}+J_{A(晶体)})=\frac{1}{2}[k_A c^{n_A}_{(A)_{过饱}}c^{*n^*_A}_{A(晶体)}+D'_A\Delta c_A]$$

所以

$$-\frac{dN_{(A)_{过饱}}}{dt}=\frac{dN_{A(晶体)}}{dt}=\frac{1}{2}\Omega[k_A c^{n_A}_{(A)_{过饱}}c^{*n^*_A}_{A(晶体)}+D'_A\Delta c_A] \tag{7.70}$$

式中

$$\Delta c_A=c_{(A)_{过饱}}-c_{(A)_\Omega}$$

$$D'_A=\frac{D_A}{\delta}$$

一般情况

$$n_A = n_A^* = 1$$

7.5.2.5　结晶速率的宏观动力学

结晶过程可以用溶液浓度-时间的关系描述，如图7.10所示。结晶速率可用单位时间的溶液浓度的变化描述

$$\frac{dc}{dt} = J_c, \qquad \frac{dN}{dt} = VJ_c \tag{7.71}$$

$$\frac{d\rho}{dt} = J_\rho, \qquad \frac{dw}{dt} = VJ_\rho \tag{7.72}$$

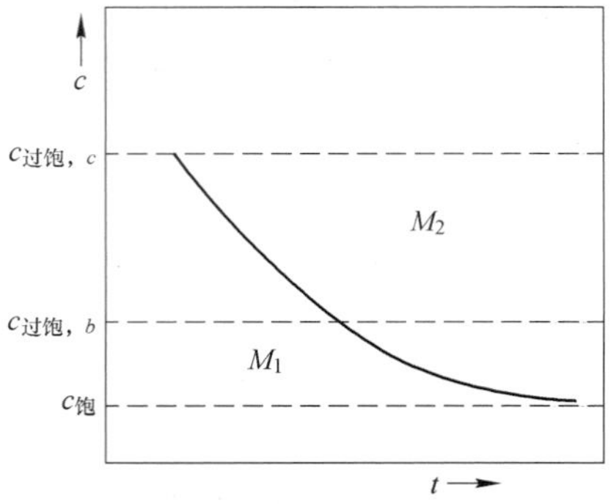

图7.10　在结晶过程中，溶液过饱和度与时间的关系

7.5.2.6　影响结晶过程的因素

晶体生长速率与温度、压力、过饱和度、溶液的性质、杂质的种类、杂质的含量、搅拌、溶液形成过饱和的方式等都有关。

A　温度对结晶过程的影响

温度是影响晶体生长速率的重要因素。温度变化会影响结晶组元的扩散速度，影响结晶组元与晶体的相互作用能，影响溶液的过饱和度，还会影响溶液的黏度，溶液与晶体的界面张力等性质。因此，温度升高一方面由于结晶组元扩散加速、结晶组元与晶体相互作用增强、溶液与晶体界面张力变小、溶液的黏度变小，而使结晶过程加快；而另一方面由于温度升高，溶液的过饱和度降低而使结晶过程变慢。所以，晶体生长速率与温度的关系很复杂。

例如，NaCl、$NaNO_3$、KNO_3 等许多盐的晶体生长速率与温度的关系的实验线上有极大值和极小值。有些盐溶液的晶体生长速率可以用下式描述：

$$\lg \frac{dL}{dt} = \lg k - \frac{k'}{T} \tag{7.73}$$

式中，k 和 k' 为经验常数。

B　结晶过程中杂质的作用

结晶溶液中总会含有一些可溶性杂质。溶液中的杂质对结晶组元的溶解度、过饱和度、过冷度、晶核的形成以及晶体的长大都会产生影响。

溶液的过饱和度与杂质的种类、杂质的含量有关，杂质对溶液组元成核有影响，就是对溶液的极限过饱和度有影响。

溶液中的杂质会影响结晶组元的活度，即影响结晶组元的溶解度、过饱和浓度、极限过饱和浓度等。使结晶组元活度降低的杂质会使结晶组元的溶解度升高、过饱和浓度升高、极限过饱和浓度升高；使结晶组元活度升高的杂质会使结晶组元的溶解度降低、过饱和浓度降低、极限过饱和浓度降低。

杂质会影响晶体的外观形状，晶体呈薄片状或等轴状，但一般不会影响晶体结构，即晶型。例如，Co^{2+}、Ni^{2+}、Cu^{2+}、Zn^{2+}、Mn^{2+}等杂质使 NH_4NO_3 晶体由棱柱状变成圆的等轴状。K^+、Na^+、Cd^{2+}等杂质使 $(NH_4)_2SO_4$ 晶体由薄片状、板状变成类棱柱状。

杂质对晶体形状的影响一是杂质吸附于晶体表面，影响了结晶组元在晶面上结晶位置的选择；二是杂质参与结晶，形成固溶体，虽没影响晶型，但改变了一些晶格常数；三是

杂质没进入晶格，而是集中在晶面附近，改变了晶面附近结晶组元的浓度和运动速度、运动方向，进而影响结晶组元的结晶过程。

进入晶格的杂质会影响晶体的性质，甚至影响晶体的结构。

C 搅拌对晶体生长的影响

对溶液的搅拌强度会影响晶体生长速率。搅拌改变了结晶组元与晶体间的传质方式，由扩散传质变成对流传质。搅拌强度不同，传质速度不同。晶体生长速率与搅拌器转数的定性关系如图 7.11 所示。

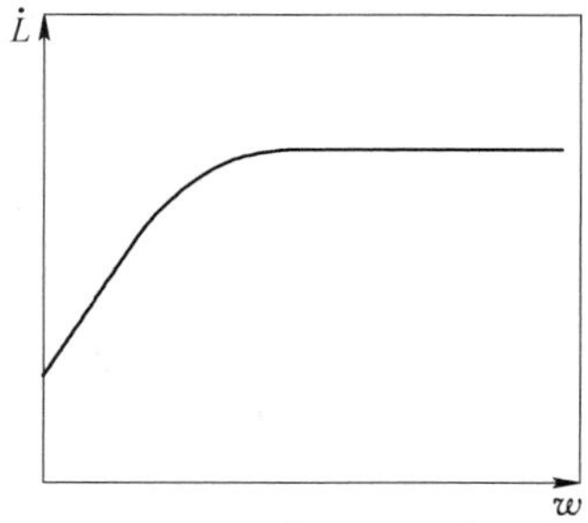

图 7.11 晶体生长速率与搅拌器转数的关系

由图 7.11 可见，晶体生长速率随搅拌器转速增加而增加，转速增加到一定值后，晶体生长速率不再增加。

D 结晶方式对晶体生长的影响

过饱和溶液结晶有间歇和连续两种方式。间歇式结晶就是溶液达到过饱和后，开始结晶，溶液达到饱和后通过蒸发溶剂或降低温度，使溶液再成为过饱和溶液而继续结晶。整个结晶过程间歇进行。

连续式结晶是通过不断加热蒸发溶剂或连续降低温度，使溶液一直保持在过饱和状态，整个结晶过程连续进行。

间歇式结晶过程溶液浓度与时间的关系曲线如图 7.12 所示；连续式结晶过程溶液浓度与时间的关系曲线如图 7.13 所示。

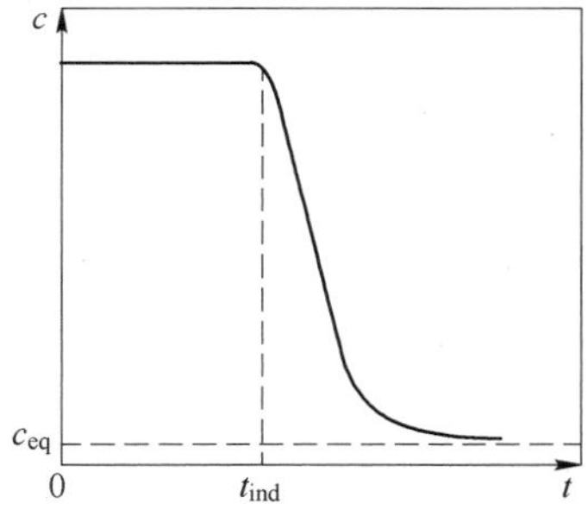

图 7.12 在间歇的结晶过程中溶液浓度与时间的关系

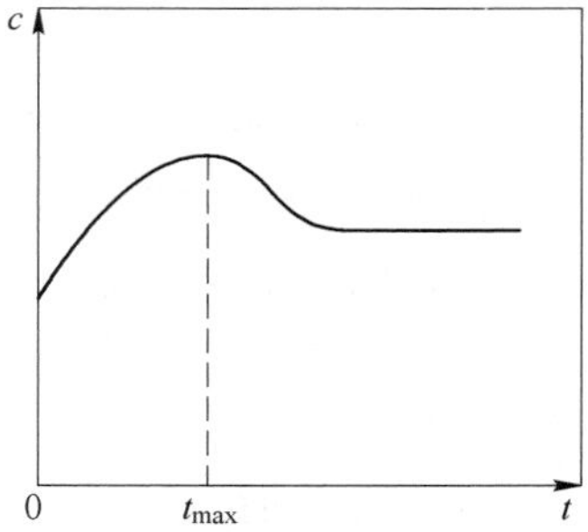

图 7.13 溶剂蒸发时结晶过程中溶液浓度的变化

间歇式结晶开始有一段时间溶液浓度不变，这段时间叫做诱导期 t_{ind}，是晶核形成前的阶段。此后，晶核出现，结晶开始，溶液浓度变化快，在溶液浓度接近 c_{eq}，结晶变慢，直到最后溶液达到平衡浓度（结晶组元的溶解度），结晶停止。间歇式结晶，溶液的浓度与时间关系的曲线 $c=f(t)$ 形式由溶液的过饱和度形成和消失的速度决定。

连续式结晶溶液的浓度开始增大，溶液浓度达到某一最大值开始结晶，同时溶液浓度开始变小。溶液浓度达到某一过饱和值后不再发生变化。如果通过蒸发溶剂来保持溶液的过饱和浓度不变，在结晶过程中析晶和蒸发溶剂同时进行，并且蒸发溶剂使溶液增浓的量与结晶使溶液浓度减小的量相等。

实验得到溶液结晶的溶液浓度与时间关系的 c-t 曲线，就可以计算某一时间结晶物质的量。间歇结晶质量公式如下，第二个等号右边的公式也适用于连续结晶。

$$W_{晶体} = V_{sol}(c_{过饱} - c'_{过饱}) = \rho N k_f \overline{V}_{晶粒} \tag{7.74}$$

式中，$W_{晶体}$为结晶的晶体的质量；V_{sol}为溶液的体积；$c_{过饱}$为溶液的过饱和浓度；$c'_{过饱}$为结晶到某一时刻溶液的过饱和浓度；ρ 为晶体的密度；N 为晶粒数量；k_f 为常数；$\overline{V}_{晶粒}$ 为晶粒的平均体积。

$$W_{晶体} = \rho V_{晶体} = \rho k \int_{t_1}^{t_2} \frac{dN}{dt} \left(\int_{t_1}^{t_2} \overline{V}_{晶粒} dt \right) dt \tag{7.75}$$

式中，$V_{晶体}$为晶粒的总体积；k 为常数；N 为晶粒个数；$\overline{V}_{晶粒}$ 为晶粒的平均体积。

如果预先加入晶种，有

$$W = \rho k \int_0^t \frac{dN}{dt} \left(\int_0^t \overline{V}_{晶粒} dt \right) dt + \rho N_0 k \left(\overline{V}_0 + \int_0^t \overline{V}_{晶粒} dt \right) - \rho N_0 k_f \overline{V}_0 \tag{7.76}$$

式中，N_0、$\overline{V}_0$ 分别为晶种的数量和平均体积。

E　外场对结晶的影响

声场、电场、磁场等外场对结晶过程有影响。超声波辐照可以使结晶速率加快，尤其是对成核作用更大。

超声波对结晶过程的作用与结晶物质的性质有关，还与超声波的频率和功率有关。例如，在频率为 25kHz 的超声波作用下，在 2～4h 过饱和的 AlF_3 溶液开始结晶，而在 0.8kHz 的超声波作用下，过饱和的 AlF_3 溶液开始结晶的时间超过 6h。而没有超声波的作用，同样过饱和度的 AlF_3 溶液超过 10h 仍未结晶。超声波的作用机理与热效应和流体力学效应有关。

电场对形核过程影响大。电场作用下，溶液形成结晶中心比不加电场要早。电场对结晶过程的作用与结晶物质的性质和电场强度有关；对于交变电场，还与电场的频率有关。例如，在 125kHz 的交变电场作用下，硫酸钡溶液的诱导期时间缩短一半。

磁场对结晶过程的影响也很大。同样，磁场对结晶过程的影响与结晶物质的性质、磁场强度等有关。

此外，X 射线、γ 射线等辐射对溶液的结晶过程也有影响。

外场和辐射对结晶过程的作用机理有定向效应、改变溶剂结构、活化结晶中心等。

7.5.3　重结晶

结晶生成的晶粒在溶液中会发生变化，小的晶粒溶解，大的晶粒长大，叫做重结晶。这是由于小的晶粒溶解度比大的晶粒溶解度大，因此同一溶液对于大的晶粒已成为过饱和的溶液，而对于小的晶粒而言还未达到饱和，所以小的晶粒溶解，大的晶粒长大。

与缺陷多的晶粒平衡的溶液浓度比与缺陷少的晶粒平衡的溶液浓度大，因此同一溶液对于缺陷少的晶粒已成为过饱和的溶液，而对于缺陷多的晶粒而言还未达到饱和，所以缺陷多的晶粒溶解，缺陷少的晶粒长得更完美。

同种晶体有两种晶型，与能量高的晶型平衡的溶液浓度比与能量低的晶型平衡的溶液浓度大，因此同一溶液对于能量低的晶型已是过饱和溶液，而对于能量高的晶型而言还未达到饱和。所以能量高的晶型晶粒溶解，能量低的晶型晶粒生长。

有的晶粒溶解，有的晶粒长大，这个过程叫作陈化。

7.5.4 动力学参数的计算

结晶过程的动力学参数有：诱导期时间、结晶过程阶数、成核速率常数、结晶速率常数。

将式

$$\frac{dw}{dt} = k\Omega\Delta c^n \tag{7.77}$$

取对数，得

$$\lg\left(\frac{dw}{dt}\right) = \lg(k\Omega) + n\lg\Delta c \tag{7.78}$$

由式（7.78）可见，$\lg\frac{dw}{dt}$ 与 $\lg\Delta c$ 呈直线关系。$\lg(k\Omega)$ 是截距，n 是斜率。如果测得某一时刻生长的晶体的表面积 Ω，就可以求出结晶的速率常数 k。

利用 c-t 曲线计算 $k\Omega$ 值，利用阿伦尼乌斯公式计算 k 值，就可以得到 Ω 值，也可以直接测量 Ω 值，计算 k 值。

表 7.4 是硫酸铵钛的结晶数据，从数据可见，式（7.78）在过饱和度相当宽的范围内都适用。析出晶体占全部溶质的 60%～70%（质量分数），均呈直线关系。

表 7.4 在 20℃，硫酸铵钛的结晶数据

c_0-c_{eq}	$c-c_{eq}$	Δt /min	K_1	c_0-c_{eq}	$c-c_{eq}$	Δt /min	K_1
3.78	1.92～2.45	2	0.060	0.49	0.08～0.37	90	0.010
1.88	0.38～1.66	90	0.008	0.36	0.05～0.27	90	0.010
0.98	0.08～0.74	90	0.012	0.28	0.06～0.24	90	0.008
0.85	0.21～0.76	95	0.007	0.22	0.09～0.19	45	0.009
0.75	0.11～0.63	90	0.009				

在过饱和度不大（1%～10%）的情况下，式

$$\frac{dw}{dt} = k\Omega c^n - k'\Omega c^{n'}$$

比较合适。将式改写为

$$\frac{dw}{dt} = \frac{k}{k'}\Omega\frac{c^{n+n'} - 1}{c^{n'}} \tag{7.79}$$

在平衡条件下，有

$$c = c_{eq}$$
$$k' = kc_{eq}^{n+n'}$$

代入式（7.79），得

$$\frac{dw}{dt} = \frac{\Omega(c_{eq}^{n+n'} - 1)}{c_{eq}^{n+n'}c^{n'}} \tag{7.80}$$

如果知道 $\frac{dw}{dt}$ 和 n 就可算出 n' 和 Ω。

利用式

$$\frac{dw}{dt}=k\Omega c^n-\lg s^n \tag{7.81}$$

计算结晶速率，在结晶速率达到最大值时，溶液浓度可按下式计算

$$c_{max}=c_0\frac{3n}{2+3n} \tag{7.82}$$

根据 c-t 曲线，已知 c_{max} 可以求得 W_{max} 和 t_{max}。另一方面，可以由 m_{max} 和 t_{max} 确定 c_{max}，进而求出过程阶数 n。

例如，对 $Ba(NO_3)_2$ 结晶的计算结果列于表 7.5。

表 7.5 硝酸钡结晶的数据

（浓度以 g/100mL H_2O 为单位）

t/℃	c_0	n	c_{max}	
			计算值	实验值
30	13.9	20	13.3	12.9
	12.9	18	12.4	12.5
	12.2	123	12.1	11.9
20	11.6	13	11.0	11.1
	10.5	28	10.3	10.0
	9.55	60	9.5	9.4
0	7.5	14	7.1	6.4
	6.8	12	6.5	6.3
	5.8	23	5.6	5.6

结晶速率常数 k 服从阿伦尼乌斯方程，有

$$\frac{d\ln k}{dT}=\frac{E}{RT^2}$$

及

$$\ln k=\ln p-\frac{E}{RT}$$

7.5.5 变温结晶过程

在降温结晶过程，溶液的过饱和度随温度的降低而增大，随晶体的析出而减小。过饱和度增大的速率取决于溶液的冷却速率。有

$$\frac{d\Delta c}{dt}=\frac{dc_{eq}}{dT}\cdot\frac{dT}{dt} \tag{7.83}$$

用加热升温形成过饱和溶液，只有在 $\frac{dc_{eq}}{dT}>1$ 时才可能发生。

变温结晶过程有三个阶段：

第一阶段，$\frac{\mathrm{d}w}{\mathrm{d}t}=0$，溶液的过饱和度增大。

第二阶段，$\frac{\mathrm{d}w}{\mathrm{d}t}>0$，开始结晶，溶液过饱和度减小的速率比增大的速率快，总结果是过饱和度降低，Δc 减小。

第三阶段，$\frac{\mathrm{d}w}{\mathrm{d}t}=$ 常数 >0，溶液过饱和度减小的速率和增大的速率相等，溶液的过饱和度不变，$\Delta c=$常数。结晶在恒定的过饱和度进行。

变温结晶的速率系数不是恒定的，与温度有关。

变温过程的过饱和度的变化为

$$\frac{\mathrm{d}\Delta c}{\mathrm{d}t}=\frac{\mathrm{d}c_{\mathrm{eq}}}{\mathrm{d}T}\cdot\frac{\mathrm{d}T}{\mathrm{d}t}-\frac{\mathrm{d}w}{\mathrm{d}t} \tag{7.84}$$

溶液的过饱和度不变，则有

$$\frac{\mathrm{d}c_{\mathrm{eq}}}{\mathrm{d}t}\cdot\frac{\mathrm{d}T}{\mathrm{d}t}=k\Omega c^{n} \tag{7.85}$$

因此，知道溶液的冷却速率 $\frac{\mathrm{d}T}{\mathrm{d}t}$、溶解度以及结晶温度与 Δc 的关系，就能确定 $k\Omega$ 和 n。

在连续结晶过程，如果 $\Delta c=$常数，温度降低，速率系数 k 不是常数，结晶速率不是常数。如果已知 k 与 T 的关系 $f(T)$，即可由一个温度的 k 求得其他温度的 k。有了 k 和 Δc 值，就可求得结晶过程各阶段的表面积 Ω 和阶数 n。

计算连续结晶过程的参数与计算间歇过程的动力学参数并无区别。

连续结晶过程是在大量晶体存在的情况下进行的，因此，晶体表面积变化小，可以忽略。

所以式

$$\frac{\mathrm{d}w}{\mathrm{d}t}=k\Omega\Delta c^{n} \tag{7.86}$$

可以简化为

$$\frac{\mathrm{d}w}{\mathrm{d}t}=k'c^{n} \tag{7.87}$$

式中

$$k'=k\Omega$$

由式（7.87）得

$$\frac{\mathrm{d}c}{\mathrm{d}t}=k''c^{n} \tag{7.88}$$

将式（7.88）右边乘以 $\frac{c_{\mathrm{eq}}^{n}}{c_{\mathrm{eq}}^{n}}=1$，并对时间积分得

$$\Delta t=k_1\left(\frac{c_{\mathrm{eq}}}{c}\right)^{n-1}-k_2 \tag{7.89}$$

式中

$$k_1=\frac{1}{k'(n-1)c_{eq}^{n-1}}$$

$$k_2=\frac{1}{k'(n-1)c^{n-1}}$$

可见，结晶时间与 $\left(\frac{1}{s}\right)^{n-1}=\left(\frac{c_{eq}}{c}\right)^{n-1}$ 呈线性关系，与实验结果相符。

7.5.6 晶体的粒度分布

结晶产品——晶体粒度组成（分布）是一个重要的参数。结晶产品的物理化学性质与粒度组成有关，并且，结晶产品的粒度组成包含着结晶过程的信息。

结晶产生的粒度分布可以有多种表示。

结晶产品的粒度分布，可以用分布函数描述。将表示样品中含有多少颗粒粒径为 L 和大于 L 的晶体的函数称为分布积分函数 W。W 的值可以用质量分数表示。有

$$W(L)=\frac{\sum_{L=L}^{\infty}N_{L^3}}{\sum_{L=0}^{\infty}N_{L^3}} \tag{7.90}$$

或

$$W'(L)=\frac{\sum_{L=L}^{\infty}N_L}{\sum_{L=0}^{\infty}N_L} \tag{7.91}$$

作图如图 7.14（a）所示。晶体粒度分布的微分函数为

$$f(L)=-\frac{dW(L)}{dL} \tag{7.92}$$

作图如图 7.14（b）所示。

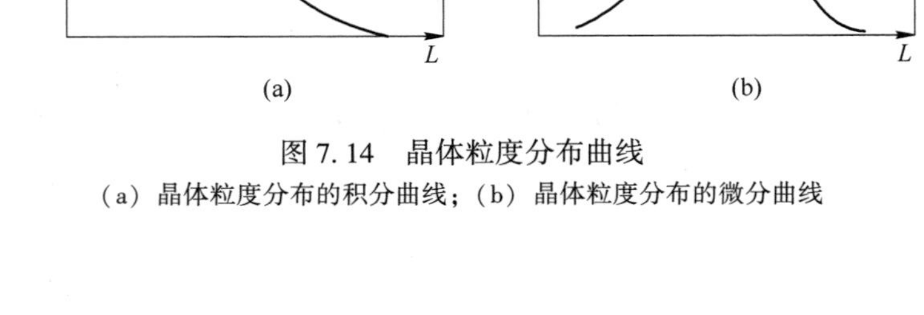

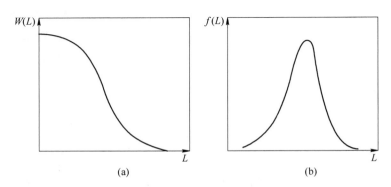

图 7.14 晶体粒度分布曲线

（a）晶体粒度分布的积分曲线；（b）晶体粒度分布的微分曲线

由积分曲线可以确定晶体任何尺寸部分的质量含量或晶体某种粒径的分数。微分曲线给出按不同粒度的晶体颗粒的质量或数目的概率分布密度。微分曲线峰值越低，晶体粒度范围越宽。

两种曲线给出的晶体粒度范围越窄，晶体越分散。

晶体粒度分布也可以采用图 7.15 的直方图表示。直方图的横坐标表示粒径范围 $\Delta L = L_{i+1} - L_i$，纵坐标表示粒径为 $\Delta L = L_{i+1} - L_i$ 的晶体占全部晶体的分数。$\Delta L = L_{i+1} - L_i$ 取相等的值。

晶体粒度分布可用函数公式表达。通常有高斯分布

$$\frac{\mathrm{d}W_L}{\mathrm{d}L} = kl\exp[-l^2(L - L_{\max})^2] \qquad (7.93)$$

式中，k 为比例常数；l 为粒度分布宽度的常数；L 为晶体粒径变化的总范围；$L_{\max}$ 为晶体的最大概率粒径。

指数分布

$$f(L) = f_0 - \frac{L}{L_t} \qquad (7.94)$$

式中，$f(L)$ 为颗粒粒径为 L 的颗粒分布密度；f_0 为晶体粒径 $L = 0$ 的颗粒的分布密度。

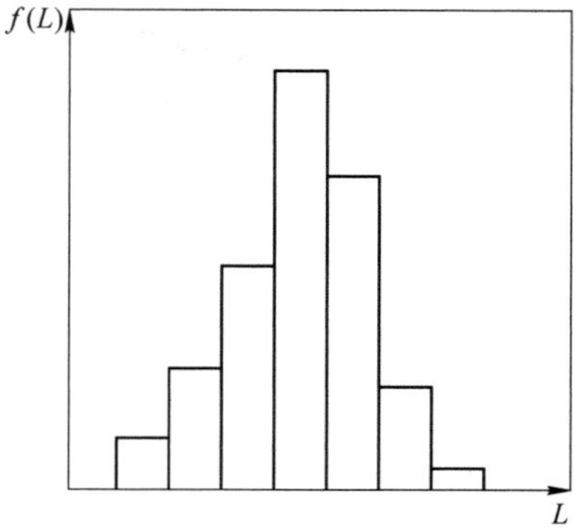

图 7.15　晶体粒度分布的直方图

$$f(L) = \frac{\Delta W}{\Delta L}\frac{W_s}{s k_v \bar{L}^3} \qquad (7.95)$$

如果晶种的粒度分布一定，晶体生长线速率与粒度无关，不发生聚集和破碎，晶体粒度分布服从麦克斯韦分布，有

$$W = \int_0^{W_1}\left(1 + \frac{\Delta L}{L}\right)^3 \mathrm{d}W \qquad (7.96)$$

式中，W_1 为晶种质量；W 为用质量为 W_1 的晶种制得的晶体质量；L 为晶种的线性尺寸；ΔL 为晶体尺寸的增长。这里假定没有二次成核。

晶体的粒度分布反映晶体生长特性，因此可以根据晶体的粒度分布确定结晶参数。

例如，如果晶体不发生聚结，绘出晶体粒度分布的积分曲线。假定在晶体生长过程中，大颗粒仍是大颗粒，小颗粒仍是小颗粒，则可得到

$$L = L(t) \qquad (7.97)$$

的关系。将上式对时间微分，得

$$\frac{\mathrm{d}L}{\mathrm{d}t} = \frac{\mathrm{d}}{\mathrm{d}t}L(t) \qquad (7.98)$$

就得到晶粒生长的线速率。

习　　题

7-1　何谓溶液中溶质的均匀成核，何谓不均匀成核，两者有何不同，由哪些因素决定？

7-2 说明溶液的形核过程。

7-3 推导均相形核的摩尔吉布斯自由能变化公式。

7-4 由形核速率公式，分析影响形核速率的因素。

7-5 何谓二次形核？解释二次形核的机理。

7-6 推导晶体生长的摩尔吉布斯自由能变化公式。

7-7 分析晶体生长的机理。

7-8 晶体生长的控制步骤有哪些？说明晶体生长的速率公式。

7-9 结晶过程杂质起什么作用？

7-10 外场对结晶过程有什么影响？

7-11 何谓重结晶，哪些因素影响重结晶过程？

7-12 如何表示结晶产品的粒度分布，如何测量结晶产品的粒度？

8 沉　　淀

采用化学手段，将溶解在溶液中的离子转化成溶解度小的化合物，以固体形式从溶液中沉降出来，与溶液中其他组元分离，叫作沉淀。沉淀可以采用的化学手段很多，例如，水解成溶解度小的氢氧化物，生成难溶化合物，还原成金属等。

8.1 水　　解

8.1.1 化学反应

除碱金属、一些碱土金属和一价铊外，其他金属氢氧化物在水中的溶解度都很小。因此，将溶解度小的金属盐的水溶液调节到一定的 pH 值，就能发生水解反应。

$$Me^{z+} + zOH^- \rightleftharpoons Me(OH)_z \tag{8-1}$$

达到平衡，有

$$a_{Me^{z+}}a_{OH^-}^z = K_{ap}$$

$$a_{H^+}a_{OH^-} = K_w$$

所以

$$a_{Me^{z+}}\left(\frac{K_w}{a_{H^+}}\right)^z = K_{ap}$$

取对数，得

$$\lg a_{Me^{z+}} + z\lg K_w - z\lg a_{H^+} = \lg K_{ap}$$

即

$$\lg a_{Me^{z+}} + z\lg K_w + z\text{pH} = \lg K_{ap}$$

得

$$\lg a_{Me^{z+}} = \lg K_{ap} - z\lg K_w - z\text{pH} \tag{8.1}$$

一些常见的金属氢氧化物在 25℃ 的溶度积及沉淀的 pH 值见表 8.1。

表 8.1　常见金属氢氧化物在 25℃的溶度积及沉淀的 pH 值

金属氢氧化物	溶度积 K_{sp}	$\lg K_{sp}$	完全沉淀的最低 pH 值
$Ag(OH)$	$a_{Ag^+} \times a_{OH^-} = 1.95 \times 10^{-8}$	−7.71	
$Al(OH)_3$	$a_{Al^{3+}} \times a_{OH^-}^3 = 3.16 \times 10^{-34}$	−33.50	4.90
$Be(OH)_2$	$a_{Be^{2+}} \times a_{OH^-}^2 = 5.01 \times 10^{-22}$	−21.30	
$Ca(OH)_2$	$a_{Ca^{2+}} \times a_{OH^-}^2 = 6.46 \times 10^{-6}$	−5.19	

续表 8.1

金属氢氧化物	溶度积 K_{sp}	$\lg K_{sp}$	完全沉淀的最低 pH 值
$Cd(OH)_2$	$a_{Cd^{2+}} \times a_{OH^-}^2 = 4.47 \times 10^{-15}$	−14.35	9.40
$Co(OH)_2$	$a_{Co^{2+}} \times a_{OH^-}^2 = 1.26 \times 10^{-15}$	−14.90	8.70
$Co(OH)_3$	$a_{Co^{3+}} \times a_{OH^-}^3 = 3.16 \times 10^{-45}$	−44.50	1.60
$Cr(OH)_3$	$a_{Cr^{3+}} \times a_{OH^-}^3 = 1.58 \times 10^{-30}$	−29.80	5.60
$Cu(OH)_2$	$a_{Cu^{2+}} \times a_{OH^-}^2 = 4.79 \times 10^{-20}$	−19.32	7.40
$Fe(OH)_2$	$a_{Fe^{2+}} \times a_{OH^-}^2 = 7.94 \times 10^{-16}$	−15.10	
$Fe(OH)_3$	$a_{Fe^{3+}} \times a_{OH^-}^3 = 1.58 \times 10^{-39}$	−38.80	3.20
$Mg(OH)_2$	$a_{Mg^{2+}} \times a_{OH^-}^2 = 7.08 \times 10^{-12}$	−11.15	11.00
$Mn(OH)_2$	$a_{Mn^{2+}} \times a_{OH^-}^2 = 1.58 \times 10^{-13}$	−12.80	10.10
$Ni(OH)_2$	$a_{Ni^{2+}} \times a_{OH^-}^2 = 6.31 \times 10^{-16}$	−15.20	7.45
$Ti(OH)_4$	$a_{Ti^{4+}} \times a_{OH^-}^4 = 1.0 \times 10^{-53}$	−53.0	<0
$Zn(OH)_2$	$a_{Zn^{2+}} \times a_{OH^-}^2 = 3.47 \times 10^{-17}$	−16.46	8.10

对每种金属离子，都存在一种水解沉淀平衡

$$Me^{z+} + zH_2O \rightleftharpoons Me(OH)_z \downarrow + zH^+ \tag{8-2}$$

由此水解平衡可得到溶液中剩余金属离子活度与溶液 pH 值的关系：

$$\lg a_{Me^{z+}} = -zpH + \lg K \tag{8.2}$$

上式表明金属氢氧化物的溶解特征是 pH 的函数。式中的 K 是水解反应式（8-2）的平衡常数。比较式（8.2）和式（8.1）得：

$$\lg K = \lg K_{ap} - z\lg K_w \tag{8.3}$$

式中，K_{ap} 和 K_w 为常数。可见，水解达到平衡，溶液中残留的金属离子的活度的对数与 pH 呈线性关系。pH 值越大，残留金属离子的活度越小，相应的金属离子的浓度越小。若将 K_{ap} 近似用溶度积 K_{sp} 代替，计算得到一些金属离子的平衡浓度与溶液中 pH 值的关系，见图 8.1 和表 8.2。

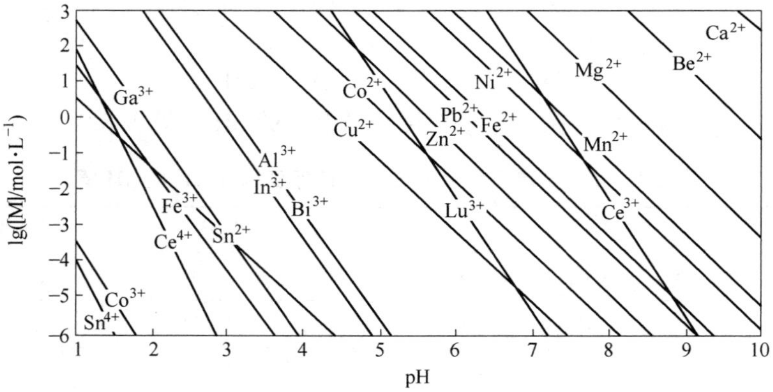

图 8.1　水溶液中各金属离子的平衡浓度与 pH 值的关系

表 8.2　与沉淀平衡的 $c_{Me^{z+}}$ 与 pH 值（25℃）

M^{z+}		Ca^{2+}	Be^{2+}	Mg^{2+}	Mn^{2+}	Ce^{3+}	Ni^{2+}	Fe^{2+}	Pb^{2+}
平衡 pH 值	$[M^{z+}]=1mol/L$	11.37	9.21	8.37	7.4	7.3	7.1	6.35	6.22
	$[M^{z+}]=10^{-6}mol/L$	14.37	12.21	11.37	10.4	9.3	10.1	9.35	9.22
M^{z+}		Zn^{2+}	Lu^{3+}	Co^{2+}	Cu^{2+}	Al^{3+}	Bi^{3+}	In^{3+}	Ga^{3+}
平衡 pH 值	$[M^{z+}]=1mol/L$	5.65	5.3	5.1	4.37	3.09	3.2	2.9	1.9
	$[M^{z+}]=10^{-6}mol/L$	8.65	7.3	8.1	7.37	5.09	5.2	4.9	3.9
M^{z+}		Fe^{3+}	Sn^{2+}	Tl^{3+}	Co^{3+}	Sn^{4+}	Ce^{4+}		
平衡 pH 值	$[M^{z+}]=1mol/L$	1.53	1.35	−1.1	−0.2	0.0	1.4		
	$[M^{z+}]=10^{-6}mol/L$	3.53	4.35	0.9	1.8	1.5	2.9		

由图 8.1 和表 8.2 可见，在图左边的离子在 pH 值较小时可以沉淀，在图右边的离子在 pH 值较大时才能沉淀。同一金属的高价离子比低价离子沉淀的 pH 值小。

8.1.2　实例

8.1.2.1　沉铁

由于 Fe^{3+} 水解比 Fe^{2+} 水解的 pH 值小，因此通常先将溶液中的 Fe^{2+} 氧化成 Fe^{3+}，用的氧化剂有 O_2、H_2O_2、MnO_2 等。

$$Fe^{2+} = Fe^{3+} + e$$

A　生成 $Fe(OH)_3$ 沉淀

Fe^{3+} 电势高，能和溶液中的 OH^- 结合，生成 $Fe(OH)_3$，化学反应为：

$$Fe^{3+} + 3OH^- = Fe(OH)_3\downarrow$$

OH^- 可以由 NaOH、KOH 或 $NH_3 \cdot H_2O$ 提供。

$Fe(OH)_3$ 可以写作 $Fe_2O_3 \cdot 3H_2O$，称为三水氧化铁。$Fe(OH)_3$ 在溶液中呈胶体状态，很难沉淀，过滤困难，需加絮凝剂才能过滤。

$Fe(OH)_3$ 胶体会吸附溶液中阳离子，Fe^{3+} 因带正电，形成组成为 $xFe(OH)_3 \cdot yH_2O \cdot zFe^{3+}$ 的胶团。

带正电荷的胶体会吸附溶液中阴离子 SO_4^{2-}、AsO_4^{3-}、SbO_3^{3-} 等。工业上，利用生成 $Fe(OH)_3$ 除砷。

为了有效除砷，溶液中 Fe^{3+} 浓度须是 As^{3+} 的十倍。图 8.2 和图 8.3 是 pH 值与铁、砷共沉淀除 As^{3+} 的关系。

B　生成针铁矿沉淀

针铁矿的分子式为 FeOOH。在溶液中 Fe^{3+} 浓度很低的情况下，可以生成针铁矿沉淀。化学反应为：

$$Fe^{3+} + 3OH^- = FeOOH\downarrow + H_2O$$

图 8.4 是 Fe_2O_3-SO_3-H_2O 系平衡状态图。由图可见 Fe^{3+} 与 OH^- 的平衡浓度。

C 生成赤铁矿

Fe^{3+}水解也可以生成赤铁矿，即 Fe_2O_3。图 8.5 是 Fe^{3+}水解生成 Fe_2O_3 的 Fe^{3+}离子浓度的对数与 pH 值和温度的关系。

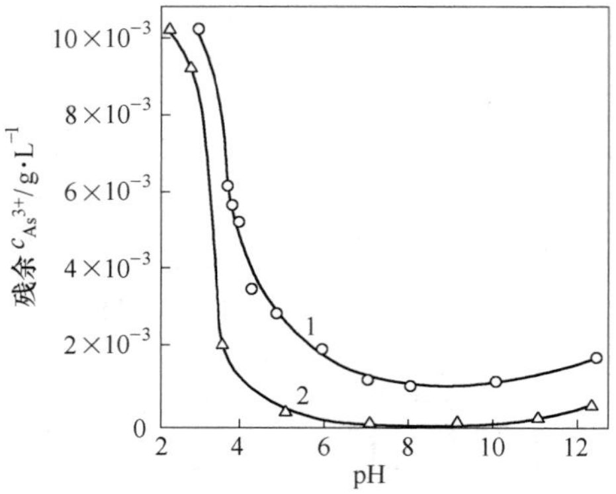

图 8.2 pH 对 Fe^{3+}共沉淀除 As^{3+}的影响

1—Fe^{3+} 0.1g/L；2—Fe^{3+} 1g/L；As^{3+} 0.01g/L

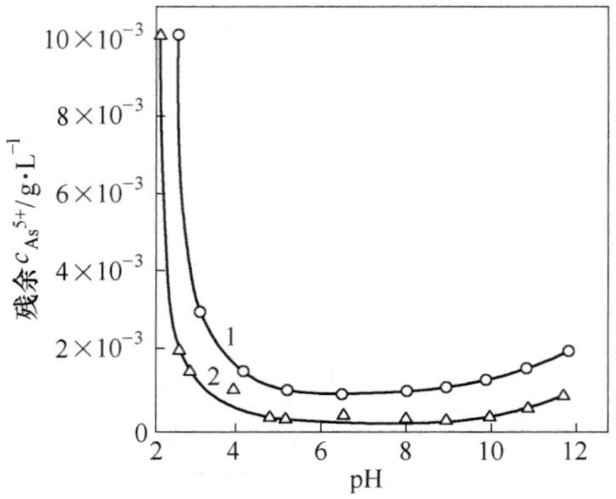

图 8.3 pH 对 Fe^{3+}共沉淀除 As^{5+}的影响

1—Fe^{3+} 0.06g/L；2—Fe^{3+} 0.1g/L；As^{5+} 0.01kg/m^3

图 8.5 是在不同温度条件下，生成 Fe_2O_3 的 $\lg c_{Fe^{3+}}$ 与 pH 值的关系。由图可见，温度越高，Fe^{3+}水解生成 Fe_2O_3 的酸度越高（pH 值越小）。

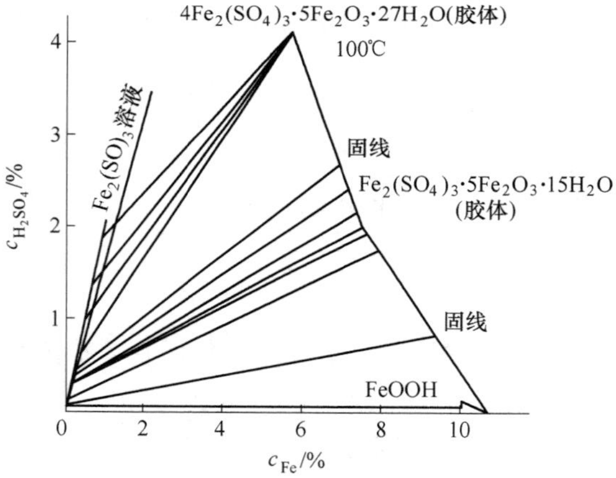

图 8.4 Fe_2O_3-SO_3-H_2O 系平衡状态图

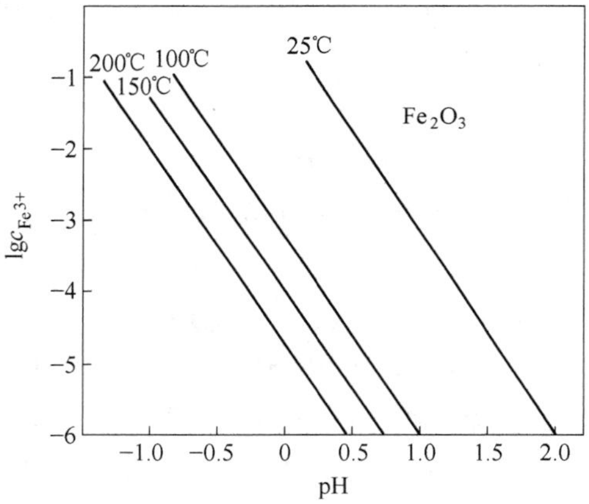

图 8.5 Fe^{3+}水解平衡时 $\lg c_{Fe^{3+}}$ -pH 值关系图

图 8.6 是温度和酸度与 Fe_2O_3 溶解度的关系。图 8.7 是 Fe^{3+}水解速率与温度的关系。由图可见，温度越高，Fe^{3+}水解越快。

用氧气（空气）将 Fe^{2+}氧化成 Fe^{3+}再水解为赤铁矿（Fe_2O_3）沉淀，研究认为 Fe^{2+}氧化成 Fe^{3+}是铁的沉淀速率的控制步骤，是氧气浓度的一级反应，是 Fe^{2+}浓度的二级反应。即

$$\frac{dc_{Fe^{3+}}}{dt} = kc_{Fe^{2+}}^2 p_{O_2} \tag{8.4}$$

表 8.3 是氧气在水中的溶解度。

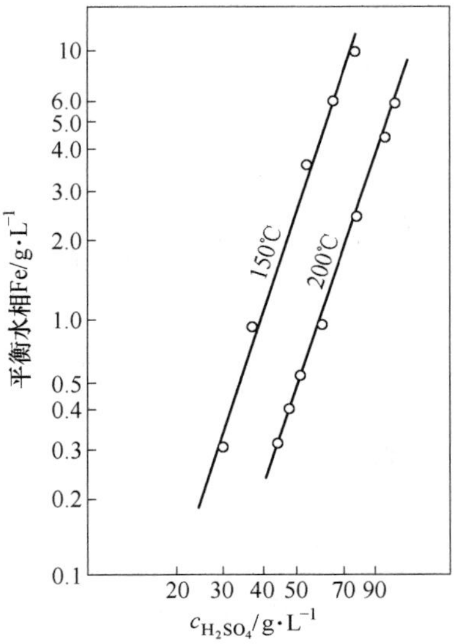

图 8.6　温度和酸度与 Fe_2O_3 溶解度的关系

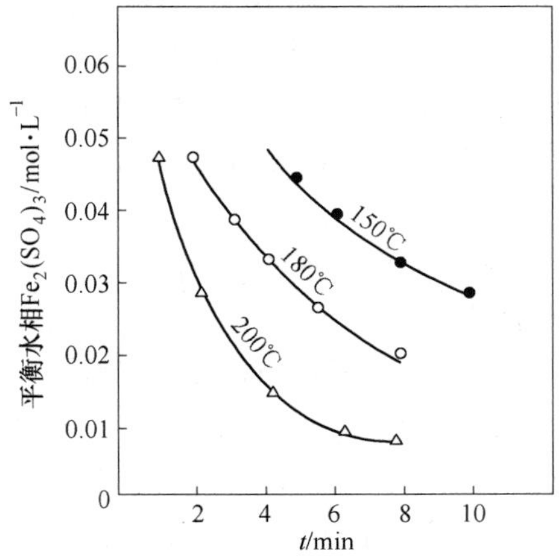

图 8.7　Fe^{3+}水解速率与温度的关系

表 8.3　氧在水中的溶解度

t/℃	氧（O_2）在水（H_2O）中的溶解度		t/℃	氧（O_2）在水（H_2O）中的溶解度	
	mL/L	mg/L		mL/L	mg/L
0	48.89	69.88	50	25.28	36.09
10	37.77	54	60	19.48	27.24
20	31.03	43.6	100	17.2	24.08

研究表明，Cu^{2+}对 Fe^{2+}的氧化起促进作用，而Ni^{2+}、Co^{2+}、Mn^{2+}、Zn^{2+}、Cr^{3+}、As^{3+}、NH_4^+、Na^+、Cl^-等在浓度低时对 Fe^{2+}的氧化影响不明显。

D　水解成矾

（1）原理。

$$3Me_2(SO_4)_3 + M_2SO_4 + 12H_2O = M_2Me_6(SO_4)_4(OH)_{12} + 6H_2SO_4$$

Me 为+3 价金属离子，例如 Fe^{3+}、Al^{3+}等；M 为+1 价离子，例如 K^+、Na^+、NH_4^+ 等，有些+2 价金属离子例如 Mg^{2+}也能成矾。

（2）实例。

矾是由两种或两种以上的金属硫酸盐组成的复盐。例如明矾（$K_2SO_4 \cdot Al_2(SO_4)_2$）、绿矾（$FeSO_4 \cdot 7H_2O$）、红矾（$K_2Cr_2O_7$）、胆矾（$CuSO_4 \cdot 5H_2O$）等。

三价金属离子Al^{3+}、Fe^{3+}、Cr^{3+}、V^{3+}等和一价金属离子 K^+、Na^+、NH_4^+、H_3O^+等容易生成矾。在有些情况下二价金属离子也能参与成矾。

黄钾铁矾是由钾和铁的硫酸盐组成的矾，分子式为 $KFe_3(SO_4)_2(OH)_6$。生成反应为

$$3Fe_2(SO_4)_3 + K_2SO_4 + 12H_2O = K_2Fe_6(SO_4)_4(OH)_{12} + 6H_2SO_4$$

写成水解反应为

$$3Fe^{3+} + K^+ + 2HSO_4^- + 6H_2O = KFe_3(SO_4)_2(OH)_6 + 8H^+$$

在 25℃， $pH^0_{KFe_3(SO_4)_2(OH)_6} = -1.738$

在 100℃， $pH^0_{KFe_3(SO_4)_2(OH)_6} = -2.052$

可见，升高温度有利于水解反应进行。

除黄钾铁矾外，还有黄铵铁矾

$$3Fe_2(SO_4)_3 + (NH_4)_2SO_4 + 12H_2O = (NH_4)_2Fe_6(SO_4)_4(OH)_{12} + 6H_2SO_4$$

$$3Fe_2(SO_4)_3 + 2NH_3 \cdot H_2O + 10H_2O = (NH_4)_2Fe_6(SO_4)(OH)_{12} + 6H_2O + 5H_2SO_4$$

黄钠铁矾

$$3Fe_2(SO_4)_3 + Na_2SO_4 + 12H_2O = Na_2Fe_6(SO_4)_4(OH)_{12} + 6H_2SO_4$$

草黄铁矾

$$3Fe_2(SO_4)_3 + 14H_2O = (H_3O)_2Fe_6(SO_4)_4(OH)_{12} + 5H_2SO_4$$

上述反应产生 H_2SO_4，需要加入碱性中和剂，调节 pH 值，反应才能继续进行。例如，添加 ZnO、MnO_2、Na_2CO_3、$MgCO_3$ 等。

黄铁矾生成的条件是溶液中有 Na^+、K^+、NH_4^+ 等 1 价离子。1 价离子的加入是满足化学式 $AFe_3(SO_4)_2(OH)_6$ 的原子比，即 Fe/A ≥ 3（A 为 1 价阳离子）。其中 K^+离子除铁效果最好，Na^+和 NH_4^+ 次之。Fe^{3+}浓度在 0.025~0.03mol/L 适合成矾。成矾下限 Fe^{3+}浓度为 0.001mol/L。如果溶液中有一定量的碱，则成矾及矾的组成与 Fe^{3+}浓度无关。溶液中的水合氢离子 H_3O^+ 可以取代 15%~25%的 Na^+、K^+、NH_4^+ 等 1 价离子，黄铁矾的稳定性与 1 价阳离子有关，黄铁矾的稳定次序为 $K^+ > NH_4^+ > Na^+$。

（1）溶液 pH 值对生成黄铁矾的影响。图 8.8 是形成黄铁矾与温度的关系，图中阴影部分是黄铁矾存在区。pH 值小，须在较高的温度才能成矾。在 20℃，pH 值为 2~3；在 100℃，pH 值为 1~2.3；在 200℃，pH 值为 0~1.2。

图 8.9 给出了成矾的电势与 pH 值的关系。由图可见，在很大的 *E* 和 pH 值范围，黄铁矾是稳定的。

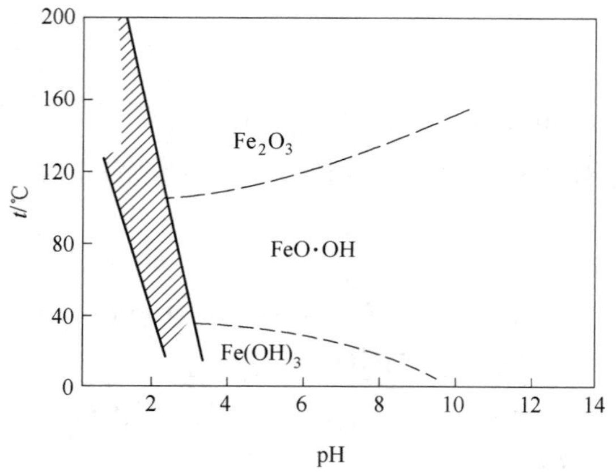

图 8.8 黄铁矾形成与温度的关系

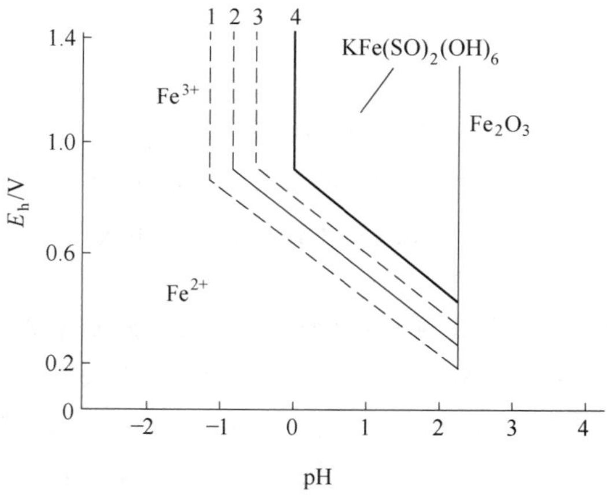

图 8.9 电势-pH 值图中的黄铁矾稳定区

在沉矾过程中会产生 H_2SO_4，酸度增加不利于成矾，需要用碱中和酸调节 pH 值。理论上，Fe^{3+}浓度与 H_2SO_4 浓度的比值为 $c_{Fe^{3+}}/c_{H_2SO_4} = 0.004$，实际操作取 0.01。

(2) 温度对成矾的影响。成矾速率和温度关系很大。在25℃，pH值为0.82～1.72的条件下，形成黄钾铁矾需要1个月以上；温度提高到100℃仅需几小时；温度高达180℃，黄钾铁矾开始破坏。

通常沉矾温度在85℃以上。图8.10是成矾温度与成矾时间的关系。

温度升高，黄铁矾在酸性溶液中的溶解度降低。

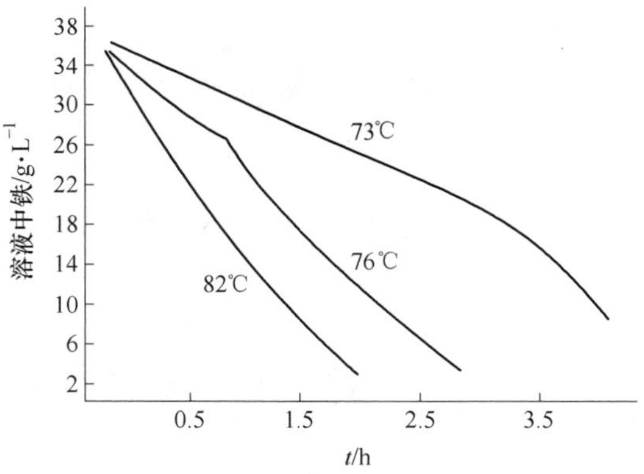

图8.10 成矾温度与时间的关系

(3) 沉矾除铁速率。黄铁钒形核缓慢，在含硫酸10g/L，Fe^{3+} 10.98g/L的溶液中成矾，需要1h才能析出黄铁矾晶体。加晶种也需要0.5h，才能析出黄铁矾晶体。

碱黄铁矾除铁的化学反应速率为

$$-\frac{d}{dt}c_{[Fe_2(SO_4)_3]K^+} = 1.330\times 10^{13}\exp\left(-\frac{19468.6}{RT}\right)c^2_{Fe_2(SO_4)_3}c^{0.5}_{K_2SO_4} - 39.59\exp\left(-\frac{5932.0}{RT}\right)c^{0.25}_{H_2SO_4}$$

$$-\frac{d}{dt}c_{[Fe_2(SO_4)_3]NH_4^+} = 4.733\times 10^{12}\exp\left(-\frac{18762.5}{RT}\right)c^2_{Fe_2(SO_4)_3}c^{0.5}_{(NH_4)_2SO_4} - 14.39\exp\left(-\frac{3974.8}{RT}\right)c^{0.25}_{H_2SO_4}$$

$$-\frac{d}{dt}c_{[Fe_2(SO_4)_3]Na^+} = 7.657\times 10^{11}\exp\left(-\frac{17751.0}{RT}\right)c^2_{Fe_2(SO_4)_3}c^{0.5}_{Na_2SO_4} - 2.303\exp\left(-\frac{2677.34}{RT}\right)c^{0.25}_{H_2SO_4}$$

在造矾沉铁的过程中，总会有一定比例的草黄铁矾一起生成，与碱黄铁矾一起沉淀，草黄铁矾的比例可表示为 $1-Q_{A^+}$（A^+为K^+、NH_4^+、Na^+等）。因此，总的成矾除铁速率为

$$-\frac{d}{dt}[Fe_2(SO_4)_3]_{t,K^+} = \frac{1}{Q_{K^+}}\left[1.330\times 10^{13}\exp\left(-\frac{19468.6}{RT}\right)c^2_{Fe_2(SO_4)_3}c^{0.5}_{K_2SO_4} - 39.59\exp\left(-\frac{5932.0}{RT}\right)c^{0.25}_{H_2SO_4}\right]$$

$$-\frac{d}{dt}[Fe_2(SO_4)_3]_{t,NH_4^+} = \frac{1}{Q_{NH_4^+}}\left[4.733\times 10^{12}\exp\left(-\frac{18762.5}{RT}\right)c^2_{Fe_2(SO_4)_3}c^{0.5}_{(NH_4)_2SO_4} - 14.39\exp\left(-\frac{3974.8}{RT}\right)c^{0.25}_{H_2SO_4}\right]$$

$$-\frac{d}{dt}[Fe_2(SO_4)_3]_{t,Na^+} = \frac{1}{Q_{Na^+}}\left[7.657\times 10^{11}\exp\left(-\frac{17751.0}{RT}\right)c^2_{Fe_2(SO_4)_3}c^{0.5}_{Na_2SO_4} - 2.303\exp\left(-\frac{2677.34}{RT}\right)c^{0.25}_{H_2SO_4}\right]$$

8.1.2.2 沉铝

Al^{3+}水解的 pH 值约为 6。向溶液中加入碱类物质，调节 pH 值约为 6，则 Al^{3+}的水解反应为

$$Al^{3+} + 3OH^- \xlongequal{} Al(OH)_3 \downarrow$$

沉淀的氢氧化铝可以是晶体，也可以是胶体。沉淀的状态取决于沉淀的条件，溶液的组成、温度、晶种等。

8.1.2.3 沉铍

Be^{2+}水解的 pH 值大于 10。向溶液中加入碱类物质，调节 pH 值大于 10，Be^{2+}的水解反应为

$$Be^{2+} + 2OH^- \xlongequal{} Be(OH)_2 \downarrow$$

8.1.2.4 沉镁

Mg^{2+}水解的 pH 值大于 11。向溶液中加入碱类物质，调节 pH 值大于 11，Mg^{2+}的水解反应为

$$Mg^{2+} + 2OH^- \xlongequal{} Mg(OH)_2 \downarrow$$

8.1.2.5 沉硅

A 酸性溶液中的 SiO_2

SiO_2 在酸性溶液中溶解度很小。图 8.11 是无定形 SiO_2 的溶解度与 pH 值的关系。

在室温，在酸性溶液中无定形 SiO_2 溶解度约为 100mg/L，在溶解中呈 H_4SiO_4 状态。温度升高，SiO_2 溶解度增大。图 8.12 是 SiO_2 溶解度与温度的关系。

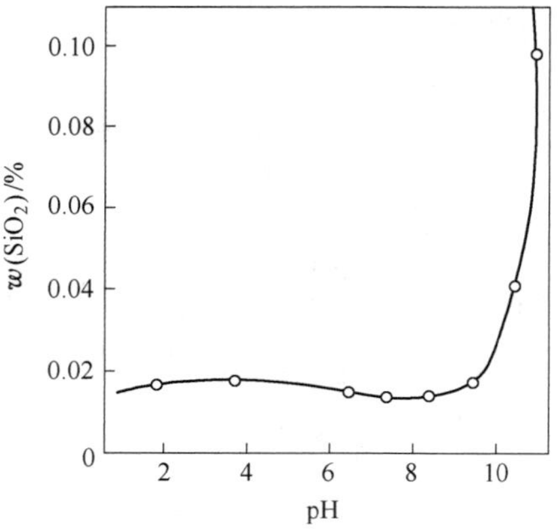

图 8.11 无定形的 SiO_2 溶解度与 pH 值的关系

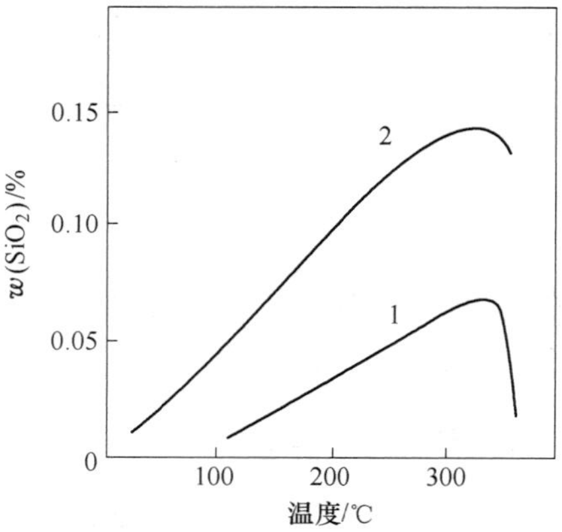

图 8.12 SiO_2 溶解度与温度的关系（pH=7）

1—石英；2—无定形 SiO_2

温度升高溶解的 SiO_2 会发生聚合。

由于发生聚合，SiO_2 的溶解度超过单体 SiO_2 的平衡浓度，称为过饱和溶液。SiO_2 的聚合反应可表示为

$$—SiOH + HOSi— \longrightarrow (—SiOSi—) + H_2O$$

聚合反应最后有两种可能：形成二氧化硅溶胶或无定形二氧化硅沉淀。

图 8.13 是 SiO_2 存在状态与酸度的关系。

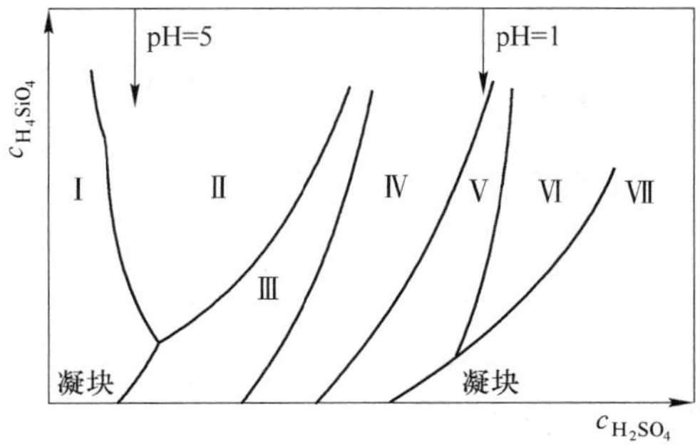

图 8.13　SiO_2 存在状态与酸度的关系

Ⅰ—聚凝胶 H_4SiO_4；Ⅱ—凝胶 H_4SiO_4；Ⅲ—溶胶 H_4SiO_4；Ⅳ—溶胶 H_4SiO_4+H_2SiO_3；

Ⅴ—溶胶 H_2SiO_3；Ⅵ—凝胶 H_2SiO_3；Ⅶ—聚凝胶 H_2SiO_2

影响 SiO_2 聚合的因素有 pH 值、SiO_2 浓度、温度、晶种、阳离子种类和数量。

图 8.14 是溶液 pH 值与硅酸稳定性的关系。

由图 8.14 可见：pH 值为 1~4，SiO_2 溶液稳定；pH 值为 4.5~5.5，SiO_2 溶液极不稳定，易于聚合。

SiO_2 浓度大时，其易于聚合，生成沉淀。温度在 50~90℃ 时有利于 SiO_2 凝聚。加入晶种有利于 SiO_2 微粒聚集长大。

阳离子的加入使 SiO_2 溶胶凝聚成 SiO_2 沉淀。加价态高的阳离子沉硅效果好。

酸浸氧化锌矿，会有一些 SiO_2 溶入浸出液，其中 SiO_2 含量可高达 10g/L。可以向溶液中添加石灰、碱式硫酸锌等脱硅。

B　碱性溶液中 SiO_2

在 pH>9 的条件下，SiO_2 溶解度增加很大。图 8.15 是室温无定形 SiO_2 溶解度与 pH 值的关系。

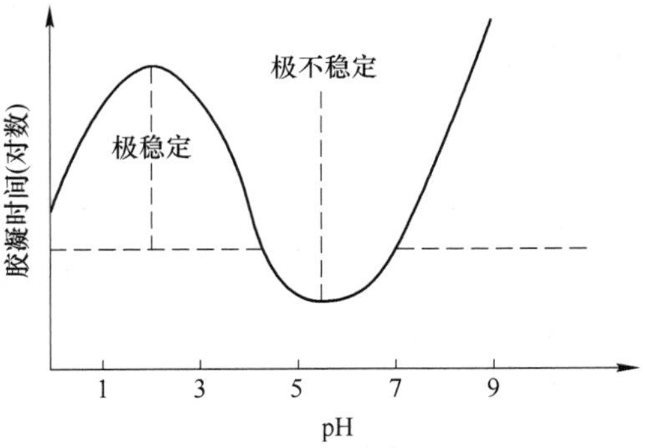

图 8.14　溶液 pH 值与硅酸稳定性的关系

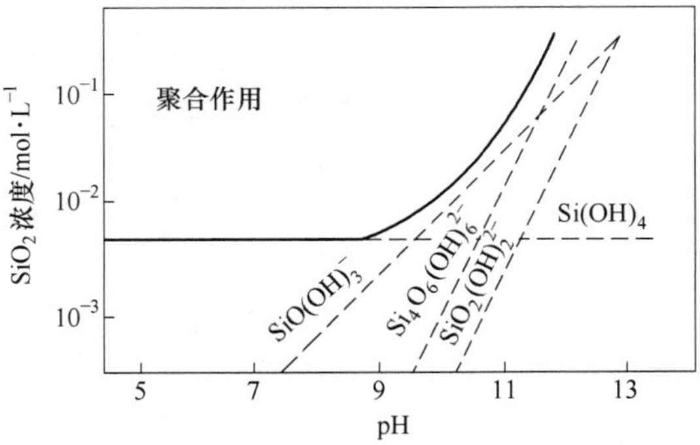

图 8.15　在室温 SiO_2 溶解度与 pH 值的关系

在碱性溶液中 SiO_2 为单体或聚合物 $Si(OH)_4$、$SiO_2(OH)_2^{2-}$、$SiO(OH)_3^-$、$Si_4O_6(OH)_6^-$ 等。

为了得到 SiO_2 产品，可向溶液中加酸。例如，加入硫酸，化学反应为

$$Na_2SiO_3 + H_2SO_4 + H_2O \longrightarrow H_2SiO_3\downarrow + Na_2SO_4$$

也可以通入 CO_2，化学反应为

$$Na_2SiO_3 + CO_2 + H_2O \Longrightarrow H_2SiO_3\downarrow + Na_2CO_3$$

C　铝酸钠溶液脱硅

图 8.16 是 70℃ SiO_2 在铝酸钠溶液（Na_2O/Al_2O_3 的分子比为 1.7~2.0）中的溶解情况。图中 *AC* 线是 SiO_2 的溶解度曲线，SiO_2 达到饱和；*AB* 线是溶液中 SiO_2 含量最大限度曲线，SiO_2 超过过饱和；*AC* 线和 *AB* 线将图 8.16 分成三个区：*AC* 曲线下面为Ⅰ区，是 SiO_2 未饱和区；*AB* 曲线上面Ⅲ区是 SiO_2 不稳定区，即过饱和区，溶液中的 SiO_2 会生成铝硅酸钠沉淀析出；曲线 *AB* 和 *AC* 之间的Ⅱ区是 SiO_2 的介稳区，溶液中过饱和的 SiO_2 处在热力学不稳定状态，但并不会析出沉淀。

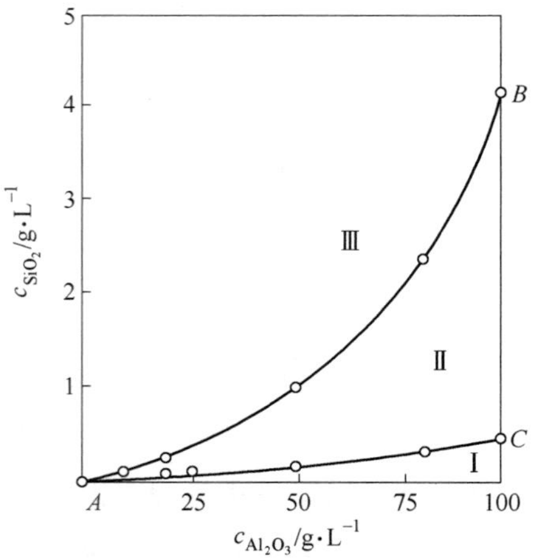

图 8.16　SiO_2 在铝酸钠溶液中的溶解情况

在 20~100℃的温度区间，SiO_2 在铝酸钠溶液中的介稳溶解度随溶液中 Al_2O_3 浓度的增加而增大。Al_2O_3 浓度大于 50g/L 时，有

$$\rho_{SiO_2} = 2 + 0.033\rho_{Al_2O_3}(0.02\rho_{Al_2O_3} - 1)(g/L)$$

溶液中 Al_2O_3 浓度小于 50g/L 时，有

$$\rho_{SiO_2} = 0.35 + 0.008\rho_{Al_2O_3}(0.1\rho_{Al_2O_3} - 1)(g/L)$$

铝酸钠溶液中的 SiO_2 能生成铝硅酸钠沉淀从溶液中析出。溶液中 Na_2O 浓度、Al_2O_3 浓度和溶液的温度都对脱硅有影响。向溶液中添加 CaO 生成铝硅酸钙沉淀。

8.1.3　水解反应的热力学

8.1.3.1　水解过程的摩尔吉布斯自由能变化

水解反应可以写作

$$Me^{z+} + zOH^- \Longrightarrow Me(OH)_z$$

该反应的摩尔吉布斯自由能变化为

$$\Delta G_m = \Delta G_m^{\ominus} + RT\ln\frac{a_{Me(OH)_z}}{a_{Me^{z+}}a_{OH^-}^z} \tag{8.5}$$

式中

$$\Delta G_m^{\ominus} = \mu_{Me(OH)_z}^* - \mu_{Me^{z+}}^{\ominus} - z\mu_{OH^-}^{\ominus}$$

$$\mu_{Me(OH)_z}^* = \Delta_f G_{m,Me(OH)_z}^*$$

式中，$a_{Me(OH)_z}$ 为固溶体 $Me(OH)_z$ 的活度，如果 $Me(OH)_z$ 为纯物质，则 $a_{Me(OH)_z} = 1$；$a_{Me^{z+}}$ 为溶液中金属离子 Me^{z+}的活度；a_{OH^-} 为溶液中 OH^-的活度；$\Delta_f G_{m,Me(OH)_z}^*$ 为 $Me(OH)_z$ 的摩尔生成自由能。

也可以写成分子形式的化学反应方程式。例如：

$$MeSO_4 + 2NaOH \Longrightarrow Me(OH)_2 + Na_2SO_4$$

$$\Delta G_{\rm m} = \Delta G_{\rm m}^{\ominus} + RT\ln \frac{a_{\rm Na_2SO_4}}{a_{\rm MeSO_4} a_{\rm NaOH}^2} \tag{8.6}$$

式中

$$\Delta G_{\rm m}^{\ominus} = \mu_{\rm Me(OH)_2}^{*} + \mu_{\rm Na_2SO_4}^{\ominus} - \mu_{\rm MeSO_4}^{\ominus} - 2\mu_{\rm NaOH}^{\ominus}$$

水解成矾可以写作

$$3Me_2(SO_4)_3 + M_2SO_4 + 12H_2O = M_2Me_6(SO_4)_4(OH)_{12} + 6H_2SO_4$$

该过程的摩尔吉布斯自由能变化为

$$\Delta G_{\rm m} = \Delta G_{\rm m}^{\ominus} + RT\ln \frac{a_{\rm H_2SO_4}^6}{a_{\rm Me_2(SO)_3}^3 a_{\rm M_2SO_4}} \tag{8.7}$$

式中，$\Delta G_{\rm m}^{\ominus} = \mu_{\rm M_2Me_6(SO_4)_4(OH)_{12}}^{*} + 6\mu_{\rm H_2SO_4}^{\ominus} - 3\mu_{\rm Me_2(SO)_3}^{\ominus} - \mu_{\rm M_2SO_4}^{\ominus} - 12\mu_{\rm H_2O}^{*}$；$\mu_{\rm M_2Me_6(SO_4)_4(OH)_{12}}^{*} = \Delta_{\rm f} G_{\rm m,\ M_2Me_6(SO_4)_4(OH)_{12}}^{*}$，为矾的标准生成自由能；$\mu_{\rm H_2SO_4}^{\ominus}$、$\mu_{\rm Me_2(SO)_3}^{\ominus}$、$\mu_{\rm M_2SO_4}^{\ominus}$和$\mu_{\rm H_2O}^{*}$为相应物质标准状态的摩尔吉布斯自由能。

8.1.3.2　水解平衡

金属离子的水解平衡可以用 Me-H_2O 系的电势-pH 图描述，下面以 Fe^{3+}的水解平衡为例介绍。

Fe^{3+}水解平衡可以用 Fe-H_2O 系的电势-pH 图描述。

A　水解生成 $Fe(OH)_3$

Fe^{3+}的水解反应为

$$Fe(OH)_3 = Fe^{3+} + 3OH^-$$

$$K_{\rm sp,[Fe(OH)_3]} = 3.8 \times 10^{-38}$$

$$\begin{aligned} {\rm pH}_{\rm Fe(OH)_3} &= \frac{1}{3}\lg K_{\rm sp} - \lg K_{\rm w} - \frac{1}{3}\lg a_{\rm Fe^{3+}} \\ &= {\rm pH}^0 - \frac{1}{3}\lg a_{\rm Fe^{3+}} \\ &= 1.53 - \frac{1}{3}\lg a_{\rm Fe^{3+}} \end{aligned} \tag{8.8}$$

式中

$$K_{\rm w} = 10^{-37}$$

$${\rm pH} = 3,\ {\rm pOH} = 14 - 3 = 11,\ c_{\rm OH^-} = 10^{-11}{\rm mol/L}$$

$$K_{\rm sp} = c_{\rm Fe^{3+}} c_{\rm OH^-}^3 = 3.8 \times 10^{-38}$$

$$c_{\rm Fe^{3+}} = \frac{3.8 \times 10^{-38}}{(10^{-11})^3}{\rm mol/L} = 3.8 \times 10^{-5}{\rm mol/L}$$

$${\rm pH} = 5,\ {\rm pOH} = 14 - 5 = 9,\ c_{\rm OH^-} = 10^{-9}{\rm mol/L}$$

$$K_{\rm sp} = c_{\rm Fe^{3+}} c_{\rm OH^-}^3 = 3.8 \times 10^{-38}$$

$$c_{\rm Fe^{3+}} = \frac{3.8 \times 10^{-38}}{(10^{-9})^3}{\rm mol/L} = 3.8 \times 10^{-11}{\rm mol/L}$$

由计算结果可见，通过调控溶液的 pH 值，使溶液中的 Fe^{3+}可以生成 $Fe(OH)_3$ 沉淀，与溶液中的其他组元分离。

B 生成针铁矿

图 8.17 是 Fe^{3+} 水解生成羟基氧化铁 FeOOH，俗称针铁矿的电势-pH 图。

由图 8.17 可见：

① $Fe^{3+} + e = Fe^{2+}$

25℃：$\varphi^{\ominus}_{Fe^{3+}/Fe^{2+}} = 0.77V$

80℃：$\varphi^{\ominus}_{Fe^{3+}/Fe^{2+}} = 0.84V$

② $FeOOH + 3H^{+} = Fe^{3+} + 2H_2O$

25℃：$pH^{\ominus} = -0.3154$

80℃：$pH^{\ominus} = -0.870$

③ $FeOOH + 3H^{+} + e = Fe^{2+} + 2H_2O$

25℃：$\varphi^{\ominus}_{FeOOH/Fe^{2+}} = 0.7147V$

80℃：$\varphi^{\ominus}_{FeOOH/Fe^{2+}} = 0.6532V$

④ $Fe^{2+} + 2e = Fe$

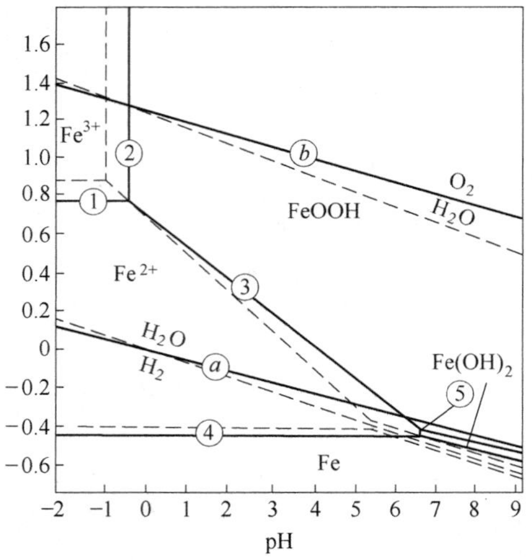

图 8.17 Fe^{3+} 的电势-pH 图

25℃：$\varphi^{\ominus}_{Fe^{2+}/Fe} = -0.44V$　　80℃：$\varphi^{\ominus}_{Fe^{2+}/Fe} = -0.4377V$

⑤ $Fe(OH)_2 + 2H^{+} = Fe^{2+} + 2H_2O$

25℃：$pH^{\ominus} = 6.65$　　80℃：$pH^{\ominus} = 5.423$

随着温度升高，FeOOH 的稳定区扩大，Fe^{3+} 的稳定区缩小，有利于生成 FeOOH。

$$FeOOH + H_2O = Fe^{3+} + 3OH^{-} \quad K_{FeOOH} = 10^{-38.7}$$

$$Fe(OH)_3 = Fe^{3+} + 3OH^{-} \quad K_{Fe(OH)_3} = 10^{-38}$$

平衡常数很小，反应极易向左进行，即 Fe^{3+} 极易生成沉淀。

在 50℃和 100℃，pH 为 3～5，FeOOH 和 $Fe(OH)_3$ 的溶度积分别为：$K_{sp,[FeOOH]}$，$10^{-40.27}$、$10^{-38.51}$；$K_{sp,Fe(OH)_3}$，$10^{-37.45}$、$10^{-36.08}$。

溶度积很小，Fe^{3+} 平衡浓度很小，溶液中 Fe^{3+} 的浓度大于 1g/L，具有很大的过饱和度，会同时形成大量的晶核。由于生成 FeOOH 比生成 $Fe(OH)_3$ 的活化能大，因此 Fe^{3+} 浓度大于 1g/L，水解反应生成的是 $Fe(OH)_3$，瞬间从液相析出。大量小的颗粒组成胶体，而不是晶核长大成大晶体。

根据上述分析和实际经验，采用针铁矿法除 Fe^{3+} 的工艺条件是：温度在 80℃以上，pH 值为 3～5，Fe^{3+} 的浓度小于 1g/L。在 Fe^{3+} 浓度高的溶液中，先将 Fe^{3+} 还原为 Fe^{2+}，工业上常用 SO_2 做还原剂。然后，向溶液中通入空气，使 Fe^{2+} 缓慢氧化成 Fe^{3+}，控制溶液中 Fe^{3+} 浓度不高，使 Fe^{3+} 水解生成 FeOOH 沉淀。

C 生成赤铁矿

Fe^{3+} 水解生成 Fe_2O_3 的反应为

$$2Fe^{3+} + 3H_2O = Fe_2O_3 + 6H^{+}$$

在 25℃，有

$$pH_{Fe_2O_3} = -\frac{1}{6}\lg K_{Fe_2O_3} - \frac{2}{6}\lg c_{Fe^{3+}}$$

$$= 0.24 - \frac{1}{3}\lg c_{Fe^{3+}}$$

在100℃，有

$$pH_{Fe_2O_3} = -0.9908 - \frac{1}{3}\lg c_{Fe^{3+}}$$

在200℃，有

$$pH_{Fe_2O_3} = -1.579 - \frac{1}{3}\lg c_{Fe^{3+}}$$

由上面的结果可见，温度升高，Fe_2O_3 对酸的稳定性增大，在酸性较强的溶液中，即在 pH 值小的溶液中，Fe_2O_3 沉淀仍然能稳定存在。并且，要生成 Fe_2O_3 沉淀，Fe^{3+} 浓度必须小。

在生产实际中，为使溶液中的 Fe^{3+} 浓度小，需要先将 Fe^{3+} 还原成 Fe^{2+}。通常用 SO_2 作还原剂再向溶液中通入空气，将 Fe^{2+} 缓慢氧化成 Fe^{3+}，从而控制溶液中 Fe^{3+} 浓度不高，使 Fe^{3+} 水解生成 Fe_2O_3 沉淀。

8.2 生成固体硫化物

8.2.1 原理

很多金属硫化物在水中的溶解度很小，因此，可以使水溶液中的金属离子生成硫化物沉淀。

表 8.4 是一些硫化物的溶度积数据。

表 8.4 一些硫化物的溶度积

硫化物	温度/℃	K_{sp}	$\lg K_{sp}$	硫化物	温度/℃	K_{sp}	$\lg K_{sp}$
Ag_2S	25	1.6×10^{-49}	−48.8	MnS	25	2.8×10^{-13}	−12.55
As_2S_3	18	4×10^{-29}	−28.4	NiS(α)	25	2.8×10^{-21}	−20.55
Bi_2S_3	18	1.6×10^{-72}	−71.8	PbS	25	9.3×10^{-26}	−27.03
CdS	25	7.1×10^{-27}	−26.15	Sb_2S_3	18	1×10^{-30}	−30
CaS(α)	25	1.8×10^{-22}	−21.74	SnS	25	1×10^{-23}	−28
CuS	25	8.9×10^{-36}	−35.05	Ti_2S	18	4.5×10^{-23}	−22.35
Cu_2S	18	2×10^{-47}	−46.7	ZnS(β)	25	8.9×10^{-25}	−24.05
FeS	25	4.9×10^{-18}	−17.31	In_2S_3		5.7×10^{-74}	−73.24
HgS	18	1×10^{-47}	−47				

由表 8.4 可见，许多硫化物难溶于水。因此，向溶液中加入 S^{2-}，可以生成硫化物沉淀。发生化学反应为

$$2Me^{z+} + zS^{2-} \longrightarrow Me_2S_z \downarrow$$

溶解在溶液中的 H_2S 分两步电离

$$H_2S \rightleftharpoons H^+ + HS^-$$

$$K_1 = 10^{-7.6} \tag{8.9}$$

$$HS^- \rightleftharpoons H^+ + S^{2-}$$

$$K_2 = 10^{-14.4} \tag{8.10}$$

总反应为

$$H_2S \rightleftharpoons 2H^+ + S^{2-}$$

$$K_{H_2S} = K_1K_2 = \frac{a_{H^+}^2 a_{S^{2-}}}{a_{H_2S}} = 10^{-22}$$

取对数，整理得

$$\lg a_{S^{2-}} = \lg K_{H_2S} + 2pH + \lg a_{H_2S} \tag{8.11}$$

式中，K_{H_2S} 为 H_2S 的解离常数。

在 25℃，101kPa，H_2S 在水中的溶解度为 0.01。所以

$$a_{H^+}^2 a_{S^{2-}} = a_{H_2S}K_{H_2S} = 10^{-1} \times 10^{-22} = 10^{-23}$$

硫化物 Me_2S_z 的溶度积为

$$Me_2S_z = 2Me^{z+} + zS^{2-}$$

$$K_{sp(Me_2S_z)} = a_{Me^{z+}}^2 a_{S^{2-}}^z$$

两边取对数，得

$$\lg K_{sp(Me_2S_z)} = 2\lg a_{Me^{z+}} + z\lg a_{S^{2-}} \tag{8.12}$$

将式（8.11）代入式（8.12），得

$$\lg K_{sp(Me_2S_z)} = 2\lg a_{Me^{z+}} + z\lg K_{H_2S} + 2zpH + z\lg a_{H_2S}$$

$$pH = \frac{1}{2z}\lg K_{sp} - \frac{1}{z}\lg a_{Me^{z+}} - \frac{1}{2}\lg K_{H_2S} - \frac{1}{2}\lg a_{H_2S} \tag{8.13}$$

表 8.5 是在 25℃，形成硫化物的平衡 pH 值。

表 8.5　形成硫化物的平衡 pH 值（25℃）

硫化物	形成硫化物的 pH 值	
	$Me^{z+} = 1mol/L$	$Me^{z+} = 10^{-4}mol/L$
HgS	−15.00	−13.00
Ag_2S	−14.00	−10.60
Cu_2S	−12.35	−8.35
CuS	−6.55	−4.55
SnS	−3.00	−1.00
Bi_2S_3	−4.67	−3.33
PbS	−2.85	−0.85
CdS	−2.50	−0.25
ZnS	−0.53	+1.47
CoS	+0.85	+2.85

续表 8.5

硫化物	形成硫化物的 pH 值	
	$Me^{z+}=1mol/L$	$Me^{z+}=10^{-4}mol/L$
NiS	+1.24	+3.24
FeS	+2.30	+4.30
MnS	+3.90	+5.90

由表 8.5 可见，控制 pH 值可以从溶液中选择沉淀溶度积小的金属离子。

一些金属硫化物能与 H_2S 形成可溶性配合物 $MeS \cdot nH_2S$，从而导致硫化物的溶解度的实测值偏大。表 8.6 为 PbS、ZnS 在 H_2S 饱和的水溶液中的溶解度。

表 8.6 硫化物在 H_2S 的饱和水溶液中的溶解度

硫 化 物	在水中的溶解度 /mol·L⁻¹		在饱和 H_2S 水溶液中的溶解度 /mol·L⁻¹	
	100℃	200℃	100℃	200℃
PbS	4.8×10^{-7}	5.76×10^{-7}	1.06×10^{-5}	1.06×10^{-5}
ZnS	3.0×10^{-7}	4.70×10^{-7}	3.35×10^{-5}	3.66×10^{-5}

锑、砷、钼等除能与硫生成稳定的硫化物外，还能以酸根负离子形式存在。因而没有一个简单的溶度积关系。

8.2.2 实例

(1) 沉镍、钴。向含有Ni^{2+}、Co^{2+}的水溶液中加入 Na_2S，水溶液中的Ni^{2+}、Co^{2+}与 Na_2S 反应，生成 NiS 和 CoS 沉淀，化学反应为

$$Ni^{2+} + Na_2S \longrightarrow NiS\downarrow + 2Na^+$$

$$Co^{2+} + Na_2S \longrightarrow CoS\downarrow + 2Na^+$$

(2) 沉铜、锌。为净化含少量Cu^{2+}、Zn^{2+}的溶液，向溶液中通 H_2S 气体，发生如下化学反应

$$Cu^{2+} + H_2S \longrightarrow CuS\downarrow + 2H^+$$

$$Zn^{2+} + H_2S \longrightarrow ZnS\downarrow + 2H^+$$

(3) 沉铜、铁、铝、镍。氨浸辉钼精矿焙砂，除生成钼酸铵外，其中的杂质铜、铁、铝等也会生成氨的配合物，反应为

$$Me^{2+} + nNH_3 \cdot H_2O = Me(NH_3)_n^{2+} + nH_2O$$

向溶液中加入 NH_4HS，化学反应为

$$Me(NH_3)_n^{2+} + NH_4HS + (n+1)H_2O = MeS\downarrow + (n+1)\ NH_3 \cdot H_2O + 2H^+$$

式中，Me^{2+}为Cu^{2+}、Fe^{2+}、Pb^{2+}、Ni^{2+}等。

8.2.3 高压硫化氢沉淀

在常压下，硫化氢在水中的溶解度仅为 0.1mol/L。在密闭的容器中，提高硫化氢的

压力，可以提高硫化氢的溶解度。

图 8.18 是金属硫化物的溶度积与温度的关系。

由图 8.18 可见，温度升高，金属硫化物的溶度积增大。硫化物的溶解度增大，不利于硫化物沉淀。

图 8.19 是硫化氢的离解平衡与温度的关系。温度升高，硫化氢的离解度增大，对生成硫化物沉淀有利。

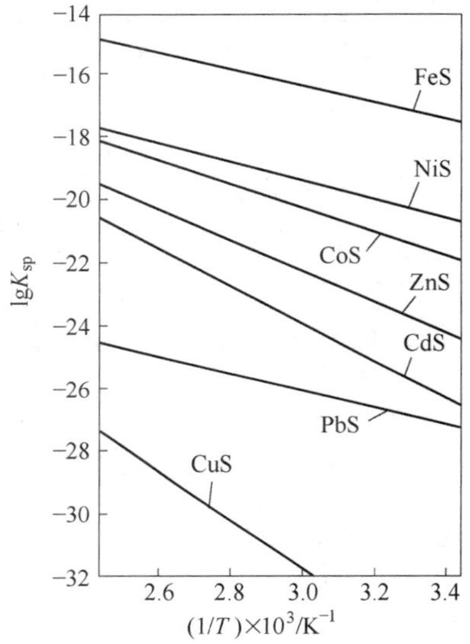

图 8.18 硫化物的溶度积与 $1/T$ 的关系

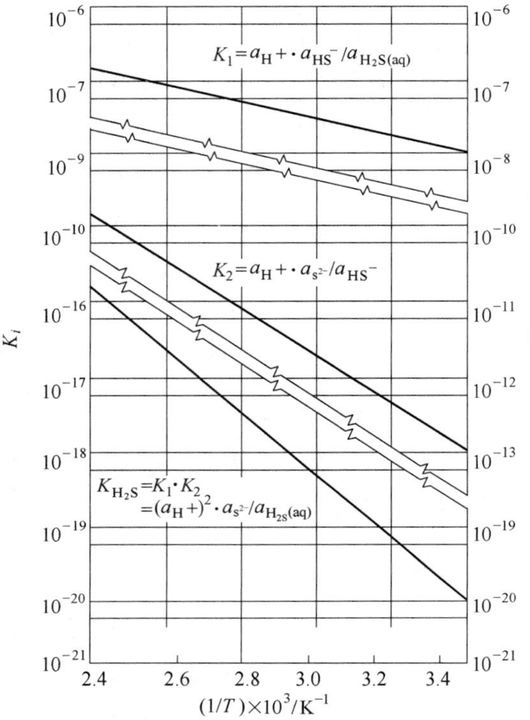

图 8.19 H_2S 的离解平衡与温度的关系

硫化氢在水中的溶解度随着温度升高而下降。要提高硫化氢的溶解度必须提高硫化氢的压力。图 8.20 是硫化氢在水中的溶解度与温度、气相中硫化氢的压力的关系。

硫化氢的溶解平衡可以表示为

$$H_2S(g) \rightleftharpoons (H_2S)$$

达成平衡，有

$$K_{H_2S}=\frac{m_{H_2S}}{p_{H_2S}}=\frac{m_{H_2S}f_{H_2S,m}}{x_{H_2S}p_{总}f_{H_2S,g}} \tag{8.14}$$

式中，m_{H_2S} 为 H_2S 在溶液中的溶解度，g/L；$f_{H_2S,m}$ 为 H_2S 的活度系数；x_{H_2S} 为气相中 H_2S 的摩尔分数；$p_{总}$ 为气相的总压力；$f_{H_2S,g}$ 为 H_2S 的逸度系数；K_{H_2S} 为 H_2S 溶解平衡常数。

$$p_{总}=p_{H_2S}+p_{H_2O}$$

由式（8.14），得

$$\frac{m_{H_2S}}{x_{H_2S}} = \frac{K_{H_2S} f_{H_2S,g} p_{总}}{f_{H_2S,m}} \qquad (8.15)$$

将 m_{H_2S}/x_{H_2S} 对硫化氢分压作图，得到图 8.20。利用图 8.18 和图 8.19 可以得到在高温高压条件下，硫化物沉淀的条件。如果知道气体总压、溶液温度和气相中硫化氢的摩尔分数，就可从图 8.20 得到 m_{H_2S}，从图 8.19 中得到离解常数 K_{H_2S}，从图 8.18 得到金属硫化物在该温度的溶度积 K_{sp}。利用式（8.13）计算出金属硫化物沉淀的 pH 值。调节溶液的 pH 值，就可以选择性地沉淀金属硫化物。

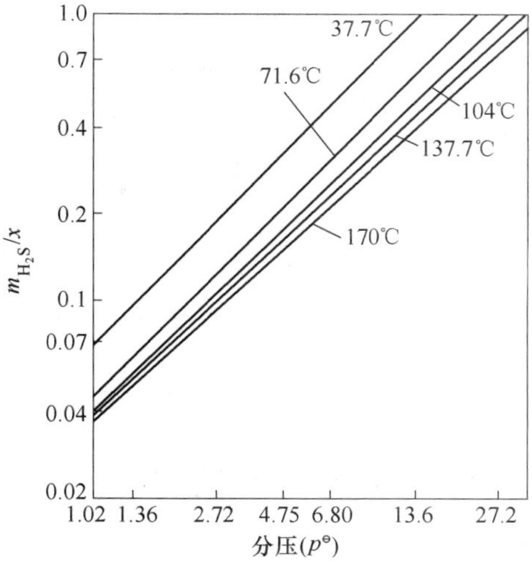

图 8.20 H_2S 的溶解度与温度和压力的关系

溶液中其他物质会影响 H_2S 的溶解度。

【例 8.1】 在 104 ℃，溶液中 $m_{Fe^{2+}}$ = 0.01，$m_{Ni^{2+}}$ = 0.1，溶液的 pH = 2.15，气相中 x_{H_2S} = 0.75，为使 Ni^{2+}以 NiS 沉淀而 Fe^{2+}不沉淀，体系的最大总压应是多少？Ni^{2+}的沉淀率是多少？

解： 由图 8.18 和图 8.19 查得 pH 在 104℃，$K_{sp(FeS)} = 7 \times 10^{-16}$，$K_{sp(NiS)} = 5 \times 10^{-19}$，$K_{H_2S} = 2 \times 10^{-17}$。

由式

$$pH = \frac{1}{2}\lg K_{sp(FeS)} - \frac{1}{2}\lg K_{H_2S} - \frac{1}{2}\lg m_{H_2S} - \frac{1}{2}\lg m_{Fe^{2+}} = 2 \times 10^{-17} = 7 \times 10^{-16}$$

$$\lg m_{H_2S} = \lg(7 \times 10^{-16}) - \lg(2 \times 10^{-17}) - \lg 0.01 - 2 \times 2.15 =- 0.756$$

得 m_{H_2S} = 0.176。

$$\frac{m_{H_2S}}{x_{H_2S}} = \frac{0.176}{0.75} = 0.235$$

由图 8.20，查得 $p_{总}$ = 0.612MPa。

在硫化沉淀过程中 pH 值会降低。

$$Ni^{2+} + H_2S \Longrightarrow NiS + 2H^+$$

$$0.1 \qquad\qquad\qquad 0.2$$

$$m_{H^+} = 10^{-2.15} + 0.2 = 0.2071$$

$$pH = 0.684$$

即由于 Ni^{2+}沉淀，溶液的 pH 值由 2.15 降到 0.684。控制总压为 0.544MPa。

$$m_{H_2S}/x_{H_2S} = 0.2, \quad m_{H_2S} = 0.2 \times 0.75 = 0.15$$

所以，$\lg m_{Ni^{2+}} = \lg K_{sp(NiS)} - \lg K_{H_2S} - \lg m_{H_2S} - 2pH = 0.699 - 19 - 0.301 + 17 + 0.824 - 1.368 = -2.15$。

$$m_{Ni^{2+}} = 7.08 \times 10^{-3}$$

$$Ni^{2+}\text{ 的沉淀率} = \frac{0.1 - 7.08 \times 10^{-3}}{0.1 \times 100\%} = 93\%$$

8.2.4 用 Na_2S 沉淀

$$\nu_+ Me^{z+} + \nu_- Na_2S = Me_{\nu_+}S_{\nu_-} + 2\nu_- Na^+$$

可以看作

$$\nu_- Na_2S + 2\nu_- H_2O = 2\nu_- Na^+ + \nu_- H_2S + 2\nu_- OH^-$$

$$\nu_+ Me^{z+} + \nu_- H_2S = Me_{\nu_+}S_{\nu_-} + 2\nu_- H^+$$

总反应 $\nu_+ Me^{z+} + \nu_- Na_2S = Me_{\nu_+}S_{\nu_-} + 2\nu_- Na^+$

$$\Delta G_m = \Delta G_m^\ominus + RT\ln \frac{a_{Na^+}^{2\nu_-}}{a_{Me^{z+}}^{\nu_+} a_{Na_2S}^{\nu_-}}$$

例如，用 Na_2S 沉淀溶液中的 Ni^{2+}，化学反应为

$$Ni^{2+} + Na_2S = NiS + 2Na^+$$

$$\Delta G_m = \Delta G_m^\ominus + RT\ln \frac{a_{Na^+}^2}{a_{Ni^{2+}} a_{Na_2S}}$$

$$\approx \Delta G_m^\ominus + RT\ln \frac{m_{Na^+}^2}{m_{Ni^{2+}} m_{Na_2S}}$$

控制溶液的 pH=7，溶液中 Ni^{2+}、Na^+和 Na_2S 的浓度都不高。

8.2.5 生成硫化物的热力学

8.2.5.1 生成硫化物的摩尔吉布斯自由能变化

生成硫化物的化学反应可写作

$$2Me^{z+} + zS^{2-} = Me_2S_z \downarrow$$

该过程的摩尔吉布斯自由能变化为

$$\Delta G_m = \Delta G_m^\ominus + RT\ln \frac{1}{a_{Me^{z+}}^2 a_{S^{2-}}^z}$$

式中

$$\Delta G_m^\ominus = \mu_{Me_2S_z}^* - 2\mu_{Me^{z+}}^\ominus - z\mu_{S^{2-}}^\ominus$$

$\mu_{Me_2S_z}^* = \Delta_f G_{m,\,Me_2S_z}^*$ 为 Me_2S_z 的生成吉布斯自由能；$\mu_{Me^{z+}}^\ominus$ 和 $\mu_{S^{2-}}^\ominus$ 分别为所选标准状态的化学势；$a_{Me^{z+}}$ 和 $a_{S^{2-}}$ 分别为溶液中离子 Me^{z+}和 S^{2-}的活度。

也可以写成

$$Me_2(SO_4)_z + zNa_2S = Me_2S_z \downarrow + zNa_2SO_4$$

$$\Delta G_m = \Delta G_m^\ominus + RT\ln \frac{a_{Me_2(SO_4)_z}^z}{a_{Me_2(SO_4)_z} a_{Na_2S}^z}$$

8.2.5.2 化学平衡

向溶液中加入 S^{2-}，化学反应为

$$2Me^{z+} + zS^{2-} = Me_2S_z \downarrow$$

二价金属离子的沉淀反应为

$$Me^{2+} + S^{2-} \longrightarrow MeS\downarrow$$

达到平衡，有

$$c_{Me^{2+}} c_{S^{2-}} = K_{sp,\,MeS}$$

$$c_{Me^{2+}} = \frac{K_{sp,\,MeS}}{c_{S^{2-}}} \tag{8.16}$$

溶液中的 $c_{S^{2-}}$ 取决于下列电离反应

$$H_2S(aq) \longrightarrow H^+ + HS^-$$

一级电离常数 $K_1 = \dfrac{c_{H^+} c_{HS^-}}{c_{H_2S(aq)}}$

$$HS^- \longrightarrow H^+ + S^{2-}$$

二级电离常数 $K_2 = \dfrac{c_{H^+} c_{S^{2-}}}{c_{HS^-}}$

总反应

$$H_2S(aq) \longrightarrow 2H^+ + S^{2-}$$

总电离常数 $K_{H_2S} = K_1 \cdot K_2 = \dfrac{c_{H^+}^2 c_{S^{2-}}}{c_{H_2S(aq)}}$

得

$$c_{S^{2-}} = \frac{K_{H_2S} c_{H_2S(aq)}}{c_{H^+}^2} \tag{8.17}$$

将式（8.17）代入式（8.16），得

$$c_{Me^{2+}} = \frac{K_{sp,\,MeS} c_{H^+}^2}{K_{H_2S} c_{H_2S(aq)}}$$

取对数，得

$$\lg c_{Me^{2+}} = \lg K_{sp,\,MeS} - \lg K_{H_2S} - \lg c_{H_2S(aq)} - 2pH \tag{8.18}$$

溶液中硫的总浓度为 $c_{H_2S(aq)}$、c_{HS^-}、$c_{S^{2-}}$ 之和，由于根据 K_1、K_2 计算，在常温，pH=6 的条件下，c_{HS^-}、$c_{S^{2-}}$ 很小，所以

$$c_{H_2S(aq)} \approx c_{S^{2-}} \tag{8.19}$$

将式（8.19）代入式（8.18），得

$$\lg c_{Me^{2+}} = \lg K_{sp,\,MeS} - \lg K_{H_2S} - \lg c_{S^{2-}} - 2pH \tag{8.20}$$

在 25℃，$K_1 = 1.32 \times 10^{-7}$，$K_2 = 7.08 \times 10^{-15}$，$K_{H_2S} = 9.35 \times 10^{-22}$，所以

$$\lg c_{Me^{2+}} = \lg K_{sp,\,MeS} + 21.03 - \lg c_{S^{2-}} - 2pH \tag{8.21}$$

同理，对于 Me_2S 型硫化物，有

$$\lg c_{Me^+} = 0.5\lg K_{sp,\,Me_2S} - 0.5\lg K_{H_2S} - 0.5\lg c_{S^{2-}} - pH \tag{8.22}$$

在 25℃，有

$$\lg c_{Me^+} = 0.5\lg K_{sp,\,Me_2S} + 10.51 - 0.5\lg c_{S^{2-}} - pH \tag{8.23}$$

同理，对于 Me_2S_3 型硫化物，有

$$\lg c_{Me^{3+}} = 0.5\lg K_{sp,Me_2S_3} - \frac{3}{2}\lg K_{H_2S} - \frac{3}{2}\lg c_{S^{2-}} - 3pH \tag{8.24}$$

在 25℃，有

$$\lg c_{Me^{3+}} = 0.5\lg K_{sp,Me_2S_3} + 31.54 - \frac{3}{2}\lg c_{S^{2-}} - 3pH \tag{8.25}$$

8.2.6 影响溶液中残余金属离子的因素

由上可见，沉淀后，影响溶液中残留金属离子浓度的因素是溶液的 pH 值、溶液中硫的浓度、气相中 H_2S 的分压和温度。

（1）溶液的 pH 值。溶液的 pH 值增加，溶液中残留的金属离子减少。在 25℃，$c_{S^{2-}}$ = 0.1mol/L，一些金属的残留浓度与 pH 值的关系如图 8.21 所示。

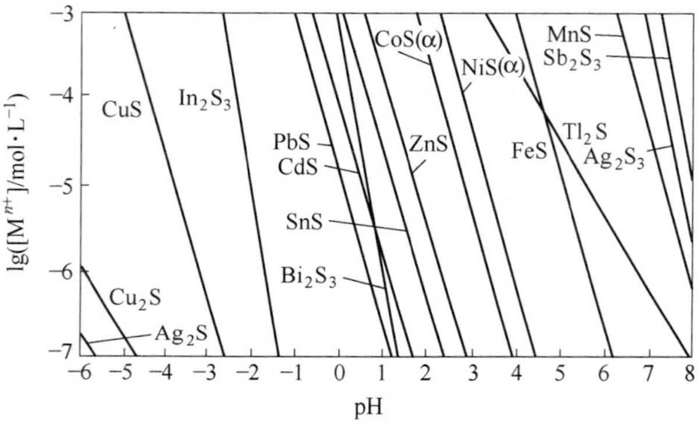

图 8.21 在 25℃，溶液中金属离子浓度与 pH 值的关系（$c_{S^{2-}}$ = 0.1mol/L）

（2）溶液中硫的浓度及气相中 H_2S 的分压。溶液中硫的浓度增加，或者说加入的 Na_2S、H_2S 增加，则金属离子的残留浓度降低。

由于溶液中存在下列平衡

$$2H^+ + S^{2-} \rightleftharpoons H_2S(aq)$$

$$H_2S(aq) \rightleftharpoons H_2S(g)$$

有

$$K_1 = \frac{c_{H_2S(aq)}}{c_{H^+}^2 c_{S^{2-}}}$$

$$K_2 = \frac{p_{H_2S}}{a_{H_2S(aq)}} = \frac{p_{H_2S}}{c_{H_2S(aq)} f_{H_2S}}$$

$$c_{H_2S(aq)} = \frac{p_{H_2S}}{K_2 f_{H_2S}}$$

可见，p_{H_2S} 和 f_{H_2S} 的改变会影响 $c_{H_2S(aq)}$，进而影响 $c_{S^{2-}}$。这就会影响溶液中金属离子

的残留量。

图 8.22 给出了 H_2S 在水中的溶解度与气相中 H_2S 的分压及温度的关系，还标明硫酸盐的影响。

（3）温度。图 8.23 给出了金属硫化物的溶度积与温度的关系。温度升高，硫化物的溶度积增大，H_2S 在溶液中的溶解度减少，这两者会使溶液中金属离子残留浓度增加，温度升高，溶液中 H_2S 电离度增大。S^{2-} 浓度增大，会使溶液中金属离子残留浓度降低。其综合效果会因金属离子不同而异。

以上分析是基于水溶液中的金属离子与硫生成简单的硫化物。而在有些条件下，有些金属离子会与硫生成硫代离子，例如，SbS_3^{2-}、AsS_3^{3-}、MoS_4^{2-} 等。这些硫代离子在水中的溶解度比简单硫化物大，造成水溶液中残留金属离子增多。

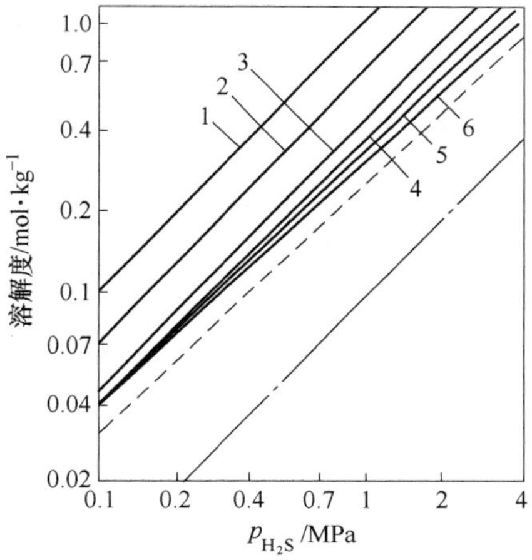

图 8.22 H_2S 的溶解度与 H_2S 分压及温度的关系

——：在水中，1—25℃；2—40℃；3—70℃；4—105℃；5—140℃；6—170℃；

—·—：$w[(NH_4)_2SO_4]=34\%$溶液，105℃；

———：浓度为 0.35mol/L 硫酸盐，H_2SO_4 质量浓度为 10~11g/L 的溶液，50℃

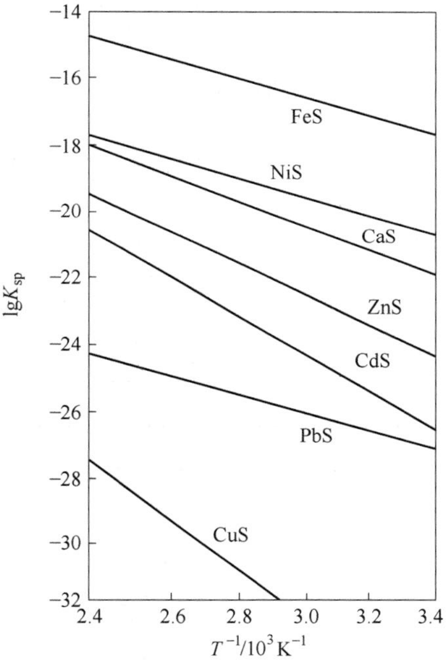

图 8.23 金属硫化物的溶度积与温度的关系

8.3 弱酸盐沉淀

8.3.1 化学反应

弱酸指草酸、砷酸、磷酸、碳酸、醋酸等。一些金属的弱酸盐溶解度小，可利用弱酸与金属离子反应，生成沉淀。

表 8.7 是一些弱酸盐的溶度积。

表 8.7　一些弱酸盐的溶度积（除注明者外，其他均为 25℃）

阳离子	弱酸盐				
	碳酸盐	砷酸盐	磷酸盐	草酸盐	氟化物
Ag^+	6.5×10^{-12}	1.0×10^{-19}	1.8×10^{-18}（20℃）	1.1×10^{-11}	
Ca^{2+}	5×10^{-9}		1×10^{-25}	2.57×10^{-9}（$CaC_2O_4\cdot H_2O$）	3.9×10^{-11}
Mg^{2+}	2.6×10^{-5}（12℃）（$MgCO_3\cdot 3H_2O$）	2.04×10^{-20}	1.62×10^{-25}	8.57×10^{-5}（18℃）	6.4×10^{-9}
Cu^{2+}	2×10^{-10}			2.87×10^{-8}	
Zn^{2+}	6×10^{-11}			1.4×10^{-9}	
Mn^{2+}	50.5×10^{-11}				
Co^{2+}	1×10^{-12}				
Fe^{2+}	2.11×10^{-11}			2.1×10^{-7}	
Ni^{2+}	1.35×10^{-7}				
La^{3+}			3.7×10^{-23}（$LaPO_4\cdot 3H_2O$）	2.02×10^{-28}（28℃）	7.58×10^{-18}
Ce^{3+}				2.5×10^{-29} [$Ce_2(C_2O_4)_3\cdot 10H_2O$]	8.7×10^{-18}
Nd^{3+}				5.87×10^{-29}	8.31×10^{-18}
Lu^{3+}					2.69×10^{-18}

金属离子与弱酸的反应为

$$Me^{z+} + \frac{z}{2}A^{2-} \xlongequal{} MeA_{\frac{z}{2}}$$

8.3.2　实例

（1）$(NH_4)_2CO_3$ 沉镁。向硫酸镁溶液中加入 $(NH_4)_2CO_3$，调整 pH 值到 11，化学反应为

$$Mg^{2+} + (NH_4)_2CO_3(s) + 2OH^- \xlongequal{} MgCO_3(s)\downarrow + 2NH_3\cdot H_2O$$

（2）草酸沉稀土。处理离子吸附型稀土矿，得到含混合稀土的浸出液，含稀土总量折合成 RE_2O_3 约为 2g/L 。加入草酸盐沉稀土，化学反应为

$$2RE^{3+} + 3H_2C_2O_4 \xlongequal{} RE_2(C_2O_4)_3\downarrow + 6H^+$$

（3）NH_4HCO_3 沉稀土。

pH<7，

$$RE^{3+} + 2NH_4HCO_3 \xlongequal{} RE(OH)_2^+ + 2NH_4^+ + 2CO_2\uparrow$$

pH>7，

$$RE(OH)_2^+ + 3NH_4HCO_3 + (x-4)H_2O \xlongequal{} RE_2(CO_3)_3\cdot xH_2O + 2NH_4^+ + NH_3\uparrow$$

（4）除砷、磷。碱浸钨精矿，溶液中含有杂质砷、磷，向溶液中添加 Mg^{2+}，发生以下化学反应

$$2HAsO_4^{2-} + 3Mg^{2+} \longrightarrow Mg_3(AsO_4)_2\downarrow + 2H^+$$

$$2HPO_4^{2-} + 3Mg^{2+} \longrightarrow Mg_3(PO_4)_2\downarrow + 2H^+$$

（5）CO_2 沉硅。向硅酸钠溶液中加入 CO_2，化学反应为

$$Na_2SiO_3 + CO_2(g) + H_2O \longrightarrow Na_2CO_3 + H_2SiO_3$$

8.3.3　弱酸盐沉淀的热力学

8.3.3.1　弱酸盐沉淀的摩尔吉布斯自由能变化

金属离子与弱酸的反应可写作

$$2Me^{z+} + zA^{2-} \longrightarrow Me_2A_z\downarrow$$

该反应的摩尔吉布斯自由能变化为

$$\Delta G_m = \Delta G_m^{\ominus} + RT\ln\frac{1}{a_{Me^{z+}}^2 a_{A^{2-}}^z}$$

式中

$$\Delta G_m^{\ominus} = \mu_{Me_2A_z}^* - \mu_{Me^{z+}}^{\ominus} - z\mu_{A^{2-}}^{\ominus} = \Delta_f G_{m,\,Me_2A_z}^* - \mu_{Me^{z+}}^{\ominus} - z\mu_{A^{2-}}^{\ominus}$$

$\Delta_f G_{m,\,Me_2A_z}^*$ 为 Me_2A_z 的摩尔生成自由能；$\mu_{Me^{z+}}^{\ominus}$ 和 $\mu_{A^{2-}}^{\ominus}$ 分别为溶液中所选标准状态的 Me^{z+} 和 A^{2-} 的化学势。

也可以写作

$$MeSO_4 + MA \longrightarrow MeA\downarrow + MSO_4$$

$$\Delta G_m = \Delta G_m^{\ominus} + RT\ln\frac{a_{MSO_4}}{a_{MeSO_4}a_{MA}}$$

式中

$$\Delta G_m^{\ominus} = \mu_{MeA}^* + \mu_{MSO_4}^{\ominus} - \mu_{MeSO_4}^{\ominus} - \mu_{MA}^{\ominus}$$

8.3.3.2　化学平衡

金属离子与弱酸反应达成平衡，有

$$Me^{2+} + A^{2-} \longrightarrow MeA$$

平衡常数为

$$K_{MeA} = \frac{a_{MeA}}{a_{Me^{2+}}a_{A^{2-}}} \approx \frac{c_{MeA}}{c_{Me^{2+}}c_{A^{2-}}}$$

$$K_{sp,\,MeA} = c_{Me^{2+}}c_{A^{2-}}$$

$$c_{Me^{2+}} = \frac{K_{sp,\,MeA}}{c_{A^{2-}}} \tag{8.26}$$

$$H_2A \longrightarrow 2H^+ + A^{2-}$$

$$K_{H_2A} = \frac{a_{H^+}^2 a_{A^{2-}}}{a_{H_2A}} \approx \frac{c_{H^+}^2 c_{A^{2-}}}{c_{H_2A}}$$

$$c_{A^{2-}} = \frac{K_{H_2A} c_{H_2A}}{c_{H^+}^2} \tag{8.27}$$

将式（8.27）代入式（8.26），得

$$c_{Me^{2+}} = \frac{K_{sp,\ MeA} c_{H^+}^2}{K_{H_2A} c_{H_2A}} \tag{8.28}$$

取对数，得

$$\lg c_{Me^{2+}} = \lg K_{sp,\ MeA} - \lg K_{H_2A} - \lg c_{H_2A} - 2\mathrm{pH} \tag{8.29}$$

式中，K_{H_2A} 为弱酸 H_2A 的电离常数。

影响溶液中金属离子残余浓度的因素有溶液的 pH 值、生成的弱酸盐 MeA 的溶度积、弱酸的电离常数和未电离弱酸的浓度。

8.3.4 弱酸盐沉淀的动力学

弱酸盐溶解于水，弱酸盐与溶液中金属离子的反应属均相反应，反应速率为

$$Me^{z+} + \frac{z}{2}A^{2-} \!=\!=\!= MeA_{\frac{z}{2}}$$

$$-\frac{dc_{Me^{z+}}}{dt} = -\frac{dc_{A^{2-}}}{\frac{z}{2}dt} = j_{Me}$$

或

$$-\frac{dN_{Me^{z+}}}{dt} = -\frac{dN_{A^{2-}}}{\frac{z}{2}dt} = \frac{dN_{MeA_{\frac{z}{2}}}}{dt} = Vj_{Me^{z+}}$$

式中

$$j_{Me^{z+}} = K_{Me^{z+}} c_{Me^{z+}}^{n_{Me^{z+}}} c_{A^{2-}}^{n_{A^{2-}}}$$

所以

$$-\frac{dc_{Me^{z+}}}{dt} = -\frac{dc_{A^{2-}}}{\frac{z}{2}dt} = K_{Me^{z+}} c_{Me^{z+}}^{n_{Me^{z+}}} c_{A^{2-}}^{n_{A^{2-}}}$$

$$-\frac{dN_{Me^{z+}}}{dt} = -\frac{dN_{A^{2-}}}{\frac{z}{2}dt} = \frac{dN_{MeA_{\frac{z}{2}}}}{dt} = VK_{Me^{z+}} c_{Me^{z+}}^{n_{Me^{z+}}} c_{A^{2-}}^{n_{A^{2-}}}$$

8.4 形成有机盐或离子缔合物沉淀

8.4.1 原理和实例

溶液中的金属离子可以与一些有机盐生成沉淀，还可以与一些有机物形成离子缔合物沉淀。

表 8.8 是一些金属有机盐的 pK_{sp} 值。

表 8.8 一些金属有机盐的 pK_{sp} 值

盐类		金属离子													
		Cu^{2+}	Ag^{+}	Au^{2+}	Zn^{2+}	Cd^{2+}	Co^{3+}		Co^{2+}	Ni^{2+}	Pb^{2+}	Sn^{3+}	Sb^{3+}	Bi^{3+}	Cu^{+}
乙基黑药金属盐		16.0	15.92	26.22	4.92	8.12				3.77	11.66	9.82		11.12	15.85
二乙基二硫代氨基甲酸盐		30.85	20.36	33.64	16.07	21.21					22.85			51.0	21.19
油酸盐		19.4	10.9		18.1	17.3				15.7	19.8				
脂肪酸盐	$C_{15}H_{31}COO^{-}$	21.6	12.2		20.7	20.2				18.3	22.9				
	$C_{17}H_{35}COO^{-}$	23.0	13.1		22.2					19.4	24.4				
黄原酸盐	乙基	24.2	18.6	29.2	8.2	13.56	41.0		24.2	12.5	16.7	14.70	24.0	9.61	19.28
	丁基	29.0	20.8		12.9				14.3	16.5	20.3				
	壬基	30.0	22.6		16.2			11.0	21.3	22.3	24.0				

有机盐		金属离子								
		K^{+}	Fe^{2+}	Fe^{3+}	Mn^{2+}	Ag^{+}	Au^{+}	Ca^{2+}	Ba^{2+}	Mg^{2+}
乙基黑药金属盐			1.82			15.92	26.22			
二乙基二硫代氨基甲酸盐			16.07			20.36	33.64			
油酸盐		5.7	15.4	34.2	15.3	10.9		15.4	14.9	13.8
脂肪酸盐	$C_{15}H_{31}COO^{-}$	5.2	17.8	34.3	18.4	12.2		18.9	17.6	16.5
	$C_{17}H_{35}COO^{-}$	6.1	19.6		19.7	13.1		19.6	19.1	17.7
黄原酸盐	乙基		7.10			18.6	29.2			
	丁基					19.5				
	己基					20.8				
	壬基		11.0			2.6				

（1）生成金属有机盐。许多有机物是弱酸或弱碱，这些有机物的金属盐在水中的溶解度小，形成沉淀。化学反应为

$$Me^{z+} + zRA^{-} \longrightarrow Me(RA)_z$$

例如，乙基黄酸根沉淀金属离子，化学反应为

$$Me^{2+} + 2C_2H_5OCS_2^{-} \longrightarrow Me(C_2H_5OCS_2)_2 \downarrow$$

（2）形成离子缔合物。一些有机阴离子可以与金属离子生成离子缔合物，这些缔合物在水中的溶解度小，形成沉淀。化学反应为

$$RA^{+} + MeO_x^{2-} \longrightarrow (RA)_2MeO_x \downarrow$$

例如，胺类化合物与钨酸根反应

$$RNH_3^+ + HWO_4^- === RNH_3HWO_4\downarrow$$

$$2RNH_3^+ + WO_4^- === (RNH_3)_2WO_4\downarrow$$

含有疏水基团（烷基、苯基等）和亲水基团（—SO_3H、—OH、—COOH、—NH_2等）都可以与金属离子生成缔合物。含有疏水基团多的有机阳离子与金属离子形成的缔合物溶解度小；含有亲水基团多的阴离子与金属离子形成的缔合物溶解度相对较大。

8.4.2 生成有机化合物或离子缔合物沉淀的热力学

8.4.2.1 生成有机化合物

金属离子与有机化合物的反应为

$$Me^{z+} + zRA^- === Me(RA)_z\downarrow$$

该反应的摩尔吉布斯自由能变化为

$$\Delta G_m = \Delta G_m^{\ominus} + RT\ln\frac{1}{a_{Me^{z+}}a_{RA^-}^z}$$

式中，$\Delta G_m^{\ominus} = \mu_{Me(RA)_z}^* - \mu_{Me^{z+}}^{\ominus} - z\mu_{A^{2-}}^{\ominus}$；$\mu_{Me(RA)_z}^* = \Delta_f G_{m,Me(RA)_z}^*$为金属有机盐$Me(RA)_z$的摩尔生成自由能；$\mu_{Me^{z+}}^{\ominus}$和$\mu_{RA^-}^{\ominus}$分别为所选标准状态的$Me^{z+}$和$RA^-$的标准化学势。

也可以写作

$$MeA + MR === MeR\downarrow + MA$$

该反应的摩尔吉布斯自由能变化为

$$\Delta G_m = \Delta G_m^{\ominus} + RT\ln\frac{a_{MA}}{a_{MeA}a_{MR}}$$

式中，$\Delta G_m^{\ominus} = \mu_{MeR}^* + \mu_{MA}^{\ominus} - \mu_{MeA}^{\ominus} - \mu_{MR}^{\ominus}$。

例如，乙基黄酸与金属离子形成化合物，化学反应为

$$Me^{z+} + zC_2H_5OCS_2^- === Me(C_2H_5OCS_2)_z\downarrow$$

该反应的摩尔吉布斯自由能变化为

$$\Delta G_m = \Delta G_m^{\ominus} + RT\ln\frac{1}{a_{Me^{z+}}a_{C_2H_5OCS_2^-}^z}$$

式中，$\Delta G_m^{\ominus} = \mu_{Me(C_2H_5OCS_2)_z}^* - \mu_{Me^{z+}}^{\ominus} - z\mu_{C_2H_5OCS_2^-}^{\ominus}$；$\mu_{Me(C_2H_5OCS_2)_z}^* = \Delta_f G_{m,Me(C_2H_5OCS_2)_z}^*$为$Me(C_2H_5OCS_2)_z$的生成自由能；$\mu_{Me^{z+}}^{\ominus}$和$\mu_{C_2H_5OCS_2^-}^{\ominus}$分别为所选的标准状态$Me^{z+}$和$C_2H_5OCS_2^-$的化学势。

也可以写作

$$MeB_z + zHC_2H_5OCS_2 === Me(C_2H_5OCS_2)_z\downarrow + zHB$$

该反应的摩尔吉布斯自由能变化为

$$\Delta G_m = \Delta G_m^{\ominus} + RT\ln\frac{a_{HB}^z}{a_{MeB_z}a_{HC_2H_5OCS_2}^z}$$

式中，$\Delta G_m^{\ominus} = \mu_{Me(C_2H_5OCS_2)_z}^* + z\mu_{HB}^{\ominus} - \mu_{MeB_z}^{\ominus} - z\mu_{HC_2H_5OCS_2}^{\ominus}$。

8.4.2.2 形成离子缔合物

金属氧化物离子与有机物反应，生成离子缔合物，有

$$2RA^+ + MeO_x^{2-} \longrightarrow (RA)_2MeO_x \downarrow$$

该反应的摩尔吉布斯自由能变化为

$$\Delta G_m = \Delta G_m^\ominus + RT\ln \frac{1}{a_{MeO_x^{2-}} a_{RA^+}^2}$$

式中，$\Delta G_m^\ominus = \mu_{(RA)_2MeO_x}^* - 2\mu_{RA^+}^\ominus - \mu_{MeO_x^{2-}}^\ominus$；$\mu_{(RA)_2MeO_x}^* = \Delta_f G_{(RA)_2MeO_x}^*$ 为缔合物 $(RA)_2MeO_x$ 的摩尔生成自由能；$\mu_{RA^+}^\ominus$ 和 $\mu_{MeO_x^{2-}}^\ominus$ 分别为 RA^+ 和 MeO_x^{2-} 在规定标准状态的标准化学势。

也可以写作

$$2RAOH + H_2MeO_x \longrightarrow (RA)_2MeO_x \downarrow + 2H_2O$$

该反应的摩尔吉布斯自由能变化为

$$\Delta G_m = \Delta G_m^\ominus + RT\ln \frac{1}{a_{H_2MeO_x} a_{RAOH}^2}$$

式中，$\Delta G_m^\ominus = \mu_{(RA)_2MeO_x}^* - 2\mu_{RAOH}^\ominus - \mu_{H_2MeO_x}^\ominus$。

例如，胺类化合物与钨酸形成离子缔合物，化学反应为

$$RNH_3^+ + HWO_4^- \longrightarrow RNH_3HWO_4 \downarrow$$

该反应的摩尔吉布斯自由能变化为

$$\Delta G_m = \Delta G_m^\ominus + RT\ln \frac{1}{a_{HWO_4^-} a_{RNH_3^+}}$$

式中，$\Delta G_m^\ominus = \mu_{RNH_3HWO_4}^* - \mu_{RNH_3^+}^\ominus - \mu_{HWO_4^-}^\ominus = \Delta_f G_{m,RNH_3HWO_4}^* - \mu_{RNH_3^+}^\ominus - \mu_{HWO_4^-}^\ominus$；$\Delta_f G_{m,RNH_3HWO_4}^*$ 为 RNH_3HWO_4 的摩尔生成自由能；$\mu_{RNH_3^+}^\ominus$ 和 $\mu_{HWO_4^-}^\ominus$ 分别为在选定的标准状态，RNH_3^+ 和 HWO_4^- 的化学势。

也可以写成

$$RNH_3OH + MHWO_4 \longrightarrow RNH_3HWO_4 \downarrow + MOH$$

该过程的摩尔吉布斯自由能变化为

$$\Delta G_m = \Delta G_m^\ominus + RT\ln \frac{a_{MOH}}{a_{MHWO_4} a_{RNH_3OH}}$$

式中，$\Delta G_m^\ominus = \mu_{RNH_3HWO_4}^* + \mu_{MOH}^\ominus - \mu_{RNH_3OH}^\ominus - \mu_{MHWO_4}^\ominus$。

8.4.2.3 化学平衡

(1) 生成金属有机盐：

$$Me^{z+} + zRA^- \longrightarrow Me(RA)_z \downarrow$$

平衡常数为

$$K_{Me(RA)_z} = \frac{1}{a_{Me^{z+}} a_{RA^-}^z} \approx \frac{1}{c_{Me^{z+}} c_{RA^-}^z}$$

$$K_{sp,Me(RA)_z} = c_{Me^{z+}} c_{RA^-}^z$$

$$c_{Me^{z+}} = \frac{K_{sp,Me(RA)_z}}{c_{RA^-}^z} \tag{8.30}$$

$$HRA \longrightarrow H^+ + RA^-$$

$$K_{HRA}=\frac{a_{H^+}a_{RA^-}}{a_{HRA}}\approx\frac{c_{H^+}c_{RA^-}}{c_{HRA}}$$

$$c_{RA^-}=\frac{K_{HRA}c_{HRA}}{c_{H^+}} \tag{8.31}$$

将式（8.31）代入式（8.30），得

$$c_{Me^{z+}}=\frac{K_{sp,Me(RA)_z}c_{H^+}^z}{K_{HRA}^z c_{HRA}^z} \tag{8.32}$$

取对数，得：

$$\lg c_{Me^{z+}}=\lg K_{sp,Me(RA)_z}-z\mathrm{pH}-z\lg K_{HRA}-z\lg c_{HRA}$$

以乙基黄酸根沉淀金属离子为例，化学反应为

$$Cu^{2+}+2C_2H_5OS_2^-=\!=\!=Cu(C_2H_5OS_2)_2\downarrow$$

平衡常数为

$$K_{Cu(C_2H_5OS_2)_2}=\frac{a_{Cu(C_2H_5OS_2)_2}}{a_{Cu^{2+}}a_{C_2H_5OS_2^-}^2}\approx\frac{c_{Cu(C_2H_5OS_2)_2}}{c_{Cu^{2+}}c_{C_2H_5OS_2^-}^2}$$

$$K_{sp,Cu(C_2H_5OS_2)_2}=a_{Cu^{2+}}a_{C_2H_5OS_2^-}^2$$

$$a_{Cu^{2+}}=\frac{K_{sp,Cu(C_2H_5OS_2)_2}}{a_{C_2H_5OS_2^-}^2} \tag{8.33}$$

$$HC_2H_5OS_2=\!=\!=H^++C_2H_5OS_2^-$$

$$K_{HC_2H_5OS_2}=\frac{a_{H^+}a_{C_2H_5OS_2^-}}{a_{HC_2H_5OS_2}}\approx\frac{c_{H^+}c_{C_2H_5OS_2^-}}{c_{HC_2H_5OS_2}}$$

$$c_{C_2H_5OS_2^-}=\frac{K_{HC_2H_5OS_2}\cdot c_{HC_2H_5OS_2}}{c_{H^+}} \tag{8.34}$$

将式（8.34）代入式（8.33），得

$$c_{Cu^{2+}}=\frac{K_{sp,Cu(C_2H_5OS_2)_2}c_{H^+}^2}{K_{HC_2H_5OS_2}^2c_{HC_2H_5OS_2}^2} \tag{8.35}$$

取对数，得

$$\lg c_{Cu^{2+}}=\lg K_{sp,Cu(C_2H_5OS_2)_2}-2\mathrm{pH}-2\lg K_{HC_2H_5OS_2}-2\lg c_{HC_2H_5OS_2}$$

（2）生成离子缔合物：

$$2RA^++MeO_x^{2-}=\!=\!=(RA)_2MeO_x\downarrow$$

平衡常数为

$$K_{(RA)_2MeO_x}=\frac{1}{a_{MeO_x^{2-}}a_{RA^+}^2}\approx\frac{1}{c_{MeO_x^{2-}}c_{RA^+}^2}$$

$$K_{sp,(RA)_2MeO_x}=c_{MeO_x^{2-}}c_{RA^+}^2$$

$$c_{MeO_x^{2-}}=\frac{K_{sp,(RA)_2MeO_x}}{c_{RA^+}^2} \tag{8.36}$$

而

$$H_2MeO_x=\!=\!=2H^++MeO_x^{2-}$$

有

$$K_{H_2MeO_x}=\frac{a_{H^+}^2 a_{MeO_x^{2-}}}{a_{H_2MeO_x}}\approx\frac{c_{H^+}^2 c_{MeO_x^{2-}}}{c_{H_2MeO_x}}$$

$$c_{MeO_x^{2-}}=\frac{K_{H_2MeO_x}c_{H_2MeO_x}}{c_{H^+}^2} \tag{8.37}$$

将式（8.37）代入式（8.36），得

$$c_{RA^+}^2=\frac{K_{sp,(RA)_2MeO_x}c_{H^+}^2}{K_{H_2MeO_x}c_{H_2MeO_x}} \tag{8.38}$$

取对数，得：

$$\lg c_{RA^+}=\frac{1}{2}(K_{sp,(RA)_2MeO_x}-2pH-\lg K_{H_2MeO_x}-\lg c_{H_2MeO_x})$$

又由

$$RAOH = RA^+ + OH^-$$

有

$$K_{RAOH}=\frac{a_{RA^+}a_{OH^-}}{a_{RAOH}}\approx\frac{c_{RA^+}c_{OH^-}}{c_{RAOH}}$$

$$c_{RA^+}=\frac{K_{RAOH}c_{RAOH}}{c_{OH^-}} \tag{8.39}$$

将式（8.39）代入式（8.36），得

$$c_{MeO_x^{2-}}=\frac{K_{sp,(RA)_2MeO_x}c_{OH^-}^2}{K_{RAOH}^2 c_{RAOH}^2} \tag{8.40}$$

取对数，得

$$\lg c_{MeO_x^{2-}}=\lg K_{sp,(RA)_2MeO_x}+2pH-2\lg K_{RAOH}-2\lg c_{RAOH}$$

例如，胺类化合物沉淀钨酸，化学反应为

$$2RNH_3^+ + WO_4^{2-} = (RNH_3)_2WO_4\downarrow$$

平衡常数为

$$K_{(RNH_3)_2WO_4}=\frac{1}{a_{WO_4^{2-}}a_{RNH_3^+}^2}\approx\frac{1}{c_{WO_4^{2-}}c_{RNH_3^+}^2}$$

$$K_{sp,(RNH_3)_2WO_4}=c_{WO_4^{2-}}c_{RNH_3^+}^2$$

$$c_{WO_4^{2-}}=\frac{K_{sp,(RNH_3)_2WO_4}}{c_{RNH_3^+}^2} \tag{8.41}$$

$$H_2WO_4 = 2H^+ + WO_4^{2-}$$

$$K_{H_2WO_4}=\frac{a_{H^+}^2 a_{WO_4^{2-}}}{a_{H_2WO_4}}\approx\frac{c_{H^+}^2 c_{WO_4^{2-}}}{c_{H_2WO_4}}$$

$$c_{WO_4^{2-}}=\frac{K_{H_2WO_4}c_{H_2WO_4}}{c_{H^+}^2} \tag{8.42}$$

将式（8.42）代入式（8.41），得

$$\frac{K_{H_2WO_4}c_{H_2WO_4}}{c_{H^+}^2}=\frac{K_{sp,(RNH_3)_2WO_4}}{c_{RNH_3^+}^2} \tag{8.43}$$

$$c_{RNH_3^+}^2=\frac{K_{sp,(RNH_3)_2WO_4}c_{H^+}^2}{K_{H_2WO_4}c_{H_2WO_4}} \tag{8.44}$$

取对数，得

$$\lg c_{RNH_3^+}=\frac{1}{2}(K_{sp,(RNH_3)_2WO_4}-2pH-\lg K_{H_2WO_4}-\lg c_{H_2WO_4})$$

$$RNH_3OH \Longrightarrow RNH_3^+ + OH^-$$

$$K_{RNH_3OH}=\frac{a_{RNH_3^+}a_{OH^-}}{a_{RNH_3OH}}\approx\frac{c_{RNH_3^+}c_{OH^-}}{c_{RNH_3OH}}$$

$$c_{RNH_3^+}=\frac{K_{RNH_3OH}c_{RNH_3OH}}{c_{OH^-}} \tag{8.45}$$

将式（8.45）代入式（8.41），得

$$c_{WO_4^{2-}}=\frac{K_{sp,(RNH_3)_2WO_4}c_{OH^-}^2}{K_{RNH_3OH}^2c_{RNH_3OH}^2} \tag{8.46}$$

取对数，得

$$\lg c_{WO_4^{2-}}=\lg K_{sp,(RNH_3)_2WO_4}+2pH-2\lg K_{RNH_3OH}-2\lg c_{RNH_3OH} \tag{8.47}$$

8.4.3 形成有机盐沉淀的动力学

有机化合物与溶液中的金属离子、金属的含氧阴离子的反应是均一液相反应。化学反应是过程的控制步骤。

（1）形成金属有机盐沉淀：

$$Me^{z+}+zRA^- \Longrightarrow Me(RA)_z$$

反应速率为

$$-\frac{dc_{Me^{z+}}}{dt}=-\frac{dc_{RA^-}}{zdt}=j_{Me^{z+}}$$

$$-\frac{dN_{Me^{z+}}}{dt}=-\frac{dN_{RA^-}}{zdt}=\frac{dN_{Me(RA)_z}}{dt}=Vj_{Me^{z+}}$$

式中

$$j_{Me^{z+}}=k_{Me^{z+}}c_{Me^{z+}}^{n_{Me^{z+}}}c_{RA^-}^{n_{RA^-}}$$

$$-\frac{dc_{Me^{z+}}}{dt}=-\frac{dc_{RA^-}}{zdt}=k_{Me^{z+}}c_{Me^{z+}}^{n_{Me^{z+}}}c_{RA^-}^{n_{RA^-}}$$

$$-\frac{dN_{Me^{z+}}}{dt}=-\frac{dN_{RA^-}}{dt}=\frac{dN_{Me(RA)_z}}{dt}=Vk_{Me^{z+}}c_{Me^{z+}}^{n_{Me^{z+}}}c_{RA^-}^{n_{RA^-}}$$

或者

$$MeB_z+zHRA \Longrightarrow Me(RA)_z+zHB$$

$$-\frac{dc_{MeB_z}}{dt}=-\frac{dc_{HRA}}{zdt}=\frac{dc_{HB}}{zdt}=j_{MeB_z}$$

$$-\frac{dN_{MeB_z}}{dt}=-\frac{dN_{HRA}}{zdt}=\frac{dN_{Me(RA)_z}}{dt}=\frac{dN_{HB}}{zdt}=Vj_{Me^{z+}}$$

式中

$$j_{MeB_z}=k_+c_{MeB_z}^{n_{MeB_z}}c_{HRA}^{n_{HRA}}-k_-c_{HB}^{n_{HB}}$$

所以

$$-\frac{dc_{MeB_z}}{dt}=-\frac{dc_{HRA}}{zdt}=\frac{dc_{HB}}{zdt}=k_+c_{MeB_z}^{n_{MeB_z}}c_{HRA}^{n_{HRA}}-k_-c_{HB}^{n_{HB}} \quad (8.48)$$

$$-\frac{dN_{MeB_z}}{dt}=-\frac{dN_{HRA}}{zdt}=\frac{dN_{Me(RA)_z}}{dt}=\frac{dN_{HB}}{zdt}=V(k_+c_{MeB_z}^{n_{MeB_z}}c_{HRA}^{n_{HRA}}-k_-c_{HB}^{n_{HB}}) \quad (8.49)$$

（2）与含氧阴离子形成缔合物：

$$2RA^++MeO_x^{2-}=\!=\!=(RA)_2MeO_x\downarrow$$

反应速率为

$$-\frac{dc_{MeO_x^{2-}}}{dt}=-\frac{dc_{RA^+}}{2dt}=j_{MeO_x^{2-}}$$

$$-\frac{dN_{MeO_x^{2-}}}{dt}=-\frac{dN_{RA^+}}{2dt}=\frac{dN_{(RA)_2MeO_x}}{dt}=Vj_{MeO_x^{2-}}$$

式中

$$j_{MeO_x^{2-}}=k_+c_{RA^+}^{n_{RA^+}}c_{MeO_x^{2-}}^{n_{MeO_x^{2-}}}$$

$$-\frac{dc_{RA^+}}{2dt}=-\frac{dc_{MeO_x^{2-}}}{dt}=k_+c_{RA^+}^{n_{RA^+}}c_{MeO_x^{2-}}^{n_{MeO_x^{2-}}}$$

$$-\frac{dN_{RA^+}}{2dt}=-\frac{dN_{MeO_x^{2-}}}{dt}=\frac{dN_{(RA)_2MeO_x}}{dt}=Vk_+c_{RA^+}^{n_{RA^+}}c_{MeO_x^{2-}}^{n_{MeO_x^{2-}}}$$

或者

$$2RAOH+H_2MeO_x=\!=\!=(RA)_2MeO_x\downarrow+2H_2O$$

反应速率为

$$-\frac{dc_{RAOH}}{2dt}=-\frac{dc_{H_2MeO_x}}{dt}=j_{H_2MeO_x}$$

$$-\frac{dN_{RAOH}}{2dt}=-\frac{dN_{H_2MeO_x}}{dt}=\frac{dN_{(RA)_2MeO_x}}{dt}=Vj_{H_2MeO_x}$$

式中

$$j_{MeO_x^{2-}}=k_+c_{RAOH}^{n_{RAOH}}c_{H_2MeO_x}^{n_{H_2MeO_x}}$$

所以

$$-\frac{dc_{RAOH}}{2dt}=-\frac{dc_{H_2MeO_x}}{dt}=k_+c_{RAOH}^{n_{RAOH}}c_{H_2MeO_x}^{n_{H_2MeO_x}} \quad (8.50)$$

$$-\frac{dN_{RAOH}}{2dt}=-\frac{dN_{H_2MeO_x}}{dt}=\frac{dN_{(RA)_2MeO_x}}{dt}=k_+c_{RAOH}^{n_{RAOH}}c_{H_2MeO_x}^{n_{H_2MeO_x}} \quad (8.51)$$

8.5 置换沉淀

8.5.1 原理

利用电极电势相对负的金属将电极电势相对正的金属离子从溶液中置换出来叫作置换沉淀。化学反应为

$$Me + M^{z+} = M + Me^{z+}$$

表 8.9 列出了一些金属的电极电势。

表 8.9 一些金属的电极电势

还原型（还原剂）	氧化型（氧化剂）	电极电势 /V	还原型（还原剂）	氧化型（氧化剂）	电极电势 /V
Li	Li^+	-3.02	H_2	$2H^+$	0.00
K	K^+	-2.92	H_2S	$S+2H^+$	+0.14
Ba	Ba^{2+}	-2.9	Sn^{2+}	Sn^{4+}	+0.15
Sr	Sr^{2+}	-2.89	Cu^+	Cu^{2+}	+0.17
Ca	Ca^{2+}	-2.87	Cu	Cu^{2+}	+0.34
Na	Na^+	-2.71	Cu	Cu^+	+0.52
Mg	Mg^{2+}	-2.34	$2I^-$	I_2	+0.535
Al	Al^{3+}	-1.67	Fe^{2+}	Fe^{3+}	+0.77
Mn	Mn^{2+}	-1.05	2Hg	Hg_2^{2+}	+0.7986
Zn	Zn^{2+}	-0.76	Ag	Ag^+	+0.799
Cr	Cr^{3+}	-0.71	Hg	Hg_2^{2+}	+0.85
S^{2-}	S	-0.51	Hg_2^{2+}	$2Hg^{2+}$	+0.91
Fe	Fe^{2+}	-0.44	$2Br^-$	Br_2	+1.07
Cd	Cd^{2+}	-0.40	Au^+	Au^{3+}	+1.29
Co	Co^{2+}	-0.28	$2Cl^-$	Cl_2	+1.36
Ni	Ni^{2+}	-0.25	Au	Au^{3+}	+1.42
Sn	Sn^{2+}	-0.14	Au	Au^+	+1.68
Pb	Pb^{2+}	-0.13	Co^{2+}	Co^{3+}	+1.84
Fe	Fe^{3+}	-0.04	$2F^-$	F_2	+2.85

按照电极电势值的大小将金属排成电动序：K、Na、Ca、Mg、Al、Mn、Zn、Fe、Ni、Sn、Pb、H、Cu、Hg、Ag、Pt、Au。

在这个顺序中，左边的金属可以把右边金属的离子从溶液中置换出来，即左边的金属

可以把右边的金属还原，右边的金属可以把左边的金属氧化。

8.5.2 实例

（1）用铁置换铜。向 $CuSO_4$ 溶液中加入铁粉，还原铜。化学反应为

$$Fe + Cu^{2+} = Cu + Fe^{2+}$$

$$Fe + CuSO_4 = Cu\downarrow + FeSO_4$$

（2）用锌置换银、金，化学反应为

$$Zn + 2Ag^{+} = 2Ag + Zn^{2+}$$

$$Zn + 2Au^{+} = 2Au + Zn^{2+}$$

8.5.3 置换沉淀的热力学

用较活泼金属置换不活泼金属离子的化学反应为

$$Me + M^{z+} = M + Me^{z+}$$

该过程的摩尔吉布斯自由能变化为

$$\Delta G_m = \Delta G_m^{\ominus} + RT\ln\frac{a_{Me^{z+}}}{a_{M^{z+}}}$$

式中

$$\Delta G_m^{\ominus} = \mu_M^* + \mu_{Me^{z+}}^{\ominus} - \mu_{Me}^* - \mu_{M^{z+}}^{\ominus} = \mu_{Me^{z+}}^{\ominus} - \mu_{M^{z+}}^{\ominus}$$

$$\mu_M^* = \Delta_f G_{m,M}^* = 0$$

$$\mu_{Me^{z+}} = \mu_{Me^{z+}}^{\ominus} + RT\ln a_{Me^{z+}}$$

$$\mu_{Me}^* = \Delta_f G_{m,Me}^* = 0$$

$$\mu_{M^{z+}} = \mu_{M^{z+}}^{\ominus} + RT\ln a_{M^{z+}}$$

$\mu_{Me^{z+}}^{\ominus}$ 和 $\mu_{M^{z+}}^{\ominus}$ 分别为所选标准状态的 Me^{z+} 和 M^{z+} 的标准化学势。

也可以写作

$$Me + MA = M + MeA$$

该过程的摩尔吉布斯自由能变化为

$$\Delta G_m = \Delta G_m^{\ominus} + RT\ln\frac{a_{MeA}}{a_{MA}}$$

式中

$$\Delta G_m^{\ominus} = \mu_M^* + \mu_{MeA}^{\ominus} - \mu_{Me}^* - \mu_{MA}^{\ominus} = \mu_{MeA}^{\ominus} - \mu_{MA}^{\ominus}$$

$$\mu_{MeA} = \mu_{MeA}^{\ominus} + RT\ln a_{MeA}$$

$$\mu_{MA} = \mu_{MA}^{\ominus} + RT\ln a_{MA}$$

$\mu_{MeA}^{\ominus}$ 和 $\mu_{MA}^{\ominus}$ 分别为所选标准状态的 MeA 和 MA 的标准化学势。

8.5.4 置换沉淀的电化学

置换的化学反应可以看作无数个微电池总和，有

阴极反应：$M^{z+} + ze^- = M$

阳极反应：$Me = Me^{z+} + ze^-$

电池反应：$M^{z+} + Me = M + Me^{z+}$

置换金属 Me 过量，电池反应将进行到两种金属的电化学可逆电势相等为止。因此，电池反应的平衡条件为

$$\varphi^{\ominus}_{M^{z+}/M}+\frac{RT}{zF}\ln a_{M^{z+}}=\varphi^{\ominus}_{Me^{z+}/Me}+\frac{RT}{zF}\ln a_{Me^{z+}}$$

$$\varphi^{\ominus}_{Me^{z+}/Me}-\varphi^{\ominus}_{M^{z+}/M}=\frac{RT}{zF}\ln\frac{a_{M^{z+}}}{a_{Me^{z+}}}\approx\frac{RT}{zF}\ln\frac{c_{M^{z+}}}{c_{Me^{z+}}}$$

$$\frac{a_{M^{z+}}}{a_{Me^{z+}}}=\exp\frac{zF(\varphi^{\ominus}_{Me^{z+}/Me}-\varphi^{\ominus}_{M^{z+}/M})}{RT}\tag{8.52}$$

换成常用对数，有

$$\frac{a_{M^{z+}}}{a_{Me^{z+}}}=10^{\frac{zF(\varphi^{\ominus}_{Me^{z+}/Me}-\varphi^{\ominus}_{M^{z+}/M})}{RT}}\tag{8.53}$$

【例 8.2】 计算以 Zn 置换 Cu^{2+}的活度比。

Zn 置换 Cu^{2+}的化学反应为

$$Cu^{2+}+Zn=\!=\!=Cu+Zn^{2+}$$

$$\Delta\varphi=\varphi^{\ominus}_{Cu^{2+}/Cu}-\varphi^{\ominus}_{Zn^{2+}/Zn}+\frac{0.059}{2}\lg\frac{a_{Cu^{2+}}}{a_{Zn^{2+}}}$$

反应达平衡，有

$$\Delta\varphi=0$$

$$\varphi^{\ominus}_{Cu^{2+}/Cu}-\varphi^{\ominus}_{Zn^{2+}/Zn}=\frac{0.059}{2}\lg\frac{a_{Cu^{2+}}}{a_{Zn^{2+}}}$$

$\varphi^{\ominus}_{Cu^{2+}/Cu}=0.763V$，$\varphi^{\ominus}_{Zn^{2+}/Zn}=0.337V$ 。代入上式，得

$$\frac{a_{Cu^{2+}}}{a_{Zn^{2+}}}=5.2\times10^{-38}$$

活度比很小，说明用锌可以将铜置换得很完全。

表 8.10 是利用式（8.52）计算在平衡状态的活度比。

表 8.10 在平衡状态置换反应的活度比

置换金属	Zn	Fe	Ni	Zn
被置换金属	Cu	Cu	Cu	Ni
$\frac{a_{M^{2+}}}{a_{Me^{2+}}}$	5.2×10^{-38}	1.3×10^{-27}	2.0×10^{-20}	5.0×10^{-19}
置换金属	Cu	Zn	Zn	Co
被置换金属	Hg	Cd	Fe	Ni
$\frac{a_{M^{2+}}}{a_{Me^{2+}}}$	1.6×10^{-16}	3.2×10^{-13}	8.2×10^{-12}	4.0×10^{-12}

8.5.5 置换反应的影响因素

8.5.5.1 氧对置换反应的影响

氧是强氧化剂，氧的标准电极电势为 $\varphi^{\ominus}_{O_2/OH^-}=1.229V$ ，氧可以把许多金属氧化成离

子。例如，

$$Zn + \frac{1}{2}O_2 + 2H^+ = Zn^{2+} + H_2O$$

用 Zn 置换 Cu^{2+}，体系中的 O_2 会将 Zn 氧化，消耗锌。对许多其他金属也如此。

8.5.5.2 氢对置换反应的影响

在电势-pH 图上，以氢线为标准，可以把金属分为三类。

第一类：电极电势很正的。对于任何 pH 值，$\varphi_{M^{z+}/M}$ 总是大于 φ_{H_2O/H_2}。还原 M^{z+} 时，不会有 H_2 析出。例如，Cu、Ag、Bi、Hg 等。

第二类：与氢线相交的金属。这类金属的置换条件与溶液的 pH 值有关。pH 值在氢线左侧（小于氢线上的 pH 值），H_2 优先析出；pH 值在氢线右侧（大于氢线上的 pH 值），金属被置换。例如，Ni、Co、Cd、Fe 等。

第三类：电极电势很负的金属。对于任何 pH 值，$\varphi_{H^+/\frac{1}{2}H_2}$ 总是大于 $\varphi_{M^{z+}/M}$，置换反应总是 H_2 优先析出。例如，Zn、Sn、Mn、Cr 等。此类金属不宜采用置换法沉淀。

8.5.6 置换反应动力学

根据电极反应动力学理论，在与电解质接触的金属表面，进行着共轭的阴极和阳极电化学反应。这些反应是在等电势的金属表面进行。如果把一块金属放入含有更正电势的金属离子溶液中，便会在金属与溶液之间进行离子交换，并在金属表面形成被置换金属离子覆盖的阴极区域。电子由置换金属流向被置换金属离子的阴极区，发生还原反应，被置换的金属离子得到电子，沉积在置换金属的表面；在阳极区，置换金属失去电子，成为离子，进入溶液。

8.5.6.1 置换反应的控制步骤

置换过程的速率可以是阴极反应控制，也可以是阳极反应控制，也可能决定于电解质中的欧姆电压降。

置换过程速率如果由阴极反应控制，随着反应的进行，被置换金属的电势，趋于更负，并趋近于原电池中负电势金属的电势值。

置换过程速率如果由阳极反应控制，随着反应的进行，被置换金属的电势趋向于更正。

例如，用锌置换铜，阴极电势向更负的方向变化，而锌阳极电势不变，说明锌置换铜的过程速率受阴极过程控制。

例如，镍置换铜，被置换的铜的电势在置换过程中向更正的方向变化，说明置换过程的速率由阳极过程控制。

由电化学反应控制的置换过程的动力学方程为

$$-\frac{dc_{M^{z+}}}{dt} = kc_{M^{z+}}^n \tag{8.54}$$

或

$$\frac{dc_{Me^{z+}}}{dt} = kc_{M^{z+}}^n \tag{8.55}$$

式中，$n=1$ 或 2。式（8.54）为阴极反应控制，式（8.55）为阳极反应控制。

置换过程速率可以受电化学反应步骤控制，也可以受扩散步骤控制。如果由置换金属和被置换金属及溶液构成的原电池的标准电动势足够大，则电化学反应速率快，置换过程受扩散控制。实际上，大多数有实用价值的置换沉淀体系，其标准电动势都大。因此，绝大多数置换沉淀过程的速率是受扩散步骤控制。受扩散控制的置换过程的速率方程为

$$\lg \frac{c_t}{c_0} = -\frac{kS}{2.303V}t \tag{8.56}$$

式中，c_0 和 c_t 分别为溶液中被置换的金属离子的初始浓度和时间 t 的浓度，mol/L；k 为扩散速率常数，cm/min；S 为反应面积，cm^2；V 为溶液体积，cm^3；t 为反应时间，min。

8.5.6.2 影响置换反应速率的因素

对于扩散控制的置换反应，影响反应速率的因素有：

（1）搅拌强度。增大搅拌强度，增加传质速度，提高反应速率。增大搅拌强度有利于消除浓差极化，加快电化学反应。

（2）置换剂的粒度。减小置换剂的粒度，可增大置换剂的表面积，提高反应速率。

（3）置换剂的形貌。置换剂表面粗糙，表面积大，可提高反应速率。

（4）温度。温度升高，反应速率加快。

（5）其他离子的影响。其他组元对置换反应有的有利，有的有害。例如，用 Zn 置换 Ag^+，Na^+、K^+、Li^+对置换反应有利，而氧对置换反应不利。

8.6 气体还原

溶液中有些金属离子可以用气体还原成金属。

8.6.1 氢还原

8.6.1.1 原理

电极电势在氢前面的金属离子，能够被氢气还原成金属。化学反应为

$$\frac{z}{2}H_2 + Me^{z+} = Me + zH^+$$

因此，利用物质的电极电势，可以判断水溶液中哪些金属离子可以用氢气还原。

8.6.1.2 实例

用氢气还原溶液中的铜、银、铋、镍和钴离子，化学反应为

$$H_2 + Cu^{2+} = Cu + 2H^+$$

$$H_2 + 2Ag^+ = Ag + 2H^+$$

$$H_2 + Bi^{2+} = Bi + 2H^+$$

$$H_2 + Ni^{2+} = Ni + 2H^+$$

$$H_2 + Co^{2+} = Co + 2H^+$$

8.6.1.3 氢还原金属离子的热力学

A 氢还原金属离子的摩尔吉布斯自由能变化

氢还原金属离子的摩尔吉布斯自由能变化为

$$\Delta G_m = \Delta G_m^{\ominus} + RT\ln\frac{a_{H^+}^z}{a_{Me^{z+}}\,p_{H_2}^{z/2}}$$

式中
$$\Delta G_m^{\ominus} = \mu_{Me}^* + z\mu_{H^+}^{\ominus} - \frac{z}{2}\mu_{H_2}^{\ominus} - \mu_{Me^{z+}}^{\ominus} = z\mu_{H^+}^{\ominus} - \frac{z}{2}\mu_{H_2}^{\ominus} - \mu_{Me^{z+}}^{\ominus}$$

$$\mu_{H^+} = \mu_{H^+}^{\ominus} + RT\ln a_{H^+}$$
$$\mu_{Me^{z+}} = \mu_{Me^{z+}}^{\ominus} + RT\ln a_{Me^{z+}}$$
$$\mu_{H_2} = \mu_{H_2}^{\ominus} + RT\ln p_{H_2}$$

$\mu_{H^+}^{\ominus}$ 和 $\mu_{Me^{z+}}^{\ominus}$ 分别为所选标准状态的 H^+ 和 Me^{z+} 的标准化学势；$\mu_{H_2}^{\ominus}$ 为一个标准压力的氢的化学势。

化学反应也可以写作

$$\frac{z}{2}H_2 + MeA_{z/2} = Me + \frac{z}{2}H_2A$$

该反应的摩尔吉布斯自由能变化为

$$\Delta G_m = \Delta G_m^{\ominus} + RT\ln\frac{a_{H_2A}^{z/2}}{a_{MeA_{z/2}}\,p_{H_2}^{z/2}}$$

式中
$$\Delta G_m^{\ominus} = \mu_{Me}^* + \frac{z}{2}\mu_{H_2A}^{\ominus} - \frac{z}{2}\mu_{H_2}^{\ominus} - \mu_{MeA_{z/2}}^{\ominus}$$

$$\mu_{Me} = \mu_{Me}^{\ominus}$$
$$\mu_{H_2A} = \mu_{H_2A}^{\ominus} + RT\ln a_{H_2A}$$
$$\mu_{H_2} = \mu_{H_2}^{\ominus} + RT\ln p_{H_2}$$
$$\mu_{MeA_{z/2}} = \mu_{MeA_{z/2}}^{\ominus} + RT\ln a_{MeA_{z/2}}$$

μ_{Me}^* 为金属 Me 的化学势；$\mu_{H_2A}^{\ominus}$、$\mu_{MeA_{z/2}}^{\ominus}$ 分别为所选标准状态 H_2A、$MeA_{z/2}$ 的标准化学势；μ_{H_2} 为一个标准压力的氢的化学势。

反应达到平衡，

$$\Delta G_m = 0$$

$$\Delta G_m^{\ominus} = -RT\ln\frac{a'^{z/2}_{H_2A}}{a'_{MeA_{z/2}}p'^{z/2}_{H_2}}$$

$$K = \frac{a'^{z/2}_{H_2A}}{a'_{MeA_{z/2}}p'^{z/2}_{H_2}}$$

式中，符号加一撇，表示平衡状态值。

B 溶液的 pH 值

用氢气还原金属离子的化学反应为

$$\frac{z}{2}H_2 + Me^{z+} = Me + zH^+$$

$$\varphi_{Me^{z+}/Me} = \varphi_{Me^{z+}/Me}^{\ominus} + \frac{2.303RT}{zF}\lg a_{Me^{z+}} \approx \varphi_{\frac{Me^{z+}}{Me}}^{\ominus} + \frac{2.303RT}{zF}\lg c_{Me^{z+}} \tag{8.57}$$

$$\varphi_{H^+/\frac{1}{2}H_2} = -\frac{2.303RT}{F}\mathrm{pH} - \frac{2.303RT}{2F}\lg p_{H_2} \tag{8.58}$$

若 $\varphi_{Me^{z+}/Me} > \varphi_{H^+/\frac{1}{2}H_2}$，氢就能还原 M^{z+} 成为 M。$\varphi_{Me^{z+}/Me} = \varphi_{H^+/\frac{1}{2}H_2}$，反应达到平衡。

由式（8.57）和式（8.58）可见，提高溶液 Me^{z+} 的活度（浓度），提高溶液的 pH 值，提高 H_2 的压力都有利于 Me^{z+} 的还原。

图 8.24 给出了 $\varphi_{Me^{z+}/Me}$ 与 $c_{Me^{z+}}$、$\varphi_{H^+/\frac{1}{2}H_2}$ 与 pH 和 p_{H_2} 的关系。

H_2 还原反应达到平衡，有

$$\varphi_{Me^{z+}/Me} = \varphi_{H^+/\frac{1}{2}H_2}$$

得

$$\lg a_{Me^{z+}} = -zpH - \frac{z}{2}\lg p_{H_2} - \frac{zF}{2.303RT}\varphi^{\ominus}_{\frac{Me^{z+}}{Me}} \tag{8.59}$$

由式（8.59）可见，体系内氢气压力和温度一定，$\lg c_{Me^{z+}}$ 与 pH 呈线性关系。直线的斜率是金属离子的价数 z。将 $\lg c_{Me^{z+}}$ 对 pH 作图，得到图 8.25。由图 8.25 可见，电极电势为正值的金属，如银、铜、铋等，不论溶液的 pH 值取何值，$a_{Me^{z+}}$ 都很小，说明还原程度高；电极电势为负值的金属，如镍、钴、铅、镉等，溶液的 pH 值必须比较高，还原程度才会高；电极电势负值大的金属，如锌，则难以还原，因为所需 pH 值太大，这样大的 pH 值，锌已经水解沉淀了。

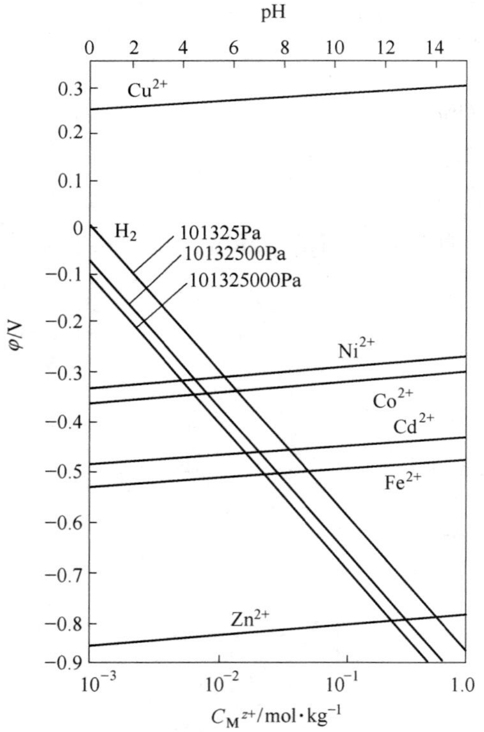

图 8.24　在 25℃，$\varphi_{Me^{z+}/Me}$ 与 $c_{Me^{z+}}$、$\varphi_{H^+/\frac{1}{2}H_2}$ 与 pH 和 p_{H_2} 的关系

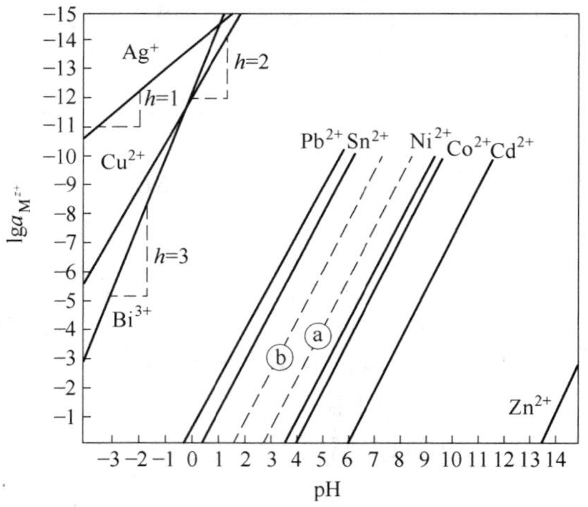

图 8.25　在 25℃，$p_{H_2} = 0.1\text{MPa}$，$\lg a_{Me^{z+}}$ 与 pH 的关系

ⓐ—Ni^{2+}，$p_{H_2} = 1\text{MPa}$；ⓑ—Ni，$p_{H_2} = 10\text{MPa}$

为了调节溶液的 pH 值，通常向溶液中加入 NH_3。加入 NH_3 产生两种相反的效果：一

是 NH_3 中和还原 M^{z+} 产生的酸，提高了 pH 值，降低了氢的电极电势，有利于金属离子 Me^{z+} 的还原；二是 NH_3 会和金属离子 Me^{z+} 发生配合反应，生成配离子，降低了自由金属离子的浓度，降低了金属的电极电势，不利于金属离子 Me^{z+} 的还原。因此，NH_3 有一个最佳加入量。根据金属-配位体-水系的平衡，求出在不同 NH_3 与金属的浓度比值的条件下，氢和金属电极电势的变化情况，可以得出 NH_3 的最佳量。图 8.26 给出了 NH_3 与氢、镍、钴体系的计算结果。

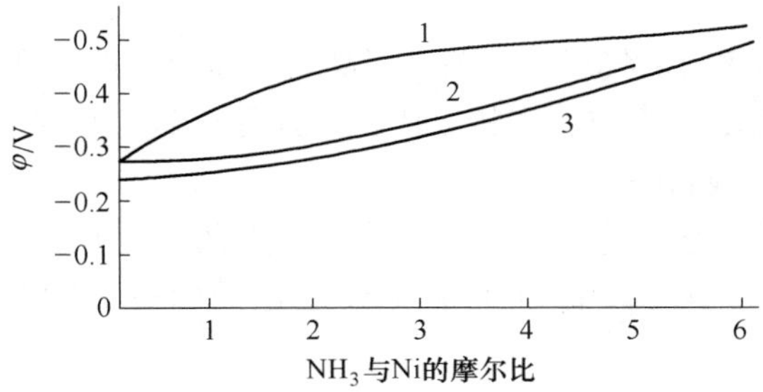

图 8.26 氢、镍、钴的电势与 $c_{NH_3}/c_{M^{z+}}$ 的关系

1—氢电势；2—钴电势；3—镍电势

由图 8.26 可见，氢还原反应最大的电势值是在 $\dfrac{c_{NH_3}}{c_{M^{z+}}}=(2.0\sim2.5):1$ 的范围内。

8.6.1.4 氢气还原过程的动力学

氢气与溶液中离子的反应属于气-液相反应。氢气与溶液中的金属离子的反应有两种：一是在气-液界面的反应

$$Me^{z+}+\frac{z}{2}H_2 =\!=\!= Me+zH^+$$

二是溶解到液相中的 H_2 与金属离子的反应

$$Me^{z+}+\frac{z}{2}(H_2)_l =\!=\!= Me+zH^+$$

由于 H_2 在液相中的溶解度小，所以在反应前期，Me^{z+} 浓度高，主要是第一个反应；在反应后期，Me^{z+} 含量低，第二个反应为主。

在反应前期，氢气在气膜中的传质速度慢，是过程的控制步骤。过程速率为

$$-\frac{dN_{H_2}}{dt}=\Omega_{g'l'}J_{H_2,g'}$$

式中，$J_{H_2,g'}=D_{H_2,g'}\dfrac{p_{H_2,b}-p_{H_2,i}}{p^{\ominus}}$，为 H_2 在气膜 g′ 的扩散速率；$\Omega_{g'l'}$ 气-液界面面积；$D_{H_2,g'}$ 为 H_2 在气膜 g′ 中的传质系数；$p_{H_2,b}$ 和 $p_{H_2,i}$ 分别为 H_2 在气相本体和气-液界面的压力。

在反应后期，溶液中 Me^{z+} 浓度低，过程速率由 Me^{z+} 的扩散控制。有

$$-\frac{dN_{Me^{z+}}}{dt}=-\frac{dN_{Me}}{dt}=\Omega_{ll'}D_{Me^{z+}}c_{Me^{z+},b}$$

式中，$\Omega_{ll'}$ 为溶液本体和液膜界面面积；$D_{Me^{z+}}$ 为离子 Me^{z+} 的扩散系数；$c_{Me^{z+},b}$ 为溶液本体

中离子 Me^{z+} 的浓度。

8.6.1.5 高压氢还原

为了提高氢还原反应的速率可以提高氢气压力，反应在高压釜中进行。

（1）由于氢气稳定，氢气的解离能为430kJ/mol，因此氢还原反应有很高的活化能。升高温度可以提高氢还原反应速率。添加催化剂，可以降低还原反应活化能，提高氢还原速率。常用的催化剂有铁、钴、镍、铂、钯等金属，铁、铜、锌、铬的氧化物或盐，以及一些有机试剂等。

（2）氢还原反应速率与氢气压力有关，提高氢气压力可以提高氢还原反应速率。

（3）氢还原反应是气-液反应，产物是固体，还原过程产生新相。因此，添加晶种有利于新相生成，降低形成新相的自由能。

（4）如果氢还原反应速率受添加的晶种或催化剂的表面积影响不大，则为“均相沉淀”过程；若氢还原反应速率受添加的晶种或催化剂的表面积影响大，则为“多相沉淀”。

8.6.2 其他气体还原

除了氢气外，硫化氢、二氧化硫、一氧化碳、一氧化氮等也可以做还原剂。

8.6.2.1 用 H_2S 还原

用硫化氢还原溶液中的铜离子，化学反应为

$$H_2S + Cu^{2+} + H_2O \xlongequal{} Cu + S + 2H^+$$

$$\begin{aligned}\varphi_{Cu^{2+}/Cu} &= \varphi^{\ominus}_{Cu^{2+}/Cu} + \frac{2.303RT}{2F}\lg a_{Cu^{2+}} \\ &= 0.34 + \frac{0.059}{2}\lg a_{Cu^{2+}} \\ &\approx 0.34 + 0.0295\lg c_{Cu^{2+}}\end{aligned}$$

$$\begin{aligned}\varphi_{H_2S/S} &= \varphi^{\ominus}_{H_2S/S} + \frac{2.303RT}{2F}\lg a_{H_2S} \\ &= 0.14 + \frac{0.059}{2}\lg a_{H_2S} \\ &\approx 0.14 + 0.0295\lg c_{H_2S}\end{aligned}$$

$\varphi_{Cu^{2+}/Cu} > \varphi_{H_2S/S}$，$H_2S$ 就能还原 Cu^{2+}。

8.6.2.2 二氧化硫还原

用 SO_2 还原 Cu^{2+}的反应为

$$SO_2 + H_2O \xlongequal{} 2H^+ + SO_3^{2-}$$

$$Cu^{2+} + SO_3^{2-} + H_2O \xlongequal{} Cu + SO_4^{2-} + 2H^+$$

总反应

$$Cu^{2+} + SO_2 + 2H_2O \xlongequal{} Cu + SO_4^{2-} + 4H^+$$

$$\varphi_{Cu^{2+}/Cu} = \varphi^{\ominus}_{Cu^{2+}/Cu} + \frac{2.303RT}{2F}\lg a_{Cu^{2+}}$$

$$\approx 0.34 + \frac{2.303RT}{2F}\lg c_{Cu^{2+}}$$

$$= 0.34 + \frac{2.303RT}{2F}\lg c_{Cu^{2+}}$$

$$\varphi_{SO_3^{2-}/SO_4^{2-}} = \varphi^{\ominus}_{SO_3^{2-}/SO_4^{2-}} + \frac{2.303RT}{2F}\lg\frac{a_{SO_3^{2-}}}{a_{SO_4^{2-}}}$$

$$\approx \frac{2.303RT}{2F}\lg\frac{c_{SO_3^{2-}}}{c_{SO_4^{2-}}}$$

$\varphi_{Cu^{2+}/Cu} > \varphi_{SO_3^{2-}/SO_4^{2-}}$，$SO_2$ 就能还原Cu^{2+}。

8.7 有机物还原

8.7.1 原理

许多有机物在水溶液中的电势比某些金属正，可以将这些金属离子还原，化学反应为

$$RA + Me^{z+} \longrightarrow Me + R'A$$

该反应的摩尔吉布斯自由能变化为

$$\Delta G_m = \Delta G_m^{\ominus} + RT\ln\frac{a_{R'A}}{a_{R'A}a_{Me^{z+}}}$$

式中，$\Delta G_m^{\ominus} = \mu_{R'A}^{\ominus} - \mu_{RA}^{\ominus} - \mu_{Me^{z+}}^{\ominus}$；$\mu_{R'A}^{\ominus}$、$\mu_{RA}^{\ominus}$ 和 $\mu_{Me^{z+}}^{\ominus}$ 为所选标准状态的 R′A、RA 和 Me^{z+}的标准化学势。

化学反应也可以写作

$$RA + MeB + H_2O \longrightarrow Me + H_2B + R'A$$

式中，B 为无机酸根。该反应的摩尔吉布斯自由能变化为

$$\Delta G_m = \Delta G_m^{\ominus} + RT\ln\frac{a_{R'A}a_{H_2B}}{a_{RA}a_{MeB}}$$

式中，$\Delta G_m^{\ominus} = \mu_{H_2B}^{\ominus} + \mu_{R'A}^{\ominus} - \mu_{RA}^{\ominus} - \mu_{MeB}^{\ominus}$。

8.7.2 有机物还原的动力学

用来还原金属离子的有机物溶解于水，因此，有机物还原溶液中的金属离子是均相反应。反应的控制步骤是化学反应。

$$Ni^{2+} + 2N_2H_4 = Ni + 2NH_4^+ + N_2$$

联胺还原金属离子的反应速率为

$$-\frac{dc_{Ni^{2+}}}{dt} = -\frac{dc_{N_2H_4}}{2dt} = \frac{dc_{NH_4^+}}{2dt}$$

$$-\frac{dN_{Ni^{2+}}}{dt} = -\frac{dN_{N_2H_4}}{2dt} = \frac{dN_{NH_4^+}}{2dt} = \frac{dN_{Ni}}{dt} = \frac{dN_{N_2}}{dt} = Vj_{Ni}$$

式中

$$j_{Ni} = k_{Ni} c_{Ni^{2+}}^{n_{Ni^{2+}}} c_{N_2H_4}^{n_{N_2H_4}} - k'_{Ni} c_{NH_4^+}^{n_{NH_4^+}}$$

$$p_{Ni}/p^{\ominus} = 1$$

所以

$$-\frac{dc_{Ni^{2+}}}{dt} = -\frac{dc_{N_2H_4}}{2dt} = \frac{dc_{NH_4^+}}{2dt} = k_{Ni} c_{Ni^{2+}}^{n_{Ni^{2+}}} c_{N_2H_4}^{n_{N_2H_4}} - k'_{Ni} c_{NH_4^+}^{n_{NH_4^+}}$$

和

$$-\frac{dN_{Ni^{2+}}}{dt} = -\frac{dN_{N_2H_4}}{2dt} = \frac{dN_{NH_4^+}}{2dt} = V(k_{Ni} c_{Ni^{2+}}^{n_{Ni^{2+}}} c_{N_2H_4}^{n_{N_2H_4}} - k'_{Ni} c_{NH_4^+}^{n_{NH_4^+}})$$

或者

$$NiSO_4 + 2N_2H_4 = Ni + (NH_4)_2SO_4 + N_2$$

$$-\frac{dc_{NiSO_4}}{dt} = -\frac{dc_{N_2H_4}}{2dt} = \frac{dc_{(NH_4)_2SO_4}}{2dt} = j_{Ni}$$

$$-\frac{dN_{NiSO_4}}{dt} = -\frac{dN_{N_2H_4}}{2dt} = \frac{dN_{Ni}}{dt} = \frac{dN_{(NH_4)_2SO_4}}{dt} = \frac{dN_{N_2}}{dt} = Vj_{Ni}$$

式中

$$j_{Ni} = k_{Ni} c_{NiSO_4}^{n_{NiSO_4}} c_{N_2H_4}^{n_{N_2H_4}} - k'_{Ni} c_{(NH_4)_2SO_4}^{n_{(NH_4)_2SO_4}}$$

$$p_{N_2}/p^{\ominus} = 1$$

所以

$$-\frac{dc_{NiSO_4}}{dt} = -\frac{dc_{N_2H_4}}{2dt} = \frac{dc_{(NH_4)_2SO_4}}{2dt} = k_{Ni} c_{NiSO_4}^{n_{NiSO_4}} c_{N_2H_4}^{n_{N_2H_4}} - k'_{Ni} c_{(NH_4)_2SO_4}^{n_{(NH_4)_2SO_4}}$$

$$-\frac{dN_{NiSO_4}}{dt} = -\frac{dN_{N_2H_4}}{2dt} = \frac{dN_{Ni}}{2dt} = \frac{dN_{(NH_4)_2SO_4}}{2dt} = V(k_{Ni} c_{NiSO_4}^{n_{NiSO_4}} c_{N_2H_4}^{n_{N_2H_4}} - k'_{Ni} c_{(NH_4)_2SO_4}^{n_{(NH_4)_2SO_4}})$$

8.7.3 实例

联胺（水合肼）、甲醛、草酸、蔗糖等可以做还原剂还原水溶液中的金属离子。

联胺还原金属离子

$$2N_2H_4 + Me^{z+} = Me + 2NH_4^+ + N_2$$

也可以写作

$$2N_2H_4 + MeSO_4 = Me + (NH_4)_2SO_4 + N_2$$

金属离子有 Ni^{2+}、Cu^{2+}、Co^{2+}、Ag^+等。

甲醛还原金属离子

$$HCHO + 2Me^{z+} + 2H_2O = 2Me + 4H^+ + H_2CO_3$$

$$HCHO + 2MeSO_4 + 2H_2O = 2Me + 2H_2SO_4 + H_2CO_3$$

（1）联胺反应。联胺是含氮有机化合物，结构式为 $H_2N—NH_2$，商品联胺是联胺含量不等的水合联胺，称为水合肼。

在碱性介质中

$$N_2H_4 + 4OH^- = N_2 + 4H_2O + 4e$$

$$\varphi^{\ominus} = 1.150\text{V}$$

在酸性介质中

$$N_2H_4 = N_2 + 4H^+ + 4e$$

$$\varphi^{\ominus} = 0.3326\text{V}$$

联胺还原 Ni^{2+}、Cu^{2+}、Ag^+等。

$$NiSO_4 + 2N_2H_4 = Ni + (NH_4)_2SO_4 + N_2$$

$$CuSO_4 + 2N_2H_4 = Cu + (NH_4)_2SO_4 + N_2$$

$$AgNO_3 + 2N_2H_4 = Ag + NH_4NO_3 + \frac{1}{2}N_2$$

$$4AgCl + N_2H_4 + 4OH^- = 4Ag + 4H_2O + N_2 + 2Cl_2$$

（2）甲醛还原。甲醛是一种羰基化合物，分子式为 HCHO。甲醛既有还原性又有氧化性。可以被还原为甲酸。

$$HCHO + 2H_2O + 2e = CH_3OH + 2OH^-$$

$$\varphi^{\ominus} = -0.59\text{V}$$

也可以被氧化为碳酸

$$H_2CO_3 + 4H^+ + 4e = HCHO + 2H_2O$$

$$\varphi^{\ominus} = -0.05\text{V}$$

$$HCO_3^- + 5H^+ + 4e = HCHO + 2H_2O$$

$$\varphi^{\ominus} = -0.044\text{V}$$

$$CO_3^{2-} + 6H^+ + 4e = HCHO + 2H_2O$$

$$\varphi^{\ominus} = -0.197\text{V}$$

甲醛还原 Ag^+、Cu^{2+}、Ni^{2+}等，

$$4AgNO_3 + HCHO + H_2O = 4Ag + 4HNO_3 + CO_2$$

$$2CuSO_4 + HCHO + H_2O = 2Cu + 2H_2SO_4 + CO_2$$

$$2NiSO_4 + HCHO + H_2O = 2Ni + 2H_2SO_4 + CO_2$$

习　题

8-1　在 25℃，浓度为 2mol/L 的 $ZnSO_4$ 溶液中有 0.01mol Fe^{2+}，能否用中和水解法使 Fe^{2+}生成 $Fe(OH)_2$ 而除去 Fe^{2+}？将 Fe^{2+}氧化成 Fe^{3+}，生成 $Fe(OH)_3$ 沉淀的 pH 值是多少？在 pH=5.4 时，溶液中还有多少铁？

已知

参　数	$Zn(OH)_2$	$Fe(OH)_2$	Fe^{2+}	Fe^{3+}	$Fe(OH)_3$
$\mu_{298}^{\ominus}$/kJ·mol^{-1}	−554.80	−483.54	−84.94	−10.54	−694.54

8-2　在 25℃，标准大气压下，向含 5g/L 的硫酸镍溶液中通入 H_2S 气体，计算生成 NiS 的 pH 值

($k_{sp(H_2S)}$ $=2.82\times10^{-20}$)。

8-3 用铁还原溶液中的 Cu^{2+}，要加入少量的硫脲，结果怎样，为什么？

8-4 写出置换二价金属离子的热力学条件，置换过程要防止氢的析出，为什么？如何防止氢的析出？

8-5 采用高压氢还原从溶液中还原金属，用热力学分析是否氢气的压力改变对还原过程的影响大于溶液pH值的变动。

8-6 举例说明几种气体还原金属，并写出化学反应方程式，计算摩尔吉布斯自由能变化。

9 萃　　取

萃取是利用有机溶剂从与其不相溶的溶液中把某种物质提取出来的过程。其实质是物质在有机相和水相中溶解分配的过程。根据分配的物质不同，可以将萃取分为无机萃取和有机萃取。湿法冶金中讨论的是无机物萃取。

9.1 萃取体系

9.1.1 萃取体系的组成

萃取体系由有机溶剂和水溶液两相组成。由于有机溶剂和水溶液不相溶，且有密度差别。因此，有机溶剂和水溶液分为两层，有机溶液密度小，在上面，水溶液密度大，在下面，中间有明显的相界面。其中，每一相的物理化学性质都是均匀的。水溶液中含有被萃取物及其他离子，以及添加剂，有些情况下会溶有萃取剂；有机溶剂含有萃取剂、稀释剂以及相调节剂（极性改善剂）等。

（1）萃取剂。在萃取体系中能与被萃取物反应生成不溶于水而溶于有机溶剂的物质，叫萃取剂。萃取剂将被萃取物从水溶液转移至有机溶剂。在常温，萃取剂有的是液态，有的是固态。

（2）有机溶剂。在萃取体系中，不与水溶解的有机物叫有机溶剂。如果有机物与被萃物反应，并将产物溶入该有机物，则有机物本身就是萃取剂；如果有机物不与被萃物反应，仅用于改善有机溶剂的密度、黏度、表面张力等物理化学性质，就是稀释剂；此外，还有专门用于改善有机溶剂极性的相调节剂（极性改善剂）等。

（3）萃合物。在萃取体系中，萃取剂与被萃物发生反应生成的不溶于水而溶于有机溶剂的产物叫萃合物。

9.1.2 萃取体系的表示

萃取体系的表示方法为：

被萃取物/水溶液/有机溶剂

例如，

$$Ta^{5+}\ Nb^{5+}(100g/L)/H_2SO_4 + HF(4mol/L + 4mol/L)/TBP + \text{煤油}(80\% + 20\%)\ [H_2Ta(Nb)F_7 \cdot 3TBP]$$

上式表示被萃物是五价钽、铌离子，萃取前它们的浓度是100g/L；水溶液的组成是4mol/L的硫酸和4mol/L的氢氟酸；有机溶剂的组成是80%的萃取剂TBP，20%的稀释剂煤油；萃合物的分子式为H_2TaF_7+3TBP或H_2NbF_7+3TBP。

9.1.3　萃取体系分类

被萃物种类很多，从元素周期表的ⅠA族到ⅧB族的元素都能被萃取。萃取剂、被萃物、水溶液、有机溶液构成了萃取体系。因此，萃取体系的种类也很多。为了便于研究，需要对萃取体系分类。

萃取体系的分类方法有很多。例如，按萃取剂的种类划分，按被萃物的外层电子构型划分，按含有被萃物的水溶液划分等。

考虑比较全面的分类方法是包括了萃取剂的性质、被萃物的性质和水溶液的性质的分类方法。表9.1给出了萃取体系的分类。

表9.1　萃取体系的种类

类别	名　称	符号	举　例	按萃取剂种类的分类
1	简单分子萃取体系	D	$I_2/H_2O/CS_2$	零元萃取体系（物理分配）
2	中性配合萃取体系	B	$La(NO_3)_3/NH_4NO_3$/P-350-煤油	单元萃取体系
3	酸性配合萃取体系或螯合萃取体系	A	Sc^{3+}/H_2O（pH = 4 ~ 5）$/HO_x$（0.1mol/L）$-CHCl_3$	单元萃取体系
4	离子缔合萃取体系	C	RE $(NO_3)_3/NH_4NO_3/R_3CH_3N^+NO_3^-$	单元萃取体系
5	协同萃取体系	A+B+C 等	$UO_2^{2+}/H_2O\text{-}H_2SO_4\begin{bmatrix}P204\\ TBP\\ R_3N\end{bmatrix}$-煤油	三元萃取体系
6	高温萃取体系	A+B+C 等	RE $(NO_3)_3/LiNO_3\text{-}KNO_3$（熔融）-TBP-多联苯（150℃）	三元萃取体系

下面介绍各类萃取体系。

9.1.3.1　简单分子萃取体系

中性组元在水相和有机相中间进行物理分配，这种萃取体叫作简单分子萃取体系。

被萃取物在水相和有机相中都以中性分子的形式存在，溶剂与被萃物之间没有化学结合，也不外加萃取剂。所以，也叫零元萃取体系。例如，TBP在水和煤油之间的分配。OsO_4 在水和 CCl_4 之间的分配等。

在简单分子萃取体系中，有些也会有化学反应，但不是溶剂与被萃物之间的化学反应，而是被萃物在有机相中的聚合或水相中的电离平衡。例如，$OsO_4-H_2O\text{-}CCl_4$ 萃取体系有 OsO_4 在有机相中的聚合反应

$$4OsO_4(o) = (OsO_4)_4(o)$$

式中，(o) 表示有机相。

在水相中的电离平衡

$$OsO_4 + H_2O = H_2OsO_5 \begin{array}{l} \rightleftharpoons H^+ + HOsO_5^- \\ \rightleftharpoons HOsO_4^+ + OH^- \end{array}$$

简单分子萃取体系又可以根据被萃物性质分为单质的萃取、难电离无机化合物的萃取和有机化合物的萃取。

9.1.3.2 中性配合萃取体系

中性配合萃取体系的萃取剂是中性分子。被萃物是中性分子。萃取剂与被萃物结合生成中性配合物。例如，硝酸稀土的水溶液中有RE^{3+}、$RE(NO_3)^{2+}$、$RE(NO_3)_3$等多种形式的离子和分子，但被萃取剂 TBP 萃取的只有中性分子 $RE(NO_3)_3$。

按萃取剂性质不同，中性配合萃取体系又可以分为下列几组。

（1）中性含磷萃取剂。该组包括 1）膦酸酯$(RO)_3PO$、膦酸酯 $R(RO)_2PO$、次膦酸酯 $R_2(RO)PO$ 和膦氧化物 R_2PO 等。2）焦膦酸酯 $R_4P_2O_7$ 等。3）膦的有机衍生物$(RO)_3P$。4）膦硫酰类化合物$(RO)_3PS$、R_3PS。

（2）中性含氧萃取剂。包括酮、醚、酯、醛等。

（3）中性含氮萃取剂。例如，吡啶类化合物。

（4）中性含硫萃取剂。包括二甲亚砜、二苯基亚砜等亚砜类化合物。

9.1.3.3 酸性配合萃取体系

酸性配合萃取体系的萃取剂是既溶于水相也溶于有机相的弱酸。在水相中被萃物以金属阳离子形式或能解离为金属阳离子的配合物形式存在，在水相中金属阳离子与螯合剂形成不含亲水基团的中性螯合物，因而难溶于水，而溶于有机相，易于萃取。

按萃取剂的性质，螯合萃取可分为以下四种。

（1）含氧螯合剂。只含 C、H、O，如酮类、水杨醛类、对醚二酚类化合物等。

（2）含氮螯合剂。只含 C、H、O、N，如胺类、肟类、偶氮酚类化合物等。

（3）含硫螯合剂。只含 C、H、O、S，如苯基甲酸盐、硫代甲酸盐、二硫酚类化合物等。

（4）酸性磷螯合剂。只含 C、H、O、P，如磷酸烷基酯等。

9.1.3.4 离子缔合萃取体系

被萃物与萃取剂及水相中的阴离子形成缔合体进入有机相称为离子缔合萃取体系。该体系可以分为两种。

（1）阴离子萃取。在水溶液中金属与配体形成配合阴离子，萃取剂与 H^+结合成阳离子，阴离子与阳离子组成缔合体进入有机相。

（2）阳离子萃取。金属阳离子与中性螯合剂形成带正电的螯合物。再与水相中的大阴离子组成缔合体进入有机相。表 9.2 给出了两种缔合体的例子。

表 9.2 离子缔合体的例子

阴离子萃取：金属形成配合阴离子，萃取剂与 H^+结合成阳离子，两者构成离子缔合体系进入有机相	鎓盐萃取：萃取剂为酮、醚、醇、酯等有机含氧试剂，萃取需在强酸溶液中进行 铵盐萃取：萃取剂为伯胺、仲胺、叔胺等，它们在强酸溶液中以及阳离子形式存在，由于它们已经形成阳离子，不需再与 H^+结合，所以可以在酸性、中性或碱性溶液中萃取 砷盐萃取：四苯基砷氯 $(C_6H_5)_4As^+Cl^-$能溶于水中，与某些较大的阴离子如 MnO_4^-、$ZnCl_4^{2-}$ 等生成不溶于水的盐，其中一部分被 $CHCl_3$ 萃取 磷盐萃取：四苯基磷氯 $(C_6H_5)_4P^+Cl^-$与 ReO_4^- 能形成被 $CHCl_3$ 萃取的化合物 锑盐萃取：四苯基锑的阳离子与 F^-形成的离子缔合物被 $CHCl_3$ 萃取 锍盐萃取：硫醇在强酸性溶液中可萃取某些金属离子

续表 9.2

阳离子萃取：金属阳离子与中性螯合剂结合成螯合阳离子，然后结合水相中存在的较大阴离子，组成离子缔合体而溶于有机相中	例： $Fe(ClO_3)_3/H_2O/$ 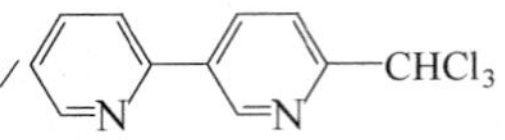

9.1.3.5 协同萃取体系

在相同条件下，由多种萃取剂组成的复合萃取剂进行萃取，被萃物的分配比大于其中每种萃取剂单独萃取的分配比，则称该复合萃取剂具有协同效应，否则则无协同效应。无协同效应的萃取剂，不发生相互作用，它们各自单独与被萃物形成配合物或螯合物。

中性萃取剂、酸性螯合萃取剂等都可以组成复合萃取剂进行协同萃取，构成协同萃取体系。

协同萃取效果是由于多种萃取剂与金属离子生成含有多种不同萃取剂的萃合物。可以是不同配体的配合物，或不同螯合剂的螯合物，或既有配合又有螯合的萃合物。这些萃合物可能更稳定或更疏水，因而有利于萃取。

9.1.3.6 高温萃取体系

由于有机溶剂熔点高，或者溶解被萃物的溶液熔点高，都需要在较高的温度萃取，而不能在常温萃取。例如，从熔点为 130℃ 的$LiNO_3$-KNO_3 溶液中，用 TBP 萃取硝酸稀土，有机相是熔点为 150℃ 的多联苯液体。

9.1.4 萃取过程

9.1.4.1 萃取过程的步骤

萃取工艺流程如图 9.1 所示。

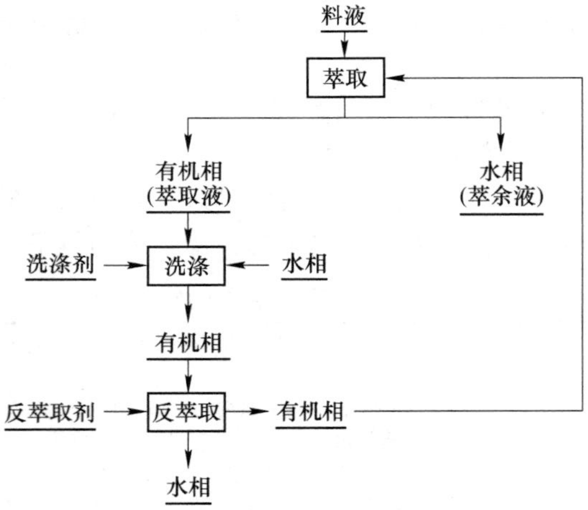

图 9.1 萃取工艺流程图

萃取工艺过程有三个步骤：

(1) 萃取。将含有被萃物的水溶液与有机相充分接触，使萃取剂与被萃物反应，生成萃合物进入有机相。萃取分层后的有机相叫萃取液，萃取分层后的水相叫萃余液。

（2）洗涤。用另一种溶液与萃取液充分接触，使进入有机相的杂质进入洗水中。这种只洗去萃取液中的杂质，又使萃取物留在有机相的水溶液叫洗涤液。

（3）反萃。用一种新的水溶液与经过洗涤的萃取液接触，使被萃物自有机相转入新的水溶液的过程叫反萃。所用的新的水溶液叫反萃剂。反萃后的有机相返回萃取。在有些情况下，反萃后的有机相需用酸或碱再生处理才能返回使用。

萃取或反萃取的有机相体积与水相体积之比叫相比。控制相比可以控制萃取有机相和反萃水相中被萃物的浓度。

9.1.4.2 萃取过程的影响因素

A 空腔作用

在水溶液中，水分子间存在氢键和范德华力，以 aq—aq 表示。金属离子溶解于水，需破坏某些 aq—aq 结合，形成空腔，容纳 M，而生成 M—aq 结合。在有机相中，有机分子之间也有范德华力（有些还有氢键），以 S—S 表示。M 要进入有机相，必须破坏某些 S—S 结合，形成空腔，生成 M—S 结合。因此，萃取过程可以表示为：

$$\text{S—S} + 2(\text{M—aq}) \longrightarrow \text{aq—aq} + 2(\text{M—S})$$

该过程的能量变化可以表示为

$$\Delta E = E_{\text{S—S}} + 2E_{\text{M—aq}} - E_{\text{aq—aq}} - 2E_{\text{M—S}}$$

式中，$E_{\text{aq—aq}} = K_{\text{aq}}A = K_{\text{aq}}4\pi R^2$，为水相空腔作用能；$E_{\text{S—S}} = K_{\text{S}}A = K_{\text{S}}4\pi R^2$，为有机相空腔作用能；$A$ 为萃取剂，R 为离子半径，K_{aq}、K_{S} 为比例常数，其中 K_{S} 大小随溶剂类型而不同。

在惰性溶剂、给电子溶剂、受电子溶剂中，由于只有范德华力，K_{S} 值较小。其中，非极性、不含易极化的 π 键，分子量又不大的溶剂的 K_{S} 值最小。在受电子-给电子分子组成的溶剂中，因有氢键缔合，K_{S} 值较大。其中，以交链氢键缔合型溶剂的 K_{S} 值最大。水在交链氢键缔合型溶剂中氢键最强，即 $K_{\text{aq}} > K_{\text{S}}$。

$$\begin{aligned} E_{\text{aq—aq}} - E_{\text{S—S}} &= (K_{\text{aq}} - K_{\text{S}})4\pi R^2 \\ &= K_{\text{aq}}(1 - \delta)4\pi R^2 \end{aligned}$$

式中，$\delta = \dfrac{K_{\text{S}}}{K_{\text{aq}}}$。

$E_{\text{aq—aq}} - E_{\text{S—S}}$ 的值越大，表示空腔效应越大，越有利于萃取。R 值越大，$E_{\text{aq—aq}} - E_{\text{S—S}}$ 越大，空腔效应越显著。

空腔效应的顺序：丁醇<乙醚<CCl_4

K_{S} 值减小的顺序：丁醇（给、受）电子型>乙醚（给电子型）>CCl_4（惰性溶剂）

B 离子水化作用

M 与水的相互作用能 $E_{\text{M—aq}}$ 越大，越不利于萃取。

（1）离子电荷效应。离子电荷 z 越大，$E_{\text{M—aq}}$ 越大，越不利于萃取。例如，四苯基胂氯（$((C_6H_5)_4As\,Cl^-)$）可以萃取一价的离子 MnO_4^-，而不能萃取二价的离子 MnO_4^{2-}。

（2）离子半径效应。离子电荷相同，半径越大，越容易被萃取；半径越小，越不容易被萃取。

（3）分子水化作用。中性分子水化作用弱，容易被萃取。例如，溶解于水的中性分子I_2水化作用弱，很容易被惰性溶剂CCl_4萃取。

C 亲水基团作用

—OH、—NH_2、→NH、—COOH、—SO_3H等基团能与水分子形成氢键，称为亲水基团。含有上述基团的被萃物因为能与水形成氢键，使E_{M-aq}增加，不利于萃取。

D 使金属离子失去亲水性作用

由于水化作用，溶于水中的金属离子M^{z+}难以被萃取。萃取剂破坏了金属离子的水化作用，而使金属离子被萃取。

破坏金属离子水化作用的萃取剂的功能有：

（1）螯合作用。形成螯合物，配位数已饱和，水分子不能配位，水化作用消除，有利于萃取。

螯合物体积大，不利于在空洞中，而有利于进入有机相。

螯合物为有机分子，易溶于有机物而不易溶于水。

螯合物稳定，未被螯合的金属离子很少。

（2）中性溶剂的配合作用。中性溶剂分子与离子配位，取代了原先配位的水分子，使配合物的亲水性降低，有利于萃取。

（3）协萃作用。协萃剂参加配位，取代水分子，降低配合物的亲水性，有利于萃取。

（4）金属离子的水解和水解聚合作用。在一定的pH值，金属离子发生水解，水解后的金属离子带有亲水性基团，不利于萃取。金属离子水解后还可能发生聚合作用，而聚合度增加会产生乳化，甚至生成第三相，这都不利于萃取。

E 有机溶剂的氢键作用

被萃物与有机溶剂形成氢键，有利于萃取。

F 离子缔合作用

离子缔合有利于萃取，因为：

（1）离子势为$\frac{(Ze)^2}{R^2}$，大离子外缘表面电荷密度小，水化作用弱；

（2）离子大，空腔作用大，有利于萃取；

（3）大离子外缘基团是C—H化合物，易溶于有机溶剂；

（4）大离子的外缘基团能把水基团包在里面，阻碍了离子水化，有利于萃取。

9.2 有机液体

9.2.1 有机液体的类型

有机液体分子间的作用力是范德华力和氢键。氢键的作用比范德华力的作用强。氢键A—H···B的形成依赖于具有给电子的原子B和受电子的A—H键。其中A和B代表电负性大而半径小的原子。例如，氧、氟、氮等。据此，可以按照溶剂是否含有A—H或B分为4种类型。

（1）N型液体，即惰性液体。例如，烷烃类、苯、四氯化碳、煤油等。不能形成氢键。

（2）A 型液体，即受电子液体。例如，氯仿、二氯甲烷、五氯乙烷等。含有 A—H 基团，能与 B 型或 AB 型溶剂形成氢键。

一般的 C—H 键（例如 CH_4 中的 C—H 键）不能形成氢键。但如在碳原子上连接几个氯原子，由于氯原子的诱导作用，使碳原子的电负性增加，可以形成氢键。

（3）B 型液体，即给电子液体。例如，醚、酮、醛、酯、叔胺等，它们含有 B 类原子，能去 A 型原子形成氢键。

（4）AB 型液体，即给、受电子型液体，既具有 A—H 基团，又具有 B 类原子。因此，可以结合成多聚分子。AB 型液体又可分为三种形式。

1）AB（1）型：交链氢键缔合物。例如，多元醇，胺基取代醇、羟基羧酸、多元羧酸、多酚等。

2）AB（2）型：直链氢键缔合物。例如，醇、胺、羧酸等。

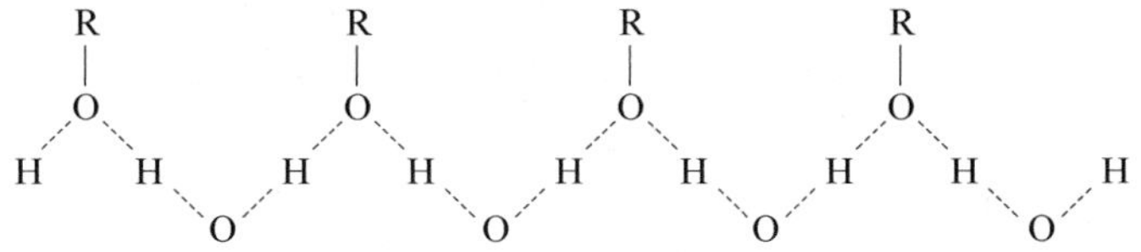

3）AB（3）型：生成内氢键的分子，如邻位硝基苯酚，因已经形成内氢键，A—H 基团已不起作用，所以其性质与一般的 AB 液体不同，而与 B 型和 N 型液体相似。

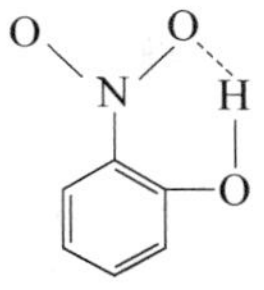

水虽然不是有机液体，但属于 AB（1）型液体，且其氢键缔合最强。

9.2.2 液体的溶解度规律

9.2.2.1 相似性原理

结构相似物质容易相互溶解，结构差异大的物质不容易相互溶解。

（1）有机物的结构与水相似性增大，在水中的溶解度增大。例如，水含有大量的羟基—OH。含有羟基的碳氢化合物就容易在水中的溶解。表 9.3 表明，在苯中引入羟基，随着羟基增多，则在水中的溶解度增大，且与羟基在苯环上的位置有关。

表 9.3 苯和苯酚在水中的溶解度

化合物	每 100g 水溶解度（20℃）/g	化合物	每 100g 水溶解度（20℃）/g
C_6H_6(苯)	6.072	1.2-$C_6H_4(OH)_2$	45.1
C_6H_5OH(苯酚)	9.06		

（2）有机物的结构与水的结构相似性减小，在水中的溶解度减小。例如，随着醇的碳链增长，在水中的溶解度变小。这是因为醇的碳氢基团与水的结构不相似。碳链增长，意味着与水不相似部分增加，所以，在水中的溶解度减小。表 9.4 是醇的同系物在水中的溶解度。

表 9.4　醇的同系物在水中的溶解度

化合物	分子式	每 100g 水溶解度（20℃）/g	化合物	分子式	每 100g 水溶解度（20℃）/g
甲　醇	CH_3OH	完全互溶	正戊醇	$C_5H_{11}OH$	2.0
乙　醇	C_2H_5OH	完全互溶	正己醇	$C_6H_{13}OH$	0.5
正丙醇	C_3H_7OH	完全互溶	正庚醇	$C_7H_{15}OH$	0.12
正丁醇	C_4H_9OH	8.3	正辛醇	$C_8H_{17}OH$	0.03

9.2.2.2　分子间的相互作用

亲水基团除—OH 外，还有—NO_2、—SO_3H、—NH_2 和—NH 等基团也能与水相互作用形成氢键。因此，含有这类基团的物质也能溶解于水。—CH_3、—C_2H_5、芳香基如苯基、萘基等基团不能与水相互作用形成氢键。因此，含有这些基团的物质不溶解于水。这些基团称为疏水性基团，物质含疏水基团数目越多，分子量越大，越难溶解于水。但是，如果在疏水基团接上氯原子，如 Cl—C—C，由于氯的电负性比碳强，Cl—C 之间的电子对偏向 Cl，使碳原子的电负性增加，可以形成氢键。

9.2.2.3　有机液体的互溶性

两种液体混合后，生成的氢键数目和强度大于混合前氢键的数目和强度，则有利于混合，形成溶液；反之，则不利于形成溶液。

根据有机液体的类型，有机液体相互溶解的规律为：

（1）AB 型与 N 型混合后没有新的氢键形成，几乎完全不互溶。例如，水与煤油、苯、四氯化碳完全不互溶。

（2）A 型与 B 型混合前没有氢键，混合后形成氢键，可以互溶。例如，氯仿与丙酮互溶。

（3）AB 型与 A 型、AB 型与 B 型、AB 型与 AB 型，混合前 AB 型有氢键，混合后可以形成新的氢键。互溶度大小由混合后形成新的氢键多少、强弱而定。

（4）A 型与 A 型、B 型与 B 型、N 型与 N 型、N 型与 B 型混合前后都没有氢键，互溶度大小取决于混合前后范德华力的大小。

（5）具有内氢键的 AB 型与 N 型或 B 型结构相似，可以互溶。

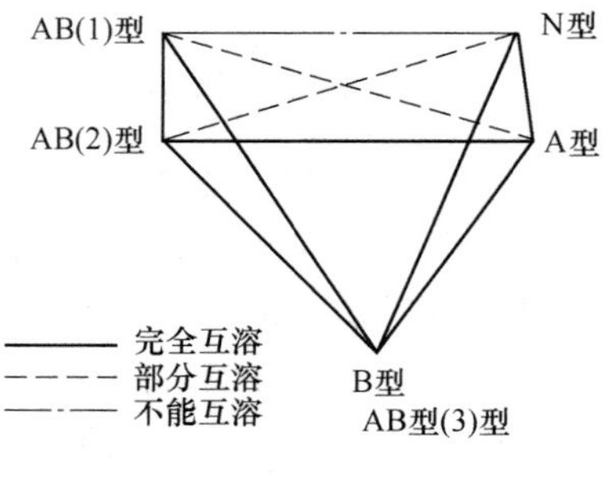

图 9.2　各种类型液体互溶情况示意图

图 9.2 给出了各种类型有机液体的互溶规律。

9.3　萃　取　剂

溶剂萃取，萃取剂最为重要。现在研究出来的萃取剂有 200 多万种。但是真正得到工业应用的仅几十种。

9.3.1　对萃取剂的要求

能够作为萃取剂的物质，必须满足以下要求。

（1）至少有一个萃取官能团，通过该官能团萃取剂可以与金属离子形成萃合物。常见的官能团有含 O、S、C、P 的基团。例如，—OH、—SO_3H、—SH、═NOH、>P═O。

（2）与油互溶性大，与水互溶性小。为满足此条件，萃取剂必须有一定长度的碳氢链或苯环（不可太短或太长）。

（3）对被萃物具有高的选择性，分离系数大。

（4）萃取容量大。

（5）易反萃，不发生乳化，不生成第三相。

（6）密度小、黏度小、表面张力大、蒸气压小、沸点高、闪点高、气味小。

（7）化学稳定性好，不易水解，耐酸、耐碱，具有一定的热稳定性。

9.3.2 萃取剂的分类

9.3.2.1 按萃取剂官能团分类

萃取剂可以根据其官能团的特征原子分类，也可以按照萃取剂的酸碱性分类。湿法冶金中常用的萃取剂官能团的特征原子是氧、氮、磷、硫。

（1）含氧萃取剂。含氧萃取剂分子由碳、氢、氧三种原子组成。包括醚（R—O—R′）、醇（R—OH）、酮（R—C(═O)—R′）、酸（RCOOH）、酯（R—C(═O)—O—R′）等。它们都是通过氧原子与被萃物结合形成萃合物。

（2）含磷萃取剂。含磷萃取剂分子由碳、氢、氧、磷四种原子组成。

1）中性磷（膦）型萃取剂。中性磷（膦）型萃取剂可以看作正磷酸［$(HO)_3$P═O］分子中的氢原子或羟基完全被烷基取代的衍生物，该衍生物称为酯，即

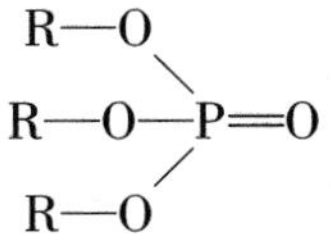
和
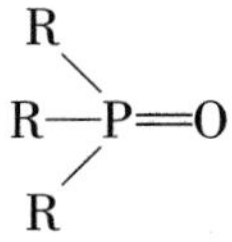

前者分子中有 C—O—P 键，称为中性磷酸酯；后者分子中有 C—P 键，称为中性膦酸酯。它们都是通过磷氧键上的氧原子与被萃物配合，形成萃合物。

2）酸性磷（膦）型萃取剂。酸性磷（膦）型萃取剂可以看作正磷酸分子中的氢原子或羟基被烷基取代的衍生物，前者称为磷酸，后者称为膦酸。例如

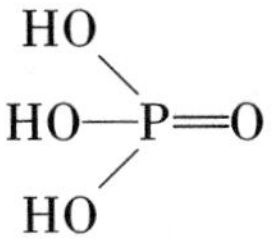
单烷基磷酸

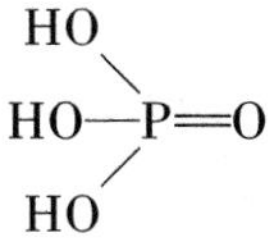
双烷基磷酸

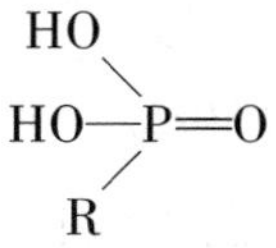
单烷基膦酸

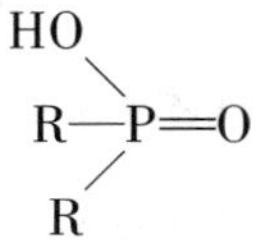
双烷基膦酸

（3）含氮萃取剂。含氮萃取剂分子由碳、氢、氮三种原子组成，或由碳、氢、氧、氮四种原子组成。

1）胺类萃取剂。胺类萃取剂可看作氨的烷基取代衍生物。根据氨分子中的氢原子被取代的个数，分别称为伯胺（RNH_2）、仲胺（R_2NH）和叔胺（R_3N）；季铵盐（R_4NCl）可看作氯化铵（NH_4Cl）分子中的四个氢原子的烷基取代的衍生物。胺类萃取剂都是通过氮原子与金属离子配合。

2）酰胺萃取剂。氨分子的一个氢原子被酰基取代，另两个氢原子被烷基取代，生成的衍生物称为酰胺，即

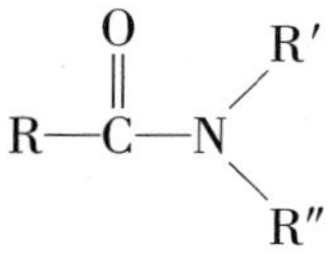

酰胺萃取剂通过氧原子与金属离子配合。

3）羟肟和异羟肟酸类萃取剂。既含有羟基又含有肟基（C ═ NOH）的萃取剂叫羟肟基萃取剂。例如，羟肟 R—C(OH)(H)—C(═NOH)—R′ 和异羟肟 R—C—NH—OH，它们通过羟基的氧原子和肟基的氮原子与金属离子生成螯合物。

4）羟基喹啉萃取剂。羟基喹啉萃取剂也是螯合萃取剂。例如 Kelex100，其结构式为

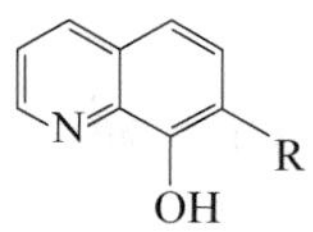

它们也是通过氧原子和氮原子与金属离子形成螯合物。

（4）含硫萃取剂。含硫萃取剂分子由碳、氢和硫原子组成。在湿冶金中应用的主要有硫醚类和亚砜类含硫萃取剂。

1）硫醚（R_2S）可以看作硫化氢的二烷基衍生物。硫醚通过硫原子与金属离子配合。

2）亚砜是硫醚被氧化的产物。

$$RSR \longrightarrow R_2S=O$$

亚砜通过氧原子与金属离子配合。

常用的萃取剂见表 9.5。

表 9.5　常用典型萃取剂的名称和结构

类　型	名　称	结　构　式	我国商品名	国外商品名
酸性萃取剂	合成脂肪酸 $C_1 \sim C_{18}$	$R\text{—}C \overset{O}{\underset{OH}{\big<}}$		—
	环烷酸	$\overset{R}{\underset{R}{\big>}}\boxed{\underset{R}{\overset{R}{}}}(CH_2)_n C\overset{O}{\underset{OH}{\big<}}$	环烷酸	Naphnicacid
	二(2-乙基己基)磷酸	$C_4H_9CHCH_2O \overset{C_2H_5}{} \atop C_4H_9CHCH_2O \underset{C_2H_5}{}$ $P\overset{O}{\underset{OH}{\big<}}$	P204	D2EHPA 或称 HDEHP
	异辛基磷酸单异辛酯	$CH_3(CH_2)_4CHO \overset{C_2H_5}{} \atop CH_3(CH_2)_4CH \underset{C_2H_5}{}$ $P\overset{O}{\underset{OH}{\big<}}$	P507	—
中性含氧萃取剂	甲基异丁基酮	$\overset{CH_3}{\underset{CH_3}{\big>}}CH\text{—}CH_2\text{—}\underset{O}{\overset{}{C}}\text{—}CH_3$	甲基异丁基酮	MIBK
	仲辛酮	$C_6H_{13}\text{—}\overset{CH_3}{\underset{H}{C}}\text{—}OH$	辛醇-2	Octanol$_{-2}$
	二仲辛基乙酰胺	$CH_3\text{—}\overset{O}{\overset{\|}{C}}\text{—}N(C_8H_{17})_2$	N503	—
中性含磷萃取剂	磷酸三丁酯	$\overset{C_4H_9O}{\underset{C_4H_9O}{C_4H_9O}}P\text{=}O$	磷酸三丁酯	TBP
	甲基膦酸二仲辛酯	$\overset{仲C_8H_{17}O}{\underset{CH_3}{仲C_8H_{17}O}}P\text{=}O$	P-350	—

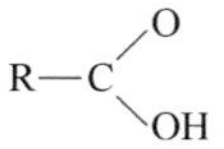

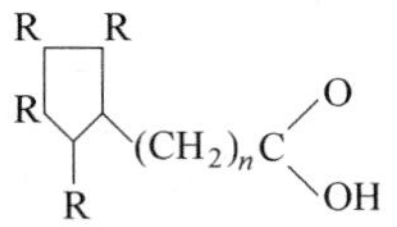

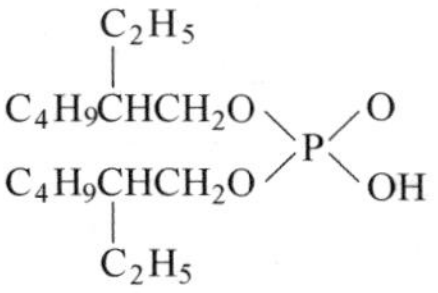

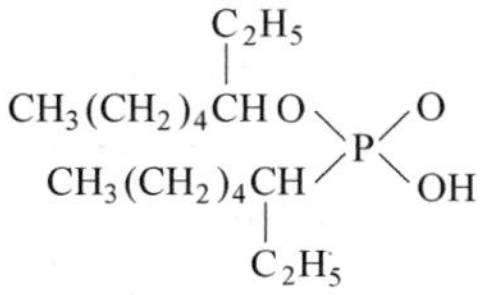

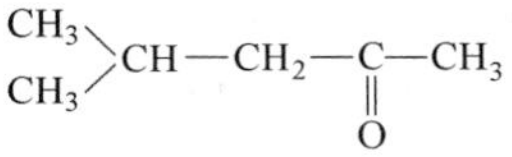

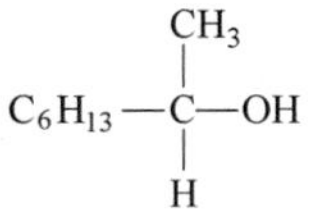

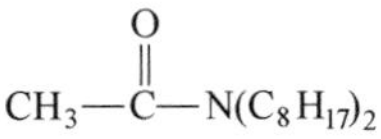

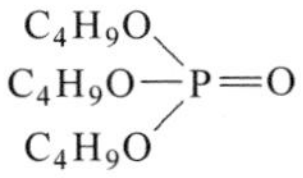

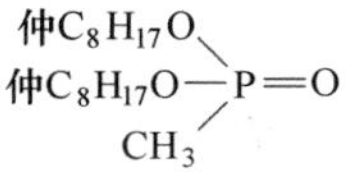

续表 9.5

类 型	名 称	结 构 式	我国商品名	国外商品名
胺型萃取剂	多支链二十烷基伯胺	$CH_3—C(CH_3)_2—(—CH_2—C(CH_3)_2)_4—NH_2$	伯胺型	PrimeneJMT
	N-十二烯(三烷基甲基)胺	$HN(C(R)(R')(R''))—CH_2CH{=}CH[CH_2—C(CH_3)_2—]CH_3$	仲胺型	Amberite LA_{-1}
	三-正辛胺	$N—[—CH_2(CH_2)_6CH_3]_3$ $N—[—CH_2(CH_2)_{6\sim10},\ CH_3]_2$	叔胺型	TNOA 或 TOA
	三烷基胺	三-正辛胺和三-正癸胺之混合物	N235(叔胺型)	—
	氯化甲基三烷基胺	$CH_4—N[—(CH_2)_{7\sim11}CH_3]_3^+Cl^-$	N263(季胺型)	—
聚合型萃取剂	5,8-二乙基-7-羟基十二烷基-6 酮肟	$CH_3(CH_2)_3CH(C_2H_5)CH(OH)—C(=NOH)—CH(C_2H_5)(CH_2)_3CH_3$	N509	LiX_{-63}
	2-羟基-5-仲辛基-二苯甲酮肟	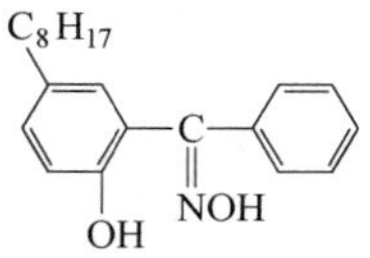	N510	LiX_{-64}
	2-羟基-5-十二烷基二苯甲酮肟	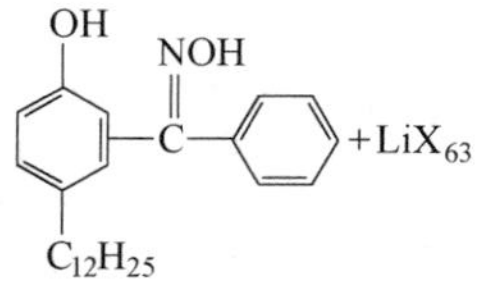		$LiX_{-64}N$

9.3.2.2 按萃取剂的结构分类

按萃取剂的结构特征，可以将萃取剂分为四类。

(1) 酸性萃取剂，又叫阴离子交换萃取剂。包括

$R—C(=O)—OH$ 羧酸型

$(RO)_2(HO)P{=}O$ 磷酸型

RSO_3H 磺酸型

(2) 中性萃取剂。包括中性磷型萃取剂、中性含氧萃取剂、酰胺类萃取剂。例如

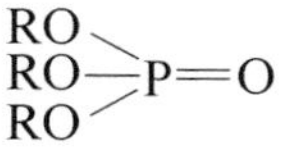

中性磷酸酯

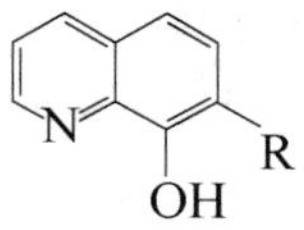

喹啉

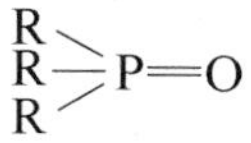

中性膦酸酯

中性含氧萃取剂

R—O—R

醚

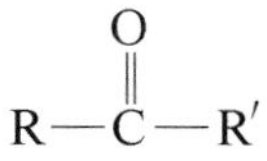

酮

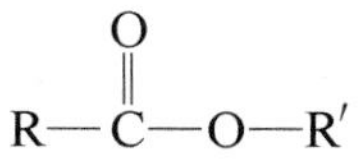

酯

酰胺类萃取剂

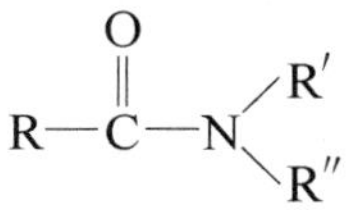

（3）碱性萃取剂，又叫阴离子交换萃取剂。例如醇 R—OH。

（4）螯合萃取剂。螯合萃取剂是具有多官能团的有机弱酸，含有酸性官能团（—OH、═NOH、—SH）和配位官能团（═CO、═N—）等。例如，2-羟基-5-十二烷基二苯甲酮肟

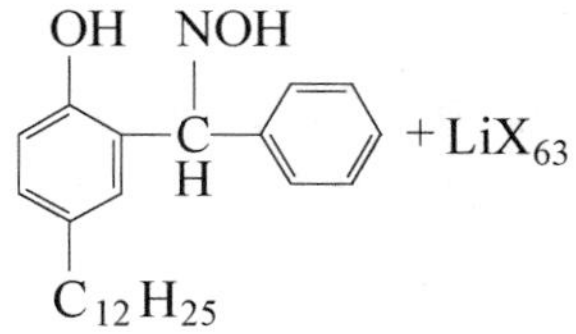

9.4 稀释剂和调节剂

9.4.1 稀释剂

稀释剂是能溶解萃取剂的有机液体。它是惰性物质，不参与萃取反应。稀释剂的作用是改变有机相中萃取剂的浓度，调节萃取能力，改善萃取剂的性能，降低有机相的黏度，提高萃合物在有机相中的溶解度等。

工业上常用的稀释剂有煤油、苯、甲苯、二乙苯、四氯化碳、氯仿等。其中煤油应用最普遍。煤油对各种萃取剂都有较大的溶解能力，而且便宜。

用煤油作稀释剂，需要预先用硫酸对煤油做磺化处理。硫酸与煤油中的不饱和烯烃发生加成反应。

$$RCH{=}CH + H_2SO_4 \longrightarrow R{-}\underset{\displaystyle OSO_3H}{\underset{|}{CH}}{-}CH$$

生成的单烷基硫酸酯溶解于水及过量的硫酸中，从而与煤油中的饱和烃分离。磺化煤油是浅黄色液体，成分为 $C_{13}H_{28} \sim C_{15}H_{32}$ 的烷烃混合物。

9.4.2 相调节剂

相调节剂也叫极性改善剂。其作用是增加有机相的极性，从而增大萃取剂和萃合物在有机相中的溶解度，常用的相调节剂有高碳醇、中性磷型萃取剂等。

9.5 盐 析

向水溶液中加入电解质，造成溶液中溶质溶解度变化的现象叫作盐析。

9.5.1 同离子效应

（1）盐对酸萃取的作用。在水相中加入与酸具有相同的阴离子不被萃取的盐，可以提高酸的萃取率。

（2）盐对盐萃取的影响。在水相中加入与盐具有相同阴离子又不被萃取的盐，可以提高盐的萃取率。

9.5.2 非同离子盐的盐析作用

（1）酸对酸萃取的影响。在水相中加入不被萃取的酸，可以提高被萃酸的分配比，提高其萃取率。

（2）盐对萃取剂的盐析作用。在水相中加入不被萃取的盐，可以减少萃取剂在水中的溶解损失。

（3）盐对金属离子的盐析作用。在水相中加入盐，会影响被萃离子的萃取。各种离子对被萃离子的盐析作用不等。例如，用 TBP 萃取 Eu(Ⅲ)，各种金属离子的影响大小顺序为

$$Al^{3+} > Mg^{2+} > Zn^{2+} > Cu^{2+} > Fe^{2+} > NH_4^+$$

9.5.3 盐析作用与盐溶作用

盐析作用的实质是在水相中加入的盐影响了水相中被萃离子的活度。如果加入的盐使被萃物的活度增大，就是盐析作用；如果加入的盐使被萃物的活度变小，就是盐溶作用。

被萃物的活度系数可以表示为

$$\lg f_i = k_i c_i \tag{9.1}$$

式中，f_i 为水相中被萃物的活度系数；k_i 为系数；c_i 为加入的盐的浓度。k_i 为正值，则为盐析系数；k_i 为负值，则为盐溶系数。

水相中加入盐，盐的离子和水发生水合作用，固定了一部分水分子，相当于溶剂减少，被萃物浓度增大。据此考虑盐析系数为

$$k_i = \frac{V_w}{2.303}(n_w - n_I) = 0.0078(n_w - n_I) \tag{9.2}$$

式中，V_w 为水的摩尔体积；n_w 溶液中的水合离子数；n_I 为加入盐的离子数。$n_w > n_I$ 产生盐析作用，$n_w < n_I$ 产生盐溶作用。

9.6 盐 效 应

盐效应在溶剂萃取过程中有重要的实际意义。溶液中加盐，可以改变其中非电解质的挥发性，改变非电解质和电解质在水中的溶解度，改变离子的被萃取性能，影响萃取平衡分配。盐效应实质是水中的电解质对电解质和非电解质的活度系数的影响。

9.6.1 盐对萃取过程的影响

以 TBP 萃取 UO_2Cl_2 为例，讨论盐对萃取过程的影响。此体系的萃取反应为

$$UO_2^{2+} + 2Cl^- + 2TBP \rightleftharpoons UO_2Cl_2 \cdot 2TBP$$

水中加入 MCl 类盐，影响 UO_2Cl_2 的 $\gamma_\pm$ 值，从而改变铀在两相中的分配比 D_U 。此 MCl 盐称为盐析剂。

哈诺德（Harned）根据大量的实验数据，将同一离子强度下混合电解质的活度系数与单一电解质的活度系数间的关系总结成下面的经验公式：

$$\left.\begin{aligned} \lg\gamma_{\pm,UO_2Cl_2} - \lg\gamma_{\pm,UO_2Cl_{2(o)}} &= -\delta_U I_{MCl} \\ \lg\gamma_{\pm,MCl} - \lg\gamma_{\pm,MCl_{(o)}} &= -\delta_H I_{UO_2Cl_2} \end{aligned}\right\} \tag{9.3}$$

式（9.3）为 UO_2Cl_2-MCl-H_2O 体系的哈诺德公式。式中，$\gamma_{\pm,UO_2Cl_2}$ 和 $\gamma_{\pm,MCl}$ 为混合电解质溶液中电解质 UO_2Cl_2 和 MCl 的平均活度系数；$\gamma_{\pm,UO_2Cl_2}$ 和 $\gamma_{\pm,MCl}$ 为离子强度与混合溶液相同时单一 UO_2Cl_2 与单一 MCl 溶液中 UO_2Cl_2 和 MCl 的平均活度系数；I_{MCl} 和 $I_{UO_2Cl_2}$ 分别为溶液中 MCl 和 UO_2Cl_2 对离子强度的贡献；δ_U 和 δ_H 为哈诺德系数，在一定条件下为一常数。由式（9.3）可见，δ_U 值越大，混合溶液中的 $\gamma_{\pm,UO_2Cl_2}$ 越小，欲维持上述萃取反应热力学平衡常数 K_a 为常数，则必将使有机相中的 $UO_2Cl_2 \cdot 2TBP$ 浓度变小，即 UO_2Cl_2 的被萃取能力下降，或者说盐析剂 MCl 的盐析能力变弱。反之哈诺德系数 δ_U 越小，则盐析能力越强。溶液的总离子强度在 5m 以下时，哈诺德系数近似为一常数。张大年和滕藤测得的 UO_2Cl_2-MCl 体系的 δ_U 值见表 9.6；金肯斯（Jenkins）和麦凯（McKay）测得 $UO_2(NO_3)_2$-HNO_3 体系的 δ_U 值见表 9.7。从表 9.6 中可以看出，一价氯化物对于 TBP 萃取 UO_2Cl_2 的盐析顺序为

$$H^+ > Li^+ > Na^+ > NH_4^+ > K^+ > Cs^+$$

硝酸盐体系也有类似的盐析顺序。由大量实验数据归纳出一条定性的规则，即盐析剂阳离子的电荷越多，半径越小，水化能力越强。因此，哈诺德系数应该与离子水化能力有关。Соловкин 指出，哈诺德系数与阳离子的第一配位层中水分子分布的表面密度 ρ' 有关，定义

$$\rho' = \frac{n}{4\pi\,(r + 1.38)^2} \tag{9.4}$$

式中，r、n 分别为阳离子半径和它的配位数，对 UO_2Cl_2-MCl-H_2O 体系，δ 与 ρ' 有下列线性关系：

$$\delta_U = 0.135 - 0.242\rho'$$

$$\delta_H = 0.173 - 0.242\rho'$$

对 $UO_2(NO_3)_2$-MNO_3-H_2O 体系，

$$\delta_U = 0.212 - 3.45\rho'$$

哈诺德系数可从混合电解质溶液活度系数计算公式导出。

表 9.6　UO_2Cl_2-MCl-H_2O 体系的 δ_U 值

电解质	CsCl	KCl	NH_4Cl	NaCl	LiCl	HCl
δ_U	0.056	0.020	0.010	-0.004	-0.016	-0.026

表 9.7　$UO_2(NO_3)_2$-MNO_3-H_2O 体系的 δ_U 值

电解质	NH_4NO_3	$NaNO_3$	HNO_3	$LiNO_3$	
δ_U	0.042	0.030	0	-0.030	
电解质	$Ca(NO_3)_2$	$Al(NO_3)_3$	$Co(NO_3)_2$	$Cu(NO_3)_2$	$Ni(NO_3)_2$
δ_U	0.026	0.021	0.018	0.016	0.012

9.6.2　盐对萃取剂溶解度的影响

1889 年，赛提斯齐淖（Setschenow）提出了盐对非电解质溶解度影响的经验公式

$$\lg\frac{c_0}{c} = Kc_s \tag{9.5}$$

式中，c_0 和 c 分别为非电解质在纯水和浓度为 c_s 的盐溶液中的溶解度，这里浓度单位为 mol/L；K 称为盐效应常数，也称赛提斯齐淖常数。如果 K 是正值，即 $c_0 > c$，则加盐后使非电解质在水中的溶解度减少，这个现象称为盐析作用；若 K 是负值，即 $c_0 < c$，则加盐后使非电解质在水中的溶解度增加，这称为盐溶作用。这两个作用一般统称为盐效应。式（9.5）可以用在相当大的盐浓度范围（从稀溶液到数摩尔每升）。

溶解在各种电解质中的 D2EHPA 的溶解度 c 与 c_s、$\lg c$ 与 c_s 及 $\lg\frac{c_0}{c}$ 与 c_s 的关系分别示于图 9.3、图 9.4 及图 9.5。所用电解质在水中的最高浓度分别为 3~5mol/L。在此盐浓度范围内，$\lg c_0/c$ 与 c_s 为线性关系，用最小二乘法线性回归得出的盐效应常数 K 见表 9.8。线性相关系数大于 0.998。这里 c_0 并非在纯水中的溶解度，而是用盐酸酸化至 pH = 1.98 的 HCl 溶液中的溶解度。其目的有二：一为抑制 D2EHPA 对盐的萃取；二是抑制 D2EHPA 在水中的解离。而所有的 c 也均为 pH = 1.98 的 HCl 溶液中测得的。由图 9.3~图 9.5 及表 9.8 可见，K 在所有情况下为正值，说明均为盐析作用。各种阳离子对 D2EHPA 的盐析顺序为：

$$Na^+ > K^+ > Rb^+ > Li^+ > Cs^+ > NH_4^+ > H^+$$

且加盐后都使 D2EHPA 在水中的溶解度下降，这对工业萃取是有利的，特别是钠盐，其盐效应常数最大。可见，在工业上采用酸性萃取体系时用萃取剂的钠盐进行皂化，这对减少萃取剂的水溶性也是有利的。

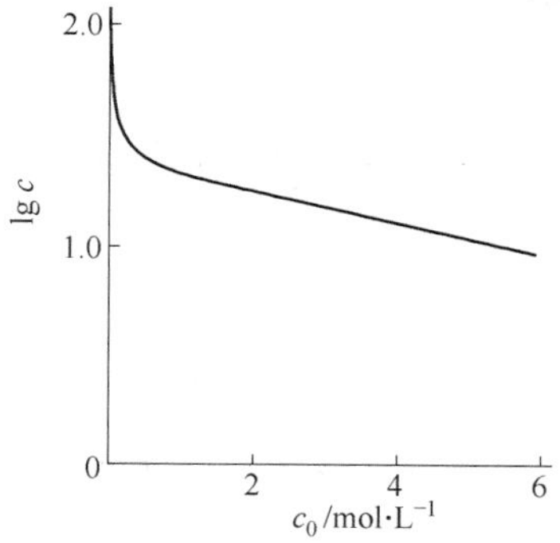

图 9.3 D2EHPA 在 HCl 水溶液中的溶解度（25℃）

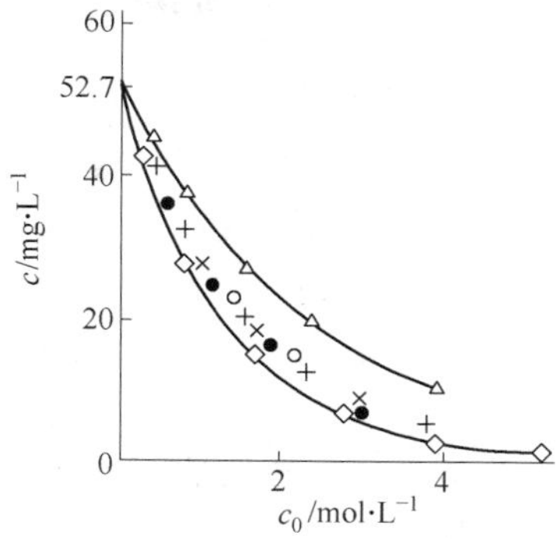

图 9.4 水相 D2EHPA 溶解度

（25℃，◇、△、○、●、+、×为实测数据点）

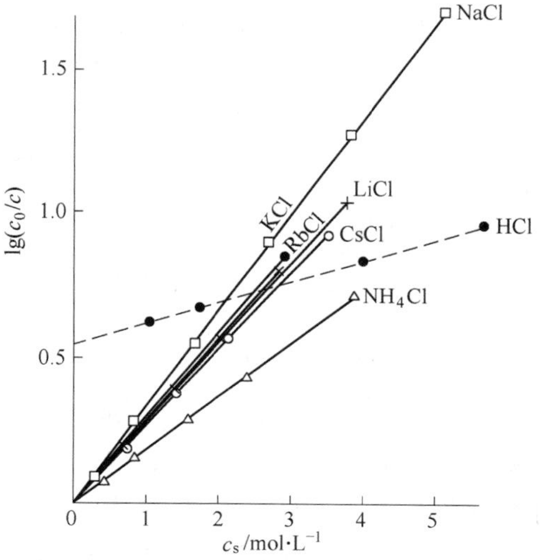

图 9.5 D2EHPA-MCl-H_2O 体系水相 lgc_0/c-c_s 关系图（25℃）

表 9.8 D2EHPA-MCl-H_2O 体系盐效应常数实验值（25℃）

电 解 质	K	相关系数
HCl	0.06991	0.999
LiCl	0.2677	0.999
NaCl	0.3226	0.999
KCl	0.2832	0.999
RbCl	0.2771	0.999
CsCl	0.2605	0.999
NH_4Cl	0.1775	0.999

注：HCl 的 K 值在 c_s>1mol/L 的数据回归得到；其他盐用 c_s<3mol/L 的数据回归得到。

9.6.3 非电解质溶解度与其活度系数的关系

设有一三元体系：水、盐和非电解质，令 c 与 y 为非电解质在水中的浓度和活度系数，c_s 为盐的浓度。一般地，$\lg y$ 是溶剂中所有溶质浓度的函数。如果不存在化学反应，$\lg y$ 应为 c_s 和 c 的幂级数：

$$\lg y = k_s c_s + k_s' c_s^2 + k_s'' c_s^3 + \cdots + kc + k'c^2 + k''c^3 + \cdots$$

若 c_s 和 c 均较小，可以只保留线性项：

$$\lg y = k_s c_s + kc \tag{9.6}$$

式中，k_s 为盐与非电解质的相互作用系数；k 为非电解质与非电解质之间的相互作用系数（也称自作用系数）。

在纯水中，$c_s = 0$，$c = c_0$，代入式（9.6），得

$$\lg y_0 = kc_0$$

当纯的非电解质和它的饱和溶液成平衡时，无论是在纯水或盐溶液中，非电解质的化学势或活度相等，即

$$a = cy = c_0 y_0 \tag{9.7}$$

所以

$$\lg \frac{y}{y_0} = \lg \frac{c_0}{c} = k_s c_s + k(c - c_0) \tag{9.8}$$

当 c 和 c_s 都很小时，$k(c - c_0) \approx 0$，$y_0 \approx 1$，上式简化为

$$\lg y = \lg \frac{c_0}{c} = k_s c_s \tag{9.9}$$

比较式（9.5）和式（9.9）可以看出，式（9.9）具有赛提斯齐淖公式的形式。但 k_s 和 K 的意义是不同的。式（9.5）可以用到 $k(c - c_0)$ 相当大的情况，因此 K 是离子-非电解质相互作用和非电解质自作用的总系数；而 k_s 只是离子-非电解质相互作用系数。当非电解质浓度较高时，必须注意 K 和 k_s 的区别。各种理论导出的系数都是 k_s 而不是 K。

9.6.4 静电理论

1925 年，德拜-迈克奥雷（Debye-McAulay）提出了静电理论，在三元溶液中水分子和非电解质分子具有不同的介电常数，在离子的电场，具有较高介电常数的分子聚集在离子的周围把具有较低介电常数的分子从离子附近驱除。这个过程使体系的自由能发生变化，因而改变了各组分的活度系数。推导如下：

若 n_j 个原子或基团经过充电，变为 n_j 个离子，其半径为 b_j，每个电荷为 $e_j(=z_j\varepsilon)$，此离子表面的电位 φ 是 e_j/Db_j，则 n_j 个离子完成此充电过程所需的电功 W 为：

$$W = \sum_{j=1}^{n_j} \int_0^{e_j} \varphi(e_j)\,\mathrm{d}e = \sum_{j=1}^{n_j} \int_0^1 \frac{\xi e_j}{Db_j}\mathrm{d}(\xi e_j) = \sum_{j=1}^{n_j} \int_0^1 \frac{e_j^{\xi}}{Db_j}\xi\,\mathrm{d}\xi = \frac{n_j e_j^2}{2Db_j} \tag{9.10}$$

式中，ξ 为充电系数。

$$\mathrm{d}e = \mathrm{d}(\xi e_j) = e_j\,\mathrm{d}\xi$$

若溶液中每毫升有 n' 个电解质分子，离解为每毫升 n_1，…，n_j 个离子（1，2，…，j 表示离子种类），该溶液接近无限稀释状态，因而不考虑离子云。溶液的介电常数也就是

水的介电常数 D_0。若让离子放电，则体系对外做功 W_1 为

$$W_1 = \sum_j \frac{n_j e_j^2}{2D_0 b_j}$$

式中的求和是对离子种类作加和，与式（9.10）的求和不同。加入非电解质使每毫升溶液中含有 n 个非电解质分子从而使溶剂的介电常数 D_0 变为 D。D 和 D_0 之间有下列近似关系

$$D = D_0(1 - \beta n - \beta' n')$$

因此

$$\frac{1}{D} \simeq \frac{1}{D_0}(1 + \beta n + \beta' n') \tag{9.11}$$

在介电常数为 D 的溶液中让离子放电，体系对外做功 W_2 为

$$W_2 = \sum_j \frac{n_j e_j^2}{2Db_j}$$

这两个电功之差（$W_2 - W_1$）就是体系赫姆霍兹（Helmoltz）自由能（功函）的增加

$$\Delta A = W_2 - W_1 = \frac{1}{2}\left(\frac{1}{D} - \frac{1}{D_0}\right) \sum_j \frac{n_j e_j^2}{b_j} \tag{9.12}$$

将式（9.11）代入式（9.12）得

$$\Delta A = \frac{\beta n + \beta' n'}{2D_0} \sum_j \frac{n_j e_j^2}{b_j}$$

令 $\Delta\mu$ 是盐的加入引起一个非电解质分子化学势的变化，得

$$\Delta\mu = k_B T \ln\gamma = \frac{\partial \Delta A}{\partial n}$$

$$= \frac{\beta}{2D_0} \sum_j \frac{n_j e_j^2}{b_j}$$

所以

$$\ln\gamma = \frac{\beta}{2D_0 k_B T} \sum_j \frac{n_j e_j^2}{b_j}$$

由 $n_j = \nu_j n'$，$e_j = z_j \varepsilon$，得

$$\ln\gamma = \frac{\beta \varepsilon^2 n'}{2D_0 k_B T} \sum_j \frac{\nu_j z_j^2}{b_j} \tag{9.13}$$

代入式（9.9），其中

$$n' = \frac{N_A c_s}{1000}$$

得到

$$k_s = \frac{\beta \varepsilon^2 N_A}{2 \times 2.303 \times 10^5 D_0 k_B T} \sum_j \frac{\nu_j z_j^2}{b_j} \tag{9.14}$$

式中，N_A 为阿伏伽德罗常数。

再从式（9.11）剖析 β 的物理意义。若略去电解质的存在对溶液介电常数的影响

（即$\beta'=0$），由式（9.11）得

$$\beta=\frac{D_0-D}{D_0}\frac{1}{n} \tag{9.15}$$

由上式可见，β为每毫升溶液中增加一个分子非电解质时介电常数改变的分数。若溶液中的水全部为非电解质所置换，此时溶液的介电常数即为纯非电解质的介电常数D_N，代入式（9.15）即得

$$\beta=\frac{D_0-D}{D_0}\nu_N \tag{9.16}$$

式中，ν_N为非电解质的分子体积，mL。若已知非电解质的介电常数及分子体积，即可用式（9.16）计算β值。

由式（9.13）、式（9.14）及式（9.16）可以看出，若$D_0>D_N$，则$\beta>0$，$\gamma>1$，$k_s>0$，则$c_s>c$，即为盐析；反之即为盐溶。

波恩（Born）将式（9.12）对n'微分求导，首次求出了溶液中非电解质存在时电解质离子的平均活度系数$\gamma_\pm$值：

$$\frac{\partial\Delta A}{\partial n'}=\nu k_BT\ln\gamma_\pm=\frac{\varepsilon^2}{2}\left(\frac{1}{D}-\frac{1}{D_0}\right)\sum_j\frac{\nu_jz_j^2}{b_j} \tag{9.17}$$

所以

$$\ln\gamma_\pm=\frac{\varepsilon^2}{2\nu k_BT}\left(\frac{1}{D}-\frac{1}{D_0}\right)\sum_j\frac{\nu_jz_j^2}{b_j} \tag{9.18}$$

德拜-迈克奥雷（Debye-McAulay）静电理论物理意义清楚，表达式简单，可用以预言盐析或盐溶。但它只考虑静电力，忽略了其他力的作用，并且在推导过程中采用了一些简化的假设，因而不能得出精确的定量结果。表9.9是用该理论计算的D2EHPA-MCl-H_2O体系的盐效应常数k_s与实验值k的比较。

表9.9　用德拜-迈克奥雷静电理论计算的D2EHPA-MCl-H_2O体系的盐效应常数k_s与实验值K的比较（25℃）

体　系	$k_{s(P)}$	$k_{s(L)}$	$k_{s(W)}$	$k_{s(S)}$	K
HCl	—	0.843	—	0.459	0.06991
LiCl	1.08	0.609	0.934	0.401	0.2677
NaCl	0.787	0.543	0.756	0.421	0.3226
KCl	0.639	0.496	0.642	0.468	9.2832
RbCl	0.602	0.481	0.607	0.478	0.2771
CtCl	0.561	0.464	0.556	0.477	0.2605
NH_4Cl	0.614	0.486	—	—	0.1775

注：1. 表中k_s的右下标P、L、W、S分别表示用Pauling半径、Lacimer半径、Weddington半径、Stokes水化半径计算b_j时的k_s值。

2. 计算采用D2EHPA的$D_N=3.96$，$\nu_N=332.4/N_0$；水的$D_0=78.3$。

9.6.5 内压力理论

1952 年，迈克德维特-朗（McDevit-Long）从热力学出发，假定非电解质进入溶液只是占有体积，提出了内压力理论。假定 n_s mol 的盐和 n_w mol 的水混合形成的盐溶液的理想体积为 V_0，则得

$$V_0 = n_w V_w + n_s V_s \tag{9.19}$$

式中，V_w 为水的摩尔体积；V_s 为液态纯盐的摩尔体积。而实际溶液的体积为 $V_0 + V^{ex}$，V^{ex} 为溶液过量体积。把盐溶液的功函围绕 V_0 展开成泰勒（Taylor）级数，

$$A(V_0 + V^{ex}) = A(V_0) + \left(\frac{\partial A}{\partial V}\right)_{T,V_0} V^{ex} + \frac{1}{2}\left(\frac{\partial^2 A}{\partial V^2}\right)_{T,V_0} (V^{ex})^2 + \cdots$$

也可围绕着 $V_0 + V^{ex}$ 将 $A(V_0)$ 展开成泰勒级数

$$A(V_0) = A(V_0 + V^{ex}) + \left(\frac{\partial A}{\partial V}\right)_{T,\ V_0+V^{ex}} (V_0 - V_0 - V^{ex}) + \frac{1}{2}\left(\frac{\partial^2 A}{\partial V^2}\right)_{T,\ V_0+V^{ex}} (V_0 - V_0 - V^{ex})^2 + \cdots$$

移项即得

$$A(V_0 + V^{ex}) = A(V_0) + \left(\frac{\partial A}{\partial V}\right)_{T,\ V_0+V^{ex}} V^{ex} - \frac{1}{2}\left(\frac{\partial^2 A}{\partial V^2}\right)_{T,\ V_0+V^{ex}} (V^{ex})^2 + \cdots$$

根据，$(\partial A/\partial V) = -p$，溶液的压缩系数 $\beta = -(\partial V/\partial p)/V$，代入上式得

$$A(V_0 + V^{ex}) = A(V_0) - pV^{ex} - \frac{1}{2\beta V}(V^{ex})^2 + \cdots$$

加入 V_i 体积的非电解质，溶液的体积变为 $V_0 + V^{ex} + V_i$，体积的变化增到 $V^{ex} + V_i$，仿上述方法展开成泰勒级数，得

$$A(V_0 + V^{ex} + V_i) = A(V_0) - p(V^{ex} + V_i) - \frac{1}{2\beta V}(V^{ex} + V_i)^2 + \cdots \tag{9.20}$$

将上式对 V_i 求导，注意 $A(V_0)$ 和 V^{ex} 都与 V_i 无关，得

$$\frac{\partial A}{\partial V_i} = -p - \frac{1}{\beta V}(V^{ex} + V_i) + \cdots$$

若 V_i 变为无限小，即

$$\lim_{V_i \to 0} \frac{\partial A}{\partial V_i} = -p - \frac{1}{\beta V} V^{ex} + \cdots \tag{9.21}$$

由于 $G = A + pV = A + p(V_0 + V^{ex} + V_i)$，得

$$\lim_{V_i \to 0} \frac{\partial G}{\partial V_i} = \lim_{V_i \to 0} \frac{\partial A}{\partial V_i} + p = -\frac{1}{\beta V} V^{ex} \tag{9.22}$$

令 $\overline{V}_i^0$ 为无限稀释溶液中盐的偏摩尔体积，则在无限稀溶液有

$$V^{ex} = n_s(\overline{V}_s^0 - V_s) \tag{9.23}$$

假定在无限稀溶液中β等于纯水的压缩系数β_0，将式（9.23）代入式（9.22）得

$$\lim_{\substack{V_i\to 0\\ c_s\to 0}}\frac{\partial G}{\partial V_i}=-\frac{n_s(\overline{V}_s^0-V_s)}{\beta_0 V}=\frac{c_s(V_s-\overline{V}_s^0)}{\beta_0}$$

式中，$c_s=\frac{n_s}{V}$为盐的体积摩尔浓度。对c_s微分，得

$$\lim_{\substack{V_i\to 0\\ c_s\to 0}}\frac{\partial^2 G}{\partial c_s\partial V_i}=\frac{V_s-\overline{V}_s^0}{\beta_0} \tag{9.24}$$

令$\overline{V}_i^0$为非电解质在无限稀溶液中的偏摩尔体积，非电解质的体积V_i为

$$V_i=n_i\overline{V}_i^0$$

$$\frac{\partial G}{\partial V_i}=\frac{\partial G}{\partial n_i}\frac{\partial n_i}{\partial V_i}=\frac{\mu_i}{\overline{V}_i^0}=\frac{1}{\overline{V}_i^0}(\mu_i^{\ominus}+RT\ln c_i\gamma) \tag{9.25}$$

式中，μ_i、γ、c_i为非电解质在溶液中的化学势、活度系数和浓度。将式（9.25）对c_i微分，再与式（9.24）合并得

$$k_s=\lim_{\substack{V_i\to 0\\ c_s\to 0}}\frac{\partial \lg\gamma}{\partial c_s}=\frac{\overline{V}_i^0(V_s-\overline{V}_s^0)}{2.303RT\beta_0} \tag{9.26}$$

根据溶液的压力系数β的定义

$$\beta=-\frac{(\partial V/\partial p)}{V}=-\frac{V^{ex}}{V(p_e-p_\infty)}=\frac{n_s(V_s-\overline{V}_s^0)}{V(p_e-p_{e_0})}=\frac{c_s(V_s-\overline{V}_s^0)}{p_e-p_{e_0}}=\frac{(c_s-0)(V_s-\overline{V}_s^0)}{p_e-p_{e_0}}$$

$$=(V_s-\overline{V}_s^0)\frac{\partial c_s}{\partial p_e} \tag{9.27}$$

式中，p_e为由于盐溶入水中而产生的有效压力；右下标0表示无盐的溶液。将式（9.27）代入（9.26），得

$$k_s=\lim_{\substack{V_i\to 0\\ c_s\to 0}}\frac{\overline{V}_i^0}{2.303RT}\frac{\partial p_e}{\partial c_s} \tag{9.28}$$

式（9.26）和式（9.28）即迈克德维特-朗盐效应公式，其物理意义为：在盐和水的混合过程中，盐体积的缩小（$V_s-\overline{V}_s^0$）可看成溶剂压缩的结果。这个压缩使非电解质分子的体积V_i不易插入，因而产生盐析效应。换句话说，当盐加入非电解质水溶液时，离子和水分子的相互作用产生内压力，把非电解质分子挤出溶液。此理论仅利用组分的宏观参数（如偏摩尔体积等），这比起微观参数要容易获得，且精度也较高，是其优点。

将D2EHPA-MCl-H_2O体系的盐效应实验数据用内压力理论（式（9.26））处理，结果列入表9.10。从表中数据可以看出，用迈克德维特-朗内压力理论所得到的盐析顺序（k_s），大致与实验所得顺序一致（H^+例外）。但其绝对值约为实验值的四倍。这主要是由于公式的推导是在$V_i\to 0$的极限条件下进行的，这仅能用于较小的非电解质分子。比较

苯的盐析数据，k_s 的计算值为实验值的2~3倍。由此可见，非电解质分子越大，计算的 k_s 值偏离实验值就越大。此外，此理论没有考虑非电解质离子的接近程度受到有限的粒子半径的限制，从而限制了此理论的应用。

表 9.10 用迈克德维特-朗内压力理论计算的 D2EHPA-MCl-H_2O 体系的盐效应常数 k_s 与实验值 K 的比较（25℃）

体　系	dp_e/dc_s /bar · mol^{-1}	$V_s/cm^3 \cdot mol^{-1}$	$V_s-\bar{V}_s^0$ /$cm^3 \cdot mol^{-1}$	k_s	K
HCl	—	20.5	2.5	0.319	0.00991
LiCl	200	26	9	1.149	0.2677
NaCl	270	29	12.5	1.595	0.3224
KCl	220	36.5	10	1.277	0.2832
RbCl	—	41	9	1.149	0.2771
CsCl	165	46.5	7.5	0.958	0.2605
NH_4Cl	87	40.5	4	0.511	0.1775

注：1.（$V_s-\bar{V}_s^0$）和 dp_e/dc_s 值取自文献；

2. 计算时 $\bar{V}_i^0$ 用 D2EHPA 的摩尔体积来代替，取 $\bar{V}_i^0 \simeq 332.4 cm^3/mol$；$\beta_0 = 45.6\times10^{-4} bar^{-1} = 4.56\times10^{-10} Pa^{-1}$。

鉴于以上原因，迈克德维特-朗提出了一个经验修正公式

$$k_s = \frac{\bar{V}_i^0(V_s - \bar{V}_s^0)}{2.303\beta_0 RT}\frac{a}{a+b} \tag{9.29}$$

式中，$\frac{a}{a+b}$ 并不是理论推导得出的，因此是一经验修正项。其中 a 为离子的平均半径：

$$a = \frac{1}{2}(r_+ + r_-)$$

b 为非电解质分子半径：

$$b = \left(\frac{3V_i^0}{4\pi N_0}\right)^{1/3}$$

V_i^0 为非电解质分子的摩尔体积。当 $b \ll a$ 时，

$$\frac{a}{a+b} \approx 1$$

因此此修正项对尺寸较大的非电解质分子影响较大。

将 D2EHPA-MCl-H_2O 体系的盐效应的实验数据用式（9.29）处理的结果列入表9.11。由表9.11可见，采用修正式（9.29）给出的结果有明显改善。

表 9.11 用式（9.29）计算的 D2EHPA-MCl-H_2O 体系的盐效应的常数 k_s 与实验值 K 的比较（25℃）

体系	$k_{s(P)}$	$k_{s(G)}$	$k_{s(E)}$	$k_{s(W)}$	$k_{s(L)}$	$k_{s(S)}$	K
HCl	—	—	—	—	0.0681	0.0965	0.06991
LiCl	0.220	0.233	0.243	0.231	0.285	0.407	0.2677
NaCl	0.341	0.344	0.361	0.348	0.427	0.531	0.3226
KCl	0.301	0.271	0.312	0.301	0.366	0.379	0.2832
RbCl	0.281	0.243	0.290	0.280	0.338	0.335	0.2771
CaCl	0.245	0.243	0.252	0.247	0.292	0.279	0.2605
NH_4Cl	0.0123	—	—	—	0.149	0.123	0.1775

注：取 D2EHPA 的 $V_i^0=532.4\text{cm}^3/\text{mol}$；$b=0.509\text{nm}$。

9.6.6 黄子卿的盐效应机制

1956 年，黄子卿和杨文治提出了一个简化的盐效应机制，用来解释含有大离子（或离子和分子都大）的体系的盐效应过程。其结论也可用于解释任何盐、水和非电解质的三元体系。他们认为在此三元体系中存在着三种相互作用。

（1）离子（i）和水分子（j）之间的相互作用。这包括离子和水偶极矩的静电作用。

$$u_{ij}(r)=-\frac{z_j^2\varepsilon^2\mu_i}{3k_BTD^2r^4} \tag{9.30}$$

也包括色散作用

$$u_{ij}(r)=-\frac{3}{2}\frac{I_iI_j\alpha_i\alpha_j}{(I_i+I_j)r^6} \tag{9.31}$$

但由于水分子很小，静电作用是主要的。

（2）离子（i）和非电解质分子（j）之间的相互作用。这包括离子和偶极矩（如分子是极性的）的静电作用和色散作用（式（9.30））和（式（9.31））以及离子和诱导偶极矩（如分子为非极性）的静电作用和色散作用。

$$u_{ij}(r)=-\frac{z_j^2\varepsilon^2\alpha_i}{2D^2r^4} \tag{9.32}$$

$$u_{ij}(r)=-\frac{3}{2}\frac{I_iI_j\alpha_i\alpha_j}{(I_i+I_j)r^6} \tag{9.33}$$

但是这两种作用孰大孰小要看具体情况。如果离子很大，分子也不小，色散力很可能超过静电力而成为主要作用；若离子和分子都很小，则静电作用将成为主要的。

（3）水分子和非电解质分子间的相互作用。若分子为非极性，则为色散作用；若分子为极性，则色散作用再加上定向能及诱导能作用。

$$u_{ij}(r)=-\frac{3}{2}\frac{I_iI_j\alpha_i\alpha_j}{(I_i+I_j)r^6} \tag{9.34}$$

$$u_{ij}(r)=-\frac{2}{3}\frac{\mu_i^2\mu_j^2}{k_BTr^6} \tag{9.35}$$

$$u_{ij}(r)=-\frac{\alpha_i\mu_j^2+\alpha_j\mu_i^2}{r^6} \tag{9.36}$$

一般说来，(3) 的作用要比 (1) 和 (2) 小，因为 (1) 和 (2) 的 $u_{ij}(r)$ 含有 r^{-4} 和 r^{-6} 两项，而 (3) 的 $u_{ij}(r)$ 只含有 r^{-4} 项。

作为极粗略的近似，假设水分子和非电解质分子间的相互作用要比离子和分子间的相互作用小得多，可以忽略，因此盐效应就取决于剩下的两种作用强弱的差别。若离子和水偶极之间的吸引大于离子和非电解质分子间的吸引，水分子就聚集在离子周围，减少了作用为溶剂的水分子数，结果就是盐析；反之，若离子和非电解质分子之间的吸引大于离子与水之间的吸引，则离子把非电解质分子吸引到自己的周围，水就从离子附近排出，降低较远地区的非电解质浓度，因而产生盐溶作用。显然，两种作用之差就是观察到的盐效应。以上就是黄子卿的盐效应机制，尽管他对盐效应的解释是定性的，但他同时综合考虑了体系中的静电力和色散力。

下面再就色散能的大小补充说明如下。两个相同分子间的色散能公式为

$$u_{ij}(r)=-\frac{3\alpha_j^2I_i}{4r^6}=-\frac{c}{r^6} \tag{9.37}$$

式中

$$c=\frac{3\alpha_j^2I_i}{4}$$

惰性气体的体积越大，色散能越大。1∶1 价电解质离子的离子晶体半径越大，色散能越大。由此可以得出，无论是电解质离子还是非电解质分子，体积越大，色散能越大。至于静电能的变化规律，则恰好相反，分子或离子体积越大，静电能越小。因此盐效应受分子及离子体积大小的影响很大。随离子半径及非电解质分子体积增加，静电能下降，色散能上升，盐析效应降低，盐溶作用增加，盐效应常数 K 值下降。

9.6.7 定标粒子理论

定标粒子的液体理论（scaled particle theory）是 1959 年由瑞斯（Reiss）等人提出。1963~1965 年皮尔廖梯（Pierotti）把这个纯液体理论应用于气体在水中的溶解度的研究，并于 1976 年以定标粒子的溶液理论发表。1969~1970 年修尔-古宾斯（Schoor-Gubbins）和马斯特尔顿-李（Masterton-Lee）分别将皮尔廖梯（Pierotti）理论扩展到非电解质-水-盐三元溶液，并导出了盐效应的计算公式。下面介绍定标粒子理论对盐效应的应用。

（1）基本方程。气体（溶质）在水（溶剂）中的溶解达到平衡，溶质在两相中的化学势相等，有

$$\mu_{1(g)}=\mu_{1(l)}$$

用下标 1、2、3、4 分别表示体系中气体（或非电解质）溶质、溶剂（水）、阴阳离子。

应用统计力学，得

$$k_BT\ln\left(\frac{p_1}{\rho_1}\right)=\frac{\partial G_h}{\partial\overline{N}_1}+\frac{\partial G_s}{\partial\overline{N}_1}+k_BT\ln k_BT \tag{9.38}$$

式中，p_1 为气体 1 的分压；ρ_1 为气体 1 的分子数密度。右边第一项为溶液中形成的空穴对

溶质化学势的贡献，第二项为溶质分子硬球进入空穴与周围的溶剂分子相互作用对溶质化学势的贡献。这两项是按定标粒子理论将溶质分子溶入溶剂形成溶液过程所假设的两个步骤。k_B 为玻耳兹曼常数。

令 $\bar{g}_{h,1}$，$\bar{g}_{s,1}$ 为组元 1 在溶液中的偏分子自由能：

$$\bar{g}_{h,1} = \frac{\partial G_h}{\partial \bar{N}_1},\quad \bar{g}_{s,1} = \frac{\partial G_s}{\partial \bar{N}_1}$$

x_1 为液相中组分 1 的摩尔分数：

$$x_1 = \frac{\rho_1}{\sum_{j=1}^{m} \rho_j}$$

在稀溶液中，气体的溶解度可以用亨利（Henry）定律描述：

$$p_1 = k_{x,1}x_1 = k_{c,1}c_1 \tag{9.39}$$

将这些关系式代入式（9.38），得

$$\ln k_{x,1} = \frac{\bar{g}_{h,1}}{k_B T} + \frac{\bar{g}_{s,1}}{k_B T} + \ln\left(k_B T \sum_{j=1}^{m} \rho_j\right) \tag{9.40}$$

以上是修尔-古宾斯依据热力学和统计力学得到的结果。他们还导出 $\bar{g}_{h,1}$、$\bar{g}_{s,1}$ 及 $\ln\sum_{j=1}^{m}\rho_j$ 的数学表达式，从而可以计算不同盐浓度（c_{si}）的亨利常数 $k_{x,1}$，马斯特尔顿-李将式（9.40）对 c_s 求导。根据式（9.9），得

$$\lim_{c\to 0}\lg\frac{c_0}{c} = k_s c_s$$

恒温以及溶质的分压（p_1）一定，有

$$-\left(\frac{\partial \lg c}{\partial c_s}\right) = k_s$$

$$= \left[\frac{\partial(\bar{g}_{h,1}/2.3k_B T)}{\partial c_s}\right]_{c_s\to 0} + \left[\frac{\partial(\bar{g}_{s,1}/2.3k_B T)}{\partial c_s}\right]_{c_s\to 0} + \left[\frac{\partial\left(\sum_{j=1}^{m}\rho_j\right)}{\partial c_s}\right]_{c_s\to 0}$$

$$= k_\alpha + k_\beta + k_r \tag{9.41}$$

马斯特尔顿-李还导出了 k_α、k_β、k_r 的数学表达式，从而可用以直接计算 k_s 值。

上述公式及处理方法不仅对室温的气体溶质，而且对室温为液体的溶质（如一般萃取剂，由于在恒温下有一定的饱和蒸气压），也仍能适用。

（2）分子数密度项 k_r。对于 1∶1 价电解质，有

$$k_r = \left[\frac{\partial \ln\left(\sum\rho_j\right)}{2.3\partial c_s}\right]_{c_s\to 0} = 0.016 - 4.34\times 10^{-4}\varphi^0 \tag{9.42}$$

式中，φ^0 为无限稀释条件下盐的表观摩尔体积。

（3）软球作用项 k_β。$T = 298\text{K}$，$\mu_2 = 6.1\times 10^{-30}\text{C}\cdot\text{m}$，有

$$k_\beta = -1.85\times 10^{14}\left(\frac{\varepsilon_1^*}{k_B}\right)^{1/2}\left[\alpha_3^{3/4}z_3^{1/4}\frac{(\sigma_1+\sigma_3)^3}{\sigma_3^3} + \alpha_4^{3/4}z_4^{1/4}\frac{(\sigma_1+\sigma_4)^3}{\sigma_4^3}\right] +$$

$$6.26\times10^{17}\varphi^0\left(\frac{\varepsilon_1^*}{k_B}\right)^{1/2}(\sigma_1+\sigma_2)^3+4.00\times10^{-2}\frac{\varphi^0\alpha_1}{(\sigma_1+\sigma_2)^3} \tag{9.43}$$

（4）硬球作用项 k_α。

$$k_\alpha=\left[\frac{\partial(\bar{g}_{h,1}/2.3k_BT)}{\partial c_s}\right]_{c_s\to0}=2.15\times10^{20}(\sigma_3^3+\sigma_4^3)-2.47\times10^{-4}\varphi^0+$$
$$\sigma_1[(6.45\times10^{20})(\sigma_3^2+\sigma_1^2)+1.34\times10^{28}(\sigma_3^3+\sigma_4^3)-4.23\times10^{-4}\varphi^0]+$$
$$\sigma_1^2[6.45\times10^{20}(\sigma_3+\sigma_4)+4.01\times10^{28}(\sigma_3^2+\sigma_4^2)+1.32\times10^{36}(\sigma_3^3+\sigma_4^3)-$$
$$4.17\times10^{12}\varphi^0] \tag{9.44}$$

（5）计算结果讨论。马斯特尔顿-李计算气体 He、Ne、Ar、Kr、H_2、O_2、N_2、CH_4、C_2H_4、C_2H_6、SF_6和 LiCl、NaCl、KCl、KI 的 k_s 值，与实验值 K 比较，k_α 占 k_s 的最大部分。k_r 最小，与 k_α 和 k_β 比较可忽略不计。k_s 的计算值与实验值 K 符合得很好。这里的非电解质分子都是很小的。进一步计算发现对大的非电解质分子，计算和实验值的符合程度就很差。例如 25℃的苯和 NaCl，k_s 的计算值是 0.105，而实验值 K 是 0.195，几乎相差一倍。对苯和其他碱金属卤化物结果更差。值得注意的是：k_s 的计算值与离子大小关系甚大，特别对较大的离子，如Rb^+、Cs^+、R_4N^+等离子在水溶液中的半径数据不易准确获得，从而影响了 k_s 的精确计算。

9.6.8 定标粒子理论的改进

9.6.8.1 软球作用项 k_β 的改进

近年来胡英和普劳斯耐茨（Prausnitz）等人提出了用粒子周围规则排列的第一配位圈和第一配位圈以外的随机混合来代替难以计算的径向分布函数（$g_{ij}(r)$）（见图 9.6）。图中 r_{ij}^* 和 r_{ij}^{**} 分别表示中心非电解质溶质分子 i 与第一配位圈中 j 分子的中心距离及中心分子 i 与第一配位圈外界的距离。这些参数与分子的硬球直径 σ_{ij} 有下列关系：

$$r_{ij}^*=1.150\sigma_{ij} \tag{9.45}$$

$$r_{ij}^{**}=1.575\sigma_{ij} \tag{9.46}$$

$$\sigma_{ij}=\frac{1}{2}(\sigma_i+\sigma_j) \tag{9.47}$$

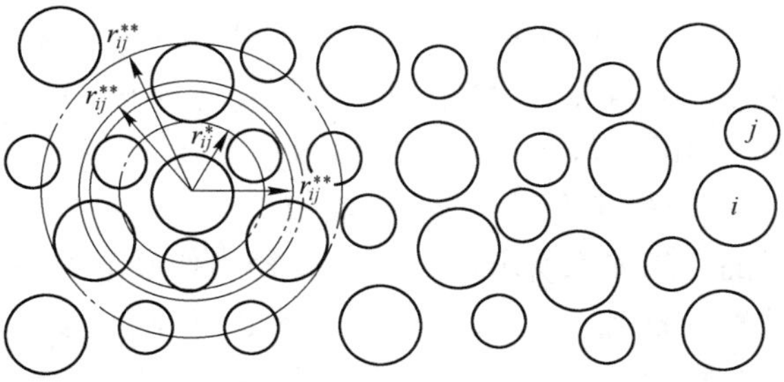

图 9.6 近程有序和远程无序的模型

由图 9.6 可见，以分子 i 为中心的第一配位圈中分子 j 的数目为

$$z_{ij}=\frac{4}{3}\pi(r_{ij}^{**3}-\sigma_{ij}^3)\rho_1=3.876\pi\sigma_{ij}^3\rho_1 \tag{9.48}$$

在此基础上，李以圭得到 k_β 的表达式

$$k_\beta = \left[\frac{\partial(\bar{g}_{s,1}/2.3k_BT)}{\partial c_s}\right]_{c_s\to 0} = 9.06\times 10^{17}\left(\frac{\varepsilon_1^*}{k_B}\right)^{\frac{1}{2}}(\sigma_1+\sigma_2)^3\varphi^0 -$$
$$2.67\times 10^{14}\left(\frac{\varepsilon_1^*}{k_B}\right)^{1/2}\left[\alpha_3^{3/4}z_3^{1/4}\frac{(\sigma_1+\sigma_3)^3}{\sigma_3^3}+\alpha_4^{3/4}z_4^{1/4}\frac{(\sigma_1+\sigma_4)^3}{\sigma_4^3}\right]+$$
$$6.05\times 10^{-2}\frac{\varphi^0\alpha_1}{(\sigma_1+\sigma_2)^3}+1.79\times 10^{34}\frac{\varphi^0}{(\sigma_1+\sigma_2)^3}(5.49\times 10^{-25}\mu_1^2+$$
$$\alpha_2\mu_1^2) - 3.22\times 10^{35}\left[\frac{\alpha_3\mu_1^2}{(\sigma_1+\sigma_3)^3}+\frac{\alpha_4\mu_1^2}{(\sigma_1+\sigma_4)^3}\right]-$$
$$5.79\times 10^{25}\times 10^{-25}\mu_1^2\left(\frac{1}{\sigma_1+\sigma_3}+\frac{1}{\sigma_1+\sigma_4}\right) \tag{9.49}$$

式中，σ_1 和 σ_j 分别为非电解质分子 1 和离子 j 的硬球直径；$\sigma_j=2(r_p)_j$ $(r_p)_j$ 为离子 j 的鲍林（Pauling）晶体半径。

黄子卿指出，从离子中心到 0.2nm 的距离内存在着完全介电饱和现象（即水分子在离子周围牢固地定向，外电场不能转移它们），此范围内仅有电子和原子极化，因而介电常数仅为 4 或 5 的低值。从 0.2nm 到 0.4nm 的距离，介电常数很快上升，过后就达到纯水的正常值。

9.6.8.2 硬球作用项 k_α 的改进

曼爱瑞-卡耐汉-斯塔林-李兰德（Mansoori-Carnahan-Starling-Leland）提出计算在混合物中形成如溶质大小（为 σ_1）的空穴的自由能公式。

李以圭在此基础上，导出了硬球作用项 k_α 的表达式

$$k_\alpha = \left[\frac{\partial(\bar{g}_{h,1}/2.3k_BT)}{\partial c_s}\right]_{c_s\to 0}$$
$$= 2.15\times 10^{20}(\sigma_3^3+\sigma_4^3) - 2.49\times 10^{-4}\varphi^0 +$$
$$\sigma_1[(6.46\times 10^{20})(\sigma_3^2+\sigma_4^2)+1.36\times 10^{28}(\sigma_3^3+\sigma_4^3) -$$
$$4.29\times 10^4\varphi^0] + \sigma_1^2[6.46\times 10^{20}(\sigma_3+\sigma_4)+$$
$$3.69\times 10^{28}(\sigma_3^2+\sigma_4^2)+1.187\times 10^{36}(\sigma_3^3+\sigma_4^3) -$$
$$3.92\times 10^{12}\varphi^0] - \sigma_1^2[4.90\times 10^{34}(\sigma_3^2+\sigma_4^2)+$$
$$4.39\times 10^{41}(\sigma_3^3+\sigma_4^3) - 2.61\times 10^{18}\varphi^0] \tag{9.50}$$

9.6.8.3 非电解质分子硬球直径 σ_1 的求算

用萃取剂液态分子的摩尔体积所求出的表观直径当作硬球直径 σ 不太合理。从收集到的有机化合物的硬球直径 σ 值（表 9.12）可以看出，σ 随其摩尔体积 V_i^0 的增加而有规律地增加。这些有机化合物的堆积因子 τ_i 均不等于 1。堆积因子 τ_i 的定义为：

$$\tau_i = \frac{\frac{1}{6}\pi\sigma_i^3 N_A}{V_i^0}$$

它也随摩尔体积 V_i^0 的增加而规则地增大。将一些正烷烃的硬球直径和堆积因子分

别对摩尔体积作图（图 9.7），可以得到光滑的曲线 1 和 3；再将氟代有机化合物的 σ_i 对 V_i^0 作图，可得近似的直线 2。从曲线 1 外延到 $V_{D2EHPA}^0 = 332.4cm^3/mol$ 处，得 $\sigma_{D2EHPA} = 0.9nm$；若从直线 2 内插至 V_{D2EHPA}^0 处，得 $\sigma_{D2EHPA} = 0.82nm$。若从 $\tau_i \sim V_i^0$ 曲线 3 外延到 V_{D2EHPA}^0 处，得 $\tau_{D2EHPA} = 0.65$，因而得到 $\sigma_{D2EHPA} = 0.88nm$。可以看出，$\tau_i \sim V_i^0$ 曲线变化比较平缓，求出的值比较适中。因此，李以圭采用堆积因子外推法求 D2EHPA 的硬球直径 σ_1，从而得 $\varepsilon_1^* / k_B = 136K$，从计算结果看，用此法估算 σ_1 更为合理。

表 9.12 一些有机化合物的硬球直径 σ 和堆积因子 τ_i 的值

化合物	$V_i^0/cm^3 \cdot mol^{-1}$	σ/nm	τ_i
nC_nH_{1i}	131.5	0.592	0.497
nC_2H_{1i}	147.5	0.625	0.321
nC_9H_{1s}	163.5	0.654	0.540
nC_9H_{1i}	179.7	0.693	0.559
$nC_{10}H_{1i}$	195.9	0.708	0.371
$nC_{1s}H_{1s}$	225.5	0.758	0.601
$nC_{1s}H_m$	261.3	0.800	0.517
nC_7F_{1i}	227.3	0.704	0.484
$C_4F_{12}CF_7$	195.9	0.668	0.456
$(C_4F_8)_3N$	358.5	0.854	0.549

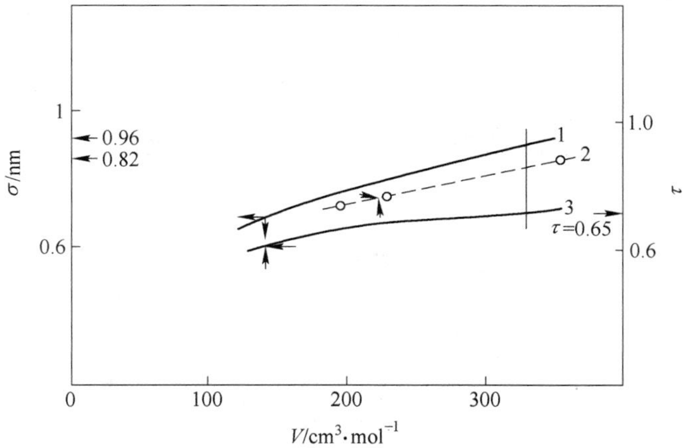

图 9.7 一些有机化合物 σ、τ 随 V^0 的变化曲线

9.7 水的萃取

9.7.1 水被萃取的原因

在溶液中离子被萃时，水也会被萃取，水被萃的原因是：水溶解于稀释剂或有机溶剂

中；水与金属离子或酸被共萃。

（1）水溶解于稀释剂或有机溶剂中。水在稀释剂或有机溶剂中有一定的溶解度，因此，会一起与被萃物进入有机相。

（2）水与酸共萃。水与酸形成氢键，被极性萃取剂醚、酮、醇等一起萃取进入有机相。

（3）水与金属离子共萃。金属离子与水形成配合物，被极性萃取剂醚、酮、酯等一起萃入有机相。

（4）有机相夹带水。以微细液滴进入有机相的水叫做夹带水。形成夹带水的原因：一是表面活性物质使水分散成小液滴；二是强烈的机械搅拌作用将水分散成小液滴。小液滴在有机相中高度分散，难以聚集长大沉降。

9.7.2 水的萃取与活度的关系

水的萃取与溶液中水的活度有关。溶液中水的活度越大，被萃的水越多。图 9.8 是 TBP 萃取的水与溶液中水活度的关系。

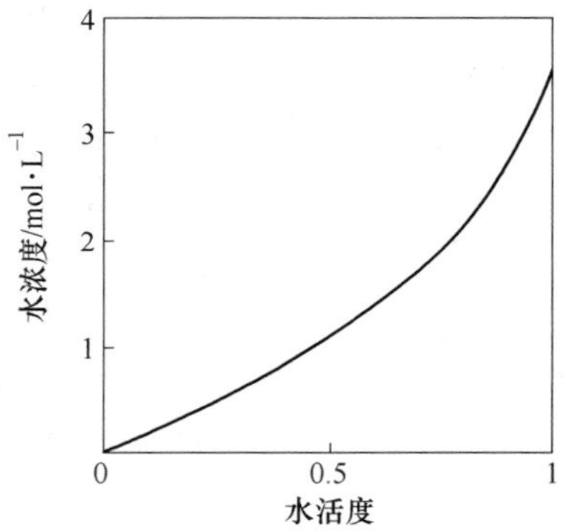

图 9.8 TBP 萃取的水与溶液中水活度的关系

9.8 萃取参数

9.8.1 分配定律

α 和 β 为互不相溶的两相，在一定温度，组元 i 溶解于两相，并达成平衡，则组元 i 在两相的浓度比为一常数，即

$$K_i = \frac{c_i^{\alpha}}{c_i^{\beta}}$$

此即能斯特（Nernst）分配定律，是能斯特在 1932 年提出的。式中，K_i 为分配常数；c_i^{α} 和 c_i^{β} 分别为组元 i 在 α 相和 β 相中的浓度。

对于稀溶液，溶质组元 i 化学势为

$$\mu_i^{\alpha} = \mu_i^{\ominus,\alpha} + RT\ln c_i^{\alpha}$$

$$\mu_i^\beta = \mu_i^{\ominus,\beta} + RT\ln c_i^\beta$$

α与β两相达成平衡，有

$$\mu_i^\alpha = \mu_i^\beta$$

即

$$\mu_i^{\ominus,\alpha} + RT\ln c_i^\alpha = \mu_i^{\ominus,\beta} + RT\ln c_i^\beta$$

$$\ln\frac{c_i^\alpha}{c_i^\beta} = \frac{\mu_i^{\ominus,\beta} - \mu_i^{\ominus,\alpha}}{RT}$$

式中，$\mu_i^{\ominus,\beta} - \mu_i^{\ominus,\alpha}$ 为温度的函数，与浓度无关，因此

$$\ln\frac{c_i^\alpha}{c_i^\beta} = 常数$$

即

$$\frac{c_i^\alpha}{c_i^\beta} = K_i$$

从推导过程可见，该结果对稀溶液才成立。而且，溶质组元 i 在两相中要有相同的化学势。若溶质组元 i 在其中一相中解离或缔合，则不服从上述关系。

例如，苯甲酸在水中以 C_6H_5COOH 的形式存在，而在苯中以缔合分子（$(C_6H_5COOH)_2$）形式存在。苯甲酸在水和苯两相之间的分配存在下列平衡。

$$[(C_6H_5COOH)_2]_{苯} = 2(C_6H_5COOH)_{水}$$

达到平衡，有

$$\frac{c_{i(水)}^2}{c_{i(苯)}} = K_i$$

式中，$c_{i(水)}$ 和 $c_{i(苯)}$ 分别是苯甲酸在水和苯中的浓度。

如果α、β两相的溶质组元 i 含量高，则要用活度代替浓度，有

$$\mu_i^\alpha = \mu_i^{\ominus,\alpha} + RT\ln a_i^\alpha$$

$$\mu_i^\beta = \mu_i^{\ominus,\beta} + RT\ln a_i^\beta$$

α与β两相达成平衡，有

$$\mu_i^\alpha = \mu_i^\beta$$

即

$$\mu_i^{\ominus,\alpha} + RT\ln a_i^\alpha = \mu_i^{\ominus,\beta} + RT\ln a_i^\beta$$

$$\ln\frac{a_i^\alpha}{a_i^\beta} = \frac{\mu_i^{\ominus,\beta} - \mu_i^{\ominus,\alpha}}{RT} = 常数$$

即

$$\frac{a_i^\alpha}{a_i^\beta} = K_i$$

因此，用两相浓度比表示的分配定律是近似式。

9.8.2　分配比

9.8.2.1　分配比的定义

同一种金属离子在溶液中由于配合作用会具有多种形态。其中每一种形态的离子在两相间的分配都服从分配定律。但是，各种形态的离子其分配常数不一定相同，而且又难以分别测量各种形态离子的浓度。因此，在实际应用中不是用分配常数 K_i，而是用分配比 D 描述物质在两个平衡液相之间的分配。

分配比 D 的定义：在萃取达成平衡后，被萃取物在有机相中的总浓度与其在水相中的总浓度的比值叫做分配比。即

$$D = \frac{c_{\overline{M}}}{c_M} = \frac{\sum_{i=1}^{n} c_{\overline{M},i}}{\sum_{i=1}^{n} c_{M,i}}$$

式中，c_M 和 $c_{\overline{M}}$ 分别为被萃物在水相和有机相中的总浓度；$c_{M,i}(i=1, 2, \cdots, n)$ 和 $c_{\overline{M},i}(i=1, 2, \cdots, n)$ 分别为各种形态的被萃物在水相和有机相中的浓度。

9.8.2.2　分配比与分配常数的关系

分配比和分配常数不同，但两者有一定的关系。

物质 M 在水相中有 M、MX、…、MX_n 多种形态。其中只有 MX_n 能被萃取到有机相中，而在有机相中 MX_n 不发生离解或缔合。因此，在有机相中，有

$$\begin{aligned} c_{\overline{M}} &= c_{\overline{MX_n}} \\ &= K_n c_{MX_n} \end{aligned} \tag{9.51}$$

在水相中，有

$$M + nX = MX_n$$

$$\beta_n = \frac{c_{MX_n}}{c_M c_X^n}$$

即

$$c_{MX_n} = \beta_n c_M c_X^n \tag{9.52}$$

将式（9.52）代入式（9.51），得

$$c_{\overline{M}} = K_n \beta_n c_M c_X^n$$

在水相中，有

$$\begin{gathered} M + 0X \rightleftharpoons M \\ M + X \rightleftharpoons MX \\ M + 2X \rightleftharpoons MX_2 \\ \vdots \\ M + jX \rightleftharpoons MX_j \\ \vdots \\ M + nX \rightleftharpoons MX_n \end{gathered}$$

并有

$$\beta_0 = \frac{c_M}{c_M}$$

$$\beta_1 = \frac{c_{MX}}{c_M c_X}$$

$$\beta_2 = \frac{c_{MX_2}}{c_M c_X^2}$$

$$\vdots$$

$$\beta_j = \frac{c_{MX_j}}{c_M c_X^j}$$

$$\vdots$$

$$\beta_n = \frac{c_{MX_n}}{c_M c_X^n}$$

得

$$c_M = \beta_0 c_M$$
$$c_{MX} = \beta_1 c_M c_X$$
$$c_{MX_2} = \beta_2 c_M c_X^2$$
$$\vdots$$
$$c_{MX_j} = \beta_j c_M c_X^j$$
$$\vdots$$
$$c_{MX_n} = \beta_n c_M c_X^n$$

所以

$$\begin{aligned} c_M &= c_M + c_{MX} + c_{MX_2} + \cdots + c_{MX_j} + \cdots + c_{MX_n} \\ &= \beta_0 c_M + \beta_1 c_M c_X + \beta_2 c_M c_X^2 + \cdots + \beta_j c_M c_X^j + \cdots + \beta_n c_M c_X^n \\ &= \sum_{j=0}^{n} \beta_j c_M c_X^j \\ &= c_M \sum_{j=0}^{n} \beta_j c_X^j \\ &= c_M Y_X \end{aligned}$$

式中

$$Y_X = \sum_{j=0}^{n} \beta_j c_X^j$$

分配比

$$D = \frac{\bar{c}_M}{c_M} = \frac{K_n \beta_n c_M c_X^n}{c_M Y_X} = \frac{K_n \beta_n c_X^n}{c_M Y_X} \tag{9.53}$$

如果其中有两种 MX_j 和 MX_{j+1} 被萃取到有机相中，而在有机相中 MX_j 和 MX_{j+1} 不发生离解或缔合，则有

$$\bar{c}_M = \bar{c}_{MX_j} + \bar{c}_{MX_{j+1}} = K_j c_{MX_j} + K_{j+1} c_{MX_{j+1}} \tag{9.54}$$

在水相中，有

$$\beta_j = \frac{c_{MX_j}}{c_M c_X^j}$$

$$\beta_{j+1} = \frac{c_{MX_{j+1}}}{c_M c_X^{j+1}}$$

即

$$c_{MX_j} = \beta_j c_M c_X^j \tag{9.55}$$

$$c_{MX_{j+1}} = \beta_{j+1} c_M c_X^{j+1} \tag{9.56}$$

将式（9.55）和式（9.56）代入式（9.54），得

$$c_{\overline{M}} = K_j \beta_j c_M c_X^j + K_{j+1} \beta_{j+1} c_M c_X^{j+1} \tag{9.57}$$

将式（9.57）代入式（9.53），得分配比

$$D = \frac{\bar{c}_M}{c_M} = \frac{K_j \beta_j c_M c_X^j + K_{j+1} \beta_{j+1} c_M c_X^{j+1}}{c_M Y_X} = \frac{K_j \beta_j c_X^j + K_{j+1} \beta_{j+1} c_X^{j+1}}{Y_X} \tag{9.58}$$

如果其中有 MX_j、MX_{j+1}、…、MX_{j+m} 个组元被萃取到有机相，而它们都不离解或缔合，则有

$$\bar{c}_M = \bar{c}_{MX_j} + \bar{c}_{MX_{j+1}} + \cdots + \bar{c}_{MX_{j+m}} = K_j c_{MX_j} + K_{j+1} c_{MX_{j+1}} + \cdots + K_{j+m} c_{MX_{j+m}} \tag{9.59}$$

在水相，有

$$M + 0X \rightleftharpoons M$$

$$M + X \rightleftharpoons MX$$

$$M + 2X \rightleftharpoons MX_2$$

$$\vdots$$

$$M + jX \rightleftharpoons MX_j$$

$$M + (j+1)X \rightleftharpoons MX_{j+1}$$

$$\vdots$$

$$M + (j+m)X \rightleftharpoons MX_{j+m}$$

$$\vdots$$

$$M + nX \rightleftharpoons MX_n$$

得

$$\beta_0 = \frac{c_M}{c_M}$$

$$\beta_1 = \frac{c_{MX}}{c_M c_X}$$

$$\beta_2 = \frac{c_{MX_2}}{c_M c_X^2}$$

$$\vdots$$

$$\beta_j = \frac{c_{MX_j}}{c_M c_X^j}$$

$$\beta_{j+1} = \frac{c_{MX_{j+1}}}{c_M c_X^{j+1}}$$
$$\vdots$$
$$\beta_{j+m} = \frac{c_{MX_{j+m}}}{c_M c_X^{j+m}}$$
$$\vdots$$
$$\beta_n = \frac{c_{MX_n}}{c_M c_X^n}$$

得

$$c_M = \beta_0 c_M$$
$$c_{MX} = \beta_1 c_M c_X$$
$$c_{MX_2} = \beta_2 c_M c_X^2$$
$$\vdots$$
$$c_{MX_j} = \beta_j c_M c_X^j$$
$$\vdots$$
$$c_{MX_{j+1}} = \beta_{j+1} c_M c_X^{j+1}$$
$$\vdots$$
$$c_{MX_{j+m}} = \beta_{j+m} c_M c_X^{j+m}$$
$$\vdots$$
$$c_{MX_n} = \beta_n c_M c_X^n$$

将以上各式代入式（9.59）得

$$c_{\overline{M}} = K_j\beta_j c_M c_X^j + K_{j+1}\beta_{j+1} c_M c_X^{j+1} + \cdots + K_{j+m}\beta_{j+m} c_M c_X^{j+m}$$

分配比

$$D = \frac{c_{\overline{M}}}{c_M} = \frac{\sum_{l=j}^{j+m} K_l\beta_l c_M c_X^l}{\sum_{j=0}^{n} K_j\beta_j c_M c_X^j} = \frac{\sum_{l=j}^{j+m} K_l\beta_l c_X^l}{\sum_{j=0}^{n} K_j\beta_j c_X^j} = \frac{\sum_{l=j}^{j+m} K_l\beta_l c_X^l}{Y_X} \tag{9.60}$$

可见，分配比与分配常数有关。分配比易测量而分配常数难以测量。

钍在硝酸中有Th^{4+}、$Th(NO_3^-)^{3+}$、$Th(NO_3^-)_2^{2+}$、$Th(NO_3^-)_3^+$、$Th(NO_3^-)_4^0$ 和 $Th(NO_3^-)_6^{2-}$等形态。用 TBP 做萃取剂，从硝酸溶液中仅能萃取 $Th(NO_3^-)_4^0$。因此，钍的分配比为

$$D_{Th} = \frac{\bar{c}_{Th}}{c_{Th}} = \frac{\bar{c}_{Th(NO_3^-)_4^0}}{c_{Th^{4+}} + c_{Th(NO_3^-)^{3+}} + c_{Th(NO_3^-)_2^{2+}} + c_{Th(NO_3^-)_3^+} + c_{Th(NO_3^-)_4^0} + c_{Th(NO_3^-)_6^{2-}}}$$

而 $Th(NO_3^-)_4^0$ 的分配常数为

$$K_{Th(NO_3^-)_4^0} = \frac{\bar{c}_{Th(NO_3^-)_4^0}}{c_{Th(NO_3^-)_4^0}}$$

可见，两者是不同的。

9.8.3 萃取比

萃取比（FE）为有机相中某一组元的质量流量（kg/min）与水相中该组元的质量流量之比，即

$$\mathrm{FE} = \frac{\bar{c}\,\bar{u}}{cu} = DR$$

式中，$\bar{c}$ 和 c 分别为有机相和水相中某组元的浓度；$\bar{u}$ 和 u 分别为有机相和水相的流速（单位时间的流量）；D 为分配比；R 为相比，即有机相体积与水相体积之比。

9.8.4 萃取率

萃取率（E）为被萃物进入有机相中的量占萃取前溶液中被萃物总量的百分数，即

$$E = \frac{\bar{c}\,\bar{u}}{cu + \bar{c}\,\bar{u}} \times 100\%$$

$$= \frac{\mathrm{FE}}{\mathrm{FE} + 1} \times 100\%$$

9.8.5 分离系数

分离系数（$\beta_{A/B}$）为在同样的条件下，在同一萃取体系的两个组元的分配比之比，即

$$\beta_{A/B} = \frac{D_A}{D_B} = \frac{E_A}{E_B}$$

式中，A、B 表示萃取体系内的两个组元。

分离系数是表示两个组元分离难易的参数。$\beta_{A/B}$ 越大，表明组元 A 与组元 B 越容易分离。

9.8.6 萃取等温线

在一定温度下，被萃取组元在两相中的浓度达成平衡，以该组元在有机相中的浓度对其在水相中的浓度作图，所得曲线即为萃取等温线，见图 9.9。

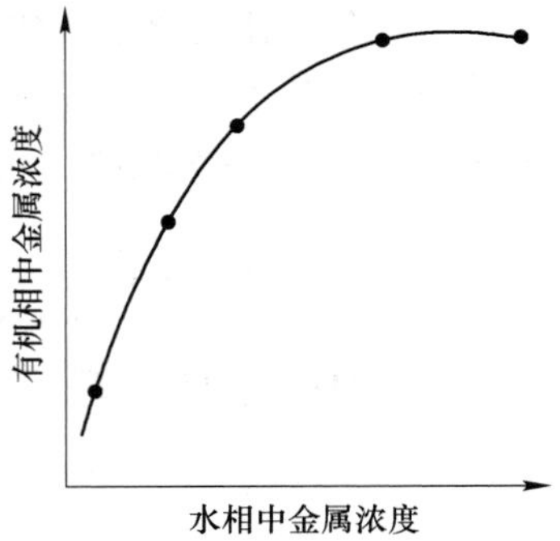

图 9.9 萃取等温线

由图 9.9 可见，水相中的某组元的浓度增加到一定值，曲线趋于平行于横坐标的直线，即有机相中该组元的浓度不再增加。这表明，一定浓度的萃取剂结合金属离子的量是一定的，即萃取剂的萃取能力是有限的，具有一定的饱和容量。曲线刚成直线所表示的有机相中金属离子的浓度就是萃取剂对该金属离子的饱和容量。

萃取饱和容量的单位是 g/L，其中被萃取的组元以 g 为单位，萃取剂以 L 为单位。

9.9 金属离子的配位化合物

9.9.1 金属离子的水合

由金属离子和酸根组成的金属盐溶解于水的过程中，水分子会按照极性分别和阴、阳离子相互作用，即水合。如果水合作用强于阴阳离子之间的作用，就使阴阳离子分开，使金属盐电离。

金属离子带正电，水分子带负电荷的氧与金属离子靠近，氧没与氢作用的孤对电子给予金属离子形成配位键。提供电子的氧叫给体原子，含有给体原子的水分子叫做配位体。和一个金属离子形成配位键的不止一个水分子。周围配位了水分子的金属离子形成了水合离子，写作 $[M\cdot mH_2O]^{z+}$ 或 $M(H_2O)_m^{z+}$，m 为水分子的个数，称为配位数。以配位键直接与金属离子结合的水分子称为直接配位层或一级水化层。此外，还有与一级水化层的水分子以氢键结合的水分子，构成二级水化层。只要有离子的电场，二层水化层外的水分子还会一定程度地定向于它，可以延伸许多层。

对水合离子而言，水中的氧原子越趋向于金属离子，氢氧之间的键就越被削弱，达到一定程度会导致氢氧键断裂，H^+ 离开氧，即水解。水解的结果是 H_2O 变成 OH^-，金属离子的水合物变成 $[M\cdot mOH]^{(z-m)+}$，如果 $m=z$，即为 $M\cdot zOH$ 或 $M(OH)_z$，即氢氧化物。实际上，氢氧化物不是单个分子，而是多个 $M(OH)_z$ 聚合在一起。聚合度达到一定程度就成为沉淀从溶液中析出。

阴离子也能发生水合，由于阴离子体积大，水合作用弱。除水外，在其他极性溶剂（如乙醇）中离子也能发生类似于在水中的水合作用，称为溶剂合或溶剂化。

9.9.2 金属离子配合物的形成

如果在水溶液中的配位体与金属离子相互作用比水分子还强，这种配位体就能取代水合离子的配位水分子，与金属离子形成新的配合物。例如，在硫酸铜溶液中加入 NH_3，NH_3 的浓度达到一定值就会逐个取代水合铜 $Cu(H_2O)_n^{2+}$ 中的 H_2O，生成一系列水合物 $CuNH_3(H_2O)_{n-1}^{2+}$、$Cu(NH_3)_2(H_2O)_{n-2}^{2+}$、…、$Cu(NH_3)_n^{2+}$。最后一个叫铜氨配合物，前面那些叫混合配合物。配位体 NH_3 分子的 N 提供孤对电子给 Cu^{2+}。

除 O、N 外，F^-、Cl^-、SCN^-、CN^- 等阴离子可作为配位体。

金属离子与配位体形成的金属配位化合物具有特定的多面体构型。金属离子在多面体的中心，以配位键与金属离子结合的配位体分布在金属离子周围。

9.9.3 金属配位化合物的稳定性

配合反应可以写作

$$Me^{z+} + 6L \xlongequal{} MeL_6^{z+}$$

平衡常数为

$$K=\frac{c_{MeL_6^{z+}}}{c_{Me^{z+}}c_L^6}$$

也叫稳定常数，或生成常数。

配合物是逐渐形成的，生成中间配合物的过程可表示为

$$MeL^{z+} + L \rightleftharpoons MeL_2^{z+}$$

其平衡常数也叫逐级稳定常数，为

$$K = \frac{c_{MeL_2^{z+}}}{c_{MeL^{z+}} c_L}$$

上式为二级稳定常数。

各级稳定常数相乘的积为累级常数，用希腊字母 β 表示，有

$$\beta_2 = K_1 K_2$$

9.9.4 金属的螯合物

前面介绍的配位体都只有一个给体原子（或离子），有的配位体具有两个以上的给体原子，分属不同的官能团，并同时与一个中心离子形成配位键，就好像一个螃蟹的两个螯一起夹住一个东西，因此，这类配位体称作螯合物。由于螯合物是多个配体一起与中心离子成键，因此螯合物具有环状结构，并有很高的稳定性和对某些离子特别的选择性。

例如，EDTA 是乙二胺四乙酸，有 4 个给体，可以和中心离子生成 4 个环的螯合物。

9.9.5 配合物的逐级平衡

在溶液中，金属离子与配位体 L 构成的配合物，其形成和解离是逐级进行的，即

$$M + L \rightleftharpoons ML \quad (1)$$

$$ML + L \rightleftharpoons ML_2 \quad (2)$$

$$\vdots$$

$$ML_{j-1} + L \rightleftharpoons ML_j \quad (j)$$

$$\vdots$$

$$ML_{n-1} + L \rightleftharpoons ML_n \quad (n)$$

各级配合反应的平衡常数叫做逐级稳定常数为：

$$\beta_1 = \frac{c_{ML}}{c_M c_L}$$

$$\beta_2 = \frac{c_{ML_2}}{c_{ML} c_L}$$

$$\vdots$$

$$\beta_j = \frac{c_{ML_j}}{c_{ML_{j-1}} c_L}$$

$$\vdots$$

$$\beta_n = \frac{c_{ML_n}}{c_{ML_{n-1}} c_L}$$

反应（1）为

$$M + L \rightleftharpoons ML \ (1')$$

反应（1)+反应（2)，得

$$M + 2L \rightleftharpoons ML_2 \ (2')$$

$$\vdots$$

反应（1)+反应（2)+…+反应（j)，得

$$M + jL = ML_j \ (j')$$

$$\vdots$$

反应（1)+反应（2）+…+反应（j）+…+反应（n)，得

$$M + nL = ML_n(n')$$

溶液的离子强度恒定，上述配合反应的平衡常数叫做稳定常数，有

$$\lambda_1 = \frac{c_{ML}}{c_M c_L}$$

$$\lambda_2 = \frac{c_{ML_2}}{c_M c_L^2}$$

$$\vdots$$

$$\lambda_j = \frac{c_{ML_j}}{c_M c_L^j}$$

$$\vdots$$

$$\lambda_n = \frac{c_{ML_n}}{c_M c_L^n}$$

比较可见

$$\lambda_1 = \beta_1$$

$$\lambda_2 = \beta_1\beta_2$$

$$\vdots$$

$$\lambda_j = \beta_1\beta_2\cdots\beta_j$$

$$\vdots$$

$$\lambda_n = \beta_1\beta_2\cdots\beta_j\cdots\beta_n$$

溶液中离子的总浓度为

$$\begin{aligned} c_{M,t} &= c_M + c_{ML} + c_{ML_2} + \cdots + c_{ML_j} + \cdots + c_{ML_n} \\ &= \sum_{j=0}^{n} c_{ML_j} \\ &= c_M \sum_{j=0}^{n} \lambda_j c_L^j \end{aligned}$$

式中，$\lambda_0 = 1$。

$$Y_L = \frac{c_{M,t}}{c_M} = \sum_{j=0}^{n} \lambda_j c_L^j$$

Y_L 叫作配合度，是溶液中金属离子 M 配合程度的量度。它是配体浓度的函数。

$$\bar{J}_L = \frac{c_{L,t} - c_{L,eq}}{c_{M,t}}$$

式中，$\bar{J}_L$ 为配位体的平均配位数；$c_{L,t}$ 为配体的总浓度；$c_{L,eq}$ 为配体的平衡浓度。

9.9.6 螯合反应的稳定常数

水相中螯合物的形成反应为：

$$M + A \rightleftharpoons MA \tag{1}$$

$$MA + A \rightleftharpoons MA_2 \tag{2}$$

$$\vdots$$

$$MA_{i-1} + A \rightleftharpoons MA_i \tag{i}$$

$$\vdots$$

$$MA_{n-1} + A \rightleftharpoons MA_n \tag{n}$$

多级螯合反应的稳定常数为：

$$\alpha_1 = \frac{c_{MA}}{c_M c_A}$$

$$\alpha_2 = \frac{c_{ML_2}}{c_{ML} c_A}$$

$$\vdots$$

$$\alpha_i = \frac{c_{MA_i}}{c_{MA_{i-1}} c_A}$$

$$\vdots$$

$$\alpha_n = \frac{c_{MA_n}}{c_{MA_{n-1}} c_A}$$

9.9.7 螯合反应的平衡常数

反应（1）为

$$M + A \rightleftharpoons MA$$

反应（1）+反应（2），得

$$M + 2A \rightleftharpoons MA_2$$

$$\vdots$$

反应（1）+反应（2）+…+反应（i），得

$$M + iA \rightleftharpoons MA_i$$

反应（1）+反应（2）+…+反应（i）+…+反应（n），得

$$M + nA \rightleftharpoons MA_n$$

上述螯合反应的平衡常数为：

$$\lambda_1' = \frac{c_{MA}}{c_M c_A}$$

$$\lambda_2' = \frac{c_{MA_2}}{c_M c_A^2}$$

$$\vdots$$

$$\lambda'_i = \frac{c_{MA_i}}{c_M c_A^i}$$

$$\vdots$$

$$\lambda'_n = \frac{c_{MA_n}}{c_M c_A^n}$$

并有：

$$c_{MA} = \lambda'_1 c_M c_A$$

$$c_{MA_2} = \lambda'_2 c_M c_A^2$$

$$\vdots$$

$$c_{MA_i} = \lambda'_i c_M c_A^i$$

$$\vdots$$

$$c_{MA_n} = \lambda'_n c_M c_A^n$$

比较可见

$$\lambda'_1 = \alpha_1$$

$$\lambda'_2 = \alpha_1 \alpha_2$$

$$\vdots$$

$$\lambda'_i = \alpha_1 \alpha_2 \cdots \alpha_i$$

$$\vdots$$

$$\lambda'_n = \alpha_1 \alpha_2 \cdots \alpha_i \cdots \alpha_n$$

水相中有各级螯合物，而有机相中仅有 ML_i，则分配比为

$$D = \frac{\bar{c}_{MA_i}}{c_M(1 + \lambda'_1 c_A + \lambda'_2 c_A^2 + \cdots + \lambda'_i c_A^i + \cdots + \lambda'_n c_A^n)} = \frac{\bar{c}_{MA_i}}{c_M \sum_{i=0}^{n} \lambda'_i c_A^i} \tag{9.61}$$

9.9.8 螯合萃取的平衡

以螯合物为萃取剂，金属离子在水相和有机相间达成平衡，有

$$M + iHA = MA_i + iH$$

平衡常数

$$K_i = \frac{\bar{c}_{MA_i} c_H^i}{c_M c_{HA}^i}$$

得

$$\bar{c}_{MA_i} = \frac{K_i c_M c_{HA}^i}{c_H^i} \tag{9.62}$$

若水相中仅有 M，有机相中仅有 MA_i，分配比为

$$D = \frac{\bar{c}_{MA_i}}{c_M} \tag{9.63}$$

将式（9.62）代入式（9.63），得

$$D = \frac{K_i c_{HA}^i}{c_H^i} \tag{9.64}$$

式（9.62）表示分配比与萃取剂浓度 c_{HA} 的 i 次方成正比，与氢离子浓度 c_H 的 i 次方成反比。

也可以根据水相中形成螯合物的反应平衡及螯合物与有机相的分配平衡描述螯合萃取剂的萃取。

$$M + iA \rightleftharpoons MA_i$$

$$\lambda_i = \frac{c_{MA_i}}{c_M c_{HA}^i} \tag{9.65}$$

$$MA_i \rightleftharpoons \overline{MA}_i(o)$$

分配常数

$$K_i = \frac{\bar{c}_{MA_i}}{c_{MA_i}} \tag{9.66}$$

水中螯合物离解平衡，有

$$iHA \rightleftharpoons iH + iA$$

$$K = \frac{c_H^i c_A^i}{c_{HA}^i}$$

螯合物在水相和有机相中分配平衡，有

$$iHA \rightleftharpoons i\,\overline{HA}(o)$$

$$K' = \frac{(\bar{c}_{HA})^i}{c_{HA}^i}$$

式（9.65）乘式（9.66），并将式（9.63）代入，得：

$$\lambda_i K_i = \frac{\bar{c}_{MA_i}}{c_M c_{HA}^i} = D c_A^{-i} \tag{9.67}$$

取对数，得

$$\lg D = \lg \lambda_i + \lg K_i + i\lg c_A \tag{9.68}$$

以 $\lg D$ 对 $\lg c_A$ 作图，截距为 $\lg \lambda_i + \lg K_i$，斜率为 i。

9.9.9　混合配位体

在金属离子的配位体既有螯合配位体，又有配合配位体的情况，萃取反应为：

$$M + n\,\overline{HA}(o) \rightleftharpoons \overline{MA}_n(o)\ \overline{MA}_n + nH$$

$$M + L + (n-1)\,\overline{HA}(o) \rightleftharpoons \overline{MA}_{n-1}L(o) + (n-1)H$$

$$M + 2L + (n-2)\,\overline{HA}(o) \rightleftharpoons \overline{MA}_{n-2}L_2(o) + (n-2)H$$

$$\vdots$$

$$M + iL + (n-i)\,\overline{HA}(o) \rightleftharpoons \overline{MA}_{n-i}L_i(o) + (n-i)H$$

$$\vdots$$

$$M + (n-1)L + \overline{HA}(o) \rightleftharpoons \overline{MLA}_{n-1}(o) + H$$

$$M + nL \rightleftharpoons \overline{ML_n}(o)$$

各反应达成平衡，有

$$K_1 = \frac{c_{\overline{MA_{n-1}L}} c_H^{n-1}}{c_M c_L \ (c_{\overline{HA}})^{n-1}}$$

$$K_2 = \frac{c_{\overline{MA_{n-2}L_2}} c_H^{n-2}}{c_M c_L^2 \ (c_{\overline{HA}})^{n-2}}$$

$$\vdots$$

$$K_i = \frac{c_{\overline{MA_{n-i}L_i}} c_H^{n-i}}{c_M c_L^i \ (c_{\overline{HA}})^{n-i}}$$

$$\vdots$$

$$K_{n-1} = \frac{c_{\overline{MAL_{n-1}}} c_H}{c_M c_L^{n-1} c_{\overline{HA}}}$$

$$K_n = \frac{c_{\overline{ML_n}}}{c_M c_L^n}$$

$$\begin{aligned} c_{\overline{M}} &= c_{\overline{MA_n}} + c_{\overline{MA_{n-1}L}} + c_{\overline{MA_{n-2}L_2}} + \cdots + c_{\overline{MA_{n-i}L_i}} + \cdots + c_{\overline{MAL_{n-1}}} + c_{\overline{ML_n}} \\ &= \frac{K_0 c_M \ (c_{\overline{HA}})^n}{c_H^n} + \frac{K_1 c_M c_L \ (c_{\overline{HA}})^{n-1}}{c_H^{n-1}} + \frac{K_2 c_M c_L^2 \ (c_{\overline{HA}})^{n-2}}{c_H^{n-2}} + \cdots + \\ &\quad \frac{K_i c_M c_L^i \ (c_{\overline{HA}})^{n-i}}{c_H^{n-i}} + \cdots + \frac{K_{n-1} c_M c_L^{n-1} c_{\overline{HA}}}{c_H} + K_n c_M c_L^n = c_M \sum_{i=0}^{n} \frac{K_i c_L^i \ (c_{\overline{HA}})^{n-i}}{c_H^{n-i}} \end{aligned}$$

若水相中仅有 M，分配比为

$$D_{AL} = \frac{c_M \sum_{i=0}^{n} K_i c_L^i \ (c_{\overline{HA}})^{n-i}}{c_M c_H^{n-i}} = \sum_{i=0}^{n} \frac{K_i c_L^i \ (c_{\overline{HA}})^{n-i}}{c_H^{n-i}} \qquad (9.69)$$

9.9.10 有机相中螯合物的自加合螯合

在有些萃取体系，有机相中的螯合物会接受亲有机相的中性配体，形成加和螯合物的自加合反应：

$$\overline{MA_m}(o) + x\ \overline{HA}(o) \rightleftharpoons \overline{MA_m \cdot xHA}(o)$$
$$(x = 0,\ 1,\ 2,\ \cdots,\ n)$$

达成平衡，有

$$K_x = \frac{c_{\overline{MA_m \cdot xHA}}}{c_{\overline{MA_m}} \ (c_{\overline{HA}})^x}$$

得

$$c_{\overline{MA_m \cdot xHA}} = K_x c_{\overline{MA_m}} \ (c_{\overline{HA}})^x$$

有机相中金属的总浓度为

$$\begin{aligned} c_{\overline{M}} &= c_{\overline{MA_m}} + c_{\overline{MA_m \cdot HA}} + c_{\overline{MA_m \cdot 2HA}} + \cdots + c_{\overline{MA_m \cdot lHA}} + \cdots + c_{\overline{MA_m \cdot nHA}} \\ &= c_{\overline{MA_m}}(1 + K_1 c_{\overline{HA}} + K_2 \ (c_{\overline{HA}})^2 + \cdots + K_l \ (c_{\overline{HA}})^l + \cdots + K_n (c_{\overline{HA}})^n) \end{aligned}$$

$$= c_{\overline{MA}_m} \sum_{i=0}^{n} K_l\ (c_{\overline{HA}})^l \tag{9.70}$$

式中

$$K_0 = 0,\ (c_{\overline{HA}})^0 = 1$$

如果水相中只有金属离子 M，则

$$M + m\,\overline{HA}(o) = \overline{MA}_m(o) + mH$$

$$K = \frac{c_{\overline{MA}_m} c_H^m}{c_M\ (c_{\overline{HA}})^m}$$

得

$$c_{\overline{MA}_m} = Kc_M\ (c_{\overline{HA}})^m c_H^{-m} \tag{9.71}$$

将式（9.71）代入式（9.70），得：

$$c_{\overline{M}} = Kc_M\ (c_{\overline{HA}})^m c_H^{-m} \sum_{i=0}^{n} K_l\ (c_{\overline{HA}})^l$$

$$D_A = \frac{c_{\overline{M}}}{c_M} = K\ (c_{\overline{HA}})^m c_H^{-m} \sum_{l=0}^{n} K_l\ (c_{\overline{HA}})^{-l} \tag{9.72}$$

9.10　萃取热力学

萃取是由多个组元构成的两相平衡过程。

9.10.1　萃取平衡常数

在没有化学反应的物理萃取体系，若被萃物在 α 和 β 两相中的形态是一样的，则达到平衡，有

$$i(\alpha) = i(\beta)$$

$$\mu_i^\alpha = \mu_i^\beta$$

而

$$\mu_i^\alpha = \mu_i^\ominus + RT\ln a_i^\alpha$$

$$\mu_i^\beta = \mu_i^\ominus + RT\ln a_i^\beta$$

所以

$$a_i^\alpha = a_i^\beta$$

平衡常数

$$K = \frac{a_i^\beta}{a_i^\alpha} = 1$$

由

$$a_i^\beta = c_i^\beta f_i^\beta$$

$$a_i^\alpha = c_i^\alpha f_i^\alpha$$

得

$$\frac{c_i^{\beta} f_i^{\beta}}{c_i^{\alpha} f_i^{\alpha}} = 1$$

即

$$c_i^{\beta} f_i^{\beta} = c_i^{\alpha} f_i^{\alpha}$$

得

$$\frac{c_i^{\beta}}{c_i^{\alpha}} = \frac{f_i^{\alpha}}{f_i^{\beta}}$$

由分配比的定义，得

$$D_i = \frac{c_i^{\beta}}{c_i^{\alpha}} = \frac{f_i^{\alpha}}{f_i^{\beta}}$$

可见，对于物理萃取，可由组元 i 在两相中的活度系数计算分配比。

对于有化学反应的萃取体系，由于被萃物在两相中形态不同，计算分配比需要考虑萃取反应。

$$a\text{A(aq)} + b\text{B(aq)} + c\overline{\text{C}}\text{(o)} = d\overline{\text{D}}\text{(o)}$$

达到平衡，有

$$a\mu_{\text{A}} + b\mu_{\text{B}} + c\mu_{\text{C}} = \text{d}\mu_{\text{D}}$$

式中

$$\mu_{\text{A}} = \mu_{\text{A}}^{\ominus} + RT\ln a_{\text{A}}$$
$$\mu_{\text{B}} = \mu_{\text{B}}^{\ominus} + RT\ln a_{\text{B}}$$
$$\mu_{\overline{\text{C}}} = \mu_{\overline{\text{C}}}^{\ominus} + RT\ln a_{\overline{\text{C}}}$$
$$\mu_{\overline{\text{D}}} = \mu_{\overline{\text{D}}}^{\ominus} + RT\ln a_{\overline{\text{D}}}$$

代入上式，得

$$\begin{aligned}\Delta G_{\text{m}}^{\ominus} &= \text{d}\mu_{\overline{\text{D}}}^{\ominus} - a\mu_{\text{A}}^{\ominus} - b\mu_{\text{B}}^{\ominus} - c\mu_{\overline{\text{C}}}^{\ominus} \\ &= -RT\ln \frac{a_{\overline{\text{D}}}^{d}}{a_{\text{A}}^{a}\, a_{\text{B}}^{b}\, a_{\overline{\text{C}}}^{c}} \\ &= -RT\ln K\end{aligned}$$

$$K = \frac{a_{\overline{\text{D}}}^{d}}{a_{\text{A}}^{a}\, a_{\text{B}}^{b}\, a_{\text{C}}^{c}} = \frac{(c_{\overline{\text{D}}} f_{\overline{\text{D}}})^{d}}{(c_{\text{A}} f_{\text{A}})^{a}\,(c_{\text{B}} f_{\text{B}})^{b}\,(c_{\overline{\text{C}}} f_{\overline{\text{C}}})^{c}}$$

利用吉布斯-赫姆霍兹公式，可以利用平衡常数计算萃取过程的焓变

$$\left(\frac{\partial \ln K}{\partial T}\right)_p = \frac{\Delta H^{\ominus}}{RT^2}$$

利用上式也可以由一个温度的平衡常数，计算其他温度的平衡常数。

9.10.2 金属溶剂萃取平衡

金属的溶剂萃取有以下四种类型，下面分别讨论它们的萃取平衡。

(1) 阳离子交换体系。化学反应通式为

$$\text{M}^{z+} + z\,(\overline{\text{HR}})_2\text{(o)} \Longrightarrow \text{M}\,(\overline{\text{HR}_2})_z\text{(o)} + z\text{H}^{+}$$

式中，$(HR)_2$ 为 HR 的二聚体。平衡常数为

$$K=\frac{a_{\overline{M(HR_2)_z}}a_{H^+}^z}{a_{M^{z+}}a_{\overline{(HR)_2}}^z}=\frac{c_{\overline{M(HR_2)_z}}c_{H^+}^z f_{\overline{M(HR_2)_z}}f_{H^+}^z}{c_{M^{z+}}c_{\overline{(HR)_2}}^z f_{M^{z+}}f_{\overline{(HR)_2}}^z}$$

分配比为

$$D=\frac{c_{\overline{M(HR_2)_z}}}{c_{M^{z+}}}=K\frac{c_{\overline{(HR)_2}}^z f_{M^{z+}}f_{\overline{(HR)_2}}^z}{c_{H^+}^z f_{\overline{M(HR_2)_z}}f_{H^+}^z}$$

（2）阴离子交换体系。化学反应通式为

$$MA_m^{z-}+z(\overline{R_3nH\cdot A})(o)=\!=\!=\overline{(R_3NH)_zMA_m}(o)+zA^-$$

平衡常数为

$$K=\frac{a_{\overline{(R_3NH)_zMA_m}}a_{A^-}^z}{a_{MA_m^{z-}}a_{\overline{R_3NH\cdot A}}^z}=\frac{c_{\overline{(R_3NH)_zMA_m}}c_{A^-}^z f_{\overline{(R_3NH)_zMA_m}}f_{A^-}^z}{c_{MA_m^{z-}}c_{\overline{R_3NH\cdot A}}^z f_{MA_m^{z-}}f_{\overline{R_3NH\cdot A}}^z}$$

分配比为

$$D=\frac{c_{\overline{(R_3NH)_zMA_m}}}{c_{MA_m^{z-}}}=K\frac{c_{\overline{R_3NH\cdot A}}^z f_{MA_m^{z-}}f_{\overline{R_3NH\cdot A}}^z}{c_{A^-}^z f_{\overline{(R_3NH)_zMA_m}}f_{A^-}^z}$$

（3）中性溶剂配合（溶剂化）萃取体系。反应通式为

$$M^{z+}+zA^-+q\overline{S}(o)=\!=\!=\overline{MA_z\cdot qS}(o)$$

平衡常数为

$$K=\frac{a_{\overline{MA_z\cdot qS}}}{a_{M^{z+}}a_{A^-}^z a_{\overline{S}}^q}=\frac{c_{\overline{MA_z\cdot qS}}f_{\overline{MA_z\cdot qS}}}{c_{M^{z+}}c_{A^-}^z c_{\overline{S}}^q f_{M^{z+}}f_{A^-}^z f_{\overline{S}}^q}$$

分配比为

$$D=\frac{c_{\overline{MA_z\cdot qS}}}{c_{M^{z+}}}=K\frac{c_{A}^z-c_{S}^q f_{M^{z+}}f_{A}^z-f_{S}^q}{f_{\overline{MA_z\cdot qS}}}$$

（4）协同（加合）萃取体系。协同萃取有下列三种反应：

1）加成反应

$$AO_m^{z+}+2zHR=\!=\!=\overline{AO_mR_z(HR)_z}(o)+zH^+$$

$AO_mR_z(HR)_z$ 比 AO_m^{z+} 更容易萃取。

平衡常数为

$$K=\frac{a_{\overline{AO_mR_z(HR)_z}}a_{H^+}^z}{a_{AO_m^{z+}}a_{HR}^{2z}}=\frac{c_{\overline{AO_mR_z(HR)_z}}c_{H^+}^z f_{\overline{AO_mR_z(HR)_z}}f_{H^+}^z}{c_{AO_m^{z+}}c_{HR}^{2z}f_{AO_m^{z+}}f_{HR}^{2z}}$$

分配比为

$$D=\frac{c_{\overline{AO_mR_z(HR)_z}}}{c_{AO_m^{z+}}}=K\frac{c_{HR}^{2z}f_{AO_m^{z+}}f_{HR}^{2z}}{c_{H^+}^z f_{\overline{AO_mR_z(HR)_z}}f_{H^+}^z}$$

$$\overline{AO_mR_z}(o)+\overline{S}(o)=\!=\!=\overline{AO_mR_zS}(o)$$

平衡常数为

$$K = \frac{a_{\overline{AO_mR_zS}}}{a_{\overline{AO_mR_z}}\, a_{\overline{S}}} = \frac{c_{\overline{AO_mR_zS}}\, f_{\overline{AO_mR_zS}}}{c_{\overline{AO_mR_z}}\, c_{\overline{S}}\, f_{\overline{AO_mR_z}}\, f_{\overline{S}}}$$

$$D_t = \frac{c_{\overline{AO_mR_z(HR)_z}} + c_{\overline{AO_mR_z}} + c_{\overline{AO_mR_zS}}}{c_{AO_m^{z+}}}$$

$$= K\frac{c_{\overline{HR}}^{2z} f_{AO_m^{z+}} f_{\overline{HR}}^{2z}}{c_{H^+}^{z} f_{\overline{AO_mR_z(HR)_z}} f_{H^+}^{z}} + \frac{c_{\overline{AO_mR_z}} + c_{\overline{AO_mR_zS}}}{c_{AO_m^{z+}}}$$

2）取代反应

$$AO_m^{z+} + 2z\,\overline{HR}(o) = \overline{AO_m\,R_z(HR)_z}(o) + zH^+$$

平衡常数为

$$K_1 = \frac{a_{\overline{AO_mR_z(HR)_z}}\, a_{H^+}^{z}}{a_{AO_m^{z+}}\, a_{\overline{HR}}^{2z}} = \frac{c_{\overline{AO_mR_z(HR)_z}}\, c_{H^+}^{z}\, f_{\overline{AO_mR_z(HR)_z}}\, f_{H^+}^{z}}{c_{AO_m^{z+}}\, c_{\overline{HR}}^{2z}\, f_{AO_m^{z+}}\, f_{\overline{HR}}^{2z}}$$

分配比为

$$D_1 = \frac{c_{\overline{AO_mR_z(HR)_z}}}{c_{AO_m^{z+}}} = K\frac{c_{\overline{HR}}^{2z} f_{AO_m^{z+}} f_{\overline{HR}}^{2z}}{c_{H^+}^{z} f_{\overline{AO_mR_z(HR)_z}} f_{H^+}^{z}}$$

$$\overline{AO_m\,R_z(HR)_z}(o) + z\overline{S}(o) = \overline{AO_m\,R_zS_z}(o) + z\,\overline{HR}(o)$$

平衡常数为

$$K_2 = \frac{a_{\overline{AO_mR_zS_z}}\, a_{\overline{HR}}^{z}}{a_{\overline{AO_mR_z(HR)_z}}\, a_{\overline{S}}^{z}} = \frac{c_{\overline{AO_mR_zS_z}}\, c_{\overline{HR}}^{z}\, f_{\overline{AO_mR_zS_z}}\, f_{\overline{HR}}^{z}}{c_{\overline{AO_mR_z(HR)_z}}\, c_{\overline{S}}^{z}\, f_{\overline{AO_mR_z(HR)_z}}\, f_{\overline{S}}^{z}}$$

分配比为

$$D_2 = \frac{c_{\overline{AO_mR_zS_z}}}{c_{AO_m^{z+}}} = K_2\frac{c_{\overline{AO_mR_z(HR)_z}}\, c_{\overline{S}}^{z}\, f_{\overline{AO_mR_z(HR)_z}}\, f_{\overline{S}}^{z}}{c_{AO_m^{z+}}\, c_{\overline{HR}}^{z}\, f_{\overline{AO_mR_zS_z}}\, f_{\overline{HR}}^{z}}$$

$$D_t = D_1 + D_2 = \frac{c_{\overline{AO_mR_z(HR)_z}} + c_{\overline{AO_mR_zS_z}}}{c_{AO_m^{z+}}} = K_1\frac{c_{\overline{HR}}^{2z} f_{AO_m^{z+}} f_{\overline{HR}}^{2z}}{c_{H^+}^{z} f_{\overline{AO_mR_z(HR)_z}} f_{H^+}^{z}} + \frac{c_{\overline{AO_mR_zS_z}}}{c_{AO_m^{z+}}}$$

$$= K_1\frac{c_{\overline{HR}}^{2z} f_{AO_m^{z+}} f_{\overline{HR}}^{2z}}{c_{H^+}^{z} f_{\overline{AO_mR_z(HR)_z}} f_{H^+}^{z}} + K_2\frac{c_{\overline{AO_mR_z(HR)_z}}\, c_{\overline{S}}^{z}\, f_{\overline{AO_mR_z(HR)_z}}\, f_{\overline{S}}^{z}}{c_{AO_m^{z+}}\, c_{\overline{HR}}^{z}\, f_{\overline{AO_mR_zS_z}}\, f_{\overline{HR}}^{z}}$$

3）溶剂化反应

$$[AO_m\,(H_2O)_x]^{z+} + 2z\,\overline{HR}(o) = \overline{AO_m\,(H_2O)_x\,R_z(HR)_z}(o) + z\,H^+$$

$$\overline{AO_m\,(H_2O)_x\,R_z(HR)_z}(o) + qS(o) = \overline{AO_m\,R_z\,(HR)_zqS_z}(o) + x\,H_2O$$

平衡常数为

$$K_1 = \frac{a_{\overline{AO_m(H_2O)_xR_z(HR)_z}}\, a_{H^+}^{z}}{a_{[AO_m(H_2O)_x]^{z+}}\, a_{\overline{HR}}^{2z}} = \frac{c_{\overline{AO_m(H_2O)_xR_z(HR)_z}}\, c_{H^+}^{z}\, f_{\overline{AO_m(H_2O)_xR_z(HR)_z}}\, f_{H^+}^{z}}{c_{[AO_m(H_2O)_x]^{z+}}\, c_{\overline{HR}}^{2z}\, f_{[AO_m(H_2O)_x]^{z+}}\, f_{\overline{HR}}^{2z}}$$

分配比为

$$D_1 = \frac{c_{\overline{AO_m(H_2O)_xR_z(HR)_z}}}{c_{[AO_m(H_2O)_x]^{z+}}} = K_1 \frac{c_{\overline{HR}}^{2z} f_{[AO_m(H_2O)_x]^{z+}} f_{\overline{HR}}^{2z}}{c_{H^+}^z f_{\overline{AO_m(H_2O)_xR_z(HR)_z}} f_{H^+}^z}$$

$$D_t = \frac{c_{\overline{AO_m(H_2O)_xR_z(HR)_z}} + c_{\overline{AO_mR_z(HR)_zqS_z}}}{c_{[AO_m(H_2O)_x]^{z+}}}$$

$$= K_1 \frac{c_{\overline{HR}}^{2z} f_{[AO_m(H_2O)_x]^{z+}} f_{\overline{HR}}^{2z}}{c_{H^+}^z f_{\overline{AO_m(H_2O)_xR_z(HR)_z}} f_{H^+}^z} + \frac{c_{AO_mR_z(HR)_zqS_z}}{c_{[AO_m(H_2O)_x]^{z+}}}$$

9.10.3　确定萃合物组成的方法

为了计算平衡常数，需要知道萃取反应式，而要知道萃取反应式就要知道被萃物在有机相中的组成。下面介绍几种确定萃合物组成的方法。

（1）斜率法。首先通过实验测出分配系数。然后，做出分配系数与某一组元浓度的对数关系的直线。由直线的斜率得到萃取反应式的系数。$UO_2(NO_3)_2$ 的萃取反应为：

$$UO_2^{2+}(a) + 2NO_3^-(a) + n\,\overline{TBP}(o) = \overline{UO_2(NO_3)_2 \cdot nTBP}(o)$$

平衡常数为

$$K = \frac{a_{\overline{UO_2(NO_3)_2 \cdot nTBP}}}{a_{UO_2^{2+}} a_{NO_3^-}^2 a_{\overline{TBP}}^n} = \frac{c_{\overline{UO_2(NO_3)_2 \cdot nTBP}} f_{\overline{UO_2(NO_3)_2 \cdot nTBP}}}{c_{UO_2^{2+}} c_{NO_3^-}^2 c_{\overline{TBP}}^n f_{UO_2^{2+}} f_{NO_3^-}^2 f_{\overline{TBP}}^n}$$

式中，n 为待定系数；c 为体积摩尔浓度。

分配系数为：

$$D = \frac{c_{\overline{UO_2(NO_3)_2 \cdot nTBP}}}{c_{UO_2^{2+}}} = K \frac{c_{NO_3^-}^2 c_{\overline{TBP}}^n f_{UO_2^{2+}} f_{NO_3^-}^2 f_{\overline{TBP}}^n}{f_{\overline{UO_2(NO_3)_2 \cdot nTBP}}}$$

水相中UO_2^{2+} 浓度很低，萃取过程中 TBP 浓度可看作不变，其他各项都可看作不变。将上式取对数，得

$$\lg D = n \lg c_{\overline{TBP}} + 常数$$

改变 TBP 的浓度，以 $\lg D$ 对 $\lg c_{\overline{TBP}}$ 作图，得图 9.10。由图 9.10 得斜率 $n = 2$。所以萃合物的组成为 $UO_2(NO_3)_2 \cdot 2TBP$。

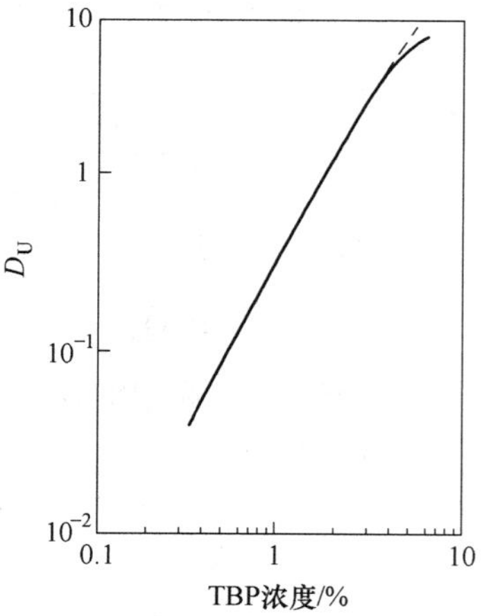

图 9.10　分配系数与 TBP 浓度的关系

（2）等摩尔法。萃取反应为

$$mA + nB = A_m B_n$$

保持组元 A 和 B 的浓度之和不变，则在 $\frac{c_A}{c_B} = m/n$ 时，萃合物 A_mB_n 的浓度最大。根据这个原理设计一组实验：保持组元 A 和 B 的浓度之和不变，改变它们的浓度比，测量萃合物的浓度。将测量的萃合物浓度对组元 A 与 B 的浓度比作图。所得曲线在萃合物浓度最大值所对应的组成，即为萃合物的组成。

用季铵盐从含 H_2O_2 的碳酸钠溶液中萃取铀。萃取反

应式为

$$mR_4N + nUO_2(O_2)(CO_3)_2^{4-} \longrightarrow (R_4N)_m(UO_2(O_2)(CO_3)_2^{4-})_n$$

保持水相中季铵盐和铀的浓度之和不变，但改变其比值。反应达到平衡后，测量有机相中铀的浓度。以有机相中铀的浓度对季铵盐与铀的物质的量比作图，得图 9.11。由图可见，曲线最大值对应的季铵盐与铀的物质的量比为 4∶1。由此可见，萃合物的组成为 $(R_4N)_4UO_2(O_2)(CO_3)_2$。

（3）饱和萃取法。保持萃取剂浓度不变，萃取几份水相组成相同的被萃物，直到有机相中被萃物达到饱和，分析有机相中被萃物的浓度。萃取剂的浓度已知，这样就可得到萃合物中萃取剂与被萃物的分子比。

（4）饱和浓度比。把被萃物直接溶解到有机相中，达到饱和后，测量有机相的组成，从而得到萃合物中萃取剂与被萃物的分子比。

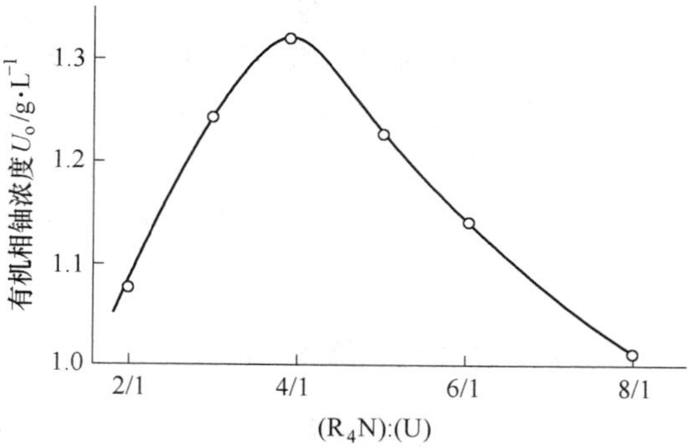

图 9.11　有机相中铀的浓度与水相中季铵盐的浓度与铀的浓度比的关系

除上述方法外，还有对应溶液法、物料衡算法、核磁共振法等。

为保证测量结果准确，通常采用几种方法相互印证。

9.11　乳　　化

9.11.1　概述

为了保证萃取过程的传质速度，水相和有机相必须充分地接触，有足够的接触面积。在正常情况下，停止搅拌后，混合液应自动分为两层。这一过程应该很快，萃取过程才能实现连续化。

然而在实际萃取操作中，由于搅拌（混合）过于激烈，分散液直径达到 0.1 至几十微米之间，形成乳状液。在一定条件下，这种乳状液会变得很稳定，不分相或需经过很长时间才分相，使连续萃取无法进行，这一现象称为乳化。

乳状液通常可分为水包油型和油包水型：如分散相是油，连续相是水溶液，称作水包油型（O/W）乳状液；如分散相是水溶液，连续相是油，叫作油包水型（W/O）乳状液。在萃取操作中占据设备的整个断面的液相为连续相，以液滴状态分散于连续相的称为分散相。到底哪一相成为分散相，哪一相成为连续相，视具体情况而定，一般有如下规律：

（1）假设液珠是刚性球体，因为尺寸均一的刚性球体紧密堆积，分散相的体积分数（分散相体积对两相总体积的比值）不超过 74%，因此对于一定的萃取体系，如相比小于 25/75 则有机相为分散相，相比大于 75/25，则水相为分散相。

（2）搅拌桨叶所处的相易成为连续相。

（3）亲混合设备材料的相易成为连续相。

界面张力对乳化液的类型有很大影响，通常由实验测定。

9.11.2 乳化的原因

表面活性剂能降低界面张力。表面活性剂降低水的界面张力，则形成 O/W 型乳状液；表面活性剂降低油的界面张力，则形成 W/O 型乳状液。

表面活性剂并不一定使乳状液都很稳定，决定其稳定性的关键因素，即造成乳化的关键因素是界面膜的强度和紧密程度。表面活性剂降低了界面张力并在界面上吸附，如果此表面活性剂的结构和足够的浓度使得它们能定向排列形成一层稳定的膜，就会造成乳化。此表面活性剂就是乳化剂。萃取过程中成为乳化剂的表面活性剂，是形成乳化的主要原因。即表面活性物质是乳化形成的必要条件，界面膜的强度和紧密程度是乳化的充分条件。

9.11.3 萃取过程乳化原因

9.11.3.1　有机相中的组分可能成为乳化剂

有机相中的表面活性物质有可能成为乳化剂，有机相中表面活性物质的来源为：

（1）萃取剂本身，它们有亲水的极性基和憎水的疏水基（非极性基）。

（2）萃取剂中存在的杂质及在循环使用过程中由于无机酸和辐照等使萃取剂降解所产生的一些杂质。

（3）稀释剂、助溶剂中的杂质，例如煤油中的不饱和烃，以及循环使用中降解产生的杂质。

这些表面活性物质有醇、醚、酯、有机羧酸和无机酸酯（如硝酸丁酯、亚硝酸丁酯）以及有机酸的盐和铵盐等。它们在水中的溶解度不等，有的会成为乳化剂。如果它们有亲水性，就可能形成水包油型乳状液；如果它们有亲油性，就可能形成油包水型乳状液。但并不是表面活性物质都是乳化剂，是否能成为乳化剂，还与下列因素有关：

（1）如果表面活性物质亲连续相，则乳状液稳定，它可能成为乳化剂。如果表面活性物质亲分散相，反而有利于分相。

（2）如果亲连续相的表面活性物质又能形成坚固的界面膜，则可能成为乳化剂。

（3）体系中的各种表面活性物质的相互影响，并对界面张力产生影响是产生乳化的关键因素。例如，许多中性磷（或膦）酸酯萃取剂在与酸接触或辐射的作用下，能缓慢降解，产生少量酸性磷（或膦）酸酯。如 TBP 中的磷酸一丁酯、二丁酯，是表面活性剂，又能与金属离子生成固体或多聚配合物，提高了界面膜强度，使乳化液稳定。用 TBP 萃取硝酸铀酰，稀释剂煤油降解生成的含氧化合物与铀酰离子形成稳定的复合物，是产生乳化的主要原因。用硝酸氧化的煤油比未用硝酸氧化的煤油更易引起乳化。

9.11.3.2　固体粉末、胶体都可能成为乳化剂

这与水和油对固体微粒的湿润性有关。根据对水润湿性能的不同，固体也分为憎水和亲水两类。

在萃取过程中，机械带入萃取槽中的尘埃、矿渣、碳粒以及存在于溶液中的 $Fe(OH)_3$，$SiO_2 \cdot nH_2O$、$BaSO_4$、$CaSO_4$ 及繁殖的细菌等都可能引起乳化。

例如，$Fe(OH)_3$是一种亲水性固体，能被水润湿，降低水的表面张力，是O/W型的乳化剂。如图9.12所示，$Fe(OH)_3$粉末大部分在连续相（水相）中，而只稍微被分散相（有机相）所润湿。

与$Fe(OH)_3$粉末不同，炭粒是憎水性的固体粉末，是W/O型乳化剂。炭粉末大部分也是在连续相（有机相）中，而只稍微被分散相（水相）所润湿。

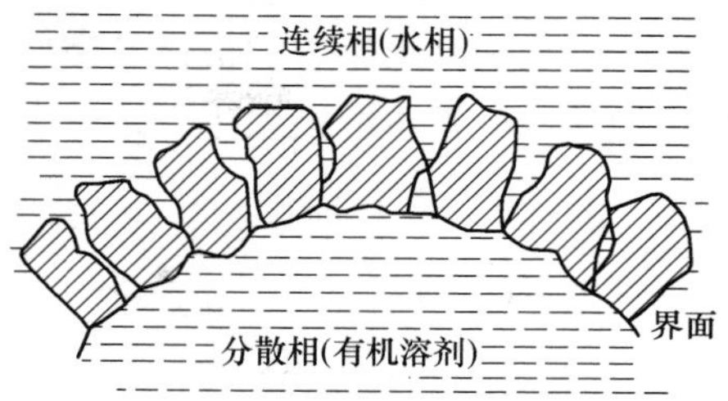

图9.12 亲水性固体形成乳状液示意图

固体如不在界面上而全部在水相中或有机相中时，则不产生乳化。

如果润湿固体的相，是分散相而不是连续相，则不引起乳化。在萃取体系中，为防止乳化，如有固体存在，应使润湿固体的相为分散相。为此，矿浆萃取控制相比在3/1～4/1，甚至更高。矿粒多半属亲水性，采用高的相比，使润湿矿粒的水相成为分散相，小水滴润湿矿粒，并在矿粒上聚结成大水滴，有利于分散。

湿固体比干固体乳化作用大，絮状或高度分散的沉淀比粒状的乳化作用大。用酸浸出矿石，表面看滤液清澈，实质上有许多粒度小于1μm的$Fe(OH)_3$等胶体粒子存在。两相混合，这部分胶体微粒就在相界面聚沉，生成触变胶体（胶体粒子相互搭接而聚沉，产生的凝胶）。它们是水包油型乳化剂。

9.11.3.3 水相成分和酸度变化对乳化的影响

水相中存在多种电解质，除了被萃取的金属离子外，还有一些其他的金属离子，有机相中的一些表面活性物质，也有少量在水相中，它们都有可能引起乳化。

电解质可以使两亲化合物溶液的界面张力降低，可能造成乳化。实验证明，少量的电解质可使油包水型乳化剂稳定。

水相酸度的变化，造成一些杂质金属离子，例如Fe^{3+}铁可能水解成为氢氧化物。$Fe(OH)_3$是亲水性的表面活性物质，可以成为水包油型乳化液的稳定剂。有些金属离子还能在水相中生成长链的无机聚合物，使黏度增加，分相困难。

脂肪酸与金属离子生成的盐是很强的乳化剂，如钾、钠、铯等一价金属的脂肪酸盐是水包油型乳状液的稳定剂。这些离子的亲水性很强，这类盐分子的极性基被拉入水层而将油滴包住，因而形成了油分散于水中的乳状液，如图9.13（a）所示。钙、镁、锌、铝等二价和三价金属离子的脂肪酸盐分子的非极性基碳链不止一个，大于极性基，分子大部分进入油层将水包住，形成水分散于油中的乳状液，如图9.13（b）所示。

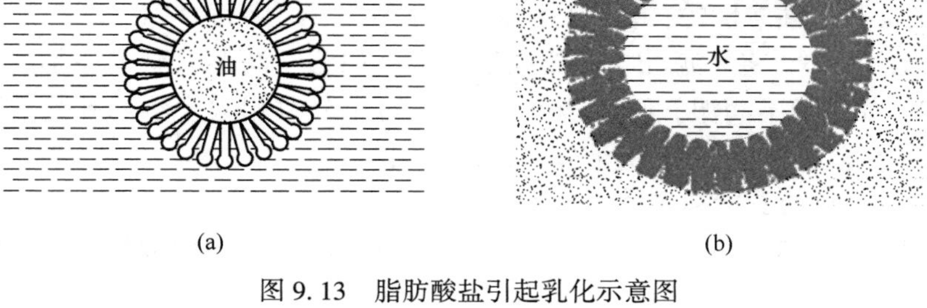

(a) (b)

图9.13 脂肪酸盐引起乳化示意图

9.11.3.4 料液金属浓度与有机相萃取剂浓度对乳化的影响

有些萃取剂，由于它们极性基团之间的氢键作用，可以相互连接成一个大的聚合物分子，例如环烷酸铵萃取剂发生下述聚合作用：

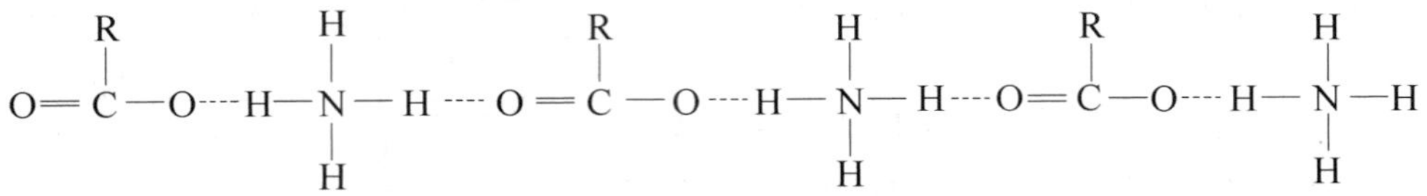

在有机相混合时，它们使分散系的黏度增加，而使乳状液稳定，难于分层。用这类萃取剂浓度不能太高。如果破坏氢键缔合条件，例如用环烷酸的钠盐代替环烷酸的铵盐，就可以减少乳化。水相料液浓度过高，则使有机相中金属浓度提高，从而使黏度增加，引起乳化。例如，用环烷酸萃取稀土，若水相稀土浓度过高，造成有机相稀土浓度过高，容易乳化。因此，为避免乳化必须控制好料液的稀土浓度、洗水酸度和流量以及萃取剂的浓度等。

9.11.3.5 其他物理因素的影响

过激烈的搅拌使液滴过于分散，强烈的摩擦作用又使液滴带电，难于聚集，而生成稳定的乳状液。因此，应控制搅拌强度。

此外，温度的变化也有影响。温度升高，液体的密度下降，黏度也下降。温度不同，两相液体的密度差和黏度会发生变化，从而影响分相的速度。例如，用 P350 萃取，温度太低，则有机相发黏，难于分相。

9.11.4 乳状液的鉴别及乳化的预防和消除

乳状液的鉴别分三步：首先观察乳状液的状态，鉴别乳状液的类型；其次，分析乳状物的组成；最后，进行的乳化原因的探索试验。在此基础上进行防乳和破乳试验。

9.11.4.1 乳状液的鉴别

（1）稀释法鉴别。将两滴乳状液分别放在玻璃片上，分别加入一滴水相和一滴有机相，用细玻璃棒轻轻搅拌。如水相和乳状液混匀，则乳状液是 O/W 型；如有机相和乳状液混匀，则乳状液是 W/O 型。这是因为加入的水相或有机相液滴可以与乳状液的连续相混匀，但不能与乳状液的分散相混匀。

（2）电导法鉴别。乳状液的电导主要由连续相的电导决定。连续相是有机相则电导小，连续相是水相则电导大。分别测量有机相、水相及乳状液电导。乳状液电导与某相电导值接近，则该相为乳状液的连续相。

（3）染色法鉴别。将两滴乳状液分别放在玻璃片上，分别加入一滴油溶性染料（例如苏丹红Ⅲ号）和一滴水溶性染料（例如蓝墨水），用细玻璃棒轻轻搅动，如果使整个乳状液皆着色的染料是油溶性的，则乳状液为 W/O 型，反之则为 O/W 型。

（4）滤纸润湿法。将一滴乳状液放在滤纸上，如滤纸润湿只剩余一小油滴，则乳状液属 O/W 型，如滤纸不润湿，则属于 W/O 型。对于分散相浓度小的乳状液，此方法不合适。对于苯等能在滤纸上展开的液体，此法无用。

9.11.4.2 乳化的预防和消除

（1）原料的预处理。加强过滤，尽量除去料液中悬浮的固体微粒或硅溶胶、铁溶胶等有害杂质。含有硅酸的溶液极难过滤，加入适量的明胶（0.2~0.3g/L），利用明胶与硅胶带相反的电荷，可以使硅胶凝聚，改善过滤性能。采用超滤膜，可以除去溶液中的铁溶胶与硅溶胶。

对于料液中引起乳化的杂质金属离子，可预先将它们除去或采用措施抑制它们的析出。

浮选的金属精矿黏附一些浮选剂，这些浮选剂会成为乳化剂，甚至使有机相中毒。可以采用氧化焙烧或浸出液多段吸附将浮选剂除去。

（2）有机相的预处理和组成的调整。由于有机相中可能有引起乳化的表面活性物质，所以在使用前用水、酸或碱液洗涤，或用蒸馏或分馏进行预处理。

向有机相中加入一些助溶剂或极性改善剂，改变有机相组成也可以防止乳化。例如，用P204-煤油从盐酸或硝酸溶液中萃取稀土，加入少量的TBP或高碳醇可以预防乳化。

（3）转相破乳法。所谓转相就是水包油型的乳状液转为油包水型，或者使后者转变为前者。乳化的原因是有成为乳化剂的表面活性物质。如果表面活性物质所亲的相为分散相，则这样的乳状液不稳定。如果体系中含有亲水性的乳化剂，为了避免形成稳定的水包油型乳状液，则需加大有机相的比例，使有机相成连续相。这样就可以破乳。例如，料液中含有较多的亲水固体微粒，加大有机相的比例就可以克服乳化。用P350从盐酸体系中萃取分离铀、钍和稀土，增大有机相的比例就解决了乳化问题。

（4）化学破乳法。加入化学试剂除去或抑制导致乳化的有害物质叫化学破乳法。

1）加入络合剂抑制杂质离子的乳化作用。例如，为了消除硅或锆的影响，在水相中加入氟离子，生成氟络离子。

2）加入表面活性剂破乳。在一定条件下，表面活性物质可能成为破乳剂。例如，加入戊醇破乳，戊醇是亲水性表面活性物质，乳状液是W/O型，加入戊醇使乳状液在变型时被破坏。

3）其他化学破乳法。加入铁屑使Fe^{3+}还原成Fe^{2+}，防止Fe^{3+}水解引起的乳化作用。

（5）控制工艺条件破乳。控制相比可以利用乳化液转型破乳。也可改变萃取方式防止乳化。例如，萃取硫代钼酸盐分离钨钼，用逆流反萃，造成严重乳化。改用并流反萃，不再乳化。

此外，还可以控制工艺条件来预防和消除乳化。例如，调整溶液的pH值，提高温度，改变搅拌强度，添加盐析剂等。

9.12 胶体组织

9.12.1 概述

在油-水体系中，溶液中表面活性剂的浓度达一定值会形成聚集体，使溶液的物理性质发生变化，常见的聚集体有胶团、反胶团和微乳状液。

简单分子缔合，存在如下平衡

$$n\mathrm{S} \rightleftharpoons \mathrm{S}_n$$

则

$$K = \frac{c_{S_n}}{c_S^n}$$

式中，c_{S_n} 为胶团浓度；n 为聚集数，是胶团大小的量度，在 50～100 之间。表面活性剂分子的极性头向外，疏水基团向内自由接触，这样界面能降至最低。胶团核心几乎没有水存在。在形成胶团的溶液中，表面活性剂的浓度称为临界胶团浓度或 CMC 值。一般在 0.1～1.0mol/L 之间。

聚集数 n 随烷基链长度的增加而增加，随温度的升高而增加，这表明聚集数随溶解度参数的增加或溶剂的极性减小而增加，盐的种类和浓度及表面活性剂均影响聚集数。

胶团有离子型与非离子型，其形状可以是球形，也可以是柱状。表面活性剂浓度超过临界值，长的可变形的柱状胶团可以缠绕起来形成胶束有机凝胶。这种胶凝作用伴随黏度增加。有机凝胶实际上是在有机相中形成胶冻，在油-水体系中除了有机凝胶外，还可形成水中的胶冻。有机凝胶的胶冻组织如果由许多晶粒构成，则成为结晶有机凝胶。在一定的条件下，油水体系中还会有液晶及无定形沉淀生成。

胶团能增加难溶于水的化合物的溶解度，利用此特点发展了胶团萃取技术。胶团相当于萃取剂。

在有些情况下，表面活性剂分子的极性头可向内排列，而非极性头向外朝向有机相，因此聚集体内可以有水存在，称之为反胶团。水分子在反胶团的内核形成一个水池，水池内的水量等于或少于表面活性剂分子极性部分的水合水。图 9.14 为阴离子表面活性剂［二(2-乙基己基)］磺基琥珀酸钠（简称 AOT）的反胶团示意图。

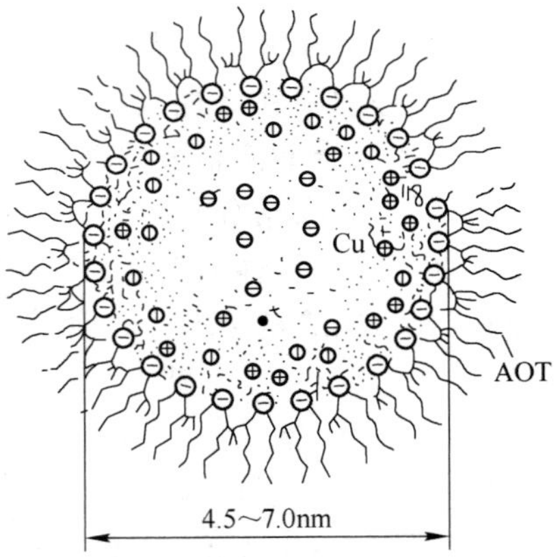

图 9.14　AOT 反胶团示意图

反胶团有加溶水的能力，以 W_o 代表反胶团溶液中加溶水的量，即水与表面活性剂的物质的量比，对于 AOT-异辛烷-水体系，W_o 的最大值在 60 左右。高于此值，透明的反胶团溶液就会变成浑浊的乳浊液，发生分相。

反胶团一般小于 10nm，比胶团要小，它们依据表面活性剂的类型以单层分散或多层分散的形式存在，其形状可以从球形到柱形，一般随被加溶水量的增加从非对称球形向球形转变。其形状与平衡离子种类及它们的水合离子半径有关。反胶团的大小还取决于盐的种类和浓度、溶剂、表面活性剂的种类和浓度以及温度等。球形反胶团的半径随 W_o 增加而增大，有

$$r = 3\frac{W_o V_w}{S_o}$$

式中，r 为胶团半径；V_w 为水的分子体积；S_o 为每个表面活性剂分子所占有的面积。

反胶团内的水的物理化学性质与主体水相不同。加溶到反胶团内的水的黏度是主体水的 200 倍，其极性与氯仿相似，随 W_o 增加，其流动性增加与主体水的差异逐渐消失。另外，反胶团内的水由于表面活性剂分子的极性头电离具有很高的电荷浓度，加溶后的水的 pH 值不同于主体水的 pH 值。

反胶团有能力加溶更多的水形成更大的聚集体，即生成所谓 W/O 型微乳状液。反胶团与微乳状液之间有一定的差别，液珠大小范围为 10~60nm 的乳状液是透明的，称为微乳状液。而反胶团也是透明的，因而有些文献中认为反胶团就是微乳状液。

胶团、微乳状液、反胶团三者均为热力学稳定体系，相互间有内在联系，有许多相似之处，但并不是同一种胶体组织，在一定的条件与范围，反胶团与微乳状液同时存在，它们之间的界限很模糊 。这就是在一些文献中将微乳状液等同于反胶团的原因。也有些文献将这些胶体组织笼统称为胶团。下面在介绍相关内容时，完全尊重原文作者的提法，而不去探究到底用哪一名词较为妥帖。

9.12.2 界面絮凝物

(1) 界面絮凝物的组成。在连续萃取作业中，在两相之间会出现一层稳定的高黏度胶体分散组织，看起来像糨糊、乳浊液或胶冻，也有一部分漂浮在有机相的上部，如图 9.15 所示，通常称作絮凝物或污物（crud），其由固体微粒、水相、有机相共同组成。

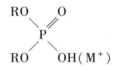

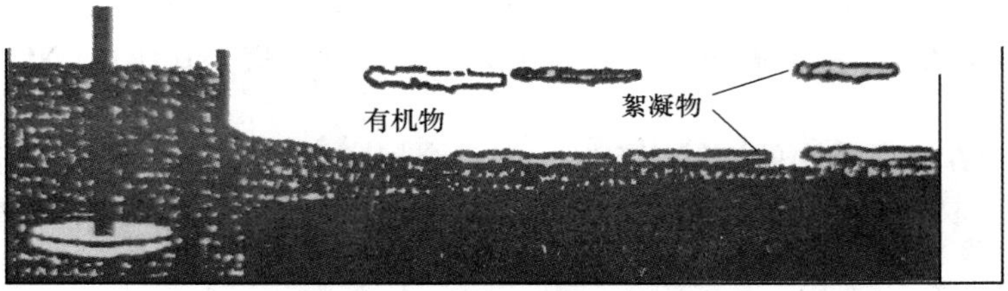

图 9.15 界面絮凝物

(2) 絮凝物生成原因。在萃取体系中各种胶体组织参与了污物的形成。这些胶体组织有：胶冻、胶束有机凝胶、结晶有机凝胶、松散无定形沉淀以及乳状液等。

(3) 界面絮凝物的影响。絮凝物造成萃取剂损失、产量下降，使分离效果变差，进入反萃液会使电解液质量下降。

(4) 界面絮凝物的处理。絮凝物大部分为水包油系，选择混合室中有机相为连续相，可使絮凝物体积尽量小；预先除去萃取槽料液中的微小固体颗粒；减少空气进入量；用干的黏土吸附表面活性物质。系统中的絮凝物，可以定期从萃取槽中抽出过滤处理。

9.12.3 微乳状液（ME）的生成条件

(1) 萃取剂的表面活性。有一些重要的萃取剂和许多表面活性剂的结构相似，因此萃取体系有形成微乳状液的条件，容易生成微乳状液。例如，酸性磷萃取剂如 P204

$$(RO)_2P(=O)OH(M^+)$$

和油酸钠磷酸盐，表面活性剂

$$\begin{array}{c} RO(CH_2CH_2O)_n \\ \diagdown \\ P-O^-\ M^+ \\ \diagup\ \parallel \\ RO(CH_2CH_2O)_n\ \ C \end{array}$$

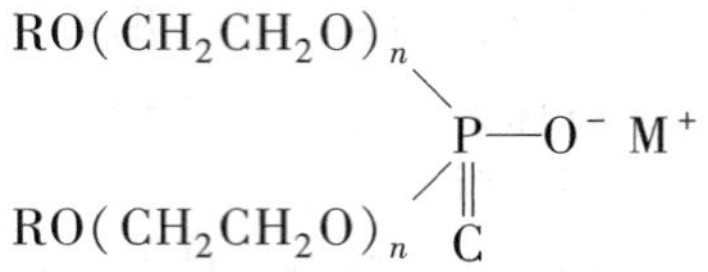

结构相似，有些萃取剂本身就是表面活性剂。

（2）皂化处理。环烷酸用氢氧化铵或氢氧化钠进行皂化处理得到的皂化环烷酸与微乳液结构极其相似，容易生成微乳状液。

9.13　第　三　相

9.13.1　形成第三相的原因

在溶剂萃取过程中有时在两相之间形成一个密闭居于两相之间的第二有机液层的现象称之为第三相。实验表明，产生第三相的主要原因是有机相对萃合物或其衍生物的溶解能力不足。

（1）第二萃合物的形成。例如，在 TBP-煤油体系中萃取铀，正常的萃合物为 $UO_2(NO_3)_2 \cdot 2TBP$。水相硝酸浓度过高，生成第二种萃合物，$H(UO_2(NO_3)_2 \cdot 2TBP)$，从而形成第三相。

（2）萃合物在有机相中的溶解度有限，被萃金属离子浓度过高，就可能形成第三相。例如，用 TBP 萃取硝酸钍，如钍浓度过高，则因形成的 $Th(NO_3)_4 \cdot 2TBP$ 配合物在煤油中的溶解度较小，而析出形成第三相。

（3）萃合物在有机相中聚合，也是产生第三相的原因。例如用胺类萃取剂，以煤油作稀释剂，胺盐在煤油中聚合，聚合物在有机相中的溶解度小，形成第三相。

（4）萃取温度低也是第三相生成的原因。温度降低，萃合物在有机相中溶解度减少，形成第三相。

（5）水相阴离子的种类对生成第三相有影响。相同的烷基与无机酸生成的盐，生成第三相的倾向次序为：

$$硫酸盐>酸式硫酸盐>盐酸盐>硝酸盐$$

9.13.2　相调节剂

9.13.2.1　相调节剂消除第三相的作用

相调节剂又称之为极性改善剂。加入相调节剂是克服第三相的主要办法。常用的相调节剂见表 9.13。

表 9.13　相调节剂

相调节剂	密度/g·mL^{-1}	沸点/℃	闪点/℃
2-乙基乙醇	0.834	185	85
异癸醇	0.840	220	104
磷酸三丁酯	0.973	178	193
壬基酚	0.94		
仲辛醇	0.3193	1735	73

9.13.2.2 相调节剂对萃取过程的影响

在萃取过程中加入相调节剂一方面可能解决第三相的问题，另一方面也会影响有机相的萃取性能。

例如，TBP 浓度对 N263 萃取钼和钨的萃取率的影响如图 9.16 所示。随 TBP 浓度增加，钼萃取率下降幅度很小，而钨萃取率下降很快，因而钨钼分离系数明显增加。

相调节剂也会影响从有机相中洗涤共萃的杂质组元。例如，用 D2EHPA 萃取钴，用钴盐作洗涤剂，以异癸醇作相调节剂，有机相的金属总负荷量高，但有机相的钴镍比小；用 TBP 作相调节剂，有机相的总金属负荷量低，有机相的钴镍比高。

相调节剂对分相有影响。例如，用 N1923 萃取钨，采用异辛醇作相调节剂，随着异辛醇浓度的增加，分相时间明显缩短。

9.13.3 微乳状液与第三相

前面介绍了萃取过程中第三相的形成问题，长期以来人们一直都是从溶解度的角度来研究萃取过程中的第三相，因而工作的重点一直在致力于从定量角度寻找体系中溶解度最小的萃合物，而很少注意从相行为与结构角度去研究第三相。“第三相”有时是表示有机相分裂为两个有机液层的现象，有时则是特指处于轻有机液层下部的重有机液层。

在 2002 年，美国宾州大学奥首-阿萨尔（Osseo-Asare）从相行为与结构的角度讨论了第三相的本质。

任何一种微乳状液均有三个基本组分：水、油及表面活性剂。作者分析了水-油-表面活性剂体系的简单三元相图中第三相区的情况（图 9.17）。图中 ABC 三角形代表一个三相区，α、β、γ 为相应的两相区。在 α 区相 B 与 C 平衡，在 β 区相 A 与 C 平衡，而在 γ 区相 A 与 B 平衡。

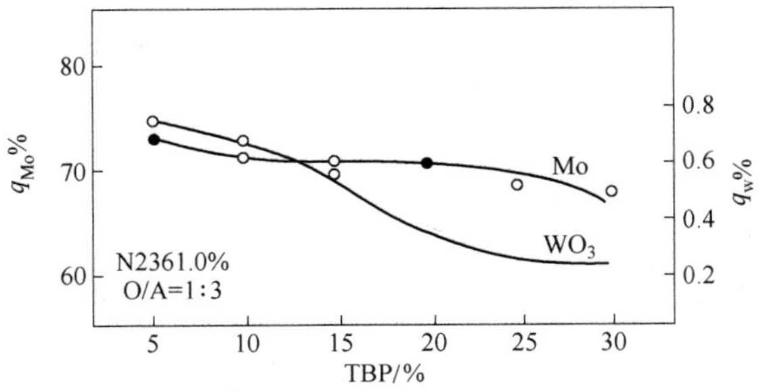

图 9.16 相调节剂浓度对钼与钨萃取率的影响
（料液：WO_3，93.29%；Mo/WO_3=0.051%）

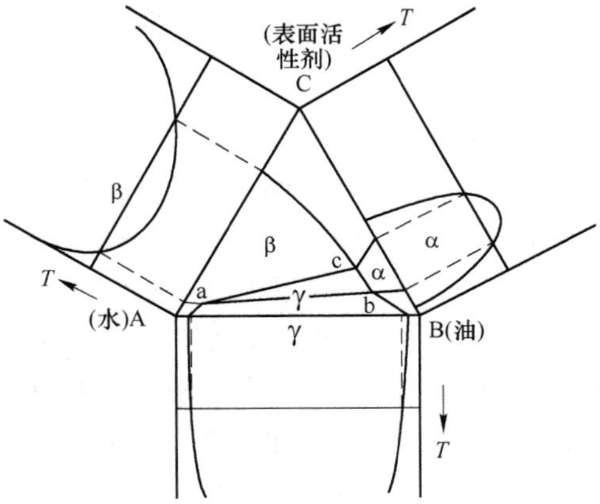

图 9.17 水-油-表面活性剂体系的简单三元相图

随着温度、表面活性剂和油的变化，图 9.17 中三相区 abc 的形状和大小会发生变化，这种变化将反映到相应的二元相平衡的变化。例如，随温度升高，A-C 图上 β 区扩大，相应于 B-C 图上 α 区缩小，从而影响到三相区 ac 边拉长，bc 边缩短。同样，油的疏水性越强，BC 图上的 α 区越大，则三相区 abc 应扩大。实验表明从相行为角度观察微乳液体系，其三相区的行为及大小是随体系的条件而变化的，从这一观点出发很难说第三相是某一溶解度最小的化合物析出的现象。

比较 TBP 体系的二元相图（图 9.18，图 9.19）。图 9.18 相当于图 9.17 中的 B-C 图，图 9.19 相当于图 9.17 中的 A-C 图。可见，由于水与 TBP 互溶度很小，它们的二元相区很大，随温度升高，二元相区缩小，250℃以上水与 TBP 互溶；富稀释剂相（图 9.18 左侧）与富 TBP 相（图 9.19 右侧）相平衡。在没有 HNO_3 的情况下，随 $Th(NO_3)_4$ 浓度提高两相区扩大（曲线 a 与 c 比较），而在同一金属浓度下，加入 HNO_3 使两相区扩大（曲线 a 与 b 比较），在 B-C 二元相图上两相区的扩大，参考图 9.17，形成三相的范围增大。

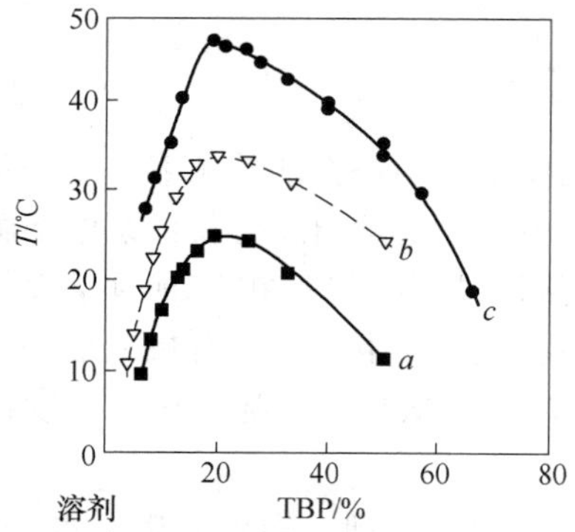

图 9.18 TBP-煤油-水-HNO_3-$Th(NO_3)_4$ 体系的伪二元系相图

a—0.69mol/L $Th(NO_3)_4$；

b—0.69mol/L $Th(NO_3)_4$+0.96mol/L HNO_3；

c—0.86mol/L $Th(NO_3)_4$

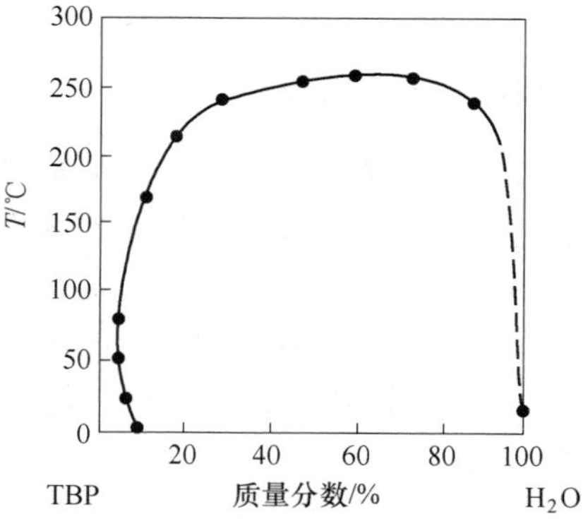

图 9.19 TBP-水系二元相图

图 9.20 为分别以正己烷（C_6）、正辛烷（C_8）及正十二烷（C_{12}）为稀释剂时 50% TBP 萃取盐酸的等温线。这三种体系均产生了三相。为便于讨论问题，将它们叠加在一张图上。随水相浓度增加至某一点开始形成三相，上面的一层有机相盐酸浓度低，而下面的一层有机相盐酸浓度高。就生成三相的难易而言，C_{12}烷最易生成三相，C_6烷在盐酸浓度较高时才生成三相。就两个有机相液层的含酸浓度而言，下层有机相中有 $C_{12}<C_8<C_6$ 关系，而上层有机相的情况则相反。这种情况也与微乳状液的相行为完全一致，即疏水性越强的碳氢化合物对形成三相越敏感。

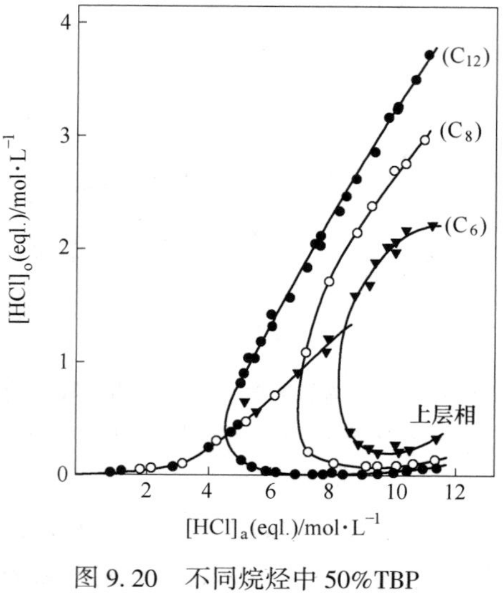

图 9.20 不同烷烃中 50% TBP 萃取盐酸的等温线

TBP 是最易形成三相的萃取剂。对高酸与高金属盐浓度的溶液，TBP 的萃合物以离子对形式存在，这种离子对化合物是具有两亲性的表面活性剂，与典型表面活性剂一样，它自身能参与非极性有机溶剂中反胶团的生成。奥首-阿萨尔认为，随酸与金属被萃取量的增加，黏度急剧增加；体系电导发生激烈变化，水分子被萃取使有机相体积增大是 TBP 体系中存在反胶团及微乳状液的证据。而在油相中存在的反胶团之间会发生交互作用，引起这种交互作用可能是溶解的水滴之间的范德华力或者是疏水的表面活性链之间的空间交互作用力，在这种交互作用力足够大的情况下，反胶团开始产生聚结作用而“挤”出油分子，甚至发生相分离—— 一种沉淀或者凝胶作用。其结果是有机相分裂为两相，上部为无胶团有机相，下部为较重的富集有胶团的有机相。这就是从相行为角度考虑三相的形成而得到的结论。因此，奥首-阿萨尔认为，溶剂萃取中的三相相当于微乳状液流体系统中的中间相。

9.13.4 胶体组织对萃取参数的影响

许多金属萃取剂都具有表面活性剂的性质。萃取体系中添加了辅助表面活性剂，萃取体系的热力学参数如分配比、萃取剂的负荷量以及动力学参数如传质速率均会发生变化。

9.13.4.1 分配比 D 及 $\beta_{A/B}$ 的变化

分配比 D 的变化与辅助表面活性剂与萃取剂的浓度有关，以 u 表示辅助活性剂与萃取剂的摩尔浓度比，D 的变化与 u 有关。以 u_{opt} 表示最大分配比值。u_{opt} 与被萃金属性质、添加剂的浓度和性质以及 pH 有关。表 9.14 为辛醇浓度对 D2EHPA 从硝酸盐体系萃取 La 时有机相组合的影响。添加辛醇使有机相中金属离子浓度、分配比 D 值均发生变化，且它们有一最大值。

表 9.14 辛醇浓度对 D2EHPA 萃 La 时有机相组成的影响①

u	D	$[La]_0$/mol·L^{-1}	$[H_2O]_0$/mol·L^{-1}	$[H_2O]/[La]$
0	0.38	0.0273	0.027	1.34
0.05	0.40	0.0286	0.049	1.72
0.1	0.43	0.0300	0.051	1.71
0.2	0.37	0.0271	0.051	1.88
0.4	0.31	0.0237	0.052	2.19
0.6	0.28	0.0221	0.057	2.58
1.0	0.23	0.0186	0.058	3.12

① $La(NO_3)_3$ = 0.1mol/L，pH = 2.0，在甲苯中有机相 [D2EHPA] = 0.2mol/L。

表 9.14 还列出了随 u 的变化有机相中含水量的变化，以及有机相中水与 La 的摩尔浓度比。显然 D 的变化与加入辛醇引起的有机相水含量变化相关。

实验表明，在有机相中醇的含量决定形成反胶团微乳状液，而醇的种类（碳链长度）及浓度、水相酸介质的种类及被萃取金属的性质对有机相中水含量的变化规律，均与反胶团、微乳状液中水含量变化的规律符合，因此，添加醇在萃取体系中形成的胶体组织，导致了分配比的变化。

分配比变化影响 $\beta_{A/B}$ 变化。实验发现添加辅助表面活性剂引起 D 变化，因此，$\beta_{A/B}$ 也随之变化。可见，可利用生成的胶体组织改善分离效果。

9.13.4.2 对萃取能力的影响

在酸性有机磷型萃取剂的萃取体系中，形成反胶团是一种普遍的现象。通过对 D2EHPA/正庚烷/Ni $(NO_3)_2$ 体系的研究证明 Ni 的萃合物缔合形成小的圆柱状的反胶团，它由 Ni-D2EHPA 和 Na-D2EHPA 的混合组成，每一个 D2EHPA 单分子增溶 5~6 个水分子，游离水与键合水存在于反胶团的核心中，少量的水是被夹在萃取剂的碳氢链的界面层之间。圆柱状的反胶团存在于萃取体系的扩散液-液界面区，反胶团的形成促使了萃取能力的提高。

9.13.4.3 对萃取速率影响

用 Kelex100 萃取 Ge(Ⅳ) 和 Fe(Ⅲ)，用 D2EHPA 萃取 Al(Ⅲ) 和 Fe(Ⅲ)。添加表面活性剂形成 W/O 型微乳状液，它们的萃取速率几乎增加一倍。而用 Kelex100 萃取 Ni(Ⅱ) 和 Co(Ⅱ)，添加表面活性剂形成 ME，萃取速率反而下降。前者是应用十二烷基磺酸钠（NaLS）/正戊醇或者十二烷基苯磺酸钠（NaDBS）/正丁醇，而后者应用一种阳离子表面活性剂（乙基三甲基溴化铵），这表明微乳状液对萃取速率的影响很复杂。

萃取速率的变化也会引起 β 变化。图 9.21 说明不添加表面活性剂 La、Pr、Er、Dy、Y 的萃取动力学曲线重合在一起，因此不可能实现动力学分离，而添加辛醇后，由于胶体组织的影响，这 5 个元素的动力学曲线分开为 3 组，因此，可以利用此性质动力学分离。

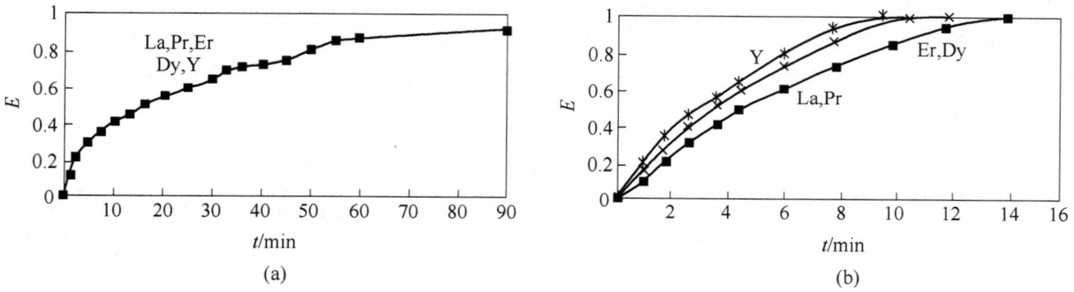

图 9.21 辛醇对 D2EHPA 从盐酸介质中萃取镧系元素动力学影响

（$[RECl_3]=0.1mol/L$；pH=2；[D2EHPA]=0.2mol/L；稀释剂：甲苯）

（a）无辛醇；（b）添加辛醇

9.14 萃取体系的界面性质

溶剂萃取是一相分散在另一相中的传质过程和化学反应过程。两相间的界面面积巨大，界面的物理化学性质对萃取过程意义重大。

萃取剂是一种表面活性物质，可以被吸附在水相和有机相的界面，萃取剂可以溶解在水相和有机相。萃取剂溶解到水中会发生水化作用。酸性和碱性萃取剂溶解到水相中，在合适的 pH 值能够质子化，从而增加其亲水性；在有机相中萃取剂又能与稀释剂发生溶剂化作用，从而更疏水。

除萃取剂外，萃取体系中的其他表面活性物质，例如，助溶剂、加速剂、降解产物等表面活性物质都会影响界面性质。

9.14.1 界面张力

界面张力与界面上表面活性物质的浓度有关。界面上表面活性物质浓度低，界面张力降低得少；界面上表面活性物质浓度高，界面张力降低得多。界面上表面活性物质不是很多的情况，表面活性物质以单分子层紧密堆积在界面。界面张力与表面活性物质浓度关系，为

$$\sigma = a + b\ln c \tag{9.73}$$

式中，a 和 b 为常数；c 为表面活性物质的浓度。

表面活性物质浓度过高，表面活性物质生成胶团。界面张力不再随表面活性物质的浓度变化。

金属离子的萃取用吉布斯公式计算界面上金属的浓度，有

$$\Gamma = -\frac{1}{RT}\frac{\mathrm{d}\sigma}{\mathrm{d}\ln c} \tag{9.74}$$

9.14.2 界面活性

界面活性影响萃取速率。表面活性物质会影响界面的活性。对界面活性影响的大小与表面活性物质的结构有关。例如，短支链的表面活性物质对界面活性的影响比长支链的表面活性物质大；疏水性的表面活性物质对界面活性的影响与疏水的碳氢链的位置有关。

例如，在含溶剂化的芳香稀释剂的萃取体系中，界面活性随羟肟类疏水性降低而增加，羟肟萃取铜的速率随界面活性增加而增大。

9.14.3 界面电势

表面活性物质吸附在有机相与水相界面，其亲水性偶极基团穿过界面朝着水相一边排列，引起附近水的偶极分子取向，从而形成跨界面的电势差 φ。界面电势差的大小因萃取体系不同而异，并与温度、pH 值、离子强度有关。

界面电势会影响界面与水相内离子的浓度，例如，在苯与水的界面吸附了酸性组元，界面的酸性比水相本体的酸性强，并有

$$c_{\mathrm{i}} = c_{\mathrm{b}}\exp\left(-\frac{\varepsilon\varphi}{k_{\mathrm{B}}T}\right) \tag{9.75}$$

$$\mathrm{pH}_{\mathrm{i}} = \mathrm{pH}_{\mathrm{b}} + \frac{\varepsilon c}{2.303k_{\mathrm{B}}T} \tag{9.76}$$

式中，下角标 i 表示界面，b 表示水相本体；ε 为介电常数；c 为浓度；k_{B} 为玻耳兹曼常数。$\varphi=0$，$\mathrm{pH}_{\mathrm{i}} = \mathrm{pH}_{\mathrm{b}}$；$\varphi < 0$，$\mathrm{pH}_{\mathrm{i}} < \mathrm{pH}_{\mathrm{b}}$；$\varphi = 200\mathrm{mV}$，$\mathrm{pH}_{\mathrm{i}}$ 比 pH_{b} 小 3~4 个单位。

9.14.4 界面黏度

水相和有机相界面吸附达到饱和形成一个黏滞的单分子层。界面黏度会影响单分子层与液相本体的运动。例如，单分子层移动会带着附近的一些液体移动；而液相本体会拖住单分子层，阻止单分子层移动。最终两者达成平衡。界面黏度很难测量。

9.14.5 界面现象

把两个互不相溶的液体倒在同一个容器中，在开始的短时间内界面上发生剧烈的扰动，这种现象称为界面现象，在某些部分互溶的双组分体系中也会发生界面现象，其原因是两液相通过界面相互传质时，界面上多点的浓度发生变化而引起界面张力不均匀变化。若传质过程很快，界面现象很明显；而界面现象显著，传质过程也快。这是因为界面张力的变化速度与溶质浓度的变化速率有关。一般来说，溶质浓度变化越快，界面张力变化越快。但对于不同的体系，界面张力随溶质浓度变化的幅度不同。

界面现象常出现在三组元以上的多组元体系中。在某些情况下，溶质从分散相向连续相传递，界面扰动现象强；而溶质从连续相向分散相传递，却不发生界面扰动；如果传质同时还存在化学反应，界面现象更明显。界面扰动可使传质速度成倍提高。如果界面上有表面活性物质，可以减少界面的扰动。

当把少许表面张力小的液体加到表面张力大的液体中，表面张力小的液体会在表面张力大的液体表面铺成一薄层。不管两种液体是否互溶或部分互溶，都是如此。这种现象叫作马昂高里（Marangori）效应。例如，在水的表面加入一滴酒精，由于酒精的表面张力比水小，酒精就在水面上铺成一薄层。用马昂高里效应可以解释将少许表面张力和密度都小的液体加到表面张力大的液体中，表面产生波纹的原因。在水的表面加入一滴表面张力很小、密度比水小的液体，由于传质的推动力很大，在瞬间产生一些界面张力梯度极大的区域，从而产生很快的扩展。由于扩展的动量很大，以至于在原来液滴的中央部位把液膜拉破，把下面的水暴露出来。这样就形成一个表面张力小的扩展圆环和表面张力大的中心。在中心处，界面张力趋向于产生相反方向的扩展运动，液体从本体及扩展着的液膜流向圆环中心。这些流体的动量使中心部分的液体隆起，液面形成波纹。

如果在水面上加入一滴表面张力大的液体，界面张力变化的趋势与上述情况正好相反；传质使界面张力增加，传质快的点比周围具有大的界面张力，该点不会产生扩展，因而液面不产生波纹，界面稳定。

9.14.6 对界面现象的解释

为了解释界面现象，哈依达姆（Haydom）假设非常接近界面处的溶质是平衡分布的，该处溶质在两相的浓度之比为常数，即为分配比；界面张力随向外迁移溶质的相中的溶质浓度降低而降低。据此得到

$$\Delta\sigma = -\beta(c_{2ib} - c_{2i}) \tag{9.77}$$

式中，$\Delta\sigma$ 为界面张力的变化；β 为比例常数；c_{2ib} 为液相 2 中溶质 i 的本体浓度；c_{2i} 为非常靠近界面处液相 2 中溶质 i 的浓度。

因为界面扰动强度与 $\Delta\sigma$ 成正比，对于具有一定溶质浓度的液相 2，β 大、c_{2i} 小时，界面扰动大，溶质传递速度快。如果界面被表面活性物质覆盖，溶质 i 难以越过表面活性物质传递到液相 1，β 值也会很小，界面扰动受到抑制。界面扰动使相互接触的两个液相中组分的传质系数增大。

9.14.7 界面扰动与相间传质的关系

（1）传质速度快，界面扰动明显。界面扰动可以使传质速度提高几倍。

（2）界面扰动的产生与传质方向密切相关。溶质从分散相向连续相传递，界面扰动强；溶质从连续相向分散相传递，不发生界面扰动。

（3）发生化学反应、界面扰动明显。这与化学反应引起两相密度差变化，反应热造成界面温度变化有关。

（4）表面活性物质会抑制界面扰动。这是由于表面活性物质在水面形成单分子层，堵塞传质面，形成阻力。另一方面表面活性剂降低表面张力，使液滴变形，又会有利于传质。

9.15　萃取动力学

9.15.1　影响萃取动力学的因素

影响萃取速率的内在因素是萃取反应的速率和反应物、产物的传质速度。萃取反应速率由反应物的性质、浓度和萃取反应类型决定；反应物和产物的传质速率取决于反应物和产物的物性，以及所处介质的性质。因此，这些都决定于萃取体系本身的性质。

影响萃取速率的外部因素是温度和搅拌强度。温度影响萃取反应速率，也影响反应物和产物的传质速度。萃取是在两相之间进行，两相必须充分混合，才能充分接触。因此，搅拌至关重要。

9.15.2　萃取过程中的传质

9.15.2.1　扩散传质

在萃取过程中，即使强烈搅拌，两相仍然是分立的，两相之间存在界面。在界面的两侧存在边界层。在边界层区域，传质方式为扩散。

离界面稍远的区域，由于搅拌作用，液体的流动方式为紊流，两相液体被各自强烈地混合，紊流内传质速度快，可以认为混合均匀。

由于搅拌作用，界面边界层的厚度不稳定，不断变化。分子扩散和紊流中的扩散都难以描述萃取器中的传质。因此，提出了如下的传质公式：

$$J_i = k_L \Delta c_i \tag{9.78}$$

式中，J_i 为组元 i 的传质速度的绝对值；k_L 为传质系数，单位是 m/h，表示单位浓度差的扩散速率，与组元 i 的浓度差有关；Δc_i 是组元 i 的浓度差。

9.15.2.2　双膜模型

图 9.22 是溶质在两相间的浓度分布图。溶质组元 i 从水相向有机相的传质速度为

$$J_{i,H_2O} = k_{i,H_2O}(c^b_{i,H_2O} - c^i_{i,H_2O}) \tag{9.79}$$

$$J_{i,O} = k_{i,O}(c^i_{i,O} - c^b_{i,O}) \tag{9.80}$$

式中，下角标 i 为组元，H_2O 为水相，O 为有机相；上角标 b 为液相本体，i 为界面；k 为传质系数；c 为浓度。

过程达到稳定，有

$$J_{i,H_2O} = J_{i,O} = J_i$$

在水相-有机相界面，与水相中组元 i 的浓度为 c^{eq}_{i,H_2O} 平衡的有机相中组元 i 的浓度为

$c_{i,O}^{eq}$，则

$$J_i = k_{i,O}^{t}(c_{i,O}^{eq} - c_{i,O}^{b}) \tag{9.81}$$

式中，$k_{i,O}^{t}$ 为总传质阻力。

同样，也有

$$J_i = k_{i,H_2O}^{t}(c_{i,H_2O}^{b} - c_{i,H_2O}^{eq}) \tag{9.82}$$

式中，k_{i,H_2O}^{t} 为总传质阻力，并有

$$\frac{1}{k_{i,O}^{t}} = \frac{1}{k_{i,O}} + \frac{\beta_1}{k_{i,H_2O}} \tag{9.83}$$

$$\frac{1}{k_{i,H_2O}^{t}} = \frac{1}{k_{i,H_2O}} + \frac{1}{k_{i,O}\beta_2} \tag{9.84}$$

其中

$$\beta_1 = \frac{c_{i,O}^{eq}}{c_{i,H_2O}^{b}} \quad \beta_2 = \frac{c_{i,O}^{b}}{c_{i,O}^{eq}}$$

为分配比。

如果 β_1 很大，有利于溶质组元 i 进入有机相，有机相的传质阻力可以忽略，则

$$k_{i,O}^{t} = \frac{k_{i,H_2O}}{\beta_1}$$

如果 β_1 很小，有机相传质阻力大，水相传质阻力小。前者为水相膜传质控制，后者为有机相膜传质控制。在萃取过程中，界面层既有分子扩散，也有紊流扩散。

9.15.3 萃取过程的化学反应速率

9.15.3.1 阳离子交换体系

阳离子萃取体系的总反应为

$$z\,\overline{HR} + M^{z+} = \overline{MR_z} + zH^+$$

对于不可逆反应，反应速率为

$$j = -\frac{dc_{\overline{HR}}}{zdt} = -\frac{dc_{M^{z+}}}{dt} = \frac{dc_{\overline{MR_z}}}{dt} = \frac{dc_{H^+}}{zdy} = k_+ c_{\overline{HR}}^{n_{\overline{HR}}} c_{M^{z+}}^{n_{M^{z+}}} \tag{9.85}$$

对于可逆反应，反应速率为：

$$j = j_+ + j_- = -\frac{dc_{\overline{HR}}}{zdt} = -\frac{dc_{M^{z+}}}{dt} = \frac{dc_{\overline{MR_z}}}{dt} = \frac{dc_{H^+}}{zdy}$$

$$= k_+ c_{\overline{HR}}^{n_{\overline{HR}}} c_{M^{z+}}^{n_{M^{z+}}} - k_- c_{\overline{MR_z}}^{n_{\overline{MR_z}}} c_{H^+}^{n_{H^+}} \tag{9.86}$$

式中，k_+、k_- 分别为萃取正、逆反应的速率常数；c_i 为组元 i 的浓度；n_i 为反应级数。

阳离子萃取反应的萃取剂有酸性萃取剂和螯合萃取剂。

9.15.3.2 阴离子交换体系

（1）胺萃取酸。以胺萃取酸的反应为例：

$$H^+ + R_i = (RH)_i^+$$

$$Cl^- + (RH)_i^+ = (RHCl)_i$$

$$(RHCl)_i + \overline{R} \Longrightarrow \overline{RHCl} + R_i$$

总反应为

$$HCl + \overline{R} \Longrightarrow \overline{RHCl}$$

对于不可逆反应，反应速率为：

$$j = -\frac{dc_{HCl}}{dt} = -\frac{dc_{\overline{R}}}{dt} = \frac{dc_{\overline{RHCl}}}{dt} = k_+ c_{HCl}^{n_{HCl}} c_{\overline{R}}^{n_{\overline{R}}} \tag{9.87}$$

对于可逆反应，反应速率为

$$j = j_+ + j_- = -\frac{dc_{HCl}}{dt} = -\frac{dc_{\overline{R}}}{dt} = \frac{dc_{\overline{RHCl}}}{dt} = k_+ c_{HCl}^{n_{HCl}} c_{\overline{R}}^{n_{\overline{R}}} - k_- c_{\overline{RHCl}}^{n_{\overline{RHCl}}} \tag{9.88}$$

（2）铵盐萃取金属。以铵盐萃取$FeCl_3$ 为例：

$$2FeCl_3 + 2q(RHCl)_i \Longrightarrow 2[FeCl_3(RHCl)_q]_i$$

$$[FeCl_3(RHCl)_q]_i + \overline{RHCl} \Longrightarrow \overline{FeCl_3(RHCl)} + q(RHCl)_i$$

$$[FeCl_3(RHCl)_q]_i + \overline{3RHCl} = \overline{FeCl_3(RHCl)_3} + q(RHCl)_i$$

总反应为

$$2FeCl_3 + 4\overline{RHCl} \Longrightarrow \overline{FeCl_3(RHCl)} + \overline{FeCl_3(RHCl)_3}$$

对于不可逆反应，反应速率为

$$j = -\frac{dc_{FeCl_3}}{2dt} = -\frac{dc_{\overline{RHCl}}}{4dt} = \frac{dc_{\overline{FeCl_3(RHCl)}}}{dt} = \frac{dc_{\overline{FeCl_3(RHCl)_3}}}{dt} = k_+ c_{FeCl_3}^{n_{FeCl_3}} c_{\overline{RHCl}}^{n_{\overline{RHCl}}} \tag{9.89}$$

对于可逆反应，反应速率为

$$j = j_+ + j_- = -\frac{dc_{FeCl_3}}{2dt} = -\frac{dc_{\overline{RHCl}}}{4dt} = \frac{dc_{\overline{FeCl_3(RHCl)}}}{dt} = \frac{dc_{\overline{FeCl_3(RHCl)_3}}}{dt}$$

$$= k_+ c_{FeCl_3}^{n_{FeCl_3}} c_{\overline{RHCl}}^{n_{\overline{RHCl}}} - k_- c_{\overline{FeCl_3(RHCl)}}^{n_{\overline{FeCl_3(RHCl)}}} c_{\overline{FeCl_3(RHCl)_3}}^{n_{\overline{FeCl_3(RHCl)_3}}} \tag{9.90}$$

（3）中性溶剂化络合萃取体系。用 TBT 萃取三价稀土元素，萃合反应为

$$RE^{3+} + 3NO_3^- + 3\overline{TBP} \Longrightarrow \overline{RE(NO_3)_3 \cdot 3TBP}$$

对于不可逆反应，反应速率为

$$j = -\frac{dc_{RE^{3+}}}{dt} = -\frac{dc_{NO_3^-}}{3dt} = -\frac{dc_{\overline{TBP}}}{3dt} = \frac{dc_{\overline{RE(NO_3)_3 \cdot 3TBP}}}{dt} = k_+ c_{RE^{3+}}^{n_{RE^{3+}}} c_{NO_3^-}^{n_{NO_3^-}} c_{\overline{TBP}}^{n_{\overline{TBP}}} \tag{9.91}$$

对于可逆反应

$$j = j_+ + j_- = -\frac{dc_{RE^{3+}}}{2dt} = -\frac{dc_{NO_3^-}}{3dt} = -\frac{dc_{\overline{TBP}}}{3dt}$$

$$= k_+ c_{RE^{3+}}^{n_{RE^{3+}}} c_{NO_3^-}^{n_{NO_3^-}} c_{\overline{TBP}}^{n_{\overline{TBP}}} - k_- c_{\overline{RE(NO_3)_3 \cdot 3TBP}}^{n_{\overline{RE(NO_3)_3 \cdot 3TBP}}} \tag{9.92}$$

9.15.4 萃取过程的控制步骤

萃取过程又有传质，又有化学反应。萃取过程可以划分为三种情况：

一是传质比化学反应慢得多，整个过程为传质控制，萃取速率与搅拌强度有关。萃取

过程的速率由 9.15.2 节描述。

二是化学反应比传质慢得多，整个过程由化学反应控制，萃取速率与搅拌强度无关。萃取过程与温度有关。萃取过程的速率由 9.15.3 节描述。

三是传质和化学反应快慢相近，萃取过程由传质和化学反应共同控制。萃取过程的速率为

$$J_i = j_i = J$$

$$J = \frac{1}{2}(J_i + j_i)$$

式中，根据传质情况，J_i 为传质速率；根据萃取反应情况，j_i 为化学反应速率。

整个体系的萃取速率为

$$J_t = VJ = \frac{1}{2}V(J_i + j_i)$$

式中，V 为萃取体系的体积。

9.15.5 萃取过程速率的影响因素

9.15.5.1 搅拌强度和界面面积

由传质控制的萃取过程速率与搅拌强度、界面面积大小有关。随搅拌强度增加，萃取速率增大。而由化学反应控制的情况则比较复杂。在水相或有机相内由化学反应控制的萃取过程，萃取速率与搅拌强度无关；在界面由化学反应控制的萃取过程，萃取速率随界面面积增大而增大。

9.15.5.2 温度

温度变化，溶液黏度和界面张力也会变化。由传质控制的萃取过程，萃取速率会发生变化，但不是很明显。由化学反应控制的萃取过程，萃取速率会显著变化。温度升高，萃取速率增大，温度降低，萃取速率减小。

9.15.5.3 水相

被萃物的浓度对萃取速率有影响。被萃物浓度降低，化学反应变慢。被萃物的浓度甚至会影响萃取过程速率的控制步骤。萃取金属离子，水相的 pH 值对萃取速率有影响。水相的其他配位体对萃取速率也有影响。例如，用烷基磷酸萃取Fe^{3+}，Cl^-能加速Fe^{3+}的萃取；用 TTA-苯从$HClO_4$ 萃取Fe^{3+}，配位体 SCN 能提高Fe^{3+}的萃取速率。

9.15.5.4 有机相

萃取剂的浓度对萃取速率有影响。稀释剂对萃取速率也有影响。稀释剂影响有机相内组元的活度和反应活化能，甚至会改变萃取反应级数。

萃取剂分子在相界面上的几何排列对萃取速率有影响。萃取剂分子构型决定分子在界面的几何排列，而不同的排列方式会影响萃取化学反应方式和速率。例如，醛肟类萃取剂P_1萃取Cu^{2+}比酮肟萃取剂萃取Cu^{2+}快。这是由于P_1在界面的排列具有化学反应优势。

萃取剂在有机相内的聚合状态对萃取速率有影响。而萃取剂的聚合状态与稀释剂有关。

萃取剂中的杂质会降低萃取过程的速率。例如，实验表明肟类萃取剂中的杂质壬基酚降低肟类萃取剂萃取Cu^{2+}的速率。

9.15.6 萃铜的动力学协萃

最早在工业获得广泛应用的铜萃取剂是LIX64N，它是LIX65N与LIX63按一定比例配成的混合物。LIX65N的学名是2-羟基-5壬基-二苯甲酮肟，它有很好的萃铜能力，但是萃取速率太慢，往其中加入5,8-二乙基-7-羟基-6-十二烷基酮肟（LIX63）后萃取动力学得到了明显改善。这种效应称为动力学协萃。

弗利特（Flett）等人认为LIX64N产生动力学协萃的原因是在界面上形成LIX65N与LIX63的混合配合物$CuR^{65}R^{63}$。这种中间配合物转入有机相后随即发生被LIX65N取代的反应生成最终产物CuR_2^{65}。埃特伍德（Atwood）和瓦威尔（Whawell）等人则认为是由LIX63的肟基氮原子与LIX65N的羟基氢原子发生质子化：

$$\text{LIX63} + \text{LIX65N} \rightleftharpoons H_2\text{LIX 63}^+ \cdot \text{LIX 65}^-$$

这种质子化作用使得LIX65N的羟基上的氢解离增强，从而加速了萃取反应。

中国科学院上海有机化学研究所合成了一种适合在高的铜浓度、低pH值使用的铜萃取剂N530，其学名为2-羟基-4-仲辛氧基-二苯甲酮肟，并研究了分别添加各种有机碱类化合物及有机酸类化合物的协萃效应。他们认为，由于带电共轭酸$[CuR(HR)]^+_{界面}$释放质子形成中性螯合物是过程速率的控制步骤，而添加的有机碱能吸收质子，使反应加速。添加酸性较强的有机酸，如烷基磷酸与磺酸也有动力学协萃作用，原因在于相转移催化作用。即在靠近界面的水相侧，发生有机酸（HR′）与铜离子的快速交换反应，它进入有机相后发生螯合萃取剂$(HR)_{螯}$置换出$(HR')_{酸}$生成电中性螯合物的反应。全过程可示意如下：

有机相	$\overline{2HR'_{酸}} + \overline{CuR_2} \longleftarrow \overline{CuR'_2} + \overline{(HR)_{2螯}}$
界面	↓　　　　　　　　↑
水相	$2HR'_{界} + Cu^{2+} \rightleftharpoons CuR'_{2界} + 2H^+$

由于把相间反应转化成有机相内部的反应，故反应大大加速。而反萃取时，界面上的$\overline{CuR_2}$与H^+发生界面反应，由于长碳链有机酸一般都有很强的表面活性，在界面上对CuR_2起着排挤作用，因此，添加有机酸类化合物使反萃取速率减慢。

9.15.7 动力学分离

利用两种被萃物的萃取速率差别进行分离，称为动力学分离。例如，在湿法炼锌中用P204萃取分离铟、铁。

在萃取料液中，铟含量800mg/L，铁含量20g/L，铁和铟均以三价阳离子状态存在。有机相为30%P204-煤油。萃取反应为：

$$In^{3+} + 3\,\overline{(HR)_2} \rightleftharpoons \overline{In(HR_2)_3} + 3H^+$$

$$Fe^{3+} + 3\,\overline{(HR)_2} \rightleftharpoons \overline{Fe(HR_2)_3} + 3H^+$$

由于铟与铁可以共萃，铟的萃取速率很快，而铁的萃取速率很慢，在铟的萃取完全时，铁的萃取率仅在5%以下（图9.22），因此，控制萃取时间就可实现铟铁分离。

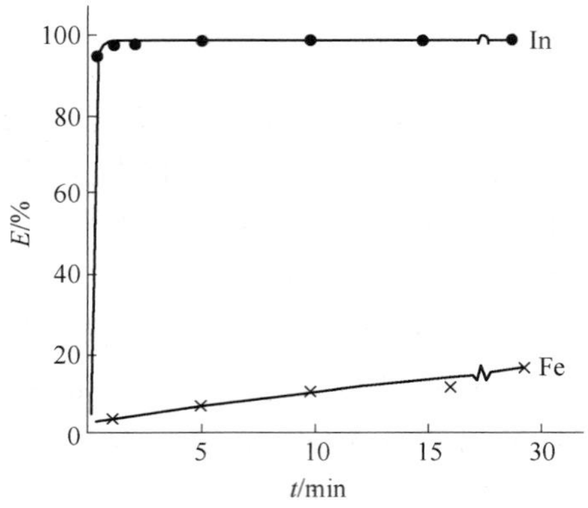

图 9.22 萃取时间对铟铁萃取率的影响

（料液：Zn107.4g/L，In87g/L，Fe14.88mg/L，聚醚 100×10^{-6}，$[H^+]$ 20g/L；有机相：40% P204+煤油；相比：O/A=1/5）

生产上实际是采用离心萃取器使两相短时间接触后即迅速分离。三价铁的反萃性能又比铟差，因此先反萃铟，再反萃铁，使铟进一步提纯。

9.16 反 萃 取

将进入有机相中的金属萃合物分解，使金属离子返回水相的过程叫作反萃取，简称反萃，它是萃取的逆过程。

将溶有金属离子萃合物的有机相与水相充分混合，静置后，金属离子进入水相，萃取剂回到有机相，此即反萃过程。反萃的关键是分解萃合物，控制反应条件，使萃合物分解。

9.16.1 酸性萃取剂的反萃

二价金属离子与酸性萃取剂形成的萃合物容易在酸中分解。

发生的化学反应为

$$2HX + \overline{MA_2} = 2\overline{HA} + MX_2$$

式中，HX 为一元无机酸，其酸性稍强于萃取剂的酸$\overline{HA}$，不需过量。

三价金属离子的萃合物比二价金属离子萃合物稳定，需要强于萃取剂的酸。将高价金属离子萃合物转化为低价离子萃合物，会使反萃变得容易。

使用能与金属离子生成沉淀的酸也使反萃变得容易。也可以采用加压氢还原的方法，直接将金属离子还原为金属粉末，这是更直接的反萃。

9.16.2 金属阴离子配合物反萃

如果金属离子与配合物形成的萃合物稳定性不高，可以使用不含萃合物中的配合物的溶液就可以进行反萃。最简单的是采用水为反萃剂。例如，反萃反应为

$$\overline{MX_n(NH)_m} + mH_2O = MX_{n-m}(H_2O)_m + m\overline{NHX}$$

式中，NH 为胺或中性萃取剂；X 为阴离子。

9.16.3 金属阴酸离子的反萃

如果金属离子与配合物形成的萃合物稳定性高，则需要用比萃合物中的配合物更强的阴离子将其取代，或将金属离子转变为别的配位化合物，或使用配合反萃剂、还原反萃剂等。例如

$$\overline{(R_4N)_2Co(SCN)_4} + 4NH_3 + (R_4N)_2SO_4 = Co(NH_3)_4SO_4 + 4\overline{R_4NSCN}$$

将 $(R_4N)_2Co(SCN)_4$ 转变为氨配阳离子 $[Co(NH_3)_4]^{2+}$ 。

9.16.4 金属氧配阴离子的反萃

金属氧配阴离子就是酸根或多酸根，十分稳定，难以分解。反萃不是分解金属氧配阴离子，而是分解萃取剂形成的阳离子。

例如，钒、钨、钼的氧配阴离子与胺形成的萃合物需用氨、氨化铵溶液反萃。化学反应为

$$\overline{(R_3NH)_4H_2W_{12}O_{39}} + 24NH_4OH = 12(NH_4)_2WO_4 + 4\overline{R_4N} + 15H_2O$$

$$\overline{(R_3NH)_6(H_2W_{12}O_{40})} + 24NH_4OH = 12(NH_4)_2WO_4 + 6\overline{R_4N} + 16H_2O$$

$$\overline{(R_3NH)_4H(H_2W_{12}O_{40})} + 24NH_4OH = 12(NH_4)_2WO_4 + 5\overline{R_4N} + 16H_2O$$

式中，萃取剂阳离子为R_3NH^+，分解为R_3N 和 NH_4^+；金属氧配阴离子为 WO_4^{2-}（在溶液中形成杂多酸$W_{12}O_{38}^{6-}$、$H_2W_{12}O_{40}^{6-}$等）。

9.16.5 金属硫配阴离子的氧化反萃

金属硫配阴离子也是杂多酸根，其萃合物稳定，可以用次氯酸钠溶液反萃，把萃合物中的S^{2-}氧化成 SO_4^{2-}，钼生成 MoO_4^{2-}，进入水相，化学反应为

$$\overline{(CH_3R_3N)_2MoS_4} + 16NaClO + 8NaOH =$$

$$2\overline{CH_3R_3NCl} + 2Na_2MoO_4 + 4Na_2SO_4 + 14NaCl + 4H_2O$$

9.16.6 螯合萃合物的反萃

螯合萃合物稳定性高，反萃困难。通常用酸反萃。用酸反萃酸度不能过高。对于用酸难以分解的羟肟配位的螯合物需用硫化氢与 Co(Ⅲ) 反应生成 CoS，将钴从有机相中沉淀出来。

9.17 超临界萃取

9.17.1 超临界流体

一种物质的气态和液态趋于同一状态，达到不能区分时，该状态的温度和压力称为该物质的临界点，在相图上是气-液平衡线的终点。

例如，水的临界点的温度和压力分别为 647.3K 和 22.12MPa。物质临界点的温度和压力也叫该物质的临界温度和临界压力。超过临界点的物质的状态叫作超临界状态。在超临界状态，气态物质称为压缩气体，密度接近液体，但又不能液化。这种既非气体又非液

体的物质叫作超临界流体。

图 9. 23 是物质的超临界状态图。超临界流体虽然不是液体，但具有液体的一些性质。例如，可以流动，可以溶解物质等。物质在超临界流体中的溶解度随超临界流体的压力和温度不同而不同。施加于超临界流体的压力越大和温度越高，超临界流体的密度越大，可以溶解于超临界流体中的溶质溶解度越大。

温度在 40~80℃，压力为 10~30MPa，CO_2 就成为超临界流体。氨的超临界温度和超临界压力分别为 409. 55℃和 11. 35MPa。容易达到。

超临界流体的黏度接近于气体，物质在超临界流体中的扩散系数比在液体中高一个数量级。在超临界流体中添加某些物质，可以提高一些物质在超临界流体中的溶解度。例如，在超临界CO_2 中添加甲醇可以提高有机物在其中的溶解度。超临界萃取速率快，两相很快达成平衡。

9. 17. 2 超临界萃取及其应用

利用CO_2 超临界流体萃取大豆提取豆油、萃取香草提取香料、萃取桉树叶提取桉油、萃取烟草脱除尼古丁等已实现工业化。

超临界萃取后，降低温度和压力，CO_2 成为气体挥发出去，不在产品中残留，对产品没有污染。

9. 17. 2. 1 超临界流体从液体中萃取金属离子

用超临界流体可以从水溶液中萃取金属离子。

图 9. 24 是 U(Ⅵ) 在硝酸和超临界CO_2-TBP 中的分配比。

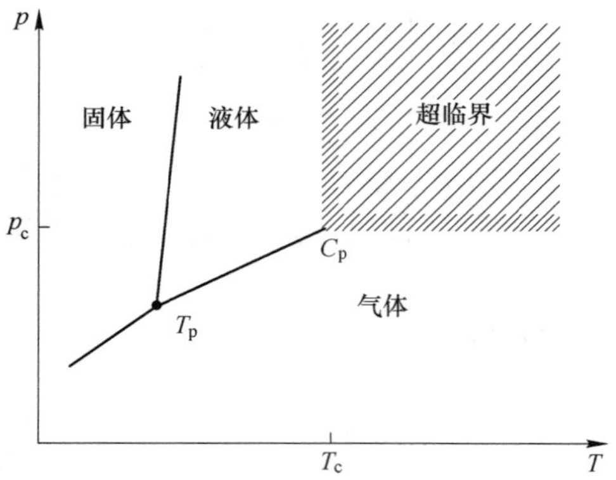

图 9. 23 纯物质超临界状态的定义

T_p —三相点；C_p —临界点；
T_c —临界温度；p_c —临界压力

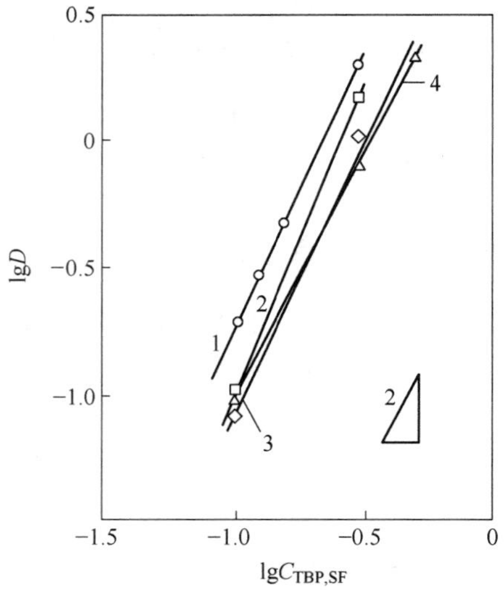

图 9. 24 U(Ⅵ) 在硝酸溶液与超临界CO_2-TBP 中的分配比（温度 60℃，压力 15MPa，水相：3mol/L HNO_3+U(VI)）

1—2×10^{-3}mol/L；2—2×10^{-2}mol/L；
3—5×10^{-2}mol/L；4—2×10^{-4}mol/L

超临界CO_2作为溶剂，TBP 溶于其中作为萃取剂，利用 TBP 萃取 U(Ⅵ)。由图可见，随着 TBP 浓度增大，分配比 D 变大。TBP 浓度为 0.5mol/L，硝酸溶液中 U(Ⅵ) 的浓度为 1×10^{-1}mol/L，超临界CO_2 流体中 U(Ⅵ) 的浓度为 7×10^{-2}mol/L。

9.17.2.2　超临界萃取从固体中萃取金属

用超临界流体可以从固体中萃取金属离子。例如，将含铀氧化物的物料与含 TBP 和硝酸的CO_2 超临界流体混合，铀成为硝酸盐，铀被 TBP 萃取，溶于超临界流体 CO_2 中。

9.17.2.3　超细粉体制备

将溶有溶质的超临界流体喷射到常压容器中，超临界流体瞬间挥发成气体出去，溶质形成粉末留在容器中。

将超临界流体通入溶液，溶液中的溶质组元难以溶于超临界流体，形成沉淀快速析出。

这两种方法可以精确控制沉淀物粒度。

9.17.2.4　粉体包覆

将需要包覆的粉体放到溶液中，粉体在溶液中不溶解。溶液含有用于包覆粉体的溶质。向溶液中通入超临界流体，溶质组元析出，沉积在粉体颗粒表面，将粉体颗粒包覆。

9.17.2.5　双水相萃取

溶有不同有机物的水溶液互不相溶，放到一起后分为上下两层，两层都是水相，成为双水相。

利用双水相萃取分离物质叫做双水相萃取。物质在双水相的分配系数小于在有机-水两相的分配系数。

采用双水相可以分离固体细微颗粒。固体颗粒在双水相的分配取决于颗粒表面状态以及水相的 pH 值、表面活性剂的含量和性质等。

例如，由溶有 9% Dextran 的水相Ⅰ与溶有 11% TritonX-100 的水相Ⅱ构成的水相Ⅰ在下层、水相Ⅱ在上层的双水相体系，并在水相Ⅱ中分别加入阴离子表面活性剂 SDS 和阳离子表面活性剂 DTAB。将平均半径小于 5μm 的 SiO_2 和Fe_2O_3 微粉混合物放到水里，混合后静置。结果表明，pH<3.5，SiO_2 微粉都集中在水相Ⅱ；pH=4~8，SiO_2 微粉集中在两个含水相的界面；pH=9~11.3，SiO_2 微粉集中在水相Ⅰ；pH≥11.5，SiO_2 微粉集中在水相Ⅱ。而Fe_2O_3 微粉一直集中在水相Ⅱ中。

9.18 液　膜

液膜是很薄的一层液体膜。液膜主要有两种：一为乳状液膜；二为支撑液膜。由液体单独形成的膜叫乳状膜；由液体填充到固体孔隙中形成的膜叫支撑膜。按构成液膜的液体组成，又可分为水膜（由水溶液组成）和油膜（由有机溶液组成）。

液膜和溶液构成的体系叫液膜体系。对于乳状液膜，液膜体系由球面形的液膜和膜外相、膜内相组成；对于支撑液膜，液膜体系由液膜和液膜两侧溶液组成。

9.18.1 液膜的组成

9.18.1.1 乳状液膜

乳状液膜由载体、膜溶剂和表面活性剂组成。

载体是有机物萃取剂；膜溶剂是用于萃取的稀释剂，具有合适的黏度，以保证液膜的强度；表面活性剂是具有亲水和亲油双重性质的有机分子。

9.18.1.2 支撑液膜

支撑液膜由支撑体和液膜组成。支撑体多为聚丙烯、聚酯等高分子材料。液膜由载体（萃取剂）和稀释剂组成。

9.18.2 液膜分离原理

9.18.2.1 选择性渗透

A、B 两种物质穿过液膜的速度不同，经过一段时间，穿透速度快的 A 在液膜另一侧的浓度大于穿透速度慢的 B，实现 A 和 B 的分离。如果 B 不能穿过液膜，则 A、B 两种物质完全分离。

9.18.2.2 在膜内发生化学反应

膜外物质 A 穿过液膜，进入膜内后与膜内物质 C 发生化学反应，即

$$A + C \longrightarrow D$$

实现物质 A 与膜外相中物质 B 的完全分离。

9.18.2.3 萃取原理

构成液膜的载体（萃取剂）萃取膜外溶液中的组元进入液膜，进入液膜的组元扩散到乳状膜的膜内相或扩散到支撑膜的另一侧。膜的另一侧是反萃液，对萃取的组元进行反萃。这样，溶液中的组元通过萃取实现了分离。

9.18.3 液膜分离的热力学

在溶液中，活度为 $a_{Me^{z+},1}$ 的 Me^{z+} 穿透液膜进入反萃液。Me^{z+} 在反萃液中的活度为 $a_{Me^{z+},2}$。同时，H^+逆向迁移，反萃液中H^+的活度为 $a_{H^+,2}$，溶液中H^+活度为 $a_{H^+,1}$，有

$$\mu_{Me^{z+},1} = \mu_{Me^{z+}}^{\ominus} + RT\ln a_{Me^{z+},1}$$
$$\mu_{H^+,1} = \mu_{H^+}^{\ominus} + RT\ln a_{H^+,1}$$
$$\mu_{Me^{z+},2} = \mu_{Me^{z+}}^{\ominus} + RT\ln a_{Me^{z+},2}$$
$$\mu_{H^+,2} = \mu_{H^+}^{\ominus} + RT\ln a_{H^+,2}$$

迁移过程的摩尔吉布斯自由能变化为

$$\Delta G_{Me^{z+}} = \mu_{Me^{z+},2} - \mu_{Me^{z+},1} = RT\ln \frac{a_{Me^{z+},2}}{a_{Me^{z+},1}}$$

$$\Delta G_{H^+} = \mu_{H^+,1} - \mu_{H^+,2} = RT\ln \frac{a_{H^+,1}}{a_{H^+,2}}$$

该过程的总摩尔吉布斯自由能变化为

$$\Delta G = \Delta G_{Me^{z+}} + (z^+)\Delta G_{H^+} = RT\ln \frac{a_{Me^{z+},2}a_{H^+,1}}{a_{Me^{z+},1}a_{H^+,2}}$$

$\Delta G < 0$，过程进行；$\Delta G = 0$，平衡；$\Delta G > 0$，过程逆向进行。

9.18.4 液膜分离动力学

9.18.4.1 乳状液膜分离的动力学

液膜传质动力学模型有三种。

（1）扩散控制模型。扩散是液膜传质过程的控制步骤。在扩散过程中液膜厚度不变。

（2）反应前沿模型。在液膜传质过程中，液膜内有两个区域：一为饱和区，在此区内膜内相组分耗尽；另一为吸收区，膜内相浓度等于原始浓度，两区间有一明显界限。在传质过程中液膜变厚，液膜厚度等于液膜厚度加上饱和区厚度。

（3）渐近前沿模型。

在液膜体系中，传质过程有以下步骤：

传质组元通过液膜外相边界层扩散到液膜表面；在界面上，传质组元通过溶解或化学反应进入液膜相；传质组元向液膜内部扩散，在液膜相和液膜内相界面进行化学反应进入膜内相。

由渐近前沿模型给出传质公式为

$$J = \frac{3D_e(V_m + V_i)}{R_e^2}\left(\frac{R_f}{R_e - R_f}c_3\right)$$

积分得到：

$$P = \left(1 + \frac{1}{2B}\right)\ln\frac{c_i}{c_0} - \frac{3}{2B}\ln\frac{X - B}{1 - B} + \frac{3}{B}\left(\arctan\frac{2 + B}{3B} - \arctan\frac{2X - B}{3B}\right)$$

式中

$$P = \frac{3D_e(V_m + V_i)}{R_e^2 V_e}$$

$$X = \frac{R_f}{R_e} = (1 - mc_0 + mc_t)$$

$$B = (1 - mc_0)^{1/3}$$

$$m = \frac{Q^* V_e}{c_i V_i}$$

式中，D_e 为迁移组分在液滴中的有效扩散系数；R_e 为乳状液滴的半径；R_f 为膜内相的半径；$R_e - R_f$ 为液膜厚度；c_3 为液膜与液膜包裹的水相界面处迁移组元在液膜一侧的浓度；c_0、c_t 分别为初始时刻和 t 时刻的浓度；V_m 为液滴总体积，cm^3；V_i 为膜内相总体积，cm^3；V_e 为膜外相总体积，cm^3；Q^* 为膜相组元与 1mol 的传质组元发生化学反应所需物质的量；c_i 为传质组元在吸收区的膜内相中的浓度，mol/L。

上式没考虑膜外相边界层阻力对传质的影响。影响传质的膜外相边界层效应系数为

$$K = \frac{-3D_e(V_m + V_i)t}{R_e^2 V_e \ln\dfrac{c_e}{c_0}}$$

9.18.4.2 支撑液膜的传输过程动力学

支撑液膜传输的渗透性用支撑液膜对金属离子迁移通量的平均值表示，有

$$\bar{J} = \frac{\Delta c_{Me^{z+},s} V}{\Omega \Delta t}$$

式中

$$\Delta c_{Me^{z+},s} = c_{Me^{z+},s_2} - c_{Me^{z+},s_1}$$

其中，c_{Me^{z+},s_2}、c_{Me^{z+},s_1}分别为时间t_2和t_1对反萃液中Me^{z+}的浓度；V为反萃液的体积；Ω为膜的表面积；$\Delta t = t_2 - t_1$。

图 9.25 是金属离子Me^{z+}经过平板型 SLM 的传输过程各阶段浓度的变化。

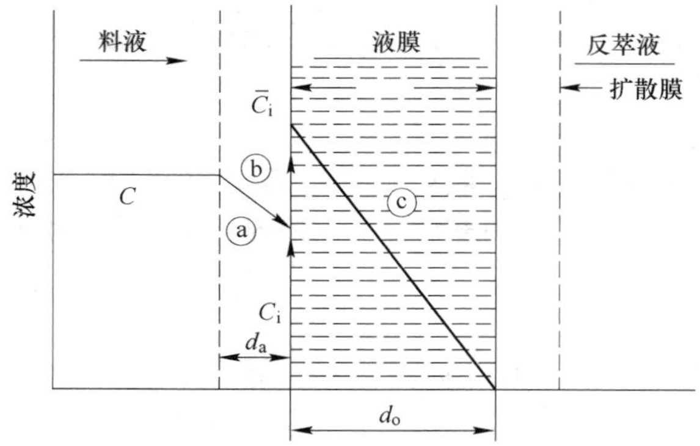

图 9.25 金属离子 Me^{z+} 经过平板型 SLM 的传输过程各阶段浓度变化示意图

ⓐ—水溶液边界层扩散（$\Delta = d_a/D_a$）；

ⓑ—化学反应（K_1，K_{-1}）；ⓒ—膜扩散（$\Delta = d_o/D_o$）；

C—Me^+在料液中的本体浓度；C_i—在料液与膜相界面处Me^+在料液中的浓度；

$\bar{C}_i$—在料液与膜相界面处Me^+在膜相中的浓度；

d_a—料液与膜相一侧的边界层的浓度；d_o—膜相厚度

如果传输过程达到稳态，浓度梯度线性变化，金属离子在溶液-膜相之间的分配系数远大于反萃液-膜相之间的分配系数，金属离子与膜相中载体（萃取剂）的反应为界面化学反应，溶液中金属离子浓度很低，则传输过程各阶段的通量为

（1）金属离子 Me^{z+} 通过溶液-膜相界面层的通量为

$$J_1 = -D_a \frac{dc_{Me^{z+}}}{dx} = -\frac{D_a}{d_a}(c_{Me^{z+},b} - c_{Me^{z+},i})$$

式中，D_a为Me^{z+}的扩散系数；d_a为溶液-膜界面层厚度；$c_{Me^{z+},b}$、$c_{Me^{z+},i}$为分别为Me^{z+}在溶液本体和界面的浓度。

（2）在溶液-膜相界面金属离子与载体的化学反应速率

$$J_2 = k_1 c_{Me^{z+},l} - k_{-1} c_{Me^{z+},m} \quad (9.93)$$

式中，k_1和k_{-1}分别为正、逆反应速率常数；$c_{Me^{z+},l}$和$c_{Me^{z+},m}$分别为界面溶液一侧和液膜一侧Me^{z+}的浓度。

（3）化学反应生成的配合物在膜相内向膜相-反萃液界面扩散

$$J_3 = -D_0 \frac{dc_{Me^{z+}}}{dx} = \frac{D_0}{d_0} c_{Me^{z+},m} \quad (9.94)$$

式中，D_0 为金属配合物在膜相中的扩散系数；d_0 为液膜厚度，液膜和反萃液界面 Me^{z+} 的浓度很低，近似为零。

过程达到稳定，有

$$J_1 = J_2 = J_3 = J$$

联立上面三式，解得

$$J = \frac{k_1 c_{Me^{z+},b}}{k_1 \Delta_a + k_{-1} \Delta_0 + 1}$$

式中

$$\Delta_a = \frac{d_a}{D_a}$$

$$\Delta_0 = \frac{d_0}{D_0}$$

渗透系数

$$\varphi = \frac{J}{c_b} = \frac{k_1}{k_1 \Delta_a + k_{-1} \Delta_0 + 1} = \frac{k_d}{k_1 \Delta_a + \Delta_0 + \dfrac{1}{k_{-1}}}$$

式中

$$k_d = \frac{k_1}{k_{-1}} = \frac{c_{Me^{z+},m,b}}{c_{Me^{z+},l,b}}$$

为 Me^{z+} 在膜相与水相之间的分配比。

若 $k_{-1} > 1$，则

$$\varphi = \frac{k_d}{k_d \Delta_0 + \Delta_0}$$

由

$$J = -\frac{dc_{Me^{z+},l,b}}{dt} \frac{V}{\Omega} = \varphi c_{Me^{z+},l,b}$$

得

$$\frac{dc_{Me^{z+},l,b}}{c_{Me^{z+},l,b}} = -\frac{\Omega}{V} \varphi dt$$

积分上式，得

$$\int_{c_{Me^{z+},0}}^{c_{Me^{z+},t}} \frac{dc_{Me^{z+},l,b}}{c_{Me^{z+},l,b}} = \int_0^t -\frac{\Omega}{V} \varphi dt$$

$$\ln \frac{c_{Me^{z+},t}}{c_{Me^{z+},0}} = -\frac{\Omega}{V} \varphi t$$

式中，$c_{Me^{z+},0}$ 为起始时间溶液中 Me^{z+} 的浓度；$c_{Me^{z+},t}$ 为时间 t 溶液中 Me^{z+} 的浓度；Ω 为膜面积；V 为溶液体积；φ 为渗透系数。

由上式可见，以 $\ln \dfrac{c_{Me^{z+},t}}{c_{Me^{z+},0}}$ 对 t 作图，得一直线，直线斜率

$$K = -\frac{\Omega}{V}\varphi$$

可以求出渗透系数 φ 。

习 题

9-1 什么是萃取率，萃取率与分配比有什么关系？

9-2 举例说明胺盐萃取机理。

9-3 在 HF 介质中，采用中性萃取剂 TBP 分离 Ta 和 Nb，分析萃取过程和萃取规律，以及在工艺上如何实现。

9-4 什么是协同萃取？

9-5 萃取过程动力学包括哪些内容？

9-6 举例说明采用斯凯特洽尔德-凯尔德布元德理论计算萃取体系有机相中组元的活度系数。

9-7 举例说明影响萃取平衡的因素。

9-8 影响萃取速率的因素有哪些，如何提高萃取速率？

10 离子交换

利用离子交换物质交换离子的过程叫离子交换。采用离子交换的手段提取金属的方法叫离子交换法。离子交换法适合处理离子浓度小的稀溶液。离子浓度小于百万分之一的极稀溶液也可以用离子交换法处理。对于离子浓度大于1%的溶液不能采用离子交换法分离。所以，离子交换法适合从废液中回收和浓缩金属。例如，从含铜万分之一的溶液中将铜浓缩到5%。从含铀2mg/L的溶液中，将铀浓缩到10mg/L以上。海水中有价金属储量大，浓度低，可以采用离子交换法提取。离子交换法也可以用来去除水中的金属离子，净化水。

离子交换过程主要包括两个步骤：吸附和解吸。吸附又称为负载，是将待分离的溶液以一定的流速通过离子交换柱，溶液中的金属离子被交换柱里的吸附剂吸附，吸附剂吸附达到饱和后，停止供液。转入解吸步骤。

解吸也叫淋洗，是用淋洗剂通过负载柱将吸附于吸附剂上的金属离子淋洗下来，移到分离柱进一步淋洗，得到含金属离子浓度高的溶液。在淋洗过程中，吸附剂再生。图10.1是离子交换工艺图。

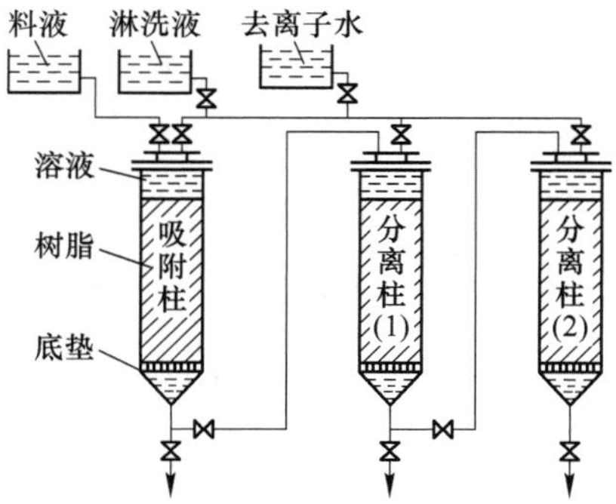

图10.1　离子交换工艺过程示意图

10.1　离子交换剂

10.1.1　离子交换剂的类型

具有离子交换能力的固体物质称为离子交换剂。离子交换剂可分为无机离子交换剂和有机离子交换剂两大类。它们都有天然的和人工合成的。表10.1给出了离子交换剂的分类。

10.1.2　有机离子交换树脂

10.1.2.1　离子交换树脂的组成

有机离子交换树脂是含有可交换活性基团的高分子化合物，由高分子部分、交联剂部分和官能团部分三部分组成。

（1）高分子部分。高分子部分是离子交换树脂的主干，具有一定的机械强度，不易溶解。

表 10.1 离子交换剂的分类

<table>
<tr><td rowspan="26">固体离子交换剂</td><td rowspan="21">有机离子交换剂</td><td rowspan="2">天然</td><td colspan="4">磺化煤</td></tr>
<tr><td colspan="4">改性淀粉</td></tr>
<tr><td rowspan="19">人工合成</td><td rowspan="11">离子交换树脂</td><td rowspan="4">阳离子交换树脂</td><td colspan="2">强酸性</td></tr>
<tr><td colspan="2">中酸性</td></tr>
<tr><td colspan="2">弱酸性</td></tr>
<tr><td colspan="2">强酸性+弱酸性</td></tr>
<tr><td rowspan="4">阴离子交换树脂</td><td rowspan="2">强碱性</td><td>Ⅰ型</td></tr>
<tr><td>Ⅱ型</td></tr>
<tr><td colspan="2">弱碱性</td></tr>
<tr><td colspan="2">强碱性+弱碱性</td></tr>
<tr><td rowspan="2">两性离子交换树脂</td><td colspan="2">强碱+强酸</td></tr>
<tr><td colspan="2">弱碱+弱酸</td></tr>
<tr><td colspan="3">氧化-还原树脂</td></tr>
<tr><td rowspan="4">离子交换膜</td><td colspan="3">阳离子膜</td></tr>
<tr><td colspan="3">阴离子膜</td></tr>
<tr><td colspan="3">两性离子膜</td></tr>
<tr><td colspan="3">氧化还原膜</td></tr>
<tr><td rowspan="4">离子交换纤维</td><td colspan="3">阳离子纤维</td></tr>
<tr><td colspan="3">阴离子纤维</td></tr>
<tr><td colspan="3">两性离子纤维</td></tr>
<tr><td colspan="3">氧化还原纤维</td></tr>
<tr><td rowspan="5">无机离子交换剂</td><td rowspan="3">天然</td><td colspan="4">沸石、蒙脱石、海绿石</td></tr>
<tr><td colspan="4">长石</td></tr>
<tr><td colspan="4">高岭土、磷灰石</td></tr>
<tr><td rowspan="2">人工合成</td><td colspan="4">人工沸石</td></tr>
<tr><td colspan="4">磷酸锆</td></tr>
</table>

（2）交联剂部分。交联剂的作用是把整个线性高分子链交联起来，形成三维空间的网状结构。树脂中含有交联剂的质量分数叫作交联度。

（3）官能团部分。是树脂上的活性基团，例如—SO_3H，—COOH，—R_3NCl 等。活性基团在溶液中能电离，产生游离的可以交换的离子，能与溶液中的离子进行交换。官能团决定离子交换树脂的性质和交换能力。

例如，磺化聚苯乙烯-二乙烯苯树脂为

$$\left[\begin{array}{c} -CH-CH_2- \\ \bigcirc \\ | \\ SO_3H \end{array} \right]_n$$

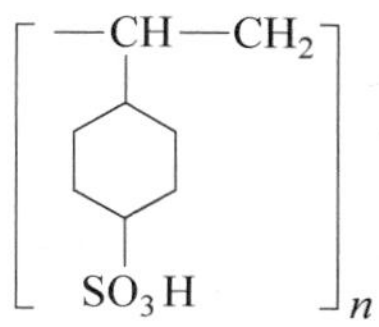

高分子部分是聚苯乙烯，交联剂是二乙烯苯，活性官能团是—SO_3H。

表10.2列出了人工合成树脂的主要官能团。

表 10.2　人工合成树脂的主要官能团

	种　类	活　性　基　团
1	强酸性	磺酸基：（—SO_3H）
2	弱酸性	磷酸基（—PO_3H_2），羧酸基（—$COOH$）
3	强碱性	I 型：三甲基胺（—$N^+(CH_3)_2$） II 型：二甲基乙醇胺$\left(-N^+ \begin{array}{l} CH_3 \\ -CH_3 \\ C_2H_4OH \end{array} \right)$
4	弱碱性	伯胺基（—NH_2）、仲胺基（—NHR）、叔胺基（—NR_2）
5	螯合型	羧胺基$\left(-CH_2-N \begin{array}{l} CH_2COOH \\ CH_2COOH \end{array} \right.$、$\left. -CH_2-N \begin{array}{l} CH_2 \\ C_6H_5(OH)_5 \end{array} \right)$
6	两　性	强碱+弱酸：（—$N(CH_3)_3+$—$COOH$） 弱碱+弱酸：（—NH_2+—$COOH$）
7	氧化-还原性	巯基（—CH_2—SH）、对苯二酚基$\left(HO-\bigcirc \begin{array}{l} -OH \end{array} \right)$

离子交换脂为颗粒状，离子交换膜是薄片状，离子交换纤维是纤维状，它们的主要化学成分相同，只是为了应用方便，外形不同。

10.1.2.2　离子交换树脂的型号

离子交换树脂的型号命名由3位数字组成。第一位表示树脂的分类，第二位表示骨架结构，第三位表示序列号。例如，201，第一位"2"表示分类号：强碱性；第二位"0"表示骨架结构：酚醛系；第三位"1"表示序列号。如果需要表示树脂的交联程度，在三位数字之后，以一个"X"号相隔，加注交联剂的加入量，表示其交联程度，如201×4，"4"表示交联程度。

大孔径树脂在第一位数字前加字母 D。

图10.2是离子交换树脂的标注图。表10.3为离子交换树脂的分类代码。

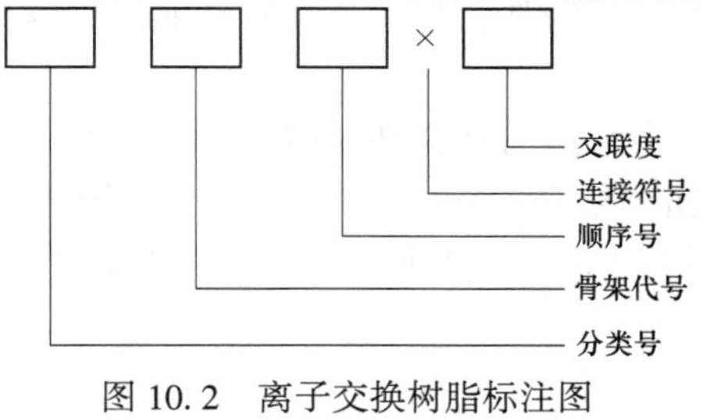

图 10.2　离子交换树脂标注图

表 10.3 离子交换树脂分类代码

第一位数字	分类名称	第二位数字	骨架名称
0	强酸性	0	苯乙烯系
1	弱酸性	1	丙烯酸系
2	强碱性	2	酚醛系
3	弱碱性	3	环氧系
4	螯合型	4	乙烯吡啶系
5	两性	5	脲醛系
6	氧化还原	6	氯乙烯系

10.1.3 几种典型的树脂

10.1.3.1 螯合树脂

螯合树脂是具有螯合能力的功能基团的离子交换树脂。它既有形成离子键的能力，又有形成配位键的能力。螯合树脂的功能基团有胺类羧酸、巯基、酚醛硫脲、胺基硫代甲酸盐、硫脲、胺基肟、多羟基等。

A 胺基羧酸螯合树脂

含有胺基羧酸螯合物的树脂称为胺基羧酸螯合树脂。该类树脂能与Cu^{2+}、Ni^{2+}、Pb^{2+}、Zn^{2+}、Co^{2+}、Cd^{2+}等重金属离子生成螯合物。

几种胺基羧酸螯合树脂的结构如下：

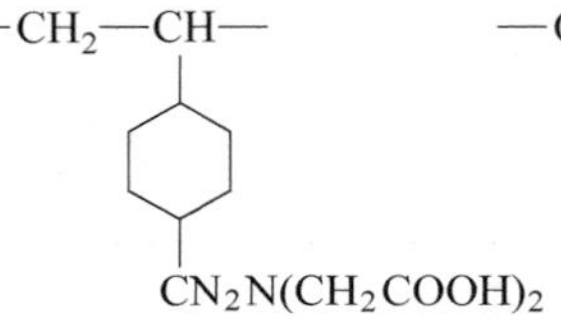

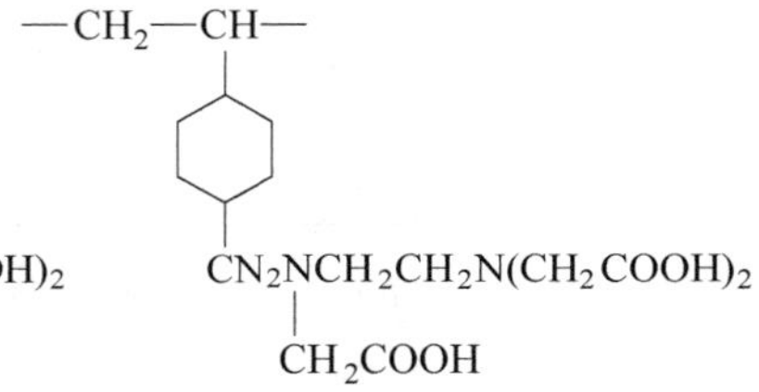

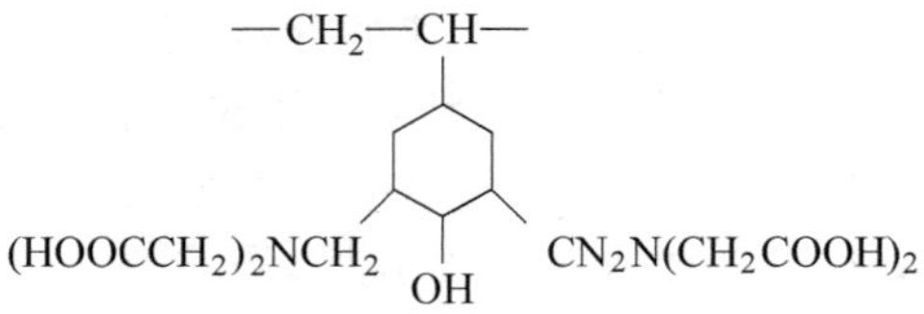

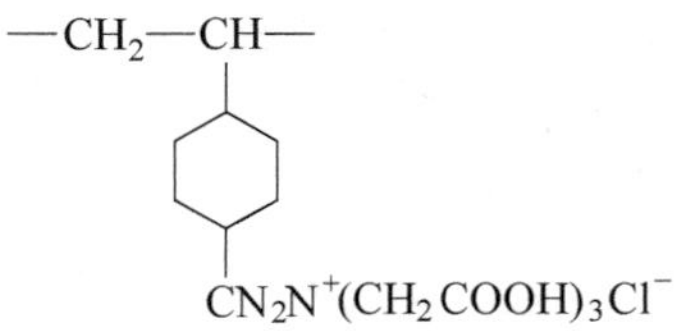

B 肟类螯合树脂

含有肟类螯合物的树脂叫肟类螯合树脂。肟类螯合树脂对Ni^{2+}、Cu^{2+}等金属离子具有很好的选择性。在肟基附近引入酮基、胺基、羟基官能团可以提高其螯合能力。

C 含硫螯合基树脂

含硫螯合树脂含有硫作为给体的螯合基，能与贵金属和汞等形成螯合物。例如，以硫脲［$SC(NH_2)_2$］为功能基团的螯合树脂，以巯（—SH）为功能基团的螯合树脂，以磺酸（$—SO_3H$）为功能基团的螯合树脂，以及以二硫代氨基甲酸基（—CH—HN—CSSH）为功能基团的螯合树脂等。

以硫脲为功能基团的螯合树脂对Cu^{2+}、Ni^{2+}、Co^{2+}、Hg^{+}、Ag^{+}具有高的选择性。

以巯基和磺酸基为功能基团的螯合树脂对Au^{+}、Hg^{+}、Ag^{+}具有很好的选择性。

以二硫代氨基甲酸基为功能基团的螯合树脂对Au^{+}、Hg^{+}、Ag^{+}、Cu^{2+}具有好的选择性。

10.1.3.2 氧化还原树脂

氧化还原树脂具有接受或给予电子的能力，可以使与其发生反应的离子或分子发生氧化还原反应，也称为电子交换树脂。例如，以对苯二酚为功能基团的树脂能够给出一对电子氧化成对苯二醌功能基团的树脂。

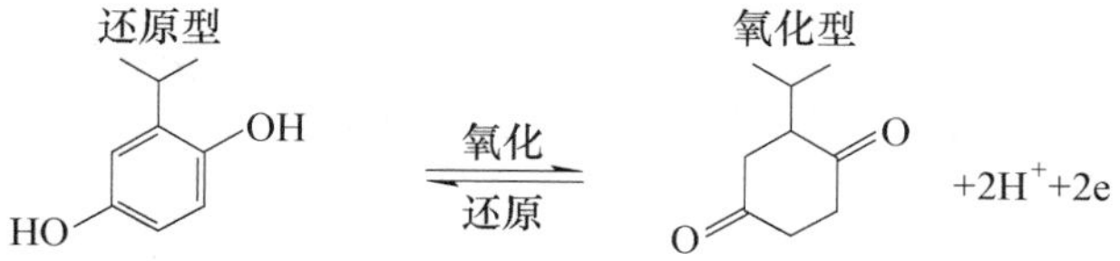

巯功能基团的氧化还原反应为

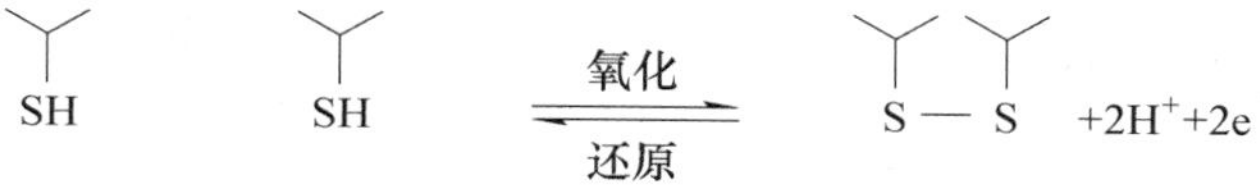

在水溶液中用氧气氧化对苯二酚树脂，生成对苯二醌树脂，则会把水氧化成过氧化氢，转化率可达80%以上，产品纯度高。这是一种高效的过氧化氢生产工艺。

具有氧化性的树脂作为氧化剂广泛用于有机合成、废水生化处理等。

具有氧化还原性的金属离子负载在树脂上，也能使树脂成为氧化还原树脂。例如，负载Cu^{+}的酸性树脂具有Cu^{+}的还原能力，能还原溶解于水中的氧。

负载SO_3^{2-}、HSO_3^{-}的强碱性树脂具有还原性，可作为还原剂；负载MnO_4^{-}的强碱性树脂具有氧化性，可作为氧化剂。

10.1.3.3 两性树脂

将阴、阳离子功能基团连接在同一树脂骨架上，构成两性树脂。这类树脂骨架上的两种功能基团是以共价键连接的，在树脂骨架上的两种功能基团距离很近。两性树脂与金属离子的配合能力类似于螯合树脂，对金属离子具有特殊的选择性。两性树脂的交换反应是可逆的，很容易复原，可重复使用。

10.1.3.4 蛇笼树脂

在同一个树脂颗粒上有阴、阳离子交换功能基团的两种聚合物。一种以交联的阴离子树脂为笼，以线型的聚丙烯酸为蛇；另一种以交联的多元酸为笼，以线型的多元碱为蛇。树脂的结构如同把蛇关在笼中，因此，称这种树脂为蛇笼树脂。蛇笼树脂的结构为

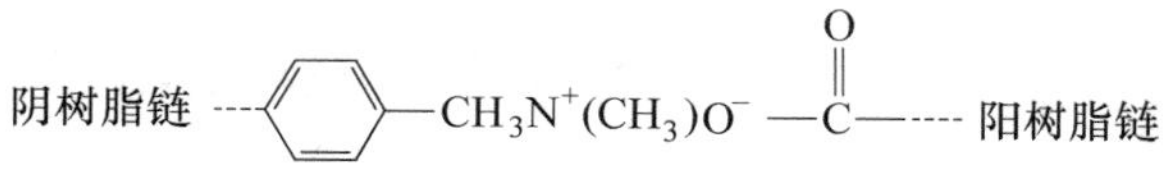

蛇笼树脂的功能基可以互相接近，相互吸引，几乎中和，但仍可与溶液中的离子进行交换反应。

10.1.3.5 萃淋树脂

萃淋树脂是将液体萃取剂吸附到多孔树脂骨架里制成的一种树脂。萃淋树脂吸附的萃

取剂可以是磷类萃取剂、胺类萃取剂、肟类萃取剂等。这类树脂可以吸附萃取多种金属离子。

例如，由吸附树脂 XAD-2 吸附 LiX65N 制成的萃淋树脂对Cu^{2+}、Ni^{2+}、Zn^{2+}等金属离子的吸附萃取选择系数很大。

在工业上，应用萃淋树脂脱除废水中的金属离子和有机物。

10.1.3.6 碳化树脂

将离子交换树脂在惰性气体保护下，加热到600~900℃，使其碳化。碳化树脂具有良好的吸附性能，用于去除废水中的有机物。

10.1.3.7 磁性树脂

将树脂颗粒粘上磁性 $\gamma\text{-}Fe_2O_3$，在使用时加上外磁场，树脂沉降速度加快，并便于分离。

10.1.3.8 大孔树脂

大孔树脂的骨架中有许多永久性的孔道，有的孔径大，比表面积并不大；有的孔道多，孔道并不大，但比表面积大。这些都统称为大孔树脂。

大孔树脂的孔径为20~500nm，有些甚至更大；大孔树脂的比表面积为$100m^2/g$，有些甚至更大。

孔径大，允许大的离子进入，利于离子交换。例如，聚钨酸根离子很大，利用大孔树脂才能进行离子交换。

比表面积大，使交换离子接触机会多，减少了扩散阻力，离子交换速率快。

大孔树脂孔道大或多，因此，功能基团水化时，孔道膨胀小，耐渗透压冲击性好。

10.1.4 离子交换树脂的性质

10.1.4.1 交换容量

交换容量是指一定量的树脂可以交换离子的量。树脂的量以质量或体积表示。质量的单位为g、kg或mol；体积的单位为mL、L或m^3。树脂的离子浓度表示方法类似溶液浓度，以mol/L、mol/kg、g/L、g/kg等表示。

总容量即理论容量，是干燥恒重的阳离子交换树脂或阴离子交换树脂可以交换的离子总量，相应于其基团总量。

在使用条件下，实际的交换容量称为表观容量或有效容量。例如，弱酸或弱碱基团就不能完全参与交换。表观容量或有效容量低于总容量，而且还与测量条件有关。

离子交换树脂除离子交换作用外，还有吸附作用。例如，弱碱性树脂对苯酚有强吸附作用。因此，在离子交换过程中常伴有吸附。总容量加上吸附量称为全容量。有些情况下，吸附作用显著。全容量超过理论容量。

在实际应用中，离子交换在一定的设备中进行。在这种设备限定条件下的交换容量叫作工作容量或使用容量。

10.1.4.2 交联度

交联度不能直接测量，一般用合成树脂时加入的交联剂的量表示，即以交联剂在树脂总量中的百分含量表示。例如，合成聚苯乙烯以二乙烯苯为交联剂，就以二乙烯苯在总量中的百分含量表示交联度。

交联度越大，树脂强度越大，树脂结构越紧密，功能基团越难进行反应，交换速率下降。

10.1.4.3 孔洞

树脂的孔洞用孔隙率、孔径、比表面积和孔度描述。

孔隙率是树脂孔的总体积与树脂体积之比。孔径是树脂孔洞的直径，有平均孔径和最大孔径。树脂的平均孔径为2~4nm，大孔径为20~500nm。比表面积是树脂的表面（包括孔洞的内表面积）与树脂体积之比，树脂的比表面积为$1m^2/L$到数十平方米每升。孔度是单位质量树脂或单位体积树脂所具有的孔的体积，单位为mL/g或mL/mL。

10.1.4.4 溶胀和含水量

树脂骨架是碳氢链，憎水。树脂内外表面布满了功能基，功能基具有强极性，亲水。因此，树脂整体具有亲水性。

干树脂浸在水里，孔道充满了水，功能基与水分子相互作用，功能基团充分水化。水化的功能基处于水溶液的环境中，与溶液中的离子进行交换。孔道中的水使骨架高分子的链被挤开、伸长，孔道扩大，造成树脂体积膨胀。

另外，功能基团上水化半径小的离子被水化半径大的离子取代，也能导致树脂体积膨胀。

由于膨胀造成树脂体积膨胀的增量百分数称为溶胀率。

一价强阳离子树脂溶胀率的大小顺序为：

$$H^+ > Na^+ > NH_4^+ > K^+ > Ag^+$$

其中，Na^+型阳离子树脂转化为H^+型阳离子树脂，体积膨胀约5%。

高价阳离子树脂的溶胀率较大。强阴离子树脂溶胀率的大小顺序为：

$$OH^- > HCO_3^- > SO_4^{2-} > Cr_2O_7^{2-}$$

由$Cr_2O_7^{2-}$型阴离子树脂转化为OH^-型阴离子树脂，体积膨胀约为30%。

树脂膨胀内部产生压力，称为溶胀压。在使用过程中，树脂功能基团上的离子反复改变，造成树脂体积反复膨胀和收缩，溶胀压反复变化，导致树脂老化而破碎。

10.1.4.5 密度

因树脂密度、体积计算方法不同，树脂密度有不同的表达方式。

树脂材料自身组织加上树脂孔隙体积为树脂体积，有

$$V_s = V_r + V_p$$

式中，V_s为树脂体积；V_r为树脂材料自身组织的体积；V_p为树脂孔隙的体积。

树脂体积加上填充在容器中的树脂颗粒间的空隙是树脂在容器中的体积，有

$$V_b = V_s + V_i$$

式中，V_b是树脂在容器中的体积；V_i为树脂颗粒间的空隙。

10.1.4.6 真密度

干树脂的质量与干树脂材料自身组织的体积之比，称为干树脂的真密度。

$$\rho_r = \frac{w_r}{V_r}$$

式中，ρ_r为干树脂的密度；w_r为干树脂的质量；V_r为干树脂的体积。

阳离子干树脂的真密度为1.2~1.4g/mL，阴离子干树脂的真密度为1.1~1.3g/mL。

湿树脂的质量与湿树脂的体积之比，称为湿树脂的真密度，即

$$\rho_s = \frac{w_s}{V_{r(w)}}$$

式中，ρ_s 为湿树脂的密度；w_s 为湿树脂的质量；$V_{r(w)}$ 为湿树脂的体积。

10.1.4.7 堆积密度

按规定方式把树脂加入到特定容器中，自然产生的堆积形态而形成的密度称为树脂的堆积密度，也叫作表观密度，或松装密度，即

$$\rho_a = \frac{w_s}{V_b}$$

式中，ρ_a 为堆积密度；w_s 为湿树脂质量；V_b 为树脂在容器中的体积。树脂的堆积密度为0.6~0.8g/mL。为了提高树脂的密度，在合成树脂时添加高密度物料，其密度可提高到1.3g/mL以上。在合成树脂时，添加磁性 γ-Fe_2O_3，使树脂能在磁场作用下聚集，提高沉降速率。

10.1.4.8 稳定性

（1）物理稳定性。物理稳定性是指树脂耐磨损、耐碰撞的机械强度和耐热温度。物理稳定性尚无确定的指标。阳离子树脂可耐100℃以上的温度，阴离子树脂使用温度不能超过60℃。

（2）化学稳定性。树脂对非氧化性酸碱都有较强的稳定性。树脂功能基团耐氧化性差别较大。浓硝酸、次氯酸、铬酸、高锰酸都能使一些树脂氧化。

阴离子树脂的耐氧化性顺序为：

叔胺树脂 > 氯型季胺树脂 > 伯胺树脂 > 仲胺树脂 > 羟基型季胺树脂

除伯胺树脂和仲胺树脂与醛发生缩合反应外，其他树脂都有很强的耐还原能力。

10.2 离子交换反应

干树脂与水相接触，先吸收溶液，溶胀水化后与水溶液中的离子 M^{z+} 进行离子交换。下面的反应方程式表示已经溶胀的树脂与水溶液中的离子进行的交换反应。

树脂与溶液中的离子交换反应可表示为

$$M^{z+} + z\,\overline{RH} = zH^+ + \overline{R_zM}$$

在分子式上面加横杠表示树脂中的组元。

10.2.1 平衡常数

交换反应达到平衡，有

$$K = \frac{a_{H^+}^{z}\, a_{\overline{R_zM}}}{a_{\overline{RH}}^{z}\, a_{M^{z+}}}$$

式中，K 为交换反应的平衡常数。

如果树脂和溶液中参与交换的组元浓度较小，则可以用浓度代替活度，有

$$K_{表} = \frac{c_{H^+}^{z}\, c_{\overline{R_zM}}}{c_{\overline{RH}}^{z}\, c_{M^{z+}}}$$

式中，$K_{表}$ 称为表观平衡常数。

平衡常数大，表示树脂交换能力强。

10.2.2 选择系数

对于同一种树脂，在相同交换条件下，交换不同离子所得到的表观平衡常数的比值称为选择系数。例如，A^+、B^+两种阳离子与同一种酸性树脂 RH 交换，交换反应为：

$$A^+ + \overline{RH} \rightleftharpoons H^+ + \overline{RA}$$

$$B^+ + \overline{RH} \rightleftharpoons H^+ + \overline{RB}$$

反应条件相同，两个反应的表观平衡常数之比为

$$\varphi_{A^+/B^+} = \frac{K_{平,A^+}}{K_{平,B^+}} = \frac{c_{\overline{RA}}c_{B^+}}{c_{\overline{RB}}c_{A^+}} = \frac{c_{\overline{RA}}/c_{A^+}}{c_{\overline{RB}}/c_{B^+}}$$

式中，φ_{A^+/B^+} 即为选择系数。其值越大，表示树脂 RH 对离子A^+的选择性越强。

φ_{A^+/B^+} 也可以看作交换反应

$$A^+ + \overline{RB} \rightleftharpoons B^+ + \overline{RA}$$

的平衡常数。φ_{A^+/B^+} 的值越大，表明离子A^+从树脂上取代离子B^+的趋势越大。

从上面的例子可见，酸性树脂 RH 不一定就以 RH 形式进行交换，也可以先交换为 RB 的形式，再与其他离子交换。如果溶液中有A^+、B^+两种阳离子，即使离子B^+优先被交换负载在树脂上，离子A^+也能逐渐将离子B^+从树脂上取代下来，使离子B^+重新回到溶液中。若溶液中离子B^+的浓度很大，取代反应会发生逆转，离子B^+取代离子A^+，负载在树脂上。利用这个过程，可以在交换反应后，再用离子B^+浓度大的水溶液洗涤树脂，使 RA 树脂重新成为 RB 树脂，此过程叫作树脂再生。

在上面的例子中，互相交换的两个离子都是一价的，不论起始浓度是多少，离子A^+置换离子B^+，溶液中离子B^+增加，离子A^+减少。但是，溶液中A^+和B^+两种离子的总浓度不变。离子总浓度对平衡不发生影响。

如果交换的是两个不同价的离子，比如，一个是 1 价离子，另一个是 2 价离子，交换反应可表示为：

$$A^{2+} + 2\overline{RB} \rightleftharpoons 2B^+ + \overline{R_2A}$$

交换反应使得溶液中离子B^+浓度增量是离子A^{2+}浓度减量的两倍。若树脂R^-总量一定，则两种离子总浓度对平衡有影响。总浓度越大，影响越大。

为比较不同离子的选择系数，选定一个离子，规定其表观平衡常数为 1。将其他离子与这个离子比较，得到其他离子的选择系数，称为相对选择系数。相对选择系数越大，表示离子的交换能力越强，从而有能力从负载树脂上取代选择系数小的离子。

10.2.3 交换率

交换率指树脂的离子被其他离子交换的百分数，有

$$E = \frac{c_{\overline{R}}}{c_{\overline{RH}}}$$

式中，$c_{\overline{R}}$ 为被交换的树脂官能团的浓度；$c_{\overline{RH}}$ 为树脂官能团的总浓度。

10.2.4 分配比

在一定温度下，离子交换达到平衡时，负载到树脂上的离子的浓度与溶液中该种离子浓度的比值，称为该离子的分配比，有

$$D = \frac{c_{\overline{R,i}}}{c_{s,i}}$$

式中，$c_{\overline{R,i}}$ 为树脂上离子 i 的浓度；$c_{s,i}$ 为溶液中离子 i 的浓度。

如果离子 i 为 M^{z+}，则

$$D = \frac{c_{\overline{R_zM}}}{c_{M^{z+}}}$$

这样，表观平衡常数可以表示为

$$K_{表} = D\frac{c_{H^+}^z}{c_{\overline{RH}}^z}$$

如果把 $K_{表}$ 看作常数，则 D 就是依赖于平衡时，氢离子浓度和树脂上$\overline{RH}$浓度的参数，并不是常数。如果被交换的金属量很小，$\overline{RH}$的量远大于被交换的金属离子的量。$\overline{RH}$的浓度变化很小，可当作浓度未变。由于被交换的金属离子量很小，pH 值变化也很小。在这种情况下，D 近似为恒定值。

在一个确定的体系中，两种离子分配比的大小反映了在该体系的条件下两种离子被树脂交换的能力。该体系的条件包括树脂的种类、形态、水溶液的组成、pH 值、温度、压力等。

两种离子分配比的比值称为它们的分离系数，也叫分离因数。有

$$\beta_{A/B} = \frac{D_A}{D_B}$$

式中，D_A 为离子 A 的分配比；D_B 为离子 B 的分配比。分离系数反映在相同条件下，两种离子的分离效果。$\beta_{A/B} > 1$，表明 A 的选择性大于 B。对于等价交换，分离系数等于选择系数，对于不等价交换，分离系数不等于选择系数。

10.2.5 交换平衡等温线

在恒温、恒压条件下，含有不同浓度的同一种离子的溶液与同一种离子交换树脂达成平衡。以溶液中该离子的浓度为横坐标，以树脂上该离子的浓度为纵坐标作图，所得曲线称为该离子的交换平衡等温线。曲线上任一点表示该离子在两相中的浓度，该点的切线斜率为该浓度相应的分配比。如图 10.3 所示。

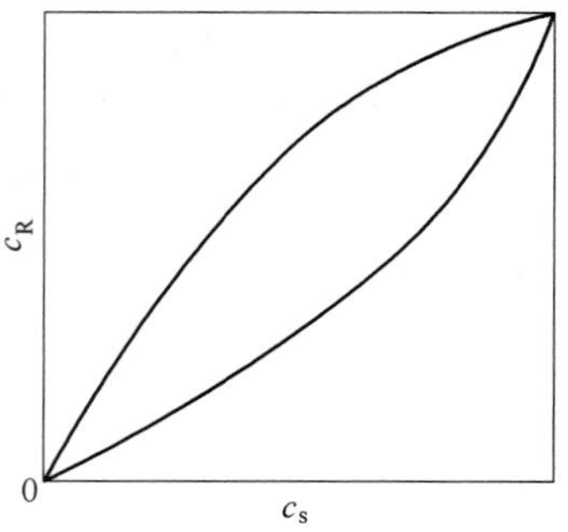

图 10.3 离子交换平衡等温线

由图 10.3 可见，曲线的起始段接近直线，表示 D 近似为恒定值。这是由于相对于树脂的交换容量，该离子的浓度低，被交换到树脂上的离子浓度随溶液中该离子浓度的增大呈线性增加。随着树脂上该离子浓度的增大，交换

趋势下降，曲线的斜率下降，即分配比 D 变小，最终趋于平坦，即树脂上的该离子的浓度达到饱和。

曲线上凸，各点斜率大于1，即 $c_{\overline{R,i}} > c_{s,i}$，称为有利平衡，树脂负载的金属离子浓度大于溶液该金属离子的浓度。

曲线下凸，各点斜率小于1，即 $c_{\overline{R,i}} < c_{s,i}$，称为不利平衡，树脂负载的金属离子浓度小于溶液中该金属离子的浓度。

10.3 阳离子交换树脂功能基的交换性能

10.3.1 酸性对阳离子树脂交换性能的影响

阳离子树脂的功能基主要有磺酸（$—SO_3$）、膦酸（$—P(O)(OH)_2$）、亚膦酸（$—PH(O)OH$）、羧酸（—COOH）以及酚基（—phOH）等。这些功能基团的交换能力与其酸性有关，它们的酸性即表观质子的电离常数如下：

次序：	磺酸	>	膦酸和亚膦酸	>	羧酸	>	酚基
pK_a：	2		3		5~6		10

pK_a 值越小，H^+越易离解，H^+越易被其他离子交换，即树脂的交换能力越强。交换平衡常数越大，交换反应越能在H^+浓度较高的条件下进行。例如，磺酸型树脂在 2mol/L 的盐酸中仍有交换能力，膦酸和亚膦酸则需要在 pH 大于 3 才有较强的交换能力，而酚基需要 pH 大于 9 才能进行交换。

在阳离子交换树脂中，只有磺酸能进行解盐反应，即将盐转化为酸，反应式为

$$\overline{RH} + NaCl \Longrightarrow \overline{RNa} + HCl \tag{1}$$

RH 的酸性越强，反应越易进行，生成的酸越多。盐的阴离子碱性越强，也越有利于解盐反应。阳离子交换树脂的交换能力与溶液的酸度有关，溶液的酸度增大，交换能力下降。这从反应式（1）可以看出。

阳离子树脂可以与强碱反应，反应式为

$$\overline{RH} + NaOH \Longrightarrow \overline{RNa} + H_2O$$

负载了钠离子的树脂称为钠型树脂。在实际应用中，酸性树脂常以钠型树脂与其他离子进行交换。这样可以不受溶液的 pH 值影响。例如，

$$\overline{R_2Na} + CaCl_2 \Longrightarrow \overline{R_2Ca} + 2NaCl$$

阳离子树脂的酸基对盐中阳离子的交换有很大影响。例如，不同酸基的钠型阳离子树脂与钙离子交换羧酸钠优于磺酸钠。

阳离子与酸基阴离子结合能力越强，越难以被交换下来，因此，树脂的容量就越小。不同离子形式的强阳离子树脂的交换容量的次序为

$$H^+ > Na^+ \approx Ca^+ > (CH_3)_4N^+ > Ag^+$$

10.3.2 阳离子树脂的选择性

阳离子树脂交换反应的选择性与酸性基团有关。弱酸性树脂的选择性比强酸性树脂的

选择性强。

表 10.4 给出了膦酸与磺酸树脂选择性的比较。

表 10.4 膦酸与磺酸树脂选择性的比较

离子	膦酸树脂	磺酸树脂	离子	膦酸树脂	磺酸树脂
Na^+	0.2	1.5	Cd^{2+}	195	2.9
Ba^{2+}	2.0	8.7	Zn^{2+}	370	2.7
Mg^{2+}	2.3	2.5	Cu^{2+}	890	2.9
Ca^{2+}	3.0	3.9	H^+	1000	1.0
Ni^{2+}	17	3.0	Fe^{2+}		2.5
Co^{2+}	23	2.8	Pb^{2+}	5000	7.5
Mn^{2+}	51	2.3			

羧酸树脂对高价离子的选择性强。树脂的交联度大，选择性增强，选择系数增大。

选择性与溶液的 pH 值有关。不同 pH 值膦酸树脂对碱金属阳离子的交换顺序为：

pH = 6.7~8.5　$Cs^+>Rb^+>K^+>Na^+>Li^+$

pH = 10　$Cs^+>Rb^+>K^+>Na^+$

pH = 12　$Li^+>Na^+>Rb^+=Cs^+>K^+$

10.3.3 影响水溶液中阳离子交换能力的因素

10.3.3.1 水合半径

水合半径就是包括内外层配位水分子的离子半径。同价阳离子随水合半径增大，交换能力降低。这说明与阳离子交换树脂功能基团作用的是溶液中的水合离子，之间的作用力是静电力。水合半径越小，电场强度越大，与水合离子相互作用越强。在酸性溶液中，碱金属离子与强酸性树脂交换顺序及其水合半径、离子半径的顺序见表 10.5。

表 10.5 金属离子与强酸性树脂的交换顺序

金属离子	Cs^+	Rb^+	K^+	Na^+	Li^+
金属离子半径/cm	0.165	0.149	0.133	0.098	0.068
水合半径/cm	0.505	0.509	0.53	0.79	1.0
交换顺序	$Cs^+>Rb^+>K^+>Na^+>Li^+$				

水合离子的尺寸与凝胶树脂的微孔尺寸大小相近。水合离子负载在凝胶树脂的微孔的功能基上，使微孔内的压强增大，树脂胀大。这将对树脂的选择性产生影响，导致水合半径小的离子更具有交换优势。

在较强的酸性溶液中，高价金属离子的选择系数大于低价离子的选择系数。在酸性较弱的溶液中，高价金属离子易发生水解，解离出H^+。

$$M(H_2O)^{z+} \rlap{=}{=}\!= M(H_2O)^{(z-1)+} + H^+$$

水解使水合离子电荷减少，电场强度降低，引起交换顺序的变化。

10.3.3.2 外界条件的影响

（1）溶液的浓度。电解质溶液的总浓度对各个离子的交换有影响。

（2）温度。温度升高，离子在溶液中的运动加剧，使离子的水合数减小，从而改变离子水合半径。而对于不同的金属阳离子，水合半径改变量不同，因此，可能导致离子交换顺序改变。

10.4　阴离子树脂的交换反应

阴离子树脂的功能基团是季铵盐（$RN(CH_3)_3X$）、叔胺（$RN(CH_3)_2$）、仲胺（$RNH(CH_3)$）、伯胺（RNH_2），其中，R是骨架。

10.4.1　强碱性树脂

季铵盐自身带正电荷，与其配对的负离子解离度大，易于和其他离子发生交换反应，是强碱性阴离子交换树脂。

季铵盐分为Ⅰ型和Ⅱ型。Ⅰ型有3个烷基，常见为甲基：$—RN(CH_3)_3X$，X为一价阴离子；Ⅱ型有2个烷基，1个乙醇基，是二甲基乙醇季铵盐：$NCH_2CH_2OH(CH_3)_2X$。若配对的1价阴离子为羟基OH^-，季铵盐会与酸发生中和反应，有

$$\overline{RN(CH_3)_3OH} + HCl = \overline{RN(CH_3)_3Cl} + H_2O$$

或交换反应

$$\overline{RN(CH_3)_3OH} + NaCl = \overline{RN(CH_3)_3Cl} + NaOH$$

产物$\overline{RN(CH_3)_3Cl}$是氯盐树脂，可以交换的离子是Cl^-。

例如，交换阴离子SO_4^{2-}，有

$$2\overline{RN(CH_3)_3Cl} + H_2SO_4 = \overline{(RN(CH_3)_3)_2SO_4} + 2HCl$$

阴离子与季铵离子的结合能力越强，越难被交换，树脂的交换容量就越小。负载不同的离子，树脂的单位质量和体积会不同。强阴离子交换树脂的交换容量与负载的阴离子有关，交换容量大小的顺序为

$$OH^- > Cl^- > SO_4^{2-} \approx HCOO^- > CrO_4^{2-} \approx Ac^- > NO_3^- > Br^- \approx B_2O_7^{2-} > ClO_4^- > I^- > IO_3^-$$

10.4.2　强碱性树脂的选择性

10.4.2.1　卤素离子

和阳离子相比，阴离子半径大，水化程度比阳离子差。半径越大，越易被极化变形。它们的交换顺序随阴离子半径增大而增强，有

$$I^- > Br^- > Cl^- > F^-$$

10.4.2.2　含氧酸根

无机含氧酸根碱性越弱交换势越强。离子交换势就是离子的交换能力。

含氧酸根能与金属离子形成阴离子配合物。

Ⅰ型强碱性树脂在硫酸溶液中具有以下交换顺序：

$$V_2O_7^{4-} > Mo_8O_{26}^{4-} > UO_2(SO_4)_3^{4-} > UO_2(SO_4)_2^{2-} > [Fe(OH)(SO_4)_2]^{2-} > SO_4^{2-} > Fe(SO_4)_2^{2-} > NO_3^- > HSO_4^- > Cl^-$$

在pH为9~10的碳酸溶液中，有以下交换顺序：

$V_2O_7^{4-} > UO_2(CO_3)_3^{4-} > MoO_4^{2-} > UO_2(CO_3)_2^{2-} > SO_4^{2-} > CO_3^{2-} > NO_3^- > Cl^- > OH^-$

在碱性溶液中，有以下交换顺序为：

$$MoO_4^{2-} > WO_4^{2-} > HAsO_4^{2-} > HPO_4^{2-} > SiO_3^{2-} > Cl^- > OH^-$$

10.4.2.3 金属离子的阴离子配合物

第一过渡元素的二价金属离子，除Ni^{2+}外，都能和Cl^-生成氯配位阴离子MCl_4^{2-}，除$ZnCl_4^{2-}$外，它们的稳定性都不高，需要Cl^-浓度为6~8mol/L才能被树脂交换，而Zn^{2+}可以在Cl^-浓度为2mol/L时就被交换。

四价的铑、钌、铂、铱形成MCl_6^{2-}配合物阴离子，具有高的稳定性。

$AuCl_4^-$ 的交换势最强，$PdCl_4^{2-}$ 的交换势也很强。

10.4.3 弱碱性树脂

弱碱性树脂的功能基为伯胺、仲胺、叔胺，易于加合H^+而带正电荷，因而可以结合一个阴离子，有

$$\overline{RN(CH_3)_2} + HCl = \overline{RN(CH_3)_2H^+Cl^-}$$

盐酸、硫酸、硝酸、磷酸等强无机酸都可以与弱阴离子树脂作用，但硼酸、碳酸、硅酸、氢硫酸、氢氰酸不能与弱阴离子树脂反应。

弱碱性树脂加和H^+后对OH^-有很强的亲和力，甚至强于强碱性树脂。可以与碱、酸发生如下反应：

$$\overline{RN(CH_3)_2HCl} + NaOH = \overline{RN(CH_3)_2HOH} + NaCl$$

$$2\overline{RN(CH_3)_2HCl} + H_2SO_4 = \overline{(RN(CH_3)_2)_2SO_4} + 2HCl$$

弱碱性树脂对离子的选择性次序类似于强碱性树脂。

弱碱性树脂的功能基$RN(CH_3)_2$若未加和H^+，交换离子又不在酸性溶液中，则不能进行交换。

10.5 离子交换理论

关于离子交换的理论主要有晶格理论、双电层理论、道南膜理论、多相化学反应理论和渗透压理论。下面分别予以介绍。

10.5.1 晶格理论

晶格理论认为，组成离子交换树脂的晶体是离子晶体，其晶格结点上是离子。晶体中每个离子被一定数目的具有相反电荷的离子所包围。具有相反电荷的离子数目，就是配位数。离子间的作用力为库仑力。晶格结点上的离子被其他离子取代的难易程度决定于以下几点：

(1) 将溶液中的离子连接到晶格上去的引力的大小和性质；

(2) 进行交换的离子的浓度；

(3) 进行交换的离子的电荷；

(4) 进行交换的离子的大小；

（5）交换树脂晶格可以接近的程度；

（6）溶解度效应。

离子在离子交换树脂上的交换作用与两种可溶性电解质的混合作用相似，也与晶体中离子的交换作用相似。

离子交换机理与晶体晶格结点上离子的交换相似。

离子交换反应是在整个树脂胶体结构中进行，并不只限于树脂表面。

10.5.2 双电层理论

双电层理论认为，离子交换树脂具有双电层，其中一个是固定不变的内层，另一个是可移动的扩散外层。双电层能够吸附溶液中的离子。这些被吸附的离子与原来树脂上的离子不同，离子交换树脂上原有的离子决定双电层的电学性质，而位于双电层扩散外层的离子可以延伸到溶液中。在扩散外层中的离子和与之平衡的溶液中的离子之间没有明显的分界线。扩散外层的离子的浓度随树脂外面溶液的浓度和 pH 值的变化而改变。如果在树脂外面的溶液中加入新的离子，就改变了外面溶液的浓度，破坏了原来的平衡，而要建立起新的平衡。加入的新离子将进入扩散外层，替代了某些原来扩散外层中的离子。为保持电中性，这种交换是按化学计量进行的。

在双电层的扩散外层所进行的离子交换与纯粹晶体晶格结点位置上的离子交换有相似之处，但交换机理不同。对晶体晶格结点位置的交换而言，具有固定不变数目的交换位置，而与溶液和 pH 值无关。而交换树脂双电层的扩散外层的交换容量与溶液的浓度和 pH 值有关。

10.5.3 膜理论

道南（Donnan）的膜理论认为，离子交换树脂和溶液界面存在一层膜。在膜的两侧离子分布不均。溶液中有些离子就会通过膜进入交换树脂一侧，但不是所有的离子都能通过膜，有些离子不能通过膜。能通过膜的离子一直进行到在膜的两侧达成平衡。树脂上的离子通过膜进入溶液。溶液中的离子与树脂上的离子通过膜发生交换作用，离子在交换过程中具有原子价效应，在离子交换过程中，具有溶液中体积效应和电解质浓度效应。游离电解质不能进入高交换容量的树脂相内。

将具有高交换容量（或具有固定离子浓度）的离子交换树脂浸在稀的电解质溶液中，很少有电解质能扩散到交换树脂上去。例如，磺酸型阳离子交换树脂的钠盐其固定的离子浓度为 5mol/L。将其浸在 0.1mol/L的 NaCl 溶液中，达成平衡，只有极少（可以忽略）的 Cl^-交换到树脂上。可见，在具有高交换容量的离子交换树脂中，高浓度的固定离子会阻止浓度低于固定离子浓度的溶液中的离子交换到树脂上。这种现象是离子交换树脂的交换原理的基础，也是离子交换膜的选择性透过的根据。

由道南的膜理论可见：

（1）原子价对离子交换有影响；

（2）溶液体积和电解质浓度对离子交换有影响；

（3）离子交换树脂中离子的浓度对离子交换有影响。

10.5.4 多相化学反应理论

多相化学反应理论把离子交换看作多相化学反应。例如，Fe^{3+}与Ca^{2+}进行离子交换，有

$$3\overline{R_2Ca} + 2Fe^{3+} = 2\overline{R_3Fe} + 3Ca^{2+}$$

平衡常数

$$K = \frac{c^2_{\overline{R_3Fe}} c^3_{Ca^{2+}}}{c^3_{\overline{R_2Ca}} c^2_{Fe^{3+}}} \tag{10.1}$$

反应也可以写作

$$\frac{1}{2}\overline{R_2Ca} + \frac{1}{3}Fe^{3+} = \frac{1}{3}\overline{R_3Fe} + \frac{1}{2}Ca^{2+}$$

$$K' = \frac{c^{1/3}_{\overline{R_3Fe}} c^{1/2}_{Ca^{2+}}}{c^{1/2}_{\overline{R_2Ca}} c^{1/3}_{Fe^{3+}}} \tag{10.2}$$

并有

$$K' = K^{1/6}$$

10.5.5 渗透压力理论

将渗透压力看作溶液的外压力，则溶液的蒸气压等于纯溶剂的蒸气压。转换为摩尔水的渗透过程的最大功为

$$W = nRT\ln\frac{a_{(H_2O)溶液}}{a_{\overline{(H_2O)}树脂}}$$

式中，$a_{(H_2O)溶液}$ 和 $a_{\overline{(H_2O)}树脂}$ 分别为水在溶液中和树脂中的活度。

在离子交换过程中，等压势的变化可由树脂的体积变化确定，即

$$W_V = \pi(V_2 - V_1)$$

式中，V_1 和 V_2 为被交换离子的体积；π 为渗透压力；W_V 为体积变化功。

离子交换过程的吸附选择性为

$$K' = \frac{(n_1/n_2)_{树脂}}{(n_1/n_2)_{溶液}} \tag{10.3}$$

则

$$RT\ln\left[K'_2\left(\frac{f_1}{f_2}\right)_{树脂}\right] = \pi(V_2 - V_1)$$

$$\ln K'_2 = \frac{\pi(V_2 - V_1)}{RT} + \ln\left(\frac{f_2}{f_1}\right)_{树脂} \tag{10.4}$$

式中，f_1 和 f_2 为离子的活度系数。

上式给出了选择性 K'_2 与 π、V 和 f 的关系。若离子半径相同，分离系数由 f_2/f_1 决定，

若离子半径不同，π 对 K_2' 的影响大。

10.6　离子交换规律

金属离子与树脂进行交换反应，不同的金属离子有不同的交换能力，把离子的交换能力称为离子交换势。把容易进行交换的离子称为交换势大的离子，把不容易交换的离子称为交换势小的离子。

树脂对离子的选择系数 K_s 可以反映离子与树脂交换的趋势和程度。因此，将离子按照选择系数大小排列，就得到金属离子的交换势顺序，称为离子的选择性次序。

在离子交换反应的过程中，溶液中的离子是否容易交换到树脂上去，取决于树脂离子与溶液中的离子之间的作用力。这两种离子间的作用力有以下几种：

(1) 静电效应。溶液中的金属离子与树脂离子的结合靠它们之间的静电引力。溶液中的离子配置在树脂离子的周围，结合的牢固程度取决于它们之间静电引力的大小。引力越大，结合越牢固。溶液中离子的交换势就越大。

正、负离子间的静电引力与离子的电荷数成正比，与离子间距离的平方成反比。因此，离子的电荷越多，水化离子半径越小，静电引力越大，交换势就越大。例如，碱金属离子的水化半径大小次序为：$Li^+>Na^+>K^+>Rb^+>Cs^+$，它们的交换顺序为：$Li^+<Na^+<K^+<Rb^+<Cs^+$。

(2) 溶胀压作用。离子交换树脂溶胀后，其网状结构扩张。由于树脂具有弹性，网状结构会有收缩趋势，从而对微孔内的水产生压力。这种压力叫作溶胀压。

不同的金属离子水化程度不同，交换到树脂上后，引起树脂的溶胀程度不同。例如，有如下的交换平衡：

$$R—SO_3^-Na^+ + K^+ \rightleftharpoons R—SO_3^-K^+ + Na^+$$

$R—SO_3^-Na^+$	K^+	$R—SO_3^-K^+$	Na^+
↓	↓	↓	↓
溶胀度大 溶胀压大	水化 程度低	溶胀度小 溶胀压小	水化 程度高

Na^+离子水化程度高，所以 Na 型磺酸树脂的溶胀度大，溶胀压高；K^+离子水化程度低，K 型磺酸树脂的溶胀度小，溶胀压小。而溶胀的树脂有收缩的倾向，有利于使溶胀减小的离子交换到树脂上去。所以，上面的交换反应达到平衡前向右进行的趋势大。

阴离子水化程度低，在阴离子交换中，溶胀压的影响较小。

(3) 共价键的作用。共价键键距小，电子云重叠多，难电离，阳离子在树脂上交换势大。例如，—COOH 中 H 与 COO 以共价键结合，因而羧酸型阴离子交换树脂对H^+选择性高，即H^+在树脂上交换势高。

(4) 极化效应。离子间的极化作用使阳离子和阴离子间电子云重叠多，形成共价键成分，使离子交换势变大。例如，Ag^+、Tl^+离子半径与K^+相近，交换势也应相近。但实际情况是Ag^+、Tl^+交换势比K^+高很多，就是由Ag^+、Tl^+极化造成的。

阴离子半径大，更易被极化。因此，极化作用对阴离子影响更大。例如，F^-、Cl^-、Br^-、I^-离子的极化随着它们的半径增大而增大。选择系数随着离子半径增大而增大。

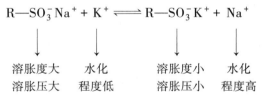

（5）在常温稀溶液中，阳离子的交换势随着离子电荷增加、半径增大而增大。

（6）在常温，溶液中阴离子的交换势与阴离子半径极化度、碱性、电荷数等有关。

（7）H^+和OH^-的交换势与树脂极性基团的性质有关。它们的交换势决定于树脂极性基团的电解质类型。若树脂极性基团为强电解质型，则H^+和OH^-的交换势小；若树脂极性基团为弱电解质型，则H^+和OH^-的交换势大。

上述规律适用于常温、稀溶液。

10.7 离子交换的热力学

离子交换反应的通式为

$$z_B \overline{A}^{z_A} + z_A B^{z_B} = z_A \overline{B}^{z_B} + z_B A^{z_A} \tag{a}$$

式中，上方画横线代表交换剂。

体系中组元 B 的分配系数为

$$\lambda_B = \frac{c_{\overline{B}}}{c_B}$$

在离子交换体系中，由于离子 A 参与交换的影响，分配系数应用有限。

两种离子分配系数之比叫分离因数，有

$$\alpha_A^B = \frac{\lambda_B}{\lambda_A} = \frac{c_{\overline{B}} c_A}{c_{\overline{A}} c_B} = \frac{b_{\overline{B}} b_A}{b_{\overline{A}} b_B} = \frac{x_{\overline{B}} x_A}{x_{\overline{A}} x_B} \tag{10.5}$$

式中，c 为体积摩尔浓度；b 为质量摩尔浓度；x 为摩尔分数。

分离因数可以写作

$$\alpha_A^B = \frac{\lambda_B}{\lambda_A} = \frac{c_{\overline{B}} c_A}{c_{\overline{A}} c_B} = \frac{b_{\overline{B}} b_A}{b_{\overline{A}} b_B} = \frac{x_{\overline{B}}(1 - x_B)}{(1 - x_{\overline{B}}) x_B} \tag{10.6}$$

利用质量作用定律，由交换反应的通式得

$$\overline{\overline{K}}_A^B = \frac{c_{\overline{B}}^{z_A} c_A^{z_B}}{c_{\overline{A}}^{z_B} c_B^{z_A}} \tag{10.7}$$

式中，$\overline{\overline{K}}_A^B$ 叫作平衡系数。

定义选择系数为

$$K'^B_A = \frac{x_{\overline{B}}^{z_A} x_A^{z_B}}{x_{\overline{A}}^{z_B} x_B^{z_A}} \tag{10.8}$$

K'^B_A 不等于 $\overline{\overline{K}}_A^B$，两者的关系为

$$K'^B_A = \overline{\overline{K}}_A^B \left(\frac{Q}{c_A + c_B + c_D} \right)^{z_A + z_B} \tag{10.9}$$

$$Q = z_A c_{\overline{A}} + z_B c_{\overline{B}} + z_D c_{\overline{D}}$$

式中，D 为引入体系的第三种离子，交换剂对组元 A 和 B 的亲和力远远大于组元 D，因此 $c_{\overline{D}} \approx 0$；$Q$ 为全部离子的交换容量。

如果溶液中的组元有复杂的结构，交换相中没有抗衡离子，平衡系数可写作

$$\overline{\overline{K}}{}_A^B = \frac{c_{\bar{B}}^{z_A} c_A^{z_B}}{c_{\bar{A}}^{z_A} c_B^{z_B}} \tag{10.10}$$

如果交换具有相同电荷 z 的离子，则有

$$\overline{\overline{K}}{}_A^B = (a_A^B)^z$$

对于相同的离子和相同的离子交换材料，因操作条件不同，$\overline{\overline{K}}{}_A^B$ 值不同。活度系数接近1，平衡系数近似于热力学平衡常数。但对高浓度溶液，两者不同。但是，由于式（10.10）$\overline{\overline{K}}{}_A^B$ 的浓度数值可测，所以，还是将 $\overline{\overline{K}}{}_A^B$ 近似看作常数。

对于不同价态的离子，有

$$\overline{\overline{K}}{}_A^B = (a_A^B)^{z_B} \left(\frac{c_{\bar{B}}}{c_B}\right)^{z_A - z_B} \qquad z_A \geqslant z_B$$

$$\overline{\overline{K}}{}_A^B = (a_A^B)^{z_B} \left(\frac{c_A}{c_{\bar{A}}}\right)^{z_B - z_A} \qquad z_B \geqslant z_A$$

作为 $\overline{\overline{K}}{}_A^B$ 的修正，定义表观平衡常数为

$$\overline{K}{}_A^B = \frac{c_{\bar{B}}^{z_A}\ a_A^{z_B}}{c_{\bar{A}}^{z_A}\ a_B^{z_B}} = \overline{\overline{K}}{}_A^B \frac{f_{\bar{A}}^{z_B}}{f_{\bar{B}}^{z_B}} \tag{10.11}$$

假如相同电荷的离子活度相等，即

$$f_{\bar{A}} = f_{\bar{B}} \qquad 若\ z_A = z_B$$

得

$$\frac{a_{\bar{B}}}{a_{\bar{A}}} = \frac{f_{\bar{B}} c_{\bar{B}}}{f_{\bar{A}} c_{\bar{A}}} = \frac{c_{\bar{B}}}{c_{\bar{A}}}$$

离子交换反应的热力学平衡常数为

$$K_A^B = \frac{a_{\bar{B}}^{z_A}\ a_A^{z_B}}{a_{\bar{A}}^{z_B}\ a_B^{z_A}} \tag{10.12}$$

离子交换反应的通式也可以写作

$$\frac{1}{z_A}\overline{A}^{z_A} + \frac{1}{z_B}B^{z_B} \rightleftharpoons \frac{1}{z_B}\overline{B}^{z_B} + \frac{1}{z_A}A^{z_A} \tag{b}$$

相应于通式（a）各系数和常数为

$$K_A^B = \frac{a_{\bar{B}}^{\frac{1}{z_B}}\ a_A^{\frac{1}{z_A}}}{a_{\bar{A}}^{\frac{1}{z_A}}\ a_B^{\frac{1}{z_B}}} \tag{10.13}$$

$$\overline{K}{}_A^B = \frac{c_{\bar{B}}^{\frac{1}{z_B}}\ a_A^{\frac{1}{z_A}}}{c_{\bar{A}}^{\frac{1}{z_A}}\ a_B^{\frac{1}{z_B}}} \tag{10.14}$$

$$\overline{\overline{K}}{}_A^B = \frac{c_{\bar{B}}^{\frac{1}{z_B}} c_A^{\frac{1}{z_A}}}{c_{\bar{A}}^{\frac{1}{z_A}} c_B^{\frac{1}{z_B}}} \tag{10.15}$$

$$K'^{B}_{A}=\frac{x_{\overline{B}}^{\frac{1}{z_B}}x_{A}^{\frac{1}{z_A}}}{x_{\overline{A}}^{\frac{1}{z_A}}x_{B}^{\frac{1}{z_B}}} \tag{10.16}$$

由于离子交换剂的溶胀，离子交换总是伴随溶剂迁移。因此，两个交换反应通式应写为

$$z_B\,\overline{A}^{z_A}+z_A\,B^{z_B}+w\,H_2O=\!=\!=z_A\,\overline{B}^{z_B}+z_B\,A^{z_A}+w\,\overline{H_2O}$$

和

$$\frac{1}{z_A}\overline{A}^{z_A}+\frac{1}{z_B}B^{z_B}+w\,H_2O=\!=\!=\frac{1}{z_B}\overline{B}^{z_B}+\frac{1}{z_A}A^{z_A}+w\,\overline{H_2O}$$

离子交换反应平衡的热力学条件为

$$\mu_{\overline{A}}dn_{\overline{A}}+\mu_{\overline{B}}dn_{\overline{B}}+\mu_{\overline{H_2O}}dn_{\overline{H_2O}}+\mu_A dn_A+\mu_B dn_B+\mu_{H_2O}dn_{H_2O}=0 \tag{10.17}$$

式中，μ_i 为化学势；n_i 为迁移组元的物质的量。

质量守恒条件是

$$dn_{\overline{A}}=-dn_A \tag{10.18}$$

$$dn_{\overline{B}}=-dn_B \tag{10.19}$$

$$dn_{\overline{H_2O}}=-dn_{H_2O} \tag{10.20}$$

电中性条件是

$$z_A dn_A=-z_B dn_B \tag{10.21}$$

$$z_A dn_{\overline{A}}=-z_B dn_{\overline{B}} \tag{10.22}$$

将式（10.15）~式（10.22）代入式（10.17），得

$$\frac{1}{z_A}\mu_{\overline{B}}-\frac{1}{z_A}\mu_{\overline{A}}-\frac{1}{z_B}\mu_B+\frac{1}{z_A}\mu_A+(\mu_{\overline{H_2O}}-\mu_{H_2O})\frac{dn_{\overline{H_2O}}}{z_B dn_{\overline{B}}}=0 \tag{10.23}$$

离子 B 的摩尔分数为

$$x_{\overline{B}}=\frac{z_B n_{\overline{B}}}{z_B n_{\overline{B}}+z_A n_{\overline{A}}}$$

因此，有

$$\frac{dn_{\overline{H_2O}}}{z_B dn_{\overline{B}}}=\frac{dw}{dx_{\overline{B}}}$$

式中，w 为每个等价离子交换的水分子数。式（10.23）可以写作

$$\frac{1}{z_A}\mu_{\overline{B}}-\frac{1}{z_A}\mu_{\overline{A}}-\frac{1}{z_B}\mu_B+\frac{1}{z_A}\mu_A+(\mu_{\overline{H_2O}}-\mu_{H_2O})\frac{dw}{dx_{\overline{B}}}=0 \tag{10.24}$$

将

$$\mu_i=\mu_i^{\ominus}+RT\ln a_i$$

代入上式，有

$$K^{B}_{A}=\frac{a_{\overline{B}}^{\frac{1}{z_B}}a_{A}^{\frac{1}{z_A}}}{a_{\overline{A}}^{\frac{1}{z_A}}a_{B}^{\frac{1}{z_B}}}\left(\frac{a_{\overline{H_2O}}}{a_{H_2O}}\right)^{\frac{dw}{dx_{\overline{B}}}}=\frac{f_{\overline{B}}^{\frac{1}{z_B}}c_{\overline{B}}^{\frac{1}{z_B}}a_{A}^{\frac{1}{z_A}}}{f_{\overline{A}}^{\frac{1}{z_A}}c_{\overline{A}}^{\frac{1}{z_A}}a_{B}^{\frac{1}{z_B}}}\left(\frac{a_{\overline{H_2O}}}{a_{H_2O}}\right)^{\frac{dw}{dx_{\overline{B}}}}=\text{常数} \tag{10.25}$$

为了利用式（10.25）计算热力学平衡常数 K_A^B，必须知道两相中离子和水的活度。然而，这些活度的测量还没有解决。因此，只能采用近似的方法。例如，若两相交换的离子电荷相等，则认为两者活度系数相等，这样，式（10.25）中

$$\frac{f_{\overline{B}}^{\frac{1}{z_B}}}{f_{\overline{A}}^{\frac{1}{z_A}}} = 1 \tag{10.26}$$

其他量可以测量，这样

$$K_A^B = \frac{c_{\overline{B}}^{\frac{1}{z_B}} a_A^{\frac{1}{z_A}}}{c_{\overline{A}}^{\frac{1}{z_A}} a_B^{\frac{1}{z_B}}} \left(\frac{a_{\overline{H_2O}}}{a_{H_2O}}\right)^{\frac{dw}{dx_{\overline{B}}}} = 常数 \tag{10.27}$$

如果把离子交换看作是非均相化学反应，那么相同的离子在交换剂和溶液中的状态不同，但两相溶剂的活度相等。水的迁移当作常量。式（10.25）成为

$$K_A^B = \frac{a_{\overline{B}}^{\frac{1}{z_B}} a_A^{\frac{1}{z_A}}}{a_{\overline{A}}^{\frac{1}{z_A}} a_B^{\frac{1}{z_B}}} = \frac{a_{\overline{B}}^{z_A} a_A^{z_B}}{a_{\overline{A}}^{z_B} a_B^{z_A}} \tag{10.28}$$

根据渗透模型，离子交换是离子在不同浓度的两个溶液在不同压力的分配。两相间的电化学势是由渗透压造成的，这种平衡的条件为

$$\left(\frac{\partial \overline{\mu}_i}{\partial p}\right)_p = \overline{V}_i \tag{10.29}$$

离子的电化学势相等，有

$$\mu_i + z_i F\varphi_i = \overline{\mu}_i + \Pi \overline{V}_i + z_i F\varphi_i \tag{10.30}$$

式中，$\overline{V}_i$ 为组元 i 的偏摩尔体积；Π 为渗透压；φ_i 为电势。

将式（10.29）和式（10.30）代入式（10.24），得

$$RT\ln K_A^B - \Pi\left[\left(\frac{V_{\overline{A}}}{z_A} - \frac{V_{\overline{B}}}{z_B}\right) - \frac{dw}{dx_{\overline{B}}} V_{\overline{H_2O}}\right] = 0 \tag{10.31}$$

在很多情况下，w 和 $x_{\overline{B}}$ 呈线性关系，即

$$\frac{dw}{dx_{\overline{B}}} = \Delta w$$

因此，有

$$RT\ln K_A^B \approx \Pi\left[\left(\frac{V_{\overline{A}}}{z_A} + w_A V_{\overline{H_2O}}\right) - \left(\frac{V_{\overline{B}}}{z_B} + w_B V_{\overline{H_2O}}\right)\right] = \Pi(V_A - V_B) \tag{10.32}$$

式中，V_A 和 V_B 为已经溶胀的交换剂（树脂）的摩尔体积。

非渗透模型适用于所有类型的离子交换材料，但低交联度和中等交联度的凝胶离子适合渗透模型。

利用下列公式可以求其他热力学量：

$$\Delta G_m^{\ominus} = -RT\ln K_A^B$$

$$\Delta H_{m}^{\ominus} = -R\frac{\partial \ln K_{A}^{B}}{\partial\left(\frac{1}{T}\right)} = -R\frac{\ln K_{A,1}^{B} - \ln K_{A,2}^{B}}{\frac{1}{T_1} - \frac{1}{T_2}}$$

$$\Delta S_{m}^{\ominus} = -\frac{\Delta H_{m}^{\ominus} - \Delta G_{m}^{\ominus}}{T}$$

10.8 离子交换的动力学

离子交换可用图 10.4 表示。离子交换树脂含有一种可被交换的离子 A，溶液中含有一种交换的离子 B。离子交换树脂与溶液相接触。溶液中的交换离子 B 进入离子交换树脂，与离子交换树脂上的可被交换的离子 A 进行交换。达到平衡，离子交换树脂和溶液中都包含 A、B 两种离子。但是，液、固两相中，A、B 两种离子的比例不同。

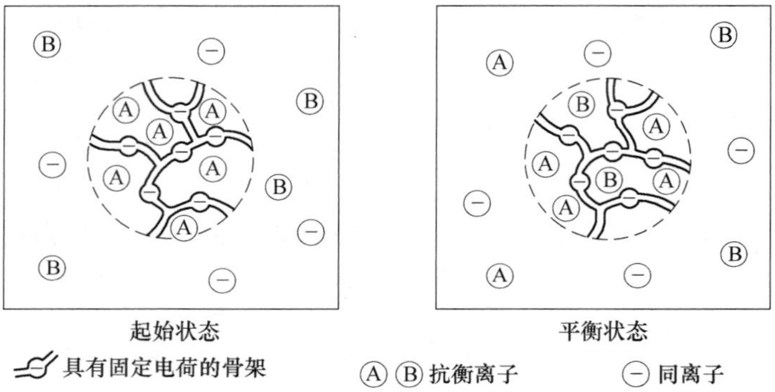

图 10.4　离子交换示意图

离子交换反应是一个固-液多相反应。因此，像矿石浸出过程一样，可以认为在树脂表面有一层包围树脂的薄的液体薄膜，称之为能斯特（Nernst）液膜，膜的厚度一般为 $10^{-5} \sim 10^{-4}$m。

离子交换反应有七个步骤：

（1）在树脂相外部主体溶液中可交换离子 A 的对流扩散运动；

（2）A 离子通过树脂颗粒周围液膜向树脂颗粒表面扩散；

（3）A 离子在树脂颗粒内部扩散；

（4）A 离子与 B 离子进行交换反应 $\overline{RB} + A = \overline{RA} + B$；

（5）B 离子在树脂颗粒内部进行扩散；

（6）B 离子通过树脂颗粒周围液膜向溶液主体扩散；

（7）B 离子在主体溶液中的对流扩散。

步骤（1）和（7）为对流扩散，其速率在 10^{-2}m/s 数量级，而步骤（4）为化学反应，其速率大于 10^{-2}m/s，因此都不可能成为速度的控制步骤。步骤（2）和（6）为膜扩散，步骤（3）和（5）为粒扩散，其速率都在 10^{-5}m/s 数量级，因此往往成为速度的控制步骤。

树脂颗粒较粗，交联度较高，液相离子浓度较高，搅拌作用较强的情况下，树脂颗粒内扩散容易成为控制步骤；而树脂颗粒较细，交联度小，液相离子浓度低，搅拌作用较差，离子通过液膜的扩散容易成为速度控制步骤。

10.8.1 离子交换过程的控制步骤

离子交换反应可以表示为

$$a\,\overline{R_bB} + b\,A^{a+} \Longrightarrow b\,\overline{R_aA} + a\,B^{b+}$$

10.8.1.1 离子交换过程由交换离子A^{a+}在液膜中的扩散控制

交换离子 A^{a+} 在液膜中扩散速度慢，是离子交换过程的控制步骤。交换过程速率为

$$-\frac{dN_{A^{a+}}}{b\,dt} = -\frac{dN_{\overline{R_bB}}}{a\,dt} = \frac{dN_{\overline{R_aA}}}{b\,dt} = \frac{dN_{B^{b+}}}{a\,dt} = \frac{1}{b}\Omega_{l's'}J_{A^{a+}l'}$$

式中，$\Omega_{l's'}$ 为液膜与树脂的界面面积，交换过程中液膜与树脂的界面面积不变；$J_{A^{a+}l'}$ 为通过单位面积液膜离子 A^{a+} 的迁移量；$N_{A^{a+}}$ 为溶液中离子 A^{a+} 的量；$N_{\overline{R_bB}}$ 为树脂上离子 B^{b+} 的量；$N_{\overline{R_aA}}$ 为树脂上离子 A^{a+} 的量；$N_{B^{b+}}$ 为溶液中离子 B^{b+} 的量。

$$J_{A^{a+}l'} = |\boldsymbol{J}_{A^{a+}l'}| = |-D_{A^{a+}l'}\nabla c_{A^{a+}l'}| = D_{A^{a+}l'}\frac{\Delta c_{A^{a+}l'}}{\delta_{l'}} = D'_{A^{a+}l'}\Delta c_{A^{a+}l'}$$

式中，$D'_{A^{a+}l'} = \dfrac{D_{A^{a+}l'}}{\delta_{l'}}$；$\Delta c_{A^{a+}l'} = c_{A^{a+}l'l} - c_{A^{a+}l's}$；$\delta_{l'}$ 为液膜厚度，在交换过程中液膜厚度不变；$c_{A^{a+}l's}$ 为在液膜与树脂界面液膜一侧树脂 A^{a+} 的浓度；$c_{A^{a+}l'l}$ 为液膜与溶液本体的界面 A^{a+} 的浓度，即溶液本体离子 A^{a+} 的浓度 $c_{A^{a+}l}$；$D_{A^{a+}l'}$ 为 A^{a+} 在液膜中的扩散系数。

$$-\frac{dN_{A^{a+}}}{dt} = \Omega_{l's'}D'_{A^{a+}l'}\Delta c_{A^{a+}l'}$$

$$-N_{A^{a+}} = \Omega_{l's'}D'_{A^{a+}l'}\int_0^t \Delta c_{A^{a+}l'}\,dt$$

同理

$$-N_{\overline{R_bB}} = \frac{a}{b}\Omega_{l's'}D'_{A^{a+}l'}\int_0^t \Delta c_{A^{a+}l'}\,dt$$

$$N_{\overline{R_aA}} = \Omega_{l's'}D'_{A^{a+}l'}\int_0^t \Delta c_{A^{a+}l'}\,dt$$

$$N_{B^{b+}} = \frac{a}{b}\Omega_{l's'}D'_{A^{a+}l'}\int_0^t \Delta c_{A^{a+}l'}\,dt$$

10.8.1.2 离子交换过程由离子 A^{a+} 在交换树脂中的扩散控制

交换离子 A^{a+} 在离子交换树脂中的扩散速度慢，是离子交换过程的控制步骤。交换过程速率为：

$$-\frac{dN_{A^{a+}}}{b\,dt} = -\frac{dN_{\overline{R_bB}}}{a\,dt} = \frac{dN_{\overline{R_aA}}}{b\,dt} = \frac{dN_{B^{b+}}}{a\,dt} = \frac{1}{b}\Omega_{s's}J_{\overline{A^{a+}}s'}$$

式中，$\Omega_{s's}$ 是已被离子 A^{a+} 交换的树脂 $\overline{R_aA}$ 与未被交换的离子 B^{b+} 所在的树脂 $\overline{R_bB}$ 的界面面积；$J_{\overline{A^{a+}}s'}$ 为通过界面 $\Omega_{s's}$ 单位面积离子 A^{a+} 的迁移量。

$$J_{\overline{A}^{a+}s'} = |\overline{J}_{\overline{A}^{a+}s'}| = |-D_{\overline{A}^{a+}s'}\nabla c_{\overline{A}^{a+}s'}| = \overline{D}_{\overline{A}^{a+}s'}\frac{\Delta \overline{c}_{\overline{A}^{a+}s'}}{\delta_{s'}}$$

式中

$$\Delta \overline{c}_{\overline{A}^{a+}s'} = c_{\overline{A}^{a+}s'l'} - c_{\overline{A}^{a+}s's}$$

$\delta_{s'}$ 为液膜与树脂界面到已被离子 A^{a+} 交换的树脂 $\overline{R_aA}$ 与未被交换的离子 B^{b+} 所在的树脂 $\overline{R_aB}$ 的界面的距离，即已被离子 A^{a+} 交换的树脂 $\overline{R_aA}$ 的厚度。

$$-\frac{dN_{A^{a+}}}{dt} = D_{\overline{A}^{a+}s'}\frac{\Omega_{s's}}{\delta_{s'}}\Delta c_{\overline{A}^{a+}s'}$$

$$-N_{A^{a+}} = D_{\overline{A}^{a+}s'}\int_0^t \frac{\Omega_{s's}}{\delta_{s'}}\Delta c_{\overline{A}^{a+}s'}dt$$

同理

$$-N_{R_bB} = \frac{a}{b}D_{\overline{A}^{a+}s'}\int_0^t \frac{\Omega_{s's}}{\delta_{s'}}\Delta c_{\overline{A}^{a+}s'}dt$$

$$N_{R_bA} = D_{\overline{A}^{a+}s'}\int_0^t \frac{\Omega_{s's}}{\delta_{s'}}\Delta c_{\overline{A}^{a+}s'}dt$$

$$N_{B^{b+}} = \frac{a}{b}D_{\overline{A}^{a+}s'}\int_0^t \frac{\Omega_{s's}}{\delta_{s'}}\Delta c_{\overline{A}^{a+}s'}dt$$

10.8.1.3 离子交换过程由交换离子 A^{a+} 在液膜中的扩散和在树脂中的扩散共同控制

交换过程速率为

$$-\frac{dN_{A^{a+}}}{bdt} = -\frac{dN_{\overline{R_bB}}}{adt} = \frac{dN_{\overline{R_aA}}}{bdt} = \frac{dN_{B^{b+}}}{adt} = \frac{1}{b}\Omega_{l's'}J_{A^{a+}l'} = \frac{1}{b}\Omega_{s's}J_{\overline{A}^{a+}s'} = \frac{1}{b}\Omega J_{A^{a+}l's'}$$

式中

$$\Omega = \Omega_{l's'}$$

$$J_{A^{a+}l's'} = \frac{1}{2}\left(J_{A^{a+}l'} + \frac{\Omega_{s's}}{\Omega_{l's'}}J_{\overline{A}^{a+}s'}\right)s$$

$$J_{A^{a+}l'} = |\boldsymbol{J}_{A^{a+}l'}| = |-D_{A^{a+}l'}\nabla c_{A^{a+}l'}| = D_{A^{a+}l'}\frac{\Delta c_{A^{a+}l'}}{\delta_{l'}} = D'_{A^{a+}l'}\Delta c_{A^{a+}l'}$$

$$J_{\overline{A}^{a+}s'} = |\boldsymbol{J}_{A^{a+}s'}| = |-D_{\overline{A}^{a+}s'}\nabla c_{\overline{A}^{a+}s'}| = D_{\overline{A}^{a+}s'}\frac{\Delta c_{\overline{A}^{a+}s'}}{\delta_{s'}}$$

$$-\frac{dN_{A^{a+}}}{dt} = \Omega J_{A^{a+}l's'}$$

$$-N_{A^{a+}} = \frac{1}{2}\Omega_{l's'}\int_0^t J_{\overline{A}^{a+}s'}dt + \frac{1}{2\Omega_{l's'}}\int_0^t \Omega_{s's}J_{A^{a+}s'}dt$$

$$= \frac{1}{2}D'_{A^{a+}l'}\Omega_{l's'}\int_0^t \Delta c_{A^{a+}l'}dt + \frac{D_{\overline{A}^{a+}s'}}{2\Omega_{l's'}}\int_0^t \frac{\Omega_{s's}}{\delta_{s'}}\Delta c_{\overline{A}^{a+}s'}dt$$

同理

$$-N_{R_bB} = \frac{a}{2b}D'_{A^{a+}l'}\Omega_{l's'}\int_0^t \Delta c_{A^{a+}l'}dt + \frac{aD_{\overline{A}^{a+}s'}}{2b\Omega_{l's'}}\int_0^t \frac{\Omega_{s's}}{\delta_{s'}}\Delta c_{\overline{A}^{a+}s'}dt$$

$$N_{\mathrm{R}_b\mathrm{A}} = \frac{1}{2}D'_{\mathrm{A}^{a+}\mathrm{l}'}\,\Omega_{\mathrm{l}'\mathrm{s}'}\int_0^t \Delta c_{\mathrm{A}^{a+}\mathrm{l}'}\mathrm{d}t + \frac{D_{\overline{\mathrm{A}^{a+}}\mathrm{s}'}}{2\Omega_{\mathrm{l}'\mathrm{s}'}}\int_0^t \frac{\Omega_{\mathrm{s}'\mathrm{s}}}{\delta_{\mathrm{s}'}}\Delta c_{\overline{\mathrm{A}^{a+}}\mathrm{s}'}\mathrm{d}t$$

$$N_{\mathrm{B}^{b+}} = \frac{a}{2b}D'_{\mathrm{A}^{a+}\mathrm{l}'}\,\Omega_{\mathrm{l}'\mathrm{s}'}\int_0^t \Delta c_{\mathrm{A}^{a+}\mathrm{l}'}\mathrm{d}t + \frac{aD_{\overline{\mathrm{A}^{a+}}\mathrm{s}'}}{2b\,\Omega_{\mathrm{l}'\mathrm{s}'}}\int_0^t \frac{\Omega_{\mathrm{s}'\mathrm{s}}}{\delta_{\mathrm{s}'}}\Delta c_{\overline{\mathrm{A}^{a+}}\mathrm{s}'}\mathrm{d}t$$

10.8.1.4 离子交换过程由被交换离子 B^{b+} 在树脂中的扩散控制

被交换离子 B^{b+} 在树脂中的扩散速度慢，是离子交换过程的控制步骤。交换速率为

$$-\frac{\mathrm{d}N_{\mathrm{A}^{a+}}}{b\mathrm{d}t} = -\frac{\mathrm{d}N_{\overline{\mathrm{R}_b\mathrm{B}}}}{a\mathrm{d}t} = \frac{\mathrm{d}N_{\overline{\mathrm{R}_a\mathrm{A}}}}{b\mathrm{d}t} = \frac{\mathrm{d}N_{\mathrm{B}^{b+}}}{a\mathrm{d}t} = \frac{1}{b}\,\Omega_{\mathrm{s}'\mathrm{l}'}\,J_{\overline{\mathrm{B}^{b+}}\mathrm{s}'}$$

$$J_{\overline{\mathrm{B}^{b+}}\mathrm{s}'} = |\boldsymbol{J}_{\overline{\mathrm{B}^{b+}}\mathrm{s}'}| = |-D_{\overline{\mathrm{B}^{b+}}\mathrm{s}'}\,\nabla c_{\overline{\mathrm{B}^{b+}}\mathrm{s}'}| = D_{\overline{\mathrm{B}^{b+}}\mathrm{s}'}\,\frac{\Delta c_{\overline{\mathrm{B}^{b+}}\mathrm{s}'}}{\delta_{\mathrm{s}'}}$$

式中

$$\Delta c_{\overline{\mathrm{B}^{b+}}\mathrm{s}'} = c_{\overline{\mathrm{B}^{b+}}\mathrm{ss}'} - c_{\overline{\mathrm{B}^{b+}}\mathrm{s}'\mathrm{l}'}$$

$c_{\overline{\mathrm{B}^{b+}}\mathrm{ss}'}$ 是未交换的树脂 $\overline{\mathrm{R}_b\mathrm{B}}$ 与已交换的树脂 $\overline{\mathrm{R}_a\mathrm{A}}$ 的界面上离子 B^{b+} 的浓度，即树脂 $\overline{\mathrm{R}_b\mathrm{B}}$ 上离子 B^{b+} 的浓度 $c_{\overline{\mathrm{R}_b\mathrm{B}}}$；$c_{\overline{\mathrm{B}^{b+}}\mathrm{s}'\mathrm{l}'}$ 是已交换树脂 $\overline{\mathrm{R}_a\mathrm{A}}$ 与液膜的界面上离子 B^{b+} 的浓度，即溶液本体离子 B^{b+} 的浓度 $c_{\mathrm{R}_b\mathrm{l}}$。

$$-\frac{\mathrm{d}N_{\mathrm{A}^{a+}}}{b\mathrm{d}t} = \frac{\Omega_{\mathrm{s}'\mathrm{l}'}}{a}J_{\overline{\mathrm{B}^{b+}}\mathrm{s}'} = \frac{\Omega_{\mathrm{s}'\mathrm{l}'}}{a}\frac{\Delta D_{\overline{\mathrm{B}^{b+}}\mathrm{s}'}}{\delta_{\mathrm{s}'}}\Delta c_{\overline{\mathrm{B}^{b+}}\mathrm{s}'}$$

$$-N_{\mathrm{A}^{a+}} = \frac{b\Omega_{\mathrm{s}'\mathrm{l}'}\Delta D_{\overline{\mathrm{B}^{b+}}\mathrm{s}'}}{a}\int_0^t \frac{1}{\delta_{\mathrm{s}'}}\Delta c_{\overline{\mathrm{B}^{b+}}\mathrm{s}'}\mathrm{d}t$$

同理

$$-N_{\overline{\mathrm{R}_b\mathrm{B}}} = \Omega_{\mathrm{s}'\mathrm{l}'}\Delta D_{\overline{\mathrm{B}^{b+}}\mathrm{s}'}\int_0^t \frac{1}{\delta_{\mathrm{s}'}}\Delta c_{\overline{\mathrm{B}^{b+}}\mathrm{s}'}\mathrm{d}t$$

$$N_{\overline{\mathrm{R}_b\mathrm{A}}} = \frac{b\Omega_{\mathrm{s}'\mathrm{l}'}\Delta D_{\overline{\mathrm{B}^{b+}}\mathrm{s}'}}{a}\int_0^t \frac{1}{\delta_{\mathrm{s}'}}\Delta c_{\overline{\mathrm{B}^{b+}}\mathrm{s}'}\mathrm{d}t$$

$$N_{\mathrm{B}^{b+}} = \Omega_{\mathrm{s}'\mathrm{l}'}D_{\overline{\mathrm{B}^{b+}}\mathrm{s}'}\int_0^t \frac{1}{\delta_{\mathrm{s}'}}\Delta c_{\overline{\mathrm{B}^{b+}}\mathrm{s}'}\mathrm{d}t$$

10.8.1.5 离子交换过程由离子 B^{b+} 在液膜中的扩散控制

$$-\frac{\mathrm{d}N_{\mathrm{A}^{a+}}}{b\mathrm{d}t} = -\frac{\mathrm{d}N_{\overline{\mathrm{R}_b\mathrm{B}}}}{a\mathrm{d}t} = \frac{\mathrm{d}N_{\overline{\mathrm{R}_a\mathrm{A}}}}{b\mathrm{d}t} = \frac{\mathrm{d}N_{\mathrm{B}^{b+}}}{a\mathrm{d}t} = \frac{1}{a}\,\Omega_{\mathrm{l}'\mathrm{l}}\,J_{\mathrm{B}^{b+}\mathrm{l}'}$$

$$J_{\mathrm{B}^{b+}\mathrm{l}'} = |\boldsymbol{J}_{\mathrm{B}^{b+}\mathrm{l}'}| = |-D_{\mathrm{B}^{b+}\mathrm{l}'}\,\nabla c_{\mathrm{B}^{b+}\mathrm{l}'}| = D_{\mathrm{B}^{b+}\mathrm{l}'}\,\frac{\Delta c_{\mathrm{B}^{b+}\mathrm{l}'}}{\delta_{\mathrm{l}'}}$$

式中

$$\Delta c_{\mathrm{B}^{b+}\mathrm{l}'} = c_{\mathrm{B}^{b+}\mathrm{s}'\mathrm{l}'} - c_{\mathrm{B}^{b+}\mathrm{l}}$$

$c_{\mathrm{B}^{b+}\mathrm{s}'\mathrm{l}'}$ 是树脂与液膜界面离子 B^{b+} 的浓度，$c_{\mathrm{B}^{b+}\mathrm{l}}$ 是溶液本体离子 B^{b+} 的浓度。

$$-\frac{\mathrm{d}N_{\mathrm{A}^{a+}}}{b\mathrm{d}t} = \frac{1}{a}\,\Omega_{\mathrm{l}'\mathrm{l}}\,J_{\mathrm{B}^{b+}\mathrm{l}'} = \frac{\Omega_{\mathrm{l}'\mathrm{l}}D_{\mathrm{B}^{b+}\mathrm{l}'}}{a}\Delta c_{\mathrm{B}^{b+}\mathrm{l}'}$$

有

$$-N_{A^{a+}} = \frac{b\Omega_{1'1}D_{B^{b+}1'}}{a\delta_{1'}}\int_0^t \Delta c_{B^{b+}1'}\mathrm{d}t$$

同理

$$-N_{R_bB} = \frac{\Omega_{1'1}D_{B^{b+}1'}}{\delta_{1'}}\int_0^t \Delta c_{B^{b+}1'}\mathrm{d}t$$

$$N_{R_bA} = \frac{b\Omega_{1'1}D_{B^{b+}1'}}{a\delta_{1'}}\int_0^t \Delta c_{B^{b+}1'}\mathrm{d}t$$

$$N_{B^{b+}} = \frac{\Omega_{1'1}D_{B^{b+}1'}}{\delta_{1'}}\int_0^t \Delta c_{B^{b+}1'}\mathrm{d}t$$

10.8.1.6 离子交换过程由离子 B^{b+} 在树脂中的扩散和在液膜中的扩散共同控制

交换速率为

$$-\frac{\mathrm{d}N_{A^{a+}}}{b\mathrm{d}t} = -\frac{\mathrm{d}N_{\overline{R_bB}}}{a\mathrm{d}t} = \frac{\mathrm{d}N_{\overline{R_aA}}}{b\mathrm{d}t} = \frac{\mathrm{d}N_{B^{b+}}}{a\mathrm{d}t} = \frac{1}{a}\Omega_{s'1'}J_{\overline{B^{b+}}s'} = \frac{1}{a}\Omega_{1'1}J_{B^{b+}1'}$$

$$= \frac{1}{a}\Omega J_{B^{b+}s'1'}$$

$$\Omega_{s'1'} = \Omega$$

$$J_{B^{b+}s'1'} = \frac{1}{2}\left(J_{\overline{B^{b+}}s'} + \frac{\Omega_{1'1}}{\Omega_{s'1'}}J_{B^{b+}1'}\right)$$

$$J_{\overline{B^{b+}}s'} = |\boldsymbol{J}_{\overline{B^{b+}}s'}| = |-D_{\overline{B^{b+}}s'}\nabla c_{\overline{B^{b+}}s'}| = D_{\overline{B^{b+}}s'}\frac{\Delta c_{\overline{B^{b+}}s'}}{\delta_{s'}}$$

$$\Delta c_{\overline{B^{b+}}s'} = \bar{c}_{B^{b+}ss'} - \bar{c}_{B^{b+}s'1'}$$

$$J_{\overline{B^{b+}}1'} = |\boldsymbol{J}_{\overline{B^{b+}}1'}| = |-D_{\overline{B^{b+}}1'}\nabla c_{\overline{B^{b+}}1'}| = D_{\overline{B^{b+}}1'}\frac{\Delta c_{\overline{B^{b+}}1'}}{\delta_{1'}}$$

$$\Delta c_{B^{b+}1'} = c_{B^{b+}s'1'} - c_{B^{b+}1'1}$$

有

$$-N_{A^{a+}} = \frac{bD_{\overline{B^{b+}}s'}\Omega_{s'1'}}{2a}\int_0^t \frac{1}{\delta_{s'}}\Delta c_{\overline{B^{b+}}s'}\mathrm{d}t + \frac{bD_{B^{b+}1'}\Omega_{1'1}}{2a\delta_{1'}}\int_0^t \Delta c_{B^{b+}1'}\mathrm{d}t$$

同理

$$-N_{\overline{R_bB}} = \frac{D_{\overline{B^{b+}}s'}\Omega_{s'1'}}{2}\int_0^t \frac{1}{\delta_{s'}}\Delta c_{\overline{B^{b+}}s'}\mathrm{d}t + \frac{D_{B^{b+}1'}\Omega_{1'1}}{2\delta_{1'}}\int_0^t \Delta c_{B^{b+}1'}\mathrm{d}t$$

$$N_{R_bA} = \frac{bD_{\overline{B^{b+}}s'}\Omega_{s'1'}}{2a}\int_0^t \frac{1}{\delta_{s'}}\Delta c_{\overline{B^{b+}}s'}\mathrm{d}t + \frac{bD_{B^{b+}1'}\Omega_{1'1}}{2a\delta_{1'}}\int_0^t \Delta c_{B^{b+}1'}\mathrm{d}t$$

$$N_{B^{b+}} = \frac{D_{\overline{B^{b+}}s'}\Omega_{s'1'}}{2}\int_0^t \frac{1}{\delta_{s'}}\Delta c_{\overline{B^{b+}}s'}\mathrm{d}t + \frac{D_{B^{b+}1'}\Omega_{1'1}}{2\delta_{1'}}\int_0^t \Delta c_{B^{b+}1'}\mathrm{d}t$$

10.8.1.7 离子交换过程由离子 A^{a+} 和离子 B^{b+} 在树脂中的扩散共同控制

离子 A^{a+} 和离子 B^{b+} 在树脂中的扩散都慢，是离子交换过程的共同控制步骤，有

$$-\frac{\mathrm{d}N_{A^{a+}}}{b\mathrm{d}t} = -\frac{\mathrm{d}N_{\overline{R_bB}}}{a\mathrm{d}t} = \frac{\mathrm{d}N_{\overline{R_aA}}}{b\mathrm{d}t} = \frac{\mathrm{d}N_{B^{b+}}}{a\mathrm{d}t} = \frac{1}{b}\Omega_{s's}J_{\overline{A^{a+}}s'} = \frac{1}{a}\Omega_{s'1'}J_{\overline{B^{b+}}s'}$$

$$J_{\overline{A^{a+}}s'} = |\boldsymbol{J}_{\overline{A^{a+}}s'}| = |-D_{\overline{A^{a+}}s'} \nabla c_{\overline{A^{a+}}s'}| = D_{\overline{A^{a+}}s'} \frac{\Delta c_{\overline{A^{a+}}s'}}{\delta_{s'}}$$

$$\Delta c_{\overline{A^{a+}}s'} = c_{\overline{A^{a+}}s'l'} - c_{\overline{A^{a+}}s's}$$

$$J_{\overline{B^{b+}}s'} = |\boldsymbol{J}_{\overline{B^{b+}}s'}| = |-D_{\overline{B^{b+}}s'} \nabla c_{\overline{B^{b+}}s'}| = D_{\overline{B^{b+}}s'} \frac{\nabla c_{\overline{B^{b+}}s'}}{\delta_{s'}}$$

$$\nabla c_{\overline{B^{b+}}s'} = c_{\overline{B^{b+}}ss'} - c_{\overline{B^{b+}}s'l'}$$

$$-\frac{\mathrm{d}N_{A^{a+}}}{\mathrm{d}t} = \Omega_{s's} J_{\overline{A^{a+}}s'} + \frac{b}{a} \Omega_{s'l'} J_{\overline{B^{b+}}s'}$$

有

$$-N_{A^{a+}} = D_{\overline{A^{a+}}s'} \int_0^t \frac{\Omega_{s's}}{\delta_{s'}} \Delta c_{\overline{A^{a+}}s'} \mathrm{d}t + \frac{b\Omega_{s'l'} D_{\overline{B^{b+}}s'}}{a} \int_0^t \frac{1}{\delta_{s'}} \Delta c_{\overline{B^{b+}}s'} \mathrm{d}t$$

同理

$$-N_{R_bB} = \frac{aD_{\overline{A^{a+}}s'}}{b} \int_0^t \frac{\Omega_{s's}}{\delta_{s'}} \Delta c_{\overline{A^{a+}}s'} \mathrm{d}t + D_{\overline{B^{b+}}s'} \Omega_{s'l'} \int_0^t \frac{1}{\delta_{s'}} \Delta c_{\overline{B^{b+}}s'} \mathrm{d}t$$

$$N_{R_bA} = D_{\overline{A^{a+}}s'} \int_0^t \frac{\Omega_{s's}}{\delta_{s'}} \Delta c_{\overline{A^{a+}}s'} \mathrm{d}t + \frac{b\Omega_{s'l'} D_{\overline{B^{b+}}s'}}{a} \int_0^t \frac{1}{\delta_{s'}} \Delta c_{\overline{B^{b+}}s'} \mathrm{d}t$$

$$N_{B^{b+}} = \frac{aD_{\overline{A^{a+}}s'}}{b} \int_0^t \frac{\Omega_{s's}}{\delta_{s'}} \Delta c_{\overline{A^{a+}}s'} \mathrm{d}t + D_{\overline{B^{b+}}s'} \Omega_{s'l'} \int_0^t \frac{1}{\delta_{s'}} \Delta c_{\overline{B^{b+}}s'} \mathrm{d}t$$

10.8.1.8 离子交换过程由离子 A^{a+} 和离子 B^{b+} 在液膜中的扩散共同控制

离子 A^{a+} 和离子 B^{b+} 在液膜中的扩散都慢，是离子交换过程的共同控制步骤，有

$$-\frac{\mathrm{d}N_{A^{a+}}}{b\mathrm{d}t} = -\frac{\mathrm{d}N_{\overline{R_bB}}}{a\mathrm{d}t} = \frac{\mathrm{d}N_{\overline{R_aA}}}{b\mathrm{d}t} = \frac{\mathrm{d}N_{B^{b+}}}{a\mathrm{d}t} = \frac{1}{b} \Omega_{l's'} J_{A^{a+}l'} = \frac{1}{a} \Omega_{l'l} J_{B^{b+}l'}$$

$$J_{A^{a+}l'} = |\boldsymbol{J}_{A^{a+}l'}| = |-D_{A^{a+}l'} \nabla c_{A^{a+}l'}| = D_{A^{a+}l'} \frac{\Delta c_{A^{a+}l'}}{\delta_{l'}}$$

$$\Delta c_{A^{a+}l'} = c_{A^{a+}l'l} - c_{A^{a+}l's'} = c_{A^{a+}l} - c_{A^{a+}l's'}$$

$$J_{B^{b+}l'} = |\boldsymbol{J}_{B^{b+}l'}| = |-D_{B^{b+}l'} \nabla c_{B^{b+}l'}| = D_{B^{b+}l'} \frac{\Delta c_{B^{b+}l'}}{\delta_{l'}}$$

$$\Delta c_{B^{b+}l'} = c_{B^{b+}s'l'} - c_{B^{b+}l'l}$$

有

$$-N_{A^{a+}} = \frac{D_{A^{a+}l'} \Omega_{l's'}}{\delta_{l'}} \int_0^t \Delta c_{A^{a+}l'} \mathrm{d}t + \frac{bD_{B^{b+}l'} \Omega_{l'l}}{a\delta_{l'}} \int_0^t \Delta c_{B^{b+}l'} \mathrm{d}t$$

同理

$$-N_{R_bB} = \frac{D_{B^{b+}l'} \Omega_{l'l}}{\delta_{l'}} \int_0^t \Delta c_{B^{b+}l'} \mathrm{d}t + \frac{aD_{A^{a+}l'} \Omega_{l's'}}{b\delta_{l'}} \int_0^t \Delta c_{A^{a+}l'} \mathrm{d}t$$

$$N_{R_bA} = \frac{D_{A^{a+}l'} \Omega_{l's'}}{\delta_{l'}} \int_0^t \Delta c_{A^{a+}l'} \mathrm{d}t + \frac{bD_{B^{b+}l'} \Omega_{l'l}}{a\delta_{l'}} \int_0^t \Delta c_{B^{b+}l'} \mathrm{d}t$$

$$N_{B^{b+}} = \frac{D_{B^{b+}l'} \Omega_{l'l}}{\delta_{l'}} \int_0^t \Delta c_{B^{b+}l'} \mathrm{d}t + \frac{aD_{A^{a+}l'} \Omega_{l's'}}{b\delta_{l'}} \int_0^t \Delta c_{A^{a+}l'} \mathrm{d}t$$

10.8.1.9 离子交换过程由离子 A^{a+} 和离子 B^{b+} 在树脂中的扩散及在液膜中的扩散共同控制

离子 A^{a+} 和离子 B^{b+} 在树脂中的扩散及在液膜中的扩散都慢，是离子交换过程的共同控制步骤，有

$$-\frac{dN_{A^{a+}}}{bdt}=-\frac{dN_{\overline{R_bB}}}{adt}=\frac{dN_{\overline{R_aA}}}{bdt}=\frac{dN_{B^{b+}}}{adt}=\frac{1}{b}\Omega_{l's'}J_{A^{a+}l'}=\frac{1}{b}\Omega_{s's}J_{A^{a+}s'}$$
$$=\frac{1}{a}\Omega_{s'l'}J_{\overline{B}^{b+}s'}=\frac{1}{a}\Omega_{l'l}J_{B^{b+}l'}$$

$$J_{A^{a+}s'l'}=\frac{1}{2}\left(J_{A^{a+}l'}+\frac{\Omega_{s's}}{\Omega_{l's'}}J_{A^{a+}l'}\right)$$

$$J_{B^{b+}s'l'}=\frac{1}{2}\left(J_{\overline{B}^{b+}s'}+\frac{\Omega_{l'l}}{\Omega_{l's'}}J_{B^{b+}l'}\right)$$

$$J_{A^{a+}l'}=|\boldsymbol{J}_{A^{a+}l'}|=|-D_{A^{a+}l'}\nabla c_{A^{a+}l'}|=D_{A^{a+}l'}\frac{\Delta c_{A^{a+}l'}}{\delta_{l'}}$$

$$\Delta c_{A^{a+}l'}=c_{A^{a+}l'l}-c_{A^{a+}l's'}$$

$$J_{\overline{A}^{a+}s'}=|\boldsymbol{J}_{\overline{A}^{a+}s'}|=|-D_{\overline{A}^{a+}s'}\nabla c_{\overline{A}^{a+}s'}|=D_{\overline{A}^{a+}s'}\frac{\Delta c_{\overline{A}^{a+}s'}}{\delta_{s'}}$$

$$\Delta c_{\overline{A}^{a+}s'}=c_{\overline{A}^{a+}s'l'}-c_{\overline{A}^{a+}ss'}$$

$$J_{\overline{B}^{b+}s'}=|\boldsymbol{J}_{\overline{B}^{b+}s'}|=|-D_{\overline{B}^{b+}s'}\nabla c_{\overline{B}^{b+}s'}|=D_{\overline{B}^{b+}s'}\frac{\Delta c_{\overline{B}^{b+}s'}}{\delta_{s'}}$$

$$\Delta c_{\overline{B}^{b+}s'}=c_{\overline{B}^{b+}ss'}-c_{\overline{B}^{b+}s'l'}$$

$$J_{B^{b+}l'}=|\boldsymbol{J}_{B^{b+}l'}|=|-D_{B^{b+}l'}\nabla c_{B^{b+}l'}|=D_{B^{b+}l'}\frac{\Delta c_{B^{b+}l'}}{\delta_{l'}}=D'_{B^{b+}l'}\Delta c_{B^{b+}l'}$$

$$\Delta c_{B^{b+}l'}=c_{B^{b+}s'l'}-c_{B^{b+}l'l}=c_{B^{b+}s'l'}-c_{B^{b+}l}$$

$$-N_{A^{a+}}=\frac{1}{2}D'_{A^{a+}l'}\Omega_{l's'}\int_0^t\Delta c_{A^{a+}l'}dt+\frac{D_{\overline{A}^{a+}s'}}{2\Omega_{l's'}}\int_0^t\frac{\Omega_{s's}}{\delta_{s'}}\Delta c_{\overline{A}^{a+}s'}dt+$$
$$\frac{bD_{\overline{B}^{b+}s'}\Omega_{s'l'}}{2a}\int_0^t\frac{1}{\delta_{s'}}\Delta c_{\overline{B}^{b+}s'}dt+\frac{bD'_{B^{b+}l'}\Omega_{l'l}}{2a}\int_0^t\Delta c_{B^{b+}l'}dt$$

同理

$$-N_{\overline{R_bB}}=\frac{aD'_{A^{a+}l'}\Omega_{l's'}}{2b}\int_0^t\Delta c_{A^{a+}l'}dt+\frac{aD_{\overline{A}^{a+}s'}}{2b\Omega_{l's'}}\int_0^t\frac{\Omega_{s's}}{\delta_{s'}}\Delta c_{\overline{A}^{a+}s'}dt+$$
$$\frac{D_{\overline{B}^{b+}s'}\Omega_{s'l'}}{2}\int_0^t\frac{1}{\delta_{s'}}\Delta c_{\overline{B}^{b+}s'}dt+\frac{D'_{B^{b+}l'}\Omega_{l'l}}{2}\int_0^t\Delta c_{B^{b+}l'}dt$$

$$N_{R_bA}=\frac{1}{2}D'_{A^{a+}l'}\Omega_{l's'}\int_0^t\Delta c_{A^{a+}l'}dt+\frac{D_{\overline{A}^{a+}s'}}{2\Omega_{l's'}}\int_0^t\frac{\Omega_{s's}}{\delta_{s'}}\Delta c_{\overline{A}^{a+}s'}dt+$$
$$\frac{bD_{\overline{B}^{b+}s'}\Omega_{s'l'}}{2a}\int_0^t\frac{1}{\delta_{s'}}\Delta c_{\overline{B}^{b+}s'}dt+\frac{bD'_{B^{b+}l'}\Omega_{l'l}}{2a}\int_0^t\Delta c_{B^{b+}l'}dt$$

$$N_{B^{b+}}=\frac{aD'_{A^{a+}l'}\Omega_{l's'}}{2b}\int_0^t\Delta c_{A^{a+}l'}dt+\frac{aD_{\overline{A}^{a+}s'}}{2b\Omega_{l's'}}\int_0^t\frac{\Omega_{s's}}{\delta_{s'}}\Delta c_{\overline{A}^{a+}s'}dt+$$

$$\frac{D_{\overline{B^{b+}}s'}\Omega_{s'l'}}{2}\int_0^t \frac{1}{\delta_{s'}}\Delta c_{\overline{B^{b+}}s'}\mathrm{d}t + \frac{D'_{B^{b+}l'}\Omega_{l'l}}{2}\int_0^t \Delta c_{B^{b+}l'}\mathrm{d}t$$

10.8.1.10 离子交换反应为离子交换过程的控制步骤

在有些情况下，离子交换反应成为离子交换过程的控制步骤，交换过程速率为有

$$-\frac{\mathrm{d}N_{A^{a+}}}{b\mathrm{d}t} = -\frac{\mathrm{d}N_{\overline{R_bB}}}{a\mathrm{d}t} = \frac{\mathrm{d}N_{\overline{R_aA}}}{b\mathrm{d}t} = \frac{\mathrm{d}N_{B^{b+}}}{a\mathrm{d}t} = \frac{1}{b}\Omega_{s's}j$$

交换反应速率为

$$j = kc_{\overline{R_bB}}^{n_{\overline{R_bB}}}c_{A^{a+}}^{n_{A^{a+}}}$$

$$-\frac{\mathrm{d}N_{A^{a+}}}{b\mathrm{d}t} = \Omega_{s's}kc_{\overline{R_bB}}^{n_{\overline{R_bB}}}c_{A^{a+}}^{n_{A^{a+}}}$$

$$-N_{A^{a+}} = bk\int_0^t \Omega_{s's}c_{\overline{R_bB}}^{n_{\overline{R_bB}}}c_{A^{a+}}^{n_{A^{a+}}}\mathrm{d}t$$

同理

$$-N_{\overline{R_bB}} = ak\int_0^t \Omega_{s's}c_{\overline{R_bB}}^{n_{\overline{R_bB}}}c_{A^{a+}}^{n_{A^{a+}}}\mathrm{d}t$$

$$N_{\overline{R_aA}} = bk\int_0^t \Omega_{s's}c_{\overline{R_bB}}^{n_{\overline{R_bB}}}c_{A^{a+}}^{n_{A^{a+}}}\mathrm{d}t$$

$$N_{B^{b+}} = ak\int_0^t \Omega_{s's}c_{\overline{R_bB}}^{n_{\overline{R_bB}}}c_{A^{a+}}^{n_{A^{a+}}}\mathrm{d}t$$

10.8.2 离子在树脂中的扩散系数

离子在交换树脂中扩散的阻力主要由树脂的骨架造成，离子沿着树脂基体的弯弯曲曲的链（交换剂）扩散，路径曲折，扩散路程长。

有许多模型描述离子在树脂中的扩散。对于凝胶型离子交换树脂，由马奇和米尔斯（Machie-Meares）给出的模型最成功，即

$$D_{\bar{i}} = D_i\left[\varepsilon/(2-\varepsilon)\right]^2 \tag{10.33}$$

式中，$D_{\bar{i}}$ 为交换树脂中组元 i 的扩散系数；D_i 为溶液中组元 i 的扩散系数；ε 为树脂孔的体积分数（近似为树脂吸入溶液的质量分数）。上式适用于 1 价离子、小分子、小离子，而对于高价离子、大分子、大离子则计算值会偏大。

离子在交换剂中扩散，由于离子扩散速度不同，而产生净电荷的迁移，形成了电场。在电场中会产生离子的电迁移。交换离子电迁移的方向就是较慢的离子扩散的方向。电迁移增加了较慢离子的通量，最后使净流量相等。

考虑电迁移的扩散方程为

$$\boldsymbol{J}_{\bar{i}} = -D_{\bar{i}}\nabla c_{\bar{i}} - D_{\bar{i}}z_ic_{\bar{i}}\left(\frac{F}{RT}\right)\nabla\varphi \tag{10.34}$$

式中，$\boldsymbol{J}_{\bar{i}}$ 为组元 i 的净通量；右边第一项为普通扩散；$c_{\bar{i}}$ 为组元 i 的体积摩尔浓度；右边第二项为电迁移量；$D_{\bar{i}}$ 为组元 i 的扩散系数；z_i 为组元 i 的电荷数；F 为法拉第常数；$\nabla\varphi$ 为电势梯度。式（10.33）为能斯特-普朗克（Nernst-Planck）方程。

对于不同性质的离子之间的交换，离子的迁移率有差别，前面离子在树脂中扩散的公式就要用能斯特-普朗克方程，而不用菲克定律方程。在电中性，没有净电荷迁移的条件下，将两种交换离子 A 和 B 的两个能斯特-普朗克方程联立，应用于交换剂内的扩散，有

$$\boldsymbol{J}_{\overline{A}} = D_{\overline{AB}} \nabla c_{\overline{A}} \tag{10.35}$$

式中，互扩散系数

$$D_{\overline{AB}} = \frac{D_{\overline{A}} D_{\overline{B}} (z_A^2 c_{\overline{A}} + z_B^2 c_{\overline{B}})}{z_A^2 c_{\overline{A}} D_{\overline{A}} + z_B^2 c_{\overline{B}} D_{\overline{B}}}$$

10.8.3 控制步骤的判断

判断离子交换过程速率的控制步骤有三类方法。

10.8.3.1 经验判断法

测定离子交换速率与树脂粒度的关系，如果交换速率与树脂粒度无关，则过程为化学反应控制，如果离子交换速率与树脂粒度成反比，则为液膜扩散控制，如交换速率与树脂粒度的平方成反比，则为树脂颗粒内扩散控制。

10.8.3.2 准数判断法

A 黑尔弗瑞奇准数判断法

黑尔弗瑞奇（Helfferich）准数为

$$He = \frac{Q\overline{D}\delta}{c_0 DR}(5 + 2\beta)$$

式中，Q 为树脂交换容量，mol/m^3；c_0 为液相离子初始浓度，mol/m^3；$\overline{D}$ 、D 分别为固液两相离子扩散系数，m^2/s；δ 为液膜厚度，m；R 为树脂颗粒半径，m；β 为分离系数。

He 准数是根据液膜扩散和树脂颗粒内扩散两种模型的半交换周期（即交换率达到一半时所需时间）之比得到的。因此，$He > 1$ 表示液膜扩散所需半交换周期远远大于树脂颗粒扩散所需交换半周期。因此，交换速率由液膜扩散控制；$He < 1$ 表示树脂颗粒扩散所需交换半周期远大于液膜扩散，所以为树脂颗粒扩散控制；$He = 1$ 表示两种控制步骤同时存在，且作用相等。

B 维尔谬仑准数判断法

维尔谬仑（Vermeulen）准数为

$$Ve = \frac{4.8}{D}\left(\frac{Q\overline{D}}{\varepsilon c_0} + \frac{D\varepsilon_p}{2}\right) Pe$$

式中，贝克莱准数 $Pe = \dfrac{uR}{3(1-\varepsilon)D}$；$\varepsilon$ 为床层孔隙率；ε_p 为颗粒内孔隙率；D 、$\overline{D}$ 分别为溶液和树脂两相中离子扩散系数；u 为液体流速；R 为树脂颗粒半径，m。

当 $Ve < 0.3$，为树脂颗粒扩散控制；当 $Ve > 3.0$，为液膜扩散控制；当 $0.3 < Ve < 3$，为树脂颗粒扩散、液膜扩散共同控制。

10.8.3.3 实验测定法

A 直接测定的方法

扩散机理可通过实验测定，采用的方法为中段接触法。具体做法是将一定量的树

脂放在一个装有筛网的搅拌器中。此搅拌器放在一定浓度、一定体积的溶液中并能迅速脱离溶液暂时中断交换过程。溶液由搅拌器底部进入，在离心力的强制作用下，快速通过筛网中的树脂层。连续测定溶液浓度随时间的变化，并于中途突然停止两相接触一段时间。

颗粒扩散控制时，虽然离子交换过程暂时中断，但由于树脂颗粒内存在浓度梯度，扩散反应继续进行，直至树脂颗粒内浓度分布变均匀，因此，树脂重新与溶液接触，颗粒表面与溶液间有较大浓度推动力，而使交换反应比中断接触前更快，即有更大的斜率，如图 10.5 曲线 2 所示。

液膜扩散控制时，树脂颗粒内部不存在浓度梯度，溶液与树脂暂时脱离接触，则交换反应停止，颗粒表面浓度未变化，重新与溶液接触，交换反应速率无明显改变，反映在图 10.5 中的曲线 1，其斜率基本无变化。

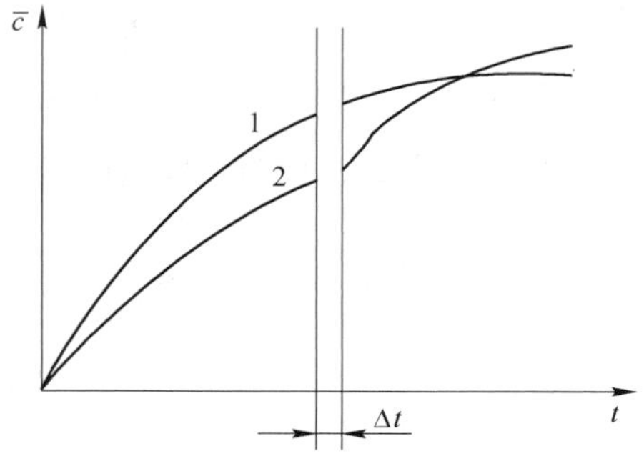

图 10.5　中断实验时交换率的变化
1—FDC，液膜扩散控制；
2—PDC，树脂颗粒扩散控制

B　通过实验数据间接判断的方法

通过实验测定交换率 $f(t)$ 与时间的关系。测定的方法可以用有限浴法，即将一定量的树脂与一定浓度与体积的溶液在三颈瓶中混合，测定不同时间水溶液中 A 和 B 浓度变化以计算交换率，测定的方法可以直接测定水溶液中电导的变化，或电极电势的变化，也可以在不同时间少量取样测定。在整个时间内，温度和搅拌速度必须保持恒定，所用树脂必须经过严格筛选，并且是无破损的球型树脂，粒度应力求均匀，将计算的交换率按 $f(t)$-t 作图。如呈线性关系，则为液膜扩散控制；如按 $[1-3(1-f)^{2/3}+2(1-f)]$-t 作图，呈线性关系，则为树脂颗粒扩散控制；如按 $[1-(1-f)^{1/3}]$-t 作图，呈线性关系，则为化学反应控制。

10.8.4　交换速率的影响因素

10.8.4.1　溶液浓度的影响

在稀溶液中，即浓度从 0.001 元电荷物质至 0.01 元电荷物质之间均为液膜扩散控制，在此范围内浓度增加，交换速率线性增加。当浓度超过 0.01 元电荷物质后继续增加，液膜扩散与树脂颗粒扩散共同控制，交换速率不与浓度呈线性关系增加；浓度继续增加，交换速率达极限值，过程为树脂颗粒扩散所控制。

10.8.4.2　树脂颗粒大小的影响

树脂颗粒小，离子交换速率快。对于液膜扩散控制的情况，粒度小，比表面积大，有利加速。对于树脂颗粒扩散控制情况，粒度小，内扩散路程短，所以交换速率大。

10.8.4.3　搅拌

因为交换与液膜厚度成反比，搅拌使液膜厚度 δ 下降，所以离子交换速率增加。

10.8.4.4　水相离子扩散系数 D 的影响

水相离子扩散系数 D 对于液膜扩散控制的交换过程速率有影响，D 增加，交换速率增加。

10.8.4.5 树脂相离子扩散系数 $\overline{D}$ 的影响

由于树脂内扩散通道曲折，扩散路程加长，离子与固定基团之间有相互作用，妨碍扩散，且大离子的扩散还会受到树脂骨架障碍，所以同一离子的 $\overline{D}$ 一般比 D 小，它们之间有 $\overline{D} = D\frac{\varepsilon_p}{2-\varepsilon_p}$ 的关系。

$\overline{D}$ 受下列因素影响，这些因素也会对交换速率产生影响。

（1）离子电荷及树脂交联度的影响。随离子电荷及树脂交联度增加，$\overline{D}$ 下降，其关系如图 10.6 所示。

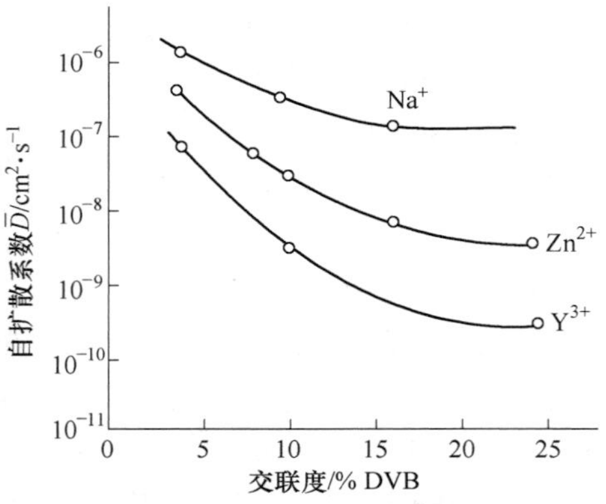

图 10.6 离子电荷机树脂交联度的影响

（苯乙烯系磺酸树脂，25℃）

（2）水化离子大小的影响。镧系元素的 $\overline{D}$ 值随原子序数增加，离子半径减小，但水化半径增加，由表 10.6 可见，它们在阳树脂 Dowx50×8 中的 $\overline{D}$ 递增。

表 10.6 微量离子在树脂内的 $\overline{D}$①

微量离子	La^{3+}	Tb^{3+}	Lu^{3+}
$\overline{D}$/cm²·s⁻¹	8.7×10^{-8}	16.3×10^{-8}	35.0×10^{-8}
离子半径/mm	1.061×10^{-7}	0.923×10^{-7}	0.848×10^{-7}

①Dowx50×8 的水含量为 48%，支持电解质 HCl 1.94%。

（3）树脂水含量影响。如图 10.7 所示，随树脂水含量增加，$\overline{D}$ 增加。

（4）温度及树脂上反离子组成的影响。图 10.8 为 Zn-Na 交换体系在 0.3℃与 25℃情况下阳树脂上 Zn、Na 的当量对其 $\overline{D}$ 的影响。温度增加，$\overline{D}$ 增加，树脂上 Zn^{2+} 的当量分数增加，Na^+ 和 Zn^{2+} 的 $\overline{D}$ 下降。

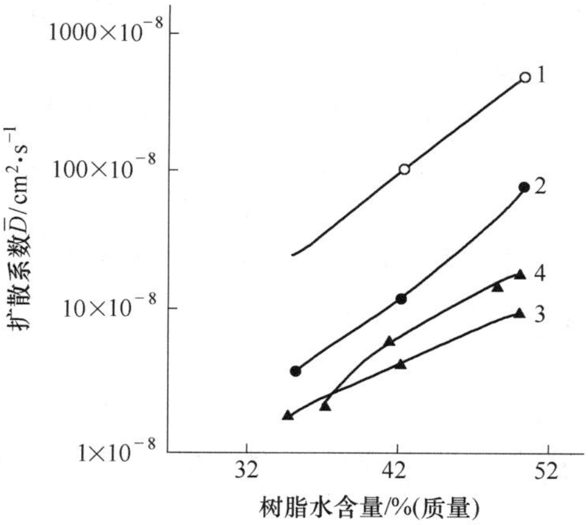

图 10.7 树脂水含量对 $\overline{D}$ 的影响

(树脂：Dowex50×8)

1—微量离子 Cs^+；2—微量离子 Co^{2+}；3—微量离子 La^{3+}在 HCl、CaCl-$LaCl_3$ 溶液中与树脂交换；4—微量离子 Tb^{3+} 在各种浓度的 HCl 溶液中与树脂交换

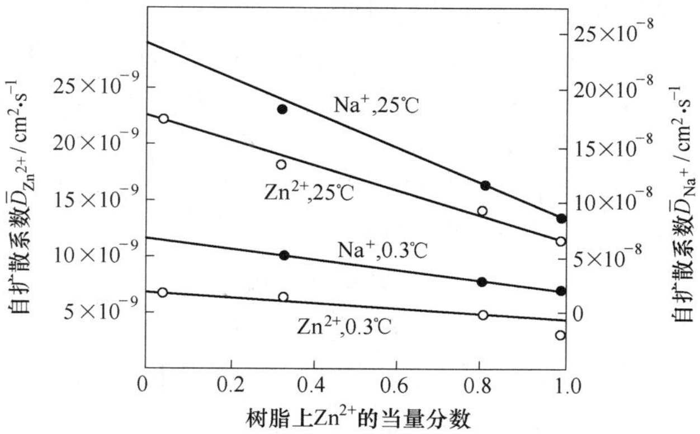

图 10.8 温度及树脂上反离子组成的影响

(磺酸型聚苯乙烯阳离子交换树脂，交联度 16%DVB)

10.9 柱 过 程

10.9.1 流出曲线

10.9.1.1 流出曲线的形成

实际的离子交换作业是在交换柱中完成的，柱过程的行为可用流出曲线（或称贯穿曲线、穿透曲线）表征。如图 10.9 所示，横坐标为柱底流出液的体积 V，纵坐标为流出液中离子浓度 $c(\mathrm{mol/\ m^3})$。操作流速恒定，横坐标也可用时间 t 表示，纵坐标也可用相对浓度 c/c_0 表示（c_0 为进料液中的离子浓度)。

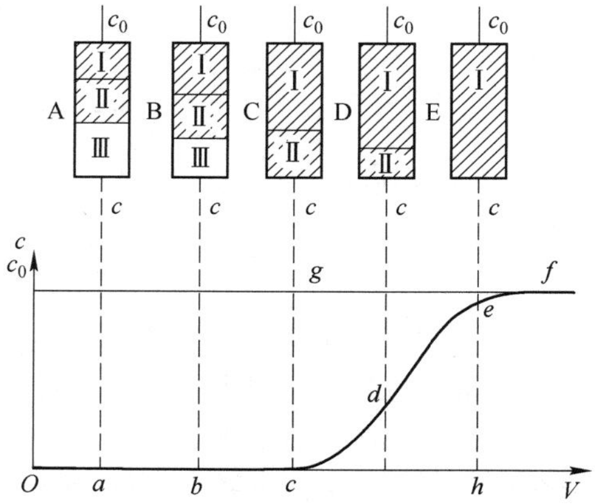

图 10.9 流出曲线的形成

交换柱内树脂由饱和段（Ⅰ)，交换段（Ⅱ）及未交换段（Ⅲ）构成。正常的交换过程就是首先在柱顶形成一个交换段，随着过程的进行，交换段不断向下移，饱和段的比例越来越大，未交换段的比例越来越小，直至交换段移至柱的底部，未交换段完全消失。

图 10.9 中，a 点流出液中无交换离子；b 点流出液中仍无交换离子，但柱内Ⅰ段增加，Ⅲ段减少；c 点流出液中开始出现交换离子，Ⅰ段增加，Ⅲ段消失。c 称为贯穿点；d

点Ⅰ进一步增加，Ⅱ减少，流出液中交换离子浓度增加；e 点柱内树脂全部变为Ⅰ，流出液中离子浓度基本达到进料液水平 c_0，e 称为饱和点。

工程上规定，流出液中交换离子浓度达到进流液浓度的3%～5%时，便认为交换柱贯穿。同样，流出液中交换离子浓度达到进料液浓度的95%～97%时，或达到指定值，便认为树脂柱饱和。

流出曲线提供的一个重要信息就是柱容量，图10.9中面积 $Ocgc_0$ 表示柱的贯穿容量，面积 $Ocgc_0$ 表示柱的饱和容量。

10.9.1.2　等稳线与流出曲线

在稳态离子交换过程中，即树脂床充填均匀、恒温、恒速的情况下交换区内（Ⅱ）的离子分布情况不变，因此交换区以下不变的速度、不变的宽度下移。交换区内纵向离子浓度分布线称为等稳线。

柱内等稳线的移动现象如图10.10所示。取任一平面 $P—P$ 进行观察，$P—P$ 开始贯穿表明交换区开始达到 $P—P$ 平面；$P—P$ 平面离子浓度达到进料浓度 c_0，表明树脂已饱和，即交换区已移过 $P—P$ 平面。从贯穿点到饱和点，液相离子增加的量，相当于建立一个交换区所漏过的离子量。

交换柱贯穿，即柱底流出液中有交换离子漏过时，柱内的等稳线便“流出”柱外，反映在流出液的 c-V 图上，便是流出曲线，如图10.11所示。它表明流出曲线与等稳线互成映像。

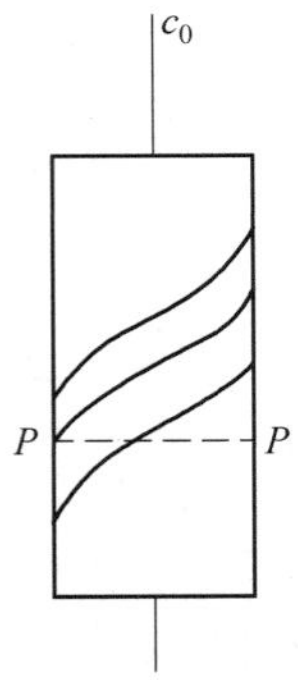

图10.10　交换柱内等稳线移动图

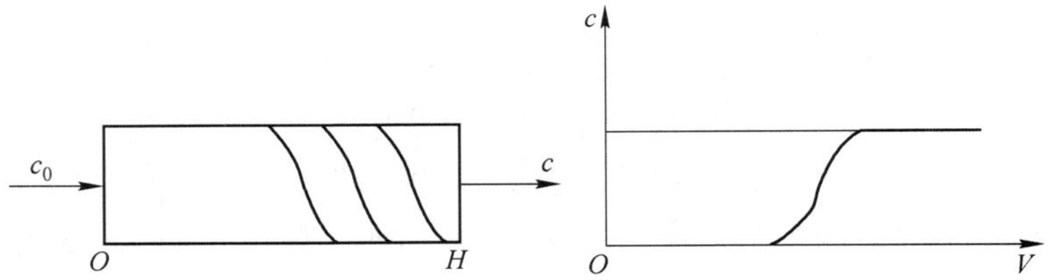

图10.11　等稳线与流出曲线的对应关系

10.9.1.3　流出曲线的影响因素

流出曲线的波形（斜率变化）、宽度（贯穿点至饱和点）、贯穿点出现的位置，三者称为贯穿参量。贯穿参量所表征的柱操作流出曲线是反映离子交换过程动态行为的一种特征曲线，它反映了交换体系、设备结构、操作条件、交换平衡、传质动力学的综合影响。

影响流出曲线或贯穿参量的因素：

（1）树脂对交换离子的亲和力。亲和力越大，则交换段（Ⅱ）高度越小。因流出曲线斜率变化大，波形陡峭，贯穿点出现晚，贯穿容量越大，柱利用率越高。

（2）树脂粒度。粒度越细，贯穿点出现越晚，曲线也越陡，反映在图10.12（a）中，曲线2代表了较粗树脂的流出曲线。

（3）树脂交联度。交联度越大，贯穿点出现越早，曲线斜率越小，反映在图 10.12（b）中，曲线 2 反映了交联度大的树脂的情况。

（4）树脂容量。容量大的树脂，易提供较好的动力学条件，所以曲线陡、贯穿点出现晚，反映在图 10.12（c）中容量大的树脂的穿透曲线出现在图上较右部的位置。

（5）操作流速。流速快则离平衡状态远，所以贯穿点出现早，曲线拉平、斜率变化小，故图 10.12（d）中曲线 2 反映了流速大的树脂的情况。

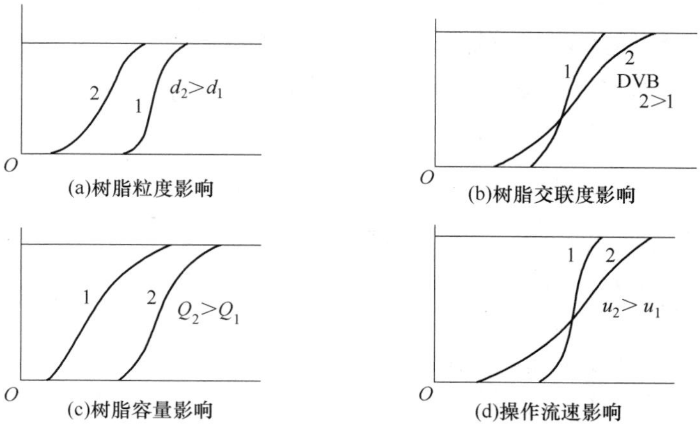

图 10.12　流出曲线影响因素

（6）料液浓度。降低料液浓度 c_0 有利于提高柱利用率，而在液膜扩散控制的情况下增加 c_0 有利于改善动力学状况。

（7）操作温度。提高温度，有利于提高交换速度。

（8）柱形、柱高。H/D 大可改善柱内树脂充填状况、改善液流分布有利于交换。而柱高（H）增加可增加两相接触时间，有利于交换。

10.9.2　交换区计算

10.9.2.1　交换区高度（H_z）

交换区高度小，意味流出曲线的斜率变化大，曲线陡。因此，计算交换区的高度有实际的意义。从传质理论角度很容易理解交换区高度等于传质单元高度（HTU）与传质单元数（NTU）的乘积，即

$$H_z = \text{HTU} \times \text{NTU}$$

如果用实验法得到流出曲线，则可用流出曲线直接计算交换区高度，计算方法如下：

（1）t_z 为稳态操作时，交换区移动一个自身高度的距离所需的时间，它正比于在这一时间内流过此交换区的溶液体积 V_z，因此按此定义有

$$t_z = \frac{V_z}{UA} = \frac{V_T - V_B}{UA} = \frac{V_T}{UA} - \frac{V_B}{UA} = t_T - t_B \tag{10.36}$$

式中，U 为线速度；A 为柱面积；V_T 为流出液浓度达饱和点，即树脂柱完全饱和时所需的流出液总体积；V_B 为流出液浓度达贯穿点，即树脂柱穿透时的流出液体积；t_T 为从开始交换至交换区完全移出交换柱的时间；t_B 为交换柱的贯穿时间。

(2) v_z 为交换区形成后恒速向下移动的速度

$$v_z = \frac{H_T}{t_T - t_F} \tag{10.37}$$

式中，H_T 为交换柱内树脂床的总高度；t_F 为开始交换作业在柱顶形成交换区的时间。

(3) H_z 为交换区高度，有

$$H_z = t_z \times v_z = t_z \times \frac{H_T}{t_T - t_F} \tag{10.38}$$

因 H_T 、t_T 、t_z 可由实验测出，所以求 H_z 之关键为求 t_F 。

(4) t_F 的估算。图 10.13 表示一个交换区吸附离子的量。由贯穿点 V_B 至饱和点 V_T 之间交换区内树脂由溶液中吸附的离子量 q_T（物质的量）为 $q_T = \int_{V_B}^{V_T}(c_0 - c)\mathrm{d}V$ 等于图 10.13 中阴影面积 V_BSB，而交换区内树脂的理论吸附量 Q_z（物质的量）为：

$$Q_z = c_0(V_T - V_B)$$

Q_z 等于图 10.13 中矩形面积 V_BV_TSB 。因此，交换区内已经交换的树脂分数 f 为：

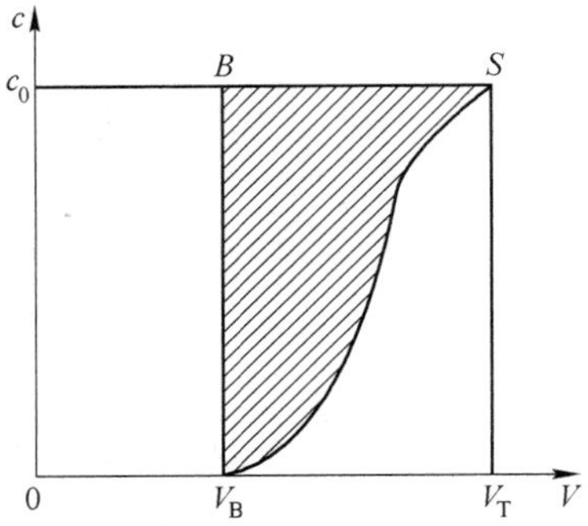

图 10.13 交换区吸附离子的量

$$f = \frac{q_T}{Q_z} = \frac{\text{面积 } V_BSB}{\text{面积 } V_BV_TSB}$$

$f = 0$，交换区内树脂完全未吸附；$f = 1$，交换区内树脂完全吸附。由此两极端情况，可近似估计交换区的形成时间

$$t_F = (1 - f)\, t_z \tag{10.39}$$

而 f 的数值可根据图 10.14 进行大致估计。

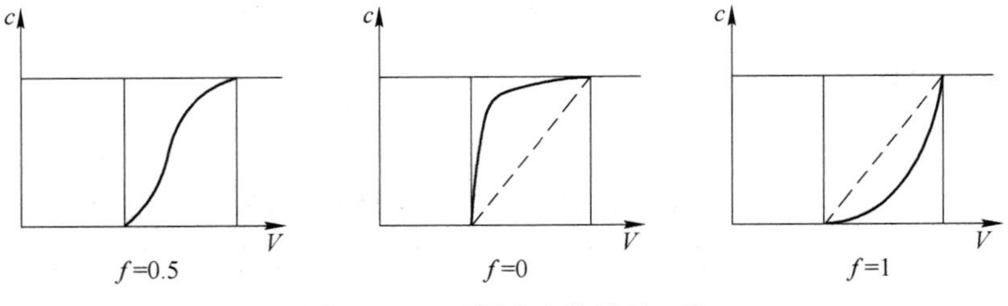

图 10.14 不同流出曲线的 f 值

因此，交换区高度可按式（10.40）或式（10.41）计算

$$H_z = H_T \times \frac{t_z}{t_T - t_F} = H_T \times \frac{t_z}{t_T - (1 - f)\, t_z} = H_T \times \frac{t_z}{t_B + ft_z} \tag{10.40}$$

$$H_z = H_T \times \frac{V_z}{V_T - (1 - f)V_z} = H_T \times \frac{V_z}{V_B + fV_z} \tag{10.41}$$

在体系固定，操作条件固定的情况下 H_z 为一定值。显然，影响流出曲线形状的诸因素均影响交换区的高度，在其他因素均固定的条件下，改变线速度，H_z 会随之而变，它们

之间有经验关系 $H_z = m u^n$，m、n 为实验系数。为了保证柱操作稳定，要求 $D/d > 25$，此处 D 代表柱径，d 代表树脂粒径。

10.9.2.2 树脂利用率

树脂利用率也是工程上判断一个交换体系操作情况好坏的指标。当交换区刚移至柱底，即达到贯穿点，如图 10.13 所示，树脂层还有一部分未被利用。因柱面积除以树脂层体积为树脂床高，所以可以用床层高度 H 与交换区高度表示树脂的利用率 η。

$$\eta = \frac{H - fH_z}{H} \times 100\% \tag{10.42}$$

等稳线为∫型，取 $f = 0.5$。

$$\eta = \frac{H - 0.5H_z}{H} \times 100\% \tag{10.43}$$

10.10 离子交换膜

离子交换膜是膜状的合成固体离子交换剂。

10.10.1 离子交换膜的分类

10.10.1.1 按结构分类

按结构不同，离子交换膜有两种类型：一种是均相膜；另一种是非均相膜。

均相膜由一种交换剂组成，为了提高强度，可以用纤维编织物为底材。

非均相膜由小颗粒的交换树脂和黏结剂、增塑剂混合成型而成，交换剂不是连续相。膜中交换树脂含量为 70%～80%。

10.10.1.2 按膜的功能分类

离子交换膜按照功能可分为阳离子交换膜、阴离子交换膜、双性离子交换膜。阳离子交换膜又可分为强阳离子膜和弱阳离子交换膜；阴离子交换膜又可分为强阴离子交换膜和弱阴离子交换膜。

10.10.2 离子交换膜的功能

阳离子交换膜能与阳离子交换。阳离子通过与膜的阳离子交换，由膜的这一侧透过膜进入膜的另一侧。阴离子不能进行交换，不能透过膜，留在膜的这一侧。阴离子交换膜只能交换阴离子。阴离子通过与膜的阴离子交换，透过膜，由膜的这一侧进入到膜的另一侧。

实际上，并不是绝对没有与离子交换膜相反的离子从膜透过。由于离子交换膜经水溶胀，孔隙中充满水，少量与离子交换膜相反的离子利用水从膜的一侧扩散到另一侧。

10.10.3 离子交换膜的组成和结构

离子交换膜的基体一般是烃类聚合物或氟代烃聚合物，如图 10.15 所示。烃类聚合物有苯乙烯聚合物、苯酚缩聚物，氟代烃聚合物是四氟乙烯与全氟乙烯基醚共聚物。

阳离子交换基团有强酸型（磺酸）、弱酸型（羧酸），阴离子交换基团有强碱型（季铵盐）、弱碱型（伯胺盐、仲胺盐、叔胺盐）。

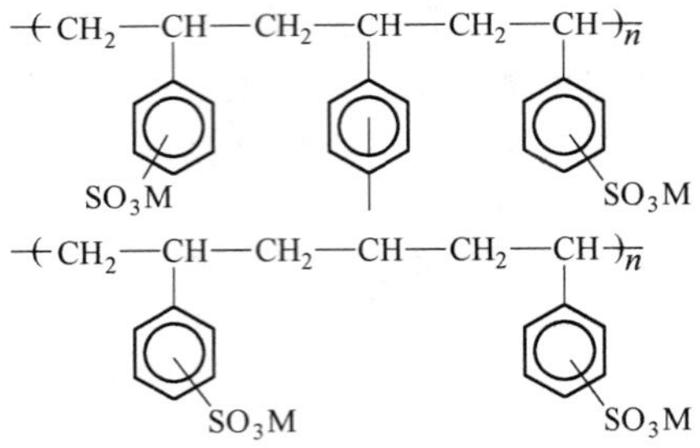

烃类聚合物阳离子交换膜

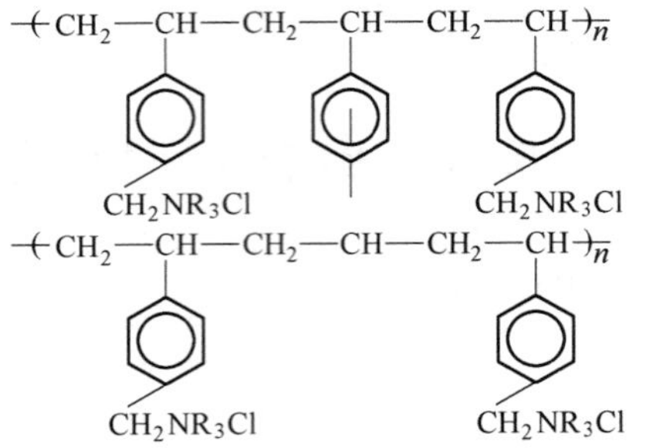

烃类聚合物阴离子交换膜

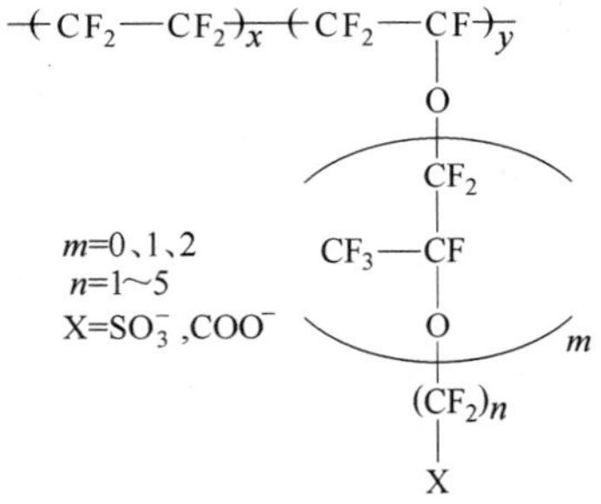

氟代烃聚合物阳离子交换膜

图 10.15　离子交换膜的化学结构式

10.10.4　几种离子交换膜

（1）扩散渗析膜。基体是含有—OH 的高分子聚合物。例如，基于溴甲基化聚和聚乙烯醇的有机-无机杂化的阴离子交换膜。

（2）全氟磺酸、羧酸阳离子膜。基体是全氟磺酸离子交换树脂，以四氟乙烯或六氟环丙烷的合氟聚合物构成。侧链末端带有磺酸（$—SO_3H$）或羧酸（—COOH）基团。

（3）全氟阴离子膜。全氟阴离子膜化学组成为

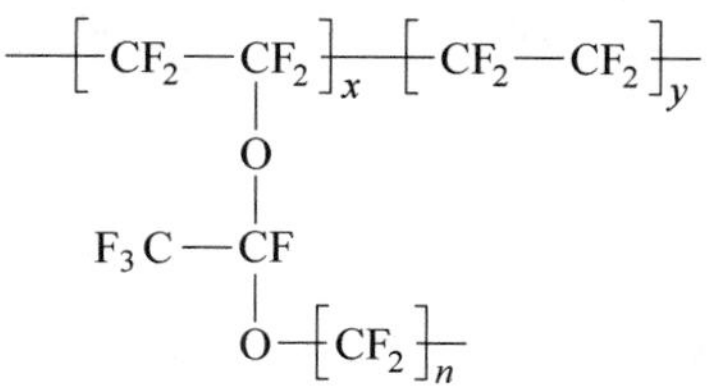

（4）双性膜。双性膜是一种复合膜，一侧是阳离子膜，另一侧是阴离子膜。在直流电场中膜的水解离成H^+和 OH^-，分别通过阳离子膜一侧和阴离子膜一侧向外迁移。

10.10.5 离子交换膜的性质

（1）机械强度。离子交换膜具有一定的强度、柔性和弹性。衡量指标为：

爆破强度，可以承受垂直方向的最大压力，单位 MPa；抗拉强度，可以承受水平方向的最大压力，单位 MPa；耐折度，折叠次数。

（2）表观尺寸。

1）厚度：干态厚度、湿态厚度，单位 μm、mm；

2）溶胀度：离子交换膜在指定溶液中浸泡 24h 以上，其面积和体积变化的百分比；

3）含水率：干膜在水中溶胀后增加的质量。

（3）交换容量。每克氢型干膜（或湿膜）与溶液中的离子进行等量交换的物质的量，单位 mmol/g（氢型干膜或湿膜）。

（4）扩散系数。对阳离子交换膜而言，阳离子扩散系数大好；对阴离子交换膜而言，阴离子扩散系数大好。对两种交换膜，都要求中性物质扩散系数小。

（5）导电性。离子交换膜的导电性用面电阻表示，称为实效电阻，单位 $\Omega \cdot cm^2$。电阻大，电耗高。

（6）膜电势。在离子交换膜的两侧，有浓度不同的电解质溶液，由于离子的选择性迁移，形成浓差膜电势。

如图 10.16 所示，阳离子膜浓溶液一侧带负电，稀溶液一侧带正电；阴离子膜浓溶液一侧带正电，稀溶液一侧带负电。膜电势为

$$E_m = (\bar{t}_+ - \bar{t}_-)\frac{RT}{zF}\ln\frac{a_1}{a_2} \quad (a_1 > a_2)$$

式中，$\bar{t}_+$ 和 $\bar{t}_-$ 分别为阳离子和阴离子在膜中的迁移数；a_1 和 a_2 分别为两侧电解质溶液中电解质的活度。

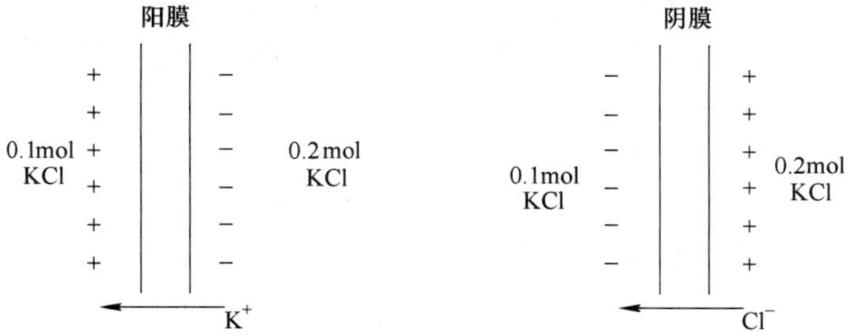

图 10.16 浓差膜电势

（7）膜内迁移数。某种离子在膜内迁移电量与全部离子膜内总迁移电量的比叫作离子的膜内迁移数。有

$$\bar{t}_i = \frac{z_i \bar{L}_i \bar{c}_i}{\sum_i z_i \bar{L}_i \bar{c}_i} \tag{10.44}$$

式中，$\bar{t}_i$ 为膜内离子 i 的迁移数；$\bar{L}_i$ 为膜内离子 i 的淌度；$\bar{c}_i$ 为膜内离子 i 的淌度。

（8）选择透过性。反离子在膜内迁移数的实际增值与理想增值之比叫作选择透过性。有

$$p = \frac{\Delta t_r}{\Delta t_D} \times 100 = \frac{\bar{t}_m - t_S}{1 - t_S} \times 100$$

式中，$\bar{t}_m$ 为反离子在膜内的迁移数；t_S 为反离子在溶液中的迁移数。

（9）水在膜内的电渗透压。在电场作用下，水分子伴随离子通过离子膜迁移，叫作水的电渗透。它不同于渗透压作用，它使水分子由稀溶液一侧向高浓度一侧的迁移。

水的电渗透量为

$$W_e = \bar{t}_{H_2O} i\tau / 96500$$

式中，W_e 为水的电渗透量，mol；$\bar{t}_{H_2O}$ 为电渗透系数，mol/cm^2；i 为电流密度，A/cm^2；τ 为通电时间，s。

影响水的电渗透系数 $\bar{t}_{H_2O}$ 的主要因素是膜的含水率。

（10）稳定性。离子交换膜要化学稳定，耐酸、碱，抗氧化。

10.11　离子交换膜的传质

10.11.1　传质与传质电势

离子交换膜浸入溶液，阳离子允许反离子进入并通过膜，不允许同离子进入或通过膜。

溶液中离子浓度很高，同离子和反离子可一起进入膜，发生中性电解质的非交换吸附，膜的选择性降低。

膜中固定的离子浓度高于溶液中离子浓度，道南排斥作用有效。

将阳离子膜放入溶液，在膜与溶液的接界处形成双电层，膜上固定的负电荷基团使膜带负电，靠近膜的一层溶液是带正电的阳离子，产生电势。阴离子受膜的负电荷排斥，远离膜表面。阴离子膜情况相反。

在离子溶液中离子 i 的电化学势为

$$\mu_i = \mu_i^{\ominus} + RT\ln a_i = z_i F\varphi$$

在膜中离子 i 的电化学势为

$$\mu_{\bar{i}} = \bar{\mu}_i^{\ominus} + RT\ln a_{\bar{i}} = z_i F\bar{\varphi}$$

达成平衡，有

$$\mu_i = \bar{\mu}_i$$

选择相同的标准状态，即

$$\mu_i^{\ominus} = \bar{\mu}_i^{\ominus}$$

则电势为

$$E_{\text{Don}} = \bar{\varphi} - \varphi = \frac{RT}{z_i F}\ln\frac{\bar{a}_i}{a_i} \tag{10.45}$$

对于稀溶液，有

$$E_{\text{Don}} = \bar{\varphi} - \varphi = \frac{RT}{z_i F}\ln\frac{\bar{c}_i}{c_i} \tag{10.46}$$

10.11.2 传质方程

通过离子交换膜的传质由对流传质、扩散传质和电迁移共同组成。即

$$J_{\bar{i}} = J_{\bar{i},\text{扩散}} + J_{\bar{i},\text{对流}} + J_{\bar{i},\text{电}} \tag{10.47}$$

$$J_{\bar{i},\text{电}} = \frac{z_i F C_{\bar{i}} D_{\bar{i}}}{RT}|\nabla\varphi| \tag{10.48}$$

离子交换膜的应用过程经常有外加电势，对流传质作用较小，可以忽略，所以一组传质方程为

$$J_{\bar{i}} = -D_{\bar{i}}\frac{\mathrm{d}c_{\bar{i}}}{\mathrm{d}x} + \frac{z_i F C_{\bar{i}} D_{\bar{i}}}{RT}\frac{\mathrm{d}\varphi}{\mathrm{d}x} \tag{10.49}$$

考虑溶液的流动速度，有

$$J_{\bar{i}} = -D_{\bar{i}}\frac{\mathrm{d}c_{\bar{i}}}{\mathrm{d}x} + \frac{z_i F C_{\bar{i}} D_{\bar{i}}}{RT}\frac{\mathrm{d}\varphi}{\mathrm{d}x} + c_i v_{\bar{i}} \tag{10.50}$$

式中，$v_{\bar{i}}$ 为膜微孔中液体的流速。

10.12 膜 电 解

用离子交换膜将电解槽隔离成阴极室和阳极室进行电解，称为离子膜电解。

利用阳极反应将低价态离子氧化成高价态离子，在普通电解槽中由于阴阳两个极区没有隔开，高价离子在阴极又被还原。

例如，电解 NaCl 溶液制备Cl_2 和H_2。

阳极反应

$$2Cl^- \longrightarrow Cl_2\uparrow + 2e$$

阴极反应

$$2H_2O + 2e \longrightarrow 2OH^- + H_2\uparrow$$

如果阳极区和阴极区不隔开，就有

$$Cl_2 + 2Na^+ + 2OH^- \longrightarrow 2NaCl + \frac{1}{2}O_2 + H_2O$$

$$Cl_2 + 2Na^+ + 2OH^- \longrightarrow \frac{1}{3}NaClO_3 + \frac{5}{3}NaCl + H_2O$$

造成电解产物Cl_2又转化为 NaCl，降低电流效率。采用离子膜将阳极和阴极隔开，就可以解决此问题。

习　题

10-1　说明离子交换的原理，在湿法冶金中，利用离子交换树脂可以解决什么问题？

10-2　说明离子交换树脂的种类、组成及功能。如何提高离子交换树脂的选择性？

10-3　影响离子交换树脂选择性的因素有哪些？

10-4　说明离子交换树脂的结构和性质。

10-5　影响离子交换动力学的因素有哪些？

10-6　说明离子交换工艺各工序的作用。

10-7　铵型阳离子交换树脂与稀土铈的交换反应为

$$Ce^{3+} + 3\overline{R—NH_4^+} \rightleftharpoons \overline{CeR_4} + 3NH_4^+$$

平衡常数为

$$k = \frac{c_{\overline{CeR_3}}c^3_{NH_4^+}}{c_{Ce^{3+}}c^2_{\overline{R-NH_4^+}}}$$

淋洗剂柠檬酸 H_2cit^- 与 Ce^{3+} 的络合反应为

$$Ce^{3+} + 3H_2cit^- \Longleftrightarrow Ce(H_2cit)_3$$

配合物离解常数为

$$k_d = \frac{c_{Ce^{3+}}c^3_{H_2cit}}{c_{Ce(H_2cit)}}$$

分配系数为

$$k_D = \frac{c_{\overline{CeR_3}}}{c_{Ce(H_2cit)_3}}$$

铈和钇的分离系数为

$$\beta_{Ce/Y} = \frac{k_{D,Ce}}{k_{D,Y}}$$

平衡常数之比为

$$\frac{k_{Ce}}{k_Y} = 1.55$$

配合物解离常数之比为

$$\frac{k_{d,Ce}}{k_{d,Y}} = 2.9$$

说明淋洗中加入柠檬酸的作用。

10-8　举例说明淋洗剂、延缓剂的作用原理及其作用。

11 蒸　　馏

蒸馏是分离溶液中组元的方法。溶液的溶剂和溶质都具有挥发性。加热后同时气化，但它们挥发难易程度不同。将溶液部分气化，气相中含有的易挥发组元比液相中含有的易挥发组元多，使溶液中组元达到某种程度的分离。将气体部分冷凝，冷凝液中含有的难挥发组元又比气相中难挥发组元多，使气相中组元达到某种程度的分离。利用上述原理分离溶液中组元的方法叫作蒸馏。

根据溶液中的组元数，蒸馏分为二元蒸馏和多元蒸馏。工业生产中大多数是多元蒸馏。

11.1 蒸　气　压

11.1.1 单元系的气-液两相平衡

气-液两相达成平衡，有

$$d\mu_V = d\mu_l$$

即

$$-\bar{S}_V dT + \bar{V}_V dp = -\bar{S}_l dT + \bar{V}_l dp$$

式中，下角标 V 表示蒸气，l 表示液体。所以

$$(S_V - S_l)dT = (V_V - V_l)dp$$

即

$$\frac{dp}{dT} = \frac{\Delta\bar{S}}{\Delta\bar{V}} = \frac{\Delta\bar{H}}{T\Delta\bar{V}} \tag{11.1}$$

此即克劳修斯-克拉贝拉方程。

如果蒸气的体积远大于液体体积，即

$$\Delta\bar{V} \approx V_V$$

假设蒸气为理想气体，有

$$V_V = \frac{RT}{p}$$

式（11.1）成为

$$\frac{dp}{p} = \frac{H_V}{R}\left(\frac{dT}{T^2}\right) \tag{11.2}$$

假设 ΔH_V 与温度和压力无关，即认为在平衡状态由液相转变为气相的焓变 ΔH_V 等于

在沸点由液体转变为气态的焓变的 ΔH_V^* 。于是式（11.2）可积分为

$$\ln\left(\frac{p_2}{p_1}\right) = -\frac{\Delta H_V^*}{R}\left(\frac{1}{T_2} - \frac{1}{T_1}\right)$$

并有

$$\ln\left(\frac{p}{p^{\ominus}}\right) = -\frac{A}{T} + B$$

式中，A 和 B 为常数。

11.1.2 二元系的气-液平衡

二元理想溶液有

$$p_A = p_A^* x_A \tag{11.3}$$

$$p_B = p_B^* x_B \tag{11.4}$$

式中，p_A 和 p_B 分别为溶液中组元 A 和组元 B 的平衡分压；p_A^* 和 p_B^* 分别为纯液体 A 和纯液体 B 的蒸气压；x_A 和 x_B 分别为溶液中组元 A 和组元 B 的摩尔分数。

体系的总压力不超过 1.013×10^6Pa，道尔顿分压定律成立，有

$$p_A = py_A \tag{11.5}$$

$$p_B = py_B \tag{11.6}$$

式中，p 为体系的总压力；y_A 和 y_B 分别为气相中组元 A 和组元 B 的摩尔分数。

$$\begin{aligned} p &= p_A + p_B \\ &= p_A^* x_A + p_B^* x_B \\ &= p_A^* x_A + p_B^*(1 - x_A) \end{aligned}$$

得

$$x_A = \frac{p - p_B^*}{p_A^* - p_B^*} = x \tag{11.7}$$

用 x 表示易挥发组元 x_A。

$$y_A = \frac{p_A}{p} = \frac{p_A^* x}{p} = y \tag{11.8}$$

用 y 表示易挥发组元 y_A 。

图 11.1 是温度组成相图。横坐标为组成 x 或 y，纵坐标为温度。图中端点 A、B 分别代表纯组分 A 和 B 的沸点，两条曲线之间的区域为气-液共存区。t-x 线 BCA 表示饱和液体，此线以下的区域为过冷液体（温度未达到沸点）；t-y 线 BDA 表示饱和蒸气，t-y 线以上的区域为过热蒸气。连接曲线间的水平线段 CD 表示 C、D 两点间的平衡关系。例如，图中 CD 连线表示在 $t=100℃$，C 点（$x=0.257$）和 D 点（$y=0.456$）的两相平衡。

将组成为 $x=0.4$ 的液体加热升温，升温到 F 点（$t_F=90℃$），仍为单一液相；升温到 t-x 线上的 G 点（$t_G=95℃$），开始沸腾，产生气泡。因此，t-x 线称为泡点线；G 点以上是液、气两相平衡共存区。升温到 H 点（$t_H=100℃$），液-气两相平衡组成为 $x=0.257$（C 点），$y=0.456$（D 点）；升温到 t-y 线上的 I 点（$t_I=101.5℃$），成为过饱和

蒸气，组成为 $x=0.4$；继续升温就是过热蒸气。

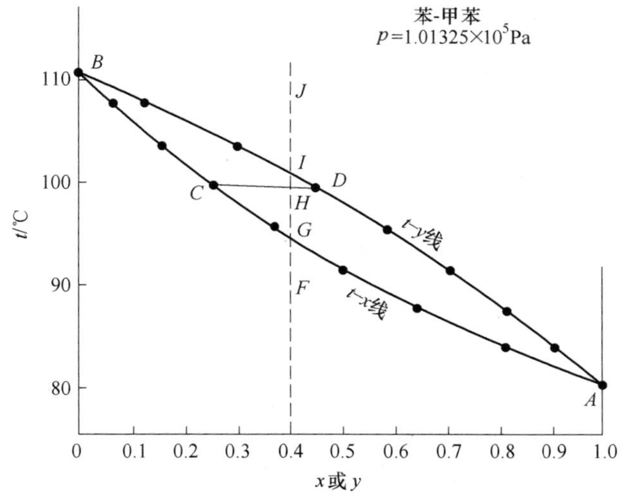

图 11.1 总压 p 为标准大气压的苯-甲苯温度-组成图

进行上述过程的逆过程，$t=101.5℃$ 的过热蒸气 $J(y=0.4)$ 冷却到 I 点，开始出现液相，所以 t-y 线称为露点线；降温到 H 点，组成为 $x=0.257$，$y=0.456$ 的液-气两相平衡共存；降温到 G 点，成为饱和液体；继续降温，成为过冷液体。

11.1.3 挥发度和相对挥发度

11.1.3.1 挥发度

定义：纯液体的蒸气压就是其挥发度，即 $\boldsymbol{v}=p^*$。显然，组元的蒸气压越大，挥发度越大。

定义溶液中组元 i 的挥发度是组元 i 的平衡分压与其摩尔分数之比，即

$$\boldsymbol{v}_i=\frac{p_i}{x_i^{\mathrm{l}}} \tag{11.9}$$

根据拉乌尔定律

$$p_i^*=\frac{p_i}{x_i^{\mathrm{l}}} \tag{11.10}$$

所以

$$\boldsymbol{v}_i=p_i^*$$

即纯液体 i 的蒸气压。可见，溶液中组元 i 的挥发度定义与纯液体相同。对于拉乌尔定律不适用的溶液，挥发度的定义仍为式（11.9）。

11.1.3.2 相对挥发度

溶液中两个组元挥发度之比叫作相对挥发度，即

$$\alpha=\frac{\boldsymbol{v}_i}{\boldsymbol{v}_j}=\frac{p_i/x_i}{p_j/x_j}=\frac{p_i x_j}{p_j x_i} \tag{11.11}$$

根据道尔顿分压定律，气相组元分压之比等于气相中摩尔分数之比，即

$$\frac{p_i}{p_j} = \frac{y_i}{y_j} \tag{11.12}$$

将式（11.12）代入式（11.11），得

$$\alpha = \frac{y_i x_j}{y_j x_i}$$

在二元系中有

$$x_i = x_A = x \text{ , } y_i = y_A = y$$

这样

$$\alpha = \frac{y(1 - x)}{(1 - y)x}$$

得

$$y = \frac{\alpha x}{1 + (\alpha - 1)x} \tag{11.13}$$

对于理想溶液，将

$$\boldsymbol{v}_A = p_A^* \text{ , } \boldsymbol{v}_B = p_B^*$$

代入式（11.11），得

$$\alpha = \frac{p_A^*}{p_B^*} \tag{11.14}$$

对于不同的 α 值，由式（11.13）可以得到蒸气中组元 A 的摩尔分数与溶液中组元 A 的摩尔分数的关系曲线（见图 11.2）。

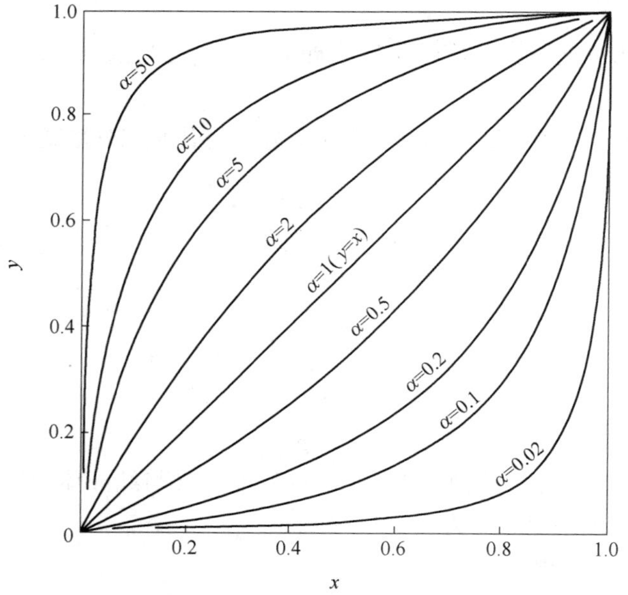

图 11.2 相应于 α 值的 x 与 y 的关系

由式（11.13）可见，α 越大，气-液相达到平衡，y 越比 x 大，越有利于蒸馏分离；

$\alpha = 1$，$y = x$，则蒸馏不能使该溶液组元分离。

液体的沸点（蒸气压等于标准大气压的温度）低，表明在同一温度其蒸气压高；对于理想溶液，两组元挥发的难易也可以用其沸点表示，沸点差大，则相对挥发度也大。

理想溶液组元的相对挥发度 α 随温度升高而减少。因此，增加压力，气-液平衡温度升高，α 减少，不利于蒸馏分离；减少压力，气-液平衡温度降低。α 增大，有利于蒸馏分离。

11.2 蒸馏方式

11.2.1 简单蒸馏

将釜中的溶液加热，产生的蒸气进入冷凝器成为液体-馏出液。由于 $y > x$，馏出液中易挥发组元含量高，而釜内易挥发组分随过程的进行而降低，这又使得后续产生的蒸气中易挥发组分含量随之降低，相应的馏出液中易挥发组分也随之减少，而釜内溶液的沸点则逐渐升高。因此，这种方式的蒸馏是不稳定的过程。由于馏出液的组成易挥发组元开始高，之后逐渐降低，因此，通常放置几个馏出液接收器，按时间先后，分别得到不同组成的馏出液。

简单蒸馏可用于初步分离，对相对挥发度大的溶液有效。例如，从含乙醇不到10%的发酵醪液，经过一次蒸馏就可以得到含乙醇50%的白酒，再经过一次蒸馏就可以得到60% ~ 65%的烧酒。

对于简单蒸馏，馏出液浓度、残液浓度与馏出液量（或残液量）之间的关系，可由物料衡算得出。

蒸馏 $d\tau$ 时间，残液量为 $w - dw$，溶液组成为 $x - dx$，残液中所含易挥发组元量为 $(w - dw)(x - dx)$，蒸出的易挥发组元的量为 ydw。易挥发组元的质量平衡方程为

$$wx = (w - dw)(x - dx) + ydw \tag{11.15}$$

展开，略去高阶微分项，可得

$$\frac{dw}{w} = \frac{dx}{y - x}$$

积分上式，有

$$\int_{w_1}^{w_2} \frac{dw}{w} = \int_{x_1}^{x_2} \frac{dx}{y - x}$$

得

$$\ln \frac{w_1}{w_2} = \int_{x_1}^{x_2} \frac{dx}{y - x} \tag{11.16}$$

式中，w_1 为釜的初始溶液量；w_2 为釜内的残液量；x_1 为釜内初始溶液易挥发组元的摩尔分数；x_2 为釜内残液易挥发组元的摩尔分数。

如果知道 x 和 y 的平衡关系，就可以求得等号右边的积分项。具体可按以下几种情况考虑。

（1）理想溶液。对于理想溶液，x 与 y 的关系满足式（11.13），式中 α 取常数，代入

式（11.16），得

$$\ln\frac{w_1}{w_2}=\frac{1}{\alpha-1}\ln\frac{x_1(1-x_2)}{x_2(1-x_1)}+\ln\frac{1-x_2}{1-x_1} \tag{11.17}$$

（2）如果在操作范围内，x 与 y 的平衡线可近似为直线 $y=kx+b$，特别对于稀溶液，常用通过原点的直线 $y=kx$ 代表平衡线，则积分式（11.16）可以简化为

$$\ln\frac{w_1}{w_2}=\frac{1}{k-1}\ln\frac{x_1}{x_2}$$

（3）如果平衡关系不能用简单的数学式表示，则需采用图解积分或数值积分。

馏出液量

$$w_D=w_1-w_2$$

馏出的易挥发组元量

$$w_D x_D=w_1 x_1-w_2 x_2$$

11.2.2 平衡蒸馏

使溶液气-液两相达成平衡，再将气-液两相分开，溶液中的组元得到一定程度的分离，这样的蒸馏方式叫作平衡蒸馏。

平衡蒸馏过程是：将溶液加热到一定的温度后，通入分离器，分离器内压力低，通进去的溶液一部分迅速气化，气-液两相迅速达成平衡，气体从分离器上部排出，液体从分离器下部排出。气相中挥发度大的组元多，液相中挥发度小的组元多，组元得到一定程度的分离。

溶液在分离器部分气化的现象，叫作闪蒸。分离器叫做闪蒸塔。在闪蒸过程中，溶液一部分热能变成气化潜热。

11.2.2.1 质量平衡方程

总流量

$$w=w_V+w_L \tag{11.18}$$

式中，下角标“V”表示蒸气，“L”表示溶液。

易挥发组分

$$wx=w_V y_D+w_L x_L \tag{11.19}$$

各项除以 w，得

$$x=\left(\frac{w_V}{w}\right)y_D+\left(\frac{w_L}{w}\right)x_L$$

令

$$f=\frac{w_V}{w}$$

称为气化分率，则

$$x=fy_D+(1-f)x_L \tag{11.20}$$

从式（11.13）得

$$y_D=\frac{\alpha x_L}{1+(\alpha-1)x_L} \tag{11.21}$$

解联合方程式（11.20）和式（11.21）就可求得 y_D 和 x_L 。

对于非理想溶液，难以用数学公式表达平衡关系，通常采用由一定总压力的平衡数据在 x-y 图中作出平衡曲线。

两相组成点 $E(x_L, y_D)$ 在平衡曲线上，也在式（11.20）的直线上。

当 $x = x$ 时，$y = x$，所以，可在 x-y 图中作出方程（11.20）所表示的直线。该直线与平衡曲线相交于 E 点。该点既符合质量守恒，又符合相平衡，可以确定两相组成 x_L 和 y_D 。这种图解法也可以应用于理想溶液。

11.2.2.2 平衡级

将未达到平衡的气-液两相接触，两相向平衡趋近，若接触足够充分，两相分离时已达到平衡，则叫作平衡接触级，简称平衡级。通过平衡级后气相中易挥发组元含量会提高，液相中易挥发组元含量会降低。这是由于易挥发组元从液相中气化，难挥发组元从气相中冷凝。难挥发组元液化放出的潜热正好作为易挥发组元气化所需潜热。

质量守恒方程为

$$w_V y_D + w_L x_L = w_V y_0 + w_L x_0 \tag{11.22}$$

式中，下角标“0”表示初始的量。

与平衡蒸馏式（11.18）相比，只是以 $w_V y_0 + w_L x_0$ 代替 w_x，所以求 y_D 和 x_L 的方程与平衡蒸馏相同。

将方程式（11.18）和式（11.22）联立，有

$$w_x = w_V y_0 + w_L x_0$$

$$x = \frac{w_V y_0 + w_L x_0}{w_V + w_L}$$

$$f = \frac{w_V}{w_V + w_L}$$

式中

$$w = w_V + w_L$$

11.2.3 精馏

前面介绍的几种蒸馏方式只能使溶液中的组元有限分离。为提高分离程度，可以采用多次重复蒸馏的方法。但是，这样要消耗大量的能量和人力、物力。而在平衡级蒸馏中，冷凝热可以补偿汽化热，降低能耗，因此，平衡级蒸馏方式适合多次进行。

平衡级蒸馏方式的气-液相多次接触可以在板式塔中实现。有一层板就是一个平衡级。原来未达到平衡的气-液两相在相互接触中，其偏离平衡的程度就是传质的推动力。塔板上有一层液体，气流在液体中形成气泡，易挥发组元由液相向气相传递。难挥发组元从气相向液相传递，而易挥发组元气化，难挥发组元液化。这与通过传热面传热而进行的部分气化和部分冷凝有不同的特点：

（1）气化的只是易挥发组元，冷凝的只是难挥发组元，两者同时通过相界面进行。冷凝气化潜热相互补偿。

（2）冷凝、气化的速率由传质过程控制。

上述以传质过程为基础的多次蒸馏称为精馏。精馏分离装置是精馏塔。精馏塔由多层

塔板构成。在塔底有蒸馏釜，在塔顶有冷凝器。蒸馏釜产生的蒸气沿塔上升，到达冷凝器后冷凝成液体，一部分成为产品，一部分从塔顶流下。上升的气体与下流的液体在塔板上接触，形成气泡。液相中易挥发组元成为气体进入气相，气相中难挥发的组元成为液体进入液相。气相中易挥发组元增加，液相中难挥发组元增多。流到塔底的溶液一部分作为产品，一部分在蒸馏釜中再加热气化。该过程不断进行，实现易挥发组元和难挥发组元的分离。图 11.3 为精馏装置的示意图。

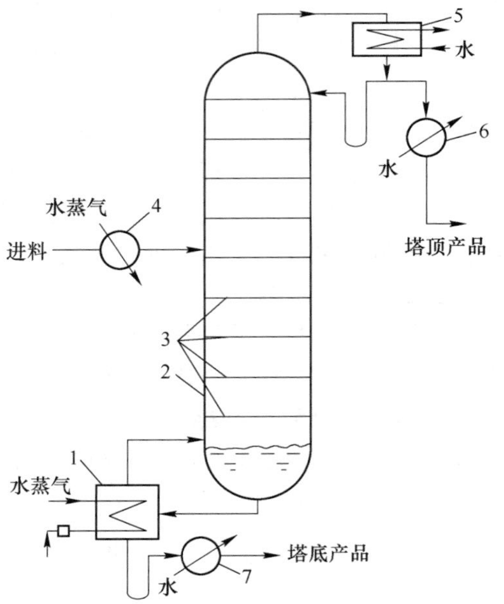

图 11.3 连续精馏装置的流程

1—再沸器；2—精馏塔；3—塔板；4—进料预热器；5—冷凝器；6—塔顶产品冷却器；7—塔底产品冷却器

精馏分离的程度取决于精馏塔的塔板数。精馏塔分为两段，加料板以上称为精馏段，加料板以下（包括加料板）称为提馏段。加料板的位置选在该板的液相组成与进料组成最为接近的位置。

11.3 二元系连续精馏

11.3.1 质量守恒方程

溶液中易挥发组分的质量守恒方程为

$$w = w_D + w_d$$

$$wx = w_D x_D + w_d x_d$$

式中，w 是料液总流量；w_D 和 w_d 分别为馏出液（塔顶产品）和蒸发釜液（塔底产品）的流量，流量单位为 kmol/s 或 kmol/h；x 为料液中易挥发组元的摩尔分数；x_D 和 x_d 分别为馏出液（塔板产品）的蒸发釜液（塔底产品）中易挥发组元的摩尔分数。

11.3.2 精馏段分析

图 11.4 为精馏段的示意图。塔板数由塔顶往下数，离开塔板的气-液易挥发组元的摩尔分数分别以 y_1、x_1、y_2、x_2、…表示。对于理论塔板而言，离开每层板的气、液组成都达到了平衡。从第一层板上升的气体在塔顶进入冷凝器。若将该气体全部冷凝，则冷凝液的组成 x_D 与 y_1 相等。

为了简化计算，假定易挥发组元和难挥发组元的摩尔汽化热相等，其他热量忽略或抵消。因此，在各层塔板上虽有物质交换，但气体和液体通过塔板前后的摩尔流量并无变化。这个假定称为恒摩尔流（包括气流和液流）。

冷凝液的部分 w_D 作为塔顶产品，另一部分 w_L 回流入塔。塔内符合恒摩尔流的假定，所以离开各塔板的气流量都等于 w_V，液流量都等于 w_L。

为了计算离开各层理论塔板的组成，除了气-液间的平衡关系，还要知道从任一塔板流下的液体组成与其下一塔板上升的气体组成的关系。

例如，给定从塔顶流下的液体中易挥发组元的含量为 x_D，则由第一层塔板上升的气体中易挥发组元的含量与塔顶流下的液体中易挥发组元的含量相等，即 $y_1 = x_D$。由相平衡的关系可以得到从第一层塔板流下的液体中易挥发组元的含量为 x_1。

为了得到第二层塔板上升的气体中易挥发组元的含量 y_2，需对图 11.4 中用虚线划分的范围作质量守恒计算。有

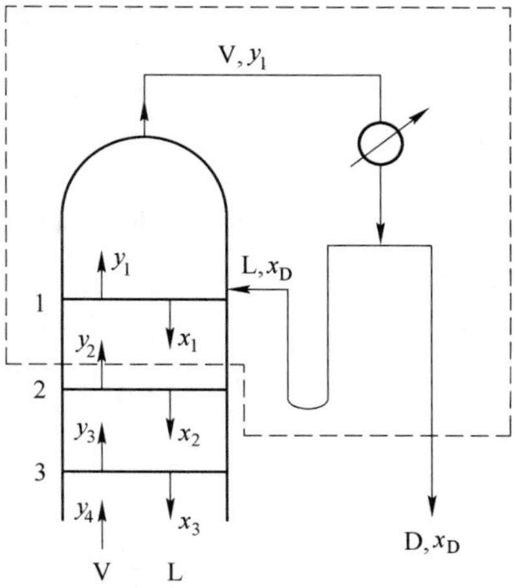

图 11.4 精馏段的示意图

$$w_V = w_L + w_D$$

$$w_V y_2 = w_L x_1 + w_D x_D$$

得

$$y_2 = \frac{w_L}{w_L + w_D} x_1 + \frac{w_D x_D}{w_L + w_D} \tag{11.23}$$

式中，w_D 和 x_D 已知，所以只要给出回流 w_L 就可以由 x_1 算出 y_2。

回流量 w_L 和馏出量 w_D 之比称为回流比，以 R 表示，有

$$R = \frac{w_L}{w_D}$$

得

$$w_L = Rw_D$$

代入式（11.23），得

$$y_2 = \frac{R}{R+1} x_1 + \frac{x_D}{R+1}$$

知道 R，就可以求得气体中易挥发组元的摩尔分数 y_2，进而应用相平衡关系，可以得到液体中易挥发组元的摩尔分数 x_2。

为了从 x_2 求出从下一塔板上升的气体中易挥发组元的摩尔分数 y_3，仿照由 x_1 求 y_2 的方法，给出第三个塔板以上的质量守恒方程，有

$$y_3 = \frac{R}{R+1} x_2 + \frac{x_D}{R+1}$$

依此类推，应用质量守恒和相平衡关系，可以求出离开每层理论塔板的气体和液体的组成，直到液相组成接近欲分离的料液已达到加料板。

上面质量守恒关系可以用一个通式表示。从第 i 个塔板流下的液体中易挥发组元的摩尔分数为 x_i，其下面第 $i+1$ 个塔板上升的气流的易挥发组元的摩尔分数为 y_{i+1}，有

$$y_{i+1} = \frac{R}{R+1} x_i + \frac{x_D}{R+1}$$

上面介绍的计算方法叫作逐板计算法，该法步骤多，比较麻烦。下面介绍比逐板法简化的图解法。

11.3.3 图解法

在 x-y 图中，从各层理论塔板离去的液体和气体组成点 $E_1(x_1, y_1)$、$E_2(x_2, y_2)$、…、$E_i(x_i, y_i)$、…、$E_n(x_n, y_n)$ 都在平衡线上（见图 11.5）。代表两个塔板间液体和气体组成点的 $A_1(x_1, y_2)$、$A_2(x_2, y_3)$、…、$A_i(x_i, y_{i+1})$、…、$A_n(x_n, y_{n+1})$ 都在方程

$$y = \frac{R}{R+1}x + \frac{x_D}{R+1} \qquad (11.24)$$

的直线上。这条表示质量守恒关系的直线称为操作线。

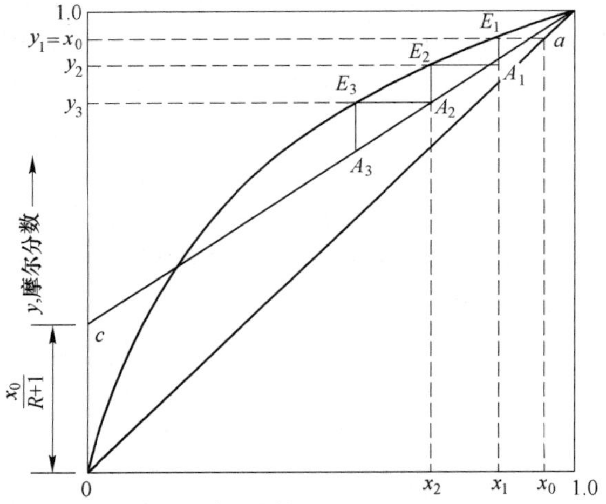

图 11.5 精馏段计算的图解

由式（11.24），取 $x = x_D$，得 $y = y_D$；取 $x = 0$，得 $y = \frac{x_D}{R+1}$。所以，操作线通过对角线上的点 $a(x_D, x_D)$ 和 y 轴上的点 $c\left(0, \frac{x_D}{R+1}\right)$。而 x_D 与 R 都是给定的已知量，所以点 a 和点 c 就确定下来了，连接 ac 就得到方程（11.24）代表的操作线。

利用图 11.5 给出的平衡线和操作线就可以用图解法计算每级理论塔板的气、液组成。

由于 $y_1 = x_D$，而点 $E_1(x_1, y_1)$ 在平衡线上，因此，通过点 $a(x_D, x_D)$ 作水平线（$y = y_1 = x_D$），与平衡线交点即为 E_1，其横坐标为 x_1。又由于点 $A_1(x_1, y_2)$ 在操作线上，过点 E_1 作垂直线（$x = x_1$），与操作线交点即为 A_1。依此类推，交替作水平线和垂直线，就可以求得离开各塔板的气、液组成。直到加料板为止。

在实际应用中并不要求各级塔板的气、液组成，而要求达到分离效果（即进料的 x_J 和塔顶的 x_D）的理论塔板数，即图解的阶梯级数。

11.3.4 提馏段分析

提馏段的操作情况如图 11.6 所示。离开提馏段第 j 层理论塔板的液、气中易挥发组元的摩尔分数分别为 x_j 和 y_j，并满足相平衡关系。x_j 与从下一层板（第 $j+1$ 层板）上升的气体中易挥发组元的摩尔分数 y_{j+1} 符合对图 11.6 虚线包围范围的易挥发组元的质量守恒方程

$$w_{L'} = w_{V'} + w_d$$

$$w_{L'} x_j = w_{V'} y_{j+1} + w_d x_d$$

得

$$y_{j+1} = \frac{w_{L'}}{w_{V'}} x_j + \frac{w_d}{w_{V'}} x_d \tag{11.25}$$

及

$$y_{j+1} = \frac{w_{L'}}{w_{V'} - w_d} x_j + \frac{w_d}{w_{V'} - w_d} x_d \tag{11.26}$$

式中，$w_{L'}$ 为液流量；$w_{V'}$ 为气流量；w_d 为塔底产品。w_d 和 x_d 已知，但塔内的液、气流量 $w_{L'}$ 和 $w_{V'}$ 需根据精馏段的液、气流量 w_L 、w_V 和进料物流量及受热状况确定。

进料受热状况有五种可能：（1）过冷液体（温度低于泡点）；（2）饱和液体；（3）饱和液、气混合物（温度介于泡点和露点之间）；（4）饱和蒸气；（5）过热蒸气（温度高于露点）。

分析第 3 种情况。

图 11.7 为加料板上的物流关系示意图。

进料中液相分数为 η ，气相分数为 $1-\eta$ 。

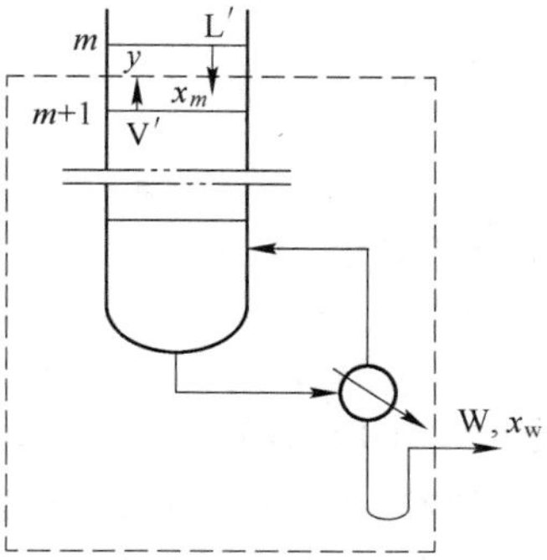

图 11.6 提馏段分析

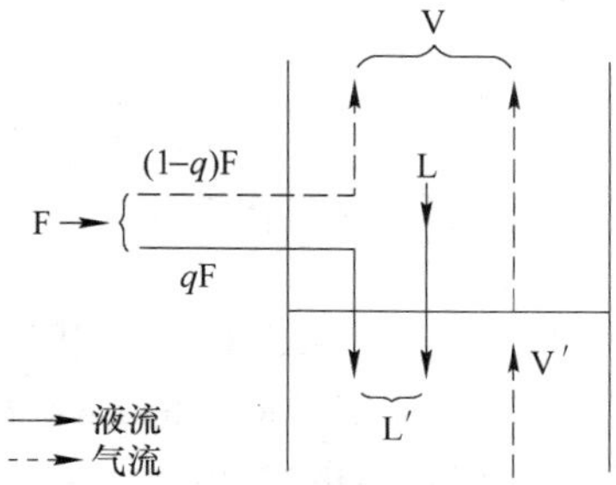

图 11.7 加料板上的物流关系示意图
（进料为液气混合物）

加料板上质量守恒方程为

$$w_{L'} = w_L + \eta w_J \tag{11.27}$$

$$w_{V'} = w_V - (1-\eta) w_J \tag{11.28}$$

进料带入的总焓为气、液两相各自带入的焓之和，有

$$w_J h_J wh = (\eta w_J) h_L - (1-\eta) w_J h_V$$

对于 1kmol 进料，有

$$h_J = \eta h_L - (1-\eta) h_V \qquad \text{kJ/kmol}$$

解出

$$\eta = \frac{h_V - h_J}{h_V - h_L} = \frac{\text{每 kmol 进料从进料状况转化为饱和蒸气所需热量}}{\text{进料的 kmol 汽化潜热}} \tag{11.29}$$

对于进料的气、液混合物（3），$h_V > h_F > h_L$ ，显然，η 介于 0 和 1 之间。

对于进料的饱和气体（2），$h_J = h_L$ ，代入式（11.29），得 $\eta = 1$；对于进料为饱和蒸气（4），$h_J = h_V$ ，代入式（11.29），得 $\eta = 0$。

显然，对于这三种情况，符合 η 为进料中液相分数的定义（见图 11.8（a））。

对于进料为过冷液体（1），$h_J < h_L$，由式（11.29），得 $\eta > 1$。料液进入塔后，在加料板上与提馏段上升的蒸气相遇，即被加热至饱和温度。同时本身有一部分被冷凝下来，使得 $w_{V'} > w_V$。因而，相当于式（11.28）中的 $\eta > 1$，加料板上的物流情况见图 11.8（b）。

对于过热蒸气（5），在加料板上进料使一部分流下来的液体气化，$V_{L'} < V_L$，$\eta < 0$，见图 11.8（c）。

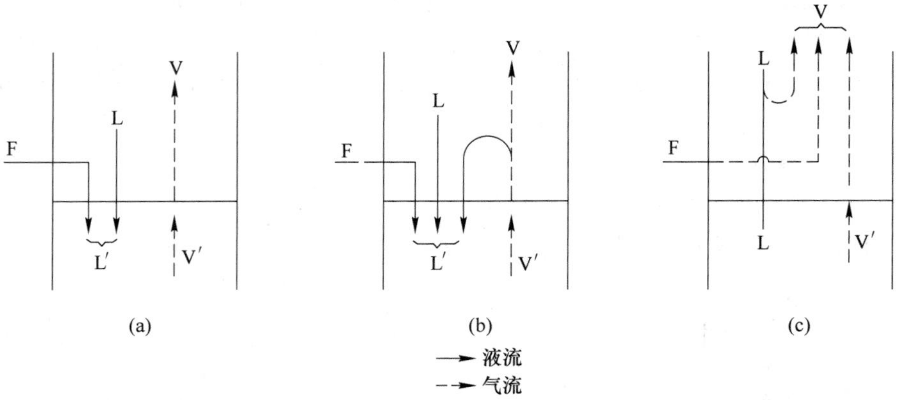

图 11.8 加料板的物流示意图
（a）饱和液体进料；（b）过冷液体进料；（c）过热蒸气进料

应用式（11.29），从进料的热状况算出 q，代入式（11.27）和式（11.28），得出 $w_{L'}$ 和 $w_{V'}$。然后，利用质量守恒方程（11.26）和相平衡关系，从加料板开始，逐板求出提馏段中离开各层理论塔板的气、液相组成。也可以采用 x-y 图解法计算。为此，需作出提馏段质量守恒的操作线，其方程为

$$y = \frac{w_{L'}}{w_{L'} - w_d}x - \frac{w_d}{w_{L'} - w_d}x_d \tag{11.30}$$

取 $x = x_d$，解得 $y = x_d$，提馏段操作线通过对角线上的点 $b(x_d, y = x_d)$；由式（11.30）可以求出其他点，或由斜率 $\frac{w_{V'}}{w_{L'} - w_d}$，即可画出操作线。

最好的方法是找出提馏段操作线与精馏段操作线交点，该方法具有普遍意义。

联立两条操作线方程式（11.30）和式（11.24），求解得两条操作线的交点 d。将两个方程写成初始形式，即

$$w_{V'}y = w_{L'}x - w_d x_d \tag{11.31}$$

$$w_V y = w_L x - w_D x_D \tag{11.32}$$

两式相减，得

$$(w_{V'} - w_V)y = (w_{L'} - w_L)x - (w_D x_D + w_d x_d)$$

利用式（11.27）、式（11.28）和式（11.29），得

$$(\eta - 1)wy = \eta wx - wx$$

所以，

$$y=\frac{\eta x}{\eta-1}-\frac{x}{\eta-1} \tag{11.33}$$

直线方程（11.33）表示两条操作线交点 d 的轨迹，由此可以作出提馏段操作线 bd。

交点 d 的轨迹直线方程（11.33）的斜率为 $\frac{\eta}{\eta-1}$，通过点 $f(x, x)$，据此可以作出这条直线。该直线由进料的组成和热状况决定，称为进料线，简称为 η 线。

利用 η 线作出提馏段操作线的方法，如图 11.9所示。

表 11.1 列出了五种进料热状况的数据。图 11.10 给出了五种进料热状况对进料线和操作线位置的影响。

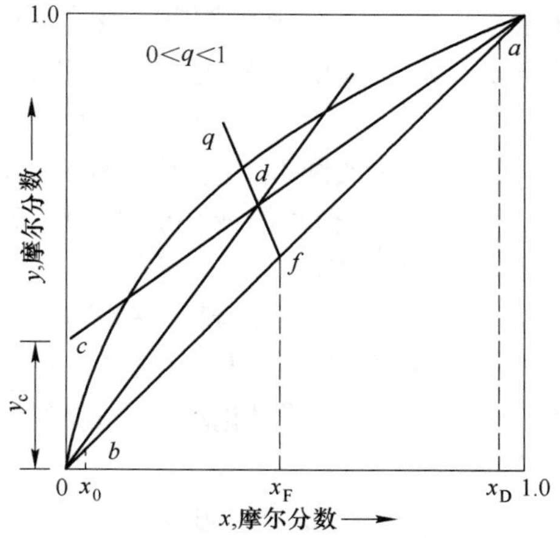

图 11.9　提馏段操作线的做法

表 11.1　五种进料热状况的对比

进料状况	i_r 范围	q 值	q 线斜率 $q/(q-1)$	精馏段、提馏段的液、气流量关系
过冷液	$i_F<i_L$	>1	1~∞	$L'>L+F$ $V'>V$
饱和液	$i_F=i_L$	1	∞（垂直线）	$L'=L+F$ $V'=V$
气液混合物	$i_V>i_F>i_L$	0~1	−∞~0	$L'>L$ $V'<V$
饱和气	$i_F=i_V$	0	0（水平线）	$L'=L$ $V'=V+F$
过热气	$i_F>i_V$	<0	0~1	$L'<L$ $V'<V-F$

11.3.5 理论塔板数

采用 x-y 图解法求理论塔板数的步骤为：

（1）在 x-y 图中作出平衡曲线及对角线。

（2）在 x 轴上定出 $x=x_D$、x_J、x_d 的点，并通过这三点依次按垂线定出对角线上的点 a、f、b。

（3）在 y 轴上定出 $y_c=\frac{x_D}{R+1}$ 的点 c，连接 a、c 两点作出精馏段的操作线。

（4）由进料状况求出 η 线的斜率 $\frac{\eta}{\eta-1}$，经过点 f 作 η 线。

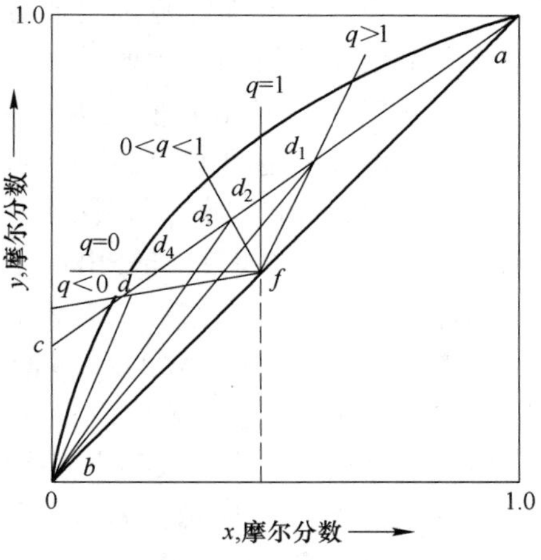

图 11.10　进料热状况的影响

（5）将 η 线和精馏段操作线 ac 的交点 d 与点 b 连接，得到提馏段的操作线 bd 。

（6）从 a 点开始，在平衡线与 ac 线之间作梯级，每个梯级为一级塔板。梯级跨过 d 点，该梯级即为加料板。然后，在平衡线与 bd 线之间作梯级。直到梯级跨过 b 点为止。从梯级的数目可以分别得出精馏段和提馏段的理论塔板数，并指定了加料板的位置。

由图 11.3 或图 11.6 可见，再沸器内进行的是溶液的部分气化，x_w 与 y_w 达到平衡，所以相当于一次平衡蒸馏或一层理论塔板。因此，提馏段和全塔所需的理论塔板数应从前面求得的数目中减 1。

另外，若塔顶的冷凝器不是全凝器，而是部分冷凝（仅将回流液冷凝），如图 11.11 所示，称为分凝器。显然，它也相当于一层理论塔板。这样，理论塔板数再减一层。

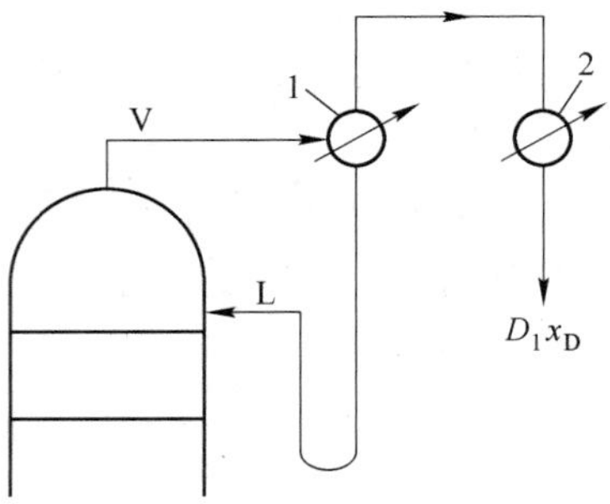

图 11.11　分凝器的流程
1—分凝器；2—产品冷凝器

x-y 图解法存在的问题为：

（1）对于所需理论塔板数多的体系，该法欠准确；

（2）对于该法应用的恒摩尔流假定偏差大的体系误差大。

上述二元蒸馏的计算原理对于复杂一些的精馏问题也可以应用。例如，若从塔内某一层塔板列出一股液流（称为测线出料），可以将全塔分成三段做质量守恒计算，将 x-y 图作出三条操作线。其余与上述图解法相同。

11.4 多元蒸馏

11.4.1 基本概念

分离多元溶液的蒸馏叫做多元蒸馏。量小的溶液常采用间歇精馏。用一个塔依次分离出较纯的或有一定沸点范围的馏分。量大的溶液宜采用连续精馏。例如，一个三元溶液，按挥发度大小各组元依次为 A、B、C。其分离方法可以采用图 11.12 所示的两种。

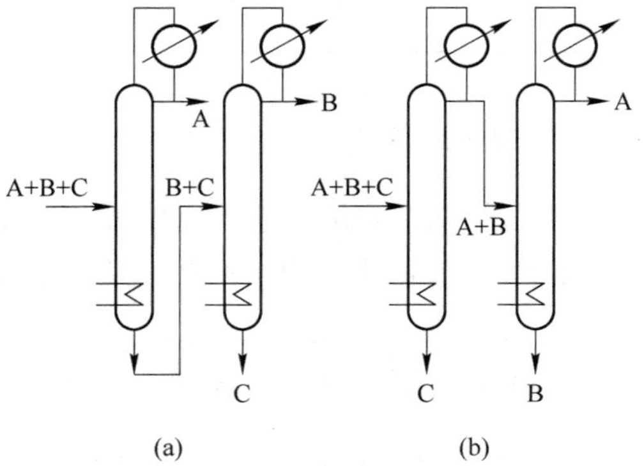

图 11.12　三元连续精馏

对于更多组元的溶液，只有最后一个塔分离二元溶液，每个塔只能分出一个高纯组元。因此，若分离 k 个组元，需要 $k-1$ 个塔。分离流程数随组元数的增多而急剧增加。因为每个塔的气化量只需馏出一个组元，所以，根据挥发度从大到小依次分离最为经济。

如图 11.12（a）所示，第一个塔的气化量就比图 11.12（b）小。这样可以减轻再沸器和冷凝器的负荷。设计精馏的流程需考虑：

（1）对易于降解的组元或聚合的组元，在流程中尽量减少作为塔底产品出现的次数，优先分离。

（2）对纯度要求高的组元，从塔顶分离，难挥发杂质留在塔底产品中。

（3）难分离的组元分离所需塔板数多，留到最后分离。

在多塔分离的流程中，根据每个塔的分离任务，定出一对关键组元，每个塔主要是对这一关键组元分离。例如，图 11.12（a）中的第一个塔，分离关键组元为 A 和 B，图 11.12（b）中第二个塔，分离的关键组元为 B 与 C。

11.4.2 多元体系的气-液平衡

多元体系的液相为理想溶液，气相为理想气体称为理想体系，否则就是非理想体系。

多元气-液平衡常采用相对挥发度和相平衡常数描述。多元体系偏离理想体系远，相对挥发度法不准确，甚至不适用。

11.4.2.1 相平衡常数法

在气-液平衡体系中，任一组元 i 的气相组成 y_i 与液相组成 x_i 之比称为这一组元的相平衡常数 K_i，有

$$K_i = \frac{y_i}{x_i}$$

即

$$y_i = K_i x_i \quad (i = A, B, \cdots, K) \tag{11.34}$$

对于理想体系，拉乌尔定律为

$$p_i = p_i^* x_i$$

道尔顿分压定律为

$$p_i = p y_i$$

所以

$$p y_i = p_i^* x_i \tag{11.35a}$$

$$K_i = \frac{y_i}{x_i} = \frac{p_i^*}{p} \tag{11.35b}$$

对于非理想体系，有

$$p_i = p_i^* a_i = p_i^* f_i x_i$$

认为道尔顿分压定律仍适用，则

$$K_i = \frac{p_i^* f_i}{p}$$

由此可见，易挥发组元，蒸气压大，平衡常数也大；温度高，蒸气压大，平衡常数大；平衡常数与总压力成反比。

11.4.2.2 相对挥发度法

对于理想体系，相对挥发度为

$$\alpha_{ij} = \frac{p_i^*}{p_j^*} \quad (i = A, B, \cdots, K) \tag{11.36}$$

j 为选定的某一基准组元。利用式（11.36），得出理想体系的相对挥发度与相平衡常数的关系，为

$$\alpha_{ij} = \frac{K_i}{K_j} \quad (i = A, B, \cdots, K) \tag{11.37}$$

如果知道各组元 A，B，…的相对挥发度 α_{Aj}，α_{Bj}，…和液相组成 x_A，x_B，…，就可以计算平衡气相组成。

将式（11.34）相加，得

$$\sum_{i=A}^{k} y_i = \sum_{i=A}^{k} k_i x_i \tag{11.38}$$

式中，左边为所有组元的摩尔分数之和，即

$$\sum_{i=A}^{k} y_i = 1$$

用式（11.38）去除式（11.34），得

$$y_i = \frac{K_i x_i}{\sum_{i=A}^{k} k_i x_i} = \frac{\left(\frac{K_i}{K_j}\right) x_i}{\sum_{i=A}^{k} \left(\frac{K_i}{K_j}\right) x_i}$$

将式（11.37）代入上式，得

$$y_i = \frac{\alpha_{ij} x_i}{\sum_{i=A}^{k} \alpha_{ij} x_i} \tag{11.39}$$

如果已知气相组成，求液相组成，则利用

$$x_i = \frac{y_i}{K_i} \tag{11.40}$$

$$\sum_{i=A}^{k} x_i = \sum_{i=A}^{k} \frac{y_i}{k_i} \tag{11.41}$$

将式（11.41）除以式（11.40），得

$$x_i = \frac{y_i / K_i}{\sum_{i=A}^{k} \frac{y_i}{k_i}} = \frac{y_i / (K_i / K_j)}{\sum_{i=A}^{k} \frac{y_i}{(K_i / K_j)}} \tag{11.42}$$

将式（11.37）代入上式，得

$$x_i = \frac{y_i / \alpha_{ij}}{\sum_{i=A}^{k} \frac{y_i}{\alpha_{ij}}} \tag{11.43}$$

11.4.3 平衡关系

蒸馏是在一定的总压力下进行的。在多元系中，组元 i 在气相中的平衡含量 y_i 不仅与组元 i 在液相中的含量 x_i 有关，还与其他组元在液相中的含量有关。因此，必须知道溶液

中全部组成才能确定 y_i。同样，要确定组元 i 在液相中的平衡含量，必须知道气相中各组元的含量。

平衡温度也是气-液平衡的重要条件。若已知液相组成，就可求其泡点；若已知气相组成，就可求出其露点。

11.4.3.1 求溶液的泡点

由式（11.39），得

$$y_i = \frac{\alpha_{ij} x_i}{\sum_{i=A}^{k} \alpha_{ij} x_i} = \frac{x_i}{\sum_{i=A}^{k} \alpha_{ij} x_i} \tag{11.44}$$

对于理想体系，有

$$x_j = \frac{p y_j}{p_j^*}$$

将上式代入式（11.44），得

$$p_j^* = \frac{p}{\sum_{i=A}^{k} \alpha_{ij} x_i} \tag{11.45}$$

式中，p 和 x_i 已知，先估计一个 t 值，从蒸气压数据计算 α_{ij}。

按式（11.45）算出 p_j^* 后，即可从组元 j 的蒸气压数据求得泡点 t_b。如果求得的 t_b 与原设的 t 相差较大，可以再计算一次，使 $t_b \approx t$ 即可。

11.4.3.2 求气相的露点

由式（11.43）和式（11.35），得

$$x_j = \frac{y_j/\alpha_{ij}}{\sum_{i=A}^{k} \frac{y_i}{\alpha_{ij}}} = \frac{y_j}{\sum_{i=A}^{k} \frac{y_i}{\alpha_{ij}}} = \frac{p_j^* x_j/p}{\sum_{i=A}^{k} \frac{y_i}{\alpha_{ij}}}$$

得

$$p_j^* = p\left(\sum_{i=A}^{k} \frac{y_i}{\alpha_{ij}}\right) \tag{11.46}$$

式中，总压力 p 和液相组成 x_i 已知，先估计一个 t，从蒸气压数据求得 α_{ij}，再按式（11.46）计算 p_j^*，就可求出得露点 t_d。如果 t_d 与原设的 t 相差较大，可以再计算一次，使 $t_\mathrm{d} \approx t$ 即可。

11.4.4 多元体系的质量守恒

多元系气、液相组成的计算比二元系复杂得多。每增加一个组元，就增加一个质量守恒方程，两个未知量。方程个数少于未知量个数，为解方程就需要找出其他的方程或条件。组元数越多，要找的条件就越多。这些条件实质上是每个组元在所有组元的影响下，通过一定数目的理论塔板数后所应达到的分离程度。现质量守恒与理论塔板数的计算纠缠在一起，组成了复杂的反复试差问题。

为了解决这类问题，通常采用近似方法。先估计塔底、塔顶产品的组成，据此算出理论塔板数，再校核、调整塔底、塔顶产品的组成，直到计算结果误差小于允许值为止。

在有些条件下，问题可以简化。体系中两个关键组元为相邻组元，它们的挥发度相差较大，又要求较高的分离度。可以认为一个挥发度大的关键组元全从塔顶蒸出，在塔底产品中可以忽略；另一个挥发度小的关键组元全从塔底排出，在塔顶的产品中可以忽略。加上这些条件就可以从质量守恒方程求出塔顶、塔底产品的全组成。

习 题

11-1 在 101.3kPa 压力下，蒸馏摩尔分数为 0.6 的甲醇-水溶液，求馏出 $\frac{1}{3}$ 时的釜液及馏出组成。

11-2 摩尔分数为 0.4 的苯-甲苯混合液，在总压 $p = 80\text{kPa}$ 的泡点及平衡液相组成是怎样的？

11-3 用常压连续精馏塔分离含苯 40%（质量分数）的苯-甲苯混合液，要求塔顶产品含苯 97%（质量分数）以上，塔底产品含苯 2%（质量分数）以下，回流比为 3.5，进料状况为饱和液体或 20℃ 液体或饱和蒸气压，求理论塔板数。

11-4 在 x-y 图中，平衡线与操作线间的梯级形状，在精馏段和提馏段有无不同？梯级是何含意？

11-5 设计一连续精馏塔分离苯-甲苯溶液。料液含苯 0.5，馏出液含苯 0.97，釜残液中含苯低于 0.04（均为摩尔分数），泡点加料，回流比取最小回流比的 1.5 倍，苯和甲苯的相对挥发度为 2.5。求理论塔板数和进料位置。

11-6 在精馏塔操作中，维持 F、V 不变，x_F降低，如何维持 x_D不变？

12 脱　气

12.1 气体从溶液中脱出

12.1.1 气体从溶液中脱出的热力学

溶解在溶液中的气体从溶液中脱出可以表示为

$$(A_2)_l =\!=\!= (A_2)_g$$

该过程的摩尔吉布斯自由能变化为

$$\Delta G_m = \mu_{(A_2)_g} - \mu_{(A_2)_l} = \Delta G_m^{\ominus} + RT\ln\frac{p_{(A_2)_g}/p^{\ominus}}{a_{(A_2)_l}} \tag{12.1}$$

式中，气体组元 A_2 以标准压力为标准状态，溶液中组元 A_2 以假想的符合亨利定律的 $w(A_2)/w^{\ominus} = 1$ 为标准状态，浓度以质量分数表示。

$$\mu_{(A_2)_g} = \mu_{(A_2)_g}^{\ominus} + RT\ln\frac{p_{(A_2)_g}}{p^{\ominus}}$$

$$\mu_{(A_2)_l} = \mu_{A_2(w)}^{\ominus} + RT\ln a_{(A_2)_l}$$

$$\Delta G_m^{\ominus} = \mu_{(A_2)_g}^{\ominus} - \mu_{A_2(w)}^{\ominus}$$

12.1.2 气体从溶液中脱出的动力学

12.1.2.1 气体从溶液中脱出的步骤

溶解于液体中的气体达到一定的饱和度后会从液体中脱出。气体从液体中脱出有五个步骤：

(1) 溶解组元从液相本体向气-液相面传质；

(2) 溶解组元在界面由溶解状态转变为吸附状态；

(3) 溶解组元在界面发生反应，生成气体；

(4) 气体分子从界面脱附，进入气体边界层或气泡；

(5) 气体分子通过气体边界层扩散到气相本体或被气泡带到气相本体。

这里不考虑溶解组元在容器壁和液体中的固体杂质表面形成气泡的过程。

反应方程为

$$(A_2)_l =\!=\!= (A_2)_g$$

$$(A_mB_n)_l =\!=\!= (A_mB_n)_g$$

12.1.2.2 液相传质

双原子分子组元的传质速率

$$-\frac{dN_{(A_2)_l}}{dt}=\frac{dN_{(A_2)_g}}{dt}=\Omega_{l'g'}J_{A_2,l'} \tag{12.2}$$

式中，$J_{A_2,l'}=D_{A_2,l'}(c_{A_2,b}-c_{A_2,i})$；$D_{A_2,l'}$ 为组元 A_2 在液膜中的扩散系数；$c_{A_2,b}$ 和 $c_{A_2,i}$ 分别为组元 A_2 在液相本体和气-液相界面处组元 A_2 的浓度。

$$-\frac{dN_{(A_2)_l}}{dt}=\frac{dN_{(A_2)_g}}{dt}=\Omega_{l'g'}D_{A_2,l'}(c_{A_2,b}-c_{A_2,i}) \tag{12.3}$$

12.1.2.3 界面反应速率

扩散到气-液界面的组元不发生化合反应，只是由水化分子变成气体分子，例如溶解于水中的氧气、氮气，温度升高从水中析出。

溶解组元不发生化学反应，有

$$(A_2)_l=(A_2)_g$$

$$-\frac{dN_{(A_2)_l}}{dt}=\frac{dN_{(A_2)_g}}{dt}=\Omega_{l'g'}j_{A_2} \tag{12.4}$$

式中

$$j_{A_2}=k_{A_2}c_{A_2,i}^{n_{A_2}}-k'_{A_2}(p_{A_2,i})^{n_{A_2}}=k_{A_2}\left[c_{A_2,i}^{n_{A_2}}-\frac{(p_{A_2,i})^{n_{A_2}}}{K}\right]$$

$$\frac{k_{A_2}}{k'_{A_2}}=\left(\frac{p'_{A_2,i}}{c'_{A_2,i}}\right)^{n_{A_2}}=K$$

式中，k_{A_2} 和 k'_{A_2} 分别为正、逆反应速率常数；$c_{A_2,i}$ 为液-气界面 A_2 的浓度；$p_{A_2,i}$ 为液-气界面气相中组元 A_2 的压力，若界面反应为控制步骤，$p_{A_2,i}$ 等于组元 A_2 在气相本体的压力 $p_{A_2,b}$，$p'_{A_2,i}$ 和 $c'_{A_2,i}$ 分别为反应达到平衡时，在气-液界面组元 A_2 的压力和浓度。

$$-\frac{dN_{(A_2)_l}}{dt}=\frac{dN_{(A_2)_g}}{dt}=\Omega_{l'g'}k_{A_2}\left[c_{A_2,i}^{n_{A_2}}-\frac{(p_{A_2,i})^{n_{A_2}}}{K}\right] \tag{12.5}$$

12.1.2.4 气相边界层传质速率

在液-气界面产生的气体通过气相边界层向气相本体传质。对于双原子分子，脱出前后组成不变，过程速率为

$$-\frac{dN_{(A_2)_l}}{dt}=\frac{dN_{(A_2)_g}}{dt}=\Omega_{g'g}J_{A_2,g'} \tag{12.6}$$

$$J_{A_2,g'}=D_{A_2,g'}(p_{A_2,i}-p_{A_2,b}) \tag{12.7}$$

$$-\frac{dN_{(A_2)_l}}{dt}=\frac{dN_{(A_2)_g}}{dt}=\Omega_{g'g}D_{A_2,g'}(p_{A_2,i}-p_{A_2,b}) \tag{12.8}$$

12.1.2.5 气体从液体中脱出由几个步骤共同控制

从液体中脱出气体的三个步骤中，如果不止一个阻力大，则从液体中脱出气体的速率由阻力大的几个步骤共同控制。

A 液相传质和界面反应共同为控制步骤

脱出过程发生化学反应。过程速率为

$$-\frac{dN_{(A_2)_l}}{dt}=\frac{dN_{(A_2)_g}}{dt}=\Omega_{l'g'}J_{A_2,l'}=\Omega_{l'g'}j=\Omega J \tag{12.9}$$

式中，$\Omega_{l'g'}=\Omega$；$J=\dfrac{1}{2}(J_{A_2,l'}+j)$；$J_{A_2,l'}=D_{A_2,l'}(c_{A_2,b}-c_{A_2,i})$；$j=k_{A_2}c_{A_2}^{n_{A_2}}-k'_{A_2}(p_{A_2,i})^{n_{A_2}}$。

由于气膜中扩散不是控制步骤，所以

$$p_{A_2,i}=p_{A_2,b}$$

$$j=k_{A_2}c_{A_2}^{n_{A_2}}-k'_{A_2}(p_{A_2,b})^{n_{A_2}}=k_{A_2}[c_{A_2,i}^{n_{A_2}}-k(p_{A_2,b})^{n_{A_2}}] \tag{12.10}$$

式中

$$\frac{k_{A_2}}{k'_{A_2}}=\left(\frac{p'_{A_2,i}}{c'_{A_2,i}}\right)^{n_{A_2}}=K=\frac{1}{k}$$

$$-\frac{dN_{(A_2)_l}}{dt}=\frac{dN_{(A_2)_g}}{dt}=\frac{1}{2}\Omega_{l'g'}\left\{D_{A_2,l'}(c_{A_2,b}-c_{A_2,i})+k_{A_2}\left[c_{A_2,i}^{n_{A_2}}-\frac{(p_{A_2,b})^{n_{A_2}}}{K}\right]\right\} \tag{12.11}$$

B 界面反应和气相传质共同为控制步骤

脱出过程发生化学反应，过程速率为

$$-\frac{dN_{(A_2)_l}}{dt}=\frac{dN_{(A_2)_g}}{dt}=\Omega_{l'g'}j=\Omega_{g'g}J_{A_2,g'}=\Omega J \tag{12.12}$$

式中

$$\Omega_{l'g'}\approx\Omega_{g'g}=\Omega;\ J=\frac{1}{2}(j+J_{A_2,g'})$$

$$j=k_{A_2}c_{A_2,i}^{n_{A_2}}-k'_{A_2}(p_{A_2,i})^{n_{A_2}}=k_{A_2}\left[c_{A_2,i}^{n_{A_2}}-\left(\frac{p_{A_2,i}}{K}\right)^{n_{A_2}}\right]$$

$$\frac{k_{A_2}}{k'_{A_2}}=\left(\frac{p'_{A_2,i}}{c'_{A_2,i}}\right)^{n_{A_2}}=K$$

$$J_{A_2,g'}=D_{A_2,g'}(p_{A_2,b}-p_{A_2,i})$$

$$-\frac{dN_{(A_2)_l}}{dt}=\frac{dN_{(A_2)_g}}{dt}=\frac{\Omega}{2}\left[k_{A_2}\left(c_{A_2,i}^{n_{A_2}}-\frac{p_{A_2,i}^{n_{A_2}}}{K}\right)-D_{A_2,g'}(p_{A_2,i}-p_{A_2,b})\right] \tag{12.13}$$

C 液相传质和气相传质共同为控制步骤

脱出过程不发生化学反应，过程速率为

$$-\frac{dN_{(A_2)_l}}{dt}=\frac{dN_{(A_2)_g}}{dt}=\Omega_{l'g'}J_{A_2,l'}=\Omega_{g'g}J_{A_2,g'}=\Omega J \tag{12.14}$$

式中

$$\Omega_{l'g'}\approx\Omega_{g'g}=\Omega$$

$$J=\frac{1}{2}(J_{A_2l'}+J_{A_2,g'})$$

$$J_{A_2,l'}=D_{A_2l'}(c_{A_2,b}-c_{A_2,i})$$

$$J_{A_2,g'}=D_{A_2g'}(p_{A_2,i}-p_{A_2,b})$$

$$-\frac{dN_{(A_2)_l}}{dt}=\frac{dN_{(A_2)_g}}{dt}=\frac{\Omega}{2}[D_{A_2l'}(c_{A_2,b}-c_{A_2,i})+D_{A_2g'}(p_{A_2,i}-p_{A_2,b})] \tag{12.15}$$

D 液相传质界面反应和气相传质共同为控制步骤

脱出过程发生化合反应，过程速率为

$$-\frac{dN_{(A_2)_l}}{dt}=\frac{dN_{(A_2)_g}}{dt}=\Omega_{l'g'}J_{A_2,l'}=\Omega_{l'g'}j=\Omega_{g'g}J_{A_2,g'}=\Omega J \tag{12.16}$$

式中

$$\Omega_{l'g'}\approx\Omega_{g'g}=\Omega$$

$$J=\frac{1}{3}(J_{A_2l'}+j+J_{A_2,g'})$$

$$J_{A_2,l'}=D_{A_2l'}(c_{A_2,b}-c_{A_2,i})$$

$$j=k_{A_2}c_{A_2,i}^{n_{A_2}}-k'_{A_2}(p_{A_2,i})^{n_{A_2}}=k_{A_2}\left[c_{A_2,i}^{n_{A_2}}-\frac{(p_{A_2,i})^{n_{A_2}}}{K}\right]$$

$$\frac{k_{A_2}}{k'_{A_2}}=\left(\frac{p'_{A_2,i}}{c'_{A_2,i}}\right)^{n_{A_2}}=K$$

$$J_{A_2,g'}=D_{A_2,g'}(p_{A_2,i}-p_{A_2,b})$$

$$-\frac{dN_{(A_2)_l}}{dt}=\frac{dN_{(A_2)_g}}{dt}=\frac{\Omega}{3}\left\{D_{A_2l'}(c_{A_2,b}-c_{A_2,i})+k_{A_2}\left[c_{A_2,i}^{n_{A_2}}-\frac{(p_{A_2,i})^{n_{A_2}}}{K}\right]\right\}+D_{A_2g'}(p_{A_2,i}-p_{A_2,b}) \tag{12.17}$$

12.2 液体蒸发

液体由液态变为气态的过程叫蒸发或挥发。纯液态物质具有饱和蒸气压，在一定温度，纯液态物质的饱和蒸气压为定值。对于封闭体系，在一定温度，液态物质与其饱和蒸气平衡，蒸气压力不变。宏观上液态物质不再蒸发，微观上液态物质蒸发的速率和其蒸气冷凝的速率相等。

溶解在液体中的组元也会蒸发，在一定温度也有饱和蒸气压。但其饱和蒸气压和它的纯物质不同，其饱和蒸气压的值可近似地用拉乌尔定律或亨利定律计算，或者将拉乌尔定律或亨利定律中的浓度用活度代替后计算。在一定温度，溶解在液体中的组元与其饱和蒸气平衡，其饱和蒸气压不变。

在一定温度，敞开体系和封闭体系的情况不同。纯物质或溶解在液体中组元的蒸气会跑掉，不能和纯物质或溶解在液体中的组元保持平衡，液面上方各组元的蒸气压低于各组元的饱和蒸气压，因而，液体会不断蒸发。

12.2.1 液体蒸发的热力学

12.2.1.1 纯液体蒸发的热力学

纯液体蒸发可以表示为

$$A(l)=\!=\!=(A)_g$$

该过程的摩尔吉布斯自由能变化为

$$\Delta G_{\mathrm{m}} = \mu_{(\mathrm{A})_{\mathrm{g}}} - \mu_{\mathrm{A}(1)} = \Delta G_{\mathrm{m}}^{\ominus} + RT\ln \frac{p_{(\mathrm{A})_{\mathrm{g}}}}{p_{\mathrm{A}(1)}} \tag{12.18}$$

式中，$\mu_{(\mathrm{A})_{\mathrm{g}}} = \mu_{(\mathrm{A})_{\mathrm{g}}}^{\ominus} + RT\ln p_{(\mathrm{A})_{\mathrm{g}}}$。气体组元以标准压力为标准状态，液体组元 A(1) 与该温度的饱和蒸气平衡，蒸气以标准压力为标准状态，有

$$\mu_{\mathrm{A}(1)} = \mu_{(\mathrm{A})_{\mathrm{g}}}^{*} = \mu_{(\mathrm{A})_{\mathrm{g}}}^{\ominus} + RT\ln p_{\mathrm{A}}^{*}$$

式中，p_{A}^{*} 为纯组元 A 的饱和蒸气压。所以

$$\Delta G_{\mathrm{m}}^{\ominus} = \mu_{(\mathrm{A})_{\mathrm{g}}}^{\ominus} - \mu_{(\mathrm{A})_{\mathrm{g}}}^{\ominus} = 0$$

$$\Delta G_{\mathrm{m}} = RT\ln \frac{p_{(\mathrm{A})_{\mathrm{g}}}}{p_{\mathrm{A}}^{*}}$$

12.2.1.2 溶液中组元蒸发的热力学

溶液中组元蒸发可以表示为

$$(\mathrm{A})_{1} = (\mathrm{A})_{\mathrm{g}}$$

该过程的摩尔吉布斯自由能变化为

$$\Delta G_{\mathrm{m}} = \mu_{(\mathrm{A})_{\mathrm{g}}} - \mu_{(\mathrm{A})_{1}}$$

气体组元以一个标准压为标准状态，有

$$\mu_{(\mathrm{A})_{\mathrm{g}}} = \mu_{(\mathrm{A})_{\mathrm{g}}}^{\ominus} + RT\ln p_{(\mathrm{A})_{\mathrm{g}}}$$

液体中的组元 $(\mathrm{A})_{1}$ 与该温度溶液中组元 A 的饱和蒸气平衡，A 的蒸气以一个标准压力为标准状态，有

$$\mu_{(\mathrm{A})_{1}} = \mu_{(\mathrm{A})_{\mathrm{g}}} = \mu_{(\mathrm{A})_{\mathrm{g}}}^{\ominus} + RT\ln p_{(\mathrm{A})_{\mathrm{g}}}^{\mathrm{eq}}$$

式中，$p_{(\mathrm{A})_{\mathrm{g}}}^{\mathrm{eq}}$ 为溶液中的组元 A 的饱和蒸气压。所以

$$\Delta G_{\mathrm{m}} = \Delta G_{\mathrm{m}}^{\ominus} + RT\ln \frac{p_{(\mathrm{A})_{\mathrm{g}}}}{p_{(\mathrm{A})_{\mathrm{g}}}^{\mathrm{eq}}} \tag{12.19}$$

式中

$$\Delta G_{\mathrm{m}}^{\ominus} = \mu_{\mathrm{A(g)}}^{\ominus} - \mu_{\mathrm{A(g)}}^{\ominus} = 0$$

12.2.2 液体蒸发的动力学

12.2.2.1 液体蒸发的步骤

纯液体的蒸发过程有以下两个步骤：

(1) 在液体表面，物质由液态转变为气态；

(2) 气态物质通过气体边界层迁移到气相本体。

溶解在液体中组元的蒸发过程由三个步骤组成：

(1) 溶解组元从液体本体通过液相边界层扩散到液体表面；

(2) 在液体表面溶解组元由溶解的液态转变为气态；

(3) 气态物质通过气体边界层迁移到气相本体。

12.2.2.2 蒸发速率

朗格缪尔根据气体分子运动推导出液体单位表面积的蒸发速率为

$$J_{\mathrm{A,e}} = \frac{\alpha}{(2\pi M_{\mathrm{A}} RT)^{1/2}}(p_{\mathrm{A}} - p_{\mathrm{A,g}}) \tag{12.20}$$

式中，α 为蒸发系数，金属可以取 1；M_A 为组元 A 的相对分子质量；p_A 为组元 A 的饱和蒸气压；$p_{A,g}$ 为气相中组元 A 的实际压力。

当 p_A 大于 $p_{A,g}$ 时，气化速率大于凝聚速率；当 $p_{A,g}$ 大于 p_A 时，凝聚速率大于气化速率。净蒸发速率等于气化速率和凝聚速率之差。

对于纯物质

$$p_A = p_A^*$$

式中，p_A^* 为纯物质 A 的蒸气压。

对于溶解组元

$$p_A = p_A^* \ a_A^R = p_A^* r_A \ x_A \tag{12.21}$$

式中，a_A^R 为组元 A 以纯物质为标准状态的活度；r_A 为活度系数；x_A 为组元 A 的摩尔分数。或

$$p_A = k_H \ a_A^R = k_H f_A \ x_A$$

式中，a_A^R 为组元 A 以假想的纯物质为标准状态的活度；f_A 为活度系数。

在真空情况下，$p_A \gg p_{A,g}$，凝聚过程可以忽略，有

$$J_{A,e} = \frac{\alpha p_A}{(2\pi M_A RT)^{1/2}} \tag{12.22}$$

表面积为 Ω 的液体蒸发速率为

$$J_{A,t} = \Omega J_{A,e} = \frac{\Omega\alpha}{(2\pi M_A RT)^{1/2}}(p_A - p_{A,g}) \tag{12.23}$$

真空情况下的蒸发速率为

$$J_{A,t} = \frac{\Omega\alpha p_A}{(2\pi M_A RT)^{1/2}} \tag{12.24}$$

12.2.2.3 蒸发系数

溶液中的杂质组元能否采用蒸发的方法除去，取决于杂质组元与溶剂组元蒸发速率的相对大小。

设溶剂组元 A 和杂质组元 B 的质量分别为 a 和 b，经过时间 t 后，它们各自挥发了 x 和 y，质量单位为 g，时间单位为 s。A 和 B 的蒸发速率为

$$\frac{dx}{dt} = J_A = J_{A,e} M_A = \left(\frac{M_A}{2\pi RT}\right)^{1/2} p_A^* r_A \ x_A \tag{12.25}$$

$$\frac{dy}{dt} = J_B = J_{B,e} M_B = \left(\frac{M_B}{2\pi RT}\right)^{1/2} k_{H,B} f_B \ x_B \tag{12.26}$$

式（12.22）的 α 取 1。溶剂组元 A 以纯物质为标准状态，r_A 为活度系数；杂质组元 B 以符合亨利定律的假想的纯物质为标准状态，f_A 为活度系数；$k_{H,B}$ 为组元 B 的亨利定律常数。体系中的总物质的量 n 近似为常数，则 A 和 B 的摩尔分数为

$$x_A = \frac{a - x}{nM_A} \tag{12.27}$$

$$x_B = \frac{b - y}{nM_B} \tag{12.28}$$

将式（12.27）和式（12.28）代入式（12.25）和式（12.26），然后相除，得

$$\frac{dy}{dx}=\beta\frac{b-y}{a-x} \tag{12.29}$$

式中

$$\beta=\left(\frac{M_A}{M_B}\right)^{1/2}\frac{f_B k_{H,B}}{r_A p_A^*} \tag{12.30}$$

称作分离系数。

对式（12.29）积分，得

$$\ln\frac{b-y}{b}=\ln\left(\frac{a-x}{a}\right)^{\beta}$$

整理，有

$$\frac{y}{b}=1-\left(1-\frac{x}{a}\right)^{\beta}\approx\beta\frac{x}{a} \tag{12.31}$$

或

$$\frac{y}{x}\approx\beta\frac{b}{a} \tag{12.32}$$

令式（12.32）中 $\frac{y}{x}$ 为气相中组元 B 和 A 的比例，$\frac{b}{a}$ 为液相中组元 B 和 A 的比例，因此，由式（12.32）可以得出：

(1) $\beta=1$，组元 A 和 B 的蒸发比例相等，气相和液相组成相同，组元 A 和 B 不能用蒸发的方法分离。

(2) $\beta>1$，组元 B 的蒸发比例大于组元 A 的蒸发比例，组元 B 在气相富集，组元 A 在液相富集。组元 A 和 B 可以用蒸发的方法分离。β 值越大，分离效果越好。

(3) $\beta<1$，组元 A 的蒸发比例大于组元 B 的蒸发比例，组元 A 富集在气相，组元 B 富集在液相。组元 A 和 B 可以用蒸发的方法分离。β 值越小，分离效果越好。

由于活度系数和溶液组成有关，因此，β 值也与溶液组成有关。在液体蒸发过程中 β 值不守常。但是，对于稀溶液而言，可以将 β 看作常数，有

$$\beta=\left(\frac{M_A}{M_B}\right)^{1/2}\frac{k_{H,B}}{p_A^*} \tag{12.33}$$

12.2.2.4 传质速率

A 溶解组元通过液相边界层的传质速率

液体中的溶解组元通过液相边界层的传质速率为

$$J_{A,l'}=D_{A,l'}(c_{A,b}-c_{A,i}) \tag{12.34}$$

式中，$D_{A,l'}$ 为溶解组元在液体中的传质系数；$c_{A,b}$ 和 $c_{A,i}$ 分别为溶解组元在液体内部和气-液界面的浓度。

B 蒸发的组元通过气相边界层的传质速率

在液体表面蒸发的组元通过气相边界层传质到气相本体，传质速率为

$$J_{A,g'}=\frac{D_{A,g'}}{RT}(p_{A,i}-p_{A,g}) \tag{12.35}$$

式中，$D_{A,g'}$ 为组元 A 在气相的传质系数；$p_{A,i}$ 为液体中组元 A 的饱和蒸气压；$p_{A,g}$ 为气相中组元 A 的压力。

C　几个步骤共同控制的蒸发速率

当蒸发过程达到稳态，蒸发和传质三个步骤的速率相等，即

$$J = J_{A,l'} = J_{A,e} = J_{A,g'} \tag{12.36}$$

如果蒸发过程不是只由蒸发步骤控制，式（12.20）和式（12.21）中组元 A 的浓度不是溶液本体中组元 A 的浓度 $x_{A,i}$。式（12.20）中的组元 A 的压力也不是溶液本体中组元 A 浓度的饱和蒸气压 p_A；而应该是溶液表面组元 A 浓度的饱和蒸气压 $p_{A,i}$。因此，在这种情况下，溶解组元的蒸发速率为

$$J_{A,e} = \frac{\alpha}{(2\pi M_A RT)^{\frac{1}{2}}}(p_{A,i} - p_{A,g}) = \frac{\alpha}{(2\pi M_A RT)^{\frac{1}{2}}}RT(c_{A,i} - c_{A,g}) = D_A(c_{A,i} - c_{A,g}) \tag{12.37}$$

式中

$$D_A = \frac{\alpha\,(RT)^{\frac{1}{2}}}{(2\pi M_A)^{\frac{1}{2}}} \tag{12.38}$$

将式（12.22）和式（12.27）联立，消去 $c_{A,i}$，解得

$$J = \frac{D_A D_{A,l'}}{D_A + D_{A,l'}}(c_{A,b} - c_{A,g}) \tag{12.39}$$

式（12.39）为液相传质和表面蒸发共同控制蒸发过程的速率方程。

由式（12.36）、式（12.37）和式（12.39）可见，不论挥发过程由表面蒸发控制或液相传质控制，还是两者共同控制，蒸发速率都和浓度的一次方成正比，是一级反应。

当蒸发过程不是只由气相传质控制时，式（12.35）中的 p_A 不是液体中组元 A 的饱和蒸气压，而应该是相应于组元 A 表面浓度 $x_{A,i}$ 的饱和蒸气压 $p_{A,i}$。因此，式（12.35）成为

$$J_g = \frac{D_{A,g'}}{RT}(p_{A,i} - p_{A,g}) = D'_{A,g'}(c_{A,i} - c_{A,g}) \tag{12.40}$$

式中

$$D'_{A,g'} = \frac{D_{A,g'}}{RT} \tag{12.41}$$

将式（12.39）与式（12.40）联立，消去 $c_{A,g}$，得

$$J = \frac{D'_{A,g'} D_A D_{A,l'}}{D'_{A,g'} D_A + D'_{A,g'} D_{A,l'} + D_A D_{A,l'}}(c_{A,b} - c_{A,i}) \tag{12.42}$$

式（12.42）是气相传质、表面蒸发和液相传质共同控制的速率方程。

在真空情况下，式（12.37）成为

$$J_{A,e} = D_A c_{A,i} \tag{12.43}$$

式（12.39）成为

$$J = \frac{D_A D_{A,l'}}{D_A + D_{A,l'}} c_{A,b} \tag{12.44}$$

在真空情况下，气相传质速率快，不能成为控制步骤，也不能成为共同的控制步骤。

D　气氛对蒸发的影响

如果液体上方的气体能和蒸发出来的组元蒸气发生化学反应，则降低了气相中蒸发出来的组元的压力，使气相传质加快，整个蒸发过程速率加快。

习　　题

12-1　在25℃，氧气从水中脱出，进入大气。氧气以101.3kPa为标准状态，溶解于水中的氧气以符合亨利定律的假想的纯物质为标准状态，计算摩尔吉布斯自由能变化。

12-2　在25℃，酒精蒸发进入空气。空气中的酒精以一个标准压力为标准状态，酒精以纯液态为标准状态。计算摩尔吉布斯自由能变化。

12-3　在25℃，75%浓度的酒精溶液蒸发进入空气。空气中的酒精和水都以一个标准压为标准状态，溶液中的酒精和水都以纯物质为标准状态，计算摩尔吉布斯自由能的变化。都以质量变分之一分数为标准状态，计算摩尔吉布斯自由能变化。

12-4　利用朗格缪尔公式计算纯水在大气中的蒸发速率。

12-5　组元A和B形成溶液，在什么条件下两者可以通过蒸发分离？在什么条件下，两者不能通过蒸发分离？

12-6　气氛对蒸发有何影响？

13 脱水（干燥）

13.1 脱水的方法

在湿冶金中，常需要从湿的固体物料中去除水分，这种过程叫作脱水。脱水的方法有机械脱水，采用压榨、过滤和离子分离等方法脱水。机械脱水能耗小，但脱水不完全。有些物料脱水很困难，含水量可达80%以上。脱水的方法还有加热脱水法，即利用热能把物料中的水汽化除去，这种脱水方法即为干燥。干燥过程是把水分从固相转移到气相。干燥进行的条件是物料表面的蒸气压大于气相中蒸气的压力。这样，物料表面的水分才能够汽化，物料内部的水分才能够向表面迁移，使得物料中的水分汽化排出。

按照热量供给方式，干燥方法有：

（1）对流干燥。干燥介质（如空气）直接与物料接触，水分变成气体被干燥介质带走。

（2）传导干燥。热量通过器壁传导物料，水分变成气体被排出。

（3）辐射干燥。电（光）辐射被物料吸收转化为热能，水分变成气体排出。

13.2 空气的湿度

13.2.1 干、湿球温度

知道空气的温度 t 和绝热饱和温度 t_a ，就可以确定空气的湿度 H 。空气的绝热饱和温度难以直接测量，所以需测量空气的其他温度来代替。将温度计的感温球用湿纱布包起来，将纱布的一部分浸入到水中以保持纱布足够润湿，就构成湿球温度计。这种温度计在温度为 t、湿度为 H 的不饱和空气流中，在绝热条件下达到平衡所显示的温度，叫作空气的湿球温度。同时，在空气流中还放一支不包湿纱布的温度计，该温度计所测得的空气温度叫作空气的干球温度。测得空气的干、湿球温度后，就能确定空气的湿含量。

13.2.2 空气的湿度

湿纱布表面的空气湿度 H_w（湿纱布温度的饱和湿度）比空气主流中的湿度大。纱布表面的水分气化，并通过气膜向空气主流扩散。水气化所需潜热，首先由湿纱布的显热提供，湿纱布温度下降，从而在空气流与纱布之间产生湿度差，引起对流传热。湿纱布从空气中获取的热量用于水分气化。该过程达到绝热、稳定状态，空气向湿纱布提供的显热速率等于湿纱布水分气化耗热的速率。此时湿球温度计指示的温度不变，为湿球温度 t_w 。

单位时间空气向湿纱布表面传递的显热速率为

$$\frac{dQ}{dt}=\alpha\Omega(t-t_w)$$

纱布表面水分汽化的速率为j_w，并有

$$j_w=k_H(H_w-H)$$

汽化所需潜热为

$$Q=j_w\Omega L_w=k_H\Omega(H_w-H)L_w$$

式中，$\frac{dQ}{dt}$为传热速率；Ω为纱布与空气的接触面积；α为空气与纱布间的对流传热系数；t、t_w为空气的干、湿球温度；j_w为水的汽化速率；k_H为传质系数；L_w为在湿球温度t_w水的汽化潜热；H_w为在湿球温度t_w空气的饱和湿度；H为空气的湿度。

过程达到稳定状态，即达到湿球温度，有

$$\alpha\Omega(t-t_w)=k_H\Omega(H_w-H)L_w$$

即

$$\frac{H_w-H}{t_w-t}=-\frac{\alpha}{k_H L_w} \tag{13.1}$$

在空气-水体系，在绝热条件下，空气流速为3.8~10.2m·s^{-1}，有

$$\frac{\alpha}{k_H}\approx C_{H,p}$$

式中，$C_{H,p}$为湿空气的定压比热容。

利用上式，得

$$\frac{H_w-H}{t_w-t}=-\frac{C_{H,p}}{L_w}$$

比较式

$$\frac{H_{as}-H}{t_{as}-t}=-\frac{C_{H,p}}{L_{as}}$$

式中，下角标as表示绝热。可见，H和t相同的湿空气，其湿球温度t_w和绝热饱和湿度t_{as}相等。

在绝热条件下，只要湿物料表面足够湿润，在稳定状态，任一截面上的湿物料气化所需潜热等于空气传给物料的显热，湿物料的表面湿度即为湿球温度。

13.2.3　露点

空气在湿含量H不变的情况下冷却，达到饱和状态的温度称为露点t_d，在饱和状态开始有水珠——露水冷却出来。

空气的湿含量（湿度）

$$H=\frac{\text{水含量}}{\text{干空气量}}=\frac{\text{水汽的物质的量}\times M_w}{\text{干空气的物质的量}\times M_a}=\frac{p_w M_w}{(p-p_w)M_a}$$

式中，H为空气的湿含量即湿度；p_w为空气中水汽分压；M_w为水的摩尔质量；M_a为空气的摩尔质量（≈29g/mol）。

$$H = 0.622 \times \frac{p_w}{p - p_w}$$

在空气的湿度 H 不变，即 p_w 不变的情况下降低温度，使其达到饱和的湿度就是露点，对应的饱和蒸气压为 p_d（$=p_w$），有

$$H = 0.622 \times \frac{p_d}{p - p_d}$$

$$p_d = \frac{Hp}{0.622 + H} \tag{13.2}$$

由式（13.2）可见，空气湿度 H 和空气总压力 p 一定，则 p_d 和 t_d 就确定了。

13.3 物料所含水的性质

13.3.1 平衡水与自由水

在一定的温度和湿度的空气中，物料含水与接触的空气达成平衡，物料所含水分叫作平衡水分。温度、湿度不变，物料含水量不变。在同样的空气状况下，物料的平衡水分因物料的不同而不同。物料的平衡水分与空气的温度和湿度有关。例如，在同样的湿度和温度条件下，黏土含水很高，而玻璃含水几乎为零。

平衡水分表示物料在一定温度、湿度的空气状况下能够干燥的程度。在干燥过程中物料只能除去超过平衡水分的那部分自由水。物料所含的总水分是平衡水与自由水之和。

图 13.1 是一种物料在 25℃与空气含水的平衡曲线。由图可见，空气湿度越大，物料的平衡水含量越大。

13.3.2 结合水分与非结合水分

物料与相对湿度为 100%的空气接触，其平衡点为图 13.1 的 B 点，平衡水汽压力为该温度纯水的蒸气压。若物料所含平衡水分在 B 点以下，它的平衡水汽压力都小于同温度纯水的蒸气压，物料所含的这部分水称为结合水。

物料含水量大于点 B 的部分，其水汽压力等于同温度纯水的蒸气压。物料所含的这部分水称为非结合水，它们是以机械方式与物料结合，容易除去。

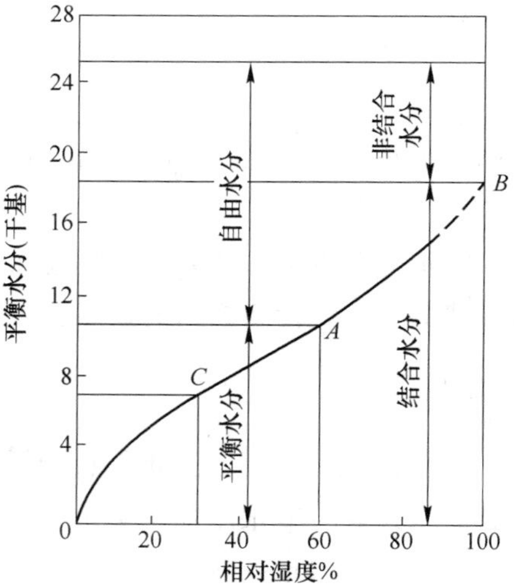

图 13.1 某物料含水的平衡曲线

结合水分与非结合水分的区别仅取决于物料本身的性质，而平衡水分与自由水分还与空气有关。例如，在图 13.1 中 B 点的结合水为 18%。而该物料含水 25%，所以该物料除结合水分外，还含非结合水分 7%。将该物料放在相对湿度为 60%的空气中干燥，由图 13.1 中曲线上 A 点可知，其平衡水分为 10.5%，自由水分为 13.5%。此自由水分中非结合水分为 7%，结

合水分为 7.5%。将该物料放在相对湿度为 30%的空气中干燥，由图 13.1 中曲线 C 可知，其平衡水分为 7%，自由水分为 18%。在自由水分中，非结合水为 7%，结合水占 11%。可见，空气湿度不同，同一物料的平衡水分和自由水分也不同。

13.3.3　水分与物料的结合方式

水与物料的结合方式分为附着水分、毛细管水分和溶胀水分，以及化学结合水分即结构水分。化学结合水的去除属于煅烧，不属于干燥过程。

（1）附着水分。物料表面机械附着的水分叫做附着水分，其特征是在任何温度，物料表面的附着水分的蒸气压等于纯水在相同温度的蒸气压。

（2）毛细管水分。物料内毛细管中所含的水分叫做毛细管水分。毛细管存在于由颗粒或纤维所组成的多孔、复杂网状结构的物料中。毛细管孔道直径大小不一，直径小于 1μm 的毛细管所含水分的饱和蒸气压，低于纯水的蒸气压，这是由于毛细管凹表面曲率的影响，直径较大的毛细管所含水分的饱和蒸气压和物料附着水相同。

（3）溶胀水分。物料胞壁内或纤维皮壁内的水分叫做溶胀水分。溶胀水分是物料组成的一部分，其蒸气压低于纯水的蒸气压。

干燥中难去除的水分是结合水分，即物料胞壁、纤维皮壁和细毛细管中的水分；易除去的水分是非结合水，即物料表面的附着水和粗毛细管中的水分。

13.4　物料干燥的热力学

含水物料干燥过程可以表示为

$$(H_2O)_s = (H_2O)_g$$

式中，$(H_2O)_s$ 为物料所含的水；$(H_2O)_g$ 为空气介质中的水。

该过程的摩尔吉布斯自由能变化为

$$\Delta G_m = \mu_{(H_2O)_g} - \mu_{(H_2O)_s} \tag{13.3}$$

以标准压力下的水汽为标准状态，则

$$\mu_{(H_2O)_g} = \mu^{\ominus}_{(H_2O)_g} + RT\ln p_{(H_2O)_g} \tag{13.4}$$

$$\mu_{(H_2O)_s} = \mu^{\ominus}_{(H_2O)_l} + RT\ln a_{(H_2O)_s} = \mu^{eq}_{(H_2O)_g} = \mu^{\ominus}_{(H_2O)_g} + RT\ln p^{eq}_{(H_2O)_g} \tag{13.5}$$

式中，$\mu^{eq}_{(H_2O)_g}$ 为与物料平衡的气相中的水的化学势；$p^{eq}_{(H_2O)_g}$ 为与物料平衡的气相中水汽的分压。

将式（13.4）和式（13.5）代入式（13.3），得

$$\Delta G_m = \Delta G^{\ominus}_m + RT\ln\frac{p_{(H_2O)_g}}{p^{eq}_{(H_2O)_g}} = RT\ln\frac{p_{(H_2O)_g}}{p^{eq}_{(H_2O)_g}} \tag{13.6}$$

式中

$$\Delta G^{\ominus}_m = \mu^{\ominus}_{(H_2O)_l} - \mu^{\ominus}_{H_2O_{(l)}} = 0$$

$p_{(H_2O)_g} > p^{eq}_{(H_2O)_g}$，物料吸水；

$p_{(H_2O)_g} = p^{eq}_{(H_2O)_g}$，物料含水与空气介质中的水汽达成平衡；

$p_{(H_2O)_g} < p^{eq}_{(H_2O)_g}$，物料脱水。

13.5　恒定干燥条件下的干燥速率

在空气的温度、湿度、流速以及与物料接触状况都不变的条件下，对物料进行干燥叫作恒定干燥条件下的干燥。这是较简单的干燥情况，由此得到的干燥速率方程符合很多实际情况。

物料瞬间含水率为

$$x = \frac{w - w_C}{w_C}$$

式中，w 为物料在瞬间的质量；w_C 为不含水的绝对干物料的质量。

将物料的含水率 x 对干燥时间 τ 作图，得图 13.2 的典型干燥曲线。由图 13.2 可见，物料的含水率与时间的关系可划分为调整段 AB；脱水速率快的直线段 BC，C 为临界点；脱水速率变小的 CD 段和 DE 段；达到平衡含水率x^*。

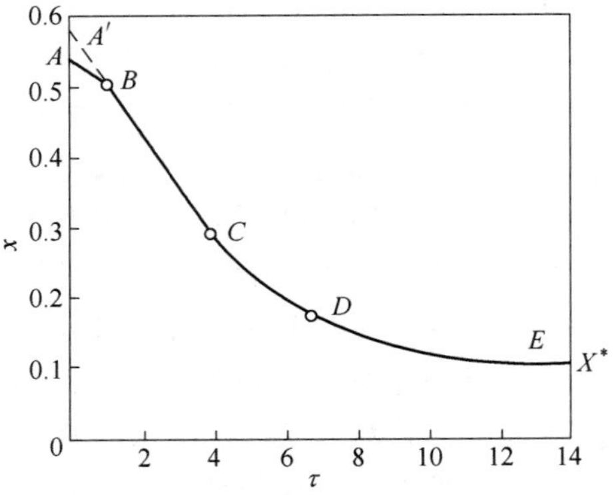

图 13.2　干燥曲线

13.5.1　干燥曲线

物料干燥曲线的形状与物料的性质和干燥条件有关。

物料干燥速率为

$$j = -\frac{w_C}{\Omega}\frac{dx}{d\tau} \tag{13.7}$$

式中，Ω 为物料干燥的面积，其他符号意义同前。

从图 13.2 求得曲线的斜率 $\frac{dx}{d\tau}$，实验测得 $\frac{w_C}{\Omega} = 21.5kg \cdot m^2$，代入式（13.7），将求得的 j 对 x 作图，得干燥速率曲线图 13.3。

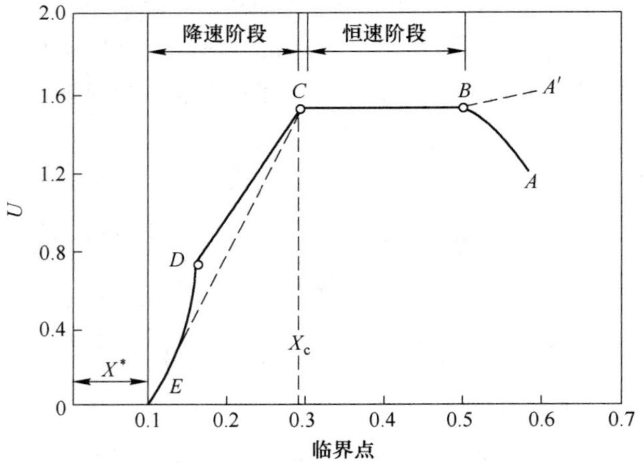

图 13.3　恒定干燥条件下的干燥速率曲线

由图 13.3 可见，此干燥速率曲线主要有两个阶段，恒速阶段 *BC* 和降速阶段 *CD*，分别对应干燥曲线的 *BC* 段和 *CD* 段。

13.5.2 恒速干燥阶段

在恒速干燥阶段，物料的蒸气压与同温度纯水的蒸气压相等。物料的干燥速率由物料表面非结合水汽化速率决定。有

$$j_1 = k_H(H_w - H) \tag{13.8}$$

式中，j_1 为单位时间单位物料表面的汽化量，kg · m^2/s；k_H 为传质系数；H_w 为空气介质在物料表面温度的饱和湿度，是表面温度的函数；H 为空气介质在物料表面温度的湿度；$H_w - H$ 为表面汽化的推动力。

绝热对流干燥过程传热传质同时进行。汽化所需热量由空气介质供给，达到稳定后，物料表面温度不变。空气传给物料表面的热量等于水分汽化所需热量。

在恒定干燥条件下，空气湿度不变，温度 t_w 不变，t_w 为空气的湿球温度。干燥推动力 $H_w - H$ 不变，干燥速率 j_1 不变。

开始干燥时，如果物料表面温度低于空气介质的湿球温度，物料表面温度上升，汽化速率加快，直至物料表面温度等于空气介质的湿球温度，即图 13.2 中的 *AB* 段；如果开始干燥时，物料表面温度高于空气介质的湿球温度，物料表面温度下降，汽化速率变慢，直到物料表面温度等于空气介质的湿球温度，即图 13.2 中的 *A′B* 段。

13.5.3 降速干燥阶段

图 13.3 中的点 *C* 是由恒速干燥转到降速干燥的临界点。该点物料的含水率叫作临界水分，以 x_c 表示。物料的平均含水率小于此值后，物料内部水分迁移到表面的速度已经赶不上表面水分的汽化速率，物料表面就不再能维持全部湿润。一部分表面汽化的是结合水分。干燥速率由物料内部迁移到物料表面的速度控制。随着干燥的进行，物料湿润表面逐渐减少，因此，以物料总表面计算的速率 j 也逐渐变小。这一阶段称为降速第一阶段或不饱和表面干燥阶段，为图 13.3 中的 *CD* 段。干燥达到 *D* 点，全部物料表面不含非结合水。

降速第二阶段从图 13.3 的速率曲线的 *D* 点开始。水的汽化面随着干燥的进行逐渐由物料表面向物料内部移动。水汽化需要的热量通过已干燥的物料层传递到汽化面，汽化的水分通过干燥的物料层进入空气中。在这一阶段（图 13.3 中的曲线 *DE* 段）干燥速率 j 进一步变小。干燥速率受水分在物料中迁移控制。到达 *E* 点，物料含水率降到平衡水分 x^*。继续干燥已不能降低物料的含水率。有些情况，物料表面部分干燥到全部干燥过程缓慢，不出现转折点 *D*，曲线 *CDE* 平滑（图 13.3 中的虚线）。

与恒速干燥阶段相比，降速干燥阶段除水量少，花费的时间长。

13.5.4 降速干燥过程的物料内水迁移机理

在恒速干燥阶段，物料表面都有非结合水分，迁移速率由水汽在物料表面气膜的扩散控制，扩散阻力大小决定扩散速度。因此，在恒速干燥阶段，干燥速率与空气的温度、湿度和空气流动速度有关。

在降速干燥阶段，物料表面不能全部保持非结合水分，干燥速率主要由水分在物料内部的迁移速度决定。

在物料内部，水分的迁移有液体扩散理论和毛细管理论。

13.5.4.1 液体扩散理论

在物料内部含水率高，物料表面含水率低，具有浓度梯度，造成水分由物料内部向表面迁移。有

$$J_1 = D_1 \nabla C = D_1\left(\frac{C_{内部} - C_{表面}}{d}\right) = D_1'(C_{内部} - C_{表面}) \tag{13.9}$$

$$D_1' = \frac{D_1}{d}$$

式中，D_1 为水在物料中的扩散系数；C 为物料含水率；d 为水的扩散距离。

非多孔物料符合这个理论。一些多孔物料，在降速干燥阶段后期，也符合这个理论。

13.5.4.2 毛细管理论

对于多空隙物料，水分扩散理论不适用。人们提出了毛细管理论。

图 13.4 是插入液体中的毛细管，其半径为 r。有

$$-\Delta p = \frac{2\sigma}{r} = hg(\rho_1 - \rho_v)$$

式中，$-\Delta p$ 为毛细压力，是液体凹面液体压力与毛细管外平面液体压力之差，N/m^2；σ 为液体的表面张力，单位为 N/m^2；r 为毛细管半径，单位为 m；h 为液体上升高度；g 为重力加速度；ρ_1 和 ρ_v 分别为液体和气体的密度。

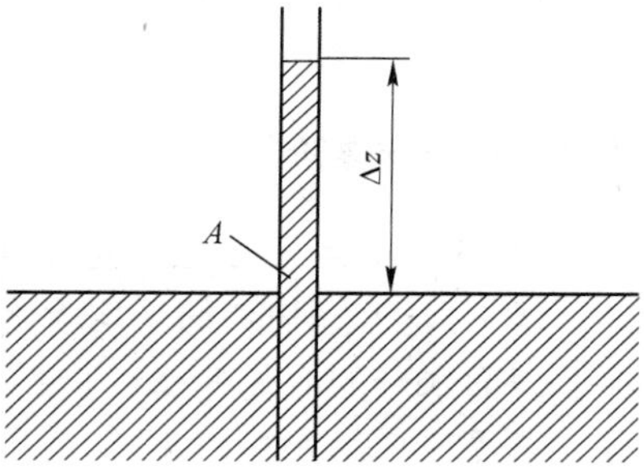

图 13.4 毛细管作用力

由颗粒或纤维组成的多孔物料具有复杂的网状结构，物料的空隙由截面大小不一的孔道联通，孔道最小的截面称为蜂腰。孔道的表面有大小不一的开口。每一开口形成凹表面，由于表面张力而产生的毛细压力成为水分从物料内部向表面迁移，以及从大孔道向小孔道迁移的推动力。

在图 13.3 的 CD 段，汽化面开始从物料表面向内部移动，移动速率因孔道的截面大小不同而不同。大孔道的水分一部分由于汽化而减少，另一部分由于毛细压力流入小孔道，因此，大孔道中的液面后移比小孔道快，造成部分物料表面不再被水所润湿，出现不饱和表面干燥现象。大孔道中的液面退到孔道中直径小的蜂腰，大孔道液面的曲率与小孔道液面曲率相当。小孔道中的水分蒸发，液面后移，物料表面更多的孔隙失去水分，造成水分不饱和表面增加，干燥速率下降。干燥过程到达 D 点，表面空隙中的水分已干，汽化面后移到物料内部的某一面上。干燥速率进一步降低，水分汽化后通过不断增厚的干燥物料层进入空气介质，热量由空气介质通过不断增厚的干燥物料层传递到汽化面。干燥终了，水分间断被分散在物料相互接触处的小孔穴中。

13.6 干 燥 时 间

13.6.1 在恒定干燥条件下，恒速阶段的干燥时间

13.6.1.1 利用干燥速率曲线计算

干燥速率为

$$j_1 = -\frac{w_c}{\Omega}\frac{dx}{d\tau} \tag{13.10}$$

分离变量，得

$$d\tau = -\frac{w_c}{\Omega j_1}dx$$

积分上式，得

$$\int_0^{\tau_1} d\tau = \int_{x_2}^{x_1}\frac{w_c}{\Omega j_1}dx \tag{13.11}$$

$$\tau_1 = \frac{w_c}{\Omega j_1}(x_1 - x_2) \tag{13.12}$$

式中，j_1 为常数。

13.6.1.2 利用对流传热系数或传质系数计算

设干燥过程为绝热汽化过程，物料表面水分汽化所需热量，全由空气以对流方式提供，水分汽化后进入空气介质中。过程达到稳态，物料水分的汽化热等于空气传入的热量，物料表面的温度等于空气的湿球温度。

对流传热方程为

$$Q = \alpha\Omega(t - t_w)$$

式中，Q 为热量；α 为对流传热系数，W/(m^2·K)；Ω 为空气与物料的接触面积，m^2；t 和 t_w 分别为空气的干、湿球温度，℃。

物料表面水分的汽化速率为

$$w_1 = k_H(H_w - H)$$

水分汽化所需热量为

$$Q = k_H\Omega(t - t_w)L_w \tag{13.13}$$

式中，L_w 为水在温度 t_w 的汽化潜热，kJ/kg。

式（13.12）等于式（13.13），有

$$j_1 = k_H(H_w - H) = \frac{Q}{\Omega L_w} = \frac{\alpha(t - t_w)}{L_w} \tag{13.14}$$

将式（13.14）代入式（13.10），并积分，得

$$\tau_1 = \frac{w_c}{\Omega}\int_{x_2}^{x_1}\frac{dx}{\alpha(t - t_w)/L_w} \tag{13.15}$$

或

$$\tau_1 = \frac{w_c}{\Omega}\int_{x_2}^{x_1} \frac{dx}{k_H(H_w - H)} \quad (13.16)$$

式中，τ_1 为恒定干燥条件下，降速干燥阶段的时间。

13.6.2 在恒定干燥条件下，降速阶段的干燥时间

降速阶段物料含水率从 x_1 下降到 x_2 所需时间为

$$\tau_2 = \frac{w_c}{\Omega}\int_{x_2}^{x_1} \frac{dx}{j} \quad (13.17)$$

式中，j 是变量，而 j 与 x 的函数关系难以确定，所以需用图解法积分。

将 $\frac{1}{j}$ 对 x 作图，计算 $x_2 \sim x_1$ 间的面积，即可算得 τ_2 值。

13.6.3 干燥条件变动的干燥速度

在实际干燥过程中，干燥条件并不是恒定的。空气通过干燥设备，空气温度逐渐降低，湿度逐渐增加。若变动不大，可按恒定干燥条件处理，若变动较大，则不能按恒定干燥条件处理。

在干燥条件变动的情况，对于连续操作，干燥设备的各点干燥情况恒定，而是与点之间不同，对干燥过程的计算，需给出微分方程，再求解。

干燥条件变动的干燥过程也可以分为两个阶段：第一阶段为临界点之前。在此阶段的干燥速率由物料表面气化速率控制。由于空气的温度和湿度是变化的，因此干燥速率不是常数。第二阶段在临界点之后，干燥速率由水分在物料内部的迁移速度控制。可以认为干燥速率与物料中的自由水分成正比。

图 13.5 中的两条表示逆流干燥设备中空气温度和物料温度沿流动路径分布的情况。干燥设备中可以划分为三个区域：

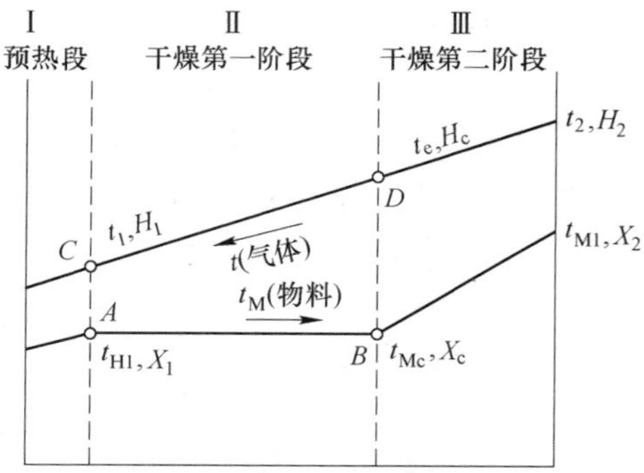

图 13.5 连续逆流干燥器中典型温度分布曲线

Ⅰ区为预热段，在该区物料被加热到空气介质温度，水分蒸发不多，可以忽略不计。

Ⅱ区为干燥第一阶段，是主要干燥区。若干燥设备绝热，则空气在Ⅱ区被绝热冷却，物料表面非结合水汽化，物料表面温度近乎恒定，等于空气介质的温度（绝热饱和温度），物料在 B 点达到临界含水率。

Ⅲ区为干燥的第二阶段，进行不饱和物料表面干燥，结合水汽化。空气的湿度由入口的 H_2 升高到 H_c，温度由 t_2 下降到 t_c，物料含水率由 x_c 下降到最终要求的 x_2，物料温度由 t_w 上升到 t_{M2}。

干燥器中某截面水的质量守恒方程为

$$W_c dx = W_g dH \quad (13.18)$$

式中，W_c 为绝对干料量；W_g 为干空气质量流量；H 为空气的湿度；x 为物料含水量。

某一区间水的质量守恒方程为

$$W_c(x - x_2) = W_g(H - H_2) \tag{13.19}$$

(1) 干燥第一阶段的干燥速率为

$$j = k_H(H_w - H) = \frac{\alpha}{L_w}(t - t_w)$$

积分式 (13.10)，得

$$\tau_1 = \int_0^{\tau_1} d\tau = \frac{W}{\Omega}\int_{x_c}^{x_1} \frac{dx}{j}$$

将式 (13.14) 和式 (13.18) 代入上式，得

$$\tau_1 = \frac{W_g}{W_c} \frac{W}{\Omega} \frac{1}{k_H}\int_{H_c}^{H_1} \frac{dH}{H_w - H} \tag{13.20}$$

式 (13.20) 可以采用图解法积分。对于绝热冷却过程 t_w 和 H_w 为恒定值，则式 (13.20) 可直接积分，得

$$\tau_1 = \frac{W_g}{W_c} \frac{W}{\Omega} \frac{1}{k_H} \ln \frac{H_w - H_c}{H_w - H} \tag{13.21}$$

由式 (13.19) 得

$$H_c = H_2 + \frac{W_c}{W_g}(x_c - x_2)$$

(2) 干燥第二阶段。将式

$$j = j_c \frac{x - x^*}{x_c - x^*} = k_H(H_w - H) \frac{x - x^*}{x_c - x^*} \tag{13.22}$$

代入式 (13.11)，并积分得

$$\tau_2 = \frac{W_c(x_c - x^*)}{\Omega k_H}\int_{x_2}^{x_c} \frac{dx}{(H_w - H)(x - x^*)} \tag{13.23}$$

由式 (13.18) 得

$$dx = \frac{W_g}{W_c} dH \tag{13.24}$$

由式 (13.19) 得

$$x = x_2 + \frac{W_g}{W_c}(H - H_2) \tag{13.25}$$

将式 (13.24) 和式 (13.25) 代入式 (13.23)，得

$$\begin{aligned}\tau_2 &= \frac{L}{W_c} \frac{W_c(x_c - x^*)}{\Omega k_H}\int_{H_2}^{H_c} \frac{dH}{(H_w - H)\left[(H - H_2)\dfrac{W_g}{W_c} + x_2 - x^*\right]} \\ &= \frac{L}{W_c} \frac{W_c(x_c - x^*)}{\Omega k_H} \frac{1}{(H_w - H_2)\dfrac{W_g}{W_c} + x_2 - x^*} \ln \frac{(x_c - x^*)(H_w - H_2)}{(x_2 - x^*)(H_w - H_c)}\end{aligned} \tag{13.26}$$

习　题

13-1　空气温度为50℃，湿度为0.020kg/kg，计算其相对湿度和饱和湿度。总压为101kPa和26.7kPa。

13-2　湿空气总压为101.3kPa，干湿球温度分别为50℃和30℃。计算湿度、相对湿度、湿比容、露点和焓。

13-3　将含水率30%（湿基，下同）的湿料干燥到含水率20%，失去的水分w_1；再继续干燥到含水率为10%，又失去水分w_2。计算w_1/w_2。

13-4　用干燥设备24h干燥10t盐。初始水分为0.1，干燥后水分为0.01（均为湿基），热空气湿度为107℃，相对湿度为0.05。干燥设备中空气绝热增湿，离开干燥设备的温度为65℃。计算盐每小时失去水分的质量、干空气用量和得到脱水盐的质量。

13-5　用下列三种空气做干燥介质：（1）温度60℃、湿度0.01kg/kg；（2）温度20℃、湿度0.0396kg/kg；（3）温度80℃、湿度0.045kg/kg。哪种空气绝热干燥的推动力大？为什么？

13-6　用题13-5的空气，将含水率0.30的物料干燥至含水率0.18（均为湿基）。湿物料的初始质量为160kg，干燥面积为0.025m^2/kg干基，计算干燥时间。

14 微生物冶金

14.1 微生物吸附

许多微生物有吸附金属离子的能力。例如，细菌、真菌、放射菌、酵母、藻类等。不仅活的微生物，死后的生物体也有吸附能力。

14.1.1 微生物吸附分类

（1）按被吸附的离子在微生物细胞上的位置分类，分为：

1）细胞外多糖层吸附；

2）细胞表面吸附；

3）细胞的富集。

（2）按吸附的物理化学类型分类，分为：

1）物理吸附；

2）离子交换；

3）化学配合；

4）沉淀。

14.1.2 微生物吸附机理

（1）物理吸附。微生物细胞靠范德华力或静电引力吸附金属离子。例如，水藻吸附 Zn^{2+}、Cd^{2+}、Cu^{2+}、Co^{2+}等。

（2）离子交换。类似于离子交换树脂。微生物，例如一些海藻，可以和水溶液中的金属阳离子交换，吸附金属阳离子，放出H^{+}，而且符合化学计量。

（3）化学配合。有些微生物细胞壁会有聚氨基葡萄糖和糖蛋白纤维，金属离子可以与微生物细胞壁上的氨基、羧基、磷酰基等化学配合。例如，Zn^{2+}以四面体构型配位到微生物上。

（4）沉淀。一些具有还原能力的微生物会还原金属离子成为金属单质沉积在微生物细胞表面；一些金属离子在微生物细胞表面水解成沉淀物，沉积在微生物细胞表面。

（5）积累。金属离子穿过某些微生物的细胞膜，在细胞内富集。例如，Cd^{2+}可以在酵母细胞内富集。

14.1.3 微生物吸附等温线

微生物吸附金属离子的能力叫吸附容量，是单位质量微生物在达到吸附平衡状态下，吸附金属离子的量，单位为 mg/g或 mmol/g。表示为

$$q = (c_0 - c_f)V/W \tag{14.1}$$

式中，q 为平衡吸附容量，mg/g或 mmol/g；c_0 为溶液中金属离子的初始浓度，mg/L 或 mmol/L；V 为溶液体积，L；W 为微生物吸附剂量（干重、湿重均可，需注明），g。温度恒定、体积固定、浓度不同的某种金属离子的溶液与一定量的同种微生物吸附剂充分接近达到平衡，平衡后测定溶液中离子的浓度 c_f，计算 q 值。以 q 对 c_f 作图，得微生物吸附剂的吸附等温线，如图 14.1 所示。

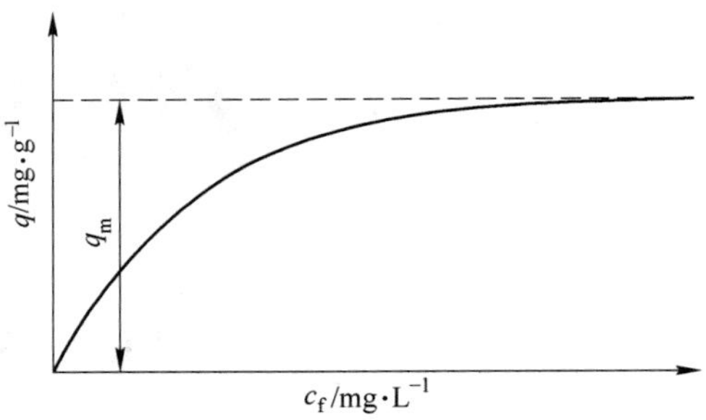

图 14.1 吸附等温线

14.1.4 微生物吸附公式

（1）朗格缪尔公式。朗格缪尔（Langmuir）等温方程为

$$q = \frac{q_m c_f}{K + c_f} \tag{14.2}$$

或

$$\frac{c_f}{q} = \frac{K}{q_m} + \frac{c_f}{q_m} \tag{14.3}$$

式中，q_m 为最大吸附量，mg/g或 mmol/g；K 朗格缪尔平衡常数。以 $\frac{c_f}{q}$ 对 c_f 作图，得一直线，斜率倒数为 q_m，截距 $\frac{K}{q_m}$。该式不适合平衡浓度的微生物吸附。

（2）弗瑞安德里奇公式。弗瑞安德里奇（Freundlich）公式是一个半经验公式，为

$$q = Kc_f^n \tag{14.4}$$

式中，K 和 n 为参数，由实验数据得到。

（3）瑞德里奇-彼得森方程。瑞德里奇-彼得森（Redlich-Peterson）方程为

$$q = \frac{K_R c_f}{1 + \alpha_R c_f^{\beta}} \tag{14.5}$$

式中，K_R、α_R 和 β 为参数，$0 \leqslant \beta \leqslant 1$。

（4）竞争吸附方程。巴特勒尔和奥克瑞恩特（Butler 和 Ockrent）扩展了朗格缪尔方程，可用于有竞争吸附的多元系。有

$$q_1 = \frac{q_{m,1}\alpha_1 c_{f,1}}{1 + \alpha_1 c_{f,1} + \alpha_2 c_{f,2}} \tag{14.6}$$

$$q_2 = \frac{q_{m,2}\alpha_2 c_{f,2}}{1 + \alpha_1 c_{f,1} + \alpha_2 c_{f,2}} \tag{14.7}$$

式中，下脚标 1、2 分别代表 1、2 两种离子。

若溶液中有 n 种离子，则

$$q_i = \frac{q_{m,i}\alpha_i c_{f,i}}{1 + \sum_{i=1}^{n} \alpha_i c_{f,i}} \tag{14.8}$$

14.2 微生物絮凝

微生物絮凝是利用微生物或微生物的提取物作絮凝剂将溶液中的悬浮物聚集沉降。

14.2.1 微生物絮凝剂分类

（1）从微生物细胞壁提取的絮凝剂。酵母细胞壁葡萄糖、蛋白质和N-乙酰葡萄糖等。

（2）微生物细胞代谢产物。细菌的荚膜、黏液质，其主要成分为多糖、多肽、蛋白质、脂类及其复合物等。

（3）微生物细菌絮凝剂。细菌、霉菌、放线菌、酵母等。

（4）利用生物技术加工的絮凝剂。利用生物技术将高效絮凝基因转移到微生物菌中，产出高效的微生物絮凝剂。

14.2.2 微生物絮凝剂的组成和结构

微生物絮凝剂主要含多糖、糖蛋白、纤维素、DNA蛋白质、脂肪等。表14.1列出几种微生物絮凝剂的组成和结构。

表14.1 几种微生物絮凝剂的组成和结构

絮凝剂产生菌	絮凝剂代号名称	组　成	分子量	结构特性
Nocadia cupids	Fix	42.5%糖，36.28%半乳糖，8.52%葡萄糖醛酸，10.3%的己酸		蛋白质类
Rhodococcus eryhropolis	NOC-1	蛋白质、氨基酸	约>7×10^5	多糖蛋白质类
Aspergillus sojae	AJ7002	5.3%2-葡萄糖酸，27.5%蛋白质，主要组成为多肽	>2×10^6	蛋白质、己糖、2-葡萄糖及酮酸化合物类
Aspergillus parasiticus	AHU7165	半乳糖胺残基	$3\times10^5\sim1\times10^6$	多糖类
Alcaligenes cupids	KT-201	半乳糖胺	>2×10^6	多聚糖类
pacecilomy sp	PF101	85%半乳胺、2.3%乙酰基、5.7%甲酰基、氨化半乳糖胺	约>3×10^5	黏多糖类
R-3mixed microbes	APR-3	葡萄糖、半乳糖、琥珀丙烯酸（摩尔比为5.6∶0.6∶2.5）	>2×10^5	酸性多糖
Anabenapsis circalaris	Pce6720	丙酮酸、蛋白质、脂肪酸		杂多糖类

14.2.3 微生物絮凝机理

（1）架桥机理。絮凝剂利用离子键、氢键在悬浮物颗粒间起到桥的作用，使悬浮物形成网状结构沉降。

（2）电中和机理。悬浮物表面带有电荷。微生物絮凝剂带有相反电荷，两者相遇中和掉悬浮物表面的部分电荷，使悬浮物间的排斥力减弱而凝聚沉降。

（3）化学反应机理。悬浮物与微生物絮凝剂发生化学反应，生成更大的分子沉降。

（4）携带机理。悬浮物与微生物絮凝剂作用形成小的聚集体，小的聚集体缓慢沉降过程中进一步聚集悬浮物而沉降。

14.2.4　影响微生物产生絮凝作用的因素

（1）培养基。多种微生物絮凝剂要求的营养成分不同，需要根据微生物选择合适的培养基。培养基有硫源、氮源、能源生长因子、无机盐和水。

（2）pH值。pH值影响微生物产生絮凝作用和絮凝作用的增加，各种微生物絮凝剂适宜生长的pH值不同。例如，细菌、放线菌产生絮凝作用的适宜pH值为中性至弱碱性。

（3）温度。适宜温度为25～35℃。温度低，微生物生长慢，温度高，微生物絮凝活性降低。

（4）通气量。微生物产生絮凝作用要有合适的通气量。在不同的生长期微生物产生絮凝作用对通气量要求不同。

14.2.5　影响微生物絮凝能力的因素

（1）微生物絮凝剂的组成、结构。微生物絮凝剂的组成、结构决定其絮凝能力。微生物絮凝剂分子量大，吸附位点多，絮凝能力强，线型结构优于支链结构。

（2）微生物絮凝剂的絮凝能力与被絮凝的物质的种类、组成、性质有关。絮凝过程是由微生物絮凝剂与被絮凝物质相互作用的结果，其效果既与絮凝剂有关，也与被絮凝物质有关。

（3）絮凝剂用量。在一定范围内，絮凝效果与微生物絮凝剂添加量有关，添加量越大，絮凝效果越好。但达到一定量后，再增大添加量，不再有絮凝作用。

（4）温度。有些微生物的絮凝作用与温度有关。例如，温度高，微生物蛋白质变性，失去部分絮凝能力。

（5）pH值。溶液pH值影响微生物携带电荷的数量，因而影响其絮凝能力。例如，含有半乳糖胺的微生物絮凝剂在pH值为4～7.5絮凝能力最强；在pH<3或pH>8，絮凝能力急剧下降。

（6）无机物离子。有些微生物絮凝剂含有金属等无机物离子，增加了活性，提高了絮凝效果。

14.3　细菌浸出

14.3.1　用于浸矿的细菌

14.3.1.1　*浸矿细菌的种类*

用于浸矿的细菌有几十种，按其生长温度可分为3类：中温菌、中等嗜热菌、高温菌。

（1）中温菌。中温菌适宜生长的温度为25～40℃，重要的有氧化亚铁硫杆菌等。

1）氧化亚铁硫杆菌。氧化亚铁硫杆菌属革兰氏阴性无机化能自养菌。其能源物质为Fe^{2+}和还原态硫。可以氧化Fe^{2+}、硫和几乎所有的硫化矿，可以分解黄铁矿。它栖居于含硫温泉、硫和硫化矿矿床、煤和含金矿矿床，以及存在于硫化矿矿床氧化带中。这类细菌长 1.0~1.5μm，宽 0.5~0.8μm，圆端生鞭毛，表面有一层黏液（又称多糖层），能运动，只需要简单的氮、磷、钾、亚铁等无级营养就能存活（能固定空气中的氮，满足其对氮的需求）。这类细菌适宜生长的 pH 值为 1~4.8，最佳 pH 值为 1.8~2.5，存活温度为 2~40℃，最佳存活温度为 30~35℃。

2）氧化硫硫杆菌。氧化硫硫杆菌属革兰化阴性无机化能自养菌。圆头短柄状，宽 0.5μm，长 1μm，端无鞭毛，常以单个、双个或短链状存在。栖居于硫和硫化矿矿床，能氧化 S^{2-}、硫代硫酸根和一些硫化物。适宜生存的 pH 值为 0.5~6，最佳生存 pH 值为 2~2.5。生存温度为 2~40℃，最佳生存温度为 28~30℃。纯的氧化硫硫杆菌不能分解硫化矿，和氧化亚铁硫杆菌一起可以分解硫化矿。

3）氧化亚铁微螺菌。氧化亚铁微螺菌是一种螺旋菌，呈弯曲状，有鞭毛，表面有黏液（主要成分为葡萄糖酸），宽 0.5μm。好氧，通过氧化 Fe(Ⅱ) 获取能量，合适的生存温度为 45~50℃，最佳生存的 pH 值为 2.5~3.0。

(2) 中等嗜热菌。该类菌种都可以在酵母提取物、氨基酸、酪蛋白等有机物中生长，最佳生长温度为 50℃，最高生长温度可达 58℃，存在于含铁、硫或硫化矿的酸热环境中，其长为 3~6.5μm，宽为 0.6~2μm。

其代表为嗜热铁氧化钩端螺菌，该菌为螺旋状，为微螺菌属，有鞭毛，严格好氧，适应温度为 45~50℃，最佳 pH 值为 1.65~1.9。

(3) 高温菌。嗜酸嗜高温的细菌，共 4 个种属，即硫化叶菌、氨基酸变性菌、金属球菌、硫化小球菌。球状、无鞭毛，直径为 1μm。均属兼性化能自养菌，能在自养、异养、混氧条件下生长。在自养条件下可以催化硫、铁及硫化物的氧化。

硫化叶菌适宜生长的温度为 55~80℃，最佳生长温度为 70℃；适宜生长的 pH 值为 1~5.9，最佳生长的 pH 值为 2~3；可在厌氧条件下，以 Fe^{3+} 作为受体氧化硫。

14.3.1.2 细菌对离子的抗性

细菌对离子具有抗性，所谓抗性就是细菌耐某种离子的程度，或能在某种离子的环境中生存的能力。

研究表明，不同的细菌，同一细菌的不同菌株，同一株株经历不同的培养环境，其对离子的抗性都不一样。

例如，氧化亚铁硫杆菌的生长环境见表 14.2。

表 14.2 氧化亚铁硫杆菌和生长环境

金属	Co^{2+}	Cu^{2+}	Ni^{2+}	Zn^{2+}	Fe^{2+}	UO_3
浓度/g·L^{-1}	30	55	72	120	163	12

氧化亚铁硫杆菌对 Hg^{2+}、Ag^{+}、As^{3+}、Mo^{6+}、Cl^{-}、Br^{-}、NO_3^{-} 抗性差，对 As^{3+} 耐受力为 6g/L，对 As^{5+} 的耐受力为 15~30g/L。

细菌对离子的抗性有下列方式：

(1) 改变膜转移系统，使有害离子不能进入细胞，还能将有害离子排除。

(2) 通过配合剂与有害离子配合，使其不能进入细胞。

(3) 通过抗性基因编码的离子排出系统，将有害离子排出。

(4) 通过细胞的酶系统，将有害离子转变成低害、无害物质。

除细菌的生理及遗传特性外，细菌生长的环境条件也对提高细菌的抗性有帮助。

(1) 低的 pH 值，使细菌细胞壁上的阴离子格点质子化，减少有害金属离子与细胞壁结合。

(2) 介质中的阴离子与金属离子生成沉淀，降低了阴离子的浓度。

(3) 细菌细胞释放的配位体与金属离子配合，减少了能与细菌结合的自由金属离子。

(4) 介质中无害离子的存在降低了有害离子与细菌结合的机会。

14.3.2 细菌的准备

在采用细菌浸出前，要准备好细菌。细菌的准备包括：(1) 采集细菌样品；(2) 对细菌进行分离、培养和鉴定；(3) 对细菌纯化；(4) 测定细菌数量和活性。

14.3.3 影响细菌浸出效果的因素

细菌浸出的效果与细菌、矿物和浸出条件密切相关。细菌的种类和性质影响浸出效果。细菌不同对同一矿物浸出效果不同；同种细菌的不同菌株对同一矿物的浸出效果不同；同种细菌的同一菌株经过不同的培养、驯化条件，对同一矿物的浸出效果不同。

例如，图 14.2 为几种细菌浸出黄铁矿的浸出效果，用不同介质培养的氧化亚铁硫杆菌浸出黄铜矿，其浸出效果如图 14.3 所示。如图 14.3 可见，浸出效果有明显差异。

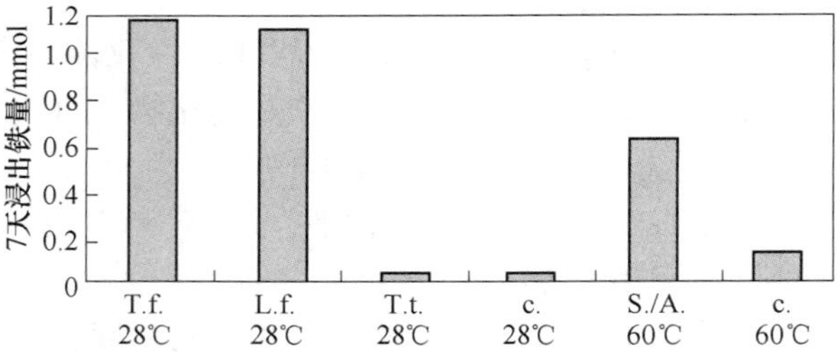

图 14.2 各种细菌浸出黄铁矿的比较

T. f. —氧化铁硫杆菌；L. f. —氧化亚铁微螺菌；T. t. —氧化亚铁硫杆菌；

c. —无菌对照；S. /A. —sulfolobus/*Acidianus* sp.

(浸出条件：1g 黄铁矿，粒度 36~50μm，pH = 1.9。28℃下试验：

细菌接种量 1×10^9，摇瓶速度 150r/min；60℃下试验：细菌接种量 2×10^8，不摇动)

14.3.4 不同矿物对细菌浸出的影响

矿物的性质影响细菌浸出速率和浸出效果，但对每种细菌浸出多种矿物的情况还缺少系统的研究，因此，难以排出一个合理的次序。

实验给出氧化亚铁硫杆菌浸出金属硫化矿物的浸出速率次序为

$$NiS > CoS > ZnS > CdS > CuS > Cu_2S$$

Mesophile 浸出铜精矿中的各种矿物的浸出速率次序为

辉铜矿 > 斑铜矿 > 方黄铜矿 > 铜蓝 > 黄铁矿 > 硫砷铜矿 > 硫铜钴矿 > 黄铜矿

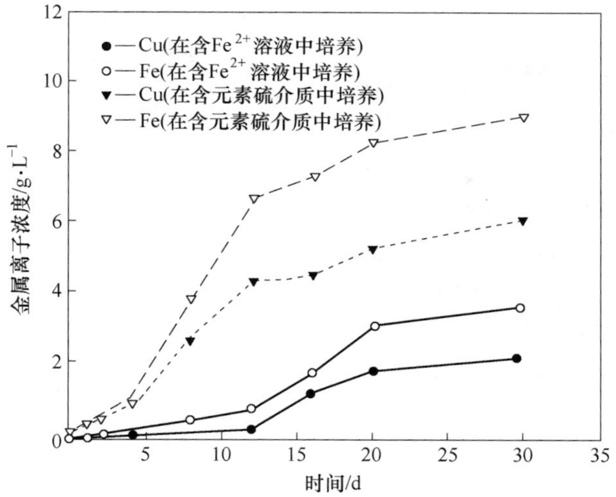

图 14.3 氧化亚铁硫杆菌浸出黄铜矿结果

14.3.5 矿物的性质

（1）矿物的电势。矿物浸在电解质溶液中，构成一个电极，矿物的电极电势越小越有利于浸出。在浸出过程中，溶解在溶液中的氧是电子受体，矿物的电极电势越小，与氧的电势差越大，越易被氧化；电势不同的两个矿粒，在溶液中接触，构成一对原电池，电势小的是阳极，发生阳极溶解，电势大的是阴极，发生 O_2 和Fe^{3+}的还原。

图 14.4 为矿物的实测电势次序。

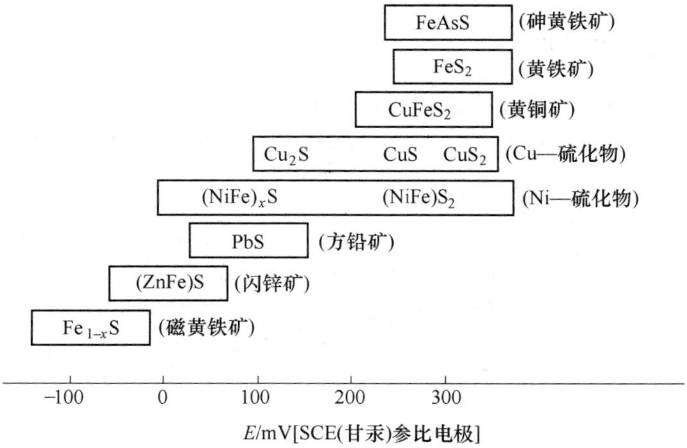

图 14.4 矿物的实测电势次序

（2）矿物的导电性。各种硫化矿物的导电性不同。ZnS 是非导体，CuS 和Cu_2S 是半导体，NiS 具有金属的导电性，黄铁矿或砷黄铁矿有 n 型导电和 p 型导电两类。矿物的导电性与浸出速率有关。

（3）矿石的组成。矿石的组成和化学成分也影响浸出速率和浸出效果。

（4）溶度积。矿物的细菌浸出速率与矿物的溶度积有关。例如，氧化亚铁硫杆菌氧化金属硫化物的浸出速率顺序基本符合。

硫化物是氧化亚铁硫杆菌的能源基质。氧化亚铁硫杆菌生长越快，需要的能量越多，导致硫化物分解得越快。实验发现，单位体积溶液中的氧化亚铁硫杆菌细胞个数可以反映硫化物的分解速率，或氧化亚铁硫杆菌对该硫化物的氧化活性。把氧化亚铁硫杆菌的细胞个数对硫化物溶度积的对数作图，得到图 14. 5。由图可见，两者近似线性关系。

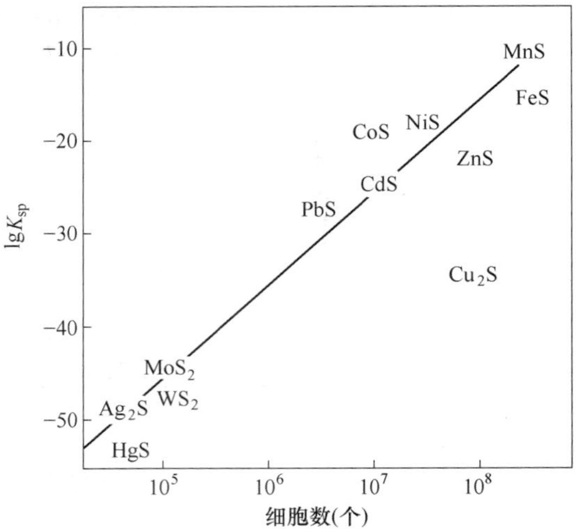

图 14. 5　硫化物 $\lg K_{sp}$ 与细胞个数的关系图

（单位体积（cm^3）中氧化亚铁硫杆菌细胞个数，反映细菌对作为能源基质的硫化物活性）

14. 3. 6　脉石的性质

与矿物伴生的脉石对细菌浸出造成的影响为：（1）碱性脉石溶于酸，细菌浸出介质为稀酸，脉石消耗酸，对浸出不利。（2）矿物嵌布在脉石中，多孔、渗透性好的脉石有利于浸出。

14. 3. 7　矿石粒度的影响

细菌浸出在矿石界面上反应，浸出速率与比表面积有关，小的粒度，大的比表面积的矿石有利于细菌浸出。

14. 3. 8　细菌浸出的工艺技术条件

（1）温度。细菌浸出的温度受细菌生长温度制约。细菌浸出必须在细菌生长的温度范围内进行，因此，细菌浸出的温度不一定是该种矿石的最佳浸出温度。图 14. 6 给出了几种细菌氧化Fe^{2+}能力与温度的关系。

（2）矿浆浓度。矿浆浓度是单位体积矿浆中固体颗粒的含量，以体积分数表示。在一定矿浆浓度范围内，浸出速率随矿浆浓度增加而增大，矿浆达到一定浓度后，浸出速率不再提高。这是由于矿浆太浓不利于氧气传输，也不利于细菌生长。

（3）介质的 pH 值。和温度条件相仿，细菌生长有一定的 pH 值范围。细菌生长的最佳 pH 值范围不一定是矿浆浸出的最佳 pH 值范围。必须在适宜细菌生长的 pH 值范围的选择细菌浸出的合适 pH 值。

（4）介质的电势。介质的电势对细菌浸出有重要的影响。采用细菌浸出，介质也需要有足够高的电势才能使浸出顺利进行。例如，采用氧化亚铁硫杆菌浸出黄铁矿，溶液中必须有充足的Fe^{3+}，保证电势 $E_{Fe^{3+}/Fe^{2+}}$ 有足够的值，才能有可观的浸出速率。

（5）介质中的其他物质的影响。细菌生长需要无机盐，表面活性剂、催化剂可以促进细菌浸出。矿物残存的浮选药剂对细菌浸出不利。

（6）充气方式和充气强度必须保证溶液中有足够的溶解氧，以使细菌氧化过程不受

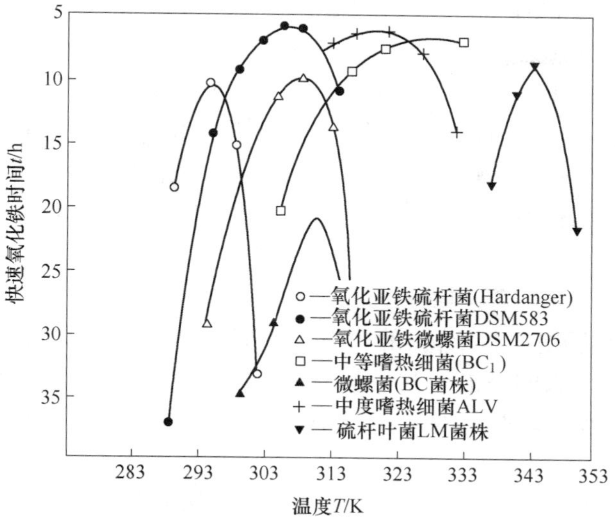

图 14.6　在一定条件下温度对某些噬酸细菌氧化能力的影响

氧传递的控制。CO_2 是细菌自养的碳源。为保证碳源，充气时，向空气中添加 0.1%～0.2%的CO_2，以强化细菌氧化过程。例如，用细菌浸出硫化锌矿，通入不含CO_2 的空气，浸出速率为 360mg/(L·h)；通入含 1% CO_2 的空气，浸出速率为 1150mg/(L·h)。

14.3.9　硫化矿细菌浸出机理

14.3.9.1　两种浸出机理

关于硫化矿细菌浸出机理有两种机理，即直接作用机理和间接作用机理，一直存在争论。

细菌浸出是使难以溶解的金属硫化物的硫氧化，金属阳离子进入溶液。

金属硫化物被溶液中的Fe^{3+}氧化，反应为

$$MS + 2Fe^{3+} \longrightarrow M^{2+} + 2Fe^{2+} + S^0$$

细菌间接作用机理认为，在细菌的参与下，Fe^{2+}被氧化成Fe^{3+}，反应为

$$Fe^{2+} + \frac{1}{4}O_2 + H^+ \xrightarrow{\text{细菌参与}} 2Fe^{3+} + \frac{1}{2}H_2O$$

Fe^{3+}再去氧化 MS，如此反复循环，金属硫化物被氧化，金属离子溶解进入溶液。

细菌直接作用机理认为，在细菌参与下，金属硫化物被 O_2 氧化，反应为

$$MS + \frac{1}{2}O_2 + 2H^+ \xrightarrow{\text{细菌参与}} M^{2+} + H_2O + S^0$$

14.3.9.2　两种反应途径

根据硫化矿物氧化时硫的反应途径，浸出过程可以分为两类。

(1) 生成硫代硫酸盐。

第一步：　$MS_2 + 6Fe^{3+} + 3H_2O \longrightarrow S_2O_3^{2-} + 6Fe^{2+} + 6H^+ + M^{2+}$

第二步：　$S_2O_3^{2-} + 8Fe^{3+} + 5H_2O \longrightarrow SO_4^{2-} + 8Fe^{2+} + 10H^+$

硫化物被Fe^{3+}氧化，金属离子进入溶液，硫化物中的硫被氧化生成硫代硫酸根，硫代

硫酸根又与Fe^{3+}反应生成硫酸根和Fe^{2+}。

（2）生成多硫化物。

第一步：

$$MS_n + Fe^{3+} + 2H^+ \longrightarrow M^{2+} + H_2S_n + Fe^{2+}$$

第二步：

$$H_2S_n + Fe^{3+} \longrightarrow M^{2+} + 2H^+ + S_n^0 + Fe^{2+}$$

$$S_n^0 + 1.5O_2 + H_2O \longrightarrow SO_4^{2-} + 2H^+$$

FeS、MoS_2、WS_2 按生成硫代硫酸根过程反应，其余硫化物按生成多硫化物过程反应。

14.3.9.3 细菌细胞外多糖层的作用

细菌细胞外的多糖层是细胞分泌的产物，又称外聚合层。外聚层是附着于细胞壁外的一层松散透明、黏度极大的黏液或胶质状的物质。外聚合层的化学成分因菌种不同而不同，其主要成分是多糖、多肽、蛋白质、脂肪以及这些物质组成的复合物——脂多糖、脂蛋白等。

溶液中的Fe^{2+}与聚合层中的葡萄糖酸的H^+发生交换反应，生成配合物。反应为

$$2GluH + Fe^{2+} \longrightarrow Fe(Glu)_2^+ + 2H^+$$

式中，Glu 为 $CH_2OH(HOH)_4COO^-$。

这种配合使溶液中的Fe^{2+}富集到外聚合层中，这在硫代硫分解过程中起到重要作用。

Fe^{3+}也可以进入外聚合层中，当外聚合层中的Fe^{3+}占优势时，吸附的细菌可以氧化硫化矿，而外聚合层中Fe^{3+}与Fe^{2+}之比取决于溶液中的Fe^{3+}与Fe^{2+}之比，即取决于溶液的电势。因此，溶液的电势大小对细菌的行为具有决定性的作用。

实验表明，在有细菌存在的情况下，Fe^{3+}浓度大于0.2g/L，黄铁矿才能明显氧化。

14.3.9.4 Fe^{2+}的氧化

在细菌浸出过程中，Fe^{2+}的氧化是一个重要环节。该环节不仅生成Fe^{3+}，而且使溶液保持高电势，并且通过这一过程细菌细胞获得能量，以保证细菌细胞的生长和繁殖。这个氧化过程最终的电子受体是 O_2。反应为

$$Fe^{2+} + \frac{1}{2}O_2 + 2H^+ \longrightarrow Fe^{3+} + H_2O$$

在氧化亚铁硫杆菌或氧化铁铁杆菌的参与下，反应速率大大加快。这一过程发生在细菌的内部。Fe^{2+}通过细菌细胞壁上的微孔渗透到细胞壁内进入周质间隔，把电子传输链最后传递到细胞膜内侧的溶解在细胞质中的氧。不同的细菌，电子传输链的构成不同，例如，氧化亚铁硫杆菌参与的Fe^{2+}氧化成Fe^{3+}的电子传输链由Fe^{2+} Oxidase、细胞色素C_{552}、铁质兰素和aa_3 型的 Cytochrome Coxidase 组成。

14.3.9.5 硫的氧化

在硫化矿细菌浸出过程中，除硫化物氧化外，还同时有低价硫氧化，这些低价硫包括单质硫、硫代硫酸根、多硫酸根、亚硫酸根等硫化矿氧化的中间产物。

这些也是细菌生长的能源基质，通过它们的氧化，细菌获得生长和繁殖所需要的能量。

单质硫的氧化机理为

$$S_n + GSH \longrightarrow GSS_nH$$

$$GSS_nH + O_2 + H_2O \xrightarrow{\text{硫氧化酶}} GSS_{n-1}H + SO_3^{2-} + 2H^+$$

式中，GSH 为谷胱甘肽。

在上面的反应过程中，通过谷胱甘肽多硫化物中间体 $GSS_{n-1}H$，硫原子逐个从聚合态硫 S_n 上解离下来，被氧化成SO_3^{2-}。在硫原子全部被氧化后，生成的氧化型谷胱甘肽，在谷胱甘肽还原酶的作用下，生成还原型谷胱甘肽。

$$GSSG + NADPH + H^+ \xrightarrow{\text{谷胱甘肽还原酶}} 2GSH + NADP^+$$

14.3.9.6 细菌浸出的电池反应

两种或两种以上的矿物同时浸出，由于不同矿物的电势不同，它们之间组成原电池。电势低的矿物为阳极，提供电子；电势高的矿物为阴极，接受电子。阳极矿物发生氧化反应，阴极矿物发生还原反应。细菌的参与使浸出反应加速。

例如，细菌同时浸出黄铁矿和闪锌矿，ZnS 提供电子，FeS_2 得到电子。原电池反应为

$$ZnS + FeS_2 \longrightarrow Fe^{2+} + Zn^{2+} + S^0$$

14.3.10 氧化矿细菌浸出机理

细菌浸出MnO_2 可在非氧或有氧条件下进行。厌氧微生物 *Shewanella putrefaciens* 或 *Bscillus polymyxa* 仅在非氧条件下还原MnO_2。而芽孢杆菌可以在有氧或非氧条件还原MnO_2。

细菌还原MnO_2，葡萄糖、醋酸等为电子供体，在氧化过程释放出电子。电子从基质进入，穿越细胞膜上的电子传输链，经周质间隔到细胞壁上的 C 型细胞色素，在此直接或再经过某一载体传递到MnO_2 表面，并使 Mn(Ⅳ) 还原为 Mn(Ⅱ)。

有氧条件下还原MnO_2 的机理与上述过程相似。有氧条件下，葡萄糖或醋酸等氧化释放出的电子一部分传给MnO_2，另一部分传给 O_2。

用氧化亚铁硫杆菌浸出MnO_2，加入黄铁矿或硫作为细菌的能源基。细菌参与黄铁矿或硫的氧化，氧化过程生成Fe^{2+}和低价硫化物。有黄铁矿存在，低价硫化物是 $S_2O_3^{2-}$。Fe^{2+}和 $S_2O_3^{2-}$ 可以还原MnO_2，有

$$MnO_2 + 2Fe^{2+} + 4H^+ = Mn^{2+} + 2Fe^{3+} + 2H_2O$$

$$4MnO_2 + S_2O_3^{2-} + 6H^+ = 4Mn^{2+} + 2SO_4^{2-} + 3H_2O$$

14.4 细菌浸出的热力学

14.4.1 硫化矿细菌浸出热力学

图 14.7 为硫化矿的 E-pH 图。图中各条线对应的电极反应和平衡方程式列于表 14.3。图中叠加了细菌存活区。

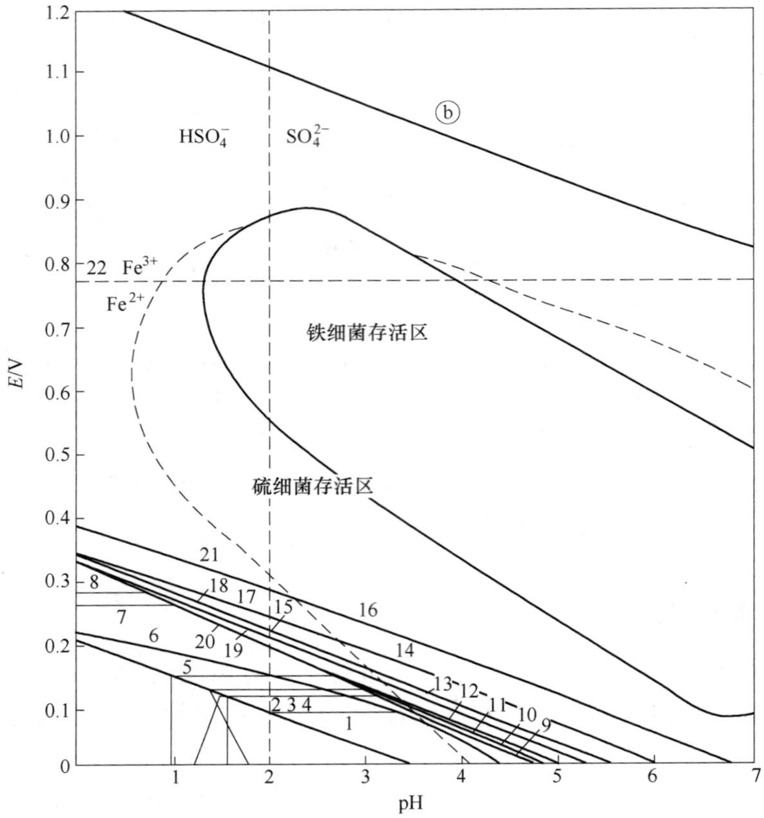

图 14.7 硫化矿的 E-pH 图

($T=25$℃, [Me]=[SO_4^{2-}]=[HSO_4^-]=0.1mol/L, [H_2S]=0.01mol/L)

表 14.3 主要硫化物电极反应与其平衡方程($T=25$℃)

序号	电极反应式	平衡方程式
ⓐ	$2H^+ + 2e = H_2$	$\varphi = 0 - 0.0591pH - 0.0296\lg p_{H_2}$
ⓑ	$\frac{1}{2}O_2 + 2H^+ + 2e = H_2O$	$\varphi = 1.229 - 0.0591pH + 0.01478\lg p_{O_2}$
1	$Fe^{2+} + S + 2e = FeS$	$\varphi = 0.114 + 0.0296\lg[Fe^{2+}]$
2	$Co^{2+} + S + 2e = CoS$	$\varphi = 0.145 + 0.0296\lg[Co^{2+}]$
3	$7Fe^{2+} + 8S + 14e = Fe_7S_8$	$\varphi = 0.146 + 0.0042\lg[Fe^{2+}]^7$
4	$4.5Fe^{2+} + 4.5Ni^{2+} + 8S + 18e = Fe_{4.5}Ni_{4.5}S_8$	$\varphi = 0.146 + 0.0148\lg([Ni^{2+}][Fe^{2+}])$
5	$Ni^{2+} + S + 2e = NiS$	$\varphi = 0.176 + 0.0296\lg[Ni^{2+}]$

续表 14.3

序号	电极反应式	平衡方程式
6	$Fe^{2+} + H_3AsO_3 + S^0 + 3H^+ + 5e = FeAsS + 3H_2O$	$\varphi = 0.2130 - 0.0355pH + 0.0118\lg\frac{[Fe^{2+}]}{[H_3AsO_3]}$
7	$Zn^{2+} + S + 2e = ZnS$	$\varphi = 0.282 + 0.0296\lg[Zn^{2+}]$
8	$Fe^{2+} + 2Ni^{2+} + 4S + 6e = FeNi_2S_4$	$\varphi = 0.304 + 0.0098\lg([Fe^{2+}][Ni^{2+}]^2)$
9	$Fe^{2+} + SO_4^{2-} + 8H^+ + 8e = FeS + 4H_2O$	$\varphi = 0.297 - 0.0591pH + 0.0074\lg([Fe^{2+}][SO_4^{2-}])$
10	$CO^{2+} + SO_4^{2-} + 8H^+ + 8e = CoS + 4H_2O$	$\varphi = 0.301 - 0.0591pH + 0.0074\lg([Co^{2+}][SO_4^{2-}])$
11	$7Fe^{2+} + 8SO_4^{2-} + 64H^+ + 62e = Fe_7S_6 + 32H_2O$	$\varphi = 0.310 - 0.061pH + 0.007\lg[Fe^{2+}] + 0.008\lg[SO_4^{2-}]$
12	$4.5Fe^{2+} + 4.5Ni^{2+} + 8SO_4^{2-} + 64H^+ + 66e = Fe_{4.5}Ni_{4.5}S_8 + 32H_2O$	$\varphi = 0.3 - 0.057pH + 0.004\lg([Fe^{2+}][Ni^{2+}]) + 0.007\lg[SO_4^{2-}]$
13	$Zn^{2+} + SO_4^{2-} + 8H^+ + 8e = ZnS + 4H_2O$	$\varphi = 0.335 - 0.0591pH + 0.0074\lg([Zn^{2+}][SO_4^{2-}])$
14	$Cu^{2+} + Fe^{2+} + 2SO_4^{2-} + 16H^+ + 16e = CuFeS_2 + 8H_2O$	$\varphi = 0.372 - 0.0591pH + 0.0037\lg([Fe^{2+}][Cu^{2+}][SO_4^{2-}]^2)$
15	$Fe^{2+} + 2SO_4^{2-} + 16H^+ + 14e = FeS_2 + 8H_2O$	$\varphi = 0.367 - 0.067pH + 0.0042\lg([Fe^{2+}][SO_4^{2-}]^2)$
16	$Cu^{2+} + SO_4^{2-} + 8H^+ + 8e = CuS + 4H_2O$	$\varphi = 0.419 - 0.0591pH + 0.0074\lg([Cu^{2+}][SO_4^{2-}])$
17	$Cu^{2+} + Fe^{2+} + 2HSO_4^- + 14H^+ + 16e = CuFeS_2 + 8H_2O$	$\varphi = 0.358 - 0.052pH + 0.0037\lg([Cu^{2+}][Fe^{2+}][HSO_4^-]^2)$
18	$Fe^{2+} + 2HSO_4^- + 14H^+ + 14e = FeS_2 + 8H_2O$	$\varphi = 0.351 - 0.0591pH + 0.0042\lg([Fe^{2+}][HSO_4^-]^2)$
19	$Zn^{2+} + HSO_4^- + 7H^+ + 8e = ZnS + 4H_2O$	
20	$Fe^{2+} + 2Ni^{2+} + 4HSO_4^- + 28H^+ + 30e = FeNiS_4 + 16H_2O$	$\varphi = 0.332 - 0.055pH + 0.002\lg([Fe^{2+}][Ni^{2+}]^2[HSO_4^-]^4)$
21	$Cu^{2+} + HSO_4^{2-} + 7H^+ + 8e = CuS + 4H_2O$	
22	$Fe^{3+} + e = Fe^{2+}$	$\varphi = 0.767 + 0.0591\lg\frac{[Fe^{3+}]}{[Fe^{2+}]}$

从图 14.7 可见，细菌活动区也是各金属硫化物的氧化区。细菌浸出硫化矿的电子最终受体是氧。氧的电势比图上的各硫化物正，所以这些硫化物都可以被细菌浸出。

硫化物被氧化的热力学趋势大小顺序为

$$FeS > CoS > Fe_{4.3}Ni_{4.5}S_8 \approx Fe_7S_8 > NiS > ZnS > FeNi_2S_4 > CuFeS_2 > FeS_2$$

其中 FeS_2 电势高，与其他硫化物构成原电池，FeS_2 为阴极，促进了与 FeS_2 接触的其他硫化物的浸出。

14.4.2 氧化矿细菌浸出的类型

氧化矿细菌浸出有三种类型：氧化浸出、还原浸出、酸溶和配合浸出。

14.4.2.1 氧化浸出

铀矿的浸出为氧化浸出。

铀矿中的铀是以 U(Ⅳ) 的氧化物 UO_2 形式存在，难溶。需将其氧化成 UO_2^{2+} 才能溶解，即

$$UO_2 - 2e = UO_2^{2+}$$

$$E = 0.221 + 0.0293\lg c_{UO_2^{2+}}$$

图 14.8 是铀-水系的 E-pH 图。

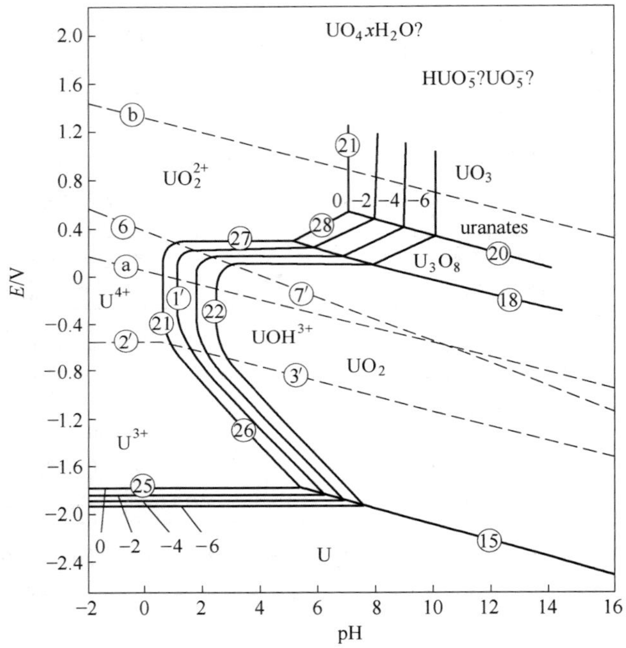

图 14.8 U-H_2O 系 E-pH 图（25℃）

14.4.2.2 还原浸出

锰矿中锰以 Mn(Ⅳ) 的氧化物 MnO_2 形式存在，难溶。需将其还原为 Mn(Ⅱ)，才能溶解进入溶液，即

$$MnO_2 + 4H^+ + 2e = Mn^{2+} + 2H_2O$$

$$E = 1.228 - 0.1182\text{pH} - 0.0295\lg c_{Mn^{2+}}$$

如图 14.9 的箭头所示。

以细菌+能源基质（如 FeS_2）浸出 MnO_2，细菌氧化 FeS_2，生成 $S_2O_3^{2-}$ 等低价硫化物去还原 MnO_2。

$$FeS_2 + 3H_2O = S_2O_3^{2-} + Fe^{2+} + 6H^+$$

$$S_2O_3^{2-} + 3MnO_2 + 2H^+ = 3Mn^{2+} + 2SO_4^{2-} + H_2O$$

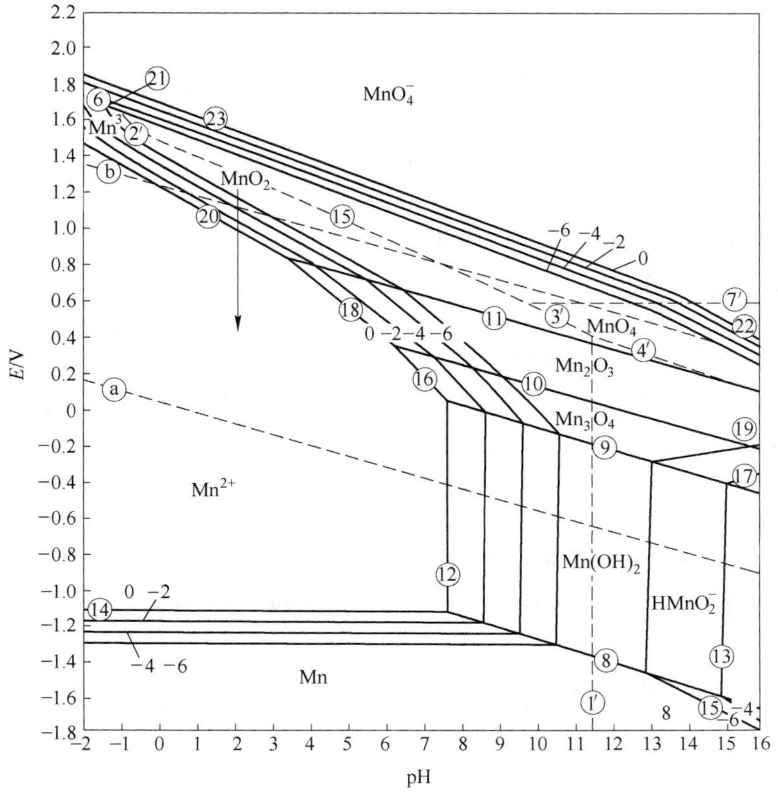

图 14.9 Mn-H_2O 系 E-pH 图（25℃）

14.4.2.3 酸溶配合浸出

一些细菌在生长繁殖过程中能产生柠檬酸、酒石酸、氨基酸、草酸等有机酸。氧化矿中的各金属氧化物凡能与这些有机酸生成配合物，就能被浸出，进入溶液。配合反应为

$$M^{z+} + iL^{n-} \rightleftharpoons ML_i^{z-in}$$

累计生成常数（稳定常数）为

$$\beta_i = \frac{c_{ML_i^{z-in}}}{c_{M^{z+}} \cdot c_{L^{n-}}^i} \tag{14.9}$$

14.4.3 细菌浸出的动力学

细菌浸出过程复杂，包括细菌生长、物质传输、生化反应、化学反应、电化学反应等多个过程。这些过程有的并列进行，有的串联进行。

14.4.3.1 气体的溶解与传输

氧和二氧化碳是细菌浸出过程的重要参与者。槽浸 O_2 和 CO_2 向矿浆中鼓入，堆浸空气自然溶入矿浆。气体溶解到溶液中溶解速率为

$$\frac{dc_i}{dt} = k_i\Omega(c_{i,sat} - c_i) \tag{14.10}$$

式中，c_i 为气体 i 在液相中的浓度；$c_{i,\mathrm{sat}}$ 为气体在液相中的饱和浓度；k_i 为气体的传质系数；Ω 为气液界面面积。

由于 k_i 和 Ω 都难以测量，将其看作参数，称为气体传输系数。

在有搅拌的条件下，有

$$k_i\Omega = 6.6 \times 10^4 \eta^{-0.39} \left(\frac{p}{V}\right)^{0.75} Q_V^{0.5} \tag{14.11}$$

式中，η 为矿浆相对于水的黏度；V 为矿浆体积；p 为输入的能量；Q_V 为气体流速。

14.4.3.2 细菌的繁殖

细菌的繁殖是通过细菌分裂实现的。大多数细胞分裂为垂直于长轴方向分裂，即横分裂。分裂后形成两个大小相等的细胞，称为同型分裂。细胞分裂过程由三步实现。

第一步是核分裂和隔膜形成。细菌从环境吸收营养物质，发生一系列生化反应，把吸收的营养转变成新的细胞物质-DNA、RNA、蛋白质、酶等。细菌染色体 DNA 的复制先于细胞分裂并随细胞的生长而分开。同时，细胞中的细胞膜从外向中心做环状推进，逐步闭合形成一个垂直于细胞长轴的细胞质隔膜，使细胞质与细胞核均分为二。

第二步是横隔壁形成。随着细胞膜的向内推进，细胞壁也由四周向中间延伸，把细胞膜分为两层，每层分别成为两个新形成的细胞的细胞膜。横隔壁也逐渐分为两层，每层分别是两个新形成的细胞的细胞壁。

第三步是新形成的两个细胞分离。完成一个繁殖过程。

14.4.3.3 细菌在矿物表面的吸附

细菌在矿物表面吸附是细菌浸出的重要一环。细菌在矿物表面吸附分为两步：第一步是物理吸附，主要靠静电力和范德华力；第二步是化学吸附，细菌细胞上的蛋白质与矿物表面相互作用。

细菌在矿物表面的吸附是可逆的，可以用朗格缪尔吸附等温方程描述。

$$j_\mathrm{a} = k_\mathrm{a}B(1 - \theta) \tag{14.12}$$

$$j_\mathrm{d} = k_\mathrm{d}\theta$$

式中，j_a 为吸附速率；j_d 为脱附速率；k_a 为吸附速率常数；k_d 为脱附速率常数；θ 为细菌占据的矿物表面面积分数；B 为溶液中细菌的浓度。

吸附平衡，有

$$j_\mathrm{a} = j_\mathrm{d}$$

$$\theta = \frac{k_\mathrm{a}B}{k_\mathrm{a}B + k_\mathrm{d}} \tag{14.13}$$

14.4.3.4 细菌生长速率

A 曼纳德方程

细菌生长速率可用曼纳德（monod）方程描述。曼纳德方程为

$$j = \frac{j_\mathrm{x}}{c_\mathrm{x}} = \frac{j_{\max} c_\mathrm{s}}{k_\mathrm{s} + c_\mathrm{s}} \tag{14.14}$$

或

$$\frac{1}{j} = \frac{k_\mathrm{s}}{j_{\max} c_\mathrm{s}} + \frac{1}{j_{\max}} \tag{14.15}$$

式中，j 为单位细菌浓度的细菌生长速率，个/h；j_{max} 为单位细菌浓度的细菌最大生长速率，个/h；j_x 为细菌生长速率，mol/(L·h)；k_s 为基质饱和常数；c_s 为抑制细菌生长的物质的浓度，mol/L。

B 汉斯福德方程

汉斯福德（Hansford）方程是一个经验方程，给出硫化矿的氧化速率公式为

$$\frac{dx}{dt} = k_m x\left(1 - \frac{x}{x_{max}}\right) \tag{14.16}$$

式中，x 为黄铁矿浸出分数，无量纲；x_{max} 为黄铁矿的最大浸出分数；k_m 为最大速率常数，h^{-1}。

对于多个反应器连续浸出的稳态，单级浸出分数为

$$x = x_{max}\left(1 - \frac{1}{kt}\right) \tag{14.17}$$

对于黄铁矿的细菌浸出，由上述方程计算的结果和实验数据吻合得很好。该方程也适合砷黄铁矿的细菌浸出。

C Yasuhiro 和 Konishi 模型

Yasuhiro 和 Konishi 给出了氧化亚铁硫杆菌浸出黄铁矿的周期浸出操作和连续浸出操作的数学模型。他们认为Fe^{3+}对FeS_2 的氧化作用和细菌对FeS_2 的氧化作用相比可以忽略。

在细菌槽浸工艺，细菌的增长速率是吸附在矿物颗粒表面的细菌生长速率与在矿浆中的细菌增长速率之和。有

$$\frac{dx_t}{dt} = j_s + j_l \tag{14.18}$$

式中，x_t 为矿浆中细菌总浓度；j_s 为细菌在矿物上增长的速率，个/(L·h)；j_l 为细菌在水溶液中增长的速率，个/(L·h)。

$$x_t = x_s \Omega_s + x_l(1 - x_V)$$

式中，x_s 为吸附在矿物表面的细菌浓度，个/m^2；x_l 为矿浆液相中的细菌浓度，个/m^3；Ω_s 为矿物颗粒的总表面积，m^2；x_V 矿浆中固体颗粒所占的体积分数。

$$x_s = \frac{k_s k_{s,max} x_l}{1 + k_s x_l}$$

式中，k_s 为细菌在矿物颗粒表面吸附的平衡常数；$k_{s,max}$ 为细菌在矿物颗粒表面的最大吸附量，个/m^2。

$$\Omega = \Omega_0 (1 - \alpha)^{2/3}$$

式中，Ω 为浸出过程矿物颗粒的总表面积；Ω_0 为矿物颗粒的初始总表面积；α 为矿物的氧化率或浸出率。

$$\Omega_0 = \frac{\varphi w_0}{\rho d_0 V_0}$$

式中，w_0 矿物的初始质量，kg；V_0 为矿浆的初始体积，cm^3；ρ 为矿浆的密度，kg/m^3；d_0 为矿物颗粒的初始直径，m；φ 为矿物颗粒偏离球体程度的形状分数。

细菌繁殖速率与浸出速率成正比，有

$$j_s V = -y_s \frac{dw}{dt} \tag{14.19}$$

式中，y_s 为黄铁矿（FeS_2）氧化的细菌产出率，个/kg。

矿浆液中细菌的增殖是靠Fe^{2+}氧化为Fe^{3+}获得能量而产生。细菌直接作用产出的Fe^{2+}立刻氧化为Fe^{3+}，因此可以认为Fe^{2+}的浓度增长速率为零。据此，可以导出Fe^{2+}的质量平衡方程为

$$\frac{d}{dt}[(1-\varphi)Vc_{Fe^{2+}}] = -f\frac{dw}{dt} - \frac{j_1 V}{y_1} = 0 \tag{14.20}$$

式中，V 为矿浆体积，m^3；f 为黄铁矿中铁的质量分数；y_1 为水溶基质 Fe(Ⅲ) 氧化的细菌产出率，个/kg。

联立上两式，得

$$j_1 = j_s f \frac{y_1}{y_s} \tag{14.21}$$

将式（14.21）代入式（14.18），得

$$\frac{dx_t}{dt} = j_s\left(1 + f\frac{y_1}{y_s}\right) \tag{14.22}$$

吸附在矿物颗粒表面上的细菌增殖速率为

$$j_s = j_s\, x_s\, \theta_V \Omega$$

式中

$$\theta_V = \frac{x_{s,max} - x_s}{x_{s,max}}$$

$j_{s'}$ 为吸附在矿物颗粒单位表面积的细菌增殖速率。细菌浸出速率与细菌增殖速率成正比，有

$$\alpha = 1 - \frac{w}{w_0}$$

$$\frac{d\alpha}{dt} = \frac{d}{dt}\left(\frac{w}{w_0}\right) = -\frac{1}{w_0}\frac{dw}{dt}$$

$$\frac{dw}{dt} = -\frac{j_1 V}{y_1} f$$

整理得到

$$\frac{d\alpha}{dt} = \frac{1}{w_0(y_s + f y_1)}\frac{d(Vx_t)}{dt}$$

积分上式，得

$$y_s = \frac{(x_t V - x_{t,0}V_0) - \alpha w_0 f y_1}{\alpha w_0} \tag{14.23}$$

解上述方程需要的参数由实验得到，有

$$k_s = 4.40 \times 10^{-15}\ m^3/个,\ x_{s,max} = \frac{7.3}{\varphi} \times 10^{12}\ 个/m^2,\ \varphi = 6.0$$

$$y_s = (3.30 \sim 3.88) \times 10^{-14}\ 个/kg;\ j_{s'} = 2.5d^{-1},\ y_s = 3.19 \times 10^{13}\ 个/kg$$

习　题

14-1　举例说明浸出矿石用的细菌的种类。

14-2　硫化矿采用什么细菌浸出？分析其浸出机理。

14-3　氧化矿采用什么细菌浸出？分析其机理。

14-4　分析硫化铜矿的细菌浸出过程和机理。

14-5　分析氧化锌矿的细菌浸出过程和机理。

14-6　微生物冶金有哪些应用？分析其过程。

附录　由可逆化学反应的平衡常数求反应级数

1. 公式推导

可逆化学反应可以表示为

$$aA + bB = cC + dD$$

化学反应速率为

$$j_+ = k_+ c_A^{n_A} c_B^{n_B}$$

$$j_- = k_- c_C^{n_C} c_D^{n_D}$$

$$j = j_+ - j_-$$

$$= k_+ c_A^{n_A} c_B^{n_B} - k_- c_C^{n_C} c_D^{n_D}$$

达到平衡，有

$$aA + bB \rightleftharpoons cC + dD$$

$$j_+ = j_-$$

$$j = 0$$

$$k_+ c_A^{n_A} c_B^{n_B} = k_- c_C^{n_C} c_D^{n_D}$$

$$\frac{k_+}{k_-} = \frac{c_C^{n_C} c_D^{n_D}}{c_A^{n_A} c_B^{n_B}} = K \tag{1}$$

（1）对于理想溶液，有

$$aA + bB = cC + dD$$

$$K = \frac{c_C^c c_D^d}{c_A^a c_B^b} \tag{2}$$

与式（1）比较，得

$$c_C^{n_C} = c_C^c$$

$$c_D^{n_D} = c_D^d$$

$$c_A^{n_A} = c_A^a$$

$$c_B^{n_B} = c_B^b$$

所以

$$n_C = c$$

$$n_D = d$$

$$n_A = a$$

$$n_B = b$$

（2）对于稀溶液，有

$$aA + bB = cC + dD$$

$$K = \frac{c_C^c c_D^d}{c_A^a c_B^b} \tag{3}$$

与式（1）比较，得

$$c_C^{n_C} = c_C^c$$
$$c_D^{n_D} = c_D^d$$
$$c_A^{n_A} = c_A^a$$
$$c_B^{n_B} = c_B^b$$

所以

$$n_C = c$$
$$n_D = d$$
$$n_A = a$$
$$n_B = b$$

（3）对于理想气体，有

$$pV = nRT$$
$$p = \frac{n}{V}RT$$
$$= cRT$$
$$c = \frac{p}{RT}$$

$$K = \frac{c_C^{n_C} c_D^{n_D}}{c_A^{n_A} c_B^{n_B}} = \frac{[p_{c_C}/(RT)]^{n_C}[p_{c_D}/(RT)]^{n_D}}{[p_{c_A}/(RT)]^{n_A}[p_{c_B}/(RT)]^{n_B}}$$
$$= \frac{p_{c_C}^{n_C} p_{c_D}^{n_D}}{p_{c_A}^{n_A} p_{c_B}^{n_B}}\left(\frac{1}{RT}\right)^{n_C+n_D-n_A-n_B} \tag{4}$$

$$aA + bB = cC + dD$$

$$K_g = \frac{c_C^c c_D^d}{c_A^a c_B^b}$$
$$= \frac{[p_C/(RT)]^C [p_D/(RT)]^D}{[p_A/(RT)]^A [p_B/(RT)]^B}$$
$$= \frac{p_C^c p_D^d}{p_A^a p_B^b}\left(\frac{1}{RT}\right)^{c+d-a-b} \tag{5}$$

与式（4）比较，得

$$p_C^{n_C} = p_C^c$$
$$p_D^{n_D} = p_D^d$$
$$p_A^{n_A} = p_A^a$$
$$p_B^{n_B} = p_B^b$$

所以

$$n_C = c、n_D = d、n_A = a、n_B = b$$

（4）对于非理想溶液，有

$$aA + bB \xlongequal{} cC + dD$$

$$K = \frac{a_C^c \ a_D^d}{a_A^a \ a_B^b}$$

与式（1）比较，有

$$c_C^{n_C} = a_C^c = (c_C f_C)^c = c_C^c f_C^c$$

两边取对数，得

$$n_C \lg c_C = \lg a_C^c$$

$$n_C = \frac{\lg a_C^c}{\lg c_C} = c_C + \frac{\lg f_C^c}{\lg c_C}$$

同理，有

$$n_D \lg c_D = \lg a_D^d$$

$$n_D = \frac{\lg a_D^d}{\lg c_D} = c_D + \frac{\lg f_D^d}{\lg c_D}$$

$$n_A = \frac{\lg a_A^a}{\lg c_A} = c_A + \frac{\lg f_A^a}{\lg c_A}$$

$$n_B = \frac{\lg a_B^b}{\lg c_B} = c_B + \frac{\lg f_B^b}{\lg c_B}$$

式中，a_C、a_D、a_A、a_B 为组元 C、D、A、B 的活度；f_C、f_D、f_A、f_B 为组元 C、D、A、B 的活度系数；c_C、c_D、c_A、c_B 为组元 C、D、A、B 的浓度，可以实验测定。因此，利用上面四个式子可以求得反应级数。

（5）对于气-液的反应，有

$$a(A)_g + b(B)_l \xlongequal{} c(C)_l + d(D)_g$$

$$K = \frac{a_C^c c_D^d}{c_A^a \ a_B^b}$$

与式（1）比较，得

$$c_C^{n_C} = a_C^c = (c_C f_C)^c$$

$$n_C = \frac{c\lg a_C}{\lg c_C}$$

$$n_D = d$$

$$n_A = a$$

$$n_B = \frac{b\lg a_B}{\lg c_B} = b + \frac{b\lg f_B}{\lg c_B}$$

（6）对于气-固相的反应，得

$$a(A)_g + b(B)_s \xlongequal{} c(C)_s + d(D)_g$$

$$K = \frac{a_C^c c_D^d}{c_A^a \ a_B^b}$$

与式（1）比较，得

$$c_C^{n_C} = a_C^c = (c_C f_C)^c$$

$$n_C = \frac{c\lg a_C}{\lg c_C} = c + \frac{c\lg f_C}{\lg c_C}$$

$$n_D = d$$

$$n_A = a$$

$$n_B = \frac{b\lg a_B}{\lg c_B} = b + \frac{b\lg f_B}{\lg c_B}$$

（7）对于液-固相的反应，有

$$a(A)_l + b(B)_s = c(C)_s + d(D)_l$$

$$K = \frac{a_C^c\ a_D^d}{a_A^a\ a_B^b}$$

与式（1）比较，得

$$n_C = \frac{c\lg a_C}{\lg c_C} = c + \frac{c\lg f_C}{\lg c_C}$$

$$n_D = \frac{d\lg a_D}{\lg c_D} = d + \frac{d\lg f_D}{\lg c_D}$$

$$n_A = \frac{a\lg a_A}{\lg c_A} = a + \frac{a\lg f_A}{\lg c_A}$$

$$n_B = \frac{b\lg a_B}{\lg c_B} = b + \frac{b\lg f_B}{\lg c_B}$$

（8）由几个温度的反应级数，求速率常数。由前述方法求得反应级数，利用式

$$-\frac{\mathrm{d}c_i}{\mathrm{d}t} = kc_i^n$$

求得不同温度的速率常数 k。

把 $\ln k$ 对 $\frac{1}{T}$ 作图，再把得到的图做线性拟合，得到方程

$$\ln k = aT^{-1} + b$$

与式

$$\ln k = \ln A^{-E/(RT)}$$

比较，得

$$a = -E/R$$

$$b = \ln A$$

得到频率因子和活化能。

2. 结论

利用可逆化学反应的平衡常数，可以求得各种反应体系的反应级数，进而得到频率因子和活化能。

参 考 文 献

[1] 蒋汉瀛. 湿法冶金过程物理化学 [M]. 北京：冶金工业出版社，1984.
[2] 赵天从. 有色重金属冶金学 [M]. 北京：冶金工业出版社，1981.
[3] 傅崇说. 冶金溶液热力学原理与计算 [M]. 北京：冶金工业出版社，1979.
[4] 傅崇说. 有色金属冶金原理 [M]. 北京：冶金工业出版社，1984.
[5] 马荣骏. 湿法冶金原理 [M]. 北京：冶金工业出版社，2007.
[6] 李以圭. 金属溶剂萃取热力学 [M]. 北京：清华大学出版社，1988.
[7] 翟玉春. 冶金热力学 [M]. 北京：冶金工业出版社，2018.
[8] 翟玉春. 冶金动力学 [M]. 北京：冶金工业出版社，2018.
[9] 李洪桂. 湿法冶金学 [M]. 长沙：中南大学出版社，2020.
[10] 杨显万，邱定蕃. 湿法冶金 [M]. 北京：冶金工业出版社，2001.
[11] 陈家镛，于淑秋，伍志春. 湿法冶金中铁的分离与利用 [M]. 北京：冶金工业出版社，1991.
[12] 朱屯. 萃取与离子交换 [M]. 北京：冶金工业出版社，2005.
[13] Zagorodni A. Ion Exchange Materials：Properties and Applications [M]. 北京：科学出版社，2007.
[14] 杨显万，沈庆峰，郭凤霞. 微生物湿法冶金 [M]. 北京：冶金工业出版社，2003.
[15] 古涛，叶铁林. 化学工业中的结晶 [M]. 北京：化学工业出版社，2003.
[16] 谭天恩，麦本熙，丁惠华. 化工原理 [M]. 北京：化学工业出版社，1984.